高等职业院校通识教育“十二五”规划教材

高职数学

何纪 ◎ 主编
戴娟 王玉辉 钱志良 姜建清 吴伟 ◎ 副主编

人 民 邮 电 出 版 社
北 京

图书在版编目（CIP）数据

高职数学 / 何纪主编. -- 北京 : 人民邮电出版社,
2013.9(2018.9重印)
高等职业院校通识教育“十二五”规划教材
ISBN 978-7-115-32788-8

Ⅰ. ①高… Ⅱ. ①何… Ⅲ. ①高等数学－高等职业教
育－教材 Ⅳ. ①O13

中国版本图书馆CIP数据核字(2013)第198271号

内 容 提 要

本书是根据教育部《高职高专教育高等数学课程教学基本要求》，结合本院的实际需要编写的。本书在贯彻“以必须、够用为度”的原则的基础上，强调数学从哪里来和用到哪里去，以学生的能力培养为核心。把教学的重点转移到数学的分析和数学的应用上来，从生活中来的案例，经过分析得到数学的问题，利用数学的原理解决生活中的问题。改变学生为了考试而学数学的观念，让学生学会如何分析生活中的问题，如何利用数学，最后如何解决问题，如何评价这个方法的优劣等。

全书共分为 6 个章节，具体内容包括：一元函数与二元函数、一元函数极限与连续、一元函数的导数与微分、多元函数的偏导数、一元函数导数的应用、一元函数的积分、一元函数积分的应用、二元重积分、微分方程、第二章导数与微分，主要介绍一元函数的导数、微分、应用和二元函数的偏导数，第三章积分，主要介绍一元函数的积分、一元函数定积分应用和二重积分、矩阵运算、初等变换、线性方程组的初步知识、集合关系、数理逻辑和图论初步、数学应用软件 MATLAB 的基本内容等。

本书可作为应用型专科学院经济、管理、电子、机电、计算机、软件等各专业的高等数学教材，各专业教学时可以根据专业特定使得取舍。

◆ 主　　编　何　纪
　副 主 编　戴　娟　王玉辉　钱志良　姜建清　吴　伟
　责任编辑　王亚娜
　执行编辑　张海生
　责任印制　张佳莹　焦志炜

◆ 人民邮电出版社出版发行　　北京市丰台区成寿寺路 11 号
　邮编　100164　　电子邮件　315@ptpress.com.cn
　网址　http://www.ptpress.com.cn
　固安县铭成印刷有限公司印刷

◆ 开本：787×1092　1/16
　印张：22.5　　　　　　2013 年 9 月第 1 版
　字数：534 千字　　　　2018 年 9 月河北第 5 次印刷

定价：42.00 元

读者服务热线：(010)81055256　印装质量热线：(010)81055316
反盗版热线：(010)81055315

《高职数学》编委会

（排名不分先后）

主　编：何　纪

副主编：戴　娟　王玉辉　钱志良　姜建清　吴　伟

参　编：王成全　夏小惠　孔海涛　刁菊芬　董仲超

前言

数学很重要，老师都这么说！但是我们的同学在学习数学的时候却不一定是这么认为的，同时即使学习比较好的学生也不一定知道数学重要在哪里。只是在各类考试的时候都要考各种各样的数学，学习是为了通过考试。从这些现象反映，我们的学生还没有学会思考和分析。另外，我们在平时经常发现我们的学生在遇到问题的时候总是不知所措，例如开展一个大型的活动，让某个同学负责一个活动的策划，让某个同学负责后勤的工作，这个时候很多学生都不知道该做什么，该怎么做。我们说这是典型缺乏分析能力的体现。中学的教育体系可以看出对于学生能力的培养是比较薄弱的，这部分的工作应该在大学阶段得到补足。

数学，对于人的思维方面的培养无疑是有很大影响的，我们的数学不能只教数学知识内容，数学方法，还应该有这些问题的分析方法和分析思路。数学课程改革的一个非常重要的方面就是数学教材的编写。我们也是从提高学生能力的角度对传统的教材做了一些调整。

本书是根据教育部《高职高专教育高等数学课程教学基本要求》，结合本院的实际需要编写的。本书在贯彻"以必须、够用为度"的原则的基础上，强调数学从哪里来和用到哪里去，以学生的能力培养为核心。把教学的重点转移到数学的分析和数学的应用上来，从生活中来的案例，经过分析得到数学的问题，利用数学的原理解决生活中的问题。改变学生为了考试而学数学的观念，让学生学会如何分析生活中的问题，如何利用数学，最后如何解决问题，如何评价这个方法的优劣等。

全书共分为 6 个章节分别为第一章函数、极限与连续，主要介绍一元函数、二元函数、空间解析几何基础、极限和连续，第二章导数与微分，主要介绍一元函数的导数、微分、应用和二元函数的偏导数，第三章积分，主要介绍一元函数的积分、积分应用和二重积分，第四章微分方程，主要介绍微分方程的类型、解法和应用，第五章线性代数，主要介绍矩阵运算、初等变换和线性方程组的初步知识，第六章离散数学，主要介绍集合关系、数理逻辑和图论初步。附录部分介绍数学应用软件 MATLAB 的基本内容。

本书第一章由姜建清、蒋勤、董仲超编写，第二章由王玉辉、刁菊芬编写，第三章由何纪、夏小惠编写，第四章由钱志良编写，第五章由戴娟编写，第六章由吴伟、孔海涛、王成全编写，附录、统稿由何纪负责。本教材在编写过程中对各专业的需求做了前期的调研得到了学院领导和各院系领导大力支持，在此一并表示感谢。

因编者水平有限，本书难免存在疏漏之处，敬请广大读者批评指正。

编者

2013 年 6 月 28 日

目录

绪论

数学的由来

数学是研究事物的数量关系和空间形式的一门科学。

数学的产生和发展始终围绕着数和形这两个基本概念不断地深化和演变。大体上说，凡是研究数和它的关系的部分，划为代数学的范畴；凡是研究形和它的关系的部分，划为几何学的范畴。但同时数和形也是相互联系的有机整体。

数学是一门高度概括的科学，具有自己的特征。抽象性是它的第一个特征；数学思维的正确性表现在逻辑的严密上，所以精确性是它的第二个特征；应用的广泛性是它的第三个特征。一切科学、技术的发展都需要数学，这是因为数学的抽象，使外表完全不同的问题之间有了深刻的联系。因此，数学是自然科学中最基础的学科，因此常被誉为科学的皇后。

数学在提出问题和解答问题方面，已经形成了一门特殊的科学。在数学的发展史上，有很多的例子可以说明，数学问题是数学发展的主要源泉。数学家们为了解答这些问题，要花费较多的精力和时间。尽管还有一些问题仍然没有得到解答，然而在这个过程中，他们创立了不少的新概念、新理论、新方法，这些才是数学中最有价值的东西。

数学科学伴随着人类社会的发展，也有它自身发展的历程。前苏联科学院院士 A. H. 柯尔莫戈洛夫曾把数学发展史划分为四个阶段：第一个阶段的前期产生自然数概念、计算方法和简单的几何图形，后期出现数的写法、数的算术运算、某些几何图形的运用，解答简单的代数题目；第二个阶段逐渐形成了初等数学的分支，即算术、代数、几何、三角；第三个阶段建立了解析几何、微积分、概率论等学科；第四个阶段出现计算机学科，以及应用数学的众多分支、纯数学的若干问题的重大突破等。

我国数学在世界数学发展史上，有卓越的贡献。早在远古时代，人们就用绳结表示事物的多少，在彩陶中绘有大量的直线、三角、圆、正方形、菱形、五边形、六边形等对称图案，在房屋遗址的基地上，亦发现几何图形，表明远古的人们在一定程度上已经具有数和形的概念。

在新石器时期的彩陶钵上，有多种刻画符号，其中有一些很可能是我国最早的记数符号。产生文字之后，在殷商的甲骨文中出现了记数的专用文字和十进制记数法，并且运用规和矩作为简单的绘图和测量工具。《前汉书·律历志》记载了用竹棍表示数和计算的方法，称为算筹和筹算。在春秋早期，乘法口诀被称为“九九”歌，已经成为很普通的知识。

春秋战国时期，学术繁荣，产生了相当精彩和可贵的数学思想；公元前 6 世纪，已经有了关于简单体积和比例分配问题的算法，在《考工记》中记载了分数和角度的资料；到秦始皇时，统一了度量衡，并且基本上采用了十进制的度量单位，在《墨经》中提出了几何名词的定义和几何命题等。《杜忠算术》和《许商算术》是最早的数学专著，但这两部书都失传了。至今仍保留的古代数学专著是《算数书》，全书共有 60 多个小标题、90 多个题目，书中内容涉及了整数和分数的四则运算、比例问题、面积和体积问题等，并且含有“合分”、“少广”等数学思想。

大约公元前 1 世纪，《周髀算经》著成（书中大部分内容于公元前 7 到 6 世纪完成），书中记述了矩的用途、勾股定理及其在测量上的应用，相似直角三角形对应边成比例的定理、开平方问题、等差级数问题，应用古“四分历”计算相当复杂的分数运算等。此书为重要的宝贵文献。

《九章算术》是我国古代数学的著名著作，大约成书于公元 1 世纪东汉初年，全书列举了 246 个数学问题及解决问题的方法。共有九章：第 1 章“方田”介绍土地面积的计算，含有正方形、矩形、三角形、梯形、圆、环等面积公式，弓形面积和球形表面积的近似公式，还有分数四则运算法则、约分、通分、求最大公约数等方法；第 2 章“粟米”介绍了各种粮食折算的比例问题，及解比例的方法，称为“今有术”；第 3 章“衰（Cuī）分”介绍了按等级分配物资或按一定标准摊派税收的比例分配问题、等差数列和等比数列问题等；第 4 章“少广”介绍了已知正方形面积或正方体体积，求边长或棱长的开平方或开立方的方法，已知球的体积求直径的问题等；第 5 章“商功”介绍了立体体积计算，包括长方体、棱柱、棱锥、棱台、圆柱、圆锥、圆台、楔形体等体积的计算公式；第 6 章“均输”介绍了计算按人口多少、物价高低、路程远近等条件，合理摊派税收、民工的正比、反比、复比例、等差级数等问题；第 7 章“盈不足”介绍了盈亏类问题的算法；第 8 章“方程”介绍了一次联立方程问题，引入了负数的概念，及正负数的加减法则；第 9 章“勾股”介绍了勾股定理的应用和简单的测量问题。其后，历史上著名数学家刘徽、祖冲之、李淳风、贾宪等，都曾经深入研究和注释过《九章算术》并且提出许多新的概念和新的方法。在诸如勾股定理的证明、重差术、割圆术、圆周率近似值、球的体积公式、二次和三次方程的解法，同余式和不定方程的解法等方面做出了重要的新贡献。

我国古代数学专著还有《勾股圆方图注》、《九章算术注》、《孙子算经》、《五经算术》、《缀术》等。特别应该指出的是，刘徽在《九章算术注》中对《九章算术》的大部分数学方法做了严密的论证，对于一些数学概念提出了明确的解释，为中国数学发展奠定了坚实的理论基础。祖冲之在《缀术》中得出了比刘徽所提出的值更精密的圆周率，成为举世公认的重大成就。贾宪在《黄帝九章算法细草》中提出的“开方作法本源”图和增乘开方法，以及《孙子算经》中的“孙子问题”、《张邱建算经》中的“百鸡问题”、珠算盘和珠算术等等，均在世界数学发展史上有深远影响。

为什么要学习数学

数学与人类文明一样古老，有文明就一定有数学。数学在其发展的早期就与人类的生活及社会活动有着密切的关系，解决着各种各样的问题：食物、牲畜、工具以及其他生活用品的分配与交换，房屋、仓库的建造，丈量土地，兴修水利，编制历法等。随着数学的发展和人类文明的进步，数学的应用逐渐扩展到更一般的技术和科学领域。从古希腊开始，数学就与哲学建立了密切的联系。近代以来，数学又进入了人文科学领域，并使人文科学的数学化成为一种强大的趋势。

当今社会，数学进一步发展，计算机技术广泛应用，可以说数学的足迹已经遍及人类知识体系的全部领域。从卫星到核电站，高技术的高精度、高速度、高自动、高质量、高效率等特点，无不是通过数学模型和数学方法并借助计算机的控制来实现的。产品、工程的设计与制造，产品的质量控制，经济和科技中的预测和管理，信息处理，资源开发和环境保护，经济决策等，无不需要数学的应用。数学在现代社会中有许多出人意料的应用。在许多场合，它已经不再单纯是一种辅助性的工具，它已成为许多重大问题的关键性的思想与方法，由此产生的许多成果，又悄悄地遍布在人们身边，改变着人们的生活方式。可以说数学对现代社会已产生了深远的影响，人们生活在数学的时代。数学对社会发展的影响，一方面说明了数学在社会发展中的地位和作用，另一方面，也反映出在未来社会中，社会的主体——人在数学方面所应具备的素养和素质。

如何学好数学

无论是柴米油盐，还是乘车旅游、建房造楼，或是神十上天，生活中处处充满着数学。一个人从他呱呱坠地，数学就伴随他的一生，能有哪一刻能够离开数学呢？既然数学如此重要，可也能有人一提数学脑袋就疼，那么，怎样才能学好数学呢？

1. 充分认识学习数学的重要性和必要性

当今世界，数学成为最重要的工具，从幼儿园到小学，从初中到高中、到大学，无论是升学考试，还是工作求职，三百六十行，数学都是必考科目，也是每个人必须掌握的一门基础课和技能工具。不学好数学，能行吗？

2. 兴趣是最好的老师

要想学好数学，首先要把学习数学当成一件快乐的事，对数学感兴趣，对数学老师有好感。古人云，亲其师，然后信其道。试想：一个学生对他的数学老师没有好感，甚至对数学老师很反感，他又怎么能够学好数学，他的数学水平如何能够提高？可是，如果你对数学老师没有好感，怎么办？从容忍数学老师的缺点开始培养好感吧！比如，老师讲话声音不动听，有时很生硬，你就想想：老师在我上课昏昏欲睡的时候总是和蔼地提醒我集中注意力，让我认真听讲；当作业本发下来时总是发现老师在我的作业本上打了很多错号和问号，同学们会笑话我学习不好，让我很难堪。那么你可以这样想想：如果老师改作业时，对我的错误视而不见，甚至还给我打上对号，那我不是在错误的路上越走越远吗？良药苦口利于病，忠言逆耳利于行。老师对我多好啊！我一定要好好学习，报答老师！

3. 坚定信心，相信自己能学好数学

伟大的发明家爱迪生曾说过："天才是百分之九十九的汗水加百分之一的灵感。"做任何一件事，都必须付出努力。没有什么事是一帆风顺的。数学是科学，学习的过程中免不了要遇到这样或那样的困难。只要你迎难而上，找到问题的症结，一定能克服困难，勇往直前！世上无难事，只要肯登攀！

4. 认真是学好数学的基础

如果你欺骗了别人，最终会被别人所骗。无论是学习新课还是复习旧课，无论是单元测试还是试卷讲评，都要认真对待，上好每一节课和每一节晚自习；按照老师的要求认真做好每一道题，即使做错了，经过自己痛苦思考得到的教训和经验会更加宝贵。

5. 独立思考，使自己的大脑更灵活

有一句名言是"数学是思维的体操"。做题时养成独立思考的好习惯，而不是一遇到问题就去找别人。学习数学是一件非常快乐的事，经过自己深思熟虑之后最终得到问题的答案，会比任何奖赏都好，你会体验到学习数学的无穷乐趣。

6. 科学的学习方法是学好数学的保证

学生的学习大部分是在学校进行的，要学好数学，除了坚定信心、培养兴趣外，还必须有一套科学的学习方法。

(1) 课前充分准备，带着问题上课。做好课前预习，对不懂的问题做出笔记或标记，上课前准备好本节课需要用到的资料和学具(课本、笔记本、练习本、草稿本、试卷、铅笔、红蓝钢笔和作图工具等)，认真听老师讲本节课的重点和自己的难点，紧跟老师的思路，重难点问题简要做好笔记，会收到事半功倍的效果。

(2) 课后整理笔记。应重点整理上节课老师主要讲了什么，自己的问题怎么解决的，学到了哪些好的方法。还有什么问题不清楚，课后及时找老师或学习好的同学讨论解决。

(3) 完成作业要及时、认真。作业是老师检验一节课的教学效果的重要手段。通过作业反馈的信息，老师可以随时调整教学计划。通过写作业可以让自己对当天所学知识及时加以强化和巩固。如果你总是拖拉作业，不但自己的学习效果差，还会影响老师对下节课的教学安排。

(4) 梳理知识，形成网络。数学的逻辑性很强，一个单元学习完成后，要及时梳理所学知识，使之形成网络，而课本上的章节目录就是很好的参考。

(5) 考后反思很重要，用好纠错本。对于自己在作业和考试中成功的经验，要及时总结，做出笔记，便于今后学习查阅；对于失败和错误的解题方法，要认真加以分析，找出出错的具体原因(如：是符号的笔误，还是用错规则，或是知识盲点，亦或是步骤省略太多……)，写出避免再犯类似错误的解决方案并加以纠正。

(6) 不断总结好的解题方法，提高解题技巧。一个好的解题方法，可使你在做题时举一反三，触类旁通，提高解题效率。因此，如果在学习中发现了好的解题方法，可以利用记忆卡及时记下来，便于今后分类整理和学习。

不管学习什么科目，使用什么方法和技巧，最关键的还是"认真"二字。

数学思想方法

数学思想是指人们对数学理论和内容的本质的认识，数学方法是数学思想的具体化形式。实际上两者的本质是相同的，差别只是站在不同的角度看问题，通常混称为"数学思想方法"。常见的数学四大思想为：函数与方程、等价转化、分类讨论、数形结合。

1. 函数与方程

函数思想，是指用函数的概念和性质去分析问题、转化问题和解决问题。方程思想，是从问题的数量关系入手，运用数学语言将问题中的条件转化为数学模型(方程、不等式或方程与不等式的混合组)，然后通过解方程(组)或不等式(组)来使问题获解。有时，还实现函数与方程的互相转化、接轨，达到解决问题的目的。

笛卡尔的方程思想是：实际问题→数学问题→代数问题→方程问题。宇宙世界，充斥着等式和不等式。哪里有等式，哪里就有方程；哪里有公式，哪里就有方程；求值问题是通过解方程来实现的；不等式问题也与方程是近亲，密切相关。列方程、解方程和研究方程的特性，都是应用方程思想时需要重点考虑的。

函数描述了自然界中数量之间的关系。函数思想通过提出问题的数学特征，建立函数关系型的数学模型，从而进行研究。它体现了"联系和变化"的辩证唯物主义观点。一般地，函数思想是构造函数，从而利用函数的性质解题，经常利用的性质是 $f(x)$ 的单调性、奇偶性、周期性、最大值和最小值、图像变换等，要求熟练掌握的是一次函数、二次函数、幂函数、指数函数、对数函数、三角函数的具体特性。在解题中，善于挖掘题目中的隐含条件，构造出函数解析式和妙用函数的性质，是应用函数思想的关键。对所给的问题比较深入、充分、全面地观察、分析、判断时，才能产生由此及彼的联系，构造出函数原型。另外，方程问题、不等式问题和某些代数问题也可以转化为与其相关的函数问题，即用函数思想解答非函数问题。

函数知识涉及的知识点多、面广，在概念性、应用性、理解性上都有一定的要求。应用函数思想的几种常见题型是：遇到变量，构造函数关系解题；有关的不等式、方程、最小值和最大值之类的问题，利用函数观点加以分析；含有多个变量的数学问题中，选定合适的主变量，从而揭示其中的函数关系；实际应用问题，翻译成数学语言，建立数学模型和函数关系式，应用函数性质或不等式等知识解答；等差、等比数列中，通项公式、前 n 项和的公式，都可以看成 n 的函数，数列问题也可以用函数方法解决。

2. 等价转化

等价转化是把未知解的问题转化为在已有知识范围内可解的问题的一种重要的思想方法。通过不断的转化，把不熟悉、不规范、复杂的问题转化为熟悉、规范甚至模式化、简单的问题。历年高考，等价转化思想无处不在。不断培养和训练自觉的转化意识，将有利于强化解决数学问题中的应变能力，提高思维能力和技能、技巧。转化有等价转化与非等价转化。等价转化要求转化过程中前因后果是充分必要的，才保证转化后的结果仍为原问题的结果。非等价转化，其过程是充分或必要的，要对结论进行必要的修正(如无理方程化有理方程要求验根)。它能给人带来思维的闪光点，找到解决问题的突破口。在应用转化时一定要注意转化的等价性与非等价性的不同要求，实施等价转化时确保其等价性，保证逻辑上的正确性。

著名的数学家、莫斯科大学教授 C. A. 雅洁卡娅曾在一次向数学奥林匹克参赛者发表《什么叫解题》的演讲时提出："解题就是把要解题转化为已经解过的题"。数学的解题过程，就是从未知向已知、从复杂到简单的化归转换过程。

等价转化思想方法的特点是具有灵活性和多样性。在应用等价转化的思想方法去解决数学问题时，没有一个统一的模式去进行。它可以在数与数、形与形、数与形之间进行转换；它可以在宏观上进行等价转化，如在分析和解决实际问题的过程中，普通语言向数学语言的翻译；它可以在符号系统内部实施转换，即所说的恒等变形。消去法、换元法、数形结合法、求值、求范围问题等等，都体现了等价转化思想。我们更是经常在函数、方程、不等式之间进行等价转化。可以说，等价转化是将恒等变形在代数式方面的形变上升到保持命题的真假不变。由于其多样性和灵活性，所以要合理地设计好转化的途径和方法，避免死搬硬套题型。

在数学操作中实施等价转化时，要遵循熟悉化、简单化、直观化、标准化的原则，即把遇到的问题，通过转化变成自己比较熟悉的问题来处理；或者将较为繁琐、复杂的问题，变成比较简单的问题，比如从超越式到代数式、从无理式到有理式、从分式到整式等；或者比较难以解决、比较抽象的问题，转化为比较直观的问题，以便准确把握问题的求解过程，比如数形结合法；或者从非标准型向标准型进行转化。按照这些原则进行数学操作，转化过程省时省力，犹如顺水推舟。经常渗透等价转化思想，可以提高解题的水平和能力。

3. 分类讨论

在解答某些数学问题时，有时会遇到多种情况，需要对各种情况加以分类，并逐类求解，然后综合得解，这就是分类讨论法。分类讨论是一种逻辑方法，还是一种重要的数学思想，同时也是一种重要的解题策略，它体现了化整为零、积零为整的思想与归类整理的方法。有关分类讨论思想的数学问题具有明显的逻辑性、综合性、探索性，能训练人的思维条理性和概括性，所以在高考试题中占有重要的位置。

引起分类讨论的原因主要是以下几个方面。

(1) 问题所涉及的数学概念是分类进行定义的。如$|a|$的定义分 $a>0$、$a=0$、$a<0$ 三种情况。这种分类讨论题型可以称为概念型。

(2)问题中涉及的数学定理、公式和运算性质、法则有范围或者条件限制，或者是分类给出的。如等比数列的前 n 项和的公式，分 $q=1$ 和 $q\neq1$ 两种情况。这种分类讨论题型可以称为性质型。

(3)解含有参数的题目时，必须根据参数的不同取值范围进行讨论。如解不等式 $ax>2$ 时分 $a>0$、$a=0$ 和 $a<0$ 三种情况讨论。这种分类讨论题型可以称为含参型。

另外，某些不确定的数量、不确定的图形的形状或位置、不确定的结论等，都主要通过分类讨论，保证其完整性，使之具有确定性。

进行分类讨论时，要遵循的原则是：分类的对象是确定的，标准是统一的，不遗漏、不重复，科学地划分，分清主次，不越级讨论。其中最重要的一条是“不漏不重”。

解答分类讨论问题的基本方法和步骤是：首先，要确定讨论对象以及所讨论对象的全体的范围；其次，确定分类标准，正确进行合理分类，即标准统一、不漏不重、分类互斥（没有重复）；再次，对所分的类逐步进行讨论，分级进行，获取阶段性结果；最后，进行归纳小结，综合得出结论。

4. 数形结合

数形结合是一种数学思想方法，包含“以形助数”和“以数辅形”两个方面。其应用大致可以分为两种情形：或者是借助形的生动和直观性来阐明数之间的联系，即以形作为手段，数为目的，比如应用函数的图像来直观地说明函数的性质；或者是借助于数的精确性和规范严密性来阐明形的某些属性，即以数作为手段，形作为目的，如应用曲线的方程来精确地阐明曲线的几何性质。

恩格斯曾说过：“数学是研究现实世界的量的关系与空间形式的科学”。数形结合就是根据数学问题的条件和结论之间的内在联系，既分析其代数意义，又揭示其几何直观，使数量关系的精确刻画与空间形式的直观形象巧妙、和谐地结合在一起，充分利用这种结合，寻找解题思路，使问题化难为易、化繁为简，从而得到解决。“数”与“形”是一对矛盾，宇宙间万物无不是“数”和“形”的矛盾的统一。华罗庚先生说过：“数缺形时少直观，形少数时难入微，数形结合百般好，隔裂分家万事休。”

数形结合的思想，其实质是将抽象的数学语言与直观的图像结合起来，关键是代数问题与图形之间的相互转化，它可以使代数问题几何化，几何问题代数化。在运用数形结合思想分析和解决问题时，要注意三点：第一，要彻底明白一些概念和运算的几何意义以及曲线的代数特征，对数学题目中的条件和结论，既分析其几何意义，又分析其代数意义；第二，恰当设参、合理用参，建立关系，由数思形，以形想数，做好数形转化；第三，正确确定参数的取值范围。

数学中的知识，有的本身就可以看作数形的结合。如锐角三角函数的定义是借助于直角三角形来定义的，任意角的三角函数是借助于直角坐标系或单位圆来定义的。

第 1 章

函数、极限及连续

【教学目标】

通过本章学习使学生能够做到：理解函数的概念、性质，掌握基本初等函数的图像性质；理解分段函数、反函数、复合函数等概念；了解一些常见的函数；理解无穷小量与无穷大量的概念；掌握极限思想、极限概念及极限的求法；理解函数的连续性概念、性质；利用极限解决现实中的具体问题；掌握空间直角坐标系、空间向量及其运算；理解空间直线及其平面方程，了解空间曲线及其曲面方程；掌握二元函数的有关概念。

函数是高等数学中最重要的概念之一。在数学、自然科学、经济学和管理科学的研究中，函数关系随处可见。微积分学是以函数关系为研究对象的。极限是研究函数和解决各种问题的一种基本方法，它研究变量的变化趋势，贯穿微积分研究的始终；极限理论是微积分理论的基础。连续是函数的最重要的性质之一，连续函数是微积分研究的主要对象。本章将从函数概念入手，进而讨论一元函数及二元函数的性质，函数的极限、函数的连续性等基本概念，为以后的学习奠定基础。

1.1 一元函数

1.1.1 函数的概念

定义 1 设 D 是一个给定的非空数集，如果对于每一个数 $x\in D$，变量 y 按一定法则总有唯一一个确定的数值与之相对应，则称变量 y 是变量 x 的函数，记作 $y=f(x)$，x 称作自变量，y 称作因变量，f 是函数符号，它表示 y 与 x 的对应法则。函数符号也可以用其他字母表示，如 g,h,φ 等。数集 D 称作函数 $y=(x)$的定义域，函数值的全体 $W=\{y\,|\,y=f(x),x\in D\}$称为函数 $y=(x)$的值域。

由函数的定义可以发现，一个函数有三个要素：定义域 D、对应法则 f 和值域 W。由于函数值可以由定义域 D 和对应法则 f 唯一确定，即给出了定义域 D 及对应法则 f，则值域

W 也就确定出来了，从而定义域 D 和对应法则 f 就是确定一个函数的两个要素。所以，在判断两个函数是否一样的时候，只要看这两个要素是否相同即可。

$y=(x)$称为函数表达式。不难发现，函数表达式有的比较简单，有的比较复杂，而事实上，复杂的表达式是由简单的表达式按照一定的“运算”（四则运算和复合运算）演变而来的，因此把表达式最简单的函数称为基本初等函数。

1. 基本初等函数

把幂函数 $y=x^{\alpha}(\alpha\in\mathrm{R})$，指数函数 $y=a^{x}(a>0$ 且 $a\neq1)$，对数函数 $y=\log_a x(a>0$ 且 $a\neq1)$，三角函数 $y=\sin x$、$y=\cos x$、$y=\tan x$、$y=\cot x$、$y=\sec x$、$y=\csc x$ 和反三角函数 $y=\arcsin x$、$y=\arccos x$、$y=\arctan x$、$y=\mathrm{arccot} x$，统称为基本初等函数。具体基本初等函数图像和性态见附录Ⅲ。

2. 复合函数

定义 2　如果 y 是 u 的函数 $y=f(u)$，而 u 又是 x 的函数 $u=\varphi(x)$，且 $\varphi(x)$的值域与 $y=f(u)$的定义域的交集非空，那么，y 通过中间变量 u 的联系成为 x 的函数。把这个函数称为由函数 $y=f(u)$与 $u=\varphi(x)$复合而成的复合函数，记作 $y=f[\varphi(x)]$。

注意：函数复合是有条件的，$y=f(u)$，$u=\varphi(x)$，并不一定都能构成复合函数 $y=f[\varphi(x)]$。

例如，$y=\ln u$，$u=\sin x-2$ 就不能构成复合函数 $y=\ln(\sin x-2)$。

学习复合函数有两方面要求：一方面，会把几个作为中间变量的函数复合成一个函数，这个复合过程实际上是把中间变量依次代入的过程；另一方面，会把一个复合函数分解为几个较简单的函数，这些较简单的函数往往是基本初等函数或是基本初等函数与常数通过四则运算所得到的函数。

【例 1】　已知 $y=\ln u$，$u=x^2$，试把 y 表示为 x 的函数。

解　$y=\ln u=\ln x^2$，$x\in(-\infty,0)\cup(0,+\infty)$。

复合函数的中间变量可以不限于一个。

【例 2】　函数 $y=\mathrm{e}^{\sin x}$ 是由哪些简单函数复合而成的？

解　令 $u=\sin x$，则 $y=\mathrm{e}^{u}$，故 $y=\mathrm{e}^{\sin x}$ 是由 $y=\mathrm{e}^{u}$，$u=\sin x$ 复合而成的。

【例 3】　函数 $y=\tan^3(2\ln x+1)$是由哪些初等函数复合而成的？

解　令 $u=\tan(2\ln x+1)$，则 $y=u^3$；再令 $v=2\ln x+1$，则 $u=\tan v$。

故 $y=\tan^3(2\ln x+1)$是由 $y=u^3$，$u=\tan v$，$v=2\ln x+1$ 复合而成的。

注意：复合函数的复合过程是由内层到外层进行的，而分解过程是由外层到内层进行的。

例如，$y=\mathrm{e}^{\arctan\sqrt{x^2+1}}\leftrightarrow y=\mathrm{e}^{w}$，$w=\arctan u$，$u=\sqrt{v}$，$v=x^2+1$。

（由左到右为分解过程，由右到左为复合过程）

1.1.2　一元函数的几个简单性质

1. 有界性

定义 3　设 $y=f(x)$，定义域为 D，若对于任意的 $x\in D$，总存在一个整数 M，使得恒有 $|f(x)|\leqslant M$，则称函数 $f(x)$在 D 上有界。否则称函数 $f(x)$在 D 上无界。

从几何上来看，一个函数是有界函数，则一定能够找到两条平行于 x 轴的直线，使得有界函数的图像介于这两条直线之间。

例如，$y=\sin x$ 是有界函数，它的图像介于 $y=-1$ 到 $y=1$ 之间；$f(x)=\dfrac{1}{x}$，在$[1,+\infty)$上有界，在$(0,1)$上无界。

常见的有界函数有：$y=\sin x$、$y=\cos x$、$y=\arcsin x$、$y=\arccos x$、$y=\arctan x$、$y=\operatorname{arccot} x$。

2. 单调性

定义 4 设函数 $f(x)$在区间 I 上有定义，对于区间 I 上任意的两个点 x_1,x_2，且 $x_1<x_2$，

(1) 如果总有 $f(x_1)<f(x_2)$，则称函数 $f(x)$在区间 I 上单调递增，区间 I 称为单调递增区间；

(2) 如果总有 $f(x_1)>f(x_2)$，则称函数 $f(x)$在区间 I 上单调递减，区间 I 称为单调递减区间。

单调递增函数与单调递减函数统称为单调函数，单调递增区间和单调递减区间统称为单调区间。

从几何上来看，单调增加的函数图像整体上是从左下向右上方向发展的，而单调减少的函数图像则是从左上向右下方向发展的。对于一个一般的函数图像，从整体上来看，可能既不是从左上到右下的，也不是从左下到右上的，但是基本都可以看成是由几个从左上到右下或者从左下到右上的段组合成的。

3. 奇偶性

定义 5 设 I 是关于原点对称的区间，函数 $f(x)$在区间 I 上有定义。

若对所有的 $x\in I$，有 $f(-x)=f(x)$，则称函数 $f(x)$为偶函数；

若对所有的 $x\in I$，有 $f(-x)=-f(x)$，则称函数 $f(x)$为奇函数。

奇偶性有的时候也叫对称性。从几何上来看，偶函数的图像是关于 y 轴成轴对称，而奇函数的图像是关于原点成中心对称。例如，$y=x^2$ 是偶函数，$y=x$ 是奇函数。

4. 周期性

定义 6 设函数 $f(x)$在区间 I 上有定义，若存在一个不为零的常数 T，使得对于任意的 x，只要 $x+T\in I$，满足 $f(x+T)=f(x)$，则称 $f(x)$是周期函数，称常数 T 为它的一个周期。

若 T 为函数的一个周期，则$\pm 2T$，$\pm 3T$ 等也都是函数的周期。通常称周期中的最小正周期为周期函数的周期，例如 $y=\sin x$ 的周期为 2π。

从几何上来看，周期性体现了图像发展中的重复规律，每隔一个周期 T，图像就出现重复。像这样的周期函数，只要了解一个周期内的特性，就可以了解整个定义域内的函数特性。

1.1.3 初等函数

1. 定义

定义 7 由常数和基本初等函数经过有限次四则运算和有限次复合而成的，并且能用一个式子表示的函数，称为初等函数。

有些函数，对于其定义域内自变量 x 的不同的值，不能用一个统一的数学表达式表示，而要用两个或两个以上的式子表示，这类函数称为分段函数。

例如，$y=f(x)=\begin{cases}\sqrt{1-x^2}, & |x|<1,\\ x^2-1, & 1<|x|\leqslant 2。\end{cases}$

注意:分段函数是用几个公式合起来表示一个函数,而不是表示几个函数。

初等函数是用一个表达式表示的函数,分段函数一般都不是初等函数。

例如,

$$y=\frac{\sin x}{x^2+1},\quad y=\log_a(x+\sqrt{1+x^2}),\quad y=\frac{a^x+a^{-x}}{2}$$

等都是初等函数。

2. 函数的定义域

从定义 1 可知,自变量的取值范围就是函数的定义域;对于一个函数,只要确定了函数的定义域和对应法则 f,函数就会相应被确定。通常把函数的定义域和函数的对应法则称为函数的两要素。在一般情况下,函数的定义域是随着函数的确定被确定出来的,定义域一般都具有特殊的实际条件范围。但是也有时候,得到了函数的表达式,却需要确定满足函数表达式所需要的自变量的取值范围,此时就要从函数表达式出发来考虑函数的定义域。

【例 4】 求函数 $y=\dfrac{x+1}{\sqrt{9-x^2}}+\ln(x-1)$ 的定义域。

解　观察函数表达式可以发现,该函数中有分式,有对数函数,还有偶次根号,因此,可以得到如下不等式组。

$$\begin{cases}\sqrt{9-x^2}\neq 0,\\ 9-x^2\geqslant 0,\\ x-1>0,\end{cases}$$

分别解这三个不等式并求解集的公共部分,可得函数的定义域为 $(1,3)$。

一般来说,函数的表达式对于自变量取值范围的限制主要由函数中的各组成部分的定义域来确定。掌握基本初等函数的定义域是求解此类问题的基础。常见的情况包括:

(1) 分母中包含自变量:$\dfrac{1}{f(x)}$;

(2) 偶次根号下包含自变量:$\sqrt[2k]{f(x)}$;

(3) 对数函数中包含自变量:$\log_a f(x)$;

(4) 反三角函数中包含自变量:$\arcsin f(x)$。

3. 邻域

在表示函数定义域或者值域的时候,一般都使用集合或者连续区间。在微积分的研究过程中,主要是通过研究某些点附近的“局部”细微变化进而研究函数在定义域内的整体变化的。今后,在很多情况下会用到这个表示某点附近区域的工具——邻域。

在数轴上一点 a,距离 a 的距离小于 δ 的区域称为 a 的 δ 邻域,记作 $U(a,\delta)$,即

$$U(a,\delta)=\{x\,|\,|x-a|<\delta\}=(a-\delta,a+\delta)。$$

其中,点 a 称为邻域的中心,正常数 δ 称为邻域的半径。

在考虑邻域的有些时候,需要将特殊点 a 排除在外。排除了中心 a 以后的邻域称为 a 的一个去心 δ 邻域,记作 $\mathring{U}(a,\delta)$,即

$$\mathring{U}(a,\delta)=\{x\,|\,0<|x-a|<\delta\}=(a-\delta,a)\cup(a,a+\delta)。$$

1.1.4 生活中常见的函数及建模

1. 根据实际问题中变量的内在关系建立函数表达式

前面已经了解了函数的概念及性质，现在可以利用它们来解决实际问题。从例题中可以发现，解决实际问题的过程其实就是将问题转化为数学问题，建立数学模型，具体步骤如下：

(1) 分析问题中哪些是变量、哪些是常量，分别用字母表示；

(2) 分析所给条件，运用数学、物理或其他知识，确定等量关系；

(3) 具体写出函数关系：$y=f(x)$，并指明定义域。

2. 生活中常见的函数：成本函数、收益函数、利润函数

某产品的总成本是指生产一定数量的产品所需的全部经济资源投入的价格或费用总额。它由固定成本与可变成本组成。

设 C 为总成本，C_1 为固定成本，C_2 为可变成本，$\overline{C}$为平均成本，Q 为产量，则有

总成本函数：$C=C(Q)=C_1+C_2(Q)$；

总收益是出售一定数量的产品所得到的全部收入；

总利润是生产一定数量的产品的总收益与总成本之差。

设 P 为商品价格，Q 为商品量，R 为总收益，$C(Q)$为总成本，则有

总收益函数：$R=R(Q)=Q\cdot P(Q)$；

总利润函数：$L(Q)=R(Q)-C(Q)$。

例如，生产某种产品 q 个单位时的费用为 $C(q)=5q+200$，收入函数为 $R(q)=10q-0.01q^2$，则利润函数为

$$L(Q)=R(Q)-C(Q)=-0.01(q-250)^2+425。$$

习题 1.1

1. 求出由下列函数复合而成的函数：

(1) $y=u^2,u=\sin x$；

(2) $y=\sin u,u=2x$；

(3) $y=e^u,u=\sin v,v=x^2+1$；

(4) $y=\lg u,u=3v,v=\sin x$。

2. 指出下列复合函数的复合过程：

(1) $y=(3-x)^{50}$；

(2) $y=\sqrt[3]{5x-1}$；

(3) $y=\sin^2(5x)$；

(4) $y=\arccos[\ln(x^2-1)]$。

3. 求函数的定义域：

(1) $y=\sqrt{3-x}+\arcsin\dfrac{3-2x}{5}$；

(2) $y=\ln(x^2-2x+1)$。

1.2 二元函数

1.2.1 空间直角坐标系

1. 空间直角坐标系的概念

在空间取三条相互垂直且相交于原点的数轴——x 轴、y 轴和 z 轴，这样就建立了一个

空间直角坐标系 $O-xyz$。一般各数轴上的单位长度相同。

说明：

(1) x 轴、y 轴和 z 轴的位置关系遵循右手螺旋法则，即让右手的四个手指指向 x 轴的正向，然后让四指沿握拳方向转向 y 轴的正向，大拇指所指的方向为 z 轴的正向。

(2) 在空间直角坐标系 $O-xyz$ 中，点 O 称为坐标原点，简称原点；x 轴、y 轴和 z 轴又分别称为横轴、纵轴、竖轴，三条数轴统称为坐标轴；由任意两条坐标轴所确定的平面称为坐标面，共有 xOy、yOz、zOx 三个坐标面。三个坐标面把空间分隔成八部分，每部分依次称为第一、第二直至第八卦限。其中，第一卦限位于 x、y、z 轴的正向位置，第二至第四卦限也位于 xOy 面的上方，按逆时针方向排列；第五卦限在第一卦限的正下方，第六至第八卦限也在 xOy 面的下方，按逆时针方向排列，如图 1-1 所示。

2. 空间点的直角坐标

如图 1-2 所示，设 M 为空间的任意一点，M_1 为它在 xOy 平面上的正投影，设 M_1 在 xOy 坐标系中的坐标为 (x,y)。

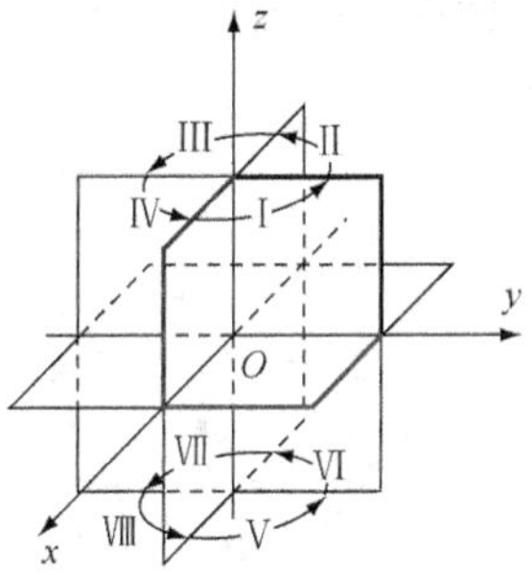

图 1-1

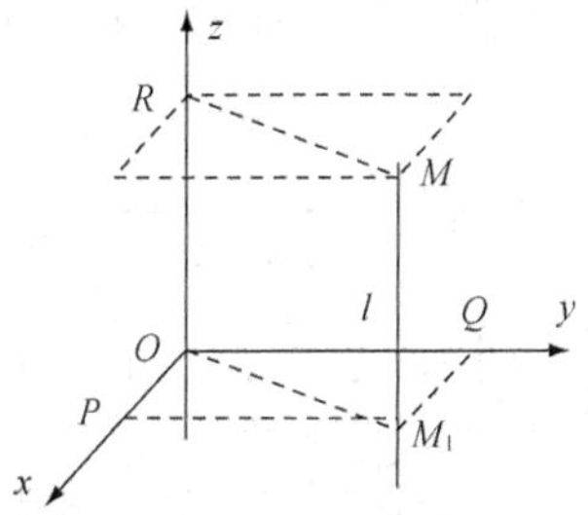

图 1-2

过 M 作 z 轴的垂线，垂足 R 在 z 轴上的坐标为 z，这样点 M 就唯一地确定了一组三元有序数组 (x,y,z)。反之，如果任给一组三元有序数组 (x,y,z)，过 xOy 平面上坐标为 (x,y) 的点 M_1 作 xOy 平面的垂线 l，过 z 轴上坐标为 z 的点 R 作 z 轴的垂直平面，可得与 l 唯一的交点 M。称这样的三元有序实数组 (x,y,z) 为点 M 在该空间直角坐标系中的坐标，记作 $M(x,y,z)$ 或 $M=(x,y,z)$，x、y、z 分别称为点 M 的横坐标、纵坐标和竖坐标，也称为点 M 坐标的 x、y 和 z 分量。

说明：

(1) 在建立了空间直角坐标系后，就能在空间点 M 与其坐标之间建立一一对应的关系。

(2) 空间点的直角坐标其实就是一个三元有序实数组 (x,y,z)。

(3) 原点 O 的坐标均为 0，即 $O(0,0,0)$。点 M 在 xOy 坐标面上 $\Leftrightarrow M(x,y,0)$。类似可得其他坐标面或坐标轴上点的坐标特征。八个卦限内点的三个坐标均不为零，各分量的符号由点所在卦限确定。

(4) 关于坐标轴、坐标面、坐标原点对称的点的坐标有相应的关系，例如，与点 (x,y,z) 关于 x 轴对称的点为 $(x,-y,-z)$。

【例 1】 长方体 $ABCD-A_1B_1C_1D_1$ 的棱长 $AB=a$，$AD=b$，$AA_1=c$，以顶点 A 为原点、过 A 的三条棱为坐标轴，建立直角坐标系，如图 1-3 所示。求长方体各顶点、各个面的中心及长方体中心在该坐标系中的坐标。

解 顶点坐标：$A(0,0,0)$，$B(a,0,0)$，$C(a,b,0)$，$D(0,b,0)$，

$A_1(0,0,c)$，$B_1(a,0,c)$，$C_1(a,b,c)$，$D_1(0,b,c)$；

各个面的中心坐标：$E_1(\frac{a}{2},\frac{b}{2},0)$，$E_2(\frac{a}{2},\frac{b}{2},c)$，$E_3(\frac{a}{2},0,\frac{c}{2})$，$E_4(\frac{a}{2},b,\frac{c}{2})$，$E_5(a,\frac{b}{2},\frac{c}{2})$，$E_6(0,\frac{b}{2},\frac{c}{2})$；

长方体中心 F 坐标：$F(\frac{a}{2},\frac{b}{2},\frac{c}{2})$。

【例 2】 正圆锥母线与中心轴成 φ 角，P 为锥面上一点，$OP=l$，以圆锥顶点为原点、中心轴为 z 轴建立坐标系，OP_1 为 OP 在 xOy 坐标面上的正投影，从 x 轴正向到 OP_1 的角为 α，如图 1-4 所示。试用 l,φ,α 表示点 P 的坐标。

解 P 坐标的 x,y 分量与 P_1 在 xOy 坐标面中的坐标相同；$OP_1=OP\cos(\frac{\pi}{2}-\varphi)=l\cdot\sin\varphi$，所以 P 坐标的 x,y 分量分别为 $x=l\cdot\sin\varphi\cos\alpha$，$y=l\cdot\sin\varphi\sin\alpha$；

P 坐标的 z 分量是 P 在 z 轴上的投影 P_2 的坐标，所以 $z=l\cdot\cos\varphi$。

综上，点 P 的坐标为 $(l\sin\varphi\cos\alpha, l\sin\varphi\sin\alpha, l\cos\varphi)$。

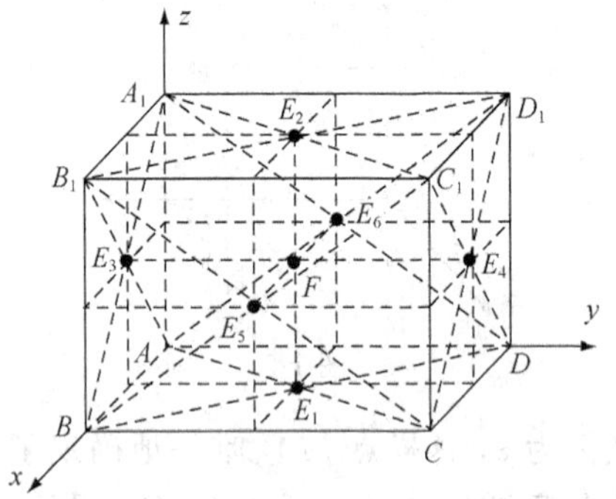

图 1-3

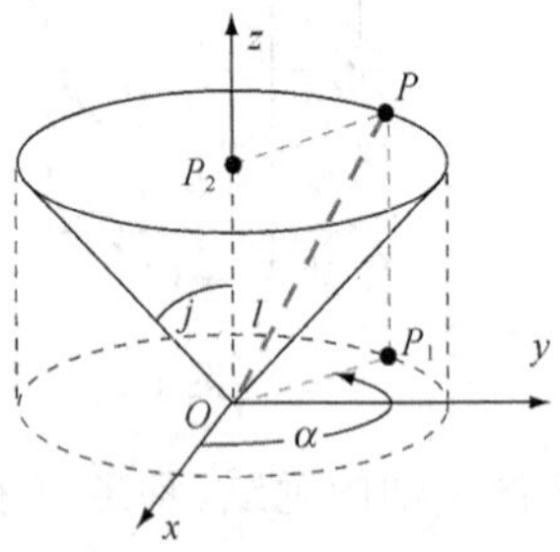

图 1-4

1.2.2 二元函数及多元函数的概念

1. 多元函数的定义

【例 3】 圆锥体的体积 V 与它的底面半径 r、高 h 之间有关系 $V=\frac{1}{3}\pi r^2 h$，当 r,h 在一定范围内取定一对值时，通过上面的关系式(对应规律)，都有确定的 V 值与之相对应。

【例 4】 在直流电路中，电流 I、电压 U 与电阻 R 之间有关系 $I=U/R$，当 U,R 在一定范围内取定一对值时，通过上面的关系式，都有确定的 I 值与之相对应。

定义 1 设 D 是 xOy 平面上的一个非空点集，x,y,z 为三个变量。若对于 D 中任意一点 (x,y)，按照对应法则 f，变量 z 都有唯一的值与之对应，则称 f 是定义在 D 上的 x,y 的二元函数，记为 $z=f(x,y)$，其中 x,y 称为自变量，z 称为因变量，集合 D 称为函数的定义域，变量 z 取值的集合 $Z=\{z \mid z=f(x,y),(x,y)\in D\}$ 称为该函数的值域。

二元函数 $z=f(x,y)$ 可看成平面上点 $P(x,y)\in D$ 与数 z 之间的对应，因此也可记作 $z=f(P)$。

二元函数 $f(x,y)$ 在点 $P_0(x_0,y_0)$ 处所取得的函数值记为 $f(x_0,y_0)$ 或 $f(P_0)$ 或 $z\big|_{x=x_0,y=y_0}$。

类似地，可以定义三元函数 $u=f(x,y,z)$ 以及三元以上的函数。一般地，可以定义 n 个变量的函数 $u=f(x_1,x_2,x_3,\cdots,x_n)$。二元及二元以上的函数统称为多元函数。

2. 二元函数的定义域

定义 2　以一条或几条线及一些点界定出来的平面的部分称为区域，界定区域的线称为区域的边界。包括边界在内的区域称为闭域，不包括边界在内的区域称为开域。如果区域能含于一个以原点为中心、半径适当大的圆内，则称该区域是有界的，否则，称为无界的。

【例 5】　求下列函数的定义域：

(1) $z=\sqrt{R^2-x^2-y^2}$；　(2) $z=\ln(x^2+y^2-1)+\dfrac{1}{\sqrt{4-x^2-y^2}}$；

(3) $z=\dfrac{\arcsin(x+y)}{\sqrt{x^2+y^2}}$。

解　(1) 要使函数的解析式有意义，x,y 必须满足 $R^2-x^2-y^2\geqslant 0$，所以函数的定义域是 $D=\{(x,y)\mid x^2+y^2\leqslant R^2\}$，即以原点为圆心、半径为 R 的圆内及圆周上一切点 $P(x,y)$ 的集合，如图 1-5(a)所示。

(2) 要使函数的解析式有意义，x,y 必须满足不等式组 $\begin{cases}x^2+y^2-1>0,\\4-x^2-y^2>0,\end{cases}$ 所以函数的定义域是以原点为圆心，半径分别为 1、2 的两个同心圆之间的一切点 $P(x,y)$ 的集合，如图 1-5(b)所示。

(3) 函数的定义域是 $D=\{(x,y)\mid -1\leqslant x+y\leqslant 1,(x,y)\neq(0,0)\}$，即如图 1-5(c)所示的包括边界线的带形范围上的除原点 $O(0,0)$ 外的一切点 $P(x,y)$ 的集合。

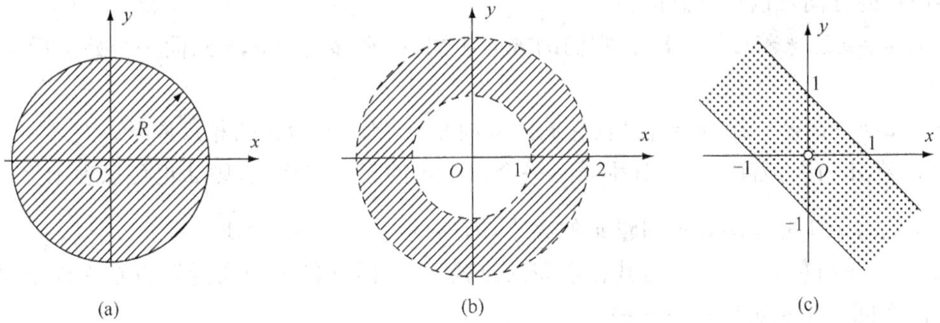

图 1-5

3. 邻域的概念

定义 3　引入平面上点 $P_0(x_0,y_0)$ 的 $\delta(\delta>0)$ 邻域的概念，如表 1-1 所示。

表 1-1

名称	数轴上点 $P_0(x_0)$ 的 δ 邻域 $U(x_0,\delta)$	平面上点 $P_0(x_0,y_0)$ 的 δ 邻域 $U(P_0,\delta)$
定义	$U(x_0,\delta)=\{x\mid \mid x_0-x\mid<\delta\}$	$U(P_0,\delta)=\{(x,y)\mid (x-x_0)^2+(y-y_0)^2<\delta^2\}$
几何表示	数轴上以 P_0 为中心、长度为 2δ 的开区间	以 P_0 为圆心、以 δ 为半径的圆形开区域

4. 二元函数的几何意义

设 $z=f(x,y)$ 的定义域为 xOy 平面上的一个区域 D，对于 D 中的每一个点 $P(x,y)$，把所对应的函数值 z 作为竖坐标，就在空间得到了一个对应点 $M(x,y,z)$，如图 1-6 所示。当点 P 取遍 D 上所有的点时，对应点 M 就构成了空间的一个点集，这个点集就是函数 $z=f(x,y)$ 的几何意义，也就是函数的图像。一般来说，二元函数的图像是空间中的平面或曲面，定义域 D 是该面在 xOy 平面上的投影。

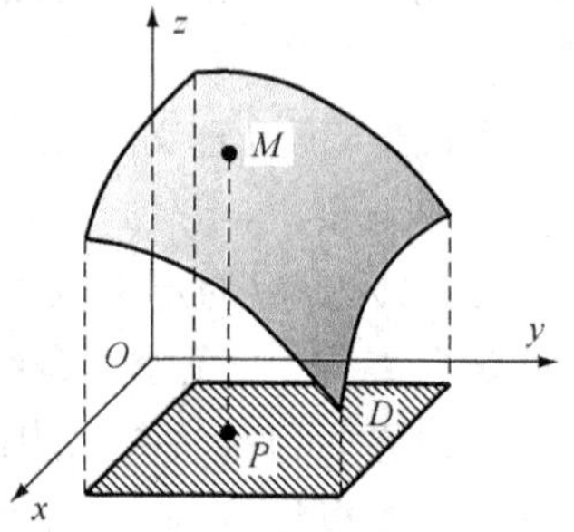

图 1-6

例如，x,y 的一次函数 $z=ax+by+c$ 的图像是一个平面；函数 $z=\sqrt{a^2-x^2-y^2}$ 的图像是球心在原点、半径为 a 的上半球面；函数 $z=c\sqrt{1-\frac{x^2}{a^2}-\frac{y^2}{b^2}}$ 的图像是上半椭球面。

1.2.3* 空间向量及相关运算

1. 向量的基本概念

定义 4 数量或标量：只有大小的量；向量或矢量：既有大小、又有方向的量。

注意：

(1) 向量一般用一个小写的黑体字母来表示，如 $\boldsymbol{a},\boldsymbol{b}$，或者 $\vec{a},\vec{b}$ 等。

(2) 向量的大小称为向量的模，向量 $\boldsymbol{a}$ 的模通常表示为 $|\boldsymbol{a}|$ 或 $|\vec{a}|$。

(3) 模等于 1 的向量称为单位向量，记作 $\boldsymbol{e}$ 或 $\vec{e}$；模等于零的向量称为零向量，记作 $\boldsymbol{0}$ 或 $\vec{0}$，零向量的方向可以是任意的。

(4) $\boldsymbol{a}=\boldsymbol{b}$ 意味着 $|\boldsymbol{a}|=|\boldsymbol{b}|$ 且它们的方向相同，即平移向量 $\boldsymbol{a},\boldsymbol{b}$ 到同一个始点后，$\boldsymbol{a},\boldsymbol{b}$ 是重合的。

(5) $\boldsymbol{a}=-\boldsymbol{b}$ 意味着 $|\boldsymbol{a}|=|\boldsymbol{b}|$ 且它们的方向相反，称 $-\boldsymbol{b}$ 为 $\boldsymbol{b}$ 的相反向量。

(6) 在几何上，若以 A,B 分别表示一个向量 $\boldsymbol{a}$ 的起点和终点，则 $\boldsymbol{a}$ 也可以表示为有向线段 $\overrightarrow{AB}$，此时 $\overrightarrow{AB}$ 的长即表示向量 $\boldsymbol{a}$ 的大小，即 $|\boldsymbol{a}|=|\overrightarrow{AB}|=|\overrightarrow{AB}|$。

(7) 空间向量是一个量，与其在空间的位置无关，因此像平面向量可以在平面上自由移动一样，空间向量也可以在空间中自由平移。

2. 向量的坐标

(1) 向量坐标的定义。

定义 5 设在空间中已建立了直角坐标系 $O-xyz$，把已知向量 $\boldsymbol{a}$ 的起点移到原点 O 时，其终点在 M 点处，即 $\boldsymbol{a}=\overrightarrow{OM}$，称 $\overrightarrow{OM}$ 为向径（或矢径），通常记作 $\boldsymbol{r}$；称点 M 的坐标 (x,y,z) 为 $\boldsymbol{a}$ 的坐标，记作 $\boldsymbol{a}=\vec{a}=(x,y,z)$，即向量 $\boldsymbol{a}$ 的坐标就是与其相等的向径的终点坐标，如图 1-7 所示。

说明：

① 向径就是从原点出发的向量，任何一个向量都有一个和它相等的向径。

② 向量的坐标就是和它相等的向径的终点坐标。

③ 这样在建立了直角坐标系的空间中,向量、向径、坐标之间就有一一对应的关系。

④ 若 $\boldsymbol{a}=(x,y,z)$,则 $|\boldsymbol{a}|=|\vec{a}|=\sqrt{x^2+y^2+z^2}$。

【例 6】 长方体 $ABCD-A_1B_1C_1D_1$ 的过顶点 A 的三条棱长 $AB=a,AD=b,AA_1=c$,直角坐标系 $O-xyz$ 的 x,y,z 轴依次平行于 AB,AD,AA_1。求以 A 和 B 为始点的各对角线向量的坐标。

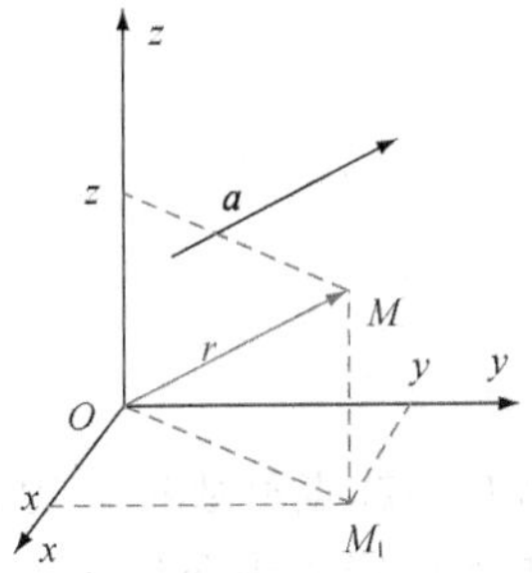

图 1-7

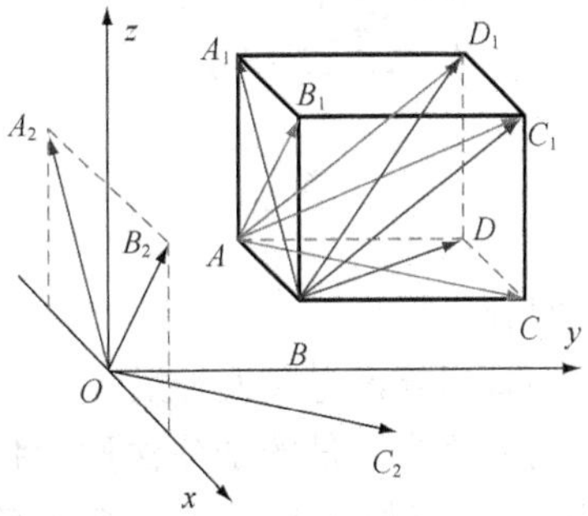

图 1-8

解 如图 1-8 所示,以 A 为始点的对角线向量有 $\overrightarrow{AB_1},\overrightarrow{AC},\overrightarrow{AD_1},\overrightarrow{AC_1}$。$\overrightarrow{AB_1}$ 对应的向径为 $\overrightarrow{OB_2}$,$\overrightarrow{OB_2}=(a,0,c)$,所以 $\overrightarrow{AB_1}=(a,0,c)$;$\overrightarrow{AC}$ 对应的向径为 $\overrightarrow{OC_2}$,$\overrightarrow{OC_2}=(a,b,0)$,所以 $\overrightarrow{AC}=(a,b,0)$;同理可得 $\overrightarrow{AD_1}=(0,b,c)$,$\overrightarrow{AC_1}=(a,b,c)$。以 B 为始点的对角线向量有 $\overrightarrow{BA_1},\overrightarrow{BD},\overrightarrow{BD_1},\overrightarrow{BC_1}$。$\overrightarrow{BA_1}$ 对应的向径为 $\overrightarrow{OA_2}$,$\overrightarrow{OA_2}=(-a,0,c)$,所以 $\overrightarrow{BA_1}=(-a,0,c)$;同理可得 $\overrightarrow{BD}=(-a,b,0)$,$\overrightarrow{BD_1}=(-a,b,c)$,$\overrightarrow{BC_1}=\overrightarrow{AD_1}=(0,b,c)$。

(2) 已知始点、终点坐标的向量的坐标。

把向量 $\boldsymbol{a}$ 的始点移到点 M 时,终点在 N 点处。若已知点 M,N 的坐标分别为 (x_1,y_1,z_1),(x_2,y_2,z_2),则 $\boldsymbol{a}=\overrightarrow{MN}$ 对应的向径 $\overrightarrow{OP}$ 的终点 P 的坐标为 $(x_2-x_1,y_2-y_1,z_2-z_1)$,所以 $\boldsymbol{a}=(x_2-x_1,y_2-y_1,z_2-z_1)$,即向量坐标为终点坐标减去对应始点坐标,如图 1-9 所示。

定义 6 根据公式,立即得到空间两点的距离公式:若 $M(x_1,y_1,z_1)$,$N(x_2,y_2,z_2)$,则 $\left|\overrightarrow{MN}\right|=\sqrt{(x_2-x_1)^2+(y_2-y_1)^2+(z_2-z_1)^2}$。

【例 7】 已知向量 $\boldsymbol{a}=\overrightarrow{AB}=(-3,0,1)$,始点 A 的坐标为 $(-3,1,4)$,求终点 B 的坐标。

解 设 $B=(x,y,z)$,则 $\overrightarrow{AB}=(x+3,y-1,z-4)=(-3,0,1)$,

所以 $x=-6,y=1,z=5$,即 $B=(-6,1,5)$。

【例 8】 在 y 轴上求与点 $A(1,-3,7)$ 和 $B(5,7,-5)$ 等距离的点。

解 因为所求的点在 y 轴上,故可设它为 $M(0,y,0)$。根据题意有

$|\overrightarrow{MA}|=|\overrightarrow{MB}|$,即 $\sqrt{(1-0)^2+(-3-y)^2+(7-0)^2}=\sqrt{(5-0)^2+(7-y)^2+(-5-0)^2}$,两边平方去根号,整理后得 $20y=40$,从而有 $y=2$。所以,所求的点 M 的坐标为 $(0,2,0)$。

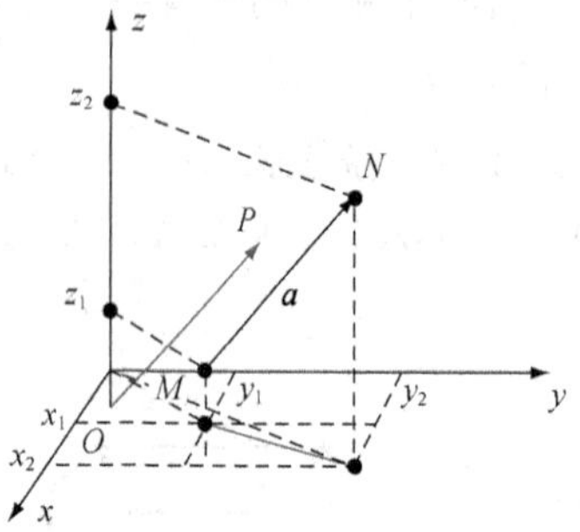

图 1-9

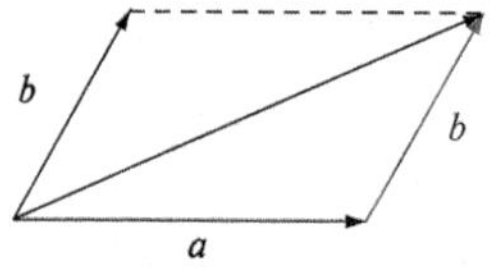

图 1-10

3. 向量的加减运算

(1) 向量加减运算的定义及性质。

定义 7 规定两个向量的加法法则：将两个向量 $\boldsymbol{a}$ 和 $\boldsymbol{b}$ 的起点移放在一起，并以 $\boldsymbol{a}$ 和 $\boldsymbol{b}$ 为邻边作平行四边形，如图 1-10 所示则从起点到对角顶点的向量称为向量 $\boldsymbol{a}$ 与 $\boldsymbol{b}$ 的和向量，记为 $\boldsymbol{a}+\boldsymbol{b}$；或以向量 $\boldsymbol{a}$ 的终点作为向量 $\boldsymbol{b}$ 的起点，则由 $\boldsymbol{a}$ 的起点到 $\boldsymbol{b}$ 的终点的向量亦是 $\boldsymbol{a}$ 与 $\boldsymbol{b}$ 的和向量。

说明：

① 两个向量的加法法则又称为平行四边形法则或三角形法则。

② 推广：任意有限个向量相加。如图 1-11 所示，$\overrightarrow{OD}$ 就是四个向量 $\boldsymbol{a}$，$\boldsymbol{b}$，$\boldsymbol{c}$，$\boldsymbol{d}$ 的和向量，即 $\overrightarrow{OD}=\boldsymbol{a}+\boldsymbol{b}+\boldsymbol{c}+\boldsymbol{d}$。

③ 向量的减法：$\boldsymbol{a}-\boldsymbol{b}$，实际上是 $\boldsymbol{a}$ 与 $\boldsymbol{b}$ 的负向量的和。

④ 对于任何向量 $\boldsymbol{a}$，都有 $\boldsymbol{a}+\boldsymbol{0}=\boldsymbol{a}$。

⑤ 向量的加法满足以下运算律：交换律，即 $\boldsymbol{a}+\boldsymbol{b}=\boldsymbol{b}+\boldsymbol{a}$；结合律，即 $(\boldsymbol{a}+\boldsymbol{b})+\boldsymbol{c}=\boldsymbol{a}+(\boldsymbol{b}+\boldsymbol{c})=\boldsymbol{a}+\boldsymbol{b}+\boldsymbol{c}$。

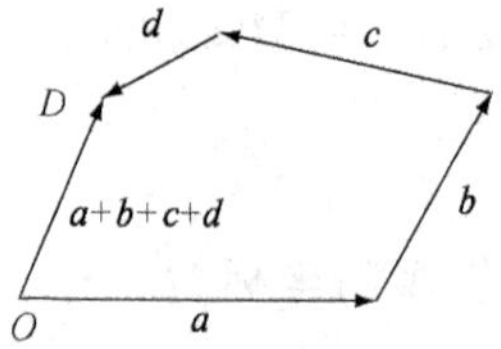

图 1-11

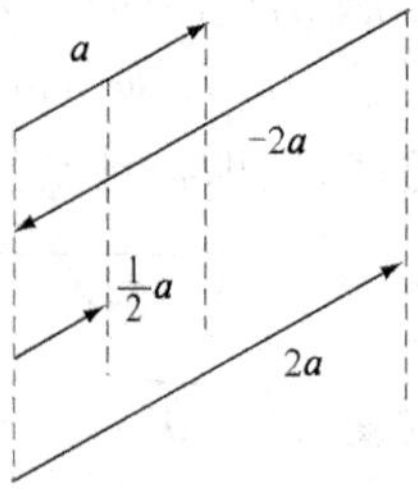

图 1-12

(2) 向量与数的乘法。

定义 8 设 λ 为一个实数，向量 $\boldsymbol{a}$ 与 λ 的乘积记作 $\lambda\boldsymbol{a}$，规定它为满足下列条件的一个向量（见图 1-12）：

① $|\lambda\boldsymbol{a}|=|\lambda|\cdot|\boldsymbol{a}|$。

② 当 $\lambda>0$ 时，$\lambda\boldsymbol{a}$ 与 $\boldsymbol{a}$ 方向相同；当 $\lambda<0$ 时，$\lambda\boldsymbol{a}$ 与 $\boldsymbol{a}$ 方向相反；当 $\lambda=0$ 或 $\boldsymbol{a}=\boldsymbol{0}$ 时，$\lambda\boldsymbol{a}=0$。

说明：

① 向量数乘的几何意义：将向量的大小在原来的方向或者相反的方向上扩大λ倍或者缩小$\frac{1}{\lambda}$。

② $(-1)\cdot \boldsymbol{a}=-\boldsymbol{a}$，即 $\boldsymbol{a}$ 的相反向量是原向量乘 -1 的结果。

③ 记与向量 $\boldsymbol{a}$ 方向相同的单位向量为 $\boldsymbol{e}_a$，$\boldsymbol{e}_a=\frac{\vec{a}}{|\vec{a}|}$。

④ 若 $\vec{a}=(x,y,z)$，则 $\vec{e_a}=(\frac{x}{\sqrt{x^2+y^2+z^2}},\frac{y}{\sqrt{x^2+y^2+z^2}},\frac{z}{\sqrt{x^2+y^2+z^2}})$。

⑤ 向量与数的乘法满足以下运算律(其中λ，μ为实数，$\boldsymbol{a}$，$\boldsymbol{b}$ 为向量)：

结合律，即$\lambda(\mu \boldsymbol{a})=(\lambda\mu)\boldsymbol{a}=\mu(\lambda \boldsymbol{a})$；

分配律，即$(\lambda+\mu)\boldsymbol{a}=\lambda \boldsymbol{a}+\mu \boldsymbol{a}$，$\lambda(\boldsymbol{a}+\boldsymbol{b})=\lambda \boldsymbol{a}+\lambda \boldsymbol{b}$。

(3) 坐标基向量及向量关于基向量的分解。

在空间中已建立了坐标系 $O-xyz$，以 O 为始点的三个单位向量 $\boldsymbol{i}(1,0,0)$，$\boldsymbol{j}(0,1,0)$，$\boldsymbol{k}(0,0,1)$称为坐标基向量；$\boldsymbol{a}=(x,y,z)$为已知向量，对应的向径为 $\overrightarrow{OM}$，$\overrightarrow{OM}$ 在三个坐标轴上的投影依次为 $\overrightarrow{OP}$，$\overrightarrow{OQ}$，$\overrightarrow{OR}$，如图 1-13 所示，则 $\overrightarrow{OP}=x\boldsymbol{i}$，$\overrightarrow{OQ}=y\boldsymbol{j}$，$\overrightarrow{OR}=z\boldsymbol{k}$，依次称这三个向量为向量 $\boldsymbol{a}$ 关于 x 轴、y 轴和 z 轴的分量，即

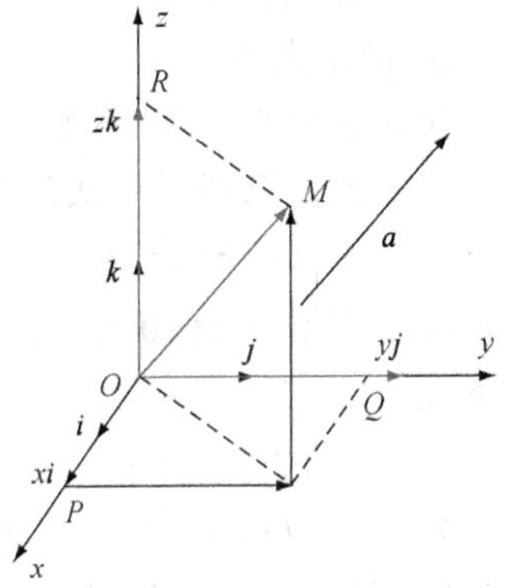

图 1-13

$$\boldsymbol{a}=\overrightarrow{OM}=x\boldsymbol{i}+y\boldsymbol{j}+z\boldsymbol{k}。$$

说明：

① 对于一个任意的向量 $\boldsymbol{a}=(x,y,z)$，有 $\boldsymbol{a}=x\boldsymbol{i}+y\boldsymbol{j}+z\boldsymbol{k}$。

② $\boldsymbol{a}=(x_1,y_1,z_1)=x_1\boldsymbol{i}+y_1\boldsymbol{j}+z_1\boldsymbol{k}$，$\boldsymbol{b}=(x_2,y_2,z_2)=x_2\boldsymbol{i}+y_2\boldsymbol{j}+z_2\boldsymbol{k}$，则 $\boldsymbol{a}\pm\boldsymbol{b}=(x_1\boldsymbol{i}+y_1\boldsymbol{j}+z_1\boldsymbol{k})\pm(x_2\boldsymbol{i}+y_2\boldsymbol{j}+z_2\boldsymbol{k})=(x_1\pm x_2)\boldsymbol{i}+(y_1\pm y_2)\boldsymbol{j}+(z_1\pm z_2)\boldsymbol{k}$。

【例 9】 设 $\boldsymbol{a}=(0,-1,2)$，$\boldsymbol{b}=(-1,3,4)$，求 $\boldsymbol{a}+\boldsymbol{b}$，$2\boldsymbol{a}-\boldsymbol{b}$。

解 $\boldsymbol{a}+\boldsymbol{b}=(0+(-1),-1+3,2+4)=(-1,2,6)$；

$2\boldsymbol{a}-\boldsymbol{b}=(2\times0,2\times(-1),2\times2)-(-1,3,4)=(0-(-1),-2-3,4-4)=(1,-5,0)$。

【例 10】 设 $\boldsymbol{a}=(1,1,-2)$，$2\boldsymbol{a}-3\boldsymbol{b}=(-1,3,-4)$，求 $\boldsymbol{b}$。

解法一 设$\boldsymbol{b}=(x,y,z)$，则

$(2\times1,2\times1,2\times(-2))-(3x,3y,3z)=(2-3x,2-3y,-4-3z)=(-1,3,-4)$，则

$2-3x=-1,x=1;2-3y=3,y=-\frac{1}{3};-4-3z=-4,z=0$。

所以 $\boldsymbol{b}=(1,-\frac{1}{3},0)$。

解法二 设 $2\boldsymbol{a}-3\boldsymbol{b}=\boldsymbol{c}$，则 $\boldsymbol{c}=(-1,3,-4)$，$\boldsymbol{b}=\frac{1}{3}(2\boldsymbol{a}-\boldsymbol{c})=\frac{1}{3}[(2\times1,2\times1,2\times(-2))-(-1,3,-4)]=\frac{1}{3}(2-(-1),2-3,-4-(-4))=\frac{1}{3}(3,-1,0)=(1,-\frac{1}{3},0)$。

【例 11】 设 $\boldsymbol{a}=2\boldsymbol{i}+3\boldsymbol{j}+6\boldsymbol{k}$，试求方向相反、长度为 14 的向量 $\boldsymbol{b}$。

解 $\mathbf{e}_a=\frac{1}{7}(2\boldsymbol{i}+3\boldsymbol{j}+6\boldsymbol{k})$，$\boldsymbol{b}=14(-\mathbf{e}_a)=-2(2\boldsymbol{i}+3\boldsymbol{j}+6\boldsymbol{k})=-4\boldsymbol{i}-6\boldsymbol{j}-12\boldsymbol{k}$。

4. 向量的数量积

（1）向量的数量积的概念。

设有一个物体在常力 $\boldsymbol{F}$ 的作用下沿直线运动，产生了位移 $\boldsymbol{S}$，力 $\boldsymbol{F}$ 可以分解成在位移方向上的投影 $\boldsymbol{F}_1$ 和垂直于位移方向的投影 $\boldsymbol{F}_2$ 两部分，仅 $\boldsymbol{F}_1$ 对位移做功。记 θ 为 $\boldsymbol{F}$ 与 $\boldsymbol{S}$ 的夹角，如图 1-14 所示，则力 $\boldsymbol{F}$ 对位移做的功为 $W=|\boldsymbol{F}||\boldsymbol{S}|\cdot\cos\theta$，等式的右端为 $\boldsymbol{F}$ 在 $\boldsymbol{S}$ 方向上的投影与 $\boldsymbol{S}$ 的模的积。这是两个向量 $\boldsymbol{F},\boldsymbol{S}$ 的一种运算，称为 $\boldsymbol{F},\boldsymbol{S}$ 的数量积或点积。

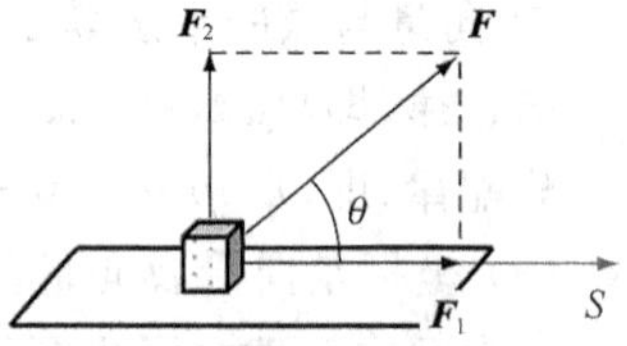

图 1-14

说明：向量 $\boldsymbol{F},\boldsymbol{S}$ 的数量积或点积 $\vec{F}\cdot\vec{S}=|\boldsymbol{F}||\boldsymbol{S}|\cdot\cos\theta$（$\theta$ 为 $\boldsymbol{F}$ 与 $\boldsymbol{S}$ 的夹角）。

① 向量夹角：

设 $\boldsymbol{a},\boldsymbol{b}$ 为非零向量，将它们的起点平移到同一个点，那么表示 $\boldsymbol{a},\boldsymbol{b}$ 的两条线段所成的在 0 与 π 之间的角，称为量 $\boldsymbol{a},\boldsymbol{b}$ 的夹角，记为 $(\boldsymbol{a},\boldsymbol{b})$ 或 $(\boldsymbol{b},\boldsymbol{a})$。特别地，若 $(\boldsymbol{a},\boldsymbol{b})=\pi/2$，则称 $\boldsymbol{a},\boldsymbol{b}$ 垂直，记作 $\boldsymbol{a}\perp\boldsymbol{b}$；$\mathbf{0}$ 与任何向量的夹角无意义；向量与坐标轴的夹角就是向量与轴正向所成的角。

② 向量的数量积：

定义 9 设 $\boldsymbol{a},\boldsymbol{b}$ 是两个向量，它们的模 $|\boldsymbol{a}|$，$|\boldsymbol{b}|$ 及夹角的余弦 $\cos(\boldsymbol{a},\boldsymbol{b})$ 的乘积，称为向量 $\boldsymbol{a}$ 与 $\boldsymbol{b}$ 的数量积（或称点积），记作 $\boldsymbol{a}\cdot\boldsymbol{b}$，即 $\boldsymbol{a}\cdot\boldsymbol{b}=|\boldsymbol{a}||\boldsymbol{b}|\cdot\cos(\boldsymbol{a},\boldsymbol{b})$。

说明：

a. 向量的数量积是一个数量，它由两个因子构成，第一因子是向量 $\boldsymbol{a}$ 在向量 $\boldsymbol{b}$ 方向上的投影向量的模 $|\boldsymbol{a}|\cdot\cos(\boldsymbol{a},\boldsymbol{b})$，第二个因子则是向量 $\boldsymbol{b}$ 的模 $|\boldsymbol{b}|$。因此向量的数量积实际上是一个向量在另一个向量上的投影积。

b. 坐标基向量 $\boldsymbol{i},\boldsymbol{j},\boldsymbol{k}$ 之间的数量积关系为 $\boldsymbol{i}\cdot\boldsymbol{i}=\boldsymbol{j}\cdot\boldsymbol{j}=\boldsymbol{k}\cdot\boldsymbol{k}=1$，$\boldsymbol{i}\cdot\boldsymbol{j}=\boldsymbol{i}\cdot\boldsymbol{k}=\boldsymbol{j}\cdot\boldsymbol{i}=\boldsymbol{j}\cdot\boldsymbol{k}=\boldsymbol{k}\cdot\boldsymbol{i}=\boldsymbol{k}\cdot\boldsymbol{j}=0$。

c. 数量积有以下运算性质：

(a) $\boldsymbol{a}\cdot\boldsymbol{a}=|\boldsymbol{a}|^2$（$\boldsymbol{a}\cdot\boldsymbol{a}$ 允许简写成 $\boldsymbol{a}^2$）；

(b) $\boldsymbol{a}\cdot\mathbf{0}=\mathbf{0}$，其中 $\mathbf{0}$ 是零向量；

(c) 交换律：$\boldsymbol{a}\cdot\boldsymbol{b}=\boldsymbol{b}\cdot\boldsymbol{a}$；

(d) 结合律：$(\lambda\boldsymbol{a})\cdot\boldsymbol{b}=\boldsymbol{a}\cdot(\lambda\boldsymbol{b})=\lambda(\boldsymbol{a}\cdot\boldsymbol{b})$，其中 λ 是任意实数；

(e) 分配律：$(\boldsymbol{a}+\boldsymbol{b})\cdot\boldsymbol{c}=\boldsymbol{a}\cdot\boldsymbol{c}+\boldsymbol{b}\cdot\boldsymbol{c}$。

【例 12】 已知 $(\boldsymbol{a},\boldsymbol{b})=\frac{2}{3}\pi$，$|\boldsymbol{a}|=3$，$|\boldsymbol{b}|=4$，求向量 $\boldsymbol{c}=3\boldsymbol{a}+2\boldsymbol{b}$ 的模。

解 $|\boldsymbol{c}|^2=\boldsymbol{c}\cdot\boldsymbol{c}=(3\boldsymbol{a}+2\boldsymbol{b})\cdot(3\boldsymbol{a}+2\boldsymbol{b})=3\boldsymbol{a}\cdot(3\boldsymbol{a}+2\boldsymbol{b})+2\boldsymbol{b}\cdot(3\boldsymbol{a}+2\boldsymbol{b})$

$=9\boldsymbol{a}\cdot\boldsymbol{a}+6\boldsymbol{a}\cdot\boldsymbol{b}+6\boldsymbol{b}\cdot\boldsymbol{a}+4\boldsymbol{b}\cdot\boldsymbol{b}=9\boldsymbol{a}^2+12\boldsymbol{a}\cdot\boldsymbol{b}+4\boldsymbol{b}^2=9\boldsymbol{a}^2+12|\boldsymbol{a}||\boldsymbol{b}|\cos(\boldsymbol{a},\boldsymbol{b})+4\boldsymbol{b}^2$，

将 $|\boldsymbol{a}|=3$，$|\boldsymbol{b}|=4$，$(\boldsymbol{a},\boldsymbol{b})=\frac{2}{3}\pi$ 代入，即得 $|\boldsymbol{c}|^2=9\times3^2+12\times3\times4\cos\frac{2}{3}\pi+4\times4^2=73$，

所以，$|\boldsymbol{c}|=|3\boldsymbol{a}+2\boldsymbol{b}|=\sqrt{73}$。

(2) 数量积的坐标表示式。

设 $\vec{a}=a_x\vec{i}+a_y\vec{j}+a_z\vec{k}$，$\vec{b}=b_x\vec{i}+b_y\vec{j}+b_z\vec{k}$，则

$$\begin{aligned}\vec{a}\cdot\vec{b}&=(a_x\vec{i}+a_y\vec{j}+a_z\vec{k})\cdot(b_x\vec{i}+b_y\vec{j}+b_z\vec{k})\\&=a_x\vec{i}\cdot(b_x\vec{i}+b_y\vec{j}+b_z\vec{k})+a_y\vec{j}\cdot(b_x\vec{i}+b_y\vec{j}+b_z\vec{k})+a_z\vec{k}\cdot(b_x\vec{i}+b_y\vec{j}+b_z\vec{k})\\&=a_xb_x+a_yb_y+a_zb_z。\end{aligned}$$

【例 13】 设 $\boldsymbol{a}=2\boldsymbol{i}+3\boldsymbol{j}-\boldsymbol{k}$，$\boldsymbol{b}=\boldsymbol{i}-\boldsymbol{j}+\boldsymbol{k}$，求 $\boldsymbol{a}\cdot\boldsymbol{b}$，$\boldsymbol{a}^2$，$(3\boldsymbol{a})\cdot(2\boldsymbol{b})$。

解 $\boldsymbol{a}\cdot\boldsymbol{b}=(2,3,-1)\cdot(1,-1,1)=2\times1+3\times(-1)+(-1)\times1=-2$；

$\boldsymbol{a}^2=2^2+3^2+(-1)^2=14$；

$(3\boldsymbol{a})\cdot(2\boldsymbol{b})=(6,9,-3)\cdot(2,-2,2)=6\times2+9\times(-2)+(-3)\times2=-12$。

5. 向量的向量积

(1) 向量的向量积的概念。

定义 10 两向量 $\boldsymbol{a}$ 与 $\boldsymbol{b}$ 按以下方式确定一个向量 $\boldsymbol{c}$：

① $\boldsymbol{c}\perp\boldsymbol{b}$ 且 $\boldsymbol{c}\perp\boldsymbol{a}$，即 $\boldsymbol{c}$ 垂直于向量 $\boldsymbol{a}$，$\boldsymbol{b}$ 所决定的平面，且按 $\boldsymbol{a}$，$\boldsymbol{b}$，$\boldsymbol{c}$ 顺序构成右手系，如图 1-15 所示，

② $|\boldsymbol{c}|=|\boldsymbol{a}||\boldsymbol{b}|\sin(\boldsymbol{a},\boldsymbol{b})$，

则称向量 $\boldsymbol{c}$ 为 $\boldsymbol{a}$，$\boldsymbol{b}$ 的向量积，记作 $\boldsymbol{a}\times\boldsymbol{b}$，即 $\boldsymbol{c}=\boldsymbol{a}\times\boldsymbol{b}$。

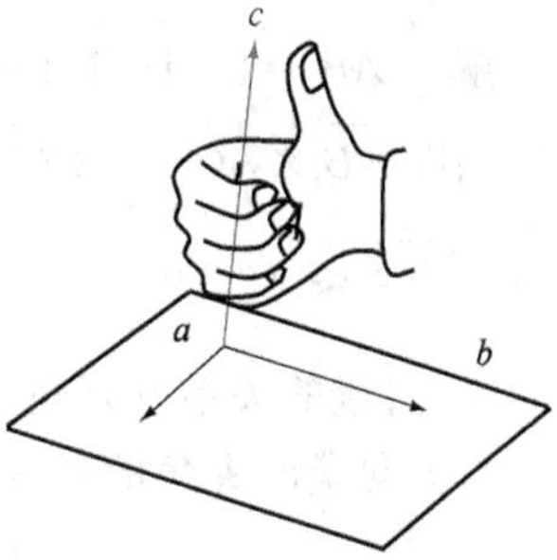

图 1-15

说明：

① 向量积也直观地称为叉积。

② 向量积的模的几何意义：表示以向量 $\boldsymbol{a}$ 与 $\boldsymbol{b}$ 为边所构成的平行四边形的面积。

③ 向量积有以下运算性质：

(a) $\boldsymbol{a}\times\boldsymbol{a}=\boldsymbol{0}$；

(b) $\boldsymbol{a}\times\boldsymbol{0}=\boldsymbol{0}$，其中 $\boldsymbol{0}$ 是零向量；

(c) $\boldsymbol{b}\times\boldsymbol{a}=-\boldsymbol{a}\times\boldsymbol{b}$；

(d) 数乘结合律：$(\lambda\boldsymbol{a})\times\boldsymbol{b}=\boldsymbol{a}\times(\lambda\boldsymbol{b})=\lambda(\boldsymbol{a}\times\boldsymbol{b})$，其中$\lambda$是任意实数；

(e) 左、右分配律：$(\boldsymbol{a}+\boldsymbol{b})\times\boldsymbol{c}=\boldsymbol{a}\times\boldsymbol{c}+\boldsymbol{b}\times\boldsymbol{c}$，$\boldsymbol{a}\times(\boldsymbol{b}+\boldsymbol{c})=\boldsymbol{a}\times\boldsymbol{c}+\boldsymbol{a}\times\boldsymbol{b}$。

④ 性质(c)说明，向量的向量积不满足交换律。如任意两个基向量的向量积，$\boldsymbol{i}\times\boldsymbol{j}=\boldsymbol{k}$，$\boldsymbol{j}\times\boldsymbol{k}=\boldsymbol{i}$，$\boldsymbol{k}\times\boldsymbol{i}=\boldsymbol{j}$，而 $\boldsymbol{j}\times\boldsymbol{i}=-\boldsymbol{k}$，$\boldsymbol{k}\times\boldsymbol{j}=-\boldsymbol{i}$，$\boldsymbol{i}\times\boldsymbol{k}=-\boldsymbol{j}$。

分配律有左右之分：使用左分配律的向量只能在“×”的左边；使用右分配律的向量则只能在“×”的右边。结合律只能是对实数的结合，向量本身不满足结合律，例如$(\boldsymbol{a}\times\boldsymbol{b})\times\boldsymbol{c}$ 与 $\boldsymbol{a}\times(\boldsymbol{b}\times\boldsymbol{c})$一般是两个不同的向量。

(2) 向量积的坐标表示式。

设 $\vec{a}=a_x\vec{i}+a_y\vec{j}+a_z\vec{k}$，$\vec{b}=b_x\vec{i}+b_y\vec{j}+b_z\vec{k}$，根据向量积的运算律，有

$\boldsymbol{a}\times\boldsymbol{b}=(a_x\boldsymbol{i}+a_y\boldsymbol{j}+a_z\boldsymbol{k})\times(b_x\boldsymbol{i}+b_y\boldsymbol{j}+b_z\boldsymbol{k})=a_x\boldsymbol{i}\times(b_x\boldsymbol{i}+b_y\boldsymbol{j}+b_z\boldsymbol{k})+a_y\boldsymbol{j}\times(b_x\boldsymbol{i}+b_y\boldsymbol{j}+b_z\boldsymbol{k})+a_z\boldsymbol{k}\times(b_x\boldsymbol{i}+b_y\boldsymbol{j}+b_z\boldsymbol{k})=(a_yb_z-a_zb_y)\boldsymbol{i}-(a_xb_z-a_zb_x)\boldsymbol{j}+(a_xb_y-a_yb_x)\boldsymbol{k}$。

此即向量积的坐标表示式。为了便于记忆，把上述结果写成三阶行列式形式，然后按三

阶行列式展开法则，关于第一行展开，即

$$\boldsymbol{a}\times\boldsymbol{b}=\begin{vmatrix}\vec{i} & \vec{j} & \vec{k}\\ a_x & a_y & a_z\\ b_x & b_y & b_z\end{vmatrix}=\begin{vmatrix}a_y & a_z\\ b_y & b_z\end{vmatrix}\vec{i}-\begin{vmatrix}a_x & a_z\\ b_x & b_z\end{vmatrix}\vec{j}+\begin{vmatrix}a_x & a_y\\ b_x & b_y\end{vmatrix}\vec{k}。$$

【例 14】 已知点 $A(1,-2,3)$，$B(0,1,-2)$及向量 $\boldsymbol{a}=(4,-1,0)$，求 $\boldsymbol{a}\times\overrightarrow{AB}$ 及 $\overrightarrow{AB}\times\boldsymbol{a}$。

解 $\overrightarrow{\mathrm{AB}}=(0-1)\boldsymbol{i}+[1-(-2)]\boldsymbol{j}+(-2-3)\boldsymbol{k}=-\boldsymbol{i}+3\boldsymbol{j}-5\boldsymbol{k}$，$\vec{a}\times\overrightarrow{AB}=$

$$\begin{vmatrix}\vec{i} & \vec{j} & \vec{k}\\ 4 & -1 & 0\\ -1 & 3 & -5\end{vmatrix}=5\boldsymbol{i}+20\boldsymbol{j}+11\boldsymbol{k},\overrightarrow{AB}\times\vec{a}=-\vec{a}\times\overrightarrow{AB}=-5\vec{i}-20\vec{j}-11\vec{k}。$$

【例 15】 已知三点 $A(1,0,0)$，$B(-1,1,4)$，$C(2,5,-3)$，求以这三点为顶点的空间三角形的面积 S。

解 $\overrightarrow{AB}=(-1-1,1-0,4-0)=(-2,1,4)$，$\overrightarrow{AC}=(2-1,5-0,-3-0)=(1,5,-3)$，

所以 $\overrightarrow{AB}\times\overrightarrow{AC}=-23\vec{i}-2\vec{j}-11\vec{k}$，$|\overrightarrow{AB}\times\overrightarrow{AC}|=\sqrt{23^2+(-2)^2+(-11)^2}=\sqrt{654}$，

$S=\dfrac{\sqrt{654}}{2}\approx 12.79$。

6. 向量的关系及判断

(1) 向量间夹角的计算公式。

定义 11 非零向量 $\boldsymbol{a},\boldsymbol{b}$ 的夹角$(\boldsymbol{a},\boldsymbol{b})$的计算公式：$(\vec{a},\vec{b})=\arccos\dfrac{\vec{a}\cdot\vec{b}}{|\vec{a}|\times|\vec{b}|}$。

若已知向量 $\boldsymbol{a}=a_x\boldsymbol{i}+a_y\boldsymbol{j}+a_z\boldsymbol{k}$，$\boldsymbol{b}=b_x\boldsymbol{i}+b_y\boldsymbol{j}+b_z\boldsymbol{k}$，则

$$(\vec{a},\vec{b})=\arccos\frac{a_xb_x+a_yb_y+a_zb_z}{\sqrt{a_x^2+a_y^2+a_z^2}\cdot\sqrt{b_x^2+b_y^2+b_z^2}}。$$

(2) 向量垂直及其判定。

若非零向量 $\boldsymbol{a},\boldsymbol{b}$ 的夹角$(\boldsymbol{a},\boldsymbol{b})=90°$，则称向量 $\boldsymbol{a},\boldsymbol{b}$ 垂直，记作 $\boldsymbol{a}\perp\boldsymbol{b}$。

由 $\boldsymbol{a}\perp\boldsymbol{b}$，可得 $\boldsymbol{a}\cdot\boldsymbol{b}=|\boldsymbol{a}||\boldsymbol{b}|\cdot\cos(\boldsymbol{a},\boldsymbol{b})=0$；反之，若 $\boldsymbol{a}\cdot\boldsymbol{b}=0$ 且 $\boldsymbol{a},\boldsymbol{b}$ 为非零向量，则必定有 $\cos(\boldsymbol{a},\boldsymbol{b})=0$，$(\boldsymbol{a},\boldsymbol{b})=90°$，即 $\boldsymbol{a}\perp\boldsymbol{b}$。由此可得以下定理。

定理 1 两个非零向量 $\boldsymbol{a},\boldsymbol{b}$ 垂直$\Leftrightarrow\boldsymbol{a}\cdot\boldsymbol{b}=0$。

定理 1 以坐标形式表述如下：

定理 1′ 设 $\boldsymbol{a}=a_x\boldsymbol{i}+a_y\boldsymbol{j}+a_z\boldsymbol{k}$，$\boldsymbol{b}=b_x\boldsymbol{i}+b_y\boldsymbol{j}+b_z\boldsymbol{k}$，则 $\boldsymbol{a},\boldsymbol{b}$ 垂直$\Leftrightarrow a_xb_x+a_yb_y+a_zb_z=0$。

(3) 两个向量平行及其判定。

若把向量 $\boldsymbol{a},\boldsymbol{b}$ 的始点移到同一个点后，它们的终点与始点都位于同一条直线上，则称这两个向量平行，记作 $\boldsymbol{a}/\!/\boldsymbol{b}$。

说明：

① 规定零向量 $\boldsymbol{0}$ 平行于任何向量。

② 平行向量也称共线向量。如图 1-16 所示，$\boldsymbol{a}/\!/\boldsymbol{b}$，$\boldsymbol{a}/\!/\boldsymbol{c}$，也可以说 $\boldsymbol{a},\boldsymbol{b},\boldsymbol{c}$ 是共线的。

③ 共线向量的方向或相同，或相反，但模可以不相等。

定理 2　$\boldsymbol{a}/\!/\boldsymbol{b} \Leftrightarrow$ 存在实数 λ，使 $\boldsymbol{a}=\lambda\boldsymbol{b}$。

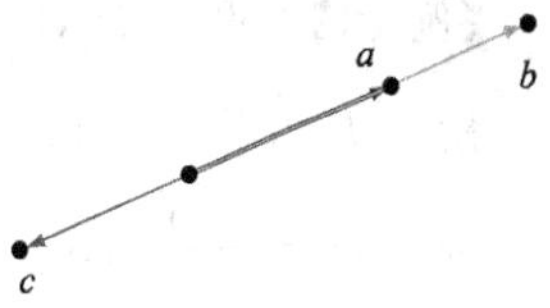

图 1-16

定理 2 以坐标形式表述如下：

定理 2′ 设 $\boldsymbol{a}=a_x\boldsymbol{i}+a_y\boldsymbol{j}+a_z\boldsymbol{k}$，$\boldsymbol{b}=b_x\boldsymbol{i}+b_y\boldsymbol{j}+b_z\boldsymbol{k}$ 为两个非零向量，则

$$\boldsymbol{a}/\!/\boldsymbol{b} \Leftrightarrow \frac{a_x}{b_x}=\frac{a_y}{b_y}=\frac{a_z}{b_z}。$$

说明：

① 若分母的某个坐标分量为 0，则分子对应的坐标分量也为 0。

② 若 $\boldsymbol{a}/\!/\boldsymbol{b}$，则 $(\boldsymbol{a},\boldsymbol{b})=0$ 或 π，由此可得 $\sin(\boldsymbol{a},\boldsymbol{b})=0$。

定理 3　两个非零向量 $\boldsymbol{a},\boldsymbol{b}$，$\boldsymbol{a}/\!/\boldsymbol{b} \Leftrightarrow \boldsymbol{a}\times\boldsymbol{b}=\boldsymbol{0}$。

【例 16】　试判定下列向量中哪些是平行的，哪些是垂直的。

$\vec{a}_1=(1,-1,0)$，$\vec{a}_2=(0,-1,1)$，$\vec{a}_3=(1,1,-1)$，$\vec{a}_4=(-1,-1,2)$，$\vec{a}_5=(-2,-2,2)$。

解　$\vec{a}_5=-2\vec{a}_3$，所以 $\vec{a}_5/\!/\vec{a}_3$；$\vec{a}_1\cdot\vec{a}_3=\vec{a}_1\cdot\vec{a}_5=\vec{a}_1\cdot\vec{a}_4=0$，所以 $\vec{a}_1\perp\vec{a}_3$，$\vec{a}_1\perp\vec{a}_5$，$\vec{a}_1\perp\vec{a}_4$。

【例 17】　求同时垂直于向量 $\vec{a}=(2,2,1)$ 和 $\vec{b}=(4,5,3)$ 的单位向量 $\vec{c}$。

解　$\vec{a}\times\vec{b}$ 同时垂直于 $\vec{a}$ 和 $\vec{b}$，$\vec{a}\times\vec{b}=\vec{i}-2\vec{j}+2\vec{k}$，

所求单位向量有两个，即

$$\boldsymbol{c}=\pm\frac{\boldsymbol{a}\times\boldsymbol{b}}{|\boldsymbol{a}\times\boldsymbol{b}|}=\pm\frac{1}{\sqrt{1^2+(-2)^2+2^2}}(\boldsymbol{i}-2\boldsymbol{j}+2\boldsymbol{k})=\pm\frac{1}{3}(\boldsymbol{i}-2\boldsymbol{j}+2\boldsymbol{k})。$$

(4) 向量的方向余弦的坐标表示。

定义 12　非零向量 $\vec{a}$ 与三条坐标轴的夹角 α,β,γ 称为向量 $\boldsymbol{a}$ 的方向角，方向角的余弦 $\cos\alpha,\cos\beta,\cos\gamma$ 称为向量 $\vec{a}$ 的方向余弦。

如图 1-17 所示，设向量 $\vec{a}=(a_x,a_y,a_z)$，把 $\vec{a}$ 的起点移到坐标原点 O，设它的终点为 A，则向量 $\vec{a}$ 与三条坐标轴的夹角即为向量 $\overrightarrow{OA}$ 与三个坐标基向量 $\boldsymbol{i},\boldsymbol{j},\boldsymbol{k}$ 的夹角。所以

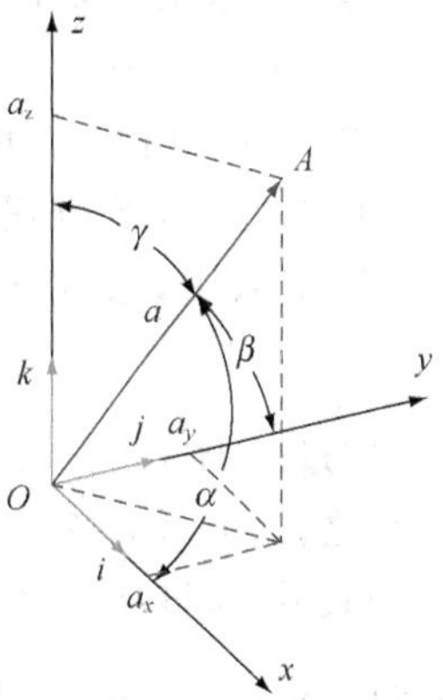

图 1-17

$$\begin{cases}\cos\alpha=\dfrac{\vec{a}\cdot\vec{i}}{|\vec{a}|\cdot|\vec{i}|}=\dfrac{a_x}{\sqrt{a_x^2+a_y^2+a_z^2}},\\[2ex] \cos\beta=\dfrac{\vec{a}\cdot\vec{j}}{|\vec{a}|\cdot|\vec{j}|}=\dfrac{a_y}{\sqrt{a_x^2+a_y^2+a_z^2}},\\[2ex] \cos\gamma=\dfrac{\vec{a}\cdot\vec{k}}{|\vec{a}|\cdot|\vec{k}|}=\dfrac{a_z}{\sqrt{a_x^2+a_y^2+a_z^2}}。\end{cases}$$

此即为向量的方向余弦的坐标表示式。对照向量单位化公式，可以发现，实际上向量 $\boldsymbol{a}$ 的方向余弦就是 $\boldsymbol{a}$ 的单位化向量 $\boldsymbol{e}_a$ 的坐标。因此，任何向量的方向余弦必定满足关系式

$\cos^2\alpha+\cos^2\beta+\cos^2\gamma=1$。

【例 18】 设点 $P_1(0,-1,2)$，$P_2(-1,1,0)$，求向量 $\overrightarrow{P_1P_2}$ 及其方向余弦。

解 $\overrightarrow{P_1P_2}=(-1,2,-2)$，$|\overrightarrow{P_1P_2}|=\sqrt{(-1)^2+2^2+(-2)^2}=3$。所以 $\overrightarrow{P_1P_2}$ 的方向余弦为 $\cos\alpha=-\dfrac{1}{3}$，$\cos\beta=\dfrac{2}{3}$，$\cos\gamma=-\dfrac{2}{3}$。

1.2.4 空间平面和直线

1. 平面方程

(1) 平面方程的点法式。

定义 13 法向量：垂直于平面 α 的非零向量 $\boldsymbol{N}$ 称为 α 的法向量。

说明：

① 一个平面的法向量可以有无限多个，它们互相平行；

② 空间中给定一点 M_0 和向量 $\vec{N}$，可以确定一个平面。

定义 14 点法式方程：

设点 M_0 的坐标为 (x_0,y_0,z_0)，法向量为 $\vec{N}=(A,B,C)$，如图 1-18 所示。

点 $M(x,y,z)$ 在平面 α 上的充分必要条件是

$$A(x-x_0)+B(y-y_0)+C(z-z_0)=0,\qquad(1)$$

称方程(1)为平面 α 的点法式方程。

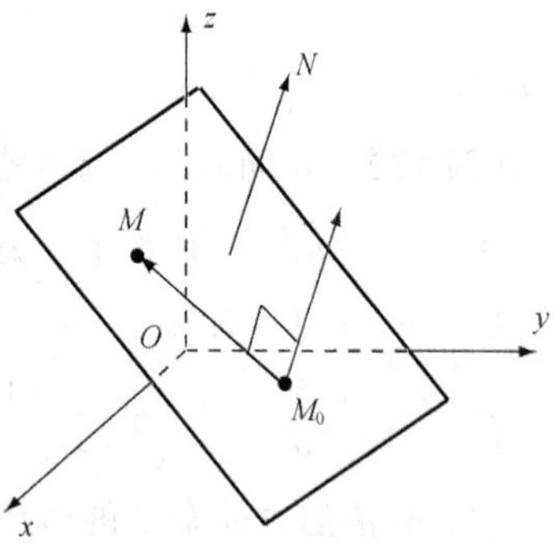

图 1-18

【例 19】 求过点 $(1,-2,0)$，且以 $\vec{N}=(-1,3,-2)$ 为法向量的平面的方程。

解 所求的平面方程为 $-(x-1)+3(y+2)-2(z-0)=0$，即 $x-3y+2z-7=0$。

(2) 平面方程的一般式及其特征。

定义 15 平面方程的一般式：

在(1)式中，记 $D=-(Ax_0+By_0+Cz_0)$，则(1)式成为

$$Ax+By+Cz+D=0。\qquad(2)$$

即过点 $M_0(x_0,y_0,z_0)$，以 $\vec{N}=(A,B,C)$ 为法向量的平面方程必定可以写成(2)式的形式；反之，给定形如(2)式的 x,y,z 的线性方程，选取满足(2)式的一个点 $M_0(x_0,y_0,z_0)$，代入(2)式后，即可把它改成 $A(x-x_0)+B(y-y_0)+C(z-z_0)=0$。这表明满足(2)式的点构成以 $\vec{N}=(A,B,C)$ 为法向量，过点 $M_0(x_0,y_0,z_0)$ 的平面。由此可得结论：

① 关于 x,y,z 的方程 $F(x,y,z)=0$ 表示空间平面的充要条件为 $F(x,y,z)$ 是 x,y,z 的线性式。

② 一个关于 x,y,z 的线性方程(2)所表示的平面的法向量就是 (A,B,C)。

称方程(2)为平面方程的一般式方程。

某些特殊平面的一般式方程：在平面方程的一般式(2)中，某些系数等于 0 后，将表示一些特殊的平面(见图 1-19)：平面过原点⇔$D=0$，即方程具有形式 $Ax+By+Cz=0$；平面平行

于 x 轴 $\Leftrightarrow A=0, D\neq 0$，即方程具有形式 $By+Cz+D=0$；平面过 x 轴 $\Leftrightarrow A=0, D=0$，即方程具有形式 $By+Cz=0$；平面平行于 xOy 平面 $\Leftrightarrow A=B=0, D\neq 0$，即方程具有形式 $Cz+D=0$。

类似地，可讨论 $B=0$ 或 $C=0$ 或 $B=C=0$ 的情况，并结合 $D=0, D\neq 0$ 等多种情况下的空间平面的特征。

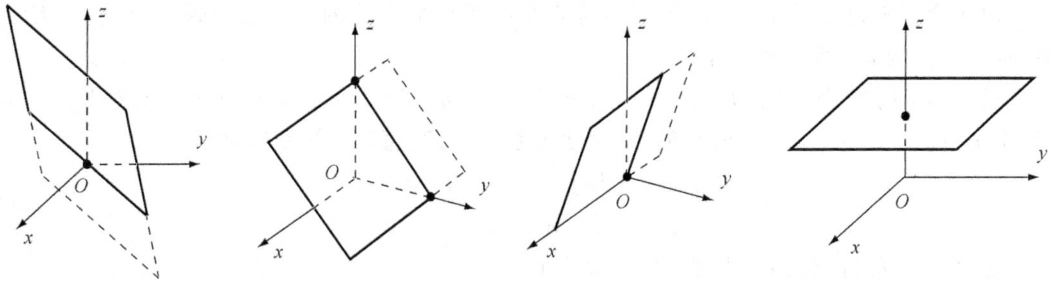

图 1-19

2. 直线方程

(1) 直线方程的点向式。

称平行于直线 l 的非零向量 $\vec{s}$ 为 l 的方向向量。一条直线的方向向量可以有无限多个，它们互相平行。

在空间中给定一点 M_0 和向量 $\vec{s}$，要求直线 l 过 M_0（因此直线不能移动）且以 $\vec{s}$ 为方向向量（因此平面不能转动），那么直线 l 就唯一被确定了。如果已经建立了空间直角坐标系，就可以具体描述构成直线 l 的点应满足的条件，得到直线在该坐标系中的方程。

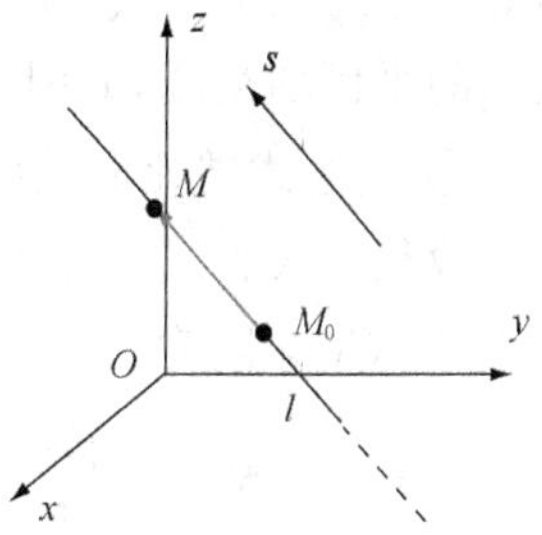

图 1-20

如图 1-20 所示，设点 M_0 的坐标为 (x_0, y_0, z_0)，$\vec{s}=(m,n,p)$，则有点 $M(x,y,z)\in$ 直线 $l \Leftrightarrow \overrightarrow{M_0M}//\vec{s} \Leftrightarrow \overrightarrow{M_0M}=\lambda\vec{s}$。$\overrightarrow{M_0M}=(x-x_0, y-y_0, z-z_0)$。

所以点 $M(x,y,z)$ 在直线 l 上的充分必要条件是

$$\frac{x-x_0}{m}=\frac{y-y_0}{n}=\frac{z-z_0}{p}。\qquad (3)$$

定义 16　称方程(3)为直线 l 的点向式方程。

直线的点向式方程与方向向量选用平行向量中的哪一个无关。

注意：在方程(3)中，若分母为 0，则分子也为 0。例如，设以 $\vec{s}=(m,n,0)$ 为方向向量，则直线 l 的方程为

$$\begin{cases}\dfrac{x-x_0}{m}=\dfrac{y-y_0}{n},\\ z=z_0。\end{cases}$$

【例 20】　(1) 求过点 $P(1,0,0)$，以 $\vec{s}=(-2,2,1)$ 为方向向量的直线 l 的方程；

(2) 求过点 $P_1(1,0,1)$，以 $\vec{s}=(0,2,-1)$ 为方向向量的直线 l_1 的方程。

解 (1) l 的点向式方程为 $\frac{x-1}{-2}=\frac{y}{2}=\frac{z}{1}$。

(2) l_1 的点向式方程为 $\begin{cases}\frac{y}{2}=\frac{z-1}{-1},\\ x=1。\end{cases}$

(2) 直线方程的一般式。

由两个不平行的平面 π_1,π_2 相交得到交线 l，是生成直线的最直接方式。当 π_1,π_2 给定时，唯一的交线 l 也就被确定了。

设 π_1,π_2 的方程分别为 $A_1x+B_1y+C_1z+D_1=0$，$A_2x+B_2y+C_2z+D_2=0$，点 $M(x,y,z)\in l\Leftrightarrow x,y,z$ 同时满足这两个方程。因此，直线 l 的方程是

$$\begin{cases}A_1x+B_1y+C_1z+D_1=0,\\ A_2x+B_2y+C_2z+D_2=0。\end{cases}\tag{4}$$

定义 17 称方程(4)为直线 l 的一般式方程。

(3) 两种形式的直线方程的关系。

① 点向式转化成一般式。

设直线的点向式方程(3)中方向向量的坐标分量 m,n,p 都不等于 0，分列两个等号为两个等式，得

$$\begin{cases}p(y-y_0)-n(z-z_0)=0,\\ p(x-x_0)-m(z-z_0)=0。\end{cases}$$

所得到的两个方程表示过点 $M_0(x_0,y_0,z_0)$、分别平行于 x 轴和 y 轴的平面。也就是说，以连续两个等号连接的等式组表示的直线，实际上表示了分列成两个等式后所表示的平面的交线，如图 1-21 所示。

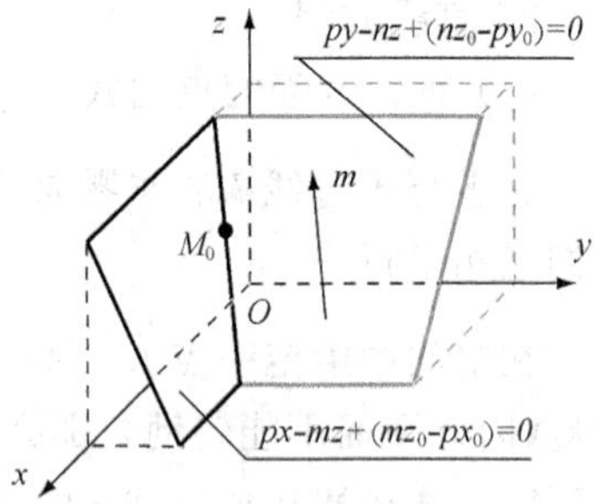

图 1-21

② 一般式转化成点向式。

设相交成直线 l 的平面 π_1,π_2 的方程如前，则它们的法向量 $\mathbf{N}_1=(A_1,B_1,C_1)$，$\mathbf{N}_2=(A_2,B_2,C_2)$，因为 $\mathbf{N}_1\perp l,\mathbf{N}_2\perp l\Rightarrow \mathbf{N}_1\times\mathbf{N}_2//l$，所以可取

$\mathbf{s}=\mathbf{N}_1\times\mathbf{N}_2=\left(\begin{vmatrix}B_1 & C_1\\ B_2 & C_2\end{vmatrix},-\begin{vmatrix}A_1 & C_1\\ A_2 & C_2\end{vmatrix},\begin{vmatrix}A_1 & B_1\\ A_2 & B_2\end{vmatrix}\right)$ 为 l 的方向向量。任取 $z=z_0$，代入(4)式，解方程组 $\begin{cases}A_1x+B_1y=-(C_1z_0+D_1),\\ A_2x+B_2y=-(C_2z_0+D_2)\end{cases}$ 得解 (x_0,y_0)，点 $M_0(x_0,y_0,z_0)$ 为交线 l 上一点。

于是交线 l 的点向式为 $\dfrac{x-x_0}{\begin{vmatrix}B_1 & C_1\\ B_2 & C_2\end{vmatrix}}=\dfrac{y-y_0}{-\begin{vmatrix}A_1 & C_1\\ A_2 & C_2\end{vmatrix}}=\dfrac{z-z_0}{\begin{vmatrix}A_1 & B_1\\ A_2 & B_2\end{vmatrix}}$。

(4) 直线方程的参数式。

当点 M 在直线 l 上变动时，动向量 $\overrightarrow{M_0M}=(x-x_0,y-y_0,z-z_0)$ 与方向向量 $\vec{s}=(m,n,p)$ 的坐标成比例。现以 t 表示比值，即

$$\frac{x-x_0}{m}=\frac{y-y_0}{n}=\frac{z-z_0}{p}=t \text{ 或 } x=x_0+mt,y=y_0+nt,z=z_0+pt。\tag{5}$$

定义 18　称方程(5)为直线 l 的参数式方程。

【例 21】　(1) 求平面 $\pi_1: 3x-4y=0$，$\pi_2: -x+2y+z=2$ 的交线 l 的方向向量 $\vec{s}$，并写出其两种形式的方程；(2) 证明 $M_1(4,3,0)$ 在 l 上。

解　(1) l 的一般式方程：

$$\begin{cases} 3x-4y=0, \\ -x+2y+z=2 \end{cases} \Rightarrow \vec{s}=(3,-4,0)\times(-1,2,1)=-4\vec{i}-3\vec{j}+2\vec{k},$$

以 $y_0=0$ 代入一般式，解出 $x_0=0$，$z_0=2$，即 $M_0(0,0,2)\in l$，所以 l 的点向式方程为 $\dfrac{x}{-4}=\dfrac{y}{-3}=\dfrac{z-2}{2}$，参数式方程为 $x=-4t, y=-3t, z=2t+2$。

(2) $M_1(4,3,0)$ 满足 π_1，π_2 的方程，所以 M_1 在 l 上。

1.2.5　常见曲面及曲线方程

1. 曲面及其方程

(1) 曲面方程的概念。

球面是空间中到定点 M_0（球心）的距离为常数 R（半径）的动点 M 的轨迹，记作 Σ。若已经建立了空间直角坐标系 $O-xyz$，M_0 的坐标为 (x_0, y_0, z_0)，动点 M 的坐标为 (x, y, z)，如图 1-22 所示，则据空间两点的距离公式，有

$$M(x,y,z)\in\Sigma \Leftrightarrow (x-x_0)^2+(y-y_0)^2+(z-z_0)^2=R^2 \quad (6)$$

或 $\Sigma=\{(x,y,z)\mid (x-x_0)^2+(y-y_0)^2+(z-z_0)^2=R^2\}$。

(6) 式称为是球面 Σ 在给定坐标系中的方程，简称球面方程。特别地，当定点 M_0 是原点时，球面方程是 $x^2+y^2+z^2=R^2$。

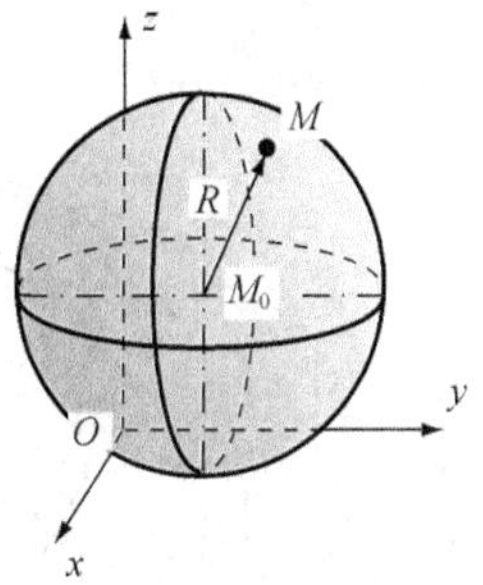

图 1-22

定义 19　一般空间曲面也是满足某约束条件的点的轨迹 Σ。在建立了坐标系后，以 $M(x,y,z)$ 表示动点，以

$$F(x,y,z)=0 \quad (7)$$

表示构成 Σ 的约束条件，则称 x, y, z 的三元方程(7)为曲面 Σ 的方程。在坐标系中描出满足方程(7)的点，得到的就是曲面 Σ 的图像。例如，描出满足方程(6)的点，得到的是图 1-22 中所示的球面。

空间解析几何对曲面的研究主要有以下两个方面：

① 据已给定的条件，求动点的轨迹，即建立曲面的方程；

② 已知曲面的方程，研究曲面的形状和几何性质。

(2) 球面的一般方程。

【例 22】　方程 $x^2+y^2+z^2-4x+2z=0$ 表示怎样的曲面？

解　通过配方，把原方程写成 $(x-2)^2+y^2+(z-1)^2=5$。由方程(6)可知，该方程表示球心为 $(2,0,-1)$、半径为 $\sqrt{5}$ 的球面。

推广到一般情况，方程

$$A(x^2+y^2+z^2)+Dx+Ey+Fz+G=0 \quad (8)$$

总可以通过配方化成 $(x-x_0)^2+(y-y_0)^2+(z-z_0)^2=H$ 的形式，如果 $H>0$，则满足

方程(8)的点构成球面,因此称方程(3)为球面的一般方程。

(3) 柱面。

①柱面的一般定义。

定义 20 若动点在直线 L 上移动,同时直线 L 又沿定曲线 Γ 平行移动(简称动直线 L 沿定曲线 Γ 平行移动),称这样的动点所形成的轨迹 Σ 为柱面,如图 1-23 所示。定曲线 Γ 称为柱面的准线,动直线 L 称为柱面的母线。

② 一类特殊柱面的方程。

考虑特殊的柱面 Σ :准线 Γ 在 xOy 平面上,母线 L 平行于 z 轴。

如图 1-24 所示,设 Γ 在 xOy 平面上的方程为 $F(x,y)=0$,则 Γ 在空间坐标系 $O-xyz$ 中考虑时,方程应为

$$\begin{cases} F(x,y)=0, \\ z=0。 \end{cases} \tag{9}$$

因为母线 L 平行于 z 轴,所以 L 上的动点 $M(x,y,z)\in\Sigma \Leftrightarrow L$ 与 Γ 的交点坐标 $(x,y,0)$ 满足(9) $\Leftrightarrow (x,y)$ 满足 $F(x,y)=0$ (因为 F 与 z 无关) $\Leftrightarrow (x,y,z)$ 满足 $F(x,y)=0$。

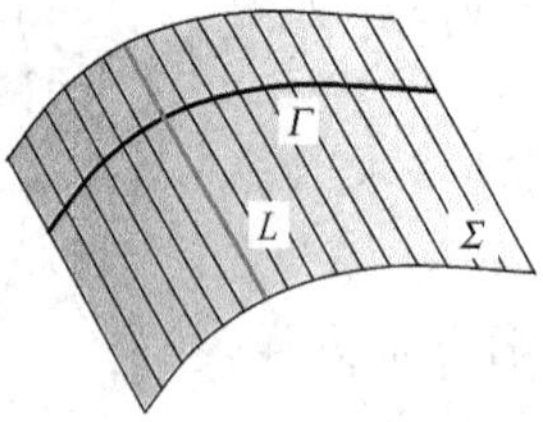

图 1-23

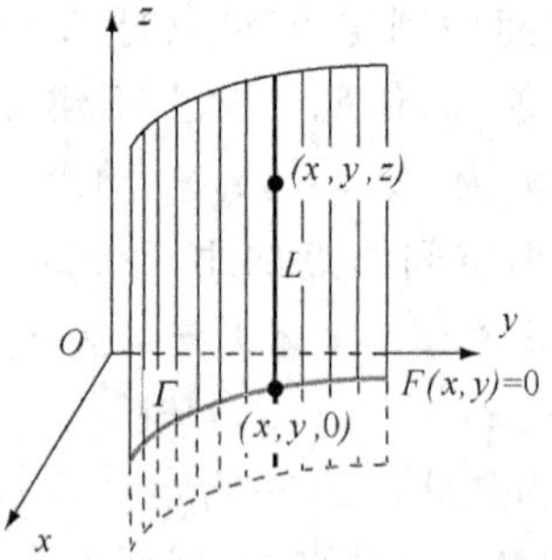

图 1-24

由此可得结论:

空间中方程 $F(x,y)=0$ 表示以 xOy 平面上的曲线 $\begin{cases} F(x,y)=0, \\ z=0 \end{cases}$ 为准线,母线平行于 z 轴的柱面;反之,准线方程为(9)、母线平行于 z 轴的柱面方程必定为 $F(x,y)=0$。

(4) 旋转曲面。

定义 21 若动点在曲线 Γ 上移动,同时曲线 Γ 又绕定直线 L 旋转(简称曲线 Γ 绕一条定直线 L 旋转一周),称这样的动点所形成的轨迹 Σ 为旋转曲面,称曲线 Γ 为旋转曲面的母线,称定直线 L 为旋转曲面的轴。

【例 23】 (1) 求 xOy 平面上的直线 $\Gamma: x=R$ 绕 y 轴旋转所得的旋转面 Σ 的方程;(2) 求 xOy 平面上的圆 $\Gamma: x^2+y^2=R^2$ 绕 y 轴旋转所得的旋转面 Σ 的方程。

解 (1) 点 $M(x,y,z)\in\Sigma \Leftrightarrow M$ 是由 Γ 上点 $M_0(R,y,0)$ 通过 Γ 绕 y 轴旋转得到的。如图 1-25 所示,设 P 为 M,M_0 在旋转轴(y 轴)上的投影,则 $P(0,y,0)$,

$$M(x,y,z)\in\Sigma \Leftrightarrow R=|PM_0|=|PM|=\sqrt{x^2+z^2},$$

所以 Σ 的方程为 $x^2+z^2=R^2$。

(2) 点 $M(x,y,z)\in\Sigma \Leftrightarrow M$ 是由 Γ 上点 $M_0(x,y,0)$ 通过 Γ 绕 y 轴旋转得到的 $\Leftrightarrow M$,

M_0 的坐标之间存在如下关系：设 P 为 M_0，M 在旋转轴（y 轴）上的投影（见图 1-26），则 $P(0,y,0)$，所以

$$|x|=|PM_0|=|PM|=\sqrt{x^2+z^2}。$$

因为 $M_0\in\Gamma, x^2+y^2=R^2$，于是

$$M(x,y,z)\in\Sigma\Leftrightarrow(\sqrt{x^2+z^2})^2+y^2=R^2,$$

所以Σ 的方程为 $x^2+y^2+z^2=R^2$。

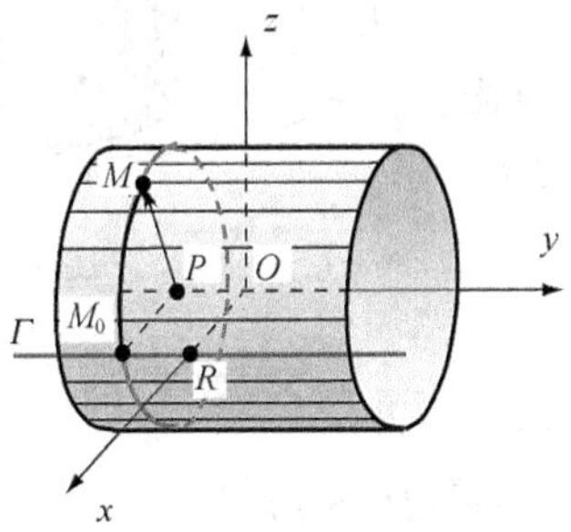

图 1-25

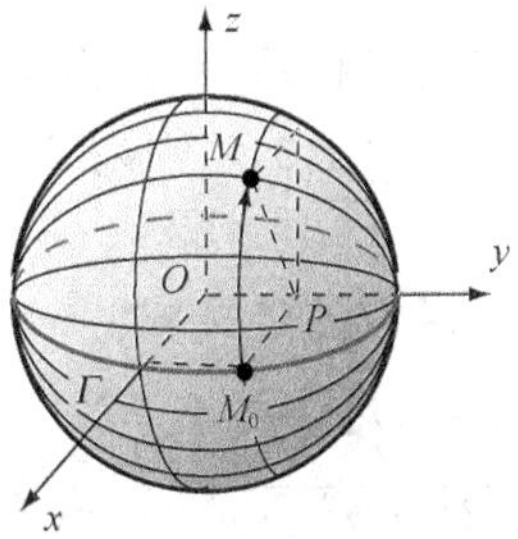

图 1-26

2. 空间曲线方程的概念及其一般方程

常见的空间曲线 Γ，常常是由两个空间曲面Σ_1：$F_1(x,y,z)=0$、Σ_2：$F_2(x,y,z)=0$ 相交而成的，如图 1-27 所示，因此点

$M(x,y,z)\in\Gamma\Leftrightarrow M(x,y,z)\in\Sigma_1$ 且 $M(x,y,z)\in\Sigma_2$

$\Leftrightarrow M$ 的坐标 (x,y,z) 同时满足Σ_1，Σ_2 的方程，

所以 Γ 的方程可以表示为

$$\begin{cases}F_1(x,y,z)=0,\\F_2(x,y,z)=0。\end{cases}\tag{10}$$

空间曲线的这种方程形式称为一般方程。

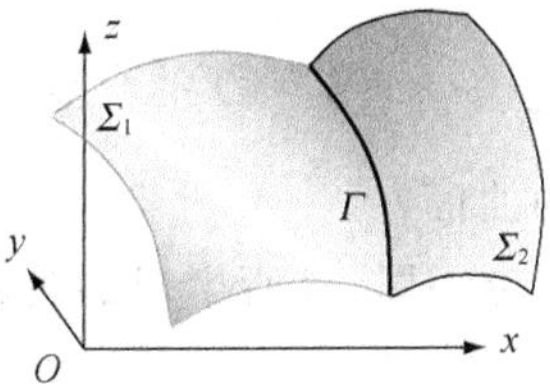

图 1-27

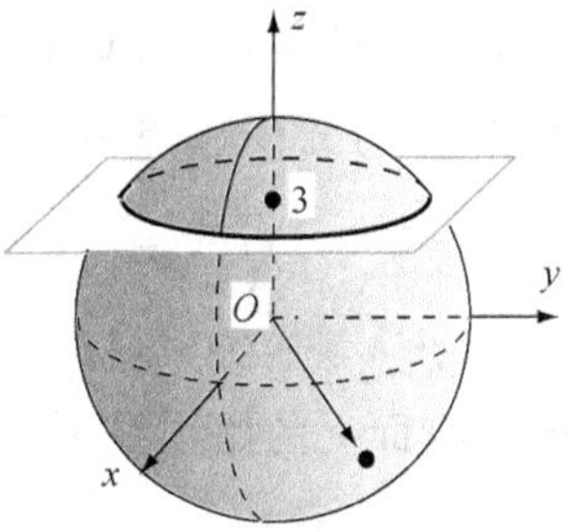

图 1-28

【例 24】　方程组 $\begin{cases}x^2+y^2+z^2=25,\\z=3\end{cases}$ 表示怎样的曲线？

解　该方程组表示球心在原点、半径为 5 的球面 $x^2+y^2+z^2=25$ 与平面 $z=3$ 的交线，它是在平面 $z=3$ 上的圆心为 $(0,0,3)$、半径为 4 的一个圆，如图 1-28 所示。

【例 25】 求球面 $x^2+y^2+z^2=(2R)^2$ 与圆柱面 $(x-R)^2+y^2=R^2$ 的截交线。

解 截交线的方程为 $\begin{cases}x^2+y^2+z^2=(2R)^2,\\(^x-R)2+y^2=R^2,\end{cases}$ 圆柱面过球心且其直径与球面的半径相等，其图像如图 1-29 所示（图上仅画出了上半球面上的截交线）。

这条交线在数学上常称为维维尼曲线。

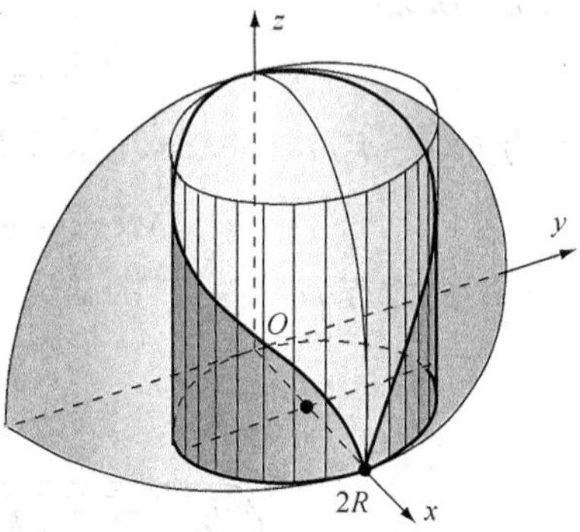

图 1-29

习题 1.2

1. 在空间直角坐标系中，指出下列各点在哪个卦限。
$A(1,-2,3)$；$B(2,3,-4)$；$C(2,-3,-4)$；$D(-2,-3,1)$。

2. 确定下列函数的定义域：

(1) $u=\sqrt{x}-\sqrt{1-y}$；　　(2) $u=\sqrt{x-y+1}$；

(3) $u=\sqrt{R^2-x^2-y^2-z^2}+\sqrt{x^2+y^2+z^2-r^2}\,(R>r)$。

3. 论述向量用坐标表示的过程。

4. 已知两点 $M_1(0,1,2)$ 和 $M_2(1,-1,0)$，试用坐标表示向量 $\overrightarrow{M_1M_2}$ 及 $-2\overrightarrow{M_1M_2}$，并求 $\left|\overrightarrow{M_1M_2}\right|$。

5. 求平行于向量 $\vec{a}=(6,7,-6)$ 的单位向量。

6. 设向量 $\vec{r}$ 的模是 4，它与轴 u 的夹角是 60°，求 $\vec{r}$ 在轴 u 上的投影。

7. 设 $\vec{a}=3\vec{i}-\vec{j}-2\vec{k}$，$\vec{b}=\vec{i}+2\vec{j}-\vec{k}$，求：

(1) $\vec{a}\cdot\vec{b}$ 及 $\vec{a}\times\vec{b}$；(2) $(-2\vec{a})\cdot 3\vec{b}$ 及 $\vec{a}\times 2\vec{b}$；(3) $\vec{a}$、$\vec{b}$ 的夹角的余弦。

8. 已知 $\overrightarrow{OA}=\vec{i}+3\vec{k}$，$\overrightarrow{OB}=\vec{j}+3\vec{k}$，求△ OAB 的面积。

9. 求过点 $(2,-3,0)$ 且以 $\vec{n}=(1,-2,3)$ 为法线向量的平面的方程。

10. 求过三点 $M_1(2,-1,4)$，$M_2(-1,3,-2)$ 和 $M_3(0,2,3)$ 的平面的方程。

11. 求两平面 $x-y+2z-6=0$ 和 $2x+y+z-5=0$ 的夹角。

12. 求直线 $\dfrac{x-2}{1}=\dfrac{y-3}{1}=\dfrac{z-4}{2}$ 与平面 $2x+y+z-6=0$ 的交点。

13. 方程 $x^2+y^2+z^2-2x+4y=0$ 表示怎样的曲面？

14. 将 xOz 坐标面上的抛物线 $z^2=5x$ 绕 x 轴旋转一周，求所生成的旋转曲面的方程。

1.3 极限

1.3.1 极限的概念、性质

1. 数列的极限

两个数列：

$$\frac{1}{2},\frac{1}{4},\frac{1}{8},\cdots,\frac{1}{2^n},\cdots, \tag{1}$$

$$\frac{1}{2},\frac{2}{3},\frac{3}{4},\cdots,\frac{n}{n+1},\cdots, \tag{2}$$

在数轴上表示，如图 1-30 所示。

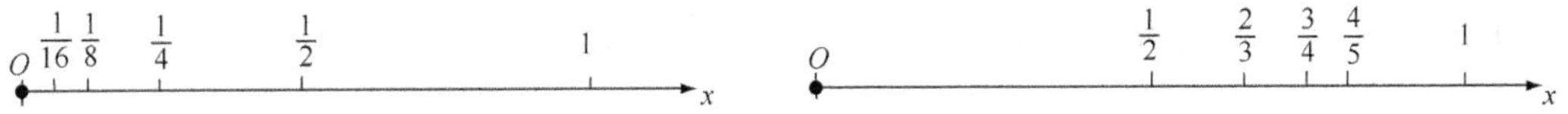

图 1-30

数列(1)中的项无限趋近于 0，数列(2)中的项无限趋近于 1。

定义 1　当数列$\{a_n\}$的项数 n 无限增大时，如果 a_n 无限地趋近于一个确定的常数 A，那么就称这个数列存在极限 A，记作 $\lim\limits_{n\to\infty} a_n = A$，读作"当 n 趋向于无穷大时，a_n 的极限等于 A"。符号"$\to$"表示"趋向于"，"∞"表示"无穷大"，"$n\to\infty$"表示"n 无限增大"。$\lim\limits_{n\to\infty} a_n = A$ 有时也记作"当 $n\to\infty$ 时，$a_n\to A$"，或"$a_n\to A(n\to\infty)$"。

若数列$\{a_n\}$存在极限，也称数列$\{a_n\}$收敛；若数列$\{a_n\}$没有极限，则称数列$\{a_n\}$发散。

注意：

(1) 一个数列有无极限，应该分析随着项数的无限增大，数列中相应的项是否无限趋近于某个确定的常数。如果这样的数存在，那么这个数就是所讨论数列的极限；否则，数列的极限就不存在。

(2) 常数数列的极限是这个常数本身。

2. 函数的极限

自变量 x 的变化过程：

① x 的绝对值($|x|$)无限增大(记作 $x\to\infty$)；

② x 无限接近于某个值 x_0，或者说 x 趋向于 x_0(记作 $x\to x_0$)。

(1) 当 $x\to\infty$ 时函数 $f(x)$ 的极限。

$x\to\infty$ 包含以下两种情况：

① x 取正值，无限增大，记作 $x\to+\infty$；

② x 取负值，它的绝对值无限增大(x 无限减小)，记作 $x\to-\infty$。

若 x 不指定正负，只是$|x|$无限增大，则写成 $x\to\infty$。

【例 1】 讨论函数 $y=\frac{1}{x}+1$ 当 $x\to+\infty$ 和 $x\to-\infty$ 时的变化趋势。

解　作出函数 $y=\frac{1}{x}+1$ 的图像，如图 1-31 所示。

当 $x\to+\infty$ 和 $x\to-\infty$ 时，$y=\frac{1}{x}+1\to1$，因此当 $x\to\infty$ 时，$y=\frac{1}{x}+1\to1$。

定义 2　如果当$|x|$无限增大($x\to\infty$)时，函数 $f(x)$ 无限地趋近于一个确定的常数 A，那么就称 $f(x)$ 当 $x\to\infty$ 时存在极限 A，称数 A 为当 $x\to\infty$ 时函数 $f(x)$ 的极限，记作

$$\lim_{x\to\infty} f(x) = A。$$

类似地，如果当 $x\to+\infty$(或 $x\to-\infty$)时，函数 $f(x)$ 无限地趋近于一个确定的常数 A，那么就称 $f(x)$ 当 $x\to+\infty$(或 $x\to-\infty$) 时存在极限 A，称数 A 为当 $x\to+\infty$(或 $x\to-\infty$)

时函数 $f(x)$的极限，记作

$$\lim_{x \to +\infty} f(x) = A \text{（或} \lim_{x \to -\infty} f(x) = A \text{）。}$$

【例 2】 作出函数 $y=(\frac{1}{2})^x$和 $y=2^x$的图像，并判断极限：(1) $\lim\limits_{x \to +\infty}(\frac{1}{2})^x$；(2) $\lim\limits_{x \to -\infty} 2^x$。

解 如图 1-32 所示。

(1) $\lim\limits_{x \to +\infty}(\frac{1}{2})^x=0$；(2) $\lim\limits_{x \to -\infty} 2^x=0$。

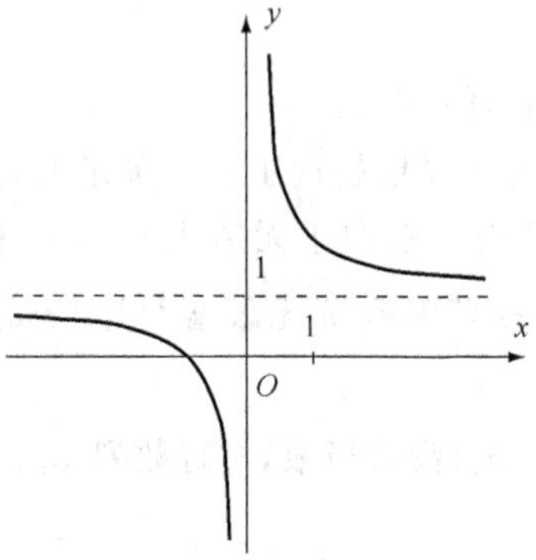

图 1-31

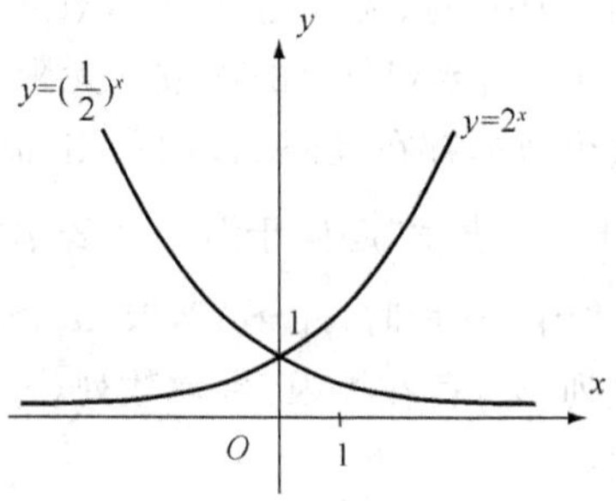

图 1-32

【例 3】 讨论下列函数当 $x \to \infty$时的极限：(1) $y=1+\frac{1}{x^2}$；(2) $y=2^x$。

解 (1) 如图 1-33 所示，当 $x \to +\infty$时，$y=1+\frac{1}{x^2} \to 1$；

当 $x \to -\infty$时，$y=1+\frac{1}{x^2} \to 1$。

因此，当$|x|$无限增大时，函数 $y=1+\frac{1}{x^2}$ 无限地接近于常数 1，即 $\lim\limits_{x \to \infty}(1+\frac{1}{x^2})=1$。

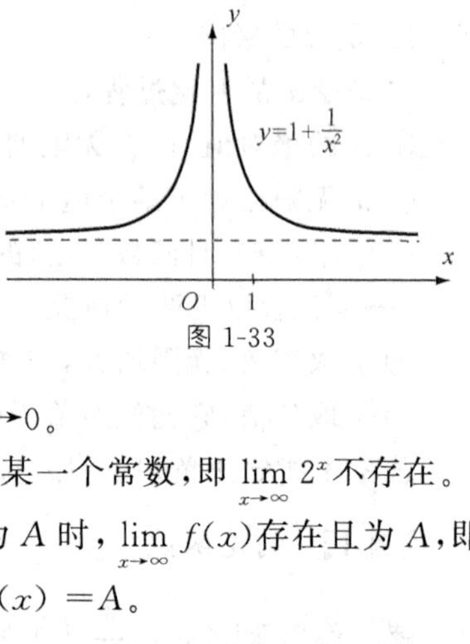

图 1-33

(2) 当 $x \to +\infty$时，$y=2^x \to +\infty$；当 $x \to -\infty$时，$y=2^x \to 0$。

因此，当$|x|$无限增大时，函数 $y=2^x$不可能无限地趋近某一个常数，即 $\lim\limits_{x \to \infty} 2^x$不存在。

结论：当且仅当 $\lim\limits_{x \to +\infty} f(x)$和 $\lim\limits_{x \to -\infty} f(x)$都存在并且均为 A 时，$\lim\limits_{x \to \infty} f(x)$存在且为 A，即

$$\lim_{x \to \infty} f(x)=A \Leftrightarrow \lim_{x \to +\infty} f(x)= \lim_{x \to -\infty} f(x) =A。$$

(2) 当 $x \to x_0$时函数 $f(x)$的极限。

$x \to x_0$包含以下两种情况：

① $x \to x_0^+$ 表示 x 从大于 x_0的方向趋近于 x_0；

② $x \to x_0^-$ 表示 x 从小于 x_0的方向趋近于 x_0。

记号 $x \to x_0$表示 x 无限趋近于 x_0，对从哪个方向趋近没有限制。

【例 4】 讨论当 $x \to 2$ 时，函数 $y=x+1$ 的变化趋势。

解 作出函数 $y=x+1$ 的图像，如图 1-34 所示。不论 x 从小于 2 的方向趋近于 2，还是从大于 2 的方向趋近于 2，函数 $y=x+1$ 的值总是随着自变量 x 的变化从两个不同的方向

越来越接近 3，所以当 $x \to 2$ 时，$y=x+1 \to 3$。

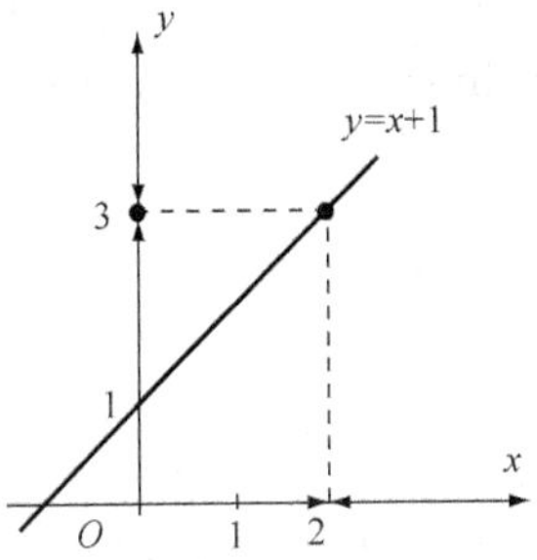

图 1-34

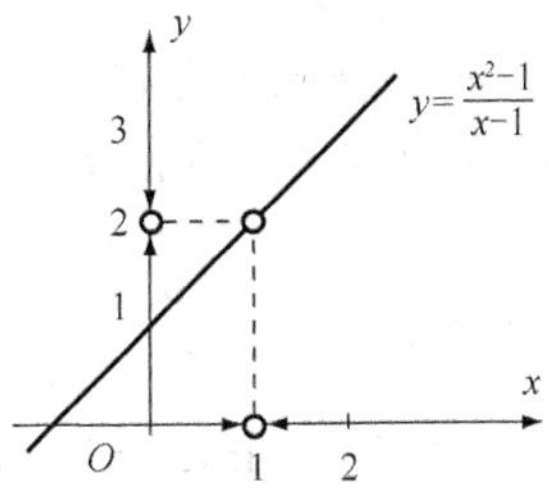

图 1-35

【例 5】 讨论当 $x \to 1$ 时，函数 $y=\dfrac{x^2-1}{x-1}$ 的变化趋势。

解 作出函数 $y=\dfrac{x^2-1}{x-1}$ 的图像，如图 1-35 所示。

函数的定义域为 $(-\infty,1)\cup(1,+\infty)$，在 $x=1$ 处函数没有定义。x 不论从大于 1 还是从小于 1 两个方向趋近于 1 时，函数 $y=\dfrac{x^2-1}{x-1}$ 的值从两个不同方向越来越接近于 2。在研究当 x 趋近于 1 时函数 $y=\dfrac{x^2-1}{x-1}$ 的变化趋势时，并不计较函数在 $x=1$ 处是否有定义，而仅关心函数在 $x=1$ 的邻近（$x\in \mathring{U}(1,\delta)$）的函数值的变化趋势，即认为在 $x \to 1$ 时隐含一个要求：$x \neq 1$。因此，当 $x \to 1$ 时，$y=\dfrac{x^2-1}{x-1} \to 2$。

定义 3 如果当 $x \neq x_0$，$x \to x_0$ 时，函数 $f(x)$ 无限地趋近于一个确定的常数 A，那么就称当 $x \to x_0$ 时 $f(x)$ 存在极限 A；数 A 就称为当 $x \to x_0$ 时函数 $f(x)$ 的极限，记作 $\lim\limits_{x \to x_0} f(x)=A$。

【例 6】 求下列极限：

(1) $f(x)=x$，$\lim\limits_{x \to x_0} f(x)$；(2) $f(x)=C$，$\lim\limits_{x \to x_0} f(x)$，$C$ 为常数。

解 (1) 因为当 $x \to x_0$ 时，$f(x)=x$ 的值无限趋近于 x_0，所以有 $\lim\limits_{x \to x_0} f(x)=\lim\limits_{x \to x_0} x=x_0$。

(2) 因为当 $x \to x_0$ 时，$f(x)$ 的值恒等于 C，所以有 $\lim\limits_{x \to x_0} f(x)=\lim\limits_{x \to x_0} C=C$。由此可见，常数的极限是其本身。

规定：

① 如果 x 从大于 x_0 的方向趋近于 x_0（$x \to x_0^+$）时，函数 $f(x)$ 无限地趋近于一个确定的常数 A，那么就称 $f(x)$ 在 x_0 处存在右极限 A，称常数 A 为当 $x \to x_0$ 时函数 $f(x)$ 的右极限，记作 $\lim\limits_{x \to x_0^+} f(x)=A$；

② 如果 x 从小于 x_0 的方向趋近于 x_0（$x \to x_0^-$）时，函数 $f(x)$ 无限地趋近于一个确定的常数 A，那么就称 $f(x)$ 在 x_0 处存在左极限 A，称常数 A 为当 $x \to x_0$ 时函数 $f(x)$ 的左极限，记作 $\lim\limits_{x \to x_0^-} f(x)=A$。

【例 7】 已知函数 $f(x)=\begin{cases}x-1, x<0,\\ x^3, \quad x\geqslant 0,\end{cases}$ 讨论当 $x\to 0$ 时 $f(x)$的极限。

解 $\lim\limits_{x\to 0^-}f(x)=\lim\limits_{x\to 0^-}(x-1)=-1$，$\lim\limits_{x\to 0^+}f(x)=\lim\limits_{x\to 0^+}x^3=0$，$\lim\limits_{x\to 0^+}f(x)\neq\lim\limits_{x\to 0^-}f(x)$。因而，当 $x\to 0$ 时，$f(x)$的极限不存在。

一般地，$\lim\limits_{x\to x_0}f(x)=A\Leftrightarrow\lim\limits_{x\to x_0^-}f(x)=\lim\limits_{x\to x_0^+}f(x)=A$。

【例 8】 已知 $f(x)=\begin{cases}x, x\geqslant 2,\\ 2, x<2,\end{cases}$ 求 $\lim\limits_{x\to 2}f(x)$。

解 因为 $\lim\limits_{x\to 2^+}f(x)=\lim\limits_{x\to 2^+}x=2$，$\lim\limits_{x\to 2^-}f(x)=\lim\limits_{x\to 2^-}2=2$，即 $\lim\limits_{x\to 2^+}f(x)=\lim\limits_{x\to 2^-}f(x)=2$，

所以 $\lim\limits_{x\to 2}f(x)=2$。

【例 9】 已知 $f(x)=\dfrac{|x|}{x}$，$\lim\limits_{x\to 0}f(x)$是否存在？

解 当 $x>0$ 时，$f(x)=\dfrac{|x|}{x}=1$；当 $x<0$ 时，$f(x)=\dfrac{|x|}{x}=-1$。

所以函数 $f(x)$可以分段表示为 $f(x)=\begin{cases}1, x\geqslant 0,\\ -1, x<0,\end{cases}$ 于是 $\lim\limits_{x\to 0^+}f(x)=1$，$\lim\limits_{x\to 0^-}f(x)=-1$，即 $\lim\limits_{x\to 0^+}f(x)\neq\lim\limits_{x\to 0^-}f(x)$，所以 $\lim\limits_{x\to 0}f(x)$不存在。

1.3.2 无穷大量与无穷小量

1. 无穷大量

考察函数 $f(x)=\dfrac{1}{x-1}$。

由图 1-36 可知，当 x 从左、右两个方向趋近于 1 时，$|f(x)|$都无限地增大。

定义 4 如果当 $x\to x_0$ 时，函数 $f(x)$的绝对值无限增大，则称函数 $f(x)$为 $x\to x_0$ 时的无穷大量。

如果函数 $f(x)$为当 $x\to x_0$ 时的无穷大，那么它的极限是不存在的。但为了便于描述函数的这种变化趋势，也说“函数的极限是无穷大”，并记作

$$\lim_{x\to x_0}f(x)=\infty。$$

注意：式中的记号“∞”是一个记号，而不是确定的数。整个式子仅表示“$f(x)$的绝对值无限增大，$f(x)$是无穷大量”。

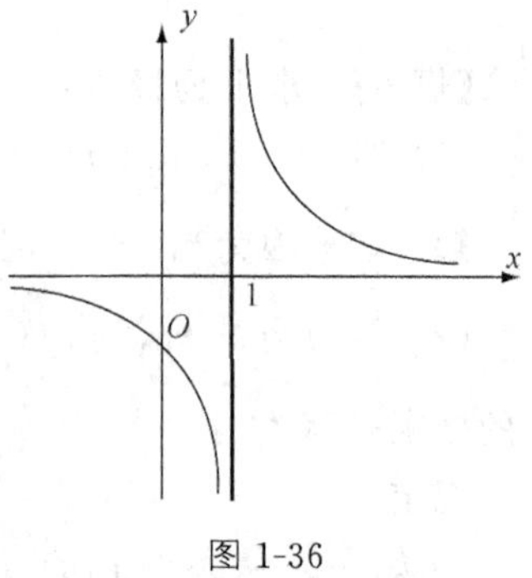

图 1-36

如果在无穷大的定义中，对于 x_0 左右附近的 x，对应的函数值都是正的或都是负的，即当 $x\to x_0$时，$f(x)$无限增大或减小，就分别记作

$$\lim_{x\to x_0}f(x)=+\infty \text{ 或 } \lim_{x\to x_0}f(x)=-\infty。$$

(1) 当 $x\to 1$ 时，$\left|\dfrac{1}{x-1}\right|$无限增大，所以 $\dfrac{1}{x-1}$ 是当 $x\to 1$ 时的无穷大，记作 $\lim\limits_{x\to 1}\dfrac{1}{x-1}=\infty$。

(2) 当 $x\to\infty$ 时，$|x|$ 无限增大，所以 x 是当 $x\to\infty$ 时的无穷大，记作 $\lim\limits_{x\to\infty} x=\infty$。

(3) 当 $x\to+\infty$ 时，2^x 总取正值且无限增大，所以 2^x 是当 $x\to+\infty$ 时的无穷大，记作 $\lim\limits_{x\to+\infty} 2^x=+\infty$。

(4) 当 $x\to 0^+$ 时，$\ln x$ 总取负值且无限减小(见图 1-37)，所以 $\ln x$ 是 $x\to 0^+$ 时的无穷大，记作 $\lim\limits_{x\to 0^+} \ln x=-\infty$。

定义 5　可推广到 $x\to x_0^+$，$x\to x_0^-$，$x\to\infty$，$x\to+\infty$，$x\to-\infty$ 时的情形。

注意：

(1) 一个函数 $f(x)$ 是无穷大，是与自变量 x 的变化过程紧密相连的，因此必须指明自变量 x 的变化过程。

(2) 不要把绝对值很大的数说成是无穷大。无穷大表示的是一个函数，这个函数的绝对值在自变量的某个变化过程中的变化趋势是无限增大；而绝对值很大的数无论在自变量的何种变化过程中，其极限都为常数本身，并不会无限增大或减小。

2. 无穷小量

(1) 无穷小的定义。

考察函数 $f(x)=x-1$，由图 1-38 可知，当 x 从左、右两个方向无限趋近于 1 时，$f(x)$ 都无限地趋向于 0。

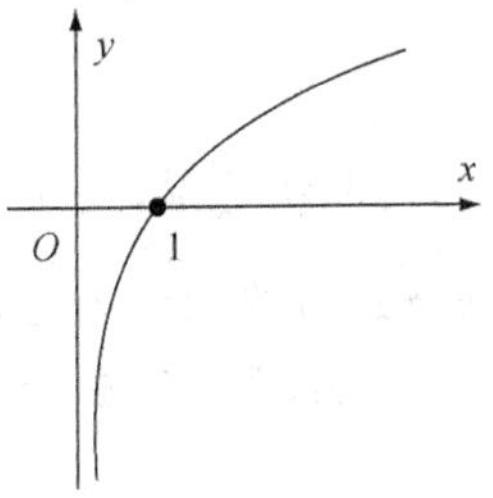

图 1-37

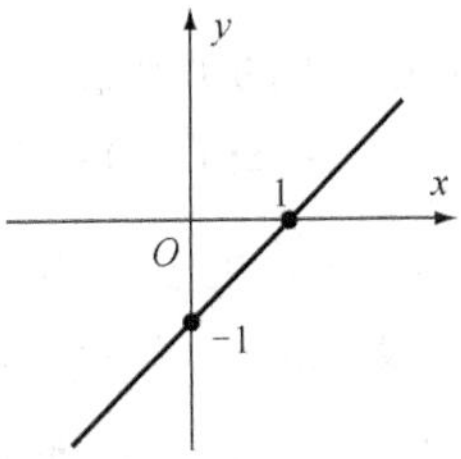

图 1-38

定义 6　如果当 $x\to x_0$ 时，函数 $f(x)$ 的极限为 0，那么就称函数 $f(x)$ 为 $x\to x_0$ 时的无穷小，记作 $\lim\limits_{x\to x_0} f(x)=0$。

例如，因为 $\lim\limits_{x\to 1}(x-1)=0$，所以 $x-1$ 是当 $x\to 1$ 时的无穷小。

又如，因为 $\lim\limits_{x\to\infty}\dfrac{1}{x}=0$，所以 $\dfrac{1}{x}$ 是当 $x\to\infty$ 时的无穷小。

注意：

① 一个函数 $f(x)$ 是无穷小，是与自变量 x 的变化过程紧密相连的，因此必须指明自变量 x 的变化过程。

② 不要把绝对值很小的常数说成是无穷小。

无穷小表示的是一个函数，这个函数在自变量的某个变化过程中的极限为 0；而绝对值很小的数无论自变量是何种变化过程，其极限都不是 0。只有常数 0 可以看成是无穷小，因为常数函数 0 的任何极限总是 0。

(2) 无穷小的性质。

设 $f_1(x), f_2(x), \cdots, f_n(x)$ 是 $x\to x_0$（或 $x\to\infty$ 等）时的无穷小。

性质 1 $f(x)=\sum\limits_{i=1}^{n}a_i f_i(x)$ ($a_i\in\mathbf{R}$)是 $x\to x_0$（或 $x\to\infty$ 等）时的无穷小，即有限个无穷小的代数组合是无穷小。

性质 2 $f(x)=f_1(x)\cdot f_2(x)\cdot\cdots\cdot f_n(x)$ 是 $x\to x_0$（或 $x\to\infty$ 等）时的无穷小，即无穷小的积是无穷小。

性质 3 设 $g(x)$ 当 $x\to x_0$（或 $x\to\infty$ 等）时是有界的，则 $g(x)\cdot f_i(x)(i=1,2,\cdots,n)$ 是 $x\to x_0$（或 $x\to\infty$ 等）时的无穷小，即有界函数与无穷小的积是无穷小。

【例 10】 求 $\lim\limits_{x\to 0}\left(x\sin\dfrac{1}{x}\right)$。

解 因为 $\lim\limits_{x\to 0}x=0$，所以 x 是 $x\to 0$ 时的无穷小。$\left|\sin\dfrac{1}{x}\right|\leqslant 1$，所以 $\sin\dfrac{1}{x}$ 是有界函数。根据无穷小的性质 3，可知 $\lim\limits_{x\to 0}\left(x\sin\dfrac{1}{x}\right)=0$。

【例 11】 求 $\lim\limits_{x\to\infty}\dfrac{\sin x}{x}$。

解 因为 $\dfrac{\sin x}{x}=\dfrac{1}{x}\cdot\sin x$，而 $\dfrac{1}{x}$ 是当 $x\to\infty$ 时的无穷小，$\sin x$ 是有界函数，所以 $\lim\limits_{x\to\infty}\dfrac{\sin x}{x}=0$。

(3) 函数极限与无穷小的关系。

定理 1 $\lim\limits_{x\to x_0}f(x)=A\Leftrightarrow f(x)=A+\alpha$，$\lim\limits_{x\to x_0}\alpha=0$。也就是说，当 $x\to x_0$ 时 $f(x)$ 以 A 为极限的充分必要条件是 $f(x)$ 能表示为 A 与一个当 $x\to x_0$ 时的无穷小之和。

证明 必要性：设 $\lim\limits_{x\to x_0}f(x)=A$，令 $\alpha=f(x)-A$，则 $f(x)=A+\alpha$，而 $\lim\limits_{x\to x_0}\alpha=\lim\limits_{x\to x_0}[f(x)-A]=0$，即 α 是当 $x\to x_0$ 时的无穷小。

充分性：设 $f(x)=A+\alpha$，其中 α 是当 $x\to x_0$ 时的无穷小，则 $\lim\limits_{x\to x_0}f(x)=\lim\limits_{x\to x_0}(A+\alpha)=A$，即当 $x\to x_0$ 时 $f(x)$ 的极限为 A。

3. 无穷大与无穷小的关系

定理 2 无穷大的倒数是无穷小；反之，在变化过程中不为零的无穷小的倒数为无穷大。

【例 12】 求 $\lim\limits_{x\to 1}\dfrac{x+4}{x-1}$。

解 因为 $\lim\limits_{x\to 1}\dfrac{x-1}{x+4}=0$，即 $\dfrac{x-1}{x+4}$ 是当 $x\to 1$ 时的无穷小，根据无穷大与无穷小的关系可知，它的倒数 $\dfrac{x+4}{x-1}$ 是当 $x\to 1$ 时的无穷大，所以 $\lim\limits_{x\to 1}\dfrac{x+4}{x-1}=\infty$。

1.3.3 极限的四则运算

前面根据自变量的变化趋势，观察和分析了函数的变化趋势，从而求出了一些简单函数的极限。如果要求一些结构较为复杂的函数的极限，仅靠观察是很难计算的。下面进一步介绍一些计算极限的方法。

和、差、积、商的极限运算法则：

如果 $\lim\limits_{x\to x_0} f(x)=A$，$\lim\limits_{x\to x_0} g(x)=B$，那么

(1) $\lim\limits_{x\to x_0}[f(x)\pm g(x)]=\lim\limits_{x\to x_0} f(x)\pm\lim\limits_{x\to x_0} g(x)=A\pm B$。

(2) $\lim\limits_{x\to x_0}[f(x)\cdot g(x)]=\lim\limits_{x\to x_0} f(x)\cdot\lim\limits_{x\to x_0} g(x)=A\cdot B$。

特别地，$\lim\limits_{x\to x_0} C\cdot f(x)=C\cdot\lim\limits_{x\to x_0} f(x)=C\cdot A$（$C$ 为常数）。

(3) $\lim\limits_{x\to x_0}\dfrac{f(x)}{g(x)}=\dfrac{\lim\limits_{x\to x_0} f(x)}{\lim\limits_{x\to x_0} g(x)}=\dfrac{A}{B}(B\neq 0)$。

说明：

(1) 上述运算法则对于 $x\to\infty$ 等其他变化过程同样成立。

(2) 法则(1)，(2)可推广到有限个函数的情况，因此只要 x 使函数有意义，下面的等式也成立：

$$\lim_{x\to x_0}[f(x)]^n=[\lim_{x\to x_0} f(x)]^n,\ \lim_{x\to x_0}[f(x)]^\alpha=[\lim_{x\to x_0} f(x)]^\alpha,\alpha\in\boldsymbol{Q}。$$

极限运算“$\lim\limits_{x\to x_0}$”与四则运算（加、减、乘、除）可以交换次序（其中，除法运算时，分母的极限必须不等于零）。

【例 13】 求 $\lim\limits_{x\to 1}(3x^2-2x+1)$。

解 $\lim\limits_{x\to 1}(3x^2-2x+1)=\lim\limits_{x\to 1}3x^2-\lim\limits_{x\to 1}2x+\lim\limits_{x\to 1}1=3\lim\limits_{x\to 1}x^2-2\lim\limits_{x\to 1}x+1=3(\lim\limits_{x\to 1}x)^2-2+1=3-2+1=2$。

【例 14】 求 $\lim\limits_{x\to 2}\dfrac{2x^2+x-5}{3x+1}$。

解 因为 $\lim\limits_{x\to 2}(2x^2+x-5)=\lim\limits_{x\to 2}2x^2+\lim\limits_{x\to 2}x-\lim\limits_{x\to 2}5=2\times 2^2+2-5=5$，$\lim\limits_{x\to 2}(3x+1)=\lim\limits_{x\to 2}3x+\lim\limits_{x\to 2}1=3\times 2+1=7\neq 0$，

所以 $\lim\limits_{x\to 2}\dfrac{2x^2+x-5}{3x+1}=\dfrac{\lim\limits_{x\to 2}(2x^2+x-5)}{\lim\limits_{x\to 2}(3x+1)}=\dfrac{5}{7}$。

由以上例题可以看出，多项式函数 $P(x)$ 的极限满足

$$\lim_{x\to x_0}P(x)=P(x_0),$$

有理函数$\dfrac{P(x)}{Q(x)}$的极限满足

$$\lim_{x\to x_0}\frac{P(x)}{Q(x)}=\frac{P(x_0)}{Q(x_0)}\text{（其中}\lim_{x\to x_0}Q(x_0)\neq 0\text{）。}$$

【例 15】 求 $\lim\limits_{x\to 2}\dfrac{5x}{x^2-4}$。

解 因为 $\lim\limits_{x\to 2}(x^2-4)=0$，所以不能直接用以上有理函数的极限性质求此分式的极限。但 $\lim\limits_{x\to 2}5x=10\neq 0$，

所以有 $\lim\limits_{x\to 2}\dfrac{x^2-4}{5x}=\dfrac{\lim\limits_{x\to 2}(x^2-4)}{\lim\limits_{x\to 2}5x}=\dfrac{0}{10}=0$。

这就是说，当 $x\to 2$ 时，$\dfrac{x^2-4}{5x}$ 是无穷小量。因此，由定理 2 可知 $\dfrac{5x}{x^2-4}$ 为无穷大量，所以 $\lim\limits_{x\to 2}\dfrac{5x}{x^2-4}=\infty$

【例 16】 求 $\lim\limits_{n\to\infty}\dfrac{2n^2-2n+3}{3n^2+1}$。

解 将分子、分母同除以 n^2，得 $\lim\limits_{n\to\infty}\dfrac{2n^2-2n+3}{3n^2+1}=\lim\limits_{n\to\infty}\dfrac{2-\frac{2}{n}+\frac{3}{n^2}}{3+\frac{1}{n^2}}$。

因为
$$\lim_{n\to\infty}(2-\frac{2}{n}+\frac{3}{n^2})=\lim_{n\to\infty}2-\lim_{n\to\infty}\frac{2}{n}+\lim_{n\to\infty}\frac{3}{n^2}=2,$$
$$\lim_{n\to\infty}(3+\frac{1}{n^2})=\lim_{n\to\infty}3+\lim_{n\to\infty}\frac{1}{n^2}=3\neq 0,$$

所以
$$\lim_{n\to\infty}\frac{2n^2-2n+3}{3n^2+1}=\frac{\lim\limits_{n\to\infty}(2-\frac{2}{n}+\frac{3}{n^2})}{\lim\limits_{n\to\infty}(3+\frac{1}{n^2})}=\frac{2}{3}。$$

【例 17】 求 $\lim\limits_{x\to\infty}\dfrac{4x^3+2x^2-1}{3x^4+1}$。

解 将分子、分母同除以 x^4，得
$$\lim_{x\to\infty}\frac{4x^3+2x^2-1}{3x^4+1}=\lim_{x\to\infty}\frac{\frac{4}{x}+\frac{2}{x^2}-\frac{1}{x^4}}{3+\frac{1}{x^4}}=\frac{0+0-0}{3+0}=0。$$

【例 18】 求 $\lim\limits_{x\to 3}\dfrac{x-3}{x^2-9}$。

解 $\lim\limits_{x\to 3}\dfrac{x-3}{x^2-9}=\lim\limits_{x\to 3}\dfrac{x-3}{(x-3)(x+3)}=\lim\limits_{x\to 3}\dfrac{1}{x+3}=\dfrac{1}{6}$。

【例 19】 求 $\lim\limits_{x\to 4}\dfrac{\sqrt{x}-2}{x-4}$。

解 $\lim\limits_{x\to 4}\dfrac{\sqrt{x}-2}{x-4}=\lim\limits_{x\to 4}\dfrac{(\sqrt{x}-2)(\sqrt{x}+2)}{(x-4)(\sqrt{x}+2)}=\lim\limits_{x\to 4}\dfrac{1}{\sqrt{x}+2}=\dfrac{1}{4}$。

【例 20】 已知 $f(x)=\begin{cases}x-1, x<0,\\ \dfrac{x^2+3x-1}{x^3+1}, x\geqslant 0,\end{cases}$ 求 $\lim\limits_{x\to 0}f(x)$，$\lim\limits_{x\to+\infty}f(x)$，$\lim\limits_{x\to-\infty}f(x)$。

解 $\lim\limits_{x\to 0^-}f(x)=\lim\limits_{x\to 0^-}(x-1)=-1$，$\lim\limits_{x\to 0^+}f(x)=\lim\limits_{x\to 0^+}\dfrac{x^2+3x-1}{x^3+1}=-1$，所以 $\lim\limits_{x\to 0}f(x)=-1$。

$\lim\limits_{x\to+\infty}f(x)=\lim\limits_{x\to+\infty}\dfrac{x^2+3x-1}{x^3+1}=0$，$\lim\limits_{x\to-\infty}f(x)=\lim\limits_{x\to-\infty}(x-1)=-\infty$。

1.3.4 两个重要极限

1. $\lim\limits_{x\to 0}\dfrac{\sin x}{x}=1$

特点：

(1) 它是“$\frac{0}{0}$”型，即若形式地应用求商的极限的法则，得到的结果是 $\frac{0}{0}$；

(2) 在分式中同时出现三角函数和 x 的幂。

推广：

如果 $\lim\limits_{x\to a}\varphi(x)=0$（$a$ 可以是有限数 x_0，$\pm\infty$ 或 ∞），则 $\lim\limits_{x\to a}\frac{\sin[\varphi(x)]}{\varphi(x)}=\lim\limits_{\varphi(x)\to 0}\frac{\sin[\varphi(x)]}{\varphi(x)}=1$。

【例 21】 求 $\lim\limits_{x\to 0}\frac{\tan x}{x}$。

解 $\lim\limits_{x\to 0}\frac{\tan x}{x}=\lim\limits_{x\to 0}\left(\frac{\sin x}{x}\cdot\frac{1}{\cos x}\right)=\lim\limits_{x\to 0}\frac{\sin x}{x}\cdot\lim\limits_{x\to 0}\frac{1}{\cos x}=1$。

【例 22】 求 $\lim\limits_{x\to 0}\frac{\sin kx}{x}$（$k$ 为非零常数）。

解 $\lim\limits_{x\to 0}\frac{\sin kx}{x}=k\lim\limits_{x\to 0}\frac{\sin kx}{kx}=k\lim\limits_{t\to 0}\frac{\sin t}{t}=k$。

【例 23】 求 $\lim\limits_{x\to 0}\frac{1-\cos x}{x^2}$。

解 $\lim\limits_{x\to 0}\frac{1-\cos x}{x^2}=\lim\limits_{x\to 0}\frac{2\sin^2\frac{x}{2}}{x^2}=\frac{1}{2}\lim\limits_{x\to 0}\frac{\sin^2\frac{x}{2}}{\left(\frac{x}{2}\right)^2}=\frac{1}{2}\lim\limits_{x\to 0}\left(\frac{\sin\frac{x}{2}}{\frac{x}{2}}\right)^2=\frac{1}{2}\cdot 1^2=\frac{1}{2}$。

2. $\lim\limits_{x\to\infty}\left(1+\frac{1}{x}\right)^x=\mathrm{e}$ 或 $\lim\limits_{x\to 0}(1+x)^{\frac{1}{x}}=\mathrm{e}$

特点：它是 $(1+0)^\infty$ 或者 1^∞ 型。

推广：

若 $\lim\limits_{x\to a}\varphi(x)=0$（$a$ 可以是有限数 x_0，$\pm\infty$ 或 ∞），则

$$\lim_{x\to a}[1+\varphi(x)]^{\frac{1}{\varphi(x)}}=\lim_{\varphi(x)\to 0}[1+\varphi(x)]^{\frac{1}{\varphi(x)}}=\mathrm{e}。$$

【例 24】 求 $\lim\limits_{x\to\infty}\left(1+\frac{2}{x}\right)^x$。

解 令 $\alpha=\frac{2}{x}$，则当 $x\to\infty$ 时，$\alpha\to 0$。

$\lim\limits_{x\to\infty}\left(1+\frac{2}{x}\right)^x=\lim\limits_{\alpha\to 0}(1+\alpha)^{\frac{2}{\alpha}}=\lim\limits_{\alpha\to 0}\left[(1+\alpha)^{\frac{1}{\alpha}}\right]^2=\left[\lim\limits_{\alpha\to 0}(1+\alpha)^{\frac{1}{\alpha}}\right]^2=\mathrm{e}^2$。

或 $\lim\limits_{x\to\infty}\left(1+\frac{2}{x}\right)^x=\lim\limits_{x\to\infty}\left(1+\frac{2}{x}\right)^{\frac{x}{2}\cdot 2}=\left[\lim\limits_{x\to\infty}\left(1+\frac{2}{x}\right)^{\frac{x}{2}}\right]^2=\mathrm{e}^2$。

讨论：(1) $\lim\limits_{x\to\infty}\left(1-\frac{1}{x}\right)^x=$? (2) $\lim\limits_{\alpha\to 0}(1-\alpha)^{\frac{1}{\alpha}}=$? (3) $\lim\limits_{x\to\infty}\left(1+\frac{1}{x}\right)^{x+k}=$?

【例 25】 求 $\lim\limits_{x\to\infty}\left(\frac{3-x}{2-x}\right)^x$。

解 令 $\frac{3-x}{2-x}=1+u$，则 $x=2-\frac{1}{u}$。当 $x\to\infty$ 时，$u\to 0$，于是 $\lim\limits_{x\to\infty}\left(\frac{3-x}{2-x}\right)^x=$ $\lim\limits_{u\to 0}(1+u)^{2-\frac{1}{u}}=\lim\limits_{u\to 0}\left[(1+u)^{-\frac{1}{u}}\cdot(1+u)^2\right]=\left[\lim\limits_{u\to 0}(1+u)^{\frac{1}{u}}\right]^{-1}\cdot\left[\lim\limits_{u\to 0}(1+u)^2\right]=\mathrm{e}^{-1}$。

【例 26】 求 $\lim\limits_{x\to 0}(1+\tan x)^{\cot x}$。

解 设 $t=\tan x$,则 $\frac{1}{t}=\cot x$。当 $x\to 0$ 时,$t\to 0$,于是,$\lim\limits_{x\to 0}(1+\tan x)^{\cot x}=\lim\limits_{t\to 0}(1+t)^{\frac{1}{t}}=\mathrm{e}$。

1.3.5 无穷小的比较

两个无穷小的和、差、积仍为无穷小,但是由第一个重要极限的结果可知,两个无穷小的商不一定是无穷小。例如,$x\to 0$ 时,$2x,x^2,\tan x$ 都是无穷小,$\lim\limits_{x\to 0}\frac{x^2}{2x}=0,\lim\limits_{x\to 0}\frac{2x}{x^2}=\infty$,$\lim\limits_{x\to 0}\frac{\tan x}{2x}=\frac{1}{2}$,可见两个无穷小的商是不同的。这是因为各无穷小在趋于 0 的过程中变化的"快慢"程度不同。这种"快慢"程度可导致不同的运算结果,由此引入无穷小量的阶的概念。

定义 7 设 α,β 是当自变量 $x\to a$(a 可以是有限数 x_0,也可以是$\pm\infty$或∞)时的两个无穷小,且 $\beta\neq 0$。

(1) 如果 $\lim\limits_{x\to a}\frac{\alpha}{\beta}=0$,则称当 $x\to a$ 时,α 是β 的高阶无穷小,或称 β 是α 的低阶无穷小,记作 $\alpha=o(\beta)(x\to a)$。

(2) 如果 $\lim\limits_{x\to a}\frac{\alpha}{\beta}=A,(A\neq 0)$,则称当 $x\to a$ 时,α 与 β 是同阶无穷小。特别地,当 $A=1$ 时,称当 $x\to a$ 时,α 与 β 是等价无穷小,记作 $\alpha\sim\beta(x\to a)$。

注意:记号"$\alpha=o(\beta)(x\to a)$"并不意味着 α,β 的数量之间有相等关系,它仅表示 α,β 是 $x\to a$时的无穷小,且 α 是 β 的高阶无穷小。

例如,当 $x\to 0$ 时,x^2是比 x 高阶的无穷小,所以 $x^2=o(x)(x\to 0)$;因为 $\lim\limits_{x\to 0}\frac{\sin x}{x}=1$,所以 $\sin x$ 与 x 是 $x\to 0$ 时的等价无穷小,即 $\sin x\sim x(x\to 0)$;因为 $\lim\limits_{x\to 0}\frac{1-\cos x}{x}=0$,$\lim\limits_{x\to 0}\frac{\tan x}{x}=1$,$\lim\limits_{x\to 0}\frac{1-\cos x}{x^2}=\frac{1}{2}$,$\lim\limits_{x\to 0}\frac{\sqrt{1+x}-1}{\frac{1}{2}x}=1$,所以 $x\to 0$ 时,$1-\cos x=o(x)$,$\tan x\sim x$,$\sqrt{1+x}-1\sim\frac{1}{2}x$,而 $1-\cos x$ 与 x^2是 $x\to 0$ 时的同阶无穷小。

定理 3 设 $\alpha,\beta,\alpha',\beta'$是 $x\to a$ 时的无穷小,且 $\alpha\sim\alpha',\beta\sim\beta'$,则当极限 $\lim\limits_{x\to a}\frac{\alpha'}{\beta'}$ 存在时,极限 $\lim\limits_{x\to a}\frac{\alpha}{\beta}$ 也存在,且 $\lim\limits_{x\to a}\frac{\alpha}{\beta}=\lim\limits_{x\to a}\frac{\alpha'}{\beta'}$。

证明 $\lim\limits_{x\to a}\frac{\alpha}{\beta}=\lim\limits_{x\to a}(\frac{\alpha}{\alpha'}\cdot\frac{\alpha'}{\beta'}\cdot\frac{\beta'}{\beta})=\lim\limits_{x\to a}\frac{\alpha}{\alpha'}\cdot\lim\limits_{x\to a}\frac{\alpha'}{\beta'}\cdot\lim\limits_{x\to a}\frac{\beta'}{\beta}=\lim\limits_{x\to a}\frac{\alpha'}{\beta'}$。

常用等价无穷小($x\to 0$):

$\sin x\sim x$,$\tan x\sim x$,$\arcsin x\sim x$,$\arctan x\sim x$,$1-\cos x\sim\frac{1}{2}x^2$,$\ln(1+x)\sim x$,$\mathrm{e}^x-1\sim x$,$\sqrt[n]{1+x}-1\sim\frac{1}{n}x$。

【例 27】 求 $\lim\limits_{x\to 0}\frac{\sin 2x}{\tan 5x}$。

解　因为 $x\to 0$ 时，$\sin 2x \sim 2x$，$\tan 5x \sim 5x$，所以 $\lim\limits_{x\to 0}\dfrac{\sin 2x}{\tan 5x}=\lim\limits_{x\to 0}\dfrac{2x}{5x}=\dfrac{2}{5}$。

【例 28】　求 $\lim\limits_{x\to 0}\dfrac{\ln(1+x^2)(e^x-1)}{(1-\cos x)\sin 2x}$。

解　因为 $e^x-1\sim x$，$\ln(1+x^2)\sim x^2$，$\sin 2x\sim 2x$，$1-\cos x\sim\dfrac{1}{2}x^2(x\to 0)$，

所以 $\lim\limits_{x\to 0}\dfrac{\ln(1+x^2)(e^x-1)}{(1-\cos x)\sin 2x}=\lim\limits_{x\to 0}\dfrac{x^2\cdot x}{\frac{1}{2}x^2\cdot 2x}=1$。

【例 29】　用等价无穷小的代换，求 $\lim\limits_{x\to 0}\dfrac{\tan x-\sin x}{x^3}$。

解　因为 $\tan x-\sin x=\tan x(1-\cos x)$，而 $\tan x\sim x$，$1-\cos x\sim\dfrac{1}{2}x^2(x\to 0)$，所以

$\lim\limits_{x\to 0}\dfrac{\tan x-\sin x}{x^3}=\lim\limits_{x\to 0}\dfrac{x\cdot\frac{1}{2}x^2}{x^3}=\dfrac{1}{2}$。

【例 30】　圆的面积为什么是 πR^2？

解　由分析知，圆的面积

$$S=\lim_{n\to\infty}S_n=\lim_{n\to\infty}\left(\frac{n}{2}R^2\sin\frac{2\pi}{n}\right)=R^2\lim_{n\to\infty}\frac{\sin\frac{2\pi}{n}}{\frac{2\pi}{n}}\cdot\pi=\pi R^2。$$

习题 1.3

1. 填空题

(1) $\lim\limits_{n\to\infty}(\sqrt{n+1}-\sqrt{n})=$ ________；(2) $\lim\limits_{n\to\infty}\dfrac{\sin\frac{n\pi}{2}}{n}=$ ________；

(3) $\lim\limits_{n\to\infty}\left[4+\dfrac{(-1)^n}{n^2}\right]=$ ________；(4) $\lim\limits_{n\to\infty}\dfrac{1}{3^n}=$ ________；

(5) $\lim\limits_{x\to\infty}(2x-1)=$ ________；(6) $\lim\limits_{x\to\infty}\dfrac{1}{1+x^2}=$ ________；

(7) $\lim\limits_{x\to\infty}\cos x=$ ________；

(8) 设 $f(x)=\begin{cases}l^x, x\leqslant 0\\ ax+b, x>0\end{cases}$，则 $f(0+0)=$ ________，$f(0-0)=$ ________，当 $b=$ ________ 时，$\lim\limits_{x\to 0}f(x)=1$。

2. 设函数 $f(x)=\begin{cases}x, x<3,\\ 0, x=3,\\ x^2, x>3。\end{cases}$ 试画出 $f(x)$ 的图像，并求单侧极限 $\lim\limits_{x\to 3^-}f(x)$ 和 $\lim\limits_{x\to 3^+}f(x)$。

3. 设 $f(x)=\dfrac{\sqrt{x^2}}{x}$，回答下列问题：

(1) 函数 $f(x)$ 在 $x=0$ 处的左、右极限是否存在?

(2) 函数 $f(x)$ 在 $x=0$ 处是否有极限? 为什么?

(3) 函数 $f(x)$ 在 $x=1$ 处是否有极限? 为什么?

4. 下列各题中,指出哪些是无穷小,哪些是无穷大。

(1) $\frac{1+x}{x^2}(x\to\infty)$; (2) $\frac{3x-1}{x}(x\to 0)$;

(3) $\ln|x|(x\to 0)$; (4) $1^{\frac{1}{x}}(x\to 0)$。

5. 当 $x\to+\infty$ 时,下列哪个无穷小与无穷小 $\frac{1}{x}$ 是同阶无穷小? 哪个无穷小与无穷小 $\frac{1}{x}$ 是等价无穷小? 哪个无穷小是比无穷小 $\frac{1}{x}$ 高阶的无穷小?

(1) $\frac{1}{2x}$; (2) $\frac{1}{x^2}$; (3) $\frac{1}{|x|}$。

6. 计算下列极限。

(1) $\lim\limits_{x\to-1}\frac{3x+1}{x^2+1}$; (2) $\lim\limits_{x\to 1}\frac{x^2-1}{2x^2-x-1}$;

(3) $\lim\limits_{x\to\infty}\frac{2x^2+x+1}{3x^2+1}$; (4) $\lim\limits_{x\to\infty}\frac{\sqrt{2}x}{1+x^2}$;

(5) $\lim\limits_{x\to 2}\frac{x^3+2x^2}{(x-2)^2}$; (6) $\lim\limits_{x\to 1}\left(\frac{1}{1-x}-\frac{3}{1-x^3}\right)$;

(7) $\lim\limits_{x\to\infty}(\sqrt{x^2+x+1}-\sqrt{x^2-x+1})$; (8) $\lim\limits_{n\to\infty}\frac{1+2+3+\cdots+(n-1)}{n^2}$;

(9) $\lim\limits_{x\to\infty}\frac{(2x-1)^{300}(3x-2)^{300}}{(2x+1)^{500}}$; (10) $\lim\limits_{x\to+\infty}\frac{2x\sin x}{\sqrt{1+x^2}}\arctan\frac{1}{x}$;

(11) $\lim\limits_{x\to 0}\frac{\sin x+3x}{\tan x+2x}$; (12) $\lim\limits_{x\to 0}(1-3x)^{\frac{2}{x}}$;

(13) $\lim\limits_{n\to\infty}2^n\sin\frac{x}{2^n}(x\neq 0)$; (14) $\lim\limits_{x\to 0}\left(x\sin\frac{1}{x}+\frac{1}{x}\sin x\right)$;

(15) $\lim\limits_{x\to 0}\frac{\tan x-\sin x}{x^3}$; (16) $\lim\limits_{x\to\infty}\left(\frac{x+1}{x+2}\right)^x$。

7. 已知 $\lim\limits_{x\to 1}\frac{x^2+ax+b}{1-x}=1$,求常数 a 与 b 的值。

8. 已知 $\lim\limits_{x\to\infty}\left(\frac{x}{x-c}\right)^x=2$,求 c。

1.4 连续

1.4.1 函数的连续与间断

所谓“函数连续变化”,从直观上来看,它的图像是连续不断的,或者说“可以笔尖不离纸面地一笔画成”;从数量上分析,当自变量的变化微小时,函数值的变化也是很微小的。

例如，函数(1)$g(x)=x+1$，(2)$f_1(x)=\begin{cases}x+1, & x>1,\\ x-1, & x\leqslant 1,\end{cases}$，(3)$f_2(x)=\dfrac{x^2-1}{x-1}$，作出它们的图像，如图 1-39 所示。

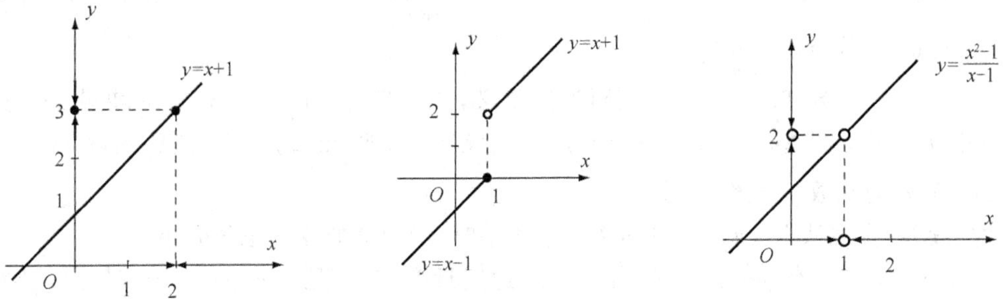

图 1-39

(1) 函数 $g(x)=x+1$ 在 $x=1$ 处有定义，图像在对应于自变量 $x=1$ 的点处是不间断的(或者说是连续的)。表现在数量上，$g(x)$ 在 $x=1$ 处的极限与函数值相等，即 $\lim\limits_{x\to 1} g(x)=g(1)$。

(2) 函数 $f_1(x)=\begin{cases}x+1, & x>1,\\ x-1, & x\leqslant 1\end{cases}$ 在 $x=1$ 处有定义，图像在对应于自变量 $x=1$ 的点处是间断的(或者说是不连续的)。表现在数量上，$f_1(x)$ 在 $x=1$ 处的极限与函数值不相等。进一步还可以看出，$\lim\limits_{x\to 1^+} f_1(x)$，$\lim\limits_{x\to 1^-} f_1(x)$ 存在却不相等，因此 $\lim\limits_{x\to 1} f_1(x)$ 不存在。

(3) 函数 $f_2(x)=\dfrac{x^2-1}{x-1}$ 在 $x=1$ 处无定义，图像在对应于自变量 $x=1$ 的点处是间断的(或者说是不连续的)。表现在数量上，$f_2(x)$ 在 $x=1$ 处的极限与函数值不相等。进一步还可以看出：$\lim\limits_{x\to 1} f_2(x)=2$ 虽然存在，但 $f_2(1)$ 却无意义，所以两者没有极限与函数值之间的相等关系。

1. 函数在一点处连续

定义 1　如果函数 $f(x)$ 在 x_0 的某一邻域内有定义，且 $\lim\limits_{x\to x_0} f(x) = f(x_0)$，就称函数 $f(x)$ 在 x_0 处连续，称 x_0 为函数 $f(x)$ 的连续点。

【例 1】　研究函数 $f(x)=x^2+1$ 在 $x=2$ 处的连续性。

解　函数 $f(x)=x^2+1$ 在 $x=2$ 的某一邻域内有定义，$f(2)=5$；

$\lim\limits_{x\to 2} f(x) = \lim\limits_{x\to 2} (x^2+1)=5$。

所以 $\lim\limits_{x\to 2} = f(2)$。

因此，函数 $f(x)=x^2+1$ 在 $x=2$ 处连续。

注意：从定义 1 可以看出，函数 $f(x)$ 在 x_0 处连续必须同时满足以下三个条件：

(1) 函数 $f(x)$ 在 x_0 的某一邻域内有定义；

(2) 极限 $\lim\limits_{x\to x_0} f(x)$ 存在；

(3) 极限值等于函数值，即 $\lim\limits_{x\to x_0} f(x) = f(x_0)$。

如果函数 $y=f(x)$ 的自变量 x 由 x_0 变到 x，就称差值 $x-x_0$ 为自变量 x 在 x_0 处的改变量或增量,通常用符号Δx表示,即$\Delta x=x-x_0$。此时,相应地,函数值由$f(x_0)$变到$f(x)$,称差值$f(x)-f(x_0)$为函数$y=f(x)$在点x_0处的改变量或增量,记作Δy,即$\Delta y=f(x)-f(x_0)$。

由于$\Delta x=x-x_0$,所以$x=x_0+\Delta x$,因而$\Delta y=f(x)-f(x_0)=f(x_0+\Delta x)-f(x_0)$。

利用增量记号,$x\to x_0$等价于$\Delta x=x-x_0\to 0$;$\lim\limits_{x\to x_0}f(x)=f(x_0)$等价于$\lim\limits_{x\to x_0}(f(x)-f(x_0))=0$,又等价于$\lim\limits_{\Delta x\to 0}\Delta y=0$。

定义 2 设函数$f(x)$在x_0及其附近有定义,如果当自变量x在x_0处的增量Δx趋于0时,相应地,函数增量$\Delta y=f(x_0+\Delta x)-f(x_0)$也趋于0,即$\lim\limits_{\Delta x\to 0}\Delta y=0$,则称函数$f(x)$在$x_0$处连续,称$x_0$为函数$f(x)$的连续点。

“连续”的直观认识:当自变量的变化很微小时,函数值的变化也很微小。

定义 3 如果函数$y=f(x)$在x_0及其左边附近有定义,且$\lim\limits_{x\to x_0^-}f(x)=f(x_0)$,则称函数$y=f(x)$在$x_0$处左连续。如果函数$y=f(x)$在$x_0$及其右边附近有定义,且$\lim\limits_{x\to x_0^+}f(x)=f(x_0)$,则称函数$y=f(x)$在$x_0$处右连续。

$y=f(x)$在x_0处连续$\Leftrightarrow y=f(x)$在x_0处既左连续又右连续。

【例 2】 讨论函数$f(x)=\begin{cases}1+\cos x, & x<\dfrac{\pi}{2},\\ \sin x, & x\geqslant\dfrac{\pi}{2}\end{cases}$在$x=\dfrac{\pi}{2}$处的连续性。

解 $f\left(\dfrac{\pi}{2}\right)=1$;

$\lim\limits_{x\to\left(\frac{\pi}{2}\right)^-}f(x)=\lim\limits_{x\to\left(\frac{\pi}{2}\right)^-}(1+\cos x)=1$,$\lim\limits_{x\to\left(\frac{\pi}{2}\right)^+}f(x)=\lim\limits_{x\to\left(\frac{\pi}{2}\right)^+}\sin x=1$,所以$\lim\limits_{x\to\frac{\pi}{2}}f(x)=1$。

所以$\lim\limits_{x\to\frac{\pi}{2}}f(x)=f\left(\dfrac{\pi}{2}\right)$。因此$f(x)$在$x=\dfrac{\pi}{2}$处连续。

2. 连续函数

定义 4 如果函数$y=f(x)$在开区间(a,b)内的每一点处都是连续的,则称函数$y=f(x)$在开区间(a,b)内连续,或者说$y=f(x)$是(a,b)内的连续函数。

如果函数$y=f(x)$在闭区间$[a,b]$上有定义,在开区间(a,b)内连续,且在区间的两个端点$x=a$与$x=b$处分别右连续和左连续,即$\lim\limits_{x\to a^+}f(x)=f(a)$,$\lim\limits_{x\to b^-}f(x)=f(b)$,则称函数$y=f(x)$在闭区间$[a,b]$上连续,或者说$f(x)$是闭区间$[a,b]$上的连续函数。若函数$f(x)$在它定义域内的每一点处都连续,则称$f(x)$为连续函数。

3. 函数的间断点

(1) 间断点的概念。

如果函数$y=f(x)$在点x_0处不连续,则称$f(x)$在x_0处间断,并称x_0为$f(x)$的间断点。

$f(x)$在x_0处间断有以下三种可能:

① 函数$f(x)$在x_0处没有定义;

② $f(x)$在x_0处有定义,但极限$\lim\limits_{x\to x_0}f(x)$不存在;

③ $f(x)$在x_0处有定义,极限$\lim\limits_{x\to x_0}f(x)$存在,但$\lim\limits_{x\to x_0}f(x)\neq f(x_0)$。

例如，函数 $f(x)=\frac{1}{x}$ 在 $x=0$ 处无定义，所以 $x=0$ 是其间断点；函数 $f(x)=\begin{cases}x^2, & x\geqslant 0,\\ x+1, & x<0\end{cases}$ 在 $x=0$ 处有定义，$f(0)=0$，但 $\lim\limits_{x\to 0^+}f(x)=0$，$\lim\limits_{x\to 0^-}f(x)=1$，故 $\lim\limits_{x\to 0}f(x)$ 不存在，所以 $x=0$ 是 $f(x)$ 的间断点；函数 $f(x)=\begin{cases}\frac{x^2-1}{x-1}, & x\neq 1,\\ 1, & x=1\end{cases}$ 在 $x=1$ 处有定义，$f(1)=1$，极限 $\lim\limits_{x\to 1}f(x)=2$ 即极限存在但不等于 $f(1)$，所以 $x=1$ 是 $f(x)$ 的间断点。

(2)间断点的分类。

设 x_0 是 $f(x)$ 的间断点，若 $f(x)$ 在 x_0 处的左、右极限都存在，则称 x_0 为 $f(x)$ 的第一类间断点；凡不是第一类的间断点都称为第二类间断点。

在第一类间断点中，如果左、右极限存在但不相等，这种间断点又称为跳跃间断点；如果左、右极限存在且相等（极限存在），但函数在该点没有定义，或者虽然函数在该点有定义，但函数值不等于极限值，这种间断点又称为可去间断点。

函数 $y=\frac{1}{x}$ 在 $x=0$ 处间断，因为 $\lim\limits_{x\to 0^+}\frac{1}{x}=+\infty$，$\lim\limits_{x\to 0^-}\frac{1}{x}=-\infty$，所以 $x=0$ 是 $y=\frac{1}{x}$ 的第二类间断点。

【例 3】 讨论函数 $f(x)=\begin{cases}x-4, & -2\leqslant x<0,\\ -x+1, & 0\leqslant x\leqslant 2\end{cases}$ 在 $x=1$ 与 $x=0$ 处的连续性。

解 (1) 因为 $\lim\limits_{x\to 1}f(x)=\lim\limits_{x\to 1}(-x+1)=0$，而 $f(1)=0$，故 $\lim\limits_{x\to 1}f(x)=f(1)$，因此 $x=1$ 是 $f(x)$ 的连续点。

(2) 因为 $\lim\limits_{x\to 0^+}f(x)=\lim\limits_{x\to 0^+}(-x+1)=1$，$\lim\limits_{x\to 0^-}f(x)=\lim\limits_{x\to 0^-}(x-4)=-4$，故 $\lim\limits_{x\to 0^+}f(x)\neq\lim\limits_{x\to 0^-}f(x)$，所以 $\lim\limits_{x\to 0}f(x)$ 不存在。因此，$x=0$ 是 $f(x)$ 的间断点，且是跳跃间断点。

【例 4】 讨论函数 $f(x)=\frac{x^2-1}{x(x-1)}$ 的连续性，若有间断点，指出其类型。

解 $f(x)$ 在 $x=0$，$x=1$ 处间断。

在 $x=0$ 处，因为 $\lim\limits_{x\to 0}f(x)=\lim\limits_{x\to 0}\frac{x^2-1}{x(x-1)}=\infty$，所以 $x=0$ 是 $f(x)$ 的第二类间断点；

在 $x=1$ 处，因为 $\lim\limits_{x\to 1}f(x)=\lim\limits_{x\to 1}\frac{x^2-1}{x(x-1)}=2$，所以 $x=1$ 是 $f(x)$ 的可去间断点。

1.4.2 闭区间上连续函数的性质

定理 1 （最大值最小值定理） 闭区间上的连续函数必能取到最大值和最小值。

从几何直观上看，因为闭区间上的连续函数的图像是包括两端点的一条不间断的曲线，因此它必定有最高点 P 和最低点 Q，P 与 Q 的纵坐标正是函数的最大值和最小值（见图 1-40）。

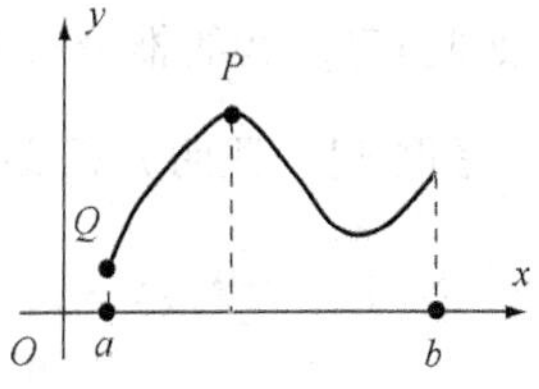

图 1-40

注意：如果函数仅在开区间 (a,b) 或半闭半开的区间 $(a,b]$，$[a,b)$ 内连续，或函数在闭区间上有间断点，那么函数在该区间上就不一定有最大值或最小值。

例如,(1)函数 $y=x$ 在开区间 (a,b) 内是连续的(见图 1-41(a)),该函数在开区间 (a,b) 内既无最大值,又无最小值。

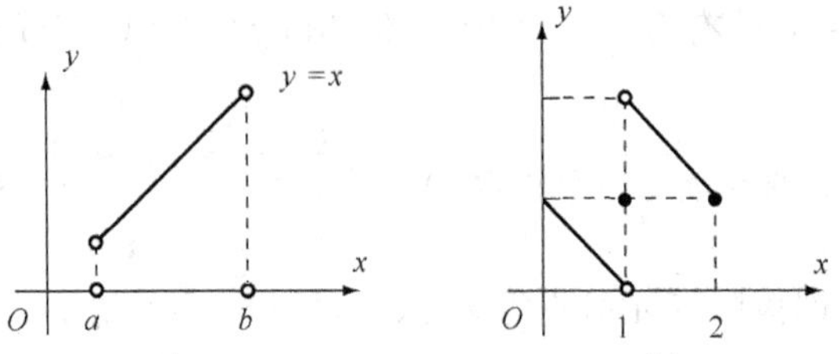

图 1-41

(2)函数 $f(x)=\begin{cases}-x+1, & 0\leqslant x<1,\\ 1, & x=1,\\ -x+3, & 1<x\leqslant 2\end{cases}$ 在闭区间 $[0,2]$ 上有间断点 $x=1$(见图 1-41(b)),它在闭区间 $[0,2]$ 上也是既无最大值,又无最小值。

定理 2(介值定理) 若 $f(x)$ 在闭区间 $[a,b]$ 上连续,m 与 M 分别是 $f(x)$ 在闭区间 $[a,b]$ 上的最小值和最大值,u 是介于 m 与 M 之间的任一实数:$m\leqslant u\leqslant M$,则在 $[a,b]$ 上至少存在一点 ξ,使得 $f(\xi)=u$(见图 1-42)。

介值定理的几何意义:介于两条水平直线 $y=m$ 与 $y=M$ 之间的任意一条直线 $y=u$,与 $y=f(x)$ 的图像至少有一个交点。

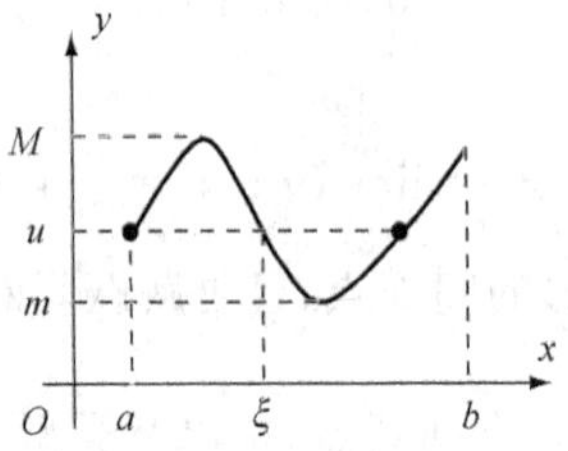

图 1-42

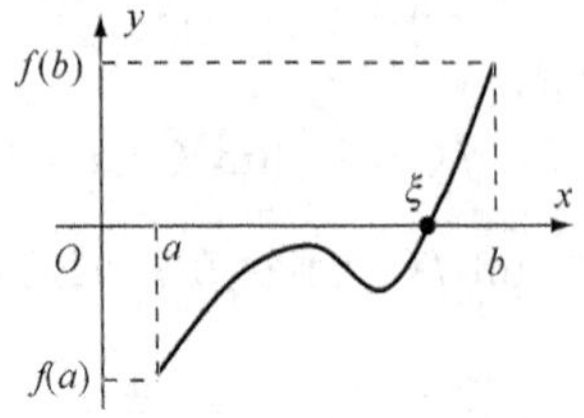

图 1-43

推论(方程实根的存在定理) 若 $f(x)$ 在闭区间 $[a,b]$ 上连续,且 $f(a)$ 与 $f(b)$ 异号,则 $f(x)=0$ 在 (a,b) 内至少有一个根,即至少存在一点 ξ,使 $f(\xi)=0$(见图 1-43)。

推论的几何意义:一条连续曲线,若其上的点的纵坐标由负值变到正值或由正值变到负值,则曲线至少要穿过 x 轴一次。

使 $f(x)=0$ 的点称为函数 $y=f(x)$ 的零点。如果 $x=\xi$ 是函数 $f(x)$ 的零点,即 $f(\xi)=0$,那么 $x=\xi$ 就是方程 $f(x)=0$ 的一个实根;反之,方程 $f(x)=0$ 的一个实根 $x=\xi$ 就是函数 $f(x)$ 的一个零点。因此,求方程 $f(x)=0$ 的实根与求函数 $f(x)$ 的零点是一回事。正因为如此,定理 2 的推论通常称为方程实根的存在定理。

【例 5】 证明方程 $x=\cos x$ 在 $(0,\frac{\pi}{2})$ 内至少有一个实根。

证明 令 $f(x)=x-\cos x, 0\leqslant x\leqslant\frac{\pi}{2}$,则 $f(x)$ 在 $[0,\frac{\pi}{2}]$ 上连续,且 $f(0)=-1$,$f(\frac{\pi}{2})=\frac{\pi}{2}>0$。

由实根的存在定理，在$(0,\frac{\pi}{2})$内至少有一点ξ，使$f(\xi)=\xi-\cos\xi=0$，即方程$x=\cos x$在$(0,\frac{\pi}{2})$内至少有一个实根。

习题 1.4

1. 填空题

(1) $x=0$是函数$y=\frac{\sin x}{|x|}$的第________类________型间断点；

(2) $x=0$是函数$y=e^{x+\frac{1}{x}}$的第________类________型间断点；

(3) 设$f(x)=\frac{1}{x}\ln(1-x)$，若定义$f(0)=$________，则$f(x)$在$x=0$处连续；

(4) 若函数$f(x)=\begin{cases}\frac{\tan ax}{x},x\neq 0,\\ 2,x=0\end{cases}$在$x=0$处连续，则$a=$________；

(5) 已知$f(x)=\operatorname{sgn} x$，则$f(x)$的定义域为________，连续区间为________；

(6) $f(x)=\frac{1}{\ln(x-1)}$的连续区间是________；

(7) $y=\arctan x$在$[0,\infty)$上的最大值为________，最小值为________。

2. 选择题

(1) 函数$f(x)=\frac{\sin x}{x}+\frac{l^{\frac{1}{x}}}{1-x}$在$(-\infty,+\infty)$内间断点的个数为(　　)。

A. 0　　B. 1　　C. 2　　D. 3

(2) $f(a+0)=f(a-0)$是函数$f(x)$在$x=a$处连续的(　　)。

A. 必要条件　　B. 充分条件　　C. 充要条件　　D. 无关条件

(3) 方程$x^3-3x+1=0$在区间$(0,1)$内(　　)。

A. 无实根　　B. 有唯一实根　　C. 有两个实根　　D. 有三个实根

3. 要使$f(x)=\begin{cases}\frac{1}{x}\sin x,x<0,\\ a,x=0,\\ x\sin\frac{1}{x}+b,x>0\end{cases}$连续，常数$a,b$各应取何值？

4. 指出下列函数的间断点，并指明是哪一类间断点。

(1) $f(x)=\frac{1}{x^2-1}$；　　(2) $f(x)=l^{\frac{1}{x}}$；

(3) $f(x)=\begin{cases}x,x\neq 1,\\ \frac{1}{2},x=1;\end{cases}$　　(4) $f(x)=\begin{cases}\frac{1}{x+1},x<-1,\\ x,-1\leqslant x\leqslant 1,\\ (x-1)\sin\frac{1}{x-1},x>1。\end{cases}$

5. 证明方程$4x-2^x=0$在$(0,\frac{1}{2})$内至少有一个实根。

1.5 应用举例

1.5.1 复利问题

1. 案例分析

案例 1 银行存款利息研究

老张去年年底挣了 50 000 元，正赶上金融危机，工作难找，钱不好挣，他打算找个银行去存起来。如果他想连续存 5 年，请你帮他参谋下，应该存哪家银行比较划算(见表 1-2)。

表 1-2

银行	结算方式	年利率	结算周期
A 银行	单利	10%	1 年
B 银行	复利	9%	1 个月
C 银行	连续复利	8%	0

分析可知，要解决上面的问题，需要弄清楚什么是单利结算，什么是复利结算，怎么计算两种情况下的利息。为了弄清这些问题，我们咨询了在银行工作的小王，他帮我们找到了下面这些资料。

2. 知识

(1) 单利率:存款到期后，利息＝本金×年利率×年数。

(2) 复利率:也称利上加利，是指一笔存款或者投资获得回报之后，再连本带利进行新一轮投资的方法。在利率相同时，用复利率计算得到的利息比用单利率计算得到的利息要多。

复利计算的特点是:把上期期末的本利和作为下一期的本金，在计算时每一期本金的数额是不同的。复利的计算公式是 $S=P(1+i)^n$。

例如，本金为 100 元，年利率或者年投资回报率为 3%，投资年限为 30 年，那么，30 年后所获得的本息收入，按复利计算公式来计算就是 $100\times(1+3\%)^{30}$ 元。

复利现值:是指在计算复利的情况下，要达到未来某一特定的资金金额，现在必须投入的本金。

例如，30 年之后要筹措到 300 万元的养老金，假定平均年回报率是 3%，那么，现在必须投入的本金是 $3\ 000\ 000\times1/(1+3\%)^{30}$ 元。

3. 举例

某顾客向银行存入本金 100 元，20 年后他在银行的存款额是本金及利息之和。设银行规定年复利率为 5%，根据下面不同的结算方式，该顾客 20 年后最终的存款也有所不同。

(1) 采用单利率计算利息；

(2) 采用复利率计算利息，每年结算一次；

(3) 每月结算一次，每月的利率为 $r/12$。

解 (1) $p_{20} = 100 + 100 \times 5\% \times 20 = 200$。

(2) 每年结算一次时，第一年后存款额为：$p_1 = 100+100\times10\% = 100\times(1+10\%) = 110$，第二年后存款额为：$p_2 = 110+110\times10\% = 100\times(1+10\%)^2 = 121$。

根据这种递推关系可知，第 20 年后该顾客的存款额变为：

$$p_{20} = 100 \times (1+10\%)^{20}。$$

(3) 每月结算一次，每月的复利率为 10 % /12 ，共结算 12 × 20 次，故 20 年后该顾客的存款额为：

$$p_{20} = 100 \times \left(1+\frac{10\%}{12}\right)^{12\times 20}。$$

每月结算一次相当于一年结算 12 次。如果结算 24 次，有什么样的情况发生呢？36 次呢…(见表 1-3)。

表 1-3

年结算次数	1 次	12 次	24 次	36 次	48 次	…	∞ 次
p_{20}	672.75	732.81	735.84	736.86	737.37	…	738.91

爱因斯坦说复利是世界第八大奇迹。世界上最伟大的力量不是原子弹，而是复利！复利的计算是对本金及其产生的利息一并计算，用通俗的话说，就是利滚利。

总结模型：

一般地，用 p 表示存入金额，r 表示年利率，m 表示结算周期，n 表示储存年限，p_n 表示 n 年的本息总额，则得到

按单利率计算：$p_n = p + p \times r \times n$。

按复利率计算：$p_n = p\left(1+\frac{r}{m}\right)^{mn}$。特别地，当 $m=1$ 时，$p_n = p\,(1+r)^n$。

1.5.2 纳税问题

根据相关规定，个人工资、薪金所得应纳个人所得税。应纳税所得额的计算为：工资、薪金所得，以每月收入额减除费用 2 000 元后的余额，为应纳税所得额。最后列出下面的税率表(见表 1-4)。

表 1-4　个人所得税税率表(工资、薪金所得适用)

级数	全月应纳税所得额	税率(%)
1	不超过 500 元的	5
2	超过 500 元到 2 000 元的部分	10
3	超过 2 000 元到 5 000 元的部分	15
4	超过 5 000 元到 20 000 元的部分	20
5	超过 20 000 元到 40 000 元的部分	25
6	超过 40 000 元到 60 000 元的部分	30
7	超过 60 000 元到 80 000 元的部分	35
8	超过 80 000 元到 100 000 元的部分	40
9	超过 100 000 元的部分	45

要想知道某人应缴税金额，则需列出他应缴纳的税款与其工资、薪金所得之间的关系。设其月工资、薪金所得为 x 元，应缴纳的税款为 y 元，即列出 y 与 x 之间的关系。

解 按税法规定，当 $x \leqslant 2\,000$ 时，不必纳税，所以 $y = 0$。

当 $2\,000 < x \leqslant 2\,500$ 时，纳税部分是 $x - 2\,000$，税率为 5%，所以，$y = (x - 2\,000) \cdot 0.05$。

当 $2\,500 < x \leqslant 4\,000$ 时，其中 2 000 元不纳税，500 元应纳 5%的税，即 $500 \times 0.05 = 25$（元）。再多的部分，即 $x - 2\,500$ 按 10%纳税，所以，$y = 25 + (x - 2\,500) \cdot 0.1$。

依此类推，可列出下面的函数关系：

$$y = \begin{cases} 0, & 0 \leqslant x \leqslant 2\,000, \\ (x - 2\,000) \cdot \dfrac{5}{100}, & 2\,000 < x \leqslant 2\,500, \\ 25 + (x - 2\,500) \cdot \dfrac{10}{100}, & 2\,500 < x \leqslant 4\,000, \\ 25 + 150 + (x - 4\,000) \cdot \dfrac{15}{100}, & 4\,000 < x \leqslant 7\,000, \\ 175 + 450 + (x - 7\,000) \cdot \dfrac{20}{100}, & 7\,000 < x \leqslant 22\,000, \\ 625 + 3\,000 + (x - 22\,000) \cdot \dfrac{25}{100}, & 22\,000 < x \leqslant 42\,000 \\ 3\,625 + 5\,000 + (x - 42\,000) \cdot \dfrac{30}{100}, & 42\,000 < x \leqslant 62\,000 \\ 8\,625 + 6\,000 + (x - 62\,000) \cdot \dfrac{35}{100}, & 62\,000 < x \leqslant 82\,000 \\ 14\,625 + 7\,000 + (x - 82\,000) \cdot \dfrac{40}{100}, & 82\,000 < x \leqslant 102\,000, \\ 21\,625 + 8\,000 + (x - 102\,000) \cdot \dfrac{45}{100}, & x > 102\,000。 \end{cases}$$

习题 1.5

1. 一商家销售某商品的价格满足关系 $p = 7 - 0.2x$（万元/吨），x 为销售量，商品的成本函数为 $c = 3x + 1$。若每销售一吨商品，政府要征税 t 万元，试将该商家税后利润 L 表示为 x 的函数。

2. 某商场生产某种产品的年产量为 x 台，每台售价为 250 元。当年产量在 600 台内时，可全部售出；当年产量超过 600 台时，经过广告宣传后又可多出售 200 台，每台平均广告费为 20 元；再多生产，本年就售不出去了。试建立本年的销售收入 R 与年产量 x 的函数关系。

本章内容精要

1. 知识要点。

(1) 函数的概念。

函数的概念、性质，基本初等函数，分段函数的概念，反函数的概念，复合函数的概念。

(2) 二元函数的概念。

空间直角坐标系的概念，二元函数的定义，邻域的概念。

(3) 向量的概念和运算。

向量的定义，向量的模，向量的加减运算，向量的数量积，向量的矢量积，法向量的定义，方向向量的定义，空间两点之间的距离公式，向量的夹角。

(4) 平面方程。

平面方程的点法式，平面方程的一般式。

(5) 直线方程。

直线方程的一般式，直线方程的点向式，直线方程的参数式。

(6) 曲面方程和空间曲线方程的概念。

曲面方程的一般概念，球面、柱面、旋转曲面的一般定义，空间曲线的一般方程。

(7) 极限的概念。

极限的定义，无穷大量与无穷小量，极限的四则运算，两个重要极限，无穷小的比较。

(8) 连续的概念。

连续的概念，间断的定义，间断点的种类，闭区间上连续函数的性质。

(9) 应用举例。

复利问题，贴现问题。

2. 知识结构

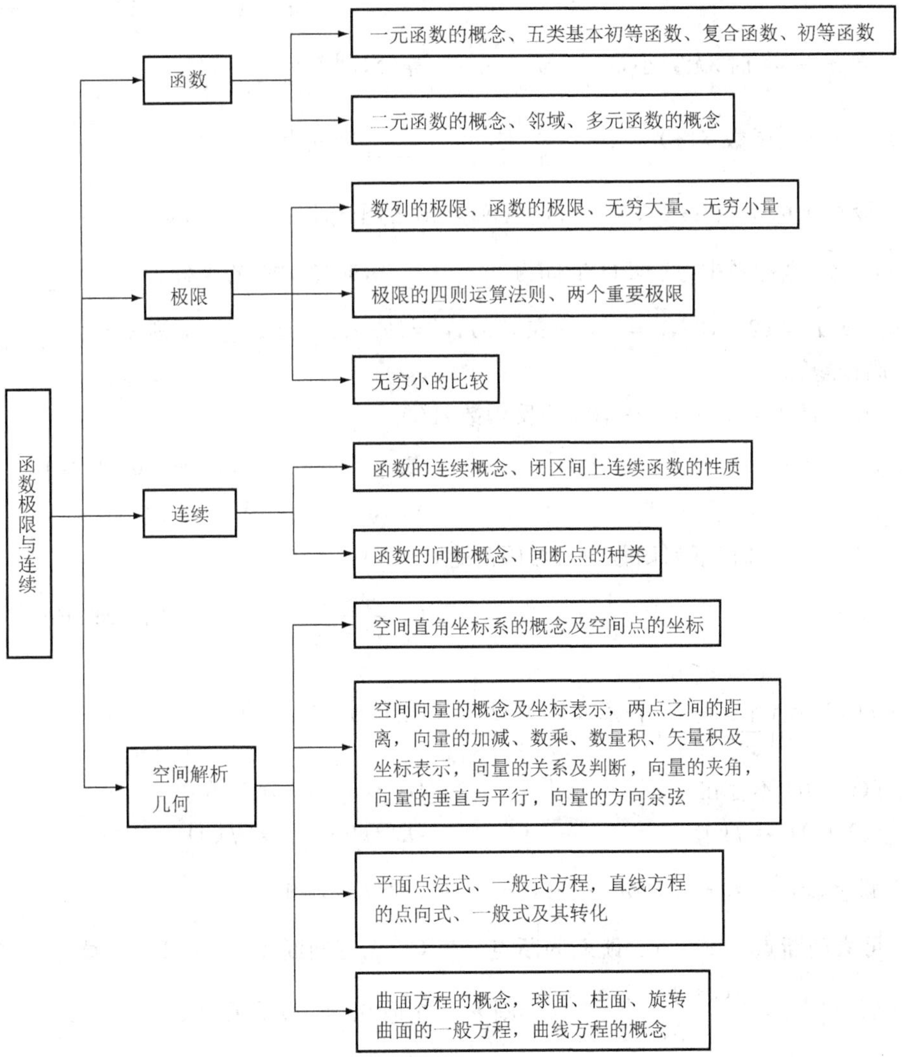

复习题

1. 填空题

(1) 设 $f(x)=\begin{cases}1, & |x|\leqslant 1,\\ 0, & |x|>1,\end{cases}$ 则 $f[f(x)]=$ ________。

(2) 设 $f(x)=\begin{cases}x+1, & |x|<2,\\ 1, & 2\leqslant x\leqslant 3,\end{cases}$ 则 $f(x+1)$ 的定义域为________。

(3) 函数 $f(x)=\sqrt{x}+\ln(3-x)$ 在________连续。

(4) $\lim\limits_{x\to 0}(x^2\sin\dfrac{1}{x^2}+\dfrac{\sin 3x}{x})=$ ________。

(5) $\lim\limits_{x\to\infty}(1+\dfrac{k}{x})^x=$ ________。

(6) $f(x)$ 在 $x=1$ 处连续，且 $f(1)=3$，则 $\lim\limits_{x\to 1}f(x)(\dfrac{1}{x-1}-\dfrac{2}{x^2-1})=$ ________。

(7) 当 $x\to\infty$ 时，无穷小量 $\dfrac{1}{x^k}$ 与 $\dfrac{1}{x^3}+\dfrac{2}{x^2}$ 等价，则 $k=$ ________。

(8) $x=0$ 是函数 $f(x)=x\sin\dfrac{1}{x}$ 的________间断点。

(9) 设在坐标系 $[O;\vec{i},\vec{j},\vec{k}]$ 中，点 A 和点 M 的坐标依次为 (x_0,y_0,z_0) 和 (x,y,z)，则在 $[A;\vec{i},\vec{j},\vec{k}]$ 坐标系中，点 M 的坐标为________，向量 $\overrightarrow{OM}$ 的坐标为________。

(10) 设 $\vec{a}=(2,1,2)$，$\vec{b}=(4,-1,10)$，$\vec{c}=\vec{b}-\lambda\vec{a}$，且 $\vec{a}\perp\vec{c}$，则 $\lambda=$ ________。

2. 选择题

(1) $y=x^2+1, x\in(-\infty,0]$ 的反函数是(　　)。

A. $y=\sqrt{x}-1, x\in[1,+\infty)$　　B. $y=-\sqrt{x}-1, x\in[0,+\infty)$

C. $y=-\sqrt{x-1}, x\in[1,+\infty)$　　D. $y=\sqrt{x-1}, x\in[1,+\infty)$

(2) 当 $x\to\infty$ 时，下列函数中有极限的是(　　)。

A. $\sin x$　　B. $\dfrac{1}{1^x}$　　C. $\dfrac{x+1}{x^2-1}$　　D. $\arctan x$

(3) $f(x)=\begin{cases}0, & x\leqslant 0,\\ \dfrac{1}{x}, & x>0\end{cases}$ 在点 $x=0$ 处不连续是因为(　　)。

A. $f(0-0)$ 不存在　　B. $f(0+0)$ 不存在

C. $f(0+0)\neq f(0)$　　D. $f(0-0)\neq f(0)$

(4) 设 $f(x)=x^2+\operatorname{arccot}\dfrac{1}{x-1}$，则 $x=1$ 是 $f(x)$ 的(　　)。

A. 可去间断点　　B. 跳跃间断点　　C. 无穷间断点　　D. 连续点

(5) 设 $f(x)=\begin{cases}\cos x-1, & x<0,\\ k, & x>0,\end{cases}$ 则 $k=0$ 是 $\lim\limits_{x\to 0}f(x)$ 存在的(　　)。

A. 充分非必要条件　　B. 必要非充分条件

C. 充分必要条件　　D. 无关条件

(6) 当 $x\to\infty$ 时,若 $\sin^2\dfrac{1}{n}$ 与 $\dfrac{1}{n^k}$ 是等价无穷小,则 $k=$(　　)。

A. 2　　B. $\dfrac{1}{2}$　　C. 1　　D. 3

(7) 当 $x\to 0$ 时,下列函数中为 x 的高阶无穷小的是(　　)。

A. $1-\cos x$　　B. $x+x^2$　　C. $\sin x$　　D. $\sqrt{x}$

3. 求下列函数的极限:

(1) $\lim\limits_{x\to 4}\dfrac{\sqrt{2x+1}-3}{\sqrt{x}-2}$;

(2) $\lim\limits_{x\to 1}\dfrac{\sin(x-1)}{x^2+x-2}$;

(3) $\lim\limits_{x\to+\infty}\left(\dfrac{x^2-1}{x^2+1}\right)^{x^2}$;

(4) $\lim\limits_{x\to 0}\dfrac{\sin x^3}{(\sin x)^3}$;

(5) $\lim\limits_{x\to 0}\dfrac{\sqrt{1+x}-\sqrt{1-x}}{\sin 3x}$;

(6) $\lim\limits_{x\to\infty}\dfrac{x+3}{x^2-x}(\sin x+2)$;

(7) $\lim\limits_{x\to\infty}\left(\dfrac{2+2^{\frac{1}{x}}}{1+2^{\frac{2}{x}}}+\dfrac{|x|}{x}\right)$;

(8) $\lim\limits_{x\to 0}\dfrac{\ln(1+2x)}{\tan 5x}$;

(9) $\lim\limits_{x\to a}\dfrac{\sin x-\sin a}{x-a}$;

(10) $\lim\limits_{x\to 1}\dfrac{\sin\pi x}{4(x-1)}$。

4. 设 $f(x)=\begin{cases}\dfrac{\cos x}{x+2}, x\geqslant 0,\\ \dfrac{\sqrt{a}-\sqrt{a-x}}{x}, x<0\end{cases}$ $(a>0)$,当 a 取何值时,$f(x)$ 在 $x=0$ 处连续?

5. 已知当 $x\to 0$ 时,$(1+ax^2)^{\frac{1}{3}}-1$ 与 $1-\cos x$ 是等价无穷小,求 a。

6. 设 $\lim\limits_{x\to-1}\dfrac{x^3+ax^2-x+4}{x+1}=b$(常数),求 a,b。

7. 求 $f(x)=\dfrac{1}{1-l^{\frac{x}{1-x}}}$ 的间断点,并对间断点分类。

8. 证明下列方程在(0,1)内均有一实根。

(1) $x^5+x^3=1$;(2) $\arctan x=1-x$。

9. 设 $f(x)$ 在 $[a,b]$ 上连续,且 $a<f(x)<b$,证明在 (a,b) 内至少有一点 ξ,使 $f(\xi)=\xi$。

10. 已知动点 $M(x,y,z)$ 到 xOy 平面的距离与点 M 到点 $(1,-1,2)$ 的距离相等,求点 M 的轨迹的方程。

11. 指出下列旋转曲面的一条母线和旋转轴:

(1) $z=2(x^2+y^2)$;(2) $\dfrac{x^2}{36}+\dfrac{y^2}{9}+\dfrac{z^2}{36}=1$。

12. 求过点 $(2,0,-3)$ 且与直线 $\begin{cases}x-2y+4z-7=0\\3x+5y-2z+1=0\end{cases}$,垂直的平面方程。

第 2 章

导数、微分及其应用

【教学目标】

(1)理解导数的概念,能熟练进行一阶求导运算;了解高阶导数的概念,会求二阶导数及隐函数的导数;了解导数的几何意义,会求平面曲线的切线方程和法线方程,了解可导与连续的关系;(2)掌握微分的定义,了解微分的几何意义,理解导数与微分的关系;掌握微分运算法则,正确理解并掌握微分形式的不变性,会求函数的微分,会用微分进行简单的近似计算;(3)理解边际与弹性的概念,并能解决相关的较简单的经济学问题;(4)掌握用罗必塔法则求不定式极限的方法;(5)理解函数极值的概念,掌握用导数判断函数单调性和求极值的方法;掌握最大值和最小值的求法;会用导数判断函数图形的凹凸性,会求拐点;能用导数和微分解决一些较简单的实际问题;(6)正确理解二元函数的偏导数的概念并初步掌握它们的计算方法;(7)培养抽象思维能力、逻辑推理能力、运算能力和自学能力,尤其注意培养运用所学知识去分析、解决简单应用问题的能力。

微分学是微积分的重要组成部分。它的基本概念是导数与微分,其中导数是函数相对于自变量的变化快慢程度的概念,即变化率;微分反映了当自变量有微小变化时,函数的改变量的近似值。在自然科学和工程技术问题中,微分学的应用非常广泛。以下将介绍微分学的基本概念与运算,并讨论它们在实际问题中的应用。

2.1 导数的概念

在解决实际问题时,除了需要了解变量之间的函数关系外,有时还需要研究变量变化的快慢程度,例如物体运动的速度、城市人口增长的速度、国民经济发展的速度、劳动生产率等。而这些问题只有在引进导数概念以后,才能更好地说明这些量的变化情况。下面先看两个实际例题。

2.1.1　两个实例

实例 1　瞬时速度

当物体做匀速直线运动时，速度等于物体经过的路程与时间的比值，即 $v=\frac{s}{t}$；而当物体做变速直线运动时，这个比值只能表示物体在这段时间内的平均速度，而现在想知道物体在某时刻的速度（瞬时速度）。为此按以下步骤加以解决：

设质点的位移规律是 $s=f(t)$。

（1）在时刻 t 有改变量 Δt（给出自变量的改变量）；

（2）位移 s 相应的改变量为 $\Delta s=f(t+\Delta t)-f(t)$（求得因变量的改变量）；

（3）在时间段 t 到 $t+\Delta t$ 内的平均速度

$$\bar{v}=\frac{\Delta s}{\Delta t}=\frac{f(t+\Delta t)-f(t)}{\Delta t};$$

（4）对平均速度取 $\Delta t\to 0$ 时的极限，得

$$v(t)=\lim_{\Delta t\to 0}\frac{\Delta s}{\Delta t}=\lim_{\Delta t\to 0}\frac{f(t+\Delta t)-f(t)}{\Delta t};$$

称 $v(t)$ 为时刻 t 的瞬时速度。

实例 2　曲线的切线

设方程为 $y=f(x)$，曲线为 L。其上一点 A 的坐标为 $(x_0,f(x_0))$。在曲线上点 A 附近另取一点 B，它的坐标是 $(x_0+\Delta x,f(x_0+\Delta x))$。直线 AB 是曲线的割线，它的倾斜角记作 β。由图 2-1 中的 Rt$\triangle ACB$，可知割线 AB 的斜率

$$\tan\beta=\frac{CB}{AC}=\frac{\Delta y}{\Delta x}=\frac{f(x_0+\Delta x)-f(x_0)}{\Delta x}。$$

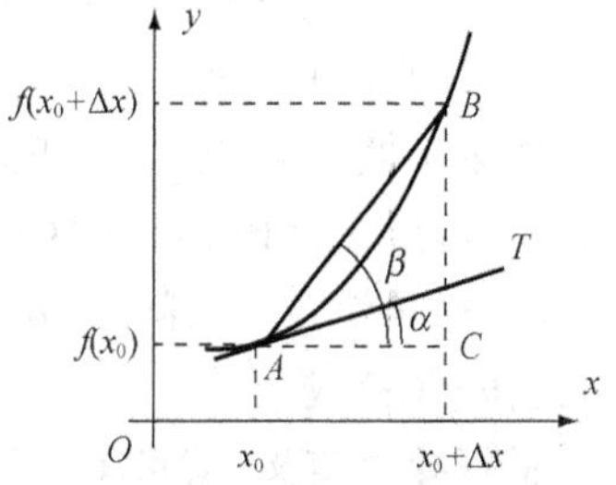

图 2-1

在数量上，它表示当自变量从 x 变到 $x+\Delta x$ 时函数 $f(x)$ 关于变量 x 的平均变化率。

现在让点 B 沿着曲线 L 趋向于点 A，此时 $\Delta x\to 0$，过点 A 的割线 AB 如果也能趋向于一个极限位置——直线 AT，就称 L 在点 A 处存在切线 AT。记 AT 的倾斜角为 α，则 α 为 β 的极限。若 $\alpha\neq 90°$，得切线 AT 的斜率为

$$\tan\alpha=\lim_{\Delta x\to 0}\tan\beta=\lim_{\Delta x\to 0}\frac{\Delta y}{\Delta x}=\lim_{\Delta x\to 0}\frac{f(x_0+\Delta x)-f(x_0)}{\Delta x}。$$

在数量上，它表示函数 $f(x)$ 在 x 处的变化率。

上述两个实例的具体含义各不相同，但从抽象的数量关系来看，它们的实质是一样的，都归结为计算函数改变量与自变量改变量的比，当自变量改变量趋于零时的极限。这种特殊的函数极限叫作函数的导数。

2.1.2　导数的定义

1. 函数在一点处可导的概念

定义 1　设函数 $y=f(x)$ 在 x_0 的某个邻域内有定义，对应于自变量 x 在 x_0 处有改变量 Δx，函数 $y=f(x)$ 相应的改变量为 $\Delta y=f(x_0+\Delta x)-f(x_0)$，若这两个改变量的比

$$\frac{\Delta y}{\Delta x}=\frac{f(x_0+\Delta x)-f(x_0)}{\Delta x}$$

当$\Delta x\to 0$时存在极限，就称函数 $y=f(x)$在点 x_0处可导，并把这一极限称为函数 $y=f(x)$在点 x_0处的导数(或变化率)，记作 $y'|_{x=x_0}$ 或 $f'(x_0)$或 $\frac{\mathrm{d}y}{\mathrm{d}x}|_{x=x_0}$ 或 $\frac{\mathrm{d}f(x)}{\mathrm{d}x}|_{x=x_0}$，即

$$y'|_{x=x_0}=f'(x_0)=\lim_{\Delta x\to 0}\frac{\Delta y}{\Delta x}=\lim_{\Delta x\to 0}\frac{f(x_0+\Delta x)-f(x_0)}{\Delta x};$$

如果当$\Delta x\to 0$时$\frac{\Delta y}{\Delta x}$的极限不存在，就称函数 $y=f(x)$在点 x_0处不可导或导数不存在。

注：(1) 比值$\frac{\Delta y}{\Delta x}$表示函数 $y=f(x)$在 x_0到 $x_0+\Delta x$ 之间的平均变化率；导数 $y'|_{x=x_0}$ 则表示了函数在点 x_0处的变化率，它反映了函数 $y=f(x)$在点 x_0处的变化的快慢。

(2) 当 $\lim\limits_{\Delta x\to 0^-}\frac{f(x_0+\Delta x)-f(x_0)}{\Delta x}$ 存在时，称其为函数 $y=f(x)$在点 x_0处的左导数，记作 $f'_-(x_0)$；当 $\lim\limits_{\Delta x\to 0^+}\frac{f(x_0+\Delta x)-f(x_0)}{\Delta x}$ 存在时，称其为函数 $y=f(x)$在点 x_0处的右导数，记作 $f'_+(x_0)$。

据极限与左、右极限之间的关系，

$f'(x_0)$存在$\Leftrightarrow$($f'_-(x_0)$，$f'_+(x_0)$ 都存在，且 $f'_-(x_0)=f'_+(x_0)=f'(x_0)$。

2. 导函数的概念

如果函数 $y=f(x)$在开区间(a,b)内每一点处都可导，就称函数 $y=f(x)$在开区间(a,b)内可导。这时，对开区间(a,b)内每一个确定的值 x_0，都对应着一个确定的导数 $f'(x_0)$，这样就在开区间(a,b)内，构成一个新的函数。把这一新的函数称为 $f(x)$的导函数，记作$f'(x)$或 y'。

根据导数定义，就可得出导函数

$$f'(x)=y'=\lim_{\Delta x\to 0}\frac{\Delta y}{\Delta x}=\lim_{\Delta x\to 0}\frac{f(x+\Delta x)-f(x)}{\Delta x}。$$

导函数也简称为导数。

注：(1)$f'(x)$是 x 的函数，而 $f'(x_0)$是一个数值；

(2)$f(x)$在点 x_0处的导数 $f'(x_0)$就是导函数 $f'(x)$在点 x_0处的函数值。

根据导数的定义，求函数 $y=f(x)$的导数的步骤如下：

第一步　求函数的改变量$\Delta y=f(x+\Delta x)-f(x)$；

第二步　求比值 $\frac{\Delta y}{\Delta x}=\frac{f(x+\Delta x)-f(x)}{\Delta x}$；

第三步　求极限 $f'(x)=\lim\limits_{\Delta x\to 0}\frac{\Delta y}{\Delta x}$。

【例 1】 设 $y=f(x)=x^2$，求 $f'(x)$，$f'(2)$。

解 $\Delta y=f(x+\Delta x)-f(x)=(x+\Delta x)^2-x^2=2x\Delta x+(\Delta x)^2$；

$\frac{\Delta y}{\Delta x}=\frac{2x\Delta x+(\Delta x)^2}{\Delta x}=2x+\Delta x$；

$f'(x)=\lim\limits_{\Delta x\to 0}\frac{\Delta y}{\Delta x}=\lim\limits_{\Delta x\to 0}(2x+\Delta x)=2x$。

所以　$f'(2)=2\times 2=4$。

【例 2】 求 $y=C$(C 为常数)的导数。

解　因为$\Delta y=C-C=0$，$\dfrac{\Delta y}{\Delta x}=\dfrac{0}{\Delta x}=0$，所以 $y'=\lim\limits_{\Delta x\to 0}\dfrac{\Delta y}{\Delta x}=0$，

即
$$(C)'=0\text{（常数的导数恒等于零）。}$$

【例 3】 求 $y=x^n(n\in\mathbf{N},x\in\mathbf{R})$的导数。

解　因为$\Delta y=(x+\Delta x)^n-x^n=nx^{n-1}\Delta x+\mathrm{C}_n^2x^{n-2}(\Delta x)^2+\cdots+(\Delta x)^n$，

$\dfrac{\Delta y}{\Delta x}=nx^{n-1}+\mathrm{C}_n^2x^{n-2}\cdot\Delta x+\cdots+(\Delta x)^{n-1}$，

从而，$y'=\lim\limits_{\Delta x\to 0}\dfrac{\Delta y}{\Delta x}=\lim\limits_{\Delta x\to 0}[nx^{n-1}+\mathrm{C}_n^2x^{n-2}\cdot\Delta x+\cdots+(\Delta x)^{n-1}]=nx^{n-1}$，

即
$$(x^n)'=nx^{n-1}。$$

可以证明，一般的幂函数 $y=x^\alpha(\alpha\in\mathbf{R},x>0)$的导数为
$$(x^\alpha)'=\alpha x^{\alpha-1}。$$

例如，$(\sqrt{x})'=(x^{\frac{1}{2}})'=\dfrac{1}{2}x^{-\frac{1}{2}}=\dfrac{1}{2\sqrt{x}}$；

$\left(\dfrac{1}{x}\right)'=(x^{-1})'=-x^{-2}=-\dfrac{1}{x^2}$。

【例 4】 求 $y=\sin x(x\in\mathbf{R})$的导数。

解　$\dfrac{\Delta y}{\Delta x}=\dfrac{\sin(x+\Delta x)-\sin x}{\Delta x}$，

$$\begin{aligned}\sin(x+\Delta x)-\sin x&=(\sin x\cdot\cos\Delta x+\sin\Delta x\cdot\cos x)-\sin x\\&=\sin\Delta x\cdot\cos x-\sin x(1-\cos\Delta x)。\end{aligned}$$

因为　$\sin\Delta x\sim\Delta x,1-\cos\Delta x\sim\dfrac{1}{2}(\Delta x)^2\ (\Delta x\to 0)$，

所以　$\lim\limits_{\Delta x\to 0}\dfrac{\Delta y}{\Delta x}=\cos x$，

即
$$(\sin x)'=\cos x。$$

用类似的方法可以求得 $y=\cos x(x\in\mathbf{R})$的导数为
$$(\cos x)'=-\sin x。$$

从以上例题不难发现：直接利用导数的定义求函数的导数是比较繁琐和困难的，因此今后一般不直接用定义来求函数的导数。

2.1.3　导数的几何意义

方程为 $y=f(x)$的曲线，在点 $A(x_0,f(x_0))$处存在不垂直于 x 轴的切线 AT 的充分必要条件是 $f(x)$在 x_0处存在导数 $f'(x_0)$，且 AT 的斜率 $k=f'(x_0)$。

导数的几何意义：函数 $y=f(x)$在 x_0 处的导数 $f'(x_0)$，是曲线 $y=f(x)$在点$(x_0,f(x_0))$处切线的斜率，该切线的方程为
$$y-f(x_0)=f'(x_0)(x-x_0)。$$

过切点 $A(x_0,f(x_0))$且垂直于切线的直线，称为曲线 $y=f(x)$在点 $A(x_0,f(x_0))$处的法线，则当切线非水平($f'(x_0)\neq 0$)时的法线方程为

$$y-f(x_0)=-\frac{1}{f'(x_0)}(x-x_0)。$$

【例 5】 求曲线 $y=\sin x$ 在点$\left(\frac{\pi}{6},\frac{1}{2}\right)$处的切线和法线方程。

解 $k=(\sin x)'|_{x=\frac{\pi}{6}}=\cos x|_{x=\frac{\pi}{6}}=\frac{\sqrt{3}}{2}$。

所求的切线方程为：$y-\frac{1}{2}=\frac{\sqrt{3}}{2}\left(x-\frac{\pi}{6}\right)$；

法线方程为：$y-\frac{1}{2}=-\frac{2\sqrt{3}}{3}\left(x-\frac{\pi}{6}\right)$。

【例 6】 求曲线 $y=\ln x$ 的平行于直线 $y=2x$ 的切线方程。

解 设切点为 $A(x_0,y_0)$，则曲线在点 A 处的切线的斜率为 $y'(x_0)$，

$$y'(x_0)=(\ln x)'|_{x=x_0}=\frac{1}{x_0},$$

因为切线平行于直线 $y=2x$，所以 $\frac{1}{x_0}=2$，即 $x_0=\frac{1}{2}$；又切点位于曲线上，因而 $y_0=\ln\frac{1}{2}=-\ln 2$。

故所求的切线方程为

$$y+\ln 2=2\left(x-\frac{1}{2}\right)，即 y=2x-1-\ln 2。$$

2.1.4 可导和连续的关系

如果函数 $y=f(x)$在点 x_0处可导，则存在极限 $\lim\limits_{\Delta x\to 0}\frac{\Delta y}{\Delta x}=f'(x_0)$，$\frac{\Delta y}{\Delta x}=f'(x_0)+\alpha\left(\lim\limits_{\Delta x\to 0}\alpha=0\right)$，或$\Delta y=f'(x_0)\Delta x+\alpha\cdot\Delta x\left(\lim\limits_{\Delta x\to 0}\alpha=0\right)$，所以，

$$\lim_{\Delta x\to 0}\Delta y=\lim_{\Delta x\to 0}[f'(x_0)\Delta x+\alpha\cdot\Delta x]=0。$$

这表明函数 $y=f(x)$在点 x_0处连续。

定理 如果函数 $f(x)$在点 x_0处可导，则函数 $f(x)$在 x_0处连续。

但若 $y=f(x)$在点 x_0处连续，则在 x_0处不一定是可导的。

例如，

(1) $y=|x|$在 $x=0$ 处连续但却不可导(见图 2-2)。

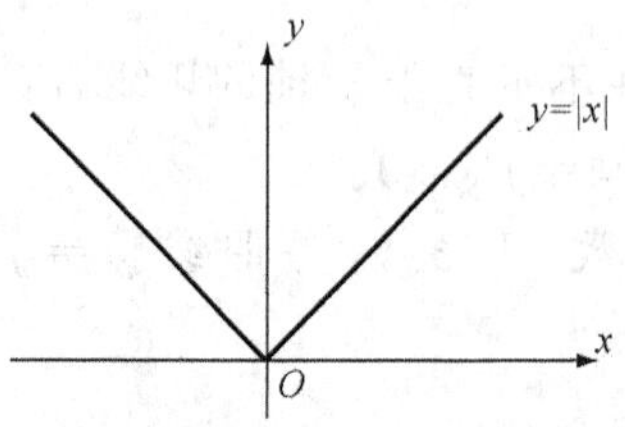

图 2-2

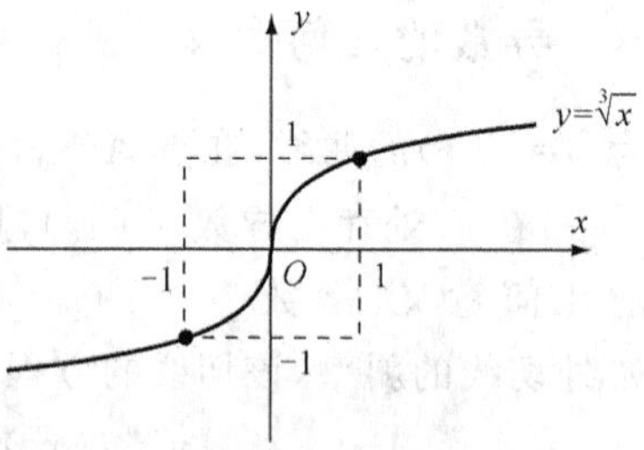

图 2-3

(2) $y=\sqrt[3]{x}$在$x=0$处连续但却不可导。注意，在点(0,0)处还存在切线，只是切线是垂直于x轴的(见图2-3)。

【例7】 设函数$f(x)=\begin{cases} x^2, x\geqslant 0, \\ x+1, x<0, \end{cases}$讨论函数$f(x)$在$x=0$处的连续性和可导性。

解 因为$\lim\limits_{x\to 0^-}f(x)=\lim\limits_{x\to 0}(x+1)=1\neq f(0)$，所以$f(x)$在$x=0$处不连续。由以上定理，知$f(x)$在$x=0$处不可导。

习题2.1

1. 填空题

(1) $f(x)$在点x_0处可导是$f(x)$在点x_0处连续的________条件，$f(x)$在点x_0处连续是$f(x)$在点x_0处可导的________条件。

(2) 曲线$y=x^2$上点________处的切线平行于直线$y=x$。

(3) 设$f(x)=0$，$f'(0)$存在，则$\lim\limits_{x\to 0}\dfrac{f(x)}{x}=$________。

(4) 若$f(x)$在点x_0处可导，则$\lim\limits_{\Delta x\to 0}\dfrac{f(x_0-2\Delta x)-f(x_0)}{\Delta x}=$________。

2. 判断下列说法是否正确

(1) $f'(x_0)=[f(x_0)]'$。

(2) 若函数$y=f(x)$在点x_0处的导数不存在。则曲线$y=f(x)$在点$(x_0,f(x_0))$处的切线不存在。

(3) 函数在点x_0处可导是连续的充要条件。

3. 物体做直线运动的方程为$s=t^3$，求：

(1) 物体在t_0秒到$(t_0+\Delta t)$秒的平均速度；

(2) 物体在t_0秒的瞬时速度。

4. 根据导数的定义求下列函数在指定点处的导数；

(1) $y=x^3$，$x_0=1$；

(2) $y=\dfrac{1}{x}$，$x_0=2$；

(3) $y=\sqrt{x}$，$x_0=4$。

5. 求曲线$y=\sqrt[3]{x}$在点$M(1,1)$处的切线和法线方程。

6. 在曲线$y=x^3$上哪一点的切线平行于直线$y-12x-1=0$？哪一点的法线平行于直线$y+12x-1=0$？

7. 讨论函数$f(x)=\begin{cases} x, & x<0, \\ \ln(1+x), & x\geqslant 0 \end{cases}$在$x=0$处的连续性和可导性。

8. 函数$f(x)=\begin{cases} x^2\sin\dfrac{1}{x}, & x\neq 0, \\ 0, & x=0 \end{cases}$在$x=0$处是否连续？是否可导？

2.2 导数的运算

直接利用导数的定义求函数的导数是比较繁琐的。初等函数都是由基本初等函数经过有限次的四则运算和有限次的复合运算变化而来的，因此可以由导数定义推导出基本初等函数的导数作为基本公式，结合导数的四则运算法则及复合函数的求导法则便可解决初等函数的求导问题。

2.2.1 导数的基本公式

(1) $(C)'=0$；

(2) $(x^{\alpha})'=\alpha x^{\alpha-1}$；

(3) $(\sin x)'=\cos x$；

(4) $(\cos x)'=-\sin x$；

(5) $(\tan x)'=\sec^2 x$；

(6) $(\cot x)'=-\csc^2$；

(7) $(\sec x)'=\sec x\tan x$；

(8) $(\csc x)'=-\csc x\cot x$；

(9) $(a^x)'=a^x\cdot\ln a$；

(10) $(\mathrm{e}^x)'=\mathrm{e}^x$；

(11) $(\log_a x)'=\dfrac{1}{x\ln a}$；

(12) $(\ln x)'=\dfrac{1}{x}$；

(13) $(\arcsin x)'=\dfrac{1}{\sqrt{1-x^2}}$；

(14) $(\arccos x)'=-\dfrac{1}{\sqrt{1-x^2}}$；

(15) $(\arctan x)'=\dfrac{1}{1+x^2}$；

(16) $(\mathrm{arccot} x)'=-\dfrac{1}{1+x^2}$。

2.2.2 导数的四则运算法则

设 u，v 都是 x 的可导函数，则有：

(1) 和差法则：$(u\pm v)'=u'\pm v'$。

(2) 乘法法则：$(u\cdot v)'=u'\cdot v+u\cdot v'$；特别地，$(C\cdot u)'=C\cdot u'$（$C$ 是常数）。

(3) 除法法则：$\left(\dfrac{u}{v}\right)'=\dfrac{u'\cdot v-u\cdot v'}{v^2}$。

注意：法则(1)、(2)都可以推广到有限多个函数的情形，即若 $u_1,u_2,\cdots,u_n$ 均为可导函数，则：

$$(u_1\pm u_2\pm\cdots\pm u_n)'=u'_1\pm u'_2\pm\cdots\pm u'_n；$$

$$(u_1\cdot u_2\cdot\cdots\cdot u_n)'=u'_1\cdot u_2\cdot\cdots\cdot u_n+u_1\cdot u'_2\cdot\cdots\cdot u_n+\cdots+u_1\cdot u_2\cdot\cdots\cdot u'_n。$$

【例 1】 设 $f(x)=2x^2-3x+\sin\dfrac{\pi}{7}+\ln 2$，求 $f'(x)$，$f'(1)$。

解 $f'(x)=\left(2x^2-3x+\sin\dfrac{\pi}{7}+\ln 2\right)'=(2x^2)'-(3x)'+\left(\sin\dfrac{\pi}{7}\right)'+(\ln 2)'$

$=2(x^2)'-3(x)'+0+0=4x-3$；

$f'(1)=4\times1-3=1$。

【例 2】 设 $y=\tan x$，求 y'。

解 $y'=(\tan x)'=\left(\dfrac{\sin x}{\cos x}\right)'=\dfrac{(\sin x)'\cos x-\sin x(\cos x)'}{\cos^2 x}=\dfrac{\cos^2 x+\sin^2 x}{\cos^2 x}=\dfrac{1}{\cos^2 x}$，

即 $(\tan x)'=\sec^2 x$。

同理可证，$(\cot x)'=-\csc^2 x$。

【例 3】 设 $y=\sec x$，求 y'。

解 $y'=(\sec x)'=\left(\dfrac{1}{\cos x}\right)'=\dfrac{0-1\cdot(\cos x)'}{\cos^2 x}=\dfrac{\sin x}{\cos^2 x}$，

即　$(\sec x)'=\tan x\cdot\sec x$。

同理可证，$(\csc x)'=-\cot x\cdot\csc x$。

【例 4】 设 $f(x)=x+x^2+x^3\cdot\sec x$，求 $f'(x)$。

解　$f'(x)=1+2x+(x^3)'\cdot\sec x+x^3\cdot(\sec x)'=1+2x+3x^2\cdot\sec x+x^3\cdot\tan x\cdot\sec x$。

【例 5】 设 $y=\dfrac{1+\tan x}{\tan x}-2\log_2 x+x\sqrt{x}$，求 y'。

解　$y=1+\cot x-2\log_2 x+x^{\frac{3}{2}}$，$y'=-\csc^2 x-\dfrac{2}{x\ln 2}+\dfrac{3}{2}\sqrt{x}$。

【例 6】 设 $g(x)=\dfrac{(x^2-1)^2}{x^2}$，求 $g'(x)$。

解　$g(x)=1-\dfrac{2}{x}+\dfrac{1}{x^2}$，$g'(x)=2x-2x^{-3}=\dfrac{2}{x^3}(x^4-1)$。

【例 7】 设 $f(x)=\dfrac{\arctan x}{1+\sin x}$，求 $f'(x)$。

解
$$f'(x)=\frac{(\arctan x)'\cdot(1+\sin x)-\arctan x\cdot(1+\sin x)'}{(1+\sin x)^2}$$
$$=\frac{\dfrac{1}{1+x^2}(1+\sin x)-\arctan x\cdot\cos x}{(1+\sin x)^2}$$
$$=\frac{(1+\sin x)-(1+x^2)\cdot\arctan x\cdot\cos x}{(1+x^2)\cdot(1+\sin x)^2}。$$

【例 8】 求曲线 $y=x^3-2x$ 的垂直于直线 $x+y=0$ 的切线方程。

解　设所求切线切曲线于点(x_0,y_0)，由于 $y'=3x^2-2$，直线 $x+y=0$ 的斜率为-1，因此所求切线的斜率为 $3x_0^2-2$，且 $3x_0^2-2=1$。由此得两解：$x_0=1$，$y_0=-1$；或 $x_0=-1$，$y_0=1$。

所以所求的切线方程为：$y+1=x-1$，或 $y-1=x+1$，

即　$y=x\pm 2$。

2.2.3　复合函数的求导法则

设函数 $u=\varphi(x)$在 x 处有导数 $u'_x=\varphi'(x)$，函数 $y=f(u)$在点 x 的对应点 u 处也有导数 $y'_u=f'(u)$，则复合函数 $y=f[\varphi(x)]$在点 x 处有导数，且
$$y'_x=y'_u\cdot u'_x\ 或\ \frac{\mathrm{d}y}{\mathrm{d}x}=\frac{\mathrm{d}y}{\mathrm{d}u}\cdot\frac{\mathrm{d}u}{\mathrm{d}x}。$$

这个法则可以推广到两个以上的中间变量的情形。如果
$$y=y(u),u=u(v),v=v(x),$$
且在各对应点处的导数存在，则
$$y'_x=y'_u\cdot u'_v\cdot v'_x\ 或\ \frac{\mathrm{d}y}{\mathrm{d}x}=\frac{\mathrm{d}y}{\mathrm{d}u}\cdot\frac{\mathrm{d}u}{\mathrm{d}v}\cdot\frac{\mathrm{d}v}{\mathrm{d}x}。$$

常称这个公式为复合函数求导的链式法则。

【例 9】 求 $y=\sin 2x$ 的导数。

解　令 $y=\sin u$，$u=2x$，$y'_x=y'_u\cdot u'_x=\cos u\cdot 2=2\cos 2x$。

【例 10】 求 $y=(3x+5)^2$的导数。

解　令 $y=u^2, u=3x+5$，$y'_x=y'_u\cdot u'_x=2u\cdot 3=6(3x+5)$。

【例 11】　求 $y=\ln(\sin x)^2$ 的导数。

解　令 $y=\ln u, u=v^2, v=\sin x$，

$$y'_x=y'_u\cdot u'_v\cdot v'_x=\frac{1}{u}\cdot 2v\cdot\cos x=\frac{1}{\sin^2 x}\cdot 2\sin x\cdot\cos x=2\cot x。$$

【例 12】　求 $y=\sqrt{a^2-x^2}$ 的导数。

解　把 (a^2-x^2) 看作中间变量，得

$$y'=[(a^2-x^2)^{\frac{1}{2}}]'=\frac{1}{2}(a^2-x^2)^{\frac{1}{2}-1}\cdot(a^2-x^2)'=\frac{1}{2\sqrt{a^2-x^2}}\cdot(-2x)=-\frac{x}{\sqrt{a^2-x^2}}。$$

【例 13】　求 $y=\ln(1+x^2)$ 的导数。

解　$y'=[\ln(1+x^2)]'=\dfrac{1}{1+x^2}\cdot(1+x^2)'=\dfrac{2x}{1+x^2}$。

【例 14】　求 $y=\sin^2(2x+\frac{\pi}{3})$ 的导数。

解　
$$\begin{aligned}y'&=[\sin^2(2x+\frac{\pi}{3})]'=2\sin(2x+\frac{\pi}{3})\cdot[\sin(2x+\frac{\pi}{3})]'\\&=2\sin(2x+\frac{\pi}{3})\cdot\cos(2x+\frac{\pi}{3})\cdot[(2x+\frac{\pi}{3})]'\\&=2\sin(2x+\frac{\pi}{3})\cdot\cos(2x+\frac{\pi}{3})\cdot 2=2\sin(4x+\frac{2\pi}{3})。\end{aligned}$$

【例 15】　求 $y=\cos\sqrt{x^2+1}$ 的导数。

解　
$$\begin{aligned}y'&=-\sin\sqrt{x^2+1}\cdot(\sqrt{x^2+1})'=-\sin\sqrt{x^2+1}\cdot\frac{1}{2}(x^2+1)^{\frac{1}{2}-1}\cdot(x^2+1)'\\&=-\frac{\sin\sqrt{x^2+1}}{2\sqrt{x^2+1}}\cdot 2x=-\frac{x\cdot\sin\sqrt{x^2+1}}{\sqrt{x^2+1}}。\end{aligned}$$

【例 16】　求 $y=\ln(x+\sqrt{x^2+1})$ 的导数。

解　
$$\begin{aligned}y'&=\frac{1}{x+\sqrt{x^2+1}}\cdot(x+\sqrt{x^2+1})'=\frac{1}{x+\sqrt{x^2+1}}\cdot[1+(\sqrt{x^2+1})']\\&=\frac{1}{x+\sqrt{x^2+1}}\cdot[1+\frac{1}{2\sqrt{x^2+1}}\cdot(x^2+1)']\\&=\frac{1}{x+\sqrt{x^2+1}}\cdot\left(1+\frac{x}{\sqrt{x^2+1}}\right)=\frac{1}{\sqrt{x^2+1}}。\end{aligned}$$

【例 17】　$y=\ln|x|(x\neq 0)$，求 y'。

解　当 $x>0$ 时，$y=\ln x$，据基本求导公式，得 $y'=\dfrac{1}{x}$；

当 $x<0$ 时，$y=\ln|x|=\ln(-x)$，所以 $y'=[\ln(-x)]'=\dfrac{1}{-x}\cdot(-x)'=\dfrac{1}{x}$。

合之得　$(\ln|x|)'=\dfrac{1}{x}$。

【例 18】　$f(x)=\sin nx\cdot\cos^n x$，求 $f'(x)$。

解　$f'(x)=(\sin nx)'\cdot\cos^n x+\sin nx\cdot(\cos^n x)'$

$=\cos nx\cdot(nx)'\cdot\cos^n x+\sin nx\cdot n\cdot\cos^{n-1}x\cdot(\cos x)'$

$=n\cos^{n-1}x\cdot(\cos nx\cdot\cos x-\sin nx\cdot\sin x)=n\cos^{n-1}x\cdot\cos[(n+1)x]$。

2.2.4　隐函数求导

如果变量 x,y 之间的对应规律，是把 y 直接表示成 x 的解析式，即 $y=f(x)$，则这种形式给出的函数叫显函数。

如果能从方程 $F(x,y)=0$ 确定 y 为 x 的函数 $y=f(x)$，则称 $y=f(x)$ 为由方程 $F(x,y)=0$ 所确定的隐函数。

隐函数求导方法：将方程 $F(x,y)=0$ 两边对 x 求导，y 看成 x 的函数，y 的函数看成 x 的复合函数，y 为中间变量；然后从所得的等式中解出 y'，即得隐函数的导数。

【例 19】　求由方程 $x^2+y^2=4$ 所确定的隐函数的导数。

解　在等式的两边同时对 x 求导，注意现在方程中的 y 是 x 的函数，所以 y^2 是 x 的复合函数。于是得

$$2x+2y\cdot y'=0,$$

解得

$$y'=-\frac{x}{y}。$$

【例 20】　求由 $x^2-y^3-\sin y=0\left(0\leqslant y\leqslant\frac{\pi}{2},\ x\geqslant 0\right)$ 所确定的隐函数的导数。

解　在方程两边同时对 x 求导，得

$$2x-3y^2\cdot y'-\cos y\cdot y'=0,$$

解得

$$y'=\frac{2x}{3y^2+\cos y}。$$

【例 21】　求 $y=x^x$ 的导数。

解　两边取对数，得 $\ln y=x\ln x$；

两边对 x 求导，得 $\frac{1}{y}\cdot y'=\ln x+1$，$y'=x^x(\ln x+1)$。

例 21 的求导方法叫对数求导法。

对数求导法：要求 $y=f(x)$ 的导数，首先函数两边取对数：

$$\ln y=\ln f(x),$$

再按隐函数求导法求导得到 y'。

称 $y=u(x)^{v(x)}$ 形式的函数为幂指函数。

根据对数能把积商化为对数之和差、幂化为指数与底的对数之积的特点，对幂指函数或多项乘积函数求导时，用对数求导法比较简便。

【例 22】　利用对数求导法求函数 $y=(\sin x)^x$ 的导数。

解　两边取对数，得 $\ln y=x\cdot\ln(\sin x)$，

两边对 x 求导，得 $\frac{1}{y}\cdot y'=\ln(\sin x)+x\cdot\frac{1}{\sin x}\cdot\cos x$，

故　　$y'=y\cdot[\ln(\sin x)+x\cot x]$，

即　　$y'=(\sin x)^x\cdot[\ln(\sin x)+x\cot x]$。

【例 23】　设 $y=(3x-1)^{\frac{5}{3}}\sqrt{\frac{x-1}{x-2}}$，求 y'。

解 两边取对数,得 $\ln y=\frac{5}{3}\ln(3x-1)+\frac{1}{2}\ln(x-1)-\frac{1}{2}\ln(x-2)$,

两边对 x 求导,得 $\frac{1}{y}\cdot y'=\frac{5}{3}\cdot\frac{3}{3x-1}+\frac{1}{2}\cdot\frac{1}{x-1}-\frac{1}{2}\cdot\frac{1}{x-2}$,

所以,$y'=(3x-1)^{\frac{5}{3}}\sqrt{\frac{x-1}{x-2}}\left[\frac{5}{3x-1}+\frac{1}{2(x-1)}-\frac{1}{2(x-2)}\right]$。

2.2.5 高阶导数

定义 设函数 $y=f(x)$存在导函数 $f'(x)$,若导函数 $f'(x)$的导数$[f'(x)]'$存在,则称$[f'(x)]'$为 $f(x)$的二阶导数,记作 y''或 $f''(x)$或 $\frac{d^2y}{dx^2}$, $\frac{d^2f(x)}{dx^2}$,即

$$y''=(y')'=\frac{d}{dx}(\frac{dy}{dx})=\frac{d^2y}{dx^2}。$$

若二阶导函数 $f''(x)$的导数存在,则称 $f''(x)$的导数$[f''(x)]'$为 $y=f(x)$的三阶导数,记作 y'''或 $f'''(x)$。

一般地,若 $y=f(x)$的 $n-1$ 阶导函数存在导数,则称 $n-1$ 阶导函数的导数为 $y=f(x)$的 n 阶导数,记作 $y^{(n)}$或 $f^{(n)}(x)$或 $\frac{d^ny}{dx^n}$, $\frac{d^nf(x)}{dx^n}$,即

$$y^{(n)}=[y^{(n-1)}]' \text{ 或 } f^{(n)}(x)=[f^{(n-1)}(x)]' \text{ 或 } \frac{d^ny}{dx^n}=\frac{d}{dx}(\frac{d^{n-1}y}{dx^{n-1}})。$$

因此,函数 $f(x)$的 n 阶导数是由 $f(x)$连续对 x 求 n 次导数得到的。

函数的二阶和二阶以上的导数称为函数的高阶导数。函数 $f(x)$的 n 阶导数在 x_0处的导数值记作 $y^{(n)}(x_0)$或 $f^{(n)}(x_0)$或 $\frac{d^ny}{dx^n}\Big|_{x=x_0}$ 等。

【例 24】 求函数 $y=3x^3+2x^2+x+1$ 的四阶导数 $y^{(4)}$。

解 $y'=(3x^3+2x^2+x+1)'=9x^2+4x+1$;

$y''=(y')'=(9x^2+4x+1)'=18x+4$;

$y'''=(y'')'=(18x+4)'=18$;

$y^{(4)}=(y''')'=(18)'=0$。

习题 2.2

1. 求下列各函数的导数

(1) $y=3x^2-x+5$;

(2) $y=2\sqrt{x}-\frac{1}{x}+4\sqrt{3}$;

(3) $y=\frac{1-x^3}{\sqrt{x}}$;

(4) $y=(\sqrt{x}+1)(\frac{1}{\sqrt{x}}-1)$;

(5) $y=(x+1)\sqrt{2x}$;

(6) $y=(x+1)(x+2)(x+3)$;

(7) $y=x\ln x$;

(8) $y=\frac{x+1}{x-1}$;

(9) $y=x\sin x+\cos x$;

(10) $y=\frac{x}{1-\cos x}$。

2. 求下列各函数的导数

(1) $y=(1+x)(1+x^2)^2$；　　(2) $y=(3x+5)^3(5x+4)^5$；

(3) $y=\sqrt{x^2-a^2}$；　　(4) $y=\dfrac{x}{\sqrt{1-x^2}}$；

(5) $y=\ln(a^2-x^2)$；　　(6) $y=\sin nx$；

(7) $y=\sin x^n$；　　(8) $y=\cos^3\dfrac{x}{2}$；

(9) $y=\ln(x+\sqrt{x^2-a^2})$；　　(10) $y=\arcsin\dfrac{x}{2}$；

(11) $y=\ln(1-2x)$；　　(12) $y=\sin^2(1+x^2)$；

(13) $y=\ln^2(1+x^2)$；　　(14) $y=x^2\mathrm{e}^{-x}$。

3. 求下列隐函数的导数

(1) $x^2+y^2-xy=1$；　　(2) $y^2-2axy+b=0$；

(3) $y=x+\ln y$；　　(4) $y=1+x\mathrm{e}^y$；

(5) $y=\cos(x+y)$；　　(6) $xy-\mathrm{e}^x-\mathrm{e}^y=0$；

(7) $y\sin x=\cos(x-y)$；　　(8) $\ln(x^2+y^2)=\arctan\dfrac{y}{x}$。

4. 用对数求导法求下列函数的导数

(1) $y=(\sin x)^{\cos x}$，$x\in(0,\dfrac{\pi}{2})$；　　(2) $y=(x-1)^{\frac{2}{3}}\sqrt{\dfrac{x-2}{x-3}}$；

(3) $y=(\dfrac{x}{1+x})^x$；　　(4) $y=x^{\sin x}$。

5. 求下列函数的二阶导数

(1) $y=\dfrac{x-1}{(x+1)^2}$；　　(2) $y=\mathrm{e}^x\cos x$；

(3) $y=(x^5+1)^2$；　　(4) $y=x\sin x$。

2.3 微分

函数的导数表示函数在点 x 处的变化率，它描述了函数在点 x 处变化的快慢程度。有时还需要了解函数在某一点当自变量取得一个微小的改变时，函数取得的相应改变量的大小。下面从求函数改变量近似值的角度引进微分的概念。

2.3.1 微分的概念

在工程计算中经常需要计算函数值的改变量：

$$\Delta y=f(x_0+\Delta x)-f(x_0)。$$

【例 1】 一块正方形金属薄片(见图 2-4)，由于温度的变化，其边长由 x_0 变化到 $x_0+\Delta x$，其面积改变了多少？

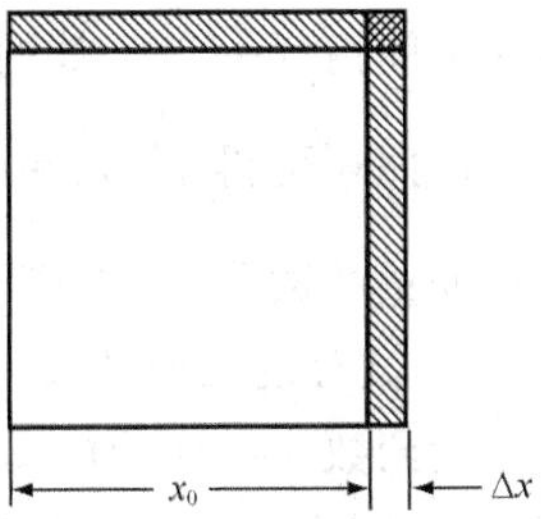

图 2-4

此薄片边长为 x_0 时的面积为 $A=x_0^2$；当边长由 x_0 变化到 $x_0+\Delta x$ 时，面积的改变量为

$$\Delta A = (x_0+\Delta x)^2 - x_0^2 = 2x_0\cdot\Delta x + (\Delta x)^2 。$$

第一部分 $2x_0\cdot\Delta x$ 是 Δx 的线性函数（Δx 的一次幂），在图上表示增大的两块长条矩形部分；第二部分 $(\Delta x)^2$，在图上表示增大在右上角的小正方形块，当 $\Delta x\to 0$ 时，是比 Δx 更高阶的无穷小，当 $|\Delta x|$ 很小时可忽略不计。因此可以只留下 ΔA 的主要部分，即 Δx 的线性部分，认为

$$\Delta A \approx 2x_0\cdot\Delta x。$$

1. 定义

如果函数 $y=f(x)$ 在点 x_0 处的改变量 Δy 可以表示为 Δx 的线性函数 $A\cdot\Delta x$（A 是与 Δx 无关、与 x_0 有关的常数）与一个比 Δx 更高阶的无穷小之和：$\Delta y=A\cdot\Delta x+o(\Delta x)$，则称函数 $f(x)$ 在 x_0 处可微，且称 $A\cdot\Delta x$ 为函数 $f(x)$ 在点 x_0 处的微分，记作 $\mathrm{d}y\big|_{x=x_0}$，即 $\mathrm{d}y\big|_{x=x_0}=A\cdot\Delta x$。

函数的微分 $A\cdot\Delta x$ 是 Δx 的线性函数，且与函数的改变量 Δy 相差是一个比 Δx 更高阶的无穷小，当 $\Delta x\to 0$ 时，它是 Δy 的主要部分，所以也称微分 $\mathrm{d}y$ 是改变量 Δy 的线性主部。当 $|\Delta x|$ 很小时，就可以用微分 $\mathrm{d}y$ 作为改变量 Δy 的近似值：$\Delta y\approx\mathrm{d}y$。

2. 可微与可导的关系

如果函数 $y=f(x)$ 在点 x_0 处可微，按定义有 $\Delta y=A\cdot\Delta x+o(\Delta x)$，上式两端同除以 Δx，取 $\Delta x\to 0$ 的极限，得

$$\lim_{\Delta x\to 0}\frac{\Delta y}{\Delta x}=\lim_{\Delta x\to 0}\left[A+\frac{o(\Delta x)}{\Delta x}\right]=A。$$

这表明：若 $y=f(x)$ 在点 x_0 处可微，则在 x_0 处必定可导，且 $A=f'(x_0)$。

反之，如果函数 $f(x)$ 在点 x_0 处可导，即 $\lim\limits_{\Delta x\to 0}\dfrac{\Delta y}{\Delta x}=f'(x_0)$ 存在，根据极限与无穷小的关系，上式可写成 $\dfrac{\Delta y}{\Delta x}=f'(x_0)+\alpha$，其中 α 为 $\Delta x\to 0$ 时的无穷小，从而

$$\Delta y=f'(x_0)\cdot\Delta x+\alpha\cdot\Delta x。$$

这里 $f'(x_0)$ 是不依赖于 Δx 的常数，$\alpha\cdot\Delta x$ 当 $\Delta x\to 0$ 时是比 Δx 更高阶的无穷小。按微分的定义，可见 $f(x)$ 在点 x_0 处是可微的，且微分为 $f'(x_0)\cdot\Delta x$。

定理 函数 $y=f(x)$ 在点 x_0 处可微的充分必要条件是在点 x_0 处可导，且 $\mathrm{d}y\big|_{x=x_0}=f'(x_0)\Delta x$。

由于自变量 x 的微分 $\mathrm{d}x=(x)'\cdot\Delta x=\Delta x$，所以 $y=f(x)$ 在点 x_0 处的微分常记作

$$\mathrm{d}y\big|_{x=x_0}=f'(x_0)\cdot\mathrm{d}x。$$

如果函数 $y=f(x)$ 在某区间内每一点处都可微，则称函数在该区间内是可微函数。函数在区间内任一点 x 处的微分 $\mathrm{d}y=f'(x)\cdot\mathrm{d}x$。

由此还可得 $f'(x)=\dfrac{\mathrm{d}y}{\mathrm{d}x}$，这是导数记号 $\dfrac{\mathrm{d}y}{\mathrm{d}x}$ 的来历，同时也表明导数是函数的微分 $\mathrm{d}y$ 与自变量的微分 $\mathrm{d}x$ 的商，故导数也称为微商。

3. 微分的几何意义

设函数 $y=f(x)$ 的图像如图 2-5 所示，点 $M(x_0,y_0)$，$N(x_0+\Delta x,y_0+\Delta y)$ 在图像上，过 M，N 分别作 x，y 轴的平行线，相交于点 Q，则有向线段 $MQ=\Delta x$，$QN=\Delta y$。过点 M 再作图像的切线 MT，设其倾斜角为 α，交 QN 于点 P，则有向线段

$$QP=MQ\cdot\tan\alpha=\Delta x\cdot f'(x_0)=\mathrm{d}y。$$

因此函数 $y=f(x)$ 在点 x_0 处的微分 $\mathrm{d}y$，在几何上表示函数图像在点 $M(x_0,y_0)$ 处切线的纵坐标的相应改变量。

由该图还可以看出：

(1) 线段 PN 的长表示用 $\mathrm{d}y$ 来近似代替 Δy 所产生的误差，当 $|\Delta x|=|\mathrm{d}x|$ 很小时，它比 $|\mathrm{d}y|$ 要小得多。

(2) 近似式 $\Delta y\approx\mathrm{d}y$ 表示当 $\Delta x\to 0$ 时，可以以 PQ 近似代替 NQ，即以图像在 M 处的切线来近似代替曲线本身，也即在一点的附近可以用“直”代“曲”。这就是以微分近似函数改变量之所以简便的本质所在，这个重要思想以后还要多次用到。

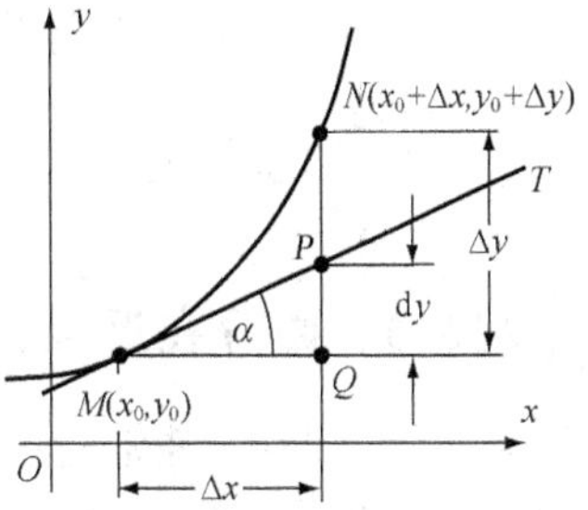

图 2-5

2.3.2 微分的运算

1. 微分的基本公式

(1) $\mathrm{d}(C)=0$；　(2) $\mathrm{d}(x^\alpha)=\alpha x^{\alpha-1}\mathrm{d}x$；

(3) $\mathrm{d}(\sin x)=\cos x\mathrm{d}x$；　(4) $\mathrm{d}(\cos x)=-\sin x\mathrm{d}x$；

(5) $\mathrm{d}(\tan x)=\sec^2 x\mathrm{d}x$；　(6) $\mathrm{d}(\cot x)=-\csc^2 x\mathrm{d}x$；

(7) $\mathrm{d}(\sec x)=\sec x\tan x\mathrm{d}x$；　(8) $\mathrm{d}(\csc x)=-\csc x\cot x\mathrm{d}x$；

(9) $\mathrm{d}(a^x)=a^x\ln a\mathrm{d}x$；　(10) $\mathrm{d}(\mathrm{e}^x)=\mathrm{e}^x\mathrm{d}x$；

(11) $\mathrm{d}(\log_a x)=\dfrac{1}{x\ln a}\mathrm{d}x$；　(12) $\mathrm{d}(\ln x)=\dfrac{1}{x}\mathrm{d}x$；

(13) $\mathrm{d}(\arcsin x)=\dfrac{1}{\sqrt{1-x^2}}\mathrm{d}x$；　(14) $\mathrm{d}(\arccos x)=-\dfrac{1}{\sqrt{1-x^2}}\mathrm{d}x$；

(15) $\mathrm{d}(\arctan x)=\dfrac{1}{1+x^2}\mathrm{d}x$；　(16) $\mathrm{d}(\mathrm{arccot}x)=-\dfrac{1}{1+x^2}\mathrm{d}x$。

2. 微分的四则运算法则

(1) $\mathrm{d}(u\pm v)=\mathrm{d}u\pm\mathrm{d}v$；

(2) $\mathrm{d}(u\cdot v)=v\mathrm{d}u+u\mathrm{d}v$，特别地，$\mathrm{d}(Cu)=C\mathrm{d}u$（$C$ 为常数）；

(3) $\mathrm{d}\left(\dfrac{u}{v}\right)=\dfrac{v\mathrm{d}u-u\mathrm{d}v}{v^2}(v\neq 0)$。

3. 复合函数的微分法则

设 $y=f(u)$，$u=\varphi(x)$，则复合函数 $y=f[\varphi(x)]$ 的微分为

$$\mathrm{d}y=y'\mathrm{d}x=f'(u)\cdot\varphi'(x)\mathrm{d}x=f'(u)\cdot\mathrm{d}u。$$

注意：最后得到的结果与 u 是自变量的形式相同，这说明对于函数 $y=f(u)$，不论 u 是自变量还是中间变量，y 的微分都有 $f'(u)\cdot\mathrm{d}u$ 的形式。这个性质称为一阶微分形式的不变性。

【例 2】 求 $\mathrm{d}[\ln(\sin 2x)]$。

解 $\mathrm{d}[\ln(\sin 2x)]=\dfrac{1}{\sin 2x}\mathrm{d}(\sin 2x)=\dfrac{1}{\sin 2x}\cdot\cos 2x\cdot\mathrm{d}(2x)=2\cot 2x\mathrm{d}x$。

【例 3】 已知函数 $f(x)=\sin\left(\dfrac{1-\ln x}{x}\right)$，求 $\mathrm{d}f(x)$。

解 $df(x)=d[\sin(\frac{1-\ln x}{x})]=\cos(\frac{1-\ln x}{x})d(\frac{1-\ln x}{x})$

$$=\cos(\frac{1-\ln x}{x})\frac{d(1-\ln x)\cdot x-(1-\ln x)\cdot dx}{x^2}$$

$$=\cos(\frac{1-\ln x}{x})\frac{-\frac{1}{x}\cdot x dx-(1-\ln x)\cdot dx}{x^2}$$

$$=\frac{\ln x-2}{x^2}\cos(\frac{1-\ln x}{x})dx。$$

2.3.3 微分在近似计算上的应用

在工程问题中，经常会遇到一些复杂的计算公式，如果直接利用这些公式进行计算，会很麻烦。利用微分往往可以把一些复杂的计算公式改用简单的近似公式来代替。

设函数 $y=f(x)$ 在 x_0 处可导，由微分定义知，当 $|\Delta x|$ 很小时有近似式：

$$\Delta y \approx dy,$$

即(1) $\Delta y = f(x_0+\Delta x) - f(x_0) \approx f'(x_0)\Delta x$，

(2) $f(x_0+\Delta x) \approx f(x_0)+f'(x_0)\Delta x$。

公式(1)常用来计算一元函数改变量的近似值，而公式(2)一般用来计算函数 $y=f(x)$ 在点 x_0 附近函数值的近似值。

【例 4】 有一批半径为 1cm 的球。为了提高球面的光洁度，要镀上一层铜，厚度应为 0.01cm。估计一下每只球需用铜多少克(铜的密度是 8.9g/cm^3)？

解 先求出镀层的体积，再乘密度，即为每只球需要的铜的质量。

镀层的体积为两个球体积之差，而球体积 $v=\frac{4}{3}\pi R^3$，故有

$$\Delta v \approx v'\Delta r\Big|_{\substack{R_0=1\\ \Delta r=0.01}} = 4\pi R^2\Delta r\Big|_{\substack{R_0=1\\ \Delta r=0.01}} = 0.04\pi \approx 0.13(\text{cm}^3)。$$

所以，每只球约需要铜 $8.9\times 0.13=1.16(\text{g})$。

【例 5】 求 $\sin 31°$ 的近似值(精确到四位小数)。

解 $31°=\frac{31\pi}{180}$，因为 $\frac{30\pi}{180}=\frac{\pi}{6}$ 是一个特殊角，所以取 $x_0=\frac{\pi}{6}$。

$$\frac{31\pi}{180}=\frac{\pi}{6}+\frac{\pi}{180}=x_0+\frac{\pi}{180}=x_0+\Delta x,\Delta x=\frac{\pi}{180}。$$

由(1)式得

$$\sin(\frac{31\pi}{180})=\sin(x_0+\Delta x)\approx \sin x_0+\cos x_0\cdot\Delta x$$

$$=\sin\frac{\pi}{6}+\cos\frac{\pi}{6}\cdot\frac{\pi}{180}=0.5+\frac{\sqrt{3}}{2}\times\frac{\pi}{180}\approx 0.515\,1。$$

习题 2.3

1. 分别求出函数 $f(x)=x^2-3x+5$ 当 $x=1$，

(1) $\Delta x=1$，

（2）$\Delta x=0.1$，

（3）$\Delta x=0.01$ 时的改变量及微分，并加以比较，判断是否能得出：当 Δx 越小时，二者越近似。

2. 在下列括号内填入适当的函数，使等式成立

（1）$d(\quad)=2dx$；　　（2）$d(\quad)=\frac{1}{1+x}dx$；

（3）$d(\quad)=-\frac{1}{x^2}dx$；　　（4）$d(\quad)=\frac{1}{2\sqrt{x}}dx$；

（5）$d(\quad)=e^{-2x}dx$　　（6）$d(\sin^2 x)=(\quad)d(\sin x)$；

（7）$\frac{1}{1+4x^2}dx=(\quad)d(\arctan 2x)$。

3. 求下列各函数的微分

（1）$y=3x^2$；　　（2）$y=\sqrt{1-x^2}$；

（3）$y=\ln x^2$；　　（4）$y=\frac{x}{1-x^2}$；

（5）$y=e^{-x}\cos x$；　　（6）$y=\arcsin\sqrt{x}$；

（7）$y=\ln\sqrt{1-x^3}$；　　（8）$y=(e^x+e^{-x})^2$；

（9）$xy=a^2$；　　（10）$y=1+xe^y$。

4. 计算下列各函数值的近似值

（1）$\sqrt[5]{0.95}$；　　（2）$e^{0.05}$。

5. 立方体的棱长 $x=10$ m，如果棱长增加 0.1 m，求此立方体体积增加的精确值与近似值。

6. 一平面圆环形，其内半径为 10 cm，宽为 0.1 cm，求其面积的精确值与近似值。

2.4　边际与弹性

本节利用大家容易理解的几个经济函数，介绍一下边际与弹性的概念。

2.4.1　边际的概念

设函数 $y=f(x)$ 可导，导函数 $f'(x)$ 也称为其边际函数；$y=f(x)$ 在 $x=x_0$ 处的导数 $f'(x_0)$ 叫 $y=f(x)$ 在 $x=x_0$ 处的边际函数值，它表示 $y=f(x)$ 在 $x=x_0$ 处的变化率，反映 $0y=f(x)$ 在 $x=x_0$ 处的变化速度。

边际在经济学中指的是每新增一单位产品或商品带来的效用，具体有：边际成本、边际收入、边际利润、边际产量和边际销量。

1. 边际成本

边际成本在经济学中的定义为：产量为 x 时，再增加一个单位产品所增加的成本。

设总成本 C 是产品产量 x 的函数：$C=C(x)$，则增加一个单位产品所增加的成本为：

$$\Delta C(x)=C(x+1)-C(x)。$$

由微分的应用：$\Delta C(x)\approx dC(x)=C'(x)\Delta x=C'(x)(\Delta x=1)$，

所以称 $MC=C'(x)=\frac{dC}{dx}$ 为边际成本。

2. 边际收入

边际收入在经济学中的定义：销量为 x 时，再多销售一个单位产品时所增加的销售收入。

设总收入 R 是销量 x 的函数：$R=R(x)$，同理得边际收入为：$MR=R'(x)=\frac{dR}{dx}$。

3. 边际利润

设总利润 L 是销售量或产量 x 的函数：$L=L(x)$，称 $ML=L'(x)=\frac{dL}{dx}$ 为边际利润。

由于利润函数为收入函数与总成本函数之差，即

$$L(x)=R(x)-C(x),$$

所以 $L'(x)=R'(x)-C'(x)$。

4. 边际产量

设产量 P 是投入资源 x（x 可以是原料量、耗电量、货币等）的函数：$P=P(x)$，称 $MP=P'(x)=\frac{dP}{dx}$ 为边际产量。

5. 边际销量

设总销售量 Q 是单价 x 的函数：$Q=Q(x)$，称 $MQ=Q'(x)=\frac{dQ}{dx}$ 为边际销量。

生产决策问题的解决：

【例 1】 某种产品的总成本 C（万元）与产量 x（万件）之间的函数关系（总成本函数）为

$$C=C(x)=100+6x-0.4x^2+0.02x^3。$$

试问：当生产水平为 $x=10$（万件）时，从降低成本的角度看，继续提高产量是否合适？

解 当 $x=10$ 时的总成本为

$$C(10)=100+6\times10-0.4\times10^2+0.02\times10^3=140（万元），$$

所以单位产品的成本（单位成本）为 $C(10)\div10=140\div10=14$（元/件）。

边际成本 $MC=C'(x)=6-0.8x+0.06x^2$，

$$MC|_{x=10}=C'(10)=6-0.8\times10+0.06\times10^2=4（元/件）。$$

因此在生产水平为 10 万件时，每增加一个产品，总成本增加 4 元，远低于当前的单位成本。因此从降低成本的角度看，应继续提高产量。

【例 2】 某公司日总利润 L（元）与日产量 x（吨）之间的函数关系（利润函数）为

$$L=L(x)=250x-5x^2,$$

试确定每天生产 20 吨、25 吨、35 吨时的边际利润，并说明其经济含义。

解 边际利润 $ML=L'(x)=250-10x$，

$ML|_{x=20}=L'(20)=250-200=50$，$ML|_{x=25}=L'(25)=250-250=0$，

$ML|_{x=35}=L'(35)=250-350=-100$。

因为边际日利润表示日产量增加 1 吨时日总利润的增加数（注意不是总利润本身），所以上述结果表明，当日产量为 20 吨时，每天增加 1 吨产量可增加日总利润 50 元；当日产量在 25 吨的基础上再增加时，日总利润已经不再增加；而当日产量为 35 吨时，每天产量再增

加 1 吨反而使日总利润减少 100 元。

2.4.2　弹性的概念

函数的弹性，是指当自变量变化时，函数因变量变化的反应性。

1. 弹性的定义

前面所谈的函数改变量与函数变化率是绝对改变量与绝对变化率。人们从实践中体会到，仅仅研究函数的绝对改变量与绝对变化率还是不够的。例如，商品甲每单位的价格为 10 元，涨价 1 元；商品乙每单位的价格为 1 000 元，也涨价 1 元。两种商品价格的绝对改变量都是 1 元，但各与其原价相比，两者涨价的百分比却有很大的不同，商品甲涨了 10%，而商品乙涨了 0.1%。因此有必要研究函数的相对改变量与相对变化率。

例如　$y=x^2$，当 x 由 10 改变到 12 时，y 由 100 改变到 144，此时自变量与因变量的绝对改变量分别为 $\Delta x=2$，$\Delta y=44$，而

$$\frac{\Delta x}{x}=20\%,\ \frac{\Delta y}{y}=44\%,$$

这表示当 $x=10$ 改变到 $x=12$ 时，x 产生了 20% 的改变，y 产生了 44% 的改变。这就是相对改变量。

$$\frac{\Delta y/y}{\Delta x/x}=\frac{44\%}{20\%}=2.2,$$

它表示在(10,12)内，从 $x=10$ 起 x 改变 1%时，y 平均改变 2.2%，称它为从 $x=10$ 到 $x=12$，函数 $y=x^2$ 的平均相对变化率。

定义 1　弹性是指因变量变化的百分比与自变量变化的百分比的比较，即 $\frac{\Delta y/y}{\Delta x/x}$。

弹性分析也是经济分析中常用的一种方法，主要适用于对生产、供给、需求等问题的研究。弹性可分为点弹性与弧弹性。

2. 点弹性

点弹性，即计算需求曲线上某一点的弹性（这时意味着 $\Delta x\to 0$）。

定义 2　设某经济指标 y 与影响指标值的因素 x 之间有函数关系 $y=f(x)$，如果极限 $\lim\limits_{\Delta x\to 0}\frac{\Delta y/y}{\Delta x/x}$ 存在，则

$$\lim_{\Delta x\to 0}\frac{\Delta y/y}{\Delta x/x}=f'(x)\cdot\frac{x}{y},$$

称这个极限为指标 y 对因素 x 的点弹性函数（简称点弹性），记作 $\frac{Ey}{Ex}$，即

$$\frac{Ey}{Ex}=\lim_{\Delta x\to 0}\frac{\Delta y/y}{\Delta x/x}=y'\cdot\frac{x}{y}$$

$y=f(x)$在 $x=x_0$时的点弹性，表示 y 在 $x=x_0$时的相对变化的变化率（简称相对变化率），即此时因素 x 每变化 x_0的百分之一，指标 y 变化了 $f(x_0)$的百分之几。

在经济工作中指标的弹性函数有重要意义，它通常用以衡量投入比所发生的收益比是否合算。如前述成本函数 $C=C(x)$的弹性函数 $\frac{EC}{Ex}$，表示产量 x 每提高一个百分点时，成本 C 提高的百分比；产量函数 $P=P(x)$的弹性函数 $\frac{EP}{Ex}$，表示投入资源 x 每提高一个百分点

时，P 增加的百分比；收入函数 $R=R(x)$ 的弹性函数 $\frac{ER}{Ex}$，表示产量 x 改变一个百分点时，收入 R 改变的百分比；如此等等，这些都是经济工作者在运营中经常要掌握的资讯。

【例 3】 设某商品的需求量 Q(万件)与销售单价 p(元/件)之间有函数关系：

$$Q=Q(p)=60-3p(0<p<20),$$

求 $p=10,15$ 时，需求量 Q 对单价 p 的弹性，并解释其实际含义。

解 $Q(10)=30$(万件)，$Q(15)=15$(万件)；

$$Q'(p)=-3,\ \frac{EQ}{Ep}=Q'p\cdot\frac{p}{Q(p)}=\frac{-3p}{60-3p}=\frac{p}{p-20}。$$

$$\frac{EQ}{Ep}\bigg|_{p=10}=\frac{10}{10-20}=-1,\frac{EQ}{Ep}\bigg|_{p=15}=\frac{15}{15-20}=-3。$$

其实际含义为：单价在 10 元/件时，若再提价(或降价)1%，则销量将减少(或增加)$Q(10)$的 1%；单价在 15 元/件时，若再提价(或降价)1%，则销量将减少(或增加)$Q(15)$的 3%。

3. 弧弹性

要计算点弹性，其前提是需求函数的关系式必须已知。但在实际的企业决策中，经理人员未必有足够的资料来估算出需求函数的关系式。尤其在我国，统计资料不全，一些变量长期不变或变化很小，有时只有几个点的资料。虽然知道该变量与需求量之间有某种函数关系，但很难找出它们之间确切的关系式，从而无法用点弹性计算法来计算弹性。此时可用另一种方法来计算弹性，即计算需求函数上两个点之间的平均弹性，称为弧弹性。

弧弹性计算公式如下：

$$E_P=\frac{Q_2-Q_1}{P_2-P_1}\cdot\frac{P_1+P_2}{Q_1+Q_2}。$$

式中，E_P是需求的弧价格弹性；

Q_1为对应于价格水平 P_1的需求量；

Q_2为对应于价格水平 P_2的需求量。

与点弹性的计算公式相比，可以看到，该式中并不以两点中的任何一点作为计算的“基点”，而是取这两点的连线的中点作为衡量价格与需求量变化的基础。

应注意的是，这里仅需两个点就可以计算弹性了。由于采用的是平均值，因此在一定程度上更能准确地衡量出在资料表明的范围内两个量之间的平均相对关系。它能很有效地反映价格从一个水平变到另一水平时，需求量变化的灵敏度。从弹性计算的最初表达式 $\frac{\Delta Q}{\Delta P}\cdot\frac{P}{Q}$ 中可看出，ΔP、ΔQ 表示的是比较小的变化，因此用两个点计算弧弹性时，注意两个点之间的距离不要太远，否则灵敏度就会下降。

【例 4】 从 20 世纪 50 年代到 70 年代末，我国许多消费品的价格长期没有变化。1979 年做了一次价格大调整，一些受五种基本食品(肉、蛋、油、糖以及粮食等)影响的食品价格也有所变动，但由此想统计出某一食品需求量与价格的确切函数表达式，资料仍嫌太少。

20 世纪 80 年代初，北京市的两位统计工作者在做北京市的啤酒消费预测时，就没有把价格因素作为需求方程中的一个因子放入，但却利用两个点的数值同样测算出了啤酒价格与消费量之间的密切关系(见表 2-1)。

表 2-1

时间	月需求量(吨)	价格(元)
1981 年 5 月提价前	10 781	0.38
1981 年 5 月提价后	7 430	0.49

由表给出的数字，可以得出相应的弧价格弹性：

$$E_P=\frac{Q_2-Q_1}{P_2-P_1}\cdot\frac{P_1+P_2}{Q_1+Q_2}=\frac{7\ 430-10\ 781}{0.49-0.38}\cdot\frac{0.38+0.49}{10\ 781+7\ 430}=-1.455。$$

这说明在 0.38～0.49 元的范围内价格提高 1%，则月需求量就会减少 1.455%。

在价格弹性公式中，分子(需求量变动的百分比)和分母(价格变动的百分比)是按相反方向变动的，即价格上升时需求量下降，价格下降时需求量上升，所以计算出来的价格弹性是负值。但通常使用其绝对值来比较价格弹性的大小，说某商品的价格弹性大，是指其价格弹性的绝对值大。

习题 2.4

1. 判断下列说法是否正确

(1) 生产某种产品 x (万件)的成本为 $C(x)=200+0.05x^2$ (万元)，则生产 90 万件产品时，再多生产 1 万件产品，成本将增加 9 万元；

(2) 设某种商品的总收入 R(万元)是商品单价 p(元/件)与销售量 Q(万件)的乘积，如果销售量 Q 是单价 p 的函数：$Q(p)=12-\frac{p}{2}$，则当单价 $p=6$(元/件)时提价 1%，总收入将随之增加 0.67%。

2. 某化工厂日产能力最高为 1 000 吨，每日产品的总成本 C(单位：元)是日产量 x(单位：吨)的函数：

$$C=C(x)=1000+7x+50\sqrt{x},\ x\in[0,1\ 000]。$$

(1) 求当日产量为 100 吨时的边际成本；

(2) 求当日产量为 100 吨时的平均单位成本。

3. 某企业的成本函数和收益函数分别为

$$C(x)=1\ 000+5x+\frac{x^2}{10}(\text{元}),$$

$$R(x)=2\ 000x+\frac{x^2}{20}(\text{元})。$$

求：(1) 边际成本、边际收益、边际利润。

(2) 已生产销售 25 单位产品，第 26 单位产品会有多少利润？

4. 设某商品需求量 Q 对价格 p 的函数关系为

$$Q=f(p)=1\ 600\left(\frac{1}{4}\right)^p,$$

求需求量 Q 对于价格 p 的弹性函数。

5. 某商品的需求函数为

$$Q=Q(p)=75-p^2。$$

(1) 求 $p=4$ 时的边际需求，并说明其经济意义；

(2) 求 $p=4$ 时的需求弹性，并说明其经济意义；

(3) 当 $p=4$ 时，若价格上涨 1%，总收益将变化百分之几？是增加还是减少？

(4) 当 $p=6$ 时，若价格上涨 1%，总收益将变化百分之几？是增加还是减少？

(5) p 为多少时，总收益最大？

2.5 罗必塔法则

若当 $x\to x_0$（或 $x\to\infty$）时，两个函数 $f(x)$，$g(x)$ 都是无穷小或无穷大，那么极限 $\lim\limits_{x\to x_0}\dfrac{f(x)}{g(x)}$ 可能存在，也可能不存在，即使存在，其值也因式而异。因此通常把这种极限称为未定式，并分别简称为 $\dfrac{0}{0}$ 型或 $\dfrac{\infty}{\infty}$ 型. 对于这种未定式，即使极限存在，在求极限 $\lim\limits_{x\to x_0}\dfrac{f(x)}{g(x)}$ 时也不能直接用商的极限运算法则，为此下面将介绍求这类极限的一种简单而重要的方法。

1. $\dfrac{0}{0}$ 型未定式

定理 1 （罗必塔(L'Hospital)法则Ⅰ）设函数 $f(x)$ 和 $g(x)$ 满足：

(1) $\lim\limits_{x\to x_0}f(x)=0$，$\lim\limits_{x\to x_0}g(x)=0$，

(2) 函数 $f(x)$，$g(x)$ 在 x_0 的某个邻域内（点 x_0 可除外）可导，且 $g'(x)\neq 0$，

(3) $\lim\limits_{x\to x_0}\dfrac{f'(x)}{g'(x)}=A$（$A$ 可以是有限数，也可为 ∞，$+\infty$，$-\infty$），

则
$$\lim_{x\to x_0}\frac{f(x)}{g(x)}=\lim_{x\to x_0}\frac{f'(x)}{g'(x)}=A。$$

注意：该法则对于 $x\to\infty$，$x\to\pm\infty$ 时的 $\dfrac{0}{0}$ 型未定式同样适用。

【例 1】 求 $\lim\limits_{x\to a}\dfrac{\ln x-\ln a}{x-a}$ $(a>0)$。

解 这是 $\dfrac{0}{0}$ 型未定式，由罗必塔法则，得

$$\lim_{x\to a}\frac{\ln x-\ln a}{x-a}=\lim_{x\to a}\frac{(\ln x-\ln a)'}{(x-a)'}=\lim_{x\to a}\frac{\frac{1}{x}}{1}=\frac{1}{a}。$$

【例 2】 求 $\lim\limits_{x\to 0}\dfrac{x-\sin x}{\sin^3 x}$。

解
$$\begin{aligned}\lim_{x\to 0}\frac{x-\sin x}{\sin^3 x}&\overset{\frac{0}{0}}{=}\lim_{x\to 0}\frac{(x-\sin x)'}{(\sin^3 x)'}=\lim_{x\to 0}\frac{1-\cos x}{3\sin^2 x\cos x}\\&\overset{\frac{0}{0}}{=}\lim_{x\to 0}\frac{(1-\cos x)'}{(3\sin^2 x\cos x)'}=\lim_{x\to 0}\frac{\sin x}{6\sin x\cos x-3\sin^3 x}\\&=\lim_{x\to 0}\frac{1}{6\cos x-3\sin^2 x}=\frac{1}{6}。\end{aligned}$$

注意：(1) 为使用罗必塔法则，在运算过程中应适当进行化简：如果有可约因子，则可先

约去因子;有非零极限的乘积因子,则可先提出;然后利用罗必塔法则,从而简化演算步骤。

(2) 在计算过程中,当极限仍然是 $\frac{0}{0}$ 型未定式时,可继续使用罗必塔法则;但如果所求极限不是未定式,则不能使用罗必塔法则,否则会导致错误的结果。

2. $\frac{\infty}{\infty}$ 型未定式

定理 2 (罗必塔(L'Hospital)法则Ⅱ)设函数 $f(x)$ 和 $g(x)$ 满足:

(1) $\lim\limits_{x\to x_0} f(x)=\infty$, $\lim\limits_{x\to x_0} g(x)=\infty$,

(2) 函数 $f(x)$,$g(x)$ 在 x_0 的某个邻域内(点 x_0 可除外)可导,且 $g'(x)\neq 0$,

(3) $\lim\limits_{x\to x_0}\frac{f'(x)}{g'(x)}=A$ (A 为有限数,也可为∞,$+\infty$,$-\infty$),则

$$\lim_{x\to x_0}\frac{f(x)}{g(x)}=\lim_{x\to x_0}\frac{f'(x)}{g'(x)}=A。$$

与法则Ⅰ相同,法则Ⅱ对于 $x\to\infty$,$x\to\pm\infty$ 时的 $\frac{\infty}{\infty}$ 型未定式同样适用,并且对使用法则后得到的 $\frac{\infty}{\infty}$ 或 $\frac{0}{0}$ 型未定式,只要导数存在,可以连续使用。

【例 3】 求 $\lim\limits_{x\to\frac{\pi}{2}}\frac{\tan 3x}{\tan x}$。

解
$$\lim_{x\to\frac{\pi}{2}}\frac{\tan 3x}{\tan x}\overset{\frac{\infty}{\infty}}{=}\lim_{x\to\frac{\pi}{2}}\frac{3\sec^2 3x}{\sec^2 x}=\lim_{x\to\frac{\pi}{2}}\frac{3\cos^2 x}{\cos^2 3x}$$
$$\overset{\frac{0}{0}}{=}\lim_{x\to\frac{\pi}{2}}\frac{6\cos x(-\sin x)}{2\cos 3x(-3\sin 3x)}=\lim_{x\to\frac{\pi}{2}}\frac{\sin 2x}{\sin 6x}$$
$$\overset{\frac{0}{0}}{=}\lim_{x\to\frac{\pi}{2}}\frac{2\cos 2x}{6\cos 6x}=\frac{1}{3}。$$

【例 4】 求 $\lim\limits_{x\to+\infty}\frac{x^n}{\ln x}$ (n 为自然数)。

解
$$\lim_{x\to+\infty}\frac{x^n}{\ln x}\overset{\frac{\infty}{\infty}}{=}\lim_{x\to+\infty}\frac{nx^{n-1}}{\frac{1}{x}}=\lim_{x\to+\infty}nx^n=+\infty。$$

【例 5】 求 $\lim\limits_{x\to+\infty}\frac{x^n}{e^x}$ (n 为自然数)。

解
$$\lim_{x\to+\infty}\frac{x^n}{e^x}\overset{\frac{\infty}{\infty}}{=}\lim_{x\to+\infty}\frac{nx^{n-1}}{e^x}\overset{\frac{\infty}{\infty}}{=}\lim_{x\to+\infty}\frac{n(n-1)x^{n-2}}{e^x}$$
$$\overset{\frac{\infty}{\infty}}{=}\lim_{x\to+\infty}\frac{n(n-1)(n-2)x^{n-3}}{e^x}=\cdots=\lim_{x\to+\infty}\frac{n!}{e^x}=0。$$

3. 其他类型的未定式

对函数 $f(x)$,$g(x)$ 在求 $x\to x_0$,$x\to\infty$,$x\to\pm\infty$ 的极限时,除 $\frac{0}{0}$ 型与 $\frac{\infty}{\infty}$ 型未定式之外,还有下列一些其他类型的未定式:

(1) $0\cdot\infty$型：f 的极限为 0、g 的极限为∞或相反，求 $f(x)\cdot g(x)$的极限；

(2) $\infty-\infty$型：f,g 的极限为∞，求 $f(x)-g(x)$的极限；

(3) 1^{∞}型：f 的极限为 1、g 的极限为∞，求 $f(x)^{g(x)}$ 的极限；

(4) 0^0型：f,g 的极限为 0，求 $f(x)^{g(x)}$ 的极限；

(5) ∞^0型：f 的极限为∞、g 的极限为 0，求 $f(x)^{g(x)}$ 的极限。

这些类型的极限，如果要利用罗必塔法则进行计算，则首先要将其适当变换，将它们化为 $\frac{0}{0}$ 型或 $\frac{\infty}{\infty}$ 型未定式，然后用罗必塔法则求极限。

那么这些类型的未定式如何才能变换为 $\frac{0}{0}$ 型或 $\frac{\infty}{\infty}$ 型？可按下述方法处理：

对(1)这种类型，可将整式看作分母为 1 的分式，即 $\frac{f(x)g(x)}{1}$，从而进一步将它变换化为 $\frac{0}{0}$ 型或 $\frac{\infty}{\infty}$ 型未定式，具体是化为 $\frac{0}{0}$ 型还是 $\frac{\infty}{\infty}$ 型，要看哪种求导简单；

对(2)这种类型，通常只要进行“通分”就可将其化为 $\frac{0}{0}$ 型未定式；

对(3)(4)(5)三种类型的未定式，因为有恒等式 $b=e^{\ln b}$，利用该恒等式可得 $\lim f(x)^{g(x)}=\lim e^{g(x)\ln f(x)}=e^{\lim g(x)\ln f(x)}$，这里 $g(x)\ln f(x)$ 是 $0\cdot\infty$型，再进一步即可化为 $\frac{0}{0}$ 型或 $\frac{\infty}{\infty}$ 型。

【例 6】 求 $\lim\limits_{x\to0^+}x^n\ln x\ (n>0)$。

解 $$\lim_{x\to0^+}x^n\ln x\overset{0\cdot\infty}{=}\lim_{x\to0^+}\frac{\ln x}{x^{-n}}\overset{\frac{\infty}{\infty}}{=}\lim_{x\to0^+}\frac{\frac{1}{x}}{-nx^{-n-1}}=\lim_{x\to0^+}\frac{x^n}{-n}=0。$$

【例 7】 求 $\lim\limits_{x\to1^+}\left(\frac{x}{x-1}-\frac{1}{\ln x}\right)$。

解 $$\lim_{x\to1^+}\left(\frac{x}{x-1}-\frac{1}{\ln x}\right)\overset{\infty-\infty}{=}\lim_{x\to1^+}\frac{x\ln x-x+1}{(x-1)\ln x}\overset{\frac{0}{0}}{=}\lim_{x\to1^+}\frac{\ln x+1-1}{\ln x+\frac{x-1}{x}}$$

$$=\lim_{x\to1^+}\frac{\ln x}{\ln x+1-\frac{1}{x}}\overset{\frac{0}{0}}{=}\lim_{x\to1^+}\frac{\frac{1}{x}}{\frac{1}{x}+\frac{1}{x^2}}=\frac{1}{2}。$$

【例 8】 求 $\lim\limits_{x\to+\infty}x^{\frac{1}{x}}$。

解 这是∞^0型未定式，先将其化为 $0\cdot\infty$型，再将其化为 $\frac{\infty}{\infty}$ 型未定式。

$$\lim_{x\to+\infty}x^{\frac{1}{x}}=\lim_{x\to+\infty}e^{\frac{1}{x}\cdot\ln x}=\lim_{x\to+\infty}e^{\frac{\ln x}{x}}=e^{\lim\limits_{x\to+\infty}\frac{\ln x}{x}}=e^{\lim\limits_{x\to+\infty}\frac{\frac{1}{x}}{1}}=e^0=1。$$

【例 9】 求$\lim\limits_{x\to0}(1+2x)^{\frac{1}{x}}$。

解 这是 1^{∞}型未定式，可用下列两种方法计算：

方法一：先将其化为 $0\cdot\infty$型，再将其化为 $\frac{\infty}{\infty}$ 型后用罗必塔法则。

$$\lim_{x\to 0}(1+2x)^{\frac{1}{x}}=\lim_{x\to 0}e^{\frac{1}{x}\ln(1+2x)}=e^{\lim\limits_{x\to 0}\frac{\ln(1+2x)}{x}}=e^{\lim\limits_{x\to 0}\frac{\frac{2}{1+2x}}{1}}=e^2。$$

方法二：利用重要极限：

$$\lim_{x\to 0}(1+2x)^{\frac{1}{x}}=\lim_{x\to 0}[(1+2x)^{\frac{1}{2x}}]^2=e^2。$$

由本例可以看出：有时用罗必塔法则计算极限并不比其他方法简单，所以罗必塔法则不是"万能"的。在使用罗必塔法则时，应注意如下几点：

(1) 当 $\lim\frac{f'(x)}{g'(x)}$ 不存在时，并不能断定 $\lim\frac{f(x)}{g(x)}$ 不存在，此时应使用其他方法求极限。

如 $\lim\limits_{x\to 0}\frac{x^2\sin\frac{1}{x}}{\sin x}$ 存在，但不能用罗必塔法则求其极限。

事实上，$\lim\limits_{x\to 0}\frac{x^2\sin\frac{1}{x}}{\sin x}=\lim\limits_{x\to 0}\left(\frac{x}{\sin x}x\sin\frac{1}{x}\right)=\lim\limits_{x\to 0}\frac{x}{\sin x}\cdot\lim\limits_{x\to 0}\left(x\sin\frac{1}{x}\right)=0$，

所给的极限存在且为 0。

又因为这是 $\frac{0}{0}$ 型未定式，若利用罗必塔法则，则得

$$\lim_{x\to 0}\frac{x^2\sin\frac{1}{x}}{\sin x}=\lim_{x\to 0}\frac{2x\sin\frac{1}{x}-\cos\frac{1}{x}}{\cos x},$$

最后判断极限不存在，所以所给的极限不能用罗必塔法则求出。

(2) 有时虽是 $\frac{0}{0}$ 型或 $\frac{\infty}{\infty}$ 型，但用罗必塔法则计算时会出现循环而不能求出其极限。

如 $\lim\limits_{x\to+\infty}\frac{x}{\sqrt{1+x^2}}$，这是 $\frac{\infty}{\infty}$ 型，用罗必塔法则，得

$$\lim_{x\to+\infty}\frac{x}{\sqrt{1+x^2}}=\lim_{x\to+\infty}\frac{1}{\frac{x}{\sqrt{1+x^2}}}=\lim_{x\to+\infty}\frac{\sqrt{1+x^2}}{x}=\lim_{x\to+\infty}\frac{\frac{x}{\sqrt{1+x^2}}}{1}=\lim_{x\to+\infty}\frac{x}{\sqrt{1+x^2}}。$$

因此罗必塔法则仅是极限的一种计算方法而已，极限的其他计算方法也绝不能忘记。在具体计算极限时，各种方法可以结合使用。

习题 2.5

1. 用罗必塔法则求下列函数的极限

(1) $\lim\limits_{x\to a}\frac{\sin x-\sin a}{x-a}$；　　(2) $\lim\limits_{x\to 0}\frac{e^x-e^{-x}}{\sin x}$；

(3) $\lim\limits_{x\to \pi}\frac{\sin 2x}{\sin 5x}$；　　(4) $\lim\limits_{x\to 0}\frac{x-\sin x}{x^2+x}$。

(5) $\lim\limits_{x\to 1^+}\frac{\ln x}{x-1}$；　　(6) $\lim\limits_{x\to 0}\frac{e^x-1}{xe^x+e^x-1}$。

2. 用罗必塔法则求下列函数的极限

(1) $\lim\limits_{x\to+\infty}\frac{\ln(\ln x)}{x}$；　　(2) $\lim\limits_{x\to+\infty}\frac{2^x}{\lg x}$；

(3) $\lim\limits_{x \to \frac{\pi}{2}} \dfrac{\tan x - 5}{\sec x + 4}$； (4) $\lim\limits_{x \to -\infty} \dfrac{e^{1-x}}{x + x^2}$。

3. 用罗必塔法则求下列函数的极限

(1) $\lim\limits_{x \to 0^+} (\sin x)^x$； (2) $\lim\limits_{x \to 0} (1 + x)^{\cot x}$；

(3) $\lim\limits_{x \to 1^-} \ln x \ln(1 - x)$； (4) $\lim\limits_{x \to 1^+} \left(\dfrac{2}{x^2 - 1} - \dfrac{1}{x - 1}\right)$。

4. 证明：极限 $\lim\limits_{x \to +\infty} \dfrac{x}{\sqrt{1 + x^2}}$，$\lim\limits_{x \to \infty} \dfrac{x - \sin x}{2x + \cos x}$ 存在，但不能用罗必塔法则计算。

2.6 函数的单调性与极值

2.6.1 函数的单调性及其判定

前面已经介绍过函数在区间上的单调性，现在利用导数来研究函数的单调性。

设函数 $f(x)$ 是区间$[a,b]$上的可导函数(见图 2-6)，如果函数在$[a,b]$上单调增加，那么它的图像是一条沿 x 轴正向上升的曲线，这时曲线上任一点处的切线的倾斜角都是锐角，因此它们的斜率 $f'(x)$ 都是正的，即 $f'(x) > 0$；如果函数在$[a,b]$上单调减少，那么它的图像是一条沿 x 轴正向下降的曲线，这时曲线上任一点处的切线的倾斜角都是钝角，它们的斜率 $f'(x)$ 都是负的，即 $f'(x) < 0$。反过来是否成立呢？如果成立，那么就可以利用导数来判断函数的单调性。事实上，这是成立的。

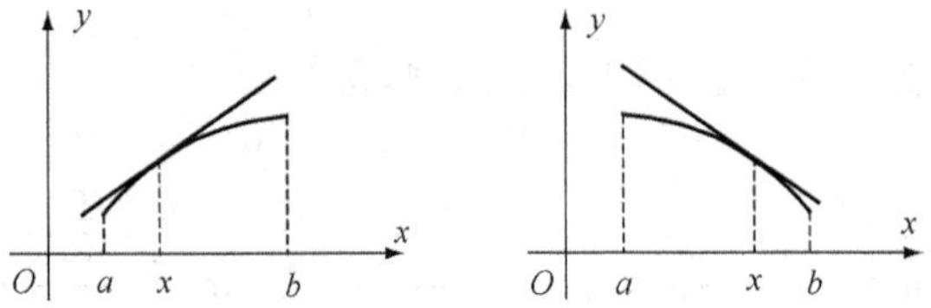

图 2-6

1. 函数单调性的判定定理

定理 1 设函数 $f(x)$ 在闭区间$[a,b]$上连续，在开区间(a,b)内可导，则有：

(1) 若在(a,b)内 $f'(x) > 0$，则函数 $f(x)$ 在$[a,b]$上单调增加；

(2) 若在(a,b)内 $f'(x) < 0$，则函数 $f(x)$ 在$[a,b]$上单调减少。

一般情况下，函数在整个考察范围上并不单调，这时，就需要把考察范围划分为若干个单调区间。如图 2-7 所示，在考察范围$[a,b]$上，函数 $f(x)$ 并不单调，但可以将$[a,b]$划分为 $[a,x_1]$，$[x_1,x_2]$，$[x_2,b]$三个区间，$f(x)$ 在$[a,x_1]$，$[x_2,b]$上单调增加，而在$[x_1,x_2]$上单调减少。而要把考察范围划分为若干个单调区间，显然关键是找到单调区间的分界点。那么什么样的点能成为单调区间的分界点呢？

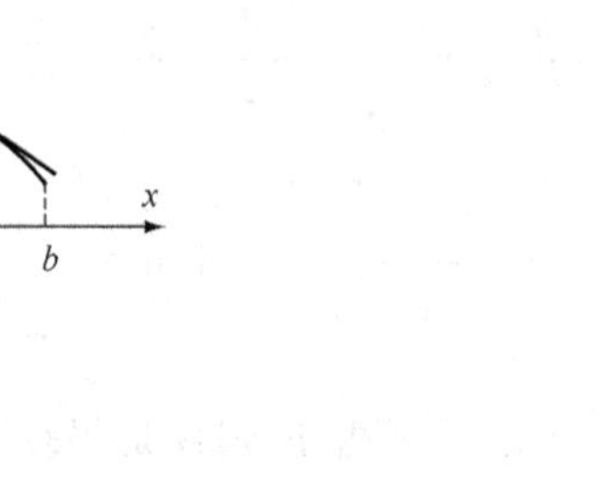

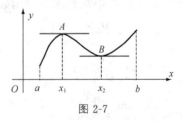

图 2-7

(1) 如果 $f(x)$ 在$[a,b]$上可导，那么在单调区间的分界点处的导数为零，即 $f'(x_1) = f'(x_2) = 0$；反之，则不一定成立。

(2) 如果在考察范围 I 内函数并不可导，而是在 I 的内部存在若干个不可导点，由于函数在经过不可导点时也会改变单调性，因此不可导点也可能成为单调区间的分界点。

2. 函数的驻点

一般称导数 $f'(x)$ 在区间内部的零点，即使 $f'(x)=0$ 的点称为函数 $f(x)$ 的驻点。

3. 函数 $f(x)$ 单调区间的求法

为了确定函数 $f(x)$ 的单调区间，可按以下步骤进行：

(1) 求出函数 $f(x)$ 在考察范围 I(除指定范围外，一般是指函数定义域)内部的全部驻点和不可导点。

(2) 用这些驻点和不可导点将 I 分成若干个子区间。

(3) 在每个子区间上用定理 1 判断函数 $f(x)$ 的单调性。为了清楚，常采用列表方式。

【例 1】 讨论函数 $f(x)=2x^3-9x^2+12x-3$ 的单调性。

解 (1) 考察范围 $I=(-\infty,+\infty)$($f(x)$ 的定义域)

$$f'(x)=6x^2-18x+12=6(x-1)(x-2),$$

令 $f'(x)=0$，得驻点为 $x_1=1,x_2=2$，且无不可导点。

(2) 划分 $(-\infty,+\infty)$ 为 3 个子区间：$(-\infty,1),(1,2),(2,+\infty)$。

(3) 列表(见表 2-2)确定在每个子区间内导数的符号，用定理 1 判断函数的单调性：(在表中用"↗"、"↘"分别表示单调增加、减少)

表 2-2

x	$(-\infty,1)$	$(1,2)$	$(2,+\infty)$
$f'(x)$	+	−	+
$f(x)$	↗	↘	↗

所以 $f(x)$ 在 $(-\infty,1)$ 和 $(2,+\infty)$ 上单调增加，在 $(1,2)$ 上单调减少。

【例 2】 讨论函数 $f(x)=\dfrac{x^2}{3}-\sqrt[3]{x^2}$ 的单调性。

解 $I=(-\infty,+\infty)$。

(1) $f'(x)=\dfrac{2x}{3}-\dfrac{2}{3\sqrt[3]{x}}$。

令 $f'(x)=0$，得驻点为 $x_1=-1,x_2=1$；此外 $f(x)$ 有不可导点，为 $x_3=0$；

(2) 划分 $(-\infty,+\infty)$ 为 4 个子区间：$(-\infty,-1),(-1,0),(0,1)$ 与 $(1,+\infty)$。

(3) 列表(见表 2-3)确定在每个子区间内导数的符号，用定理 1 判断函数的单调性：

表 2-3

x	$(-\infty,-1)$	$(-1,0)$	$(0,1)$	$(1,+\infty)$
$f'(x)$	−	+	−	+
$f(x)$	↘	↗	↘	↗

所以 $f(x)$ 在 $(-\infty,-1)$ 和 $(0,1)$ 内是单调减少的，在 $(-1,0)$ 和 $(1,+\infty)$ 内是单调增加的。

注意：函数的驻点和不可导点不一定是单调区间的分界点。如 $y=x^3$，$x=0$ 是驻点，但不是单调区间的分界点；又如 $y=\sqrt[3]{x}$，$x=0$ 是不可导点，但不是单调区间的分界点。

利用导数已经很容易判断出函数的单调性，而应用函数的单调性的定义，又可证明一些不等式。

2.6.2 函数的极值及其求法

1. 函数极值的概念

定义 1 设函数 $f(x)$在点 x_0的某邻域$(x_0-\delta,x_0+\delta)$，$(\delta>0)$内有定义。

(1) 如果对于任一点 $x\in(x_0-\delta,x_0+\delta)$，$(x\neq x_0)$，都有 $f(x)<f(x_0)$，则称 $f(x_0)$是函数 $f(x)$的一个极大值，x_0是 $f(x)$的一个极大值点；

(2) 如果对于任一点 $x\in(x_0-\delta,x_0+\delta)(x\neq x_0)$，都有 $f(x)>f(x_0)$，则称 $f(x_0)$是函数 $f(x)$的一个极小值，x_0是 $f(x)$的一个极小值点。

函数的极大值与极小值统称为函数的极值，使函数取得极值的点 x_0称为函数 $f(x)$的极值点。

由定义 1 可以看出，极值是一个局部性概念，并且，函数 $f(x)$的极值就是 $f(x)$在极值点的函数值。因此要求函数的极值，关键是要找到其极值点。那么什么样的点能成为极值点呢？

从图 2-8 中可以看出，(1)若函数在极值点处可导(如 $x_0\sim x_4$)，则图像上对应该点处的切线是水平的，即这类极值点必定是函数的驻点，但反之，不一定成立；(2)图像在 x_5所对应的点 A 处无切线，因此 x_5是函数的不可导点，但函数在 x_5处取得了极小值。这说明不可导点也可能是函数的极值点。

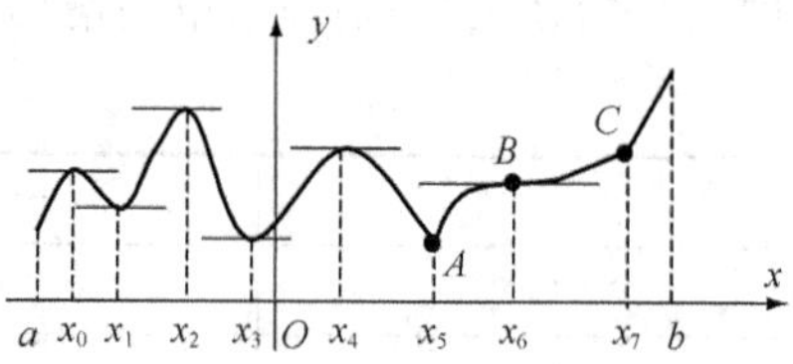

图 2-8

2. 极值的判定定理

定理 2 (极值的第一充分条件) 设函数 $f(x)$在点 x_0处连续，在点 x_0附近$(x_0-\delta,x_0+\delta)$，$(\delta>0,x\neq x_0)$可导。当 x 由小到大经过 x_0时，如果

(1) $f'(x)$由正变负，那么 x_0是 $f(x)$的极大值点；

(2) $f'(x)$由负变正，那么 x_0是 $f(x)$的极小值点；

(3) $f'(x)$不改变符号，那么 x_0不是 $f(x)$的极值点。

定理 3 (极值的第二充分条件) 设 x_0为函数 $f(x)$的驻点，且在点 x_0处有二阶非零导数 $f''(x_0)\neq 0$，则 x_0必定是函数 $f(x)$的极值点，且

(1) 如果 $f''(x_0)<0$，则 $f(x)$在点 x_0处取得极大值；

(2) 如果 $f''(x_0)>0$，则 $f(x)$在点 x_0处取得极小值；

(3) 如果 $f''(x_0)=0$，则无法判断。

比较两个判定方法，显然定理 3 适用于驻点和不可导点，而定理 4 只能对驻点进行判定。

3. 函数极值的求法

求函数 $f(x)$的极值的步骤：

(1) 确定函数 $f(x)$的考察范围；

(2) 求出函数 $f(x)$的导数 $f'(x)$；

(3) 求出函数 $f(x)$ 在考察范围的所有驻点及不可导点，即求出 $f'(x)=0$ 的根和使 $f'(x)$ 不存在的点；

(4) 利用定理 3 或定理 4，判定上述驻点或不可导点是否为函数的极值点，并求出相应的极值。为了清楚，常采用列表方式。

【例 3】 求函数 $f(x)=2x^3-9x^2+12x-3$ 的极值。

解 解法一：利用定理 3(极值的第一充分条件)。

(1) $I=(-\infty,+\infty)$。

(2) $f'(x)=6x^2-18x+12=6(x-1)(x-2)$。

(3) 令 $f'(x)=0$，得驻点为 $x_1=1, x_2=2$，且无不可导点。

(4) 列表(见表 2-4)，利用定理 3，判定驻点是否为函数的极值点。这步常用类似于确定函数增减区间那样的列表方法，只是加了从导数符号判定驻点是否为极值点的内容，其结果如下。

表 2-4

x	$(-\infty,1)$	1	$(1,2)$	2	$(2,+\infty)$
$f'(x)$	+	0	−	0	+
$f(x)$	↗	极大值 2	↘	极小值 1	↗

解法二：利用定理 4(极值的第二充分条件)。

(1) $I=(-\infty,+\infty)$；

(2) $f'(x)=6x^2-18x+12=6(x-1)(x-2)$；

(3) 令 $f'(x)=0$，得驻点为 $x_1=1, x_2=2$，且无不可导点；

(4) $f''(x)=12x-18$；

(5) 利用定理 4，判定驻点是否为函数的极值点，列表如下(见表 2-5)：

表 2-5

x	1	2
$f''(x)$	−	+
$f(x)$	极大值 2	极小值 1

【例 4】 求函数 $f(x)=\dfrac{x^2}{3}-\sqrt[3]{x^2}$ 的极值。

解 (1) 函数的考察范围为$(-\infty,+\infty)$。

(2) $f'(x)=\dfrac{2x}{3}-\dfrac{2}{3\sqrt[3]{x}}$。

(3) 令 $f'(x)=0$，得驻点为 $x_1=-1, x_2=1$；此外，$f(x)$ 有不可导点，为 $x_3=0$。

(4) 由于有不可导点，因此只能利用定理 3，判定驻点或不可导点是否为函数的极值点。列表如下(见表 2-6)。

表 2-6

x	$(-\infty,-1)$	-1	$(-1,0)$	0	$(0,1)$	1	$(1,+\infty)$
$f'(x)$	$-$	0	$+$	无意义	$-$	0	$+$
$f(x)$	↘	极小值$-2/3$	↗	极大值 0	↘	极小值$-2/3$	↗

2.6.3 函数的最值及其求法

1. 函数最值的概念

考察函数 $y=f(x)$，$x\in I$（I 可以为有界、无界，可以为闭区间、非闭区间），$x_1,x_2\in I$。

(1) 若对任意 $x\in I$，均有 $f(x)\geqslant f(x_1)$，则称 $f(x_1)$ 为 $f(x)$ 在 I 上的最小值，称 x_1 为 $f(x)$ 在 I 上的最小值点；

(2) 若对任意 $x\in I$，均有 $f(x)\leqslant f(x_2)$，则称 $f(x_2)$ 为 $f(x)$ 在 I 上的最大值，称 x_2 为 $f(x)$ 在 I 上的最大值点。

函数的最大、最小值统称为函数的最值，最大值点、最小值点统称为最值点。

2. 函数最值与极值的区别

(1) 最值与极值不同，极值是一个仅与一点附近的函数值有关的局部概念，最值却是一个与函数考察范围 I 有关的整体概念，随着 I 变化，最值的存在性及数值可能也发生变化，因此函数的极大值不一定比极小值大，但函数的最大值一定比最小值大；

(2) 一个函数的极值可以有若干个，但一个函数的最大值、最小值如果存在的话，只能是唯一的；

(3) 函数的极值一定出现在区间内部，在区间端点处不能取得极值，而函数的最大值、最小值可能出现在区间内部，也可能在区间的端点处取得，但如果最值点不是区间的端点，那么它必定是极值点。

3. $[a,b]$上连续函数 $f(x)$最值的求法

设函数 $f(x)$在 $I=[a,b]$上连续，则求其最值的步骤如下：

(1) 求出函数 $f(x)$在(a,b)内的所有可能极值点：驻点及不可导点；

(2) 计算函数 $f(x)$在驻点、不可导点处及端点 a,b 处的函数值；

(3) 比较这些函数值，其中最大者即为函数的最大值，最小者即为函数的最小值。

【例 5】 求函数 $f(x)=x^4-2x^2+5$ 在区间$[-2,2]$上的最大值和最小值。

解 $f(x)$在$[-2,2]$上连续。

(1) $f'(x)=4x^3-4x=4x(x-1)(x+1)$，

令 $f'(x)=0$，得驻点 $x_1=-1$，$x_2=0$，$x_3=1$，且无不可导点；

(2) 计算函数 $f(x)$在驻点、区间端点处的函数值：

$$f(-2)=13,f(-1)=4,f(0)=5,f(1)=4,f(2)=13;$$

(3) 所以函数 $f(x)$在$[-2,2]$上的最大值为 13，最小值为 4。

4. 实际问题中的最大值和最小值

在许多实际问题中，常常会遇到在一定条件下，如何使“用料最省”、“效率最高”、“成本最低”、“路程最短”等问题。用数学的方法进行描述，它们都可归结为求一个函数的最大值、最小值问题。

若实际问题归结出的函数 $f(x)$ 在其考察范围 I 上是可导的，且事先可断定最大值（或最小值）必定在 I 的内部达到，而在 I 的内部又仅有 $f(x)$ 的唯一一个驻点 x_0，那么就可断定 $f(x)$ 的最大值（或最小值）就在点 x_0 处取得。因此实际问题中的最值一般可按下述步骤处理：

(1) 将实际问题归结出一个函数 $f(x)$，并确定自变量的取值范围 I；

(2) 求出函数 $f(x)$ 的驻点 x_0，若 $x_0\in I$ 且唯一，则 $f(x)$ 就在点 x_0 处取得最大值（或最小值）。

【例 6】 要做一个容积为 V 的圆柱形煤气柜，怎样设计才能使所用材料最省？

解 设煤气柜的底面半径为 r，高为 h，

则煤气柜的侧面积为 $2\pi rh$，底面积为 πr^2，表面积为 $s=2\pi r^2+2\pi rh$。

由 $V=\pi r^2 h$，得 $h=\dfrac{V}{\pi r^2}$，

所以
$$s=2\pi r^2+\frac{2V}{r},\ r\in(0,+\infty)。$$
$$s'=4\pi r-\frac{2V}{r^2}=\frac{2(2\pi r^3-V)}{r^2},$$

令 $s'=0$，有唯一驻点 $r=\left(\dfrac{V}{2\pi}\right)^{\frac{1}{3}}\in(0,+\infty)$，因此它一定是使 s 达到最小值的点。此时对应的高为 $h=\dfrac{V}{\pi r^2}=2\left(\dfrac{V}{2\pi}\right)^{\frac{1}{3}}=2r$，

即当煤气柜的高和底面直径相等时，所用材料最省。

【例 7】 一房地产公司有 50 套公寓要出租。当租金定为 180 元/(套·月)时，公寓可全部租出；当租金提高 10 元/(套·月)，租不出的公寓就增加一套。已租出的公寓，整修维护费用为 20 元/(套·月)。租金定价多少时可获得最大月收入？

解 设租金为 P(元/(套·月))，则 $P\geqslant 180$。此时未租出的公寓为 $\dfrac{1}{10}(P-180)$(套)，租出的公寓为
$$50-\frac{1}{10}(P-180)=68-\frac{P}{10}\ (套),$$

从而月收入
$$R(P)=\left(68-\frac{P}{10}\right)\cdot(P-20)=-\frac{P^2}{10}+70P-1\,360,\ R'(P)=-\frac{P}{5}+70。$$

令 $R'(P)=0$，得唯一解 $P=350$。

由本题实际意义，知适当的租金价位必定能使月收入达到最大，而函数 $R(P)$ 仅有唯一驻点，因此这个驻点必定是最大值点。所以租金定为 350 元/(套·月)时，可获得最大月收入。

【例 8】 (收益最大问题)某企业的总收益函数和总成本函数分别为
$$R(q)=20q-q^2,\ C(q)=\frac{1}{3}q^3-6q^2+29q+25。$$

(1) 求收益最大时的产量、价格、收益和利润。

(2) 当最低利润约束条件为 $L\geqslant 50$ 时，是否允许取该收益最大时的产量？

解 (1) $R'(q) = 20 - 2q$,

令 $R'(q) = 0$，得唯一解 $q = 10$,

即当产量为 10 时，收益最大，此时的价格 $p = \left.\frac{R(q)}{q}\right|_{q=10} = 20 - 10 = 10$,

总收益为 $R(10) = (20q - q^2)\big|_{q=10} = 100$。

利润函数为 $L(q) = R(q) - C(q) = -\frac{1}{3}q^3 + 5q^2 - 9q - 25$

从而 $L(10) = \frac{155}{3}$。

(2) 由于收益最大时的利润为 $L(10) = \frac{155}{3} > 50$，所以约束条件为 $L \geqslant 50$ 时允许取该收益最大时的产量。

习题 2.6

1. 判断题

(1) 如果函数 $f(x)$ 在区间 $[a,b]$ 上连续，$a < x_0 < b$，$f(x_0)$ 是 $f(x)$ 的极大值，那么在 $[a,b]$ 上，$f(x) \leqslant f(x_0)$ 成立；

(2) 如果 $f'(x_0) = 0$，那么 $f(x)$ 一定在 x_0 处取极值；

(3) 如果 $f(x)$ 在 x_0 处取得极值，那么一定有 $f'(x_0) = 0$。

2. 求下列函数的单调区间及极值

(1) $y = x^3(1 - x)$；　(2) $y = x - \ln(1 + x)$；

(3) $y = 2x^2 - \ln x$；　(4) $y = x^3 e^{-x}$；

(5) $y = \frac{x^2}{1 + x}$；　(6) $y = \sqrt[3]{(2x - x^2)^2}$。

3. 求下列函数的最大值与最小值

(1) $y = \frac{x}{1 + x}, x \in [0,3]$；　(2) $y = x + \cos x, x \in [0,2\pi]$；

(3) $y = \ln(1 + x^2), x \in [-1,2]$；　(4) $y = x^5 - 5x^4 + 5x^3 + 1, x \in [-1,2]$。

4. 应用题

(1) 欲做一个容积为 300m^3 的无盖圆柱形蓄水池，已知池底单位造价为周围单位造价的 2 倍，问：蓄水池的尺寸怎样设计才能使总造价最低？

(2) 把长为 24cm 的铁丝剪成两段，一段做成圆，另一段做成正方形，应如何剪才能使圆和正方形的面积之和最小？

(3) 在长为 12cm、宽为 8cm 的矩形板的四个角上剪去相同的小正方形，折成一个无盖的盒子。要使盒子的容积最大，剪去的小正方形的边长应为多少？

(4) 工厂铁路线上 AB 段的距离为 100km，工厂 C 距 A 处 20km，AC 垂直于 AB。为了运输需要，要在 AB 线上选定一点 D 向工厂修筑一条公路。已知铁路每千米货运的运费与公路上每千米货运的运费之比为 3∶5。为了使货物从供应站 B 运到工厂 C 的运费最省，D 点应选在何处？

(5) 某厂商的总收益函数和总成本函数分别为 $R = 10q - 1.5q^2$，$C = 1.5q^2$。

① 求收益最大时的产量、价格、总收益和总利润。

② 最低利润约束条件为 $L \geqslant 3$ 时，是否可取该收益最大化的产量？若不可取，产量应取何值？

2.7　曲线的凹凸性与拐点

某种耐用消费品的销售曲线 $y=f(x)$ 如图 2-9 所示，其中 y 表示销售总量，x 表示时间。图像显示曲线始终是上升的，但在不同时间段情况还有区别，在 $(0,x_0)$ 段，曲线上升的趋势由缓慢逐渐加快；而在 $(x_0,+\infty)$ 段，曲线上升的趋势却又逐渐转向缓慢。其中 $(x_0,f(x_0))$ 是由加快转向平稳的转折点。这种现象的不同主要是曲线的凹凸性不同所引起的。

1. 凹曲线、凸曲线

定义 1　若在区间 (a,b) 内，曲线 $y=f(x)$ 的各点处切线都位于曲线的下方，则称此曲线在 (a,b) 内是凹的；若曲线 $y=f(x)$ 的各点处切线都位于曲线的上方，则称此曲线在 (a,b) 内是凸的。

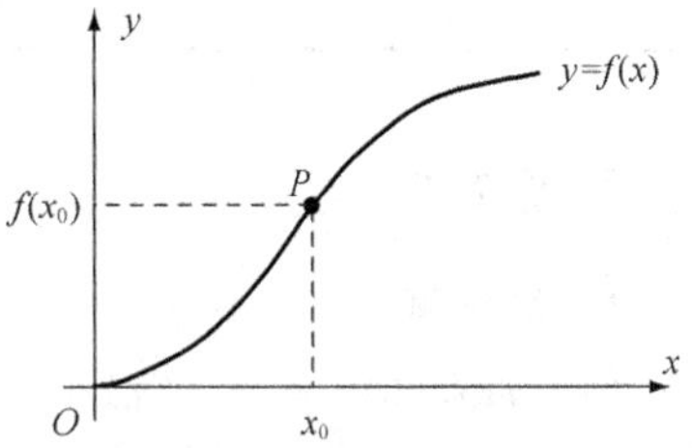

图 2-9

2. 曲线凹凸性的判定

定理　设函数 $y=f(x)$ 在区间 (a,b) 内具有二阶导数，

(1) 如果在区间 (a,b) 内 $f''(x)>0$，则曲线 $y=f(x)$ 在 (a,b) 内是凹的；

(2) 如果在区间 (a,b) 内 $f''(x)<0$，则曲线 $y=f(x)$ 在 (a,b) 内是凸的。

【例 1】　判定曲线 $f(x)=\sin x$ 在 $[0,2\pi]$ 内的凹凸性。

解　(1) $I=[0,2\pi]$；

(2) $f'(x)=\cos x$，$f''(x)=-\sin x$，

令 $f''(x)=0$，得 $x=\pi\in[0,2\pi]$；

(3) 在 $(0,\pi)$ 内 $f''(x)<0$，曲线是凸的；在 $(\pi,2\pi)$ 内 $f''(x)>0$，曲线是凹的。

函数的图像曲线是函数变化状态的几何表示，曲线的凹凸性是反映函数增减快慢这个特性的。从图 2-10 中可以看出，在曲线凸弧段，若函数是递增的，则越增越慢，若函数是递减的，则越减越快；在曲线凹弧段，若函数是递增的，则越增越快，若函数是递减的，则越减越慢。

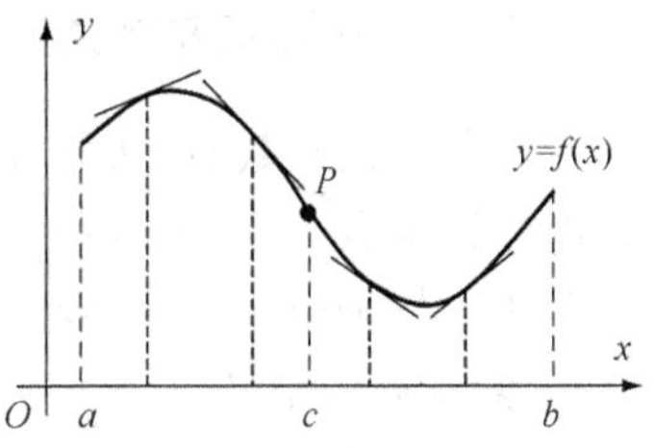

图 2-10

3. 拐点及凹凸区间的求法

定义 2　若连续曲线 $y=f(x)$ 上的点 P 是凹的曲线弧与凸的曲线弧的分界点，则称点 P 是曲线 $y=f(x)$ 的拐点。

拐点的求法：

(1) 设 $y=f(x)$ 在考察范围 (a,b) 内具有二阶导数，求出 $f''(x)$。

(2) 求出 $f''(x)$ 在 (a,b) 内的零点及使 $f''(x)$ 不存在的点。

(3) 用上述各点从小到大依次将 (a,b) 分成若干个子区间，考察在每个子区间内 $f''(x)$ 的符号，若 $f''(x)$ 在某分界点 x^* 两侧异号，则 $(x^*,f(x^*))$ 是曲线 $y=f(x)$ 的拐点，否则不

是。这一步通常以列表形式表示。

【例 2】 求曲线 $y=2+(x-4)^{\frac{1}{3}}$ 的凹凸区间与拐点。

解 (1) 定义域为 $(-\infty,+\infty)$；

(2) $y'=\frac{1}{3}(x-4)^{-\frac{2}{3}}$，$y''=-\frac{2}{9}(x-4)^{-\frac{5}{3}}$，

在 $(-\infty,+\infty)$ 内无 y'' 的零点，使 y'' 不存在的点为 $x=4$；

(3) 列表(符号 $\cup$ 表示凹的，符号 $\cap$ 表示凸的)：

表 2-7

	$(-\infty,4)$	4	$(4,+\infty)$
y''	+	不存在	−
y	$\cup$	拐点(4,2)	$\cap$

习题 2.7

1. 判断题

(1) 如果曲线 $y=f(x)$ 在 $x>0$ 时是凹的，在 $x<0$ 时是凸的，那么 $x=0$ 必定是曲线的一个拐点；

(2) 如果 $f''(c)=0$，那么曲线 $y=f(x)$ 有拐点 $(x,f(c))$。

2. 求下列曲线的凹凸区间和拐点

(1) $y=x^3-5x^2+3x-5$；　　(2) $y=\ln(1+x^2)$；

(3) $y=x^4-2x^3$；　　(4) $y=(x-2)^{\frac{5}{2}}$。

3. a,b 为何值时，点 $(1,3)$ 是曲线 $y=ax^3+bx^2$ 的拐点？

2.8 偏导数

2.8.1 偏导数的概念

在研究一元函数时，从研究函数的变化率引入导数概念。对于多元函数，也有类似的问题。以二元函数 $z=f(x,y)$ 为例，二元函数的自变量不止一个，因变量与自变量的关系要比一元函数复杂得多。如何考虑二元函数甚至多元函数关于自变量的变化率呢？

1. 偏导数的定义

定义 设函数 $z=f(x,y)$ 在点 (x_0,y_0) 的某一邻域内有定义，当 y 固定在 y_0，而 x 在 x_0 处有增量 Δx 时，相应地，函数有增量 $f(x_0+\Delta x,y_0)-f(x_0,y_0)$，记为 $\Delta_x z$。如果

$$\lim_{\Delta x\to 0}\frac{\Delta_x z}{\Delta x}=\lim_{\Delta x\to 0}\frac{f(x_0+\Delta x,y_0)-f(x_0,y_0)}{\Delta x}$$

存在，则称此极限值为函数 $z=f(x,y)$ 在点 (x_0,y_0) 处对 x 的偏导数，

记为 $\left.\frac{\partial z}{\partial x}\right|_{\substack{x=x_0\\y=y_0}}$ 或 $\left.\frac{\partial f}{\partial x}\right|_{\substack{x=x_0\\y=y_0}}$ 或 $z'_x(x_0,y_0)$ 或 $f'_x(x_0,y_0)$，

即

$$f'_x(x_0,y_0)=\lim_{\Delta x\to 0}\frac{f(x_0+\Delta x,y_0)-f(x_0,y_0)}{\Delta x}。$$

类似地，函数 $z=f(x,y)$ 在点 (x_0,y_0) 处对 y 的偏导数定义为

$$\lim_{\Delta y\to 0}\frac{\Delta_y z}{\Delta y}=\lim_{\Delta y\to 0}\frac{f(x_0,y_0+\Delta y)-f(x_0,y_0)}{\Delta y},$$

记为 $\left.\frac{\partial z}{\partial y}\right|_{\substack{x=x_0\\y=y_0}}$ 或 $\left.\frac{\partial f}{\partial y}\right|_{\substack{x=x_0\\y=y_0}}$ 或 $z'_y(x_0,y_0)$ 或 $f'_y(x_0,y_0)$，

即 $f'_y(x_0,y_0)=\lim\limits_{\Delta y\to 0}\frac{f(x_0,y_0+\Delta y)-f(x_0,y_0)}{\Delta y}$。

如果函数 $z=f(x,y)$ 在区域 D 内每一点 (x,y) 处对 x 的偏导数都存在，那么这个偏导数仍是 x,y 的函数，称作 $z=f(x,y)$ 对 x 的偏导函数，记为

$$\frac{\partial z}{\partial x}\text{ 或 }\frac{\partial f}{\partial x}\text{ 或 }z'_x(x,y)\text{ 或 }f'_x(x,y)。$$

类似地，可以定义函数 $z=f(x,y)$ 对 y 的偏导函数，记为

$$\frac{\partial z}{\partial y}\text{ 或 }\frac{\partial f}{\partial y}\text{ 或 }z'_y(x,y)\text{ 或 }f'_y(x,y)。$$

今后在不致混淆的情况下，偏导函数通常称为偏导数。

显然，函数 $z=f(x,y)$ 在点 (x_0,y_0) 处的偏导数就是偏导函数在点 (x_0,y_0) 处的函数值。

对偏导数的记号 $\frac{\partial z}{\partial x}$ 和 $\frac{\partial z}{\partial y}$，不能理解为 ∂z 与 ∂x 、∂z 与 ∂y 的商，它们只是整体记号。

由于多元函数是一元函数的推广，多元函数的偏导数也是一元函数的推广。因此一元函数求导的方法对求偏导数完全适用，只要记住对一个自变量求偏导数时，把另一个自变量暂时看作常量就可以了。

【例 1】 求函数 $z=x^2+3xy+e^y$ 在点 $(1,2)$ 处的偏导数。

解 把 y 看作常量，对 x 求导数，得

$$\frac{\partial z}{\partial x}=2x+3y;$$

把 x 看作常量，对 y 求导数，得

$$\frac{\partial z}{\partial y}=3x+e^y。$$

所以 $\left.\frac{\partial z}{\partial x}\right|_{\substack{x=1\\y=2}}=2\times 1+3\times 2=8$，$\left.\frac{\partial z}{\partial y}\right|_{\substack{x=1\\y=2}}=3\times 1+e^2=3+e^2$。

【例 2】 求函数 $z=x^2\sin 2y$ 的偏导数。

解 把 y 看作常量，对 x 求导数，得

$$\frac{\partial z}{\partial x}=2x\sin 2y;$$

把 x 看作常量，对 y 求导数，得

$$\frac{\partial z}{\partial y}=2x^2\cos 2y。$$

2. 偏导数的几何意义

一元函数 $y=f(x)$ 在点 x_0 处的导数 $f'(x_0)$ 的几何意义是：曲线 $y=f(x)$ 在点 (x_0,y_0) 处切线的斜率，由此，二元函数 $z=f(x,y)$ 在点 (x_0,y_0) 处的偏导数有下列几何意义：在空间直角坐标系中，函数 $z=f(x,y)$ 表示一个曲面，而 $z=f(x,y_0)$ 表示曲面

$z=f(x,y)$ 与平面 $y=y_0$ 相交的曲线 C_x，因此，$f'_x(x_0,y_0)$ 就是曲线 C_x 在 $M_0(x_0,y_0,z_0)$ 处的切线 M_0T_x 对 x 轴的斜率；同理，$z=f(x_0,y)$ 表示曲面 $z=f(x,y)$ 与平面 $x=x_0$ 相交的曲线 C_y，因此，$f'_y(x_0,y_0)$ 就是曲线 C_y 在 $M_0(x_0,y_0,z_0)$ 处的切线 M_0T_y 对 y 轴的斜率（见图 2-11）。

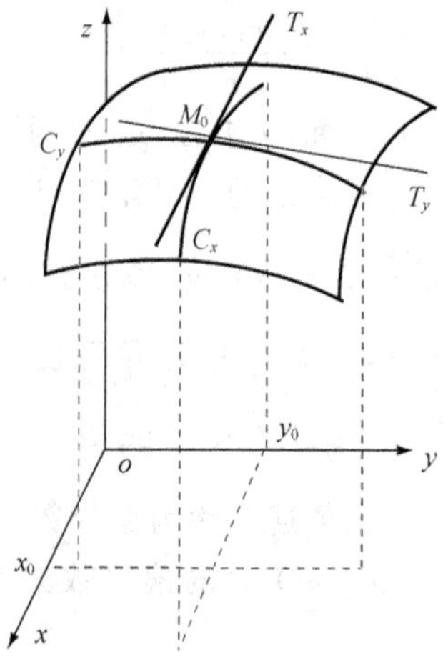

图 2-11

2.8.2 偏导数的计算

1. 复合函数的偏导数

设函数 $z=f(u,v)$，而 $u=\varphi(x,y)$，$v=\psi(x,y)$，则

$$z=f[\varphi(x,y),\psi(x,y)]$$

为二元复合函数，其中 x、y 为自变量，u、v 称为中间变量。下面讨论二元复合函数的求导法则，对二元以上的多元函数的求导法则可类似推出。

定理 1 设函数 $z=f(u,v)$ 是中间变量 u、v 的函数，中间变量 u、v 是变量 x、y 的函数：$u=\varphi(x,y)$，$v=\psi(x,y)$。若 $\varphi(x,y)$，$\psi(x,y)$ 在点 (x,y) 处的偏导数都存在，$f(u,v)$ 在对应点 (u,v) 处可微，则复合函数 $z=f[\varphi(x,y),\psi(x,y)]$ 在点 (x,y) 处关于 x,y 的两个偏导数都存在，且

$$\frac{\partial z}{\partial x}=\frac{\partial z}{\partial u}\cdot\frac{\partial u}{\partial x}+\frac{\partial z}{\partial v}\cdot\frac{\partial v}{\partial x},$$

$$\frac{\partial z}{\partial y}=\frac{\partial z}{\partial u}\cdot\frac{\partial u}{\partial y}+\frac{\partial z}{\partial v}\cdot\frac{\partial v}{\partial y}。$$

定理 1 中的复合函数的函数结构可用图 2-12 表示，可以借助结构图理解该公式。

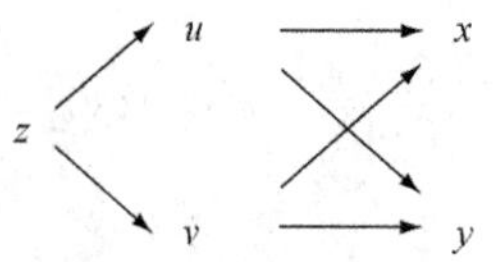

图 2-12

【例 3】 设 $z=u^v, u=x+y, v=x-y$，求 $\frac{\partial z}{\partial x}$ 和 $\frac{\partial z}{\partial y}$。

解 $\frac{\partial z}{\partial x}=\frac{\partial z}{\partial u}\cdot\frac{\partial u}{\partial x}+\frac{\partial z}{\partial v}\cdot\frac{\partial v}{\partial x}=vu^{v-1}\cdot 1+u^v\ln u\cdot 1=(x-y)(x+y)^{x-y-1}+(x+y)^{x-y}\ln(x+y)$，

$\frac{\partial z}{\partial y}=\frac{\partial z}{\partial u}\cdot\frac{\partial u}{\partial y}+\frac{\partial z}{\partial v}\cdot\frac{\partial v}{\partial y}=vu^{v-1}\cdot 1+u^v\ln u\cdot(-1)=(x-y)(x+y)^{x-y-1}-(x+y)^{x-y}\ln(x+y)$。

【例 4】 设 $z=(2x+y)^{xy}$，求 $\frac{\partial z}{\partial x}$ 和 $\frac{\partial z}{\partial y}$。

解 设 $u=2x+y, v=xy$，则 $z=u^v$。

$$\begin{aligned}\frac{\partial z}{\partial x}&=\frac{\partial z}{\partial u}\cdot\frac{\partial u}{\partial x}+\frac{\partial z}{\partial v}\cdot\frac{\partial v}{\partial x}=vu^{v-1}\cdot 2+u^v\ln u\cdot y\\&=2xy(2x+y)^{xy-1}+y(2x+y)^{xy}\ln(2x+y)\\&=(2x+y)^{xy-1}[2xy+y(2x+y)\ln(2x+y)],\\\frac{\partial z}{\partial y}&=\frac{\partial z}{\partial u}\cdot\frac{\partial u}{\partial y}+\frac{\partial z}{\partial v}\cdot\frac{\partial v}{\partial y}=vu^{v-1}\cdot 1+u^v\ln u\cdot x\\&=xy(2x+y)^{xy-1}+x(2x+y)^{xy}\ln(2x+y)\\&=(2x+y)^{xy-1}[xy+x(2x+y)\ln(2x+y)]。\end{aligned}$$

2. 高阶偏导数

设函数 $z=f(x,y)$ 在区域 D 内具有偏导数

$$\frac{\partial z}{\partial x}=f'_x(x,y),\ \frac{\partial z}{\partial y}=f'_y(x,y),$$

那么在 D 内 $f'_x(x,y)$、$f'_y(x,y)$ 均是 x,y 的函数。若这两个函数的偏导数也存在，则称它们是函数 $z=f(x,y)$ 的二阶偏导数。按照对变量求导次序，有下列四种二阶偏导数：

(1) $\frac{\partial}{\partial x}(\frac{\partial z}{\partial x})=\frac{\partial^2 z}{\partial x^2}=f''_{xx}(x,y)=z''_{xx}$；(2) $\frac{\partial}{\partial y}(\frac{\partial z}{\partial x})=\frac{\partial^2 z}{\partial x\partial y}=f''_{xy}(x,y)=z''_{xy}$；

(3) $\frac{\partial}{\partial x}(\frac{\partial z}{\partial y})=\frac{\partial^2 z}{\partial y\partial x}=f''_{yx}(x,y)=z''_{yx}$；(4) $\frac{\partial}{\partial y}(\frac{\partial z}{\partial y})=\frac{\partial^2 z}{\partial y^2}=f''_{yy}(x,y)=z''_{yy}$。

其中(2)和(3)两个偏导数称为混合偏导数。类似地，可得到三阶、四阶和更高阶的导数。二阶及二阶以上的偏导数统称为高阶偏导数。

【例 5】 求函数 $z=x^3y^2-3xy^2-xy+1$ 的二阶偏导数。

解 因为 $\frac{\partial z}{\partial x}=3x^2y^2-3y^2-y,\ \frac{\partial z}{\partial y}=2x^3y-6xy-x$，

所以 $\frac{\partial^2 z}{\partial x^2}=6xy^2,\ \frac{\partial^2 z}{\partial x\partial y}=6x^2y-6y-1$，

$\frac{\partial^2 z}{\partial y\partial x}=6x^2y-6y-1,\ \frac{\partial^2 z}{\partial y^2}=2x^3-6x$。

此例中的两个二阶混合偏导数相等，即 $\frac{\partial^2 z}{\partial x\partial y}=\frac{\partial^2 z}{\partial y\partial x}$，这并不是某种偶然的巧合，其实，有如下定理。

定理 2 如果函数 $z=f(x,y)$ 的两个二阶混合偏导数 $\frac{\partial^2 z}{\partial x\partial y}$ 及 $\frac{\partial^2 z}{\partial y\partial x}$ 在区域 D 内连续，

那么在该区域 D 内，必有 $\frac{\partial^2 z}{\partial x \partial y} = \frac{\partial^2 z}{\partial y \partial x}$。

换句话说，二阶混合偏导数在连续的条件下与求导的次序无关。

习题 2.8

1. 求下列函数的偏导数

(1) $z = x^3 y - y^3 x$；　　(2) $z = (x + y)\sin(x - y)$；

(3) $z = x^y$；　　(4) $z = \tan(xy^2)$；

(5) $z = \ln \sqrt{x^2 + y^2}$；　　(6) $z = \sin xy + \cos^2 xy$。

2. 求下列函数在指定点处的偏导数

(1) $f(x,y) = x^2 + 2xy - y^2$，求 $f'_x(1,3)$，$f'_y(1,3)$；

(2) $f(x,y) = xe^{-xy}$，求 $f'_x(1,0)$，$f'_y(1,0)$。

3. 求下列函数的二阶偏导数

(1) $z = 2x^2 + 3y^3$；　　(2) $z = x^2 + x\ln y$；

(3) $z = \arctan \frac{x}{y}$；　　(4) $z = \ln(x^2 + xy + y^2)$。

4. 求下列复合函数的偏导数

(1) 设 $z = \arctan(u + v)$，$u = 2x - y^2$，$v = x^2 y$，求 $\frac{\partial z}{\partial x}$，$\frac{\partial z}{\partial y}$；

(2) 设 $z = u^2 \ln v$，$u = \frac{y}{x}$，$v = x^2 + y^2$，求 $\frac{\partial z}{\partial x}$，$\frac{\partial z}{\partial y}$；

(3) 设 $z = (x^4 + y^4)^{xy}$，求 $\frac{\partial z}{\partial x}$，$\frac{\partial z}{\partial y}$。

本章内容精要

1. 知识要点

(1) 导数概念：

导数的定义、左导数与右导数、函数在一点处可导的充分必要条件、导数的几何意义与物理意义、可导与连续的关系。

(2) 导数的基本公式与求导法则：

导数的基本公式、导数的四则运算、复合函数的求导法则。

(3) 求导方法：

用导数的定义求导数、用导数的基本公式与求导法则求导数、隐函数的求导法、对数求导法。

(4) 高阶导数：

高阶导数的定义、二阶导数的计算、简单函数高阶导数的计算。

(5) 微分：

微分的定义、微分与导数的关系、微分的几何意义、微分法则、一阶微分形式的不变性。

(6) 函数增减性的判定法，函数的极值与极值点、最大值与最小值。

(7) 曲线的凹凸性、拐点。

(8) 罗必塔(L'Hospital)法则。

(9) 边际、弹性。

(10) 偏导数。

2. 知识结构

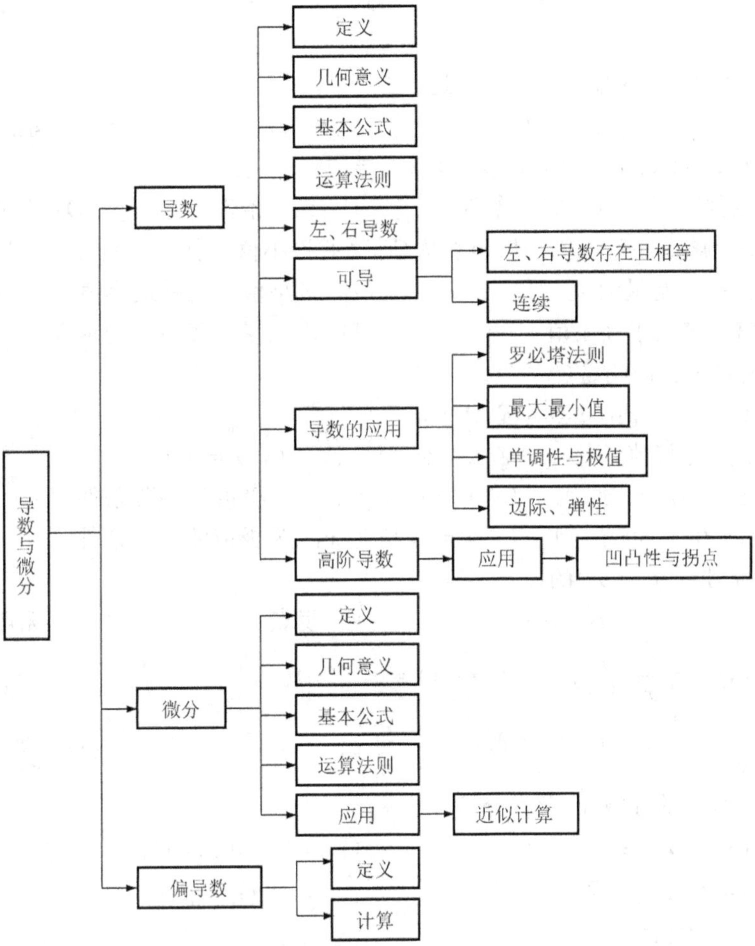

复习题

一、填空题

1. 曲线 $y=(1+x)\ln x$ 在点 $(1,0)$ 处的切线方程为__________。

2. 已知函数 $y=\ln(\sin^2 x)$，则 $y'=$__________，$y'|_{x=\frac{\pi}{6}}=$__________。

3. 设 $f(x)=x(x-1)(x-2)(x-3)$，则 $f'(0)=$__________。

4. 已知总成本函数 $C=q^3-12q^2+60q+800$，则当产量为 3 时的边际成本为__________。

5. 已知函数 $f(x)=\begin{cases} e^x, & x\leqslant 0, \\ ax+b, & x\geqslant 0 \end{cases}$ 在 $x=0$ 处可导，则 $a=$__________，$b=$__

________。

6. 函数 $f(x)=x+\frac{4}{x}$ 在[1,4]上的最大值为________，最小值为________。

7. 函数 $f(x)=x-\sin x$ 在 $[-\frac{\pi}{2},\frac{\pi}{2}]$ 上的拐点为________。

8. 设 $z=y^x$，则 $\frac{\partial z}{\partial x}=$ ________，$\frac{\partial^2 z}{\partial x\partial y}=$ ________。

二、选择题

1. 下列函数中，其导数为 $\sin 2x$ 的是(　　)。

A. $\cos 2x$　　B. $\cos^2 x$　　C. $-\cos 2x$　　D. $\sin^2 x$

2. 函数 $f(x)$ 在点 x_0 处连续是在该点可导的(　　)。

A. 必要条件　　B. 充分条件　　C. 充要条件　　D. 无关条件

3. 如果一个函数在闭区间上既有极大值，又有极小值，则(　　)。

A. 极大值一定是最大值　　B. 极小值一定是最小值

C. 极大值必定大于极小值　　D. 以上说法都不一定成立

4. 下列说法中正确的是(　　)。

A. 若 $f'(x_0)=0$，则 $f(x_0)$ 必是极值

B. 若 $f(x_0)$ 是极值，则 $f(x)$ 在 x_0 处可导，且 $f'(x_0)=0$

C. 若 $f(x)$ 在 x_0 可导，则 $f'(x_0)=0$ 是 $f(x_0)$ 为极值的必要条件

D. 若 $f(x)$ 在 x_0 可导，则 $f'(x_0)=0$ 是 $f(x_0)$ 为极值的充分条件

5. (0,0)是曲线 $y=x^3$ 的(　　)。

A. 最高点　　B. 最低点　　C. 拐点　　D. 无切线的点

6. 设 $f(x,y)=\frac{xy}{x^2+y^2}$，则 $f(\frac{y}{x},1)=$ (　　)。

A. $\frac{xy}{x^2+y^2}$　　B. $\frac{x^2+y^2}{xy}$　　C. $\frac{x}{x^2+1}$　　D. $\frac{x^2}{x^4+1}$

三、求下列函数的导数 y' 及微分 $\mathrm{d}y$

(1) $y=(x^3-x)^5$；　　(2) $y=\ln(\cos x^2)$；

(3) $y=\arcsin\sqrt{1-x^2}$；　　(4) $y=(\tan x)^{\sin x}$；

(5) $y=\sqrt{\frac{x-5}{\sqrt{x^2+2}}}$；　　(6) $\sqrt{x}+\sqrt{y}=\sqrt{a}$。

四、求下列函数的二阶导数

(1) $y=x\sqrt{1+x^2}$；　　(2) $y=(1+x^2)\arctan x$。

五、求下列函数的二阶偏导数

(1) $z=xy+\ln\frac{y}{x}$；　　(2) $z=x^2\ln(x^2+y^2)$。

六、求下列极限

(1) $\lim\limits_{x\to 1}\frac{\ln\sqrt{x}}{x^2-1}$；　　(2) $\lim\limits_{x\to 0^+}\frac{\ln(\tan 5x)}{\ln(\tan 2x)}$；

(3) $\lim\limits_{x\to 0^+}[\frac{1}{x}-\frac{1}{\ln(1+x)}]$；　　(4) $\lim\limits_{x\to 0^+}\sin x\ln x$。

七、解答题

1. 设某产品的需求函数 $Q=125-p$，生产该产品的固定成本为 100，并且每多生产一个产品，成本增加 3。试求：(1)需求的价格弹性；(2)边际成本。

2. 已知函数 $y=\dfrac{(x-1)^3}{2(x+1)^2}$，求函数的增减区间及极值以及函数图像的凹凸区间及拐点。

3. 在函数 $y=x\cdot e^{-x}$ 的定义域内求一个区间，使函数在该区间内单调递增，且其图像在该区间内是凸的。

4. 要做一个圆锥形的漏斗，其母线长为 20 厘米，要使其体积最大，其高应为多少？

5. 试求 a,b,c 的值，使曲线 $y=x^3+ax^2+bx+c$ 在点 $(1,-1)$ 处有拐点，且在 $x=0$ 处有极大值 1，并求此函数的极小值。

第 3 章

积分及其应用

【教学目标】

理解原函数、不定积分、定积分的概念及定积分的几何意义；掌握积分的基本性质、基本公式、运算法则及牛顿—莱布尼兹公式；掌握积分的直接积分法、换元积分法和分部积分法；能够求平面图形的面积；理解定积分的微元法，能够将实际问题转化为积分问题来解决；理解二元积分的含义和几何意义，能够将二元积分转化成累次积分进行计算。

3.1 不定积分的概念及其性质

3.1.1 不定积分的概念及性质

我们知道，若已知物体的运动方程 $s=s(t)$，求它关于时间的导数 $s'(t)$，就得到该物体的速度 $v(t)$，但在实际问题中往往会出现相反的问题：已知物体的速度 $v(t)$，求该物体的运动方程 $s(t)$。这就是下面要讨论的不定积分问题。

1. 原函数的概念

定义 1 设在某区间 I 上，$F'(x)=f(x)$ 或 $\mathrm{d}F(x)=f(x)\mathrm{d}x$，则 I 上的函数 $F(x)$ 称为 $f(x)$ 的一个原函数。

例如，因为 $(\sin x)'=\cos x$ 或 $\mathrm{d}(\sin x)=\cos x\mathrm{d}x$，所以 $\sin x$ 是 $\cos x$ 的一个原函数；因为 $(\frac{1}{2}gt^2)'=gt$，所以 $\frac{1}{2}gt^2$ 是 gt 的一个原函数。

原函数有以下性质：

(1) 如果函数 $f(x)$ 有原函数，那么，它就有无限多个原函数。

(2) $f(x)$ 的任意两个原函数的差是常数。

2. 不定积分的定义

定义 2　设 $F(x)$ 是函数 $f(x)$ 的一个原函数，则 $f(x)$ 的全部原函数称为 $f(x)$ 的不定积分，记作 $\int f(x)\mathrm{d}x$，即

$$\int f(x)\mathrm{d}x = F(x) + C。$$

其中 $f(x)$ 称为被积函数，$f(x)\mathrm{d}x$ 称为积分表达式，x 称为积分变量，符号“$\int$”称为积分号，C 为积分常数。

注意：积分号“$\int$”是一种运算符号，它表示对已知函数求其全部原函数。所以在不定积分的结果中一定不能漏写 C，否则仅表示一个原函数。

【例 1】　由导数的基本公式，写出下列不定积分的结果：

(1) $\int \cos x\mathrm{d}x$；　　(2) $\int \mathrm{e}^x\mathrm{d}x$。

解　(1)因为 $(\sin x)' = \cos x$，所以 $\sin x$ 是 $\cos x$ 的一个原函数，所以

$$\int \cos x\mathrm{d}x = \sin x + C。$$

(2) 因为 $(\mathrm{e}^x)' = \mathrm{e}^x$，所以 e^x 是 e^x 的一个原函数，所以

$$\int \mathrm{e}^x\mathrm{d}x = \mathrm{e}^x + C。$$

不定积分简称积分，求不定积分的方法和运算简称积分法和积分运算。

由不定积分的概念可以知道：积分和求导互为逆运算，所以它们有如下关系：

(1) $[\int f(x)\mathrm{d}x]' = [F(x)+C]' = f(x)$；　　(先积分再求导)

(2) $\mathrm{d}[\int f(x)\mathrm{d}x] = \mathrm{d}[F(x)+C] = f(x)\mathrm{d}x$；　　(先积分再求微分)

(3) $\int F'(x)\mathrm{d}x = \int f(x)\mathrm{d}x = F(x)+C$；　　(先求导再积分)

(4) $\int \mathrm{d}F(x) = \int f(x)\mathrm{d}x = F(x)+C$。　　(先求微分再积分)

注意：要正确掌握这四个等式，必须分清积分与求导的先后次序。另外，关系(1)还告诉了我们积分运算的自我验算方法，即若对积分结果进行求导，其结果等于被积函数，则说明积分运算一定是正确的。

【例 2】　写出下列各式的结果：

(1) $[\int \mathrm{e}^x\sin(\ln x)\mathrm{d}x]'$；　(2) $\int (\mathrm{e}^{-\frac{x^2}{2}})'\mathrm{d}x$；　(3) $\mathrm{d}[\int (\arctan x)^2\mathrm{d}x]$。

解　(1) $[\int \mathrm{e}^x\sin(\ln x)\mathrm{d}x]' = \mathrm{e}^x\sin(\ln x)$；

(2) $\int (\mathrm{e}^{-\frac{x^2}{2}})'\mathrm{d}x = \mathrm{e}^{-\frac{x^2}{2}} + C$；

(3) $\mathrm{d}(\int (\arctan x)^2\mathrm{d}x) = (\arctan x)^2\mathrm{d}x$。

3. 不定积分的性质

性质 1　被积函数中的不为零的常数因子可以提到积分号之外，即

$$\int kf(x)\mathrm{d}x = k\int f(x)\mathrm{d}x\ (k \neq 0)。$$

性质 2 两个函数的代数和的不定积分等于每个函数的不定积分的代数和，即

$$\int [f_1(x) \pm f_2(x)]\mathrm{d}x = \int f_1(x)\mathrm{d}x \pm \int f_2(x)\mathrm{d}x。$$

性质 2 可推广至有限个函数的和差。

3.1.2 不定积分的积分基本公式

由于不定积分是微分的逆运算，可以从导数的基本公式。得到相应的积分基本公式。这些公式是求不定积分的基础，必须熟记。

(1) $\int \mathrm{d}x = x + C$； (2) $\int x^\alpha \mathrm{d}x = \frac{1}{\alpha+1}x^{\alpha+1} + C(\alpha \neq -1)$；

(3) $\int \frac{1}{x}\mathrm{d}x = \ln|x| + C$； (4) $\int \mathrm{e}^x \mathrm{d}x = \mathrm{e}^x + C$；

(5) $\int a^x \mathrm{d}x = \frac{a^x}{\ln a} + C$； (6) $\int \cos x\mathrm{d}x = \sin x + C$；

(7) $\int \sin x\mathrm{d}x = -\cos x + C$； (8) $\int \frac{1}{\sin^2 x}\mathrm{d}x = \int \csc^2 x\mathrm{d}x = -\cot x + C$；

(9) $\int \frac{1}{\cos^2 x}\mathrm{d}x = \int \sec^2 x\mathrm{d}x = \tan x + C$； (10) $\int \sec x \cdot \tan x\mathrm{d}x = \sec x + C$；

(11) $\int \csc x \cdot \cot x\mathrm{d}x = -\csc x + C$； (12) $\int \frac{1}{1+x^2}\mathrm{d}x = \arctan x + C$；

(13) $\int \frac{1}{\sqrt{1-x^2}}\mathrm{d}x = \arcsin x + C$。

【例 3】 求 $\int (2\mathrm{e}^x - 3\cos x)\mathrm{d}x$。

解 原式 $= \int 2\mathrm{e}^x \mathrm{d}x - \int 3\cos x\mathrm{d}x = 2\int \mathrm{e}^x \mathrm{d}x - 3\int \cos x\mathrm{d}x = 2\mathrm{e}^x - 3\sin x + C$。

注意：得到的 e^x 和 $\cos x$ 的两个不定积分，各含有任意常数，因为任意常数的和仍然是任意常数，故可以合成最后结果中的一个 C。今后再有同样情况，不再重复说明了。

习题 3.1

1. 判断下列函数 $F(x)$ 是否是 $f(x)$ 的原函数，并说明为什么。

(1) $F(x) = -\frac{1}{x}$，$f(x) = \frac{1}{x^2}$，( )；

(2) $F(x) = 2x$，$f(x) = x^2$，( )；

(3) $F(x) = \frac{1}{2}\mathrm{e}^{2x} + \pi$，$f(x) = \mathrm{e}^{2x}$，( )；

(4) $F(x) = \sin 5x$，$f(x) = \cos 5x$，( )。

2. 写出下列各式的结果。

(1) $\int \mathrm{d}(\frac{1}{2}\sin 2x)$； (2) $\mathrm{d}(\int \frac{1}{\sin x}\mathrm{d}x)$；

(3) $\int(\sqrt{a^2+x^2})'\mathrm{d}x$；　　(4) $\left[\int \mathrm{e}^x(\sin x+\cos x)\mathrm{d}x\right]'$。

3.2 不定积分的计算

3.2.1 直接积分法

在求积分时，有时直接运用积分基本公式和不定积分的性质就可求出结果，但有时，被积函数需要经过适当的恒等变形(包括代数和三角的恒等变形)，再利用不定积分的性质，然后由积分基本公式求出结果，这样的积分方法叫作直接积分法。

【例 1】 求 $\int \frac{(x-1)^3}{x^2}\mathrm{d}x$。

解 $\int \frac{(x-1)^3}{x^2}\mathrm{d}x=\int \frac{x^3-3x^2+3x-1}{x^2}\mathrm{d}x=\int\left(x-3+\frac{3}{x}-\frac{1}{x^2}\right)\mathrm{d}x$

$=\int x\mathrm{d}x-\int 3\mathrm{d}x+\int \frac{3}{x}\mathrm{d}x-\int \frac{1}{x^2}\mathrm{d}x=\frac{1}{2}x^2-3x+3\ln|x|+\frac{1}{x}+C$。

点评：当被积函数是假分式时，总是要将其化为真分式。

【例 2】 求 $\int \mathrm{e}^x(3+\mathrm{e}^{-x})\mathrm{d}x$。

解 原式$=\int(3\mathrm{e}^x+1)\mathrm{d}x=3\int \mathrm{e}^x\mathrm{d}x+\int \mathrm{d}x=3\mathrm{e}^x+x+C$。

【例 3】 求 $\int \frac{x^4}{1+x^2}\mathrm{d}x$。

解 原式$=\int \frac{x^4-1+1}{1+x^2}\mathrm{d}x=\int\left(x^2-1+\frac{1}{1+x^2}\right)\mathrm{d}x$

$=\int x^2\mathrm{d}x-\int \mathrm{d}x+\int \frac{\mathrm{d}x}{1+x^2}=\frac{1}{3}x^3-x+\arctan x+C$。

【例 4】 求 $\int \tan^2 x\mathrm{d}x$。

解 原式$=\int \tan^2 x\mathrm{d}x=\int(\sec^2 x-1)\mathrm{d}x=\int \sec^2 x\mathrm{d}x-\int \mathrm{d}x=\tan x-x+C$。

【例 5】 求不定积分 $\int \frac{1}{\sin^2 x\cos^2 x}\mathrm{d}x$。

解 原式$=\int \frac{1}{\sin^2 x\cos^2 x}\mathrm{d}x=\int \frac{\sin^2 x+\cos^2 x}{\sin^2 x\cos^2 x}\mathrm{d}x=\int \frac{\mathrm{d}x}{\sin^2 x}+\int \frac{\mathrm{d}x}{\cos^2 x}=\tan x-\cot x+C$。

【例 6】 求不定积分 $\int \sin^2\frac{x}{2}\mathrm{d}x$。

解 原式$=\int \frac{1-\cos x}{2}\mathrm{d}x=\frac{1}{2}\int(1-\cos x)\mathrm{d}x=\frac{1}{2}\int \mathrm{d}x-\frac{1}{2}\int \cos x\mathrm{d}x=\frac{1}{2}(x-\sin x)+C$。

点评：利用半角公式将三角函数降次(次数偶数时)，这是一种常用的手段。

3.2.2 第一类换元积分法

定理 1 设 $f(u)$具有原函数 $F(u)$，$\varphi'(x)$是连续函数，那么

$$\int f[\varphi(x)]\varphi'(x)\mathrm{d}x = F[\varphi(x)] + C。$$

用上式求不定积分的方法称为第一类换元积分法。用定理1求不定积分的步骤如下：

$$\int g(x)\mathrm{d}x \xlongequal{(1)\ 凑} \int f[\varphi(x)]\ \mathrm{d}[\varphi(x)]$$

$$\xlongequal{(2)\ 换\ \varphi(x)=t} \int f(t)\ \mathrm{d}t$$

$$\xlongequal{(3)\ 求} F(t)+C$$

$$\xlongequal{(4)\ 还原\ t=\varphi(x)} F[\varphi(x)]+C。$$

说明：

(1) 不难看出，在这四个步骤中，最关键的是第一步，即如何准确地将积分表达式 $g(x)\mathrm{d}x$ 凑成 $f[\varphi(x)]\cdot\mathrm{d}[\varphi(x)]$，因此第一类换元积分法又叫凑微分法。

(2) 熟练后，换元和还原的过程可以省略，今后在做题时，应达到这样的程度。

(3) 由于换元积分法是与微分学中的复合函数求导法则相对应的积分方法，因此当被积函数中包含复合函数时，就应考虑用换元积分法。

【例7】 求 $\int (ax+b)^{10}\mathrm{d}x$ (a,b 为常数)。

分析：因为 $y=(ax+b)^{10}$ 是由 $y=u^{10}, u=ax+b$ 复合而成的，所以须将 $\mathrm{d}x$ 凑成 $\frac{1}{a}\mathrm{d}(ax+b)$。

解 $\int (ax+b)^{10}\mathrm{d}x = \frac{1}{a}\int (ax+b)^{10}\mathrm{d}(ax+b)$

$$\xlongequal{令\ ax+b=u} \frac{1}{a}\int u^{10}\mathrm{d}u = \frac{1}{11a}u^{11}+C$$

$$\xlongequal{u=ax+b\ 回代} \frac{1}{11a}(ax+b)^{11}+C。$$

【例8】 求 $\int xe^{x^2}\mathrm{d}x$。

分析：因为 e^{x^2} 是由 $y=e^u, u=x^2$ 复合而成的，所以 $x\mathrm{d}x$ 须凑成 $\frac{1}{2}\mathrm{d}(x^2)$。

解 原式 $=\frac{1}{2}\int e^{x^2}\mathrm{d}(x^2) \xlongequal{令\ x^2=u} \frac{1}{2}\int e^u\mathrm{d}u = \frac{1}{2}e^u+C$

$$\xlongequal{u=x^2\ 回代} \frac{1}{2}e^{x^2}+C。$$

【例9】 求 $\int \frac{\ln x}{x}\mathrm{d}x$。

解 原式 $=\int \ln x\mathrm{d}(\ln x) = \frac{1}{2}(\ln x)^2+C$。

点评：由于在积分基本公式中，没有对数和反三角函数，因此当被积函数中出现这类函数时，首先看一下被积函数中有没有它们的导数存在。

【例10】 求 $\int \frac{1}{\sqrt{a^2-x^2}}\mathrm{d}x$ ($a>0$)。

解　原式 $=\int \frac{1}{a\sqrt{1-(\frac{x}{a})^2}}dx=\int \frac{1}{\sqrt{1-(\frac{x}{a})^2}}d(\frac{x}{a})=\arcsin\frac{x}{a}+C$。

【例 11】 求 $\int \frac{1}{a^2+x^2}dx$。

解　原式 $=\frac{1}{a^2}\int \frac{1}{1+(\frac{x}{a})^2}dx=\frac{1}{a}\int \frac{1}{1+(\frac{x}{a})^2}d(\frac{x}{a})=\frac{1}{a}\arctan(\frac{x}{a})+C$。

【例 12】 求 $\int \frac{1}{a^2-x^2}dx$。

解　原式 $=\int \frac{1}{(a+x)(a-x)}dx=\frac{1}{2a}\int(\frac{1}{a-x}+\frac{1}{a+x})dx$

$=\frac{1}{2a}[\int \frac{1}{a+x}d(a+x)-\int \frac{1}{a-x}d(a-x)]$

$=\frac{1}{2a}[\ln|a+x|-\ln|a-x|]+C$

$=\frac{1}{2a}\ln\left|\frac{a+x}{a-x}\right|+C$。

【例 13】 求 $\int \frac{1}{x^2+2x-3}dx$。

解　原式 $=\int \frac{1}{(x-1)(x+3)}dx=\frac{1}{4}\int(\frac{1}{x-1}-\frac{1}{x+3})dx$

$=\frac{1}{4}[\int \frac{1}{x-1}d(x-1)-\int \frac{1}{x+3}d(x+3)]$

$=\frac{1}{4}\ln\left|\frac{x-1}{x+3}\right|+C$。

点评:积分运算中,二次多项式往往要进行配方或因式分解。

【例 14】 求 $\int \tan x dx$。

解　原式 $=\int \frac{\sin x}{\cos x}dx=-\int \frac{1}{\cos x}d(\cos x)=-\ln|\cos x|+C$。

类似可得:$\int \cot x dx=\ln|\sin x|+C$。

【例 15】 求 $\int \sec x dx$。

解　原式 $=\int \frac{1}{\cos x}dx=\int \frac{d(\sin x)}{\cos^2 x}=\int \frac{d(\sin x)}{1-\sin^2 x}$,

利用例 12 的结论得

原式 $=\frac{1}{2}\ln\left|\frac{1+\sin x}{1-\sin x}\right|+C=\frac{1}{2}\ln(\frac{1+\sin x}{\cos x})^2+C=\ln|\sec x+\tan x|+C$。

类似可得:$\int \csc x dx=\ln|\csc x-\cot x|+C$。

【例 16】 求 $\int \sin^2 x dx$。

解 原式 $=\frac{1}{2}\int(1-\cos 2x)\mathrm{d}x=\frac{1}{2}(x-\frac{1}{2}\sin 2x)+C=\frac{1}{2}x-\frac{1}{4}\sin 2x+C$。

3.2.3 第二类换元积分法

第一类换元积分法是先凑微分，再利用新变量 u 替换 $\varphi(x)$。但是有一类积分，不能用凑微分法，需要做相反的替换，即令 $x=\varphi(t)$，为此介绍第二类换元积分法。

定理 2 设 $\varphi(t)$ 具有连续的导函数，其反函数存在且可导。如果 $f(x)$ 连续且

$$\int f[\varphi(t)]\varphi'(t)\mathrm{d}t=\Phi(t)+C,$$

则 $\int f(x)\mathrm{d}x \xlongequal{令\ x=\varphi(t)} \int f[\varphi(t)]\varphi'(t)\mathrm{d}t=\Phi(t)+C \xlongequal{t=\varphi^{-1}(x)\ 回代} \Phi[\varphi^{-1}(x)]+C$。

证明 由已知 $\int f[\varphi(t)]\varphi'(t)\mathrm{d}t=\Phi(t)+C$ 得 $\mathrm{d}\Phi(t)=f[\varphi(t)]\varphi'(t)\mathrm{d}t$，由复合函数的微分法得

$$\mathrm{d}\Phi[\varphi^{-1}(x)]=\Phi'(t)\cdot\mathrm{d}[\varphi^{-1}(x)]=\Phi'(t)\mathrm{d}t=f[\varphi(t)]\varphi'(t)\mathrm{d}t=f(x)\mathrm{d}x,$$

所以 $$\int f(x)\mathrm{d}x=\int f[\varphi(t)]\varphi'(t)\mathrm{d}t=\Phi[\varphi^{-1}(x)]+C。$$

应用第二类换元积分法的具体步骤为：

$$\begin{aligned}\int f(x)\mathrm{d}x &\xlongequal[则\ \mathrm{d}x=\varphi'(t)\mathrm{d}t]{(1)\quad 令\ x=\varphi(t)} \\ &\xlongequal{(2)\ 换} \int f[\varphi(t)]\varphi'(t)\ \mathrm{d}t \\ &\xlongequal{(3)\ 求} F(t)+C \\ &\xlongequal{(4)\ 还原\ t=\varphi^{-1}(x)} F[\varphi^{-1}(x)]+C。\end{aligned}$$

说明：

(1) 不难看出，在这四个步骤中，关键是选取适当的 $\varphi(t)$，使做变换 $x=\varphi(t)$ 后的积分容易得到结果，另外还要注意保证 $\varphi(t)$ 的反函数存在；

(2) 一般地，当被积函数中包含复合函数，且不能用第一类换元积分法时，就用第二换元积分法，尤其是含有根号的不定积分，往往要用第二类换元积分法。

【例 17】 求 $\int\frac{1}{1+\sqrt[3]{1+x}}\mathrm{d}x$。

解 令 $\sqrt[3]{1+x}=t, x=t^3-1$，$\mathrm{d}x=3t^2\mathrm{d}t$，

原式 $=\int\frac{1}{1+t}\cdot 3t^2\mathrm{d}t=3\int(\frac{t^2-1}{1+t}+\frac{1}{1+t})\mathrm{d}t=3\int(t-1+\frac{1}{1+t})\mathrm{d}t$

$=\frac{3}{2}t^2-3t+3\ln|1+t|+C \xlongequal{t=\sqrt[3]{1+x}\ 回代} \frac{3}{2}\sqrt[3]{(1+x)^2}-3\sqrt[3]{1+x}+3\ln|1+\sqrt[3]{1+x}|+C$。

【例 18】 求 $\int\frac{1}{\sqrt{x}+\sqrt[3]{x}}\mathrm{d}x$。

解 令 $\sqrt[6]{x}=t$，$x=t^6(t>0)$，$\mathrm{d}x=6t^5\mathrm{d}t$，得

$$原式=\int\frac{6t^5}{t^3+t^2}dt=6\int\frac{t^3}{1+t}dt=6\int\frac{(t^3+1)-1}{1+t}dt=6\int(t^2-t+1-\frac{1}{1+t})dt$$

$$=2t^3-3t^2+6t-6\ln|1+t|+C\xlongequal{t=\sqrt[6]{x}回代}2\sqrt{x}-3\sqrt[3]{x}+6\sqrt[6]{x}-6\ln|1+\sqrt[6]{x}|+C。$$

从上面的两个例子可以看出，当被积函数中含有 x 的一次根式 $\sqrt[n]{ax+b}$ 时，一般可做代换 $t=\sqrt[n]{ax+b}$，去掉根号，从而得积分，这种代换常称为有理代换. 有时还可以用三角式代换来消去二次根号，用三角代换来消去二次根号的方法也叫三角代换法。一般地，根据被积函数的根式类型，常用的变换如下：

（1）被积函数中含有 $\sqrt{a^2-x^2}$，令 $x=a\sin t$，$-\frac{\pi}{2}\leqslant t\leqslant\frac{\pi}{2}$；

（2）被积函数中含有 $\sqrt{x^2+a^2}$，令 $x=a\tan t$，$-\frac{\pi}{2}<t<\frac{\pi}{2}$；

（3）被积函数中含有 $\sqrt{x^2-a^2}$，令 $x=a\sec t$，$0\leqslant t<\frac{\pi}{2}$ 或 $\pi\leqslant t<\frac{3\pi}{2}$。

利用三角代换法，在最后还原时，往往通过作一个辅助直角三角形，根据解直角三角形找到其他三角函数值，从而简化运算。

【例 19】 求 $\int\sqrt{a^2-x^2}dx\ (a>0)$。

解　因为 $-a\leqslant x\leqslant a$，所以

令 $x=a\sin t$，$-\frac{\pi}{2}\leqslant t\leqslant\frac{\pi}{2}$，则 $dx=a\cos t dt$，$\sqrt{a^2-x^2}=a\cos t$，

从而

$$原式=\int a^2\cos^2 t dt=a^2\int\frac{1+\cos 2t}{2}dt=a^2(\frac{t}{2}+\frac{\sin 2t}{4})+C。$$

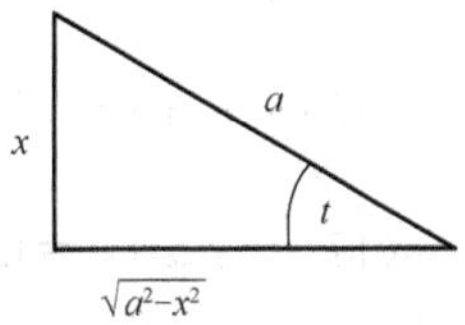

图 3-1

根据 $x=a\sin t$，即 $\sin t=\frac{x}{a}$，作一个辅助直角三角形（见图 3-1），

利用边角关系得：

$$\cos t=\frac{\sqrt{a^2-x^2}}{a},$$

所以 $$t=\arcsin\frac{x}{a},\ \sin 2t=2\sin t\cos t=\frac{2x\sqrt{a^2-x^2}}{a^2}。$$

故 $$\int\sqrt{a^2-x^2}dx=\frac{a^2}{2}\arcsin\frac{x}{a}+\frac{x\sqrt{a^2-x^2}}{2}+C。$$

【例 20】 求 $\int\frac{1}{\sqrt{x^2+a^2}}dx$。

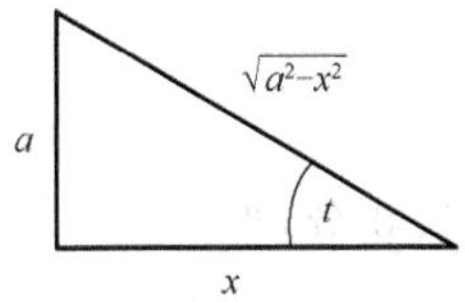

图 3-2

解　令 $x=a\tan t$，$-\frac{\pi}{2}<t<\frac{\pi}{2}$，

则 $dx=a\sec^2 t dt$，$\sqrt{x^2+a^2}=a\sec t$，所以

$$原式=\int\frac{a\sec^2 t dt}{a\sec t}=\int\sec t dt=\ln|\sec t+\tan t|+C。$$

利用图 3-2 回代 sec$t$, tan$t$, 可得

$$\int \frac{1}{\sqrt{x^2+a^2}}\mathrm{d}x = \ln\left|\frac{x+\sqrt{x^2+a^2}}{a}\right| + C = \ln\left|x+\sqrt{x^2+a^2}\right| + C_1\ (C_1 = C - \ln a)。$$

【例 21】 求 $\int \frac{1}{\sqrt{x^2-a^2}}\mathrm{d}x$。

解 因为 $x<-a$ 或 $x>a$，所以令 $x=a\sec t$, $0\leqslant t<\frac{\pi}{2}$,

或 $\pi\leqslant t<\frac{3\pi}{2}$,

则 $\mathrm{d}x=a\sec t\cdot\tan t\mathrm{d}t$, $\sqrt{x^2-a^2}=a\tan t$。从而

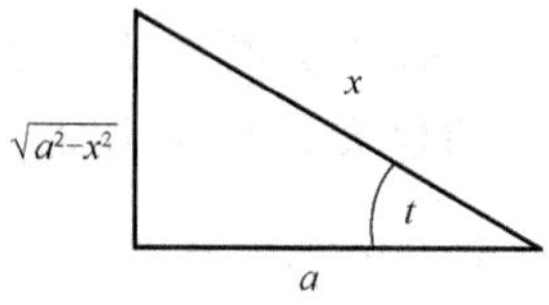

图 3-3

原式 $=\int\frac{a\sec t\ \tan t\mathrm{d}t}{a\tan t}=\int\sec t\mathrm{d}t=\ln|\sec t+\tan t|+C$。

利用图 3-3 回代 sec t, tan t, 得

$$\int \frac{1}{\sqrt{x^2-a^2}}\mathrm{d}x = \ln\left|x+\sqrt{x^2-a^2}\right| + C_1\ (C_1 = C - \ln a)。$$

下面 8 个结果也作为基本积分公式使用：

(14) $\int\tan x\mathrm{d}x=-\ln|\cos x|+C$;

(15) $\int\cot x\mathrm{d}x=\ln|\sin x|+C$;

(16) $\int\sec x\mathrm{d}x=\ln|\sec x+\tan x|+C$;

(17) $\int\csc x\mathrm{d}x=\ln|\csc x-\cot x|+C$;

(18) $\int\frac{1}{a^2+x^2}\mathrm{d}x=\frac{1}{a}\arctan\frac{x}{a}+C$;

(19) $\int\frac{1}{a^2-x^2}\mathrm{d}x=\frac{1}{2a}\ln\left|\frac{a+x}{a-x}\right|+C\ (a\neq 0)$;

(20) $\int\frac{1}{\sqrt{a^2-x^2}}\mathrm{d}x=\arcsin\frac{x}{a}+C\ (a>0)$;

(21) $\int\frac{1}{\sqrt{x^2\pm a^2}}\mathrm{d}x=\ln\left|x+\sqrt{x^2\pm a^2}\right|+C$。

3.2.4 分部积分法

设 $u=u(x)$, $v=v(x)$ 具有连续导数，根据乘积的微分公式

$$\mathrm{d}(uv)=u\mathrm{d}v+v\mathrm{d}u,$$

$$u\mathrm{d}v=uv-v\mathrm{d}u,$$

两边积分，得

$$\int u\mathrm{d}v=uv-\int v\mathrm{d}u。$$

上式就叫分部积分公式。

注意：

(1) 这个公式的作用在于把左边不易求出的积分，转化为右边容易求出的积分，也就是起一个化难为易的作用。

(2) 分部积分法的步骤：

$$\int f(x)\mathrm{d}x \xlongequal{(1)\ 将\ f(x)\mathrm{d}x\ 改写为\ u\mathrm{d}v} \int u\cdot \mathrm{d}v$$

$$\xlongequal{(2)\ 应用公式} u\cdot v-\int v\cdot \mathrm{d}u。$$

(3) u,v 的选择规律：

积分表达式($P_n(x)$为多项式)	$u(x)$	$\mathrm{d}v$
$P_n(x)\cdot \sin ax\mathrm{d}x, P_n(x)\cdot \cos ax\mathrm{d}x, P_n(x)\mathrm{e}^{ax}\mathrm{d}x$	$P_n(x)$	$\sin ax\mathrm{d}x, \cos ax\mathrm{d}x, \mathrm{e}^{ax}\mathrm{d}x$
$P_n(x)\ln x\mathrm{d}x, P_n(x)\arcsin x\mathrm{d}x, P_n(x)\arctan x\mathrm{d}x$	$\ln x, \arcsin x, \arctan x$	$P_n(x)\mathrm{d}x$
$\mathrm{e}^{ax}\cdot \sin bx\mathrm{d}x, \mathrm{e}^{ax}\cdot \cos bx\mathrm{d}x$	$\mathrm{e}^{ax}, \sin bx, \cos bx$ 均可选作 $u(x)$，余下作为 $\mathrm{d}v$，但必须前后一致	

【例 22】 求 $\int x\sin x\mathrm{d}x$。

解 令 $u=x$，余下的 $\sin x\mathrm{d}x=-\mathrm{d}(\cos x)=\mathrm{d}v$，则

$$\int x\sin x\mathrm{d}x=-\int x\mathrm{d}(\cos x)=-\left(x\cdot\cos x-\int \cos x\mathrm{d}x\right)=-x\cdot\cos x+\sin x+C。$$

注意：本例如果令 $u=\sin x, x\mathrm{d}x=\mathrm{d}\left(\frac{1}{2}x^2\right)$，则

$$\int x\sin x\mathrm{d}x=\frac{1}{2}\int \sin x\mathrm{d}(x^2)=\frac{1}{2}\left[x^2\sin x-\int x^2\mathrm{d}(\sin x)\right]=\frac{1}{2}x^2\sin x-\frac{1}{2}\int x^2\cos x\mathrm{d}x。$$

运用公式后，并没有起到化难为易的作用，因此利用分部积分法的关键是正确地选择 u,v，将 $f(x)\mathrm{d}x$ 改写为 $u\mathrm{d}v$。

【例 23】 求 $\int x^2\cos x\mathrm{d}x$。

解 令 $u=x^2$，$\cos x\mathrm{d}x=\mathrm{d}(\sin x)=\mathrm{d}v$，则

$$\begin{aligned}\int x^2\cos x\mathrm{d}x&=\int x^2\mathrm{d}(\sin x)=x^2\sin x-\int \sin x\mathrm{d}(x^2)=x^2\sin x-2\int x\sin x\mathrm{d}x\\&=x^2\sin x-2\left[-\int x\mathrm{d}(\cos x)\right]=x^2\sin x+2\left(x\cdot\cos x-\int\cos x\mathrm{d}x\right)\\&=x^2\sin x+2x\cos x-2\sin x+C。\end{aligned}$$

点评：有时可以多次运用分部积分法。

【例 24】 求 $\int x\ln x\mathrm{d}x$。

解 令 $u=\ln x$，$x\mathrm{d}x=\mathrm{d}\left(\frac{1}{2}x^2\right)=\mathrm{d}v$，则

$$\begin{aligned}\int x\ln x\mathrm{d}x&=\frac{1}{2}\int \ln x\mathrm{d}(x^2)=\frac{1}{2}\left[x^2\ln x-\int x^2\mathrm{d}(\ln x)\right]=\frac{1}{2}x^2\ln x-\frac{1}{2}\int x^2\cdot\frac{1}{x}\mathrm{d}x\\&=\frac{1}{4}x^2(2\ln x-1)+C。\end{aligned}$$

【例 25】 求$\int x\arctan x\mathrm{d}x$。

解 令$u=\arctan x, x\mathrm{d}x=\mathrm{d}(\frac{1}{2}x^2)=\mathrm{d}v$,则

$$\int x\arctan x\mathrm{d}x=\frac{1}{2}\int\arctan x\cdot\mathrm{d}(x^2)=\frac{1}{2}x^2\arctan x-\frac{1}{2}\int\frac{x^2}{1+x^2}\mathrm{d}x$$

$$=\frac{1}{2}x^2\arctan x-\frac{1}{2}\int(1-\frac{1}{1+x^2})\mathrm{d}x$$

$$=\frac{1}{2}(x^2\arctan x-x+\arctan x)+C。$$

【例 26】 求$\int\arctan x\mathrm{d}x$。

解 令$u=\arctan x, \mathrm{d}x=\mathrm{d}v$,则

$$\int\arctan x\mathrm{d}x=x\arctan x-\int x\mathrm{d}(\arctan x)=x\arctan x-\int\frac{x}{1+x^2}\mathrm{d}x$$

$$=x\arctan x-\frac{1}{2}\int\frac{1}{1+x^2}\mathrm{d}(1+x^2)=x\arctan x-\frac{1}{2}\ln(1+x^2)+C。$$

【例 27】 求$\int \mathrm{e}^x\cos x\mathrm{d}x$。

解 令$u=\mathrm{e}^x, \cos x\mathrm{d}x=\mathrm{d}(\sin x)=\mathrm{d}v$,则

$$\int\mathrm{e}^x\cos x\mathrm{d}x=\mathrm{e}^x\sin x-\int\sin x\mathrm{d}(\mathrm{e}^x)=\mathrm{e}^x\sin x-\int\mathrm{e}^x\sin x\mathrm{d}x$$

$$=\mathrm{e}^x\sin x+\int\mathrm{e}^x\mathrm{d}(\cos x)=\mathrm{e}^x(\sin x+\cos x)-\int\cos x\mathrm{d}(\mathrm{e}^x)$$

$$=\mathrm{e}^x(\sin x+\cos x)-\int\mathrm{e}^x\cos x\mathrm{d}x,$$

移项得

$$2\int\mathrm{e}^x\cos x\mathrm{d}x=\mathrm{e}^x(\sin x+\cos x)+C_1,$$

故

$$\int\mathrm{e}^x\cos x\mathrm{d}x=\frac{1}{2}\mathrm{e}^x(\sin x+\cos x)+C(C=\frac{1}{2}C_1)。$$

点评:本例在第二次运用分部积分公式时,u,v 的选择一定要与第一次运用分部积分公式时 u,v 的选择保持一致,否则出现循环而得不到结果,如:

$$\int\mathrm{e}^x\cos x\mathrm{d}x=\int\cos x\mathrm{d}(\mathrm{e}^x)=\mathrm{e}^x\cos x-\int\mathrm{e}^x\mathrm{d}(\cos x)=\mathrm{e}^x\cos x-[\mathrm{e}^x\cos x-\int\cos x\mathrm{d}(\mathrm{e}^x)]$$

$$=\int\mathrm{e}^x\cos x\mathrm{d}x。$$

习题 3.2

1. 填空题

(1) $\mathrm{d}(5x)=(\quad)\mathrm{d}x$;

(2) $\mathrm{d}x=(\quad)\mathrm{d}(2x+1)$;

(3) $\mathrm{d}(x^2)=(\quad)\mathrm{d}x$;

(4) $x\mathrm{d}x=(\quad)\mathrm{d}(ax^2+b)$;

(5) $\frac{1}{\sqrt{x}}\mathrm{d}x=(\quad)\mathrm{d}(\sqrt{x})$;

(6) $x^2\mathrm{d}x=(\quad)\mathrm{d}(x^3)$;

(7) $e^x dx = (\quad) d(e^x)$；　　(8) $\frac{1}{x} dx = (\quad) d(2\ln|x|)$；

(9) $\sin x dx = (\quad) d(\cos x)$；　　(10) $\frac{1}{x^2} dx = (\quad) d(\frac{1}{x} + 1)$；

(11) $d(\arctan x) = (\quad) dx$；　　(12) $\frac{1}{\sqrt{1-x^2}} dx = d(\quad)$。

2. 下列做法错在何处？改正之。

(1) $\int e^{4x} dx = e^{4x} + C$；　　(2) $\int (x+1)^5 dx = \frac{1}{6}(x+1)^6$；

(3) $\int \sin\sqrt{x} d\sqrt{x} = \cos\sqrt{x} + C$；

(4) $\int x^2 \sin(x^3+1) dx = 3\int \sin(x^3+1) d(x^3+1)$；

(5) $\int \sin x \cos x dx = \int \sin x d\sin x = -\cos x + C$；

(6) $\int e^{-x} dx = e^{-x} + C$；

(7) $\int \frac{1}{1+\sqrt{x}} dx \xlongequal{令} \int \frac{1}{1+u} du = \ln|1+u| + C = \ln(1+\sqrt{x}) + C$；

(8) $\int \sqrt{1-x^2} dx \xlongequal{令} \int \cos u du = \sin u + C = x + C$。

3. 求下列不定积分

(1) $\int (2x-5)^4 d(2x-5)$；　　(2) $\int \sqrt{3x+1} d(3x+1)$；

(3) $\int \frac{1}{ax+b} d(ax+b)$；　　(4) $\int \frac{1}{1+4x^2} d(2x)$；

(5) $\int \frac{1}{\sqrt{\sin x}} d(\sin x)$；　　(6) $\int \frac{1}{\cos^2 3x} d(3x)$；

(7) $\int \frac{1}{\sqrt{1-9x^2}} d(3x)$；　　(8) $\int e^{-2x} d(-2x)$；

(9) $\int \sin 2x d(2x)$；　　(10) $\int \cos 3x d(3x)$。

4. 利用直接积分法求下列不定积分

(1) $\int (\frac{1}{x} + 3^x + \frac{1}{\cos^2 x} - e^x) dx$；　　(2) $\int (\frac{3x^3 - 2x^2 + x + 1}{x^3}) dx$；

(3) $\int (1 - \frac{1}{x^2}) \sqrt{x\sqrt{x}} dx$；　　(4) $\int \sec x(\sec x - \tan x) dx$；

(5) $\int 2^x e^x dx$；　　(6) $\int \frac{1-e^{2x}}{1+e^x} dx$；

(7) $\int \frac{3x^4 + 3x^2 + 1}{x^2 + 1} dx$；　　(8) $\int \frac{x^2}{1+x^2} dx$；

(9) $\int \frac{(x+1)^2}{x(x^2+1)} dx$；　　(10) $\int \frac{\cos 2x}{\cos^2 x \sin^2 x} dx$；

(11) $\int \frac{1}{1+\cos 2x}dx$ ；　　(12) $\int \frac{2\cdot 3^x-5\cdot 2^x}{3^x}dx$。

5. 利用换元积分法求下列不定积分

(1) $\int (3-2x)^{-5}dx$；　　(2) $\int \frac{1}{1+2x}dx$；

(3) $\int \frac{1}{\sqrt{1-2x}}dx$ ；　　(4) $\int \sin 2x dx$ ；

(5) $\int \frac{1}{\sqrt{x}\cdot(1+x)}dx$ ；　　(6) $\int e^x\sqrt{2+e^x}dx$ ；

(7) $\int \frac{\cos x}{\sqrt{\sin x}}dx$；　　(8) $\int \csc^2\frac{x}{3}dx$；

(9) $\int \frac{x}{x^2+4}dx$ ；　　(10) $\int \frac{1}{x^2-4}dx$；

(11) $\int \frac{1}{x^2+4}dx$ ；　　(12) $\int \frac{1}{x^2+2x+2}dx$；

(13) $\int \frac{1}{\sqrt{25-9x^2}}dx$ ；　　(14) $\int \frac{e^x}{\sqrt{1-e^{2x}}}dx$；

(15) $\int \frac{1}{e^x+e^{-x}}dx$ ；　　(16) $\int \frac{1}{x(1+\ln x)}dx$；

(17) $\int \frac{\ln^2 x}{x}dx$ ；　　(18) $\int \frac{1}{x(1+\ln^2 x)}dx$；

(19) $\int \sin^2 2x dx$；　　(20) $\int \sin^3 2x dx$。

6. 利用换元积分法求下列不定积分

(1) $\int \frac{1}{x\sqrt{x+1}}dx$；　　(2) $\int \frac{\sqrt[3]{x}}{x(\sqrt{x}+\sqrt[3]{x})}dx$；

(3) $\int \frac{1}{1+\sqrt[3]{x+1}}dx$；　　(4) $\int \sqrt{1+e^x}dx$；

(5) $\int \frac{1}{\sqrt{x^2+1}}dx$ ；　　(6) $\int \frac{\sqrt{x^2-9}}{x}dx$；

(7) $\int \frac{x^2}{\sqrt{9-x^2}}dx$；　　(8) $\int \frac{1}{x\sqrt{x^2-1}}dx$。

7. 利用分部积分法求下列不定积分

(1) $\int xe^{-x}dx$ ；　　(2) $\int (x+1)\cdot e^x dx$；

(3) $\int x\cos x dx$ ；　　(4) $\int x^2\ln x dx$；

(5) $\int \arccos x dx$ ；　　(6) $\int \ln(1+x^2)dx$；

(7) $\int x\arctan x dx$ ；　　(8) $\int e^{2x}\cos x dx$；

(9) $\int e^{-x}\sin 2x dx$；　　(10) $\int \cos\sqrt{1-x}dx$。

3.3　定积分的概念

实例 1　变速直线运动的路程

设一物体沿一直线运动，已知速度 $v=v(t)$ 是时间区间 $[t_0,T]$ 上 t 的连续函数，且 $v(t)\geqslant 0$，求这个物体在这段时间内所经过的路程 s。

（1）分割：任取分点 $t_0<t_1<t_2<\cdots<t_{n-1}<t_n=T$，把时间区间 $[t_0,T]$ 分成 n 个小区间：

$$[t_0,T]=[t_0,t_1]\cup[t_1,t_2]\cup\cdots\cup[t_{i-1},t_i]\cup\cdots\cup[t_{n-1},t_n],$$

记第 i 个小区间 $[t_{i-1},t_i]$ 的长度为 $\Delta t_i=t_i-t_{i-1}$，物体在第 i 时间段内所过走的路程为 $\Delta s_i(i=1,2,\cdots,n)$。

（2）在小范围内以不变代变取近似：在小区间 $[t_{i-1},t_i]$ 上认为运动是匀速的，用其中任一时刻 τ_i 的速度 $v(\tau_i)$ 来近似代替变化的速度 $v(t)$，即 $v(t)\approx v(\tau_i)$，$t\in[t_{i-1},t_i]$，得到 Δs_i 的近似值

$$\Delta s_i\approx v(\tau_i)\cdot\Delta t_i。$$

（3）求和得近似：把 n 个时间段上的路程近似值相加，得到总路程的近似值

$$s\approx\sum_{i=1}^{n}v(\tau_i)\Delta t_i。\tag{1}$$

（4）取极限达到精确：当最大的小区间长度 $||\Delta t||=\max\{\Delta t_1,\Delta t_2,\cdots,\Delta t_n\}$ 趋近于零时，和式(1)的极限就是路程 s 的精确值，即

$$s=\lim_{||\Delta t||\to 0}\sum_{i=1}^{n}v(\tau_i)\Delta t_i。$$

实例 2　曲边梯形的面积

单曲边梯形：将直角梯形的斜腰换成连续曲线段后的图形。

由其他曲线围成的图形，可以用两组互相垂直的平行线分割成若干个矩形与单曲边梯形之和(见图 3-4)。

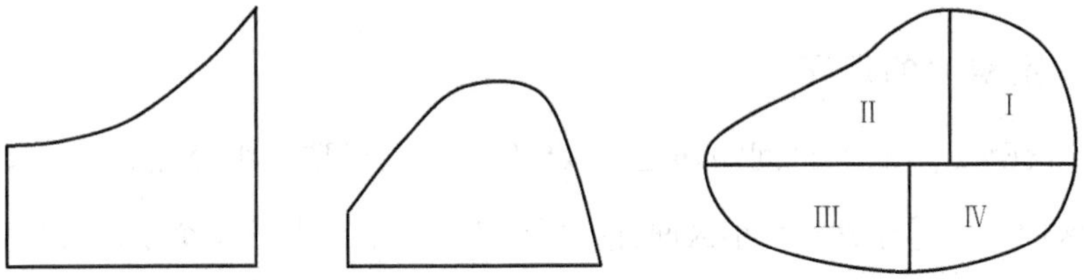

图 3-4

适当选择直角坐标系，将单曲边梯形的一直腰放在 x 轴上，两底边为 $x=a$，$x=b$，设曲边的方程为 $y=f(x)$。先设 $f(x)$ 在 $[a,b]$ 上连续，且 $f(x)\geqslant 0$，如图 3-5 所示。以 A 表示图示曲边梯形的面积。

用区间 $[a,b]$ 为宽，高为 $f(\xi)(a<\xi<b)$ 的矩形面积作为 A 的近似值。

（1）分割：任取一组分点 $a=x_0<x_1<x_2<\cdots<x_{i-1}<x_i<\cdots<x_{n-1}<x_n=b$，将区间 $[a,b]$ 分成 n 个小区间(见图 3-6)：

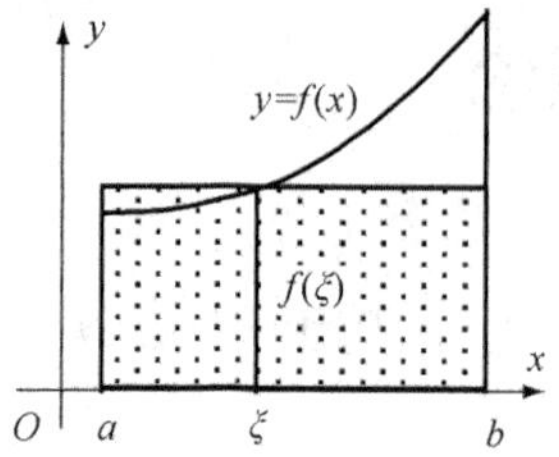

图 3-5

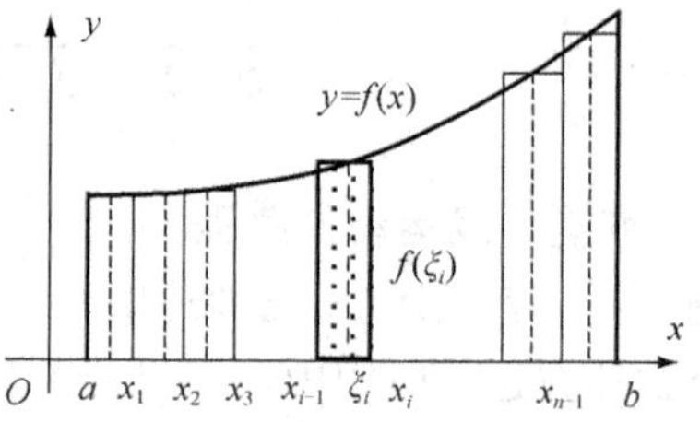

图 3-6

$$[a,b]=[x_0,x_1]\cup[x_1,x_2]\cup\cdots\cup[x_{i-1},x_i]\cup\cdots\cup[x_{n-1},x_n],$$

第 i 个小区间的长度为$\Delta x_i=x_i-x_{i-1}(i=1,2,\cdots,n)$。过各分点作 x 轴的垂线，将原来的曲边梯形分成 n 个小曲边梯形（见图 3-6），第 i 个小曲边梯形的面积为ΔA_i。

（2）小范围内以不变代变取近似：在每一个小区间$[x_{i-1},x_i]$上任取一点$\xi_i(i=1,2,\cdots,n)$，认为$f(x)\approx f(\xi_i)(x_{i-1}\leqslant\xi_i\leqslant x_i)$，以这些小区间为底、$f(\xi_i)$为高的小矩形面积作为第 i 个小曲边梯形面积的近似值：

$$\Delta A_i\approx f(\xi_i)\cdot\Delta x_i(i=1,2,\cdots,n)。$$

（3）求和得近似：将 n 个小矩形面积相加，作为原曲边梯形面积的近似值：

$$A=\sum_{i=1}^{n}\Delta A_i\approx\sum_{i=1}^{n}f(\xi_i)\Delta x_i。\tag{2}$$

（4）取极限达到精确：以$||\Delta x||$表示所有小区间长度的最大者，

$$||\Delta x||=\max\{\Delta x_1,\Delta x_2,\cdots,\Delta x_n\},$$

当$||\Delta x||\to 0$ 时，和式(2)的极限就是原曲边梯形的面积 A，即

$$A=\lim_{||\Delta x||\to 0}\sum_{i=1}^{n}f(\xi_i)\Delta x_i。$$

从以上讨论的两个实例可以看出，虽然它们的实际含义不相同，但解决它们的思路及形式有共同之处，在数量上都归结为一种特定和式的极限问题，这些共同之处就形成了定积分的概念。

3.3.1 定积分的定义

定义 1 设函数 $f(x)$在区间$[a,b]$上有定义且有界，任取一组分点 $a=x_0<x_1<x_2<\cdots<x_n=b$，把区间：$[a,b]$分成 n 个小区间：$[a,b]=\bigcup\limits_{i=1}^{n}[x_{i-1},x_i]$，第 i 个小区间长度记为$\Delta x_i=x_i-x_{i-1}(i=1,2,\cdots,n)$。在每个小区间：$[x_{i-1},x_i]$上任取一点$\xi_i(i=1,2,\cdots,n)$，作和式$\sum\limits_{i=1}^{n}f(\xi_i)\Delta x_i$，称此和式为 $f(x)$在$[a,b]$上的积分和，记$||\Delta x||=\max\limits_{1\leqslant i\leqslant n}\Delta x_i$。如果当$||\Delta x||\to 0$ 时，积分和的极限存在且相同，则称函数 $f(x)$在区间：$[a,b]$上可积，并称此极限为函数 $f(x)$在区间：$[a,b]$上的定积分，记作$\int_a^b f(x)\mathrm{d}x$，即

$$\int_a^b f(x)\mathrm{d}x=\lim_{||\Delta x||\to 0}\sum_{i=1}^{n}f(\xi_i)\Delta x_i。$$

其中“$\int$”称为积分号，$[a,b]$称为积分区间，积分号下方的 a 称为积分下限，上方的 b 称为积

分上限，x 称为积分变量，$f(x)$称为被积函数，$f(x)\mathrm{d}x$ 称为被积表达式。

关于定积分定义的三点说明：

(1) $f(x)$在$[a,b]$上可积，只是要求 $f(x)$在$[a,b]$上有界、当$||\Delta x||\to 0$ 时和式 $\sum_{i=1}^{n} f(\xi_i)\Delta x_i$ 存在极限，并未要求 $f(x)$在$[a,b]$上连续。可以证明，若 $f(x)$在积分区间上连续或仅有有限个第一类间断点，则 $f(x)$在$[a,b]$上必定是可积的。

(2) 如果已知 $f(x)$在$[a,b]$上可积，那么对于$[a,b]$的任意分法及 ξ_i 在$[x_{i-1},x_i]$中的任意取法，极限 $\lim\limits_{||\Delta x||\to 0}\sum_{i=1}^{n} f(\xi_i)\Delta x_i$ 总存在且相同。因此，若用定积分的定义求 $\int_a^b f(x)\mathrm{d}x$，为了简化计算，对$[a,b]$可采用特殊的分法以及 ξ_i 的特殊取法。

(3) 定积分 $\int_a^b f(x)\mathrm{d}x$ 是一个数，这个数仅与被积函数 $f(x)$、积分区间$[a,b]$有关，而与积分变量的选择无关，因此 $\int_a^b f(x)\mathrm{d}x=\int_a^b f(t)\mathrm{d}t=\int_a^b f(u)\mathrm{d}u$。

由定积分的定义可知两个实例可转化为用定积分来表示：

实例 3　以速度 $v(t)$ 做变速直线运动的物体，从时刻 t_0 到 T 通过的路程为 $s=\int_{t_0}^{T} v(t)\mathrm{d}t$ ；

实例 4　由曲线 $y=f(x)$、直线 $x=a,x=b$ 和 x 轴围成的曲边梯形的面积为 $A=\int_a^b f(x)\mathrm{d}x$。

3.3.2　定积分的几何意义及性质

1. 定积分的几何意义

由实例 2 已经知道，当$[a,b]$上的连续函数 $f(x)\geqslant 0$ 时，定积分 $\int_a^b f(x)\mathrm{d}x$ 表示以 $y=f(x)$为曲边、$x=a,x=b$ 和 x 轴界定的单曲边梯形的面积。

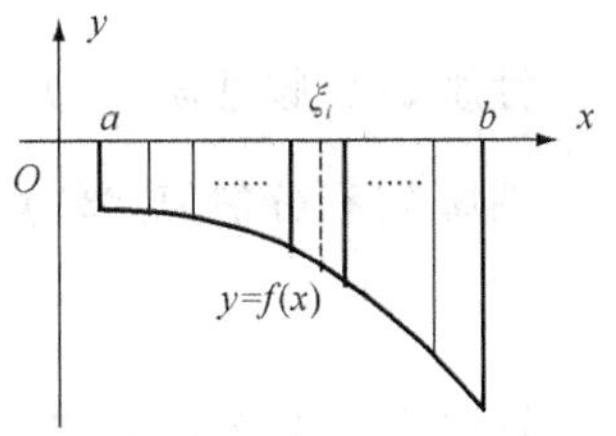

图 3-7

现若改 $f(x)\geqslant 0$ 为 $f(x)\leqslant 0$，则 $-f(x)\geqslant 0$，此时界定的单曲边梯形的面积是

$$A=\lim_{||\Delta x||\to 0}\sum_{i=1}^{n}[-f(\xi_i)]\Delta x_i=-\lim_{||\Delta x||\to 0}\sum_{i=1}^{n} f(\xi_i)\Delta x_i=-\int_a^b f(x)\mathrm{d}x。$$

从而有 $\int_a^b f(x)\mathrm{d}x=-A$。这就是说，当 $f(x)\leqslant 0$ 时，定积分 $\int_a^b f(x)\mathrm{d}x$ 是曲边梯形面积的相反数。习惯上，此时把 $\int_a^b f(x)\mathrm{d}x$ 称为单曲边梯形的代数面积，以与几何上的正值面积相区分。

若$[a,b]$上的连续函数 $f(x)$的符号不定，如图 3-8 所示，则积分 $\int_a^b f(x)\mathrm{d}x$ 的几何意义为：由 $y=f(x),x=a,x=b$ 和 x 轴界定的图形的代数面积。可以想象，所谓代数面积，是正、负面积相消后的结果。

据定积分的几何意义，有些定积分直接可以从几何中的面积公式得到，例如，

$\int_a^b \mathrm{d}x = \int_a^b 1\mathrm{d}x$ =高为 1、底为 $b-a$ 的矩形面积 $=b-a$；

$\int_0^a x\mathrm{d}x$ =高为 a、底为 a 的直角三角形面积 $=\frac{1}{2}a^2$；

$\int_0^R \sqrt{R^2-x^2}\mathrm{d}x$ =半径为 R 的上半圆的面积 $=\frac{1}{4}\pi R^2$；

$\int_0^{2\pi} \sin x\mathrm{d}x = 0$（正、负面积相消后的代数面积为 0）。

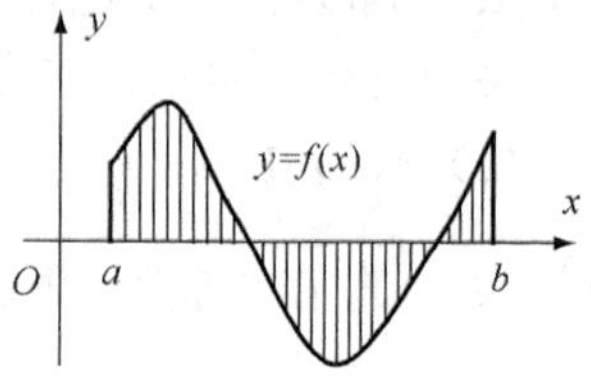

图 3-8

2. 定积分的性质

性质 1（绝对值可积性） 若 $f(x)$ 在 $[a,b]$ 上可积，则 $|f(x)|$ 也在 $[a,b]$ 上可积。

性质 2（常数性质） $\int_a^a f(x)\mathrm{d}x = 0$。

性质 3（反积分区间性质） $\int_a^b f(x)\mathrm{d}x = -\int_b^a f(x)\mathrm{d}x$。

性质 4（线性性质）

$\int_a^b [f(x)\pm g(x)]\mathrm{d}x = \int_a^b f(x)\mathrm{d}x \pm \int_a^b g(x)\mathrm{d}x$，$\int_a^b [k\cdot f(x)]\mathrm{d}x = k\int_a^b f(x)\mathrm{d}x$（任意 $k\in\mathbf{R}$），联合这两个等式得到定积分的线性性质：

$$\int_a^b [af(x)+bg(x)]\mathrm{d}x = a\int_a^b f(x)\mathrm{d}x + b\int_a^b g(x)\mathrm{d}x \ (a,b\in\mathbf{R})。$$

性质 5（定积分对积分区间的可加性）

$$\int_a^b f(x)\mathrm{d}x = \int_a^c f(x)\mathrm{d}x + \int_c^b f(x)\mathrm{d}x \ (a,b,c \text{ 为常数})。$$

性质 6（比较性质） 如果在区间 $[a,b]$ 上有 $f(x)\leqslant g(x)$，则 $\int_a^b f(x)\mathrm{d}x \leqslant \int_a^b g(x)\mathrm{d}x$。

性质 7（积分估值定理） 设函数 $f(x)$ 满足 $m\leqslant f(x)\leqslant M, x\in[a,b]$，则

$$m(b-a)\leqslant \int_a^b f(x)\mathrm{d}x \leqslant M(b-a)。$$

性质 8（积分中值定理） 设函数 $f(x)$ 在以 a、b 为上、下限的积分区间上连续，则在 a,b 之间至少存在一个 ξ（中值），使

$$\int_a^b f(x)\mathrm{d}x = f(\xi)(b-a)。$$

积分中值定理有以下几何解释：若 $f(x)$ 在 $[a,b]$ 上连续且非负，则在 $[a,b]$ 上至少存在一点 ξ，使得以 $[a,b]$ 为底边、曲线 $y=f(x)$ 为曲边的曲边梯形的面积，与同底、高为 $f(\xi)$ 的矩形的面积相等，如图 3-9 所示。因此从几何角度看，$f(\xi)$ 可以看作曲边梯形的曲顶的平均高度；从函数值角度看，$f(\xi)$ 理所当然地应该是 $f(x)$ 在 $[a,b]$ 上的平均值。因此积分中值定理解决了如何求一个连续变化量的平均值的问题。

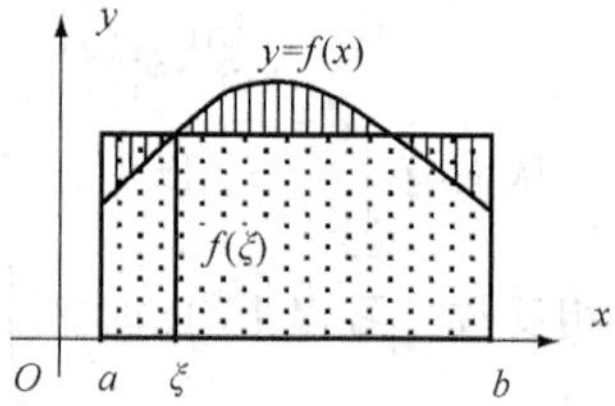

图 3-9

习题 3.3

1. 填空题

(1) 由曲线 $y=x^2+1$ 与直线 $x=1, x=3$ 及 x 轴所围成的曲边梯形的面积，用定积分

表示为____________。

(2) 已知变速直线运动的速度为 $v(t)=3+gt$，其中 g 表示重力加速度。当物体从第 1 秒开始，经过 2s 后所经过的路程，用定积分表示为____________。

2. 利用定积分表示图 3-10 中各阴影部分的面积。

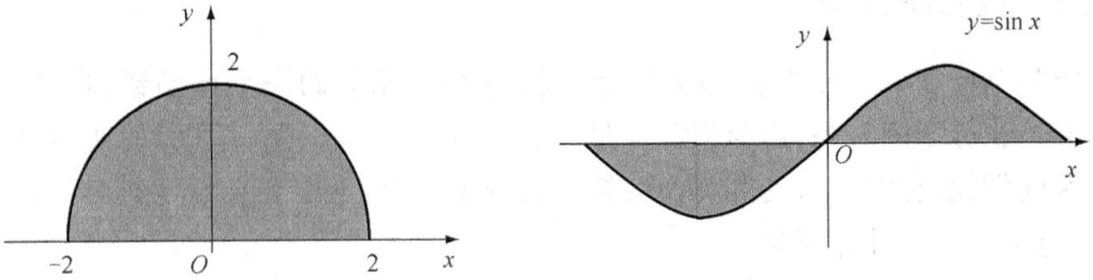

图 3-10

3.4　定积分的计算

3.4.1　牛顿一莱布尼兹公式

定理 1（牛顿一莱布尼兹公式）　设 $f(x)$在区间$[a,b]$上连续，$F(x)$是 $f(x)$在$[a,b]$上的一个原函数，则

$$\int_a^b f(x)\mathrm{d}x = F(x)\Big|_a^b = F(b)-F(a)。\tag{1}$$

其中记号 $F(x)\big|_a^b$ 称为$F(x)$在 a,b 的双重代换，它是(1)式等号右边的简写。

公式(1)称为牛顿—莱布尼兹(Newton－Leibniz)公式，简称 N—L 公式，也称为微积分基本公式。该公式揭示了定积分和原函数之间的联系，把定积分的计算问题转化为求原函数的问题，从而找到了一种计算定积分的方法。

【例 1】　求 $\int_0^1 x^2\mathrm{d}x$。

解　因为 $\int x^2\mathrm{d}x=\frac{1}{3}x^3+c$，所以 $\frac{1}{3}x^3+c$ 是 x^2 的一个原函数。由牛顿—莱布尼兹公式有　$\int_0^1 x^2\mathrm{d}x=\frac{1}{3}x^3\big|_0^1=\frac{1}{3}$。

【例 2】　求 $\int_0^\pi(2+3\cos x)\mathrm{d}x$。

解　因为 $\int(2+3\cos x)\mathrm{d}x=2x+3\sin x+c$，所以 $2x+3\sin x$ 是 $2+3\cos x$ 的一个原函数。由牛顿一莱布尼兹公式有 $\int_0^\pi(2+3\cos x)\mathrm{d}x=(2x+3\sin x)\Big|_0^\pi=2\pi$。

【例 3】　求 $\int_1^2\frac{(x-1)^3}{x^2}\mathrm{d}x$。

解　$\int_1^2\frac{(x-1)^3}{x^2}\mathrm{d}x=\left(\frac{1}{2}x^2-3x+3\ln|x|+\frac{1}{x}\right)\Big|_1^2=(2-6+3\ln2+\frac{1}{2})-(\frac{1}{2}-3+1)=3\ln2-2$。

【例 4】 求$\int_0^{\frac{\pi}{4}} \tan^2 x\mathrm{d}x$。

解 原式 $= (\tan x - x)\big|_0^{\frac{\pi}{4}} = (1-\frac{\pi}{4}) - 0 = 1 - \frac{\pi}{4}$。

3.4.2 换元积分法

应用定积分的 N—L 公式求定积分，首先要求被积函数的一个原函数，再按公式计算。由于定积分与积分区间有关，而与积分变量无关，在用换元法计算定积分时可以在换元的同时使积分区间做相应的改变，使其转换为换元后的定积分，不需要在不定积分变量还原后再求定积分，这样可以使计算简化。

定理 2 设(1)$f(x)$在$[a,b]$上连续；(2)$\varphi'(x)$在$[a,b]$上连续，且$\varphi'(x)\neq 0, x\in(a,b)$；(3)$\varphi(a)=\alpha, \varphi(b)=\beta$，则

$$\int_a^b f[\varphi(x)]\mathrm{d}\varphi(x) \xlongequal{\text{令 } u=\varphi(x);x=a\leftrightarrow u=\alpha;x=b\leftrightarrow u=\beta} \int_\alpha^\beta f(u)\mathrm{d}u。$$

注意：(1)上述公式从左往右使用时，即为第一类换元积分法；从右往左使用时，即为第二类换元积分法。

(2)“换元必换限，不换元不换限”原则；原上限对新上限，原下限对新下限。

【例 5】 计算下列定积分：

(1) $\int_0^1 x\mathrm{e}^{-x^2}\mathrm{d}x$； (2) $\int_0^{\frac{\pi}{2}} \cos^2 x\sin x\mathrm{d}x$；

(3) $\int_1^4 \frac{1}{x+\sqrt{x}}\mathrm{d}x$； (4) $\int_0^a \sqrt{a^2-x^2}\mathrm{d}x$。

解：(1) $\int_0^1 x\mathrm{e}^{-x^2}\mathrm{d}x = \frac{1}{2}\int_0^1 \mathrm{e}^{-x^2}\mathrm{d}(x^2)$

$$\xlongequal{\text{令 } u=x^2;x=0,u=0;x=1,u=1} \frac{1}{2}\int_0^1 \mathrm{e}^{-u}\mathrm{d}u = -\frac{1}{2}\mathrm{e}^{-u}\big|_0^1 = \frac{\mathrm{e}-1}{2\mathrm{e}}。$$

注意：如果对不定积分换元法很熟悉，那么未必非要换元：$u=x^2$，可以直接写成

$$\int_0^1 x\mathrm{e}^{-x^2}\mathrm{d}x = \frac{1}{2}\int_0^1 \mathrm{e}^{-x^2}\mathrm{d}(x^2) = -\frac{1}{2}\mathrm{e}^{-x^2}\big|_0^1 = \frac{\mathrm{e}-1}{2\mathrm{e}}。$$

因为没有换元，当然也不存在换积分限问题。

(2) $\int_0^{\frac{\pi}{2}} \cos^2 x\sin x\mathrm{d}x = -\int_0^{\frac{\pi}{2}} \cos^2 x\mathrm{d}(\cos x)$

$$\xlongequal{\text{令 } u=\cos x;x=0,u=1;x=\frac{\pi}{2},u=0} -\int_1^0 u^2\mathrm{d}u = \frac{1}{3}u^3\big|_0^1 = \frac{1}{3}。$$

注意：如果对不定积分换元法熟悉，可以省略换元和换积分限过程，可以直接写成

$$\int_0^{\frac{\pi}{2}} \cos^2 x\sin x\mathrm{d}x = -\int_0^{\frac{\pi}{2}} \cos^2 x\mathrm{d}(\cos x) = -\frac{1}{3}\cos^3 x\big|_0^{\frac{\pi}{2}} = \frac{1}{3}。$$

记住“换元必变限，不换元不换限”的原则。

(3) 令 $t=\sqrt{x}$，即 $x=t^2$，$\mathrm{d}x=2t\mathrm{d}t$。当 $x=1$ 时，$t=1$；当 $x=4$ 时，$t=2$，即 x 从 $1\to 4 \Leftrightarrow t$ 从 $1\to 2$。

应用定理 2 得

$$\int_1^4 \frac{1}{x+\sqrt{x}}\mathrm{d}x = \int_1^2 \frac{2t\mathrm{d}t}{t^2+t} = 2\int_1^2 \frac{\mathrm{d}t}{t+1} = 2\ln(t+1)\big|_1^2 = 2\ln\frac{3}{2}。$$

(4) 令 $x=a\sin t$，$\mathrm{d}x=a\cos t\mathrm{d}t$；当 $x=0$ 时，$t=0$；当 $x=a$ 时，$t=\frac{\pi}{2}$，即 x 从 $0\to a \Leftrightarrow t$ 从 $0\to\frac{\pi}{2}$。

应用定理 2 得

$$\int_0^a \sqrt{a^2-x^2}\mathrm{d}x = \int_0^{\frac{\pi}{2}} a\cos t\cdot a\cos t\mathrm{d}t = \frac{a^2}{2}\int_0^{\frac{\pi}{2}}(1+\cos 2t)\mathrm{d}t = \frac{a^2}{2}\left(t+\frac{1}{2}\sin 2t\right)\Big|_0^{\frac{\pi}{2}} = \frac{1}{4}\pi a^2。$$

【例 6】 设函数 $f(x)$ 在闭区间 $[-a,a]$ 上连续，证明：

(1) 当 $f(x)$ 为奇函数时，$\int_{-a}^a f(x)\mathrm{d}x=0$；

(2) 当 $f(x)$ 为偶函数时，$\int_{-a}^a f(x)\mathrm{d}x=2\int_0^a f(x)\mathrm{d}x$。

证明

$$\int_{-a}^a f(x)\mathrm{d}x = \int_{-a}^0 f(x)\mathrm{d}x + \int_0^a f(x)\mathrm{d}x，$$

对 $\int_{-a}^0 f(x)\mathrm{d}x$ 换元：令 $x=-t$，则 $\mathrm{d}x=-\mathrm{d}t$，x 从 $-a\to 0 \Leftrightarrow t$ 从 $a\to 0$。于是

$$\int_{-a}^0 f(x)\mathrm{d}x = \int_a^0 f(-t)\mathrm{d}(-t) = \int_0^a f(-t)\mathrm{d}t，$$

从而

$$\int_{-a}^a f(x)\mathrm{d}x = \int_0^a f(-t)\mathrm{d}t + \int_0^a f(x)\mathrm{d}x = \int_0^a [f(-x)+f(x)]\mathrm{d}x。$$

(1) 当 $f(x)$ 为奇函数时，有 $f(-x)+f(x)=0$，所以 $\int_{-a}^a f(x)\mathrm{d}x=0$；

(2) 当 $f(x)$ 为偶函数时，有 $f(-x)+f(x)=2f(x)$，所以 $\int_{-a}^a f(x)\mathrm{d}x=2\int_0^a f(x)\mathrm{d}x$。

本例所证明的等式，称为奇、偶函数在对称区间上的积分性质。在理论和计算中经常会用这个结论。

从直观上看，该性质反映了对称区间上奇函数的正负面积相消、偶函数面积是半区间上面积的两倍这样一个事实(见图 3-11)。

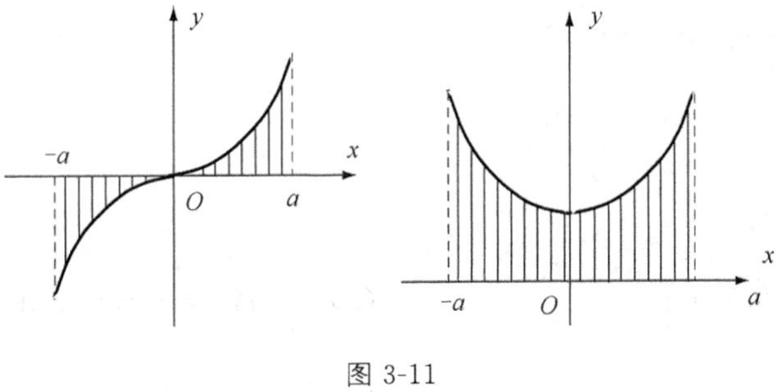

图 3-11

【例 7】 计算下列定积分：

(1) $\int_{-\frac{\pi}{4}}^{\frac{\pi}{4}}\frac{1+x^3}{\cos^2 x}\mathrm{d}x$；(2) $\int_{-1}^{1}x^2\mid x\mid\mathrm{d}x$。

解 (1) 由于 $\frac{1}{\cos^2 x}$ 是$\left[-\frac{\pi}{4},\frac{\pi}{4}\right]$上的偶函数，$\frac{x^3}{\cos^2 x}$ 是$\left[-\frac{\pi}{4},\frac{\pi}{4}\right]$上的奇函数，所以

$$\int_{-\frac{\pi}{4}}^{\frac{\pi}{4}}\frac{1+x^3}{\cos^2 x}\mathrm{d}x=\int_{-\frac{\pi}{4}}^{\frac{\pi}{4}}\frac{1}{\cos^2 x}\mathrm{d}x+\int_{-\frac{\pi}{4}}^{\frac{\pi}{4}}\frac{x^3}{\cos^2 x}\mathrm{d}x=2\int_{0}^{\frac{\pi}{4}}\frac{1}{\cos^2 x}\mathrm{d}x+0=2\tan x\Big|_0^{\frac{\pi}{4}}=2。$$

(2) 由于 $x^2|x|$是$[-1,1]$上的偶函数，所以

$$\int_{-1}^{1}x^2\mid x\mid\mathrm{d}x=2\int_0^1 x^3\mathrm{d}x=2\cdot\frac{1}{4}x^4\Big|_0^1=\frac{1}{2}。$$

3.4.3 分部积分法

定理 3 （定积分的分部积分公式）设 $u'(x)$，$v'(x)$在区间$[a,b]$上连续，则

$$\int_a^b u(x)v'(x)\mathrm{d}x=[u(x)v(x)]_a^b-\int_a^b v(x)u'(x)\mathrm{d}x,$$

或简写为

$$\int_a^b u\mathrm{d}v=[uv]_a^b-\int_a^b v\mathrm{d}u。$$

【例 8】 求定积分：

(1) $\int_0^{\frac{\pi}{2}}x^2\sin x\mathrm{d}x$；(2) $\int_0^{2\pi}\mathrm{e}^x\cos x\mathrm{d}x$。

解 (1) $\int_0^{\frac{\pi}{2}}x^2\sin x\mathrm{d}x=-\int_0^{\frac{\pi}{2}}x^2\mathrm{d}(\cos x)=-x^2\cos x\Big|_0^{\frac{\pi}{2}}+2\int_0^{\frac{\pi}{2}}x\cos x\mathrm{d}x$

$$=0+2\int_0^{\frac{\pi}{2}}x\mathrm{d}(\sin x)=2x\sin x\Big|_0^{\frac{\pi}{2}}-2\int_0^{\frac{\pi}{2}}\sin x\mathrm{d}x=\pi-2。$$

(2) $\int_0^{2\pi}\mathrm{e}^x\cos x\mathrm{d}x=\int_0^{2\pi}\cos x\mathrm{d}(\mathrm{e}^x)=\mathrm{e}^x\cos x\Big|_0^{2\pi}-\int_0^{2\pi}\mathrm{e}^x\mathrm{d}(\cos x)$

$$=(\mathrm{e}^{2\pi}-1)+\int_0^{2\pi}\sin x\mathrm{d}(\mathrm{e}^x)=(\mathrm{e}^{2\pi}-1)+\mathrm{e}^x\sin x\Big|_0^{2\pi}-\int_0^{2\pi}\mathrm{e}^x\mathrm{d}(\sin x)$$

$$=(\mathrm{e}^{2\pi}-1)-\int_0^{2\pi}\mathrm{e}^x\cos x\mathrm{d}x,$$

移项得 $2\int_0^{2\pi}\mathrm{e}^x\cos x\mathrm{d}x=\mathrm{e}^{2\pi}-1$，

所以 $\int_0^{2\pi}\mathrm{e}^x\cos x\mathrm{d}x=\frac{1}{2}(\mathrm{e}^{2\pi}-1)$。

习题 3.4

计算下列定积分：

(1) $\int_4^9\sqrt{x}(1+\sqrt{x})\mathrm{d}x$；

(2) $\int_0^{\frac{\pi}{2}}|\sin x-\cos x|\mathrm{d}x$；

(3) $\int_1^{\mathrm{e}^3}\frac{1}{x\sqrt{1+\ln x}}\mathrm{d}x$；

(4) $\int_0^1\frac{x^2}{1+x^6}\mathrm{d}x$；

(5) $\int_{-1}^0\frac{1}{x^2+2x+2}\mathrm{d}x$；

(6) $\int_{\ln 2}^{\ln 3}\frac{1}{\mathrm{e}^x-\mathrm{e}^{-x}}\mathrm{d}x$；

(7) $\int_0^3 \frac{1}{1+\sqrt{x+1}}\mathrm{d}x$ ；　　(8) $\int_0^{\frac{\pi}{2}} x^2 \sin x \mathrm{d}x$；

(9) $\int_0^{\frac{\pi}{2}} \mathrm{e}^x \sin x \mathrm{d}x$ ；　　(10) $\int_0^{\frac{1}{2}} \arcsin x \mathrm{d}x$。

3.5 定积分的应用

前面讨论了定积分的概念及计算方法，本节在此基础上进一步研究它的应用。

3.5.1 微元法

简要回忆用定积分解决已知变化率求总量问题的过程：

若某量在$[a,b]$上的变化率为 $f(x)$，求它在$[a,b]$上的总累积量 S。

化整为微		微量近似		积微为整		极限求精
$[a,b]=\bigcup_{i=1}^{n}[x_{i-1},x_1]$ $\Delta x_i = x_i - x_{i-1}$	⇒	$\Delta S_i \approx f(\xi_i)\cdot\Delta x_i$ $\xi_i \in [x_{i-1},x_i]$	⇒	$S\approx\sum_{i=1}^{n} f(\xi_i)\Delta x_i$	⇒	$S=\lim_{\|\Delta x\|\to 0}\sum_{i=1}^{n} f(\xi_i)\Delta x_i$ $=\int_a^b f(x)\,\mathrm{d}x$

因为分割区间、取ξ_i都要求有任意性，求和、求极限又是固定模式，故可简述过程：

分割区间，任取一微段$[x,x+\Delta x]$	⇒	在微段$[x,x+\Delta x]$中微量近似$\Delta S\approx f(\xi)\cdot\Delta x$	⇒	近似累积总量 $S\approx\sum f(\xi_i)\Delta x$	⇒	实际累积总量 $S=\int_a^b f(x)\,\mathrm{d}x$

在微段$[x,x+\Delta x]$上，S 累积的微量ΔS，代之以微分 $\mathrm{d}S=f(x)\mathrm{d}x(\mathrm{d}x=\Delta x)$，则还可简化成：

在$[a,b]$上任取一微段$[x,x+\mathrm{d}x]$	⇒	在微段$[x,x+\mathrm{d}x]$上 S 的累积微量 $\mathrm{d}S=f(x)\mathrm{d}x$	⇒	累积总量 $S=\int_a^b f(x)\,\mathrm{d}x$

再简化一下，则变成：

在$[a,b]$的微段$[x,x+\mathrm{d}x]$上，S 累积的微量是 $\mathrm{d}S=f(x)\mathrm{d}x$	⇒	$S=\int_a^b f(x)\,\mathrm{d}x$

用以上所表示的形式，来解决求累积总量的方法，称为微元法，$\mathrm{d}S$ 称为微元。

一般来说，用微元法解决实际问题时，通常按以下步骤来进行：

(1) 确定积分变量 x，并求出相应的积分区间 $[a,b]$ ；

(2) 在区间 $[a,b]$ 上任取一个小区间 $[x,x+\mathrm{d}x]$，并在小区间上找出所求总量 S 的微元 $\mathrm{d}S=f(x)\mathrm{d}x$ ；

(3) 写出所求总量 S 的积分表达式 $S=\int_a^b f(x)\mathrm{d}x$。

3.5.2 平面图形的面积

前面已经学习过求单曲边梯形面积的问题，以此为基础，解决更一般的平面图形的面积问题：X—型与 Y—型平面图形的面积。

把由直线 $x=a, x=b(a<b)$ 及两条连续曲线 $y=f_1(x), y=f_2(x)(f_1(x)\leqslant f_2(x))$ 所围成的平面图形称为 X－型图形；把由直线 $y=c, y=d(c<d)$ 及两条连续曲线 $x=g_1(y), x=g_2(y)(g_1(y)\leqslant g_2(y))$ 所围成的平面图形称为 Y－型图形（见图 3-12）。

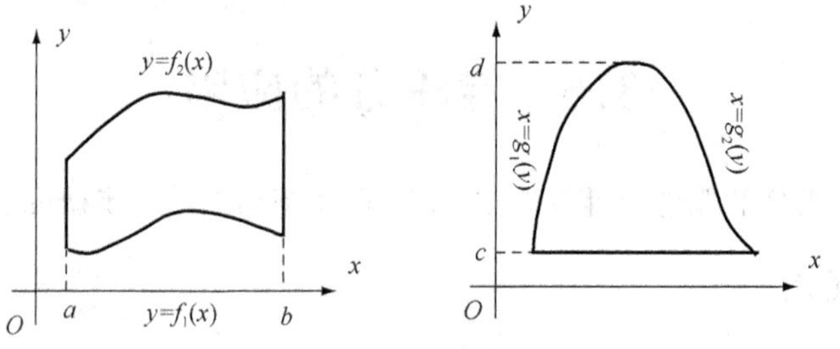

图 3-12

注意：构成图形的两条直线，有时也可能蜕化为点。把 X－型图形称为 X－型双曲边梯形，把 Y－型图形称为 Y－型双曲边梯形。

1. 用微元法分析 X－型平面图形的面积

取横坐标 x 为积分变量，$x\in[a,b]$。在区间 $[a,b]$ 上任取一微段 $[x,x+\mathrm{d}x]$，该微段上的图形的面积 $\mathrm{d}A$ 可以用高为 $f_2(x)-f_1(x)$、底为 $\mathrm{d}x$ 的矩形的面积近似代替。因此

$$\mathrm{d}A=[f_2(x)-f_1(x)]\mathrm{d}x,$$

从而

$$A=\int_a^b[f_2(x)-f_1(x)]\mathrm{d}x。\tag{1}$$

2. 用微元法分析 Y－型平面图形的面积

类似可得

$$A=\int_c^d[g_2(y)-g_1(y)]\mathrm{d}y。\tag{2}$$

对于非 X－型、非 Y－型平面图形，可以进行适当的分割，划分成若干个 X－型图形和 Y－型图形，然后利用前面介绍的方法去求面积。

【例 1】 求由两条抛物线 $y^2=x, y=x^2$ 所围成的图形的面积 A。

解 解方程组 $\begin{cases}y^2=x,\\ y=x^2,\end{cases}$ 得交点 $(0,0)$，$(1,1)$。

由图 3-13，可将该平面图形视为 X－型图形，确定积分变量为 x，积分区间为 $[0,1]$。

由公式(4)，所求图形的面积为

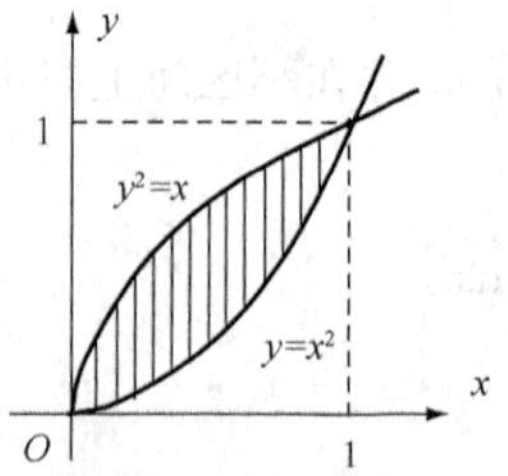

图 3-13

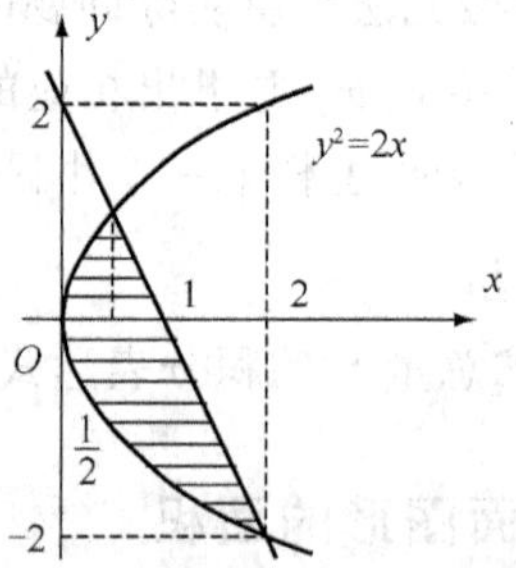

图 3-14

$$A=\int_0^1(\sqrt{x}-x^2)\mathrm{d}x=\frac{2}{3}x^{\frac{3}{2}}-\frac{1}{3}x^3\Big|_0^1=\frac{1}{3}。$$

【例 2】 如图 3-14 所示，求由曲线 $y^2=2x$ 与直线 $y=-2x+2$ 所围成的图形的面积 A。

解 解方程组 $\begin{cases}y^2=2x,\\ y=-2x+2,\end{cases}$ 得交点$\left(\frac{1}{2},1\right)$，$(2,-2)$。

积分变量选择 y，积分区间为$[-2,1]$。

所求图形的面积为

$$A=\int_{-2}^1\left[\left(1-\frac{1}{2}y\right)-\frac{1}{2}y^2\right]\mathrm{d}y=\left(y-\frac{1}{4}y^2-\frac{1}{6}y^3\right)\Big|_{-2}^1=\frac{9}{4}。$$

【例 3】 如图 3-15 所示，求由曲线 $y=\sin x$，$y=\cos x$ 和直线 $x=2\pi$ 及 y 轴所围成的图形的面积 A。

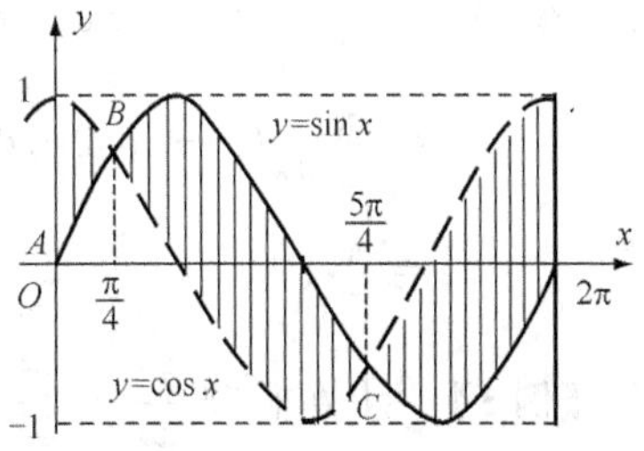

图 3-15

解 在 $x=0$ 与 $x=2\pi$ 之间，两条曲线有两个交点：

$$B\left(\frac{\pi}{4},\frac{\sqrt{2}}{2}\right),C\left(\frac{5\pi}{4},-\frac{\sqrt{2}}{2}\right)。$$

由图易知，整个图形可以划分为$\left[0,\frac{\pi}{4}\right]$，$\left[\frac{\pi}{4},\frac{5\pi}{4}\right]$，$\left[\frac{5\pi}{4},2\pi\right]$三段，在每一段上都是 X－型图形。

应用公式(4)，所求平面图形的面积为

$$A=\int_0^{\frac{\pi}{4}}(\cos x-\sin x)\mathrm{d}x+\int_{\frac{\pi}{4}}^{\frac{5\pi}{4}}(\sin x-\cos x)\mathrm{d}x+\int_{\frac{5\pi}{4}}^{2\pi}(\cos x-\sin x)\mathrm{d}x=4\sqrt{2}。$$

3.5.3 旋转体的体积

旋转体就是由一个平面图形绕这个平面内的一条直线 l 旋转一周而成的空间立体，其中直线 l 称为该旋转体的旋转轴。

如图 3-16(a)所示，把 X－型的单曲边梯形绕 x 轴旋转得到旋转体，设曲边方程为 $y=f(x)$，$x\in[a,b](a<b)$，旋转体体积记作 V_x。

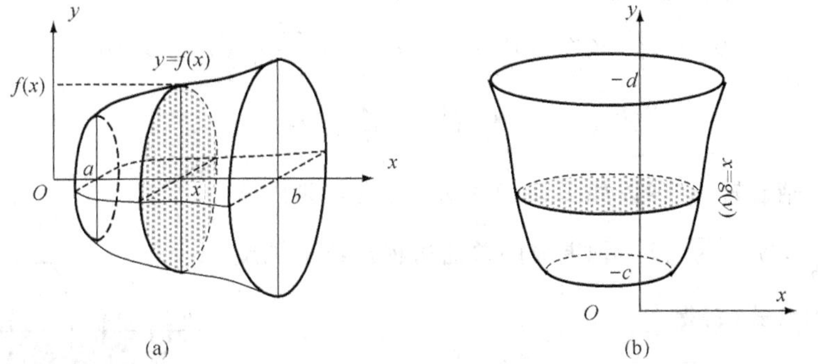

图 3-16

取横坐标 x 为积分变量，$x\in[a,b]$。在区间$[a,b]$上任取一微段$[x,x+\mathrm{d}x]$，该微段上的图形的体积微元 $\mathrm{d}V$ 可以用底面半径为 $f(x)$、高为 $\mathrm{d}x$ 的圆柱体的体积近似代替。因此

$$\mathrm{d}V=\pi[f(x)]^2\mathrm{d}x,$$

从而

$$V_x=\pi\int_a^b [f(x)]^2 dx。\tag{3}$$

类似可得 Y—型的单曲边梯形绕 y 轴旋转得到的旋转体的体积 V_y 计算公式：

$$V_y=\pi\int_c^d [g(y)]^2 dy,\tag{4}$$

其中的 $x=g(y)$ 是曲边方程，c、$d(c<d)$ 为 y 的上、下界，如图 3-16(b)所示。

【例 4】 如图 3-17 所示，求曲线 $y=\sin x(0\leqslant x\leqslant\pi)$ 绕 x 轴旋转一周所得的旋转体体积 V_x。

解 $V_x=\pi\int_a^b [f(x)]^2 dx=\pi\int_0^\pi (\sin x)^2 dx$

$$=\frac{\pi}{2}\int_0^\pi (1-\cos 2x)dx=\frac{\pi}{2}(x-\frac{\sin 2x}{2})\Big|_0^\pi$$

$$=\frac{\pi^2}{2}。$$

【例 5】 计算椭圆 $\frac{x^2}{a^2}+\frac{y^2}{b^2}=1(a>b>0)$ 绕 x 轴及 y 轴旋转而成的椭球体的体积 V_x, V_y。

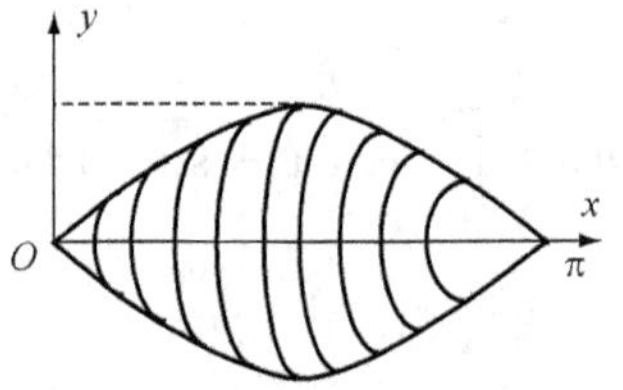

图 3-17

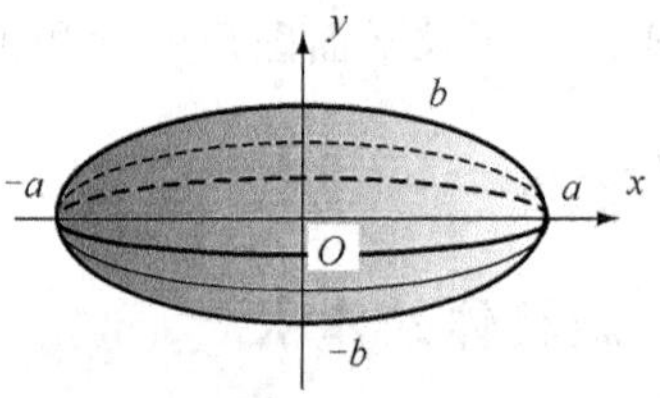

图 3-18

解 (1) 绕 x 轴旋转，椭球体如图 3-18 所示，可看作是由上半椭圆 $y=\frac{b}{a}\sqrt{a^2-x^2}$ 及 x 轴围成的单曲边梯形绕 x 轴旋转而成的。由公式(6)得

$$V_x=\pi\int_{-a}^a \left(\frac{b}{a}\sqrt{a^2-x^2}\right)^2 dx=\frac{2\pi b^2}{a^2}\int_0^a (a^2-x^2)dx$$

$$=\frac{2\pi b^2}{a^2}(a^2x-\frac{x^3}{3})\Big|_0^a=\frac{4}{3}\pi ab^2。$$

(2) 绕 y 轴旋转，椭球体如图 3-19 所示，可看作是由右半椭圆 $x=\frac{a}{b}\sqrt{b^2-y^2}$ 及 y 轴围成的单曲边梯形绕 y 轴旋转而成的。由公式(7)得

$$V_y=\pi\int_{-b}^b \left(\frac{a}{b}\sqrt{b^2-y^2}\right)^2 dy=\frac{2\pi a^2}{b^2}\int_0^b (b^2-y^2)dy$$

$$=\frac{2\pi a^2}{b^2}(b^2y-\frac{y^3}{3})\Big|_0^b=\frac{4}{3}\pi a^2 b。$$

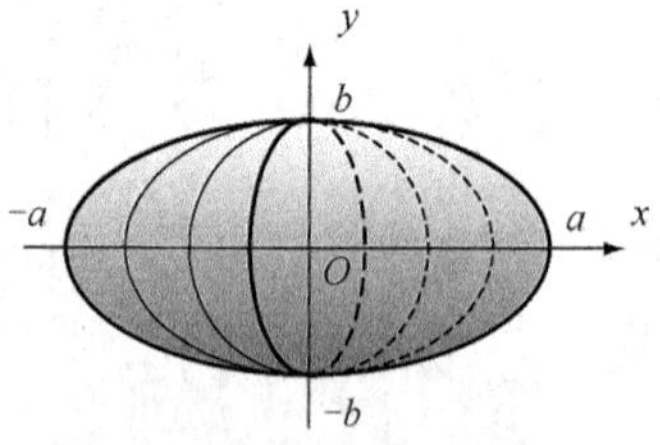

图 3-19

当 $a=b=R$ 时，即得球体的体积公式：$V=\frac{4}{3}\pi R^3$。

【例 6】　如图 3-20 所示，求由抛物线 $y=\sqrt{x}$ 与直线 $y=0$，$y=1$ 和 y 轴围成的平面图形绕 y 轴旋转而成的旋转体的体积 V_y。

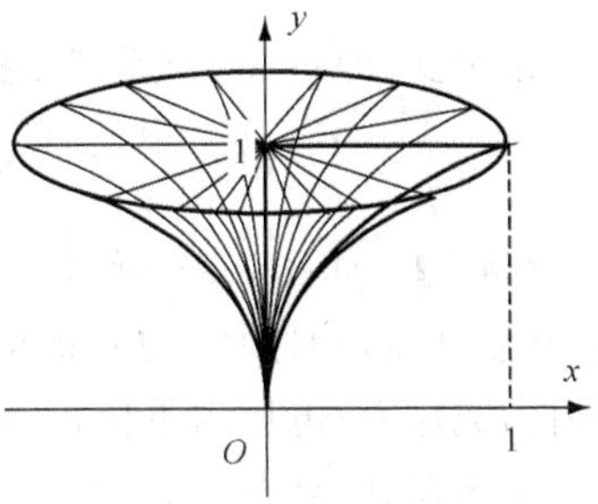

图 3-20

解　抛物线方程改写为 $x=y^2$，$y\in[0,1]$。

由公式(7)可得所求旋转体的体积为

$$V_y=\pi\int_0^1 (y^2)^2\mathrm{d}y=\int_0^1 y^4\mathrm{d}y=\frac{\pi}{5}y^5\Big|_0^1=\frac{\pi}{5}。$$

3.5.4　物理应用

1. 变力做功

物体在一个常力 F 的作用下，沿力的方向做直线运动，则当物体移动距离 s 时，F 所做的功 $W=F\cdot s$。

对于物体在变力作用下做功的问题，用微元法来求解。设力 F 的方向不变，但其大小随着位移而连续变化；物体在 F 的作用下，沿平行于力的作用方向做直线运动，如图 3-21 所示。取物体运动路径为 x 轴，位移量为 x，则 $F=F(x)$。现物体从点 $x=a$ 移动到点 $x=b$，求力 F 做的功 W。

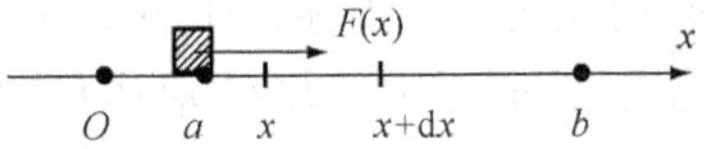

图 3-21

在区间$[a,b]$上任取一微段$[x,x+\mathrm{d}x]$，力 F 在此微段上做功的微元为 $\mathrm{d}W$。由于 $F(x)$ 的连续性，物体移动在这一微段时，力 $F(x)$的变化很小，它可以近似地看成不变，那么在微段 $\mathrm{d}x$ 上就可以使用常力做功的公式。于是，功的微元为 $\mathrm{d}W=F(x)\mathrm{d}x$。

做的功 W 是功微元 $\mathrm{d}W$ 在$[a,b]$上的累积，据微元法得

$$W=\int_a^b\mathrm{d}W=\int_a^b F(x)\mathrm{d}x。\tag{5}$$

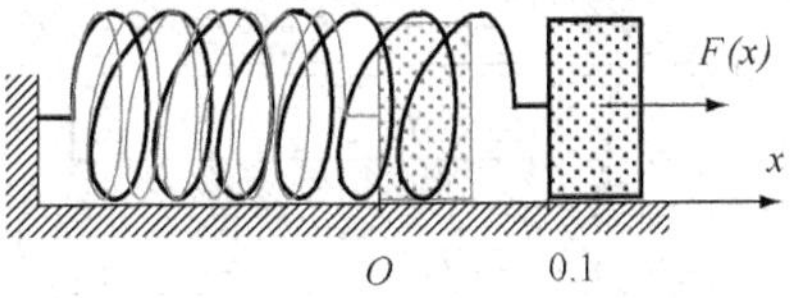

图 3-22

【例 7】　在弹簧的弹性限度之内，外力拉长或压缩弹簧，需要克服弹力做功（见图 3-22）。已知弹簧每拉长 0.02m，要用 9.8N 的力，求把弹簧拉长 0.1m 时，外力所做的功 W。

解　据虎克定律，在弹性限度内，拉伸弹簧所需要的外力 F 和弹簧的伸长量 x 成正比，即

$F(x)=kx$，其中 k 为弹性系数。

据题设，$x=0.02$m 时，$F=9.8$N，所以 $9.8=0.02k$，得 $k=4.9\times10^2$(N/m)。

所以外力需要克服的弹力为

$$F(x)=4.9\times10^2x。$$

由公式(8)可知，当弹簧被拉长0.1m时，外力克服弹力做的功为

$$W=\int_0^{0.1}4.9\times10^2x\mathrm{d}x=\frac{1}{2}\times4.9\times10^2x^2\Big|_0^{0.1}=2.45(\mathrm{J})。$$

【例8】 如图3-23所示，一个点电荷O会形成一个电场，其表现就是对周围的其他电荷A产生沿径向OA作用的引力或斥力；电场内单位正电荷所受的力称为电场强度。据库仑定律，距点电荷$r=OA$处的电场强度为

$$F(r)=k\frac{q}{r^2}\ (k\text{为比例常数},q\text{为点电荷}O\text{的电量})。$$

现若电场中单位正电荷A沿OA从$r=OA=a$移到$r=OB=b(a<b)$，求电场对它所做的功W。

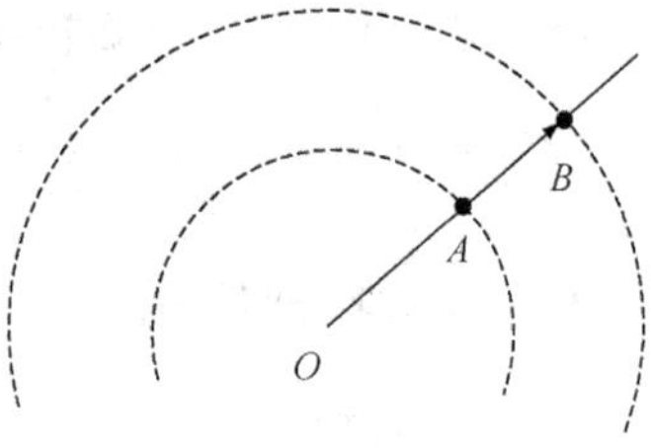

图3-23

解 这是在变力$F(r)$对移动物体作用下做功的问题。因为作用力和移动路径在同一直线上，故以r为积分变量，可应用公式(8)，得

$$W=\int_a^b k\frac{q}{r^2}\mathrm{d}r=kq\left(-\frac{1}{r}\right)\Big|_a^b=kq\left(\frac{1}{a}-\frac{1}{b}\right)。$$

2. 液体的压力

单位面积上所受的垂直于面的压力称为压强，即$p=\rho gh$（其中ρ是液体密度，单位是$\mathrm{kg/m^3}$；h是深度，单位是m）。如果沉于一定深度的承压面平行于液体表面，则此时承压面上所有点处的h是常数，承压面所受的压力$P=\rho ghA$，其中A是单位为$\mathrm{m^2}$的承压面的面积。

若承压面不平行于液体表面，此时承压面不同点处的深度未必相同，压强也就因点而异。考虑一种特殊情况：设承压面如图3-24那样为一垂直于液体表面的薄板，薄板在深度为x处的宽度为$f(x)$，求液体对薄板的压力。薄板在深度为x的水平线上压强相同，为ρgx。现在在薄板深x处取一高为$\mathrm{d}x$的微条（见图3-24中斜线阴影区域），设其面积为$\mathrm{d}A$。

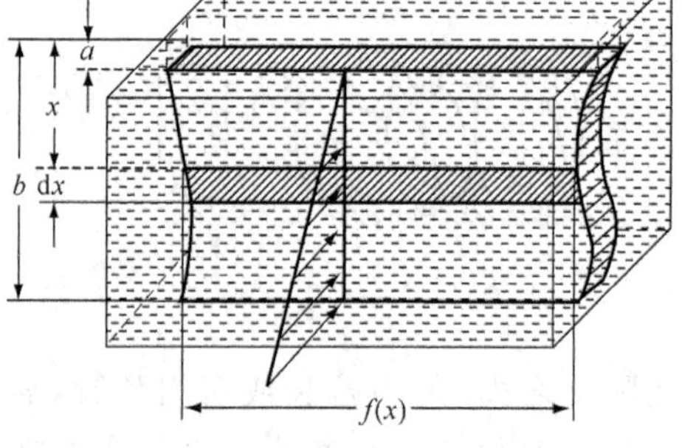

图3-24

微条上受液体的压力为压力微元$\mathrm{d}P$。近似认为在该微条上压强相同，为ρgx，则$\mathrm{d}P=\rho gx\mathrm{d}A$；又深度为$x$处的薄板宽为$f(x)$，故$\mathrm{d}A=f(x)\mathrm{d}x$，因此

$$\mathrm{d}P=\rho gxf(x)\mathrm{d}x。$$

若承压面的入水深度从a变到$b(a<b)$，则薄板承压面上液体总压力是x从a到b所有压力微元$\mathrm{d}P$的累积。据微元法得

$$P=\int_a^b \rho g x f(x)\mathrm{d}x=\rho g\int_a^b x f(x)\mathrm{d}x。$$

【例 9】 设有一竖直的闸门，形状是等腰梯形，尺寸如图 3-25 所示。当水面与闸门顶平齐时，求闸门所受的水压力 P。

解　由图 3-26 知，应用相似三角形关系可得，

$$\frac{1}{6}=\frac{\frac{1}{2}[f(x)-4]}{6-x},$$

解得

$$f(x)=6-\frac{x}{3}。$$

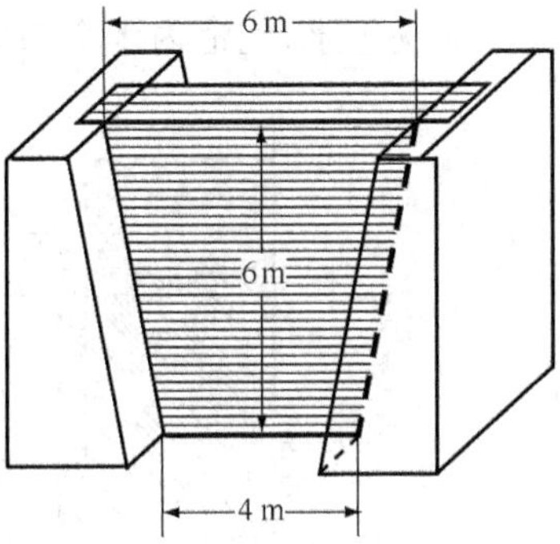

图 3-25

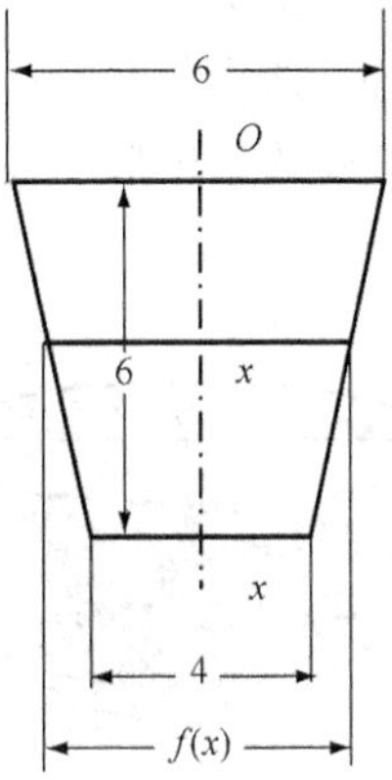

图 3-26

水的密度 $\rho=9.8\times10^3(\mathrm{N/m^3})$，闸门入水深度从 0m 到 6m，所以闸门受水的总压力

$$\begin{aligned}P&=\rho g\int_a^b xf(x)\mathrm{d}x\\&=9.8\times10^3\int_0^6 x\left(6-\frac{x}{3}\right)\mathrm{d}x\\&=9.8\times10^3\left(3x^2-\frac{x^2}{9}\right)\Bigg|_0^6=9.8\times10^3\times(108-24)\approx8.23\times10^5(\mathrm{N})。\end{aligned}$$

习题 3.5

1. 求由下列曲线所围成的平面图形的面积

(1) $y=e^x, y=e^{-x}$ 与直线 $x=1$；

(2) $y=\ln x$ 与直线 $y=0, x=e$；

(3) $y=\dfrac{1}{x}$ 与直线 $y=x, x=2$；

(4) 直线 $y=x, y=2x, y=2$；

(5) 抛物线 $y^2=2x$ 与直线 $y=x-4$；

(6) 曲线 $y=\cos x$，直线 $y=\dfrac{3\pi}{2}-x$ 及 y 轴。

2. 求旋转体体积

(1) $y=x^2-4$，$y=0$ 围成的图形绕 x 轴旋转；

(2) $y=\sqrt{x}$，$x=1$，$x=4$，$y=0$ 围成的图形绕 x 轴旋转；

(3) $y=x^2$ $(0\leqslant x\leqslant 2)$ 与 $x=2$ 所界定的平面图形分别绕 x 轴及 y 轴旋转；

(4) $y=x^2$，$x=y^2$ 所围成的平面图形分别绕 x 轴及 y 轴旋转。

3. 判断下列说法是否正确

(1) 在定积分的物理应用中，选择不同的坐标系，计算的结果各不相同；

(2) 横截面为 A，深为 h 的水池装满水，把水池里的水全部抽到高为 H 的水塔上所做的功

$$W=\int_0^h \rho_{水}\, gA(H+h-x)\mathrm{d}x。$$

4. 有一长为 25cm 的弹簧，若加以 0.98N 的力，则弹簧将伸长到 30cm，求使弹簧由 25cm 伸长到 40cm 所做的功。

5. 半径为 1m 的半球形水池(见图 3-27)，池中充满了水，把池内水全部抽完做多少功？

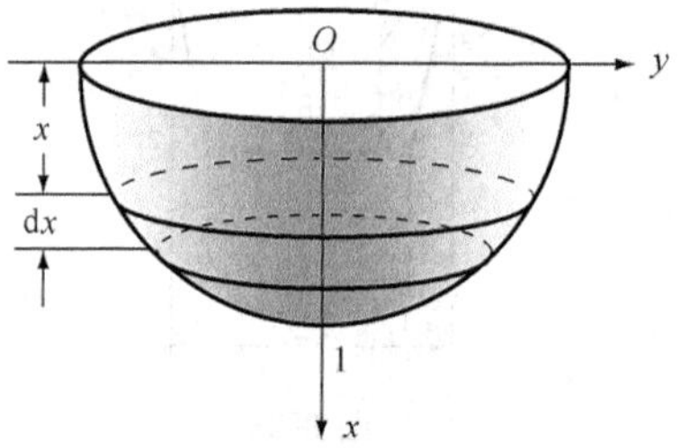

图 3-27

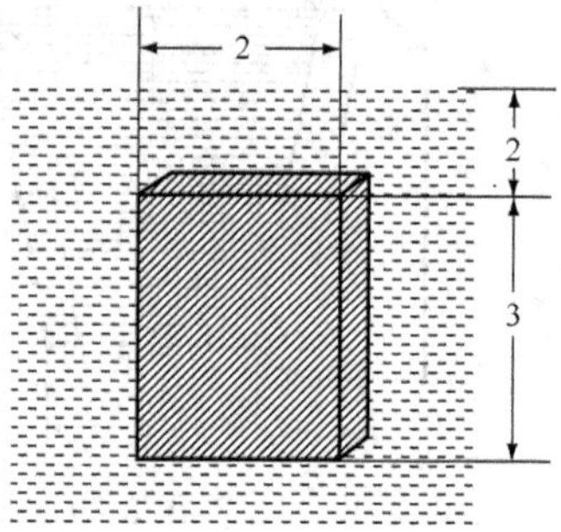

图 3-28

6. 有一个闸门，它的形状和尺寸如图 3-28 所示，水面距离闸顶 2m，求闸门上受到的水的压力。

7. 一半径为 6m 的半圆形闸门，铅直地浸在水中，其直径恰位于水表面，求闸门一侧所受的水的压力。

3.6 二重积分

在一元函数积分学中，从求曲边梯形这类问题入手，通过分割、近似、求和、取极限四个步骤归结出一元函数的定积分 $\int_a^b f(x)\mathrm{d}x$ 的定义。这种方法的基本思想同样可以推广到二元函数中，从而建立二重积分的概念。本节介绍二重积分的概念和计算方法。

3.6.1 二重积分的概念

1. 引例

引例 1 曲顶柱体的体积

设有一个立体，它的底面是 xOy 平面上的有界闭区域 D，它的侧面是平行于 z 轴的柱面，侧面的母线平行于 z 轴，准线是区域 D 的边界线，它的顶部是定义在区域 D 上的一个二

元函数 $z=f(x,y)$ 所表示的连续曲面，现在假定 $f(x,y)\geqslant 0$。把这种柱体叫作曲顶柱体。现在来计算这个曲顶柱体的体积 V。

如果是一个一般的柱体，柱体的高不是不变的，柱体的体积公式为 $V=S\times h$，直接用底面积乘高就可以得到。但是曲顶柱体由于上面的部分是曲面，所以底面任意点 (x,y) 处的高 $f(x,y)$ 都是在不断变化的。这样就遇到了求曲边梯形类似的问题（曲边梯形的边是曲线，不是直线，不能直接用矩形公式计算），可以使用与曲边梯形求法类似的思想和方法来处理这个问题。

(1) 分割。将 D 任意分割成 n 个小的区域：$\sigma_1,\sigma_2,\sigma_3,\cdots,\sigma_n$，用 $\Delta\sigma_i(i=1,2,\cdots,n)$ 来表示第 i 个小区域的面积。再以每一个小区域 σ_i 为底面，其边界为准线，作母线平行于 z 轴的柱面，这样就将原来的曲顶柱体分割成了 n 个分别以 $\sigma_1,\sigma_2,\sigma_3,\cdots,\sigma_n$ 为底面，平行于 z 轴的小曲顶柱体，如用 $\Delta V_i(i=1,2,\cdots,n)$ 来表示第 i 个小区域 σ_i 的体积，则曲顶柱体的体积 $V=\sum\Delta V_i$。

(2) 近似替代。当小区域 σ_i 比较小的时候，小的曲顶柱体就可以近似看作一个平顶柱体，在小区域 σ_i 内，任意取一点 (ξ_i,η_i)，以该点处的高 $f(\xi_i,\eta_i)$ 作为近似后平顶柱体的高 $f(\xi_i,\eta_i)$，作乘积 $f(\xi_i,i_j)\times\Delta\sigma_i$，这样就得到了第 i 个曲顶柱体体积的近似值，即

$$\Delta V_i\approx f(\xi_i,\eta_i)\times\Delta\sigma_i。$$

(3) 求和。将每一个小曲顶柱体的体积近似值累加起来，就得到了整个曲顶柱体体积的近似值：

$$V=\sum_{i=1}^{n}\Delta V_i\approx\sum_{i=1}^{n}f(\xi_i,\eta_i)\times\Delta\sigma_i。$$

(4) 取极限。若将区域 D 分割得越细，则体积近似值的近似效果越好，误差越小。当将区域 D 无限细分，且所有小区域的最大直径 $\lambda\to 0$ 时，若上面累加和式的极限存在，则上面累加和的极限就是所求曲顶柱体的体积，即

$$V=\lim_{\lambda\to 0}\sum_{i=1}^{n}f(\xi_i,\eta_i)\times\Delta\sigma_i。$$

引例 2　平面薄片的质量

设薄片的质量非均匀地分布在平面区域 D 上，其面积为 σ，面密度 $\mu=\mu(x,y)$，且该函数在 D 上连续，现要计算该平面薄片的质量 m。

如果这个薄片是均匀的，即面密度 $\mu=\mu_0$，则 $m=\mu_0\times\sigma$。而现在面密度 $\mu(x,y)$ 是一个变量，薄片的质量就不能直接用乘法来实现。可以利用上面计算曲顶柱体的体积的思想和方法来解决这个问题，进行“以直代曲”。

(1) 分割。将 D 任意分割成 n 个小的区域：$\sigma_1,\sigma_2,\sigma_3,\cdots,\sigma_n$，用 $\Delta\sigma_i(i=1,2,\cdots,n)$ 来表示第 i 个小区域的面积。如用 $\Delta m_i(i=1,2,\cdots,n)$ 来表示第 i 个小区域 σ_i 的质量，则薄片的质量 $m=\sum\Delta m_i$。

(2) 近似替代。当小区域 σ_i 比较小的时候，小的薄片就可以近似看作一个密度均匀的薄片，在小区域 σ_i 内，任意取一点 (ξ_i,η_i)，以该点处的密度 $\mu(\xi_i,\eta_i)$ 近似看作薄片每一处的密度 $\mu(\xi_i,\eta_i)$，作乘积 $\mu(\xi_i,i_j)\times\Delta\sigma_i$，这样就得到了第 i 个薄片质量的近似值，即

$$\Delta m_i\approx\mu(\xi_i,\eta_i)\times\Delta\sigma_i。$$

(3) 求和。将每一个小薄片质量的近似值累加起来，就得到了整个薄片质量的近似值：

$$m = \sum_{i=1}^{n} \Delta m_i \approx \sum_{i=1}^{n} \mu(\xi_i, \eta_i) \times \Delta\sigma_i 。$$

(4) 取极限。若将区域 D 分割得越细，则质量近似值的近似效果越好，误差越小。当将区域 D 无限细分，且所有小区域的最大直径 $\lambda \to 0$ 时，若上面累加和式的极限存在，则上面累加和的极限就是所求薄片的质量，即

$$m = \lim_{\lambda \to 0} \sum_{i=1}^{n} \mu(\xi_i, \eta_i) \times \Delta\sigma_i 。$$

尽管上述两个例子的实际意义不同，但是解决问题的思想方法相同：抛开两个二元函数的实际意义，抽象出两个问题的共同点，都是二元函数近似值累加和的极限。由此引入二重积分的概念。

2. 二重积分的定义

定义 设二元函数 $f(x,y)$ 定义在有界闭区域 D 上，将区域 D 任意分割成 n 个小区域：$\sigma_1, \sigma_2, \cdots, \sigma_n$，用 $\Delta\sigma_i (i=1,2,\cdots,n)$ 来表示第 i 个小区域 σ_i 的面积。在小区域 σ_i 内，任意取一点 (ξ_i, η_i)，作和式

$$\sum_{i=1}^{n} f(\xi_i, \eta_i) \times \Delta\sigma_i ,$$

记 $\lambda = \max\limits_{1 \leqslant i \leqslant n} \{d_i\}$（$d_i$ 表示第 i 个小区域的直径），当 $\lambda \to 0$ 时，若上面和式的极限

$$\lim_{\lambda \to 0} \sum_{i=1}^{n} f(\xi_i, \eta_i) \times \Delta\sigma_i$$

存在，称此极限为二元函数 $z=f(x,y)$ 在区域 D 上的二重积分，记为

$$\iint\limits_D f(x,y)\,\mathrm{d}\sigma ,$$

即

$$\iint\limits_D f(x,y)\,\mathrm{d}\sigma = \lim_{\lambda \to 0} \sum_{i=1}^{n} f(\xi_i, \eta_i) \times \Delta\sigma_i 。$$

其中 $f(x,y)$ 是被积函数，D 为积分区域，x、y 为积分变量，$\mathrm{d}\sigma$ 为面积元素。

在二重积分 $\iint\limits_D f(x,y)\,\mathrm{d}\sigma$ 中的面积元素 $\mathrm{d}\sigma$ 象征着和式中的 $\Delta\sigma_i$，而从二重积分的定义可以看到，对于区域 D 的分隔是任意的。如果在直角坐标系内，用平行于 x 轴和 y 轴的直线来对区域进行分割，则得到的就是一个一个矩形小区域，此时的 $\Delta\sigma_i = \Delta x_i \times \Delta y_i$，因此在直角坐标系中，把面积元素 $\mathrm{d}\sigma$ 记为 $\mathrm{d}x\mathrm{d}y$，把二重积分记为

$$\iint\limits_D f(x,y)\,\mathrm{d}x\mathrm{d}y 。$$

由此，我们知道，曲顶柱体的体积 V 是曲顶的曲面函数 $z=f(x,y)$ 在区域 D 上的二重积分

$$V = \iint\limits_D f(x,y)\,\mathrm{d}\sigma ;$$

平面薄片的质量 m 为面密度 $\mu=\mu(x,y)$ 在区域 D 上的二重积分

$$m = \iint\limits_D \mu(x,y)\,\mathrm{d}\sigma 。$$

3. 二重积分的几何意义

从几何上来看，二元函数 $z=f(x,y)$ 在区域 D 上的二重积分 $\iint\limits_D f(x,y)\mathrm{d}\sigma$ 表示底面在 xOy 平面上的有界闭区域 D，侧面的母线平行于 z 轴，准线是区域 D 的边界线，顶部是定义在区域 D 上的一个二元函数 $z=f(x,y)$ 所表示的连续曲面，所构成的曲顶柱体的代数体积。

如果 $f(x,y)>0$，则二重积分为曲顶柱体的体积；如果 $f(x,y)<0$，则二重积分为负，二重积分的绝对值为曲顶柱体的体积。如果 $f(x,y)$ 在区域 D 上部分区域为正，而其他区域为负，那么二重积分就等于这些部分区域的曲顶柱体的体积的代数和。

3.6.2 二重积分的性质

性质 1 被积函数的常数系数可以提到积分号外面，即

$$\iint\limits_D k\ f(x,y)\mathrm{d}\sigma = k\iint\limits_D f(x,y)\mathrm{d}\sigma \quad (k \text{ 为常数})。$$

性质 2 和差的积分等于积分的和差，即

$$\iint\limits_D [f(x,y)\pm g(x,y)]\mathrm{d}\sigma = \iint\limits_D f(x,y)\mathrm{d}\sigma \pm \iint\limits_D g(x,y)\mathrm{d}\sigma。$$

性质 3 （区域可加性）若区域 D 被分割成 D_1 与 D_2，则

$$\iint\limits_D f(x,y)\mathrm{d}\sigma = \iint\limits_{D_1} f(x,y)\mathrm{d}\sigma + \iint\limits_{D_2} f(x,y)\mathrm{d}\sigma。$$

性质 4 （常数性质）如果在区域 D 上，$f(x,y)\equiv 1$，σ 为区域 D 的面积，则

$$\iint\limits_D \mathrm{d}\sigma = \sigma。$$

性质 5 （保号性）如果在区域 D 上，$f(x,y)\leqslant g(x,y)$，则

$$\iint\limits_D f(x,y)\mathrm{d}\sigma \leqslant \iint\limits_D g(x,y)\mathrm{d}\sigma。$$

性质 6 （估值不等式）如果在区域 D 上，M 和 m 分别为函数 $f(x,y)$ 在区域 D 上的最大值和最小值，σ 为区域 D 的面积，则

$$m\sigma \leqslant \iint\limits_D f(x,y)\mathrm{d}\sigma \leqslant M\sigma。$$

性质 7 （中值定理）如果 $f(x,y)$ 在区域 D 上连续，则在区域 D 内至少存在一个点 (ξ,η)，使得

$$\iint\limits_D f(x,y)\mathrm{d}\sigma = f(\xi,\eta)\sigma。$$

3.6.3 直角坐标系下二重积分的计算

二重积分的定义从理论上给出了二重积分的计算方法，但是由于计算累加和的极限很复杂，对于分割和取点的任意性，要用定义计算二重积分较为繁琐，下面给出计算二重积分的常用方法，化二重积分为累次积分。

1. 用不等式组表示积分区域

在计算二重积分时，要将积分区域用一种典型的不等式组来表示。先考虑 xOy 平面上

的一种特殊类型的区域，这种区域的特点是：任何平行于 x 轴或者 y 轴的直线与这个区域的边界的交点不多于两个（见图 3-29），但是它的边界曲线可以包含平行于坐标轴的线段。常遇到的平面区域都可以看作是由若干个这样的特殊类型的区域组合而成的。例如，图 3-30 就可以划分成三个上述特殊区域。

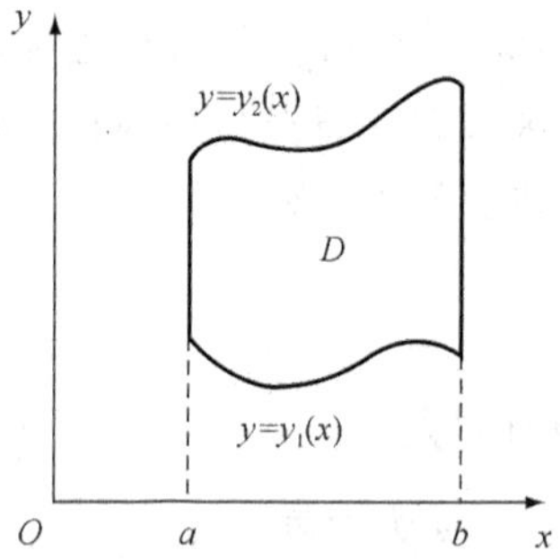

图 3-29

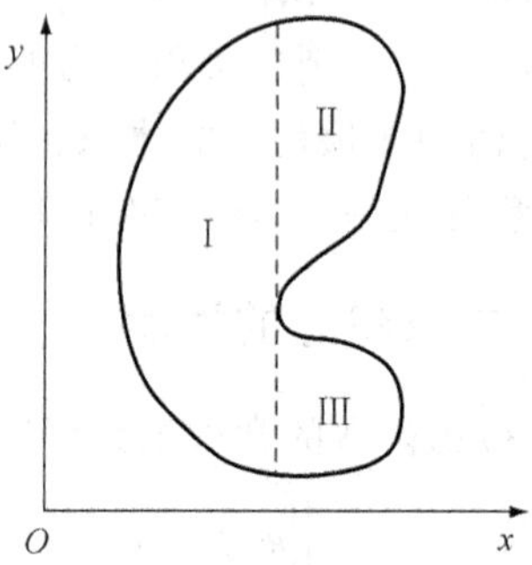

图 3-30

在图 3-29 中，设区域 D 内的点的横坐标 x 的变化范围为 $[a,b]$，区域 D 的边界曲线是两个函数 $y=y_1(x)$，$y=y_2(x)$。对于区间 $[a,b]$ 上面的任意一个点 x，过点 x 作一条平行于 y 轴的直线，此直线与边界曲线 $y=y_1(x)$，$y=y_2(x)$ 分别交于 A_1，A_2 两点，则点 A_1，A_2 的坐标分别为 $(x,y_1(x))$ 和 $(x,y_2(x))$。由此可知，区域 D 内部的所有横坐标为 x 的点的纵坐标都满足下面的不等式关系：

$$y_1(x)\leqslant y\leqslant y_2(x)。$$

由于点 x 在区间 $[a,b]$ 上，于是区域 D 内的任意一个点 (x,y) 都满足下面的不等式组：

$$\begin{cases} a\leqslant x\leqslant b, \\ y_1(x)\leqslant y\leqslant y_2(x)。\end{cases}$$

为了方便表达，把满足上述不等式组关系的区域称为 X-型区域。

【例 1】 设 D 为由圆 $x^2+y^2=1$ 及直线 $y=1-x$ 所围成的在第一象限内的封闭区域，试用不等式组表示区域 D，检验区域 D 是否为 X-型区域。

解 如图 3-31 所示，区域 D 的横坐标的变化范围为 $[0,1]$，过点 x 作一条平行于 y 轴的直线，此直线与边界曲线 $y=1-x$，$y=\sqrt{1-x^2}$ 分别交于 A_1，A_2 两点，区域 D 内部的所有横坐标为 x 的点的纵坐标都满足下面的不等式关系：$1-x\leqslant y\leqslant\sqrt{1-x^2}$，故区域 D 的不等式组表示为

$$\begin{cases} 1-x\leqslant y\leqslant\sqrt{1-x^2}, \\ 0\leqslant x\leqslant 1。\end{cases}$$

显然，区域 D 是 X－型区域。

【例 2】 设 D 为由圆 $x^2+y^2=1$、直线 $y=x$ 及 x 轴所围成的在第一象限内的封闭区域，试用不等式组表示区域 D，检验区域 D 是否为 X-型区域。

解 如图 3-32 所示，区域 D 的横坐标的变化范围为 $[0,1]$，过点 x 作一条平行于 y 轴的直线。当 x 在区间 $\left[0,\frac{\sqrt{2}}{2}\right]$ 内的时候，区域 D 内以 x 为横坐标的点的纵坐标介于 0 和 x 之

间变化；而当 x 在区间 $\left[\frac{\sqrt{2}}{2},1\right]$ 内的时候，区域 D 内以 x 为横坐标的点的纵坐标介于 0 和 $\sqrt{1-x^2}$ 之间变化。所以要用两个不等式组来表示：

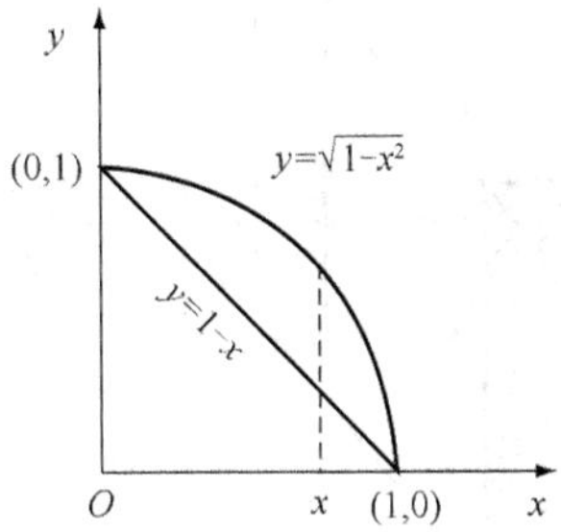

图 3-31

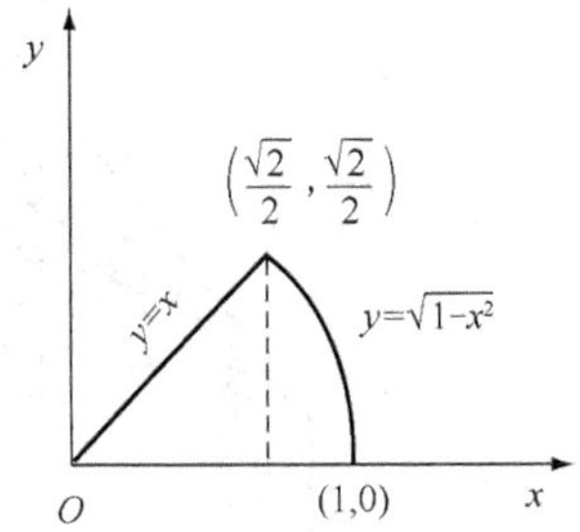

图 3-32

$$\begin{cases}0\leqslant y\leqslant x,\\0\leqslant x\leqslant\dfrac{\sqrt{2}}{2},\end{cases}\qquad\begin{cases}0\leqslant y\leqslant\sqrt{1-x^2},\\\dfrac{\sqrt{2}}{2}\leqslant x\leqslant 1。\end{cases}$$

显然，区域 D 可以看作两个 X—型区域。

类似地，设平面区域 D 如图 3-33 所示，区域 D 上的点的纵坐标 y 的变化范围为$[c,d]$，区域 D 的边界曲线是两个函数 $x=x_1(y)$，$x=x_2(y)$。容易表示出区域 D 的不等式组为

$$\begin{cases}c\leqslant y\leqslant d,\\x_1(y)\leqslant x\leqslant x_2(y)。\end{cases}$$

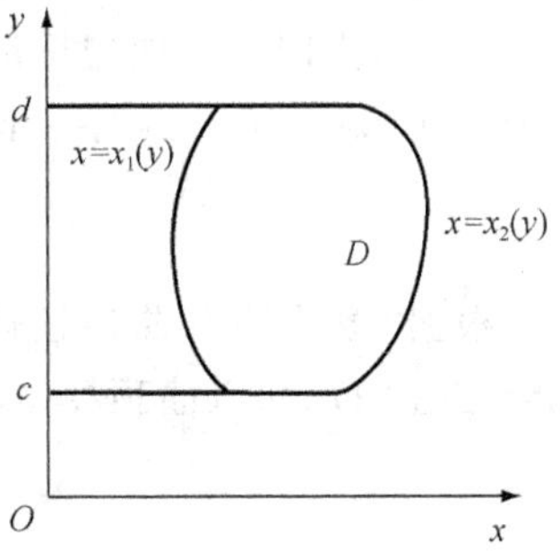

图 3-33

为了方便表达，把满足上述不等式组关系的区域称为 Y—型区域。

现在再回过去看例 1，显然，这个区域既是 X-型区域又是 Y-型区域，也可用不等式组表示为

$$\begin{cases}0\leqslant y\leqslant 1,\\1-y\leqslant x\leqslant\sqrt{1-y^2}。\end{cases}$$

而例 2 中将区域分成两个 X-型区域，其实可以将它看作一个 Y-型区域，不等式组表示为

$$\begin{cases}0\leqslant y\leqslant\dfrac{\sqrt{2}}{2},\\y\leqslant x\leqslant\sqrt{1-y^2}。\end{cases}$$

2. 化二重积分为累次积分

先讨论以 $z=f(x,y)$ 为顶、矩形区域 D

$$\begin{cases}a\leqslant x\leqslant b,\\c\leqslant y\leqslant d\end{cases}$$

为底的曲顶柱体（见图 3-34）的体积计算公式。

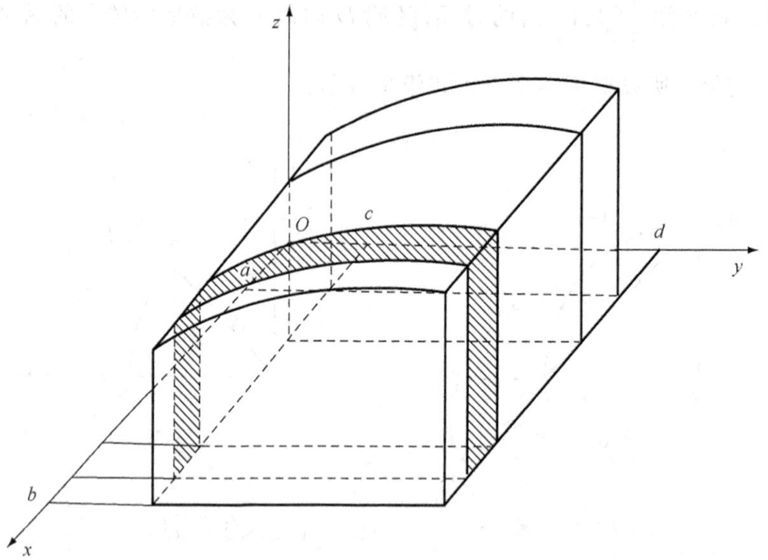

图 3-34

首先将 x 轴上的线段$[a,b]$分成若干段，然后过每一点作垂直于 x 轴的平面，将曲顶柱体切成若干个薄片，每个截面的面积记为 $S(x)$，则 $S(x)$就是一个定义在区间$[c,d]$上，以 $z=f(x,y)$为曲边的曲边梯形的面积。对于取定的 x 而言，函数 $z=f(x,y)$就是关于 y 的一个一元函数，所以根据一元函数定积分的定义，可以得到

$$S(x)=\int_c^d f(x,y)\mathrm{d}y。$$

根据"微元法"，曲顶柱体的体积元素 $\mathrm{d}v$，就是对应于$[x,x+\mathrm{d}x]$的小薄片的体积，即 $\mathrm{d}v= S(x)\mathrm{d}x$，所以曲顶柱体的体积为

$$V=\int_a^b S(x)\mathrm{d}x=\int_a^b\left(\int_c^d f(x,y)\mathrm{d}y\right)\mathrm{d}x。$$

而这个体积又是二重积分的值，从而可以得到：

$$\iint_D f(x,y)\mathrm{d}\sigma=\int_a^b\left(\int_c^d f(x,y)\mathrm{d}y\right)\mathrm{d}x \text{ 或者 } \iint_D f(x,y)\mathrm{d}x\mathrm{d}y=\int_a^b\left(\int_c^d f(x,y)\mathrm{d}y\right)\mathrm{d}x。$$

如果积分的区域不是矩形，而是 X—型区域，则有

$$\iint_D f(x,y)\mathrm{d}\sigma=\int_a^b\left[\int_{y_1(x)}^{y_2(x)} f(x,y)\mathrm{d}y\right]\mathrm{d}x=\int_a^b\mathrm{d}x\int_{y_1(x)}^{y_2(x)} f(x,y)\mathrm{d}y。$$

这样，就把一个二重积分变为一个先对 y 积分再对 x 积分的两个一元积分来计算。

类似地，如果区域不是 X—型区域，而是 Y—型区域，则有

$$\iint_D f(x,y)\mathrm{d}\sigma=\int_c^d\left[\int_{x_1(y)}^{x_2(y)} f(x,y)\mathrm{d}x\right]\mathrm{d}y=\int_c^d\mathrm{d}y\int_{x_1(y)}^{x_2(y)} f(x,y)\mathrm{d}x。$$

这时，就把一个二重积分变为一个先对 x 积分再对 y 积分的两个一元积分来计算。

注意：

(1) 如果积分区域是任意区域，首先需要将其分成几个 X—型区域或者几个 Y—型区域来考虑。

(2) 在计算二次积分时，先计算的积分的上、下限是后计算的积分的积分变量的函数

(特殊时也可能是常数),后计算的积分的积分上、下限是常数。

(3) 在计算二重积分时,积分区域确定为 X—型区域还是 Y—型区域,一般根据区域的表达式及被积函数的特点来确定。

(4) 计算二重积分的步骤为:

①画出积分区域的图形;

②确定区域的类型,并用不等式组表示出来,从而确定积分次序和积分上、下限;

③化二重积分为二次积分;

④计算二次积分的值。

【例 3】 计算 $\iint\limits_D xy\,\mathrm{d}\sigma$,其中 D 是由直线 $y=1$、$x=2$ 及 $y=x$ 所围成的区域。

解法一 首先画出区域 D 的图形,如图 3-35(a)所示,将区域看成 X—型区域,则不等式组为

$$\begin{cases}1\leqslant x\leqslant 2,\\ 1\leqslant y\leqslant x,\end{cases}$$

$$\iint\limits_D xy\,\mathrm{d}\sigma=\int_1^2\left(\int_1^x xy\,\mathrm{d}y\right)\mathrm{d}x=\int_1^2\left[\frac{xy^2}{2}\right]_1^x\mathrm{d}x$$

$$=\int_1^2\frac{x^3-x}{2}\mathrm{d}x=\left[\frac{x^4}{8}-\frac{x^2}{4}\right]_1^2=\frac{9}{8}。$$

解法二 将区域看成 Y—型区域,如图 3-35(b)所示,则不等式组为

$$\begin{cases}1\leqslant y\leqslant 2,\\ y\leqslant x\leqslant 2,\end{cases}$$

$$\iint\limits_D xy\,\mathrm{d}\sigma=\int_1^2\left(\int_y^2 xy\,\mathrm{d}x\right)\mathrm{d}y=\int_1^2\left[\frac{yx^2}{2}\right]_y^2\mathrm{d}y$$

$$=\int_1^2\left(2y-\frac{y^3}{2}\right)\mathrm{d}y=\left[y^2-\frac{y^4}{8}\right]_1^2=\frac{9}{8}。$$

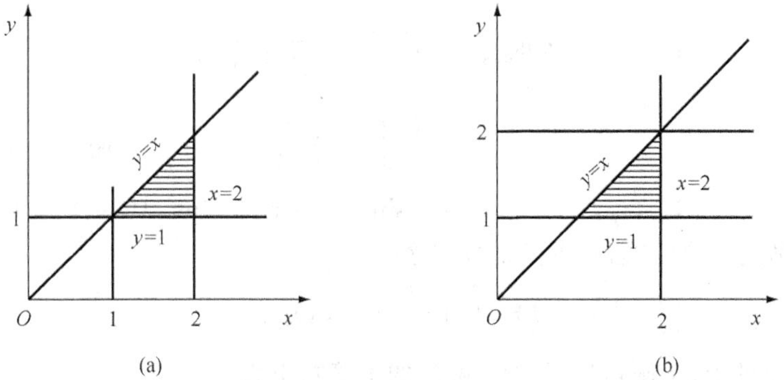

图 3-35

【例 4】 计算 $\iint\limits_D y\,\mathrm{d}\sigma$,其中 D 是由抛物线 $y^2=2x$ 和直线 $y=x-4$ 所围成的区域。

解 首先画出区域 D 的图形,如图 3-36 所示,将区域看成 Y—型区域,则不等式组为

$$\begin{cases} -2 \leqslant y \leqslant 4, \\ \dfrac{y^2}{2} \leqslant x \leqslant y+4。\end{cases}$$

于是有

$$\iint_D y\,\mathrm{d}\sigma = \int_{-2}^{4}\left(\int_{\frac{y^2}{2}}^{y+4} y\,\mathrm{d}x\right)\mathrm{d}y = \int_{-2}^{4}\left[xy\right]_{\frac{y^2}{2}}^{y+4}\mathrm{d}y$$

$$= \int_{-2}^{4}\left(y^2+4y-\frac{y^3}{2}\right)\mathrm{d}y = \left[\frac{1}{3}y^3+2y^2-\frac{y^4}{8}\right]_{-2}^{4} = 18。$$

【例 5】 计算 $\iint\limits_D \dfrac{\cos y}{y}\mathrm{d}\sigma$，其中 D 是由抛物线 $y^2=x$ 和直线 $y=x$ 所围成的区域。

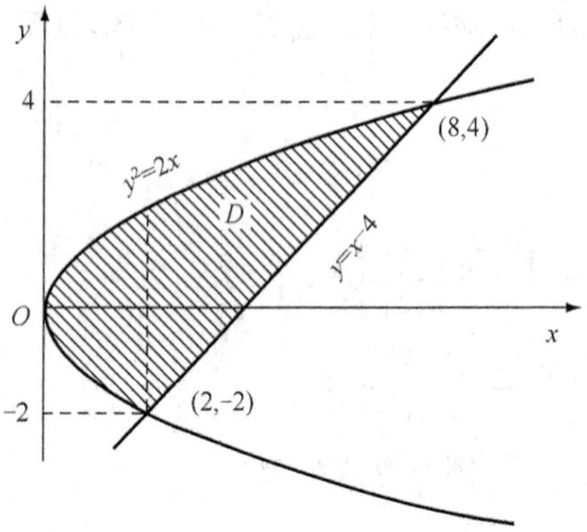

图 3-36

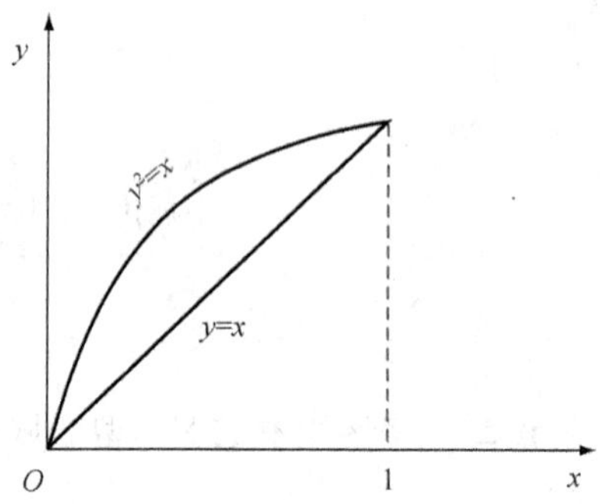

图 3-37

解 首先画出区域 D 的图形，如图 3-37 所示，将区域看成 Y—型区域，则不等式组为

$$\begin{cases} 0 \leqslant y \leqslant 1, \\ y^2 \leqslant x \leqslant y。\end{cases}$$

于是有

$$\iint_D \frac{\cos y}{y}\mathrm{d}\sigma = \int_0^1\left(\int_{y^2}^{y}\frac{\cos y}{y}\mathrm{d}x\right)\mathrm{d}y$$

$$= \int_0^1\left[x\frac{\cos y}{y}\right]_{y^2}^{y}\mathrm{d}y = \int_0^1(\cos y - y\cos y)\mathrm{d}y$$

$$= \left[\sin y - y\sin y - \cos y\right]_0^1 = 1-\cos 1。$$

【例 6】 确定积分区域，并更换积分次序：

$$I = \int_1^2 \mathrm{d}x\int_{\frac{1}{x}}^{x} f(x,y)\mathrm{d}y。$$

解 从积分的上、下限可以看出区域 D 的不等式组为

$$\begin{cases} \dfrac{1}{x} \leqslant y \leqslant x, \\ 1 \leqslant x \leqslant 2。\end{cases}$$

显然，区域 D 的左、右边界线分别为 $x=1$、$x=2$，上、下边界线分别为 $y=x$、$y=\dfrac{1}{x}$，如图 3-38 所示。如果要看作 Y—型区域，则需要分成 D_1 和 D_2 两个区域来做。

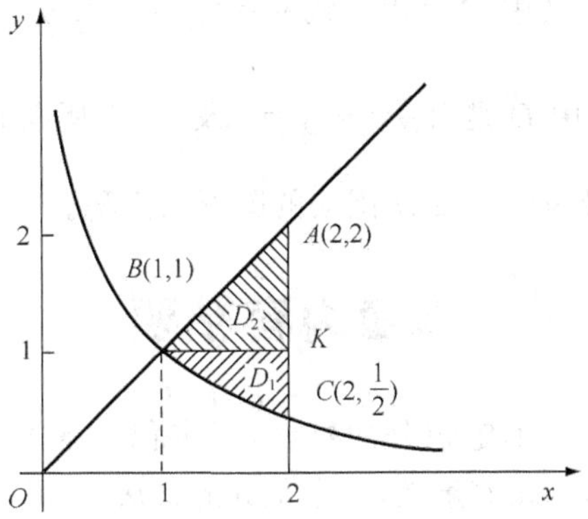

图 3-38

$$D_1:\begin{cases}\dfrac{1}{2}\leqslant y\leqslant 1,\\ \dfrac{1}{y}\leqslant x\leqslant 2\end{cases}\quad 和\ D_2:\begin{cases}1\leqslant y\leqslant 2,\\ y\leqslant x\leqslant 2。\end{cases}$$

于是有

$$I=\int_1^2 dx\int_{\frac{1}{x}}^{x} f(x,y)dy=\int_{\frac{1}{2}}^{1} dy\int_{\frac{1}{y}}^{2} f(x,y)dx+\int_1^2 dy\int_y^2 f(x,y)dx。$$

本节介绍了直角坐标系下的二重积分问题。二重积分除了可以在直角坐标系下计算外，在有些情况下也可以在其他坐标系下完成。由于这些内容较为复杂，介于篇幅限制，这里就不做介绍，有兴趣的同学可以参考其他本科学校的高等数学多元微积分部分内容。

习题 3.6

1. 化二重积分 $\iint\limits_D f(x,y)d\sigma$ 为二次积分，其中区域 D 如下。

(1) 由两条坐标轴及两条直线 $x=3,y=2$ 所围成的矩形区域。

(2) 由直线 $y=x$ 及抛物线 $y^2=4x$ 所围成的区域。

(3) 由 x 轴及 $x^2+y^2=4$ 所围成的区域。

(4) 由直线 $y=x,x=2$ 及 $y=\dfrac{1}{x}$ 所围成的区域。

2. 交换下列积分次序

(1) $I=\int_0^1 dy\int_0^y f(x,y)dx$；　(2) $I=\int_0^2 dy\int_{y^2}^{2y} f(x,y)dx$；

(3) $I=\int_0^1 dx\int_{-\sqrt{1-x^2}}^{\sqrt{1+x^2}} f(x,y)dy$；　(4) $I=\int_1^e dx\int_0^{\ln x} f(x,y)dy$。

3. 计算下列二重积分

(1) $\iint\limits_D (3x+2y)d\sigma$，其中 D 是由两条坐标轴及直线 $y=2-x$ 所围成的区域。

(2) $\iint\limits_D x\,d\sigma$，其中 D 是由抛物线 $y=x^2$ 及 $y=x^3$ 所围成的区域。

(3) $\iint\limits_D (x^2+y^2-x)\mathrm{d}\sigma$，其中 D 是由直线 $y=2$、$y=x$ 及 $y=2x$ 所围成的区域。

(4) $\iint\limits_D \cos(x+y)\mathrm{d}\sigma$，其中 D 是由 $y=\pi$、$y=x$ 及 $x=0$ 所围成的区域。

4. 计算由曲线 $y=x^2$ 及 $y=x+2$ 所围成的图形的面积。

本章内容精要

本章首先介绍了原函数与不定积分的概念，不定积分基本公式，求不定积分的基本方法；然后介绍了定积分的概念、几何意义，求定积分的方法；最后介绍了定积分在几何和物理上的应用。在此基础上，进一步介绍了二重积分的概念、运算。

1. 原函数、不定积分的概念

(1) 原函数的有关概念：

① 若 $F'(x)=f(x)$ 或 $\mathrm{d}F(x)=f(x)\mathrm{d}x$，则称 $F(x)$ 是 $f(x)$ 的一个原函数；

② 如果函数 $f(x)$ 有原函数，那么，它就有无限多个原函数。

(2) 不定积分的有关概念：

① $f(x)$ 的原函数的全体 $F(x)+C$，称为 $f(x)$ 的不定积分，记作

$$\int f(x)\mathrm{d}x=F(x)+C。$$

② 不定积分与求导是互逆运算，它们有如下关系：

$$\left[\int f(x)\mathrm{d}x\right]'=f(x),\mathrm{d}\left[\int f(x)\mathrm{d}x\right]=\mathrm{d}F(x),$$

$$\int F'(x)\mathrm{d}x=F(x)+C,\int \mathrm{d}F(x)=F(x)+C。$$

2. 定积分的概念

(1) 定积分的实际背景是解决已知变量的变化率，求它在某范围内的累积问题，从这类问题的典型——求曲边梯形的面积、变速直线运动的路程，得到了通过“分割、局部以不变代变得微量近似，求和得总量近似，取极限得精确总量”的一般解决过程，最后抽象得到定积分的概念，即

$$\int_a^b f(x)\mathrm{d}x=\lim_{\lambda\to 0}\sum_{i=1}^{n} f(\xi_i)\Delta x_i。$$

(2) 据定积分的定义，在 $[a,b]$ 上非负连续的函数的定积分总表示为由 $y=f(x)$，$x=a$，$x=b$ 以及 x 轴围成的单曲边梯形的面积，得到定积分 $\int_a^b f(x)\mathrm{d}x$ 的几何意义是由 $y=f(x)$，$x=a$，$x=b$ 以及 x 轴围成的区域的代数面积。

(3) 定积分是一个数，不定积分是一个函数的原函数的全体，因此，定积分和不定积分是两个完全不同的概念。但据定积分的实际背景，定积分必定是被积函数的原函数在积分限的函数值差，因此定积分和原函数之间又存在内在的联系。这种内在联系由牛顿-莱布尼兹公式给出：

$$\int_a^b f(x)\mathrm{d}x=F(x)\big|_a^b=F(b)-F(a),$$

$F(x)$ 是 $f(x)$ 的任一原函数。

3. 求积分的基本方法

积分的计算方法有直接积分法、换元积分法和分部积分法。

4. 定积分的应用

简化定积分定义中区间分割、近似、求和、取极限，突出累积量的微量(微元)近似，是微元法的基本思想。在实际问题中，只要能求出微元的准确表达式，在累积区间积分就能得到累积总量，所以微元法在工程技术、理化科学等各领域被广泛应用。本章主要介绍了用微元法求某一范围内的几何总量(面积、体积)、物理总量(变力所做的功、液体的压力等)问题。

5. 二重积分的概念

二重积分和一元积分本质上是类似的，主要区别在于一元积分的积分变量只有一个，积分的范围是 x 轴上的一个区间，而二元积分的积分变量有两个，积分的范围是 xOy 平面上的一个区域。从几何上来看，一元积分的几何意义是一个单曲边梯形的代数面积，而二元积分的几何意义是一个曲顶柱体的代数体积。

6. 二重积分的计算

二重积分的计算主要依赖于积分区间的划分，从这个意义上讲，和定积分的几何应用中考虑 X-型图形和 Y-型图形是类似的。方法也基本相同，主要是将积分区域划分成 X-型或者 Y-型区域，然后将二重积分转化成累次积分来计算。

复习题

一、填空题

1. $d(\int e^{-x^2}dx) =$ ________________。

2. $\int d(e^{\sin x}) =$ ________________。

3. $\int \frac{x}{1+x^4}dx =$ ________________。

4. $\int \sec x(\sec x - \tan x)dx =$ ________________。

5. 已知 $\int f(x)dx = x + \sec x + C$，则 $f(x) =$ ________________。

6. 已知 $f(x) = e^{-x}$，则 $\int \frac{f'(\ln x)}{x}dx =$ ________________。

7. 已知 $\int_0^5 f(x)dx = 4$，$\int_2^5 f(x)dx = -5$，则 $\int_0^2 f(x)dx =$ ________________。

8. $\int_a^b f(x)dx + \int_a^a f(x)dx + \int_b^a f(x)dx =$ ________________。

9. 若 $\int_a^b \frac{f(x)}{f(x)+g(x)} = 1$，则 $\int_a^b \frac{g(x)}{f(x)+g(x)} =$ ________________。

10. D 为圆形闭区域 $\{(x,y)\mid x^2+y^2\leqslant 4\}$，则 $\iint_D d\sigma =$ ________________。

11. D 为正方形闭区域 $\{(x,y)\mid 0\leqslant x\leqslant 1, 0\leqslant y\leqslant 1\}$，则 $\iint\limits_D xy\,\mathrm{d}\sigma=$ ________。

12. D 为长方形闭区域 $\{(x,y)\mid a\leqslant x\leqslant b, 0\leqslant y\leqslant 1\}$，又 $\iint\limits_D yf(x)\,\mathrm{d}\sigma=1$，则 $\int_a^b f(x)\,\mathrm{d}x=$ ________。

13. 改变积分次序：$\int_0^1 \mathrm{d}x\int_x^1 f(x,y)\,\mathrm{d}y=$ ________。

14. 若 $\int_0^1 \mathrm{d}x\int_0^x f(x,y)\,\mathrm{d}y=\int_0^1 \mathrm{d}y\int_{x_1(y)}^{x_2(y)} f(x,y)\,\mathrm{d}x$，则 $x_1(y)=$ ________，$x_2(y)=$ ________。

15. 若 D 为由 $x+y=1$ 和两坐标轴围成的三角形区域，则二重积分 $\iint\limits_D f(x,y)\,\mathrm{d}\sigma$ 可以表示成定积分 $\iint\limits_D f(x,y)\,\mathrm{d}\sigma=\int_0^1 \varphi(x)\,\mathrm{d}x$，其中 $\varphi(x)=$ ________。

二、选择题

1. $f(x)=\dfrac{1}{x}$，则 $\int f'(x)\,\mathrm{d}x=$ (　　)。

A. $\dfrac{1}{x}$　　B. $\dfrac{1}{x}+C$　　C. $\ln x$　　D. $\ln x+C$

2. 设 $[\int f(x)\,\mathrm{d}x]'=\sin x$，则 $f(x)=$ (　　)。

A. $\sin x$　　B. $\sin x+C$　　C. $\cos x$　　D. $\cos x+C$

3. 若 $\int_0^k (1-3x^2)\,\mathrm{d}x=0$，则 k 不能等于(　　)。

A. 2　　B. 0　　C. 1　　D. -1

4. 下列各式中错误的是(　　)。

A. $\int_a^a f(x)\,\mathrm{d}x=0$　　B. $\int_a^b f(x)\,\mathrm{d}x=\int_a^b f(y)\,\mathrm{d}y$

C. $\int_a^b f'(x)\,\mathrm{d}x=f(b)-f(a)$　　D. $\int_a^b f(x)\,\mathrm{d}x=2\int_a^b f(2t)\,\mathrm{d}t$

5. $\dfrac{\mathrm{d}}{\mathrm{d}x}\int_a^b \arctan x\,\mathrm{d}x=$ (　　)。

A. $\arctan x$　　B. $\dfrac{1}{1+x^2}$　　C. $\arctan b-\arctan a$　　D. 0

三、求下列不定积分

1. $\int (\sqrt{x}-1)^2\,\mathrm{d}x$；　　2. $\int (x^3+3^x)\,\mathrm{d}x$；

3. $\int \dfrac{x^2}{1+x^2}\,\mathrm{d}x$；　　4. $\int \dfrac{1-\mathrm{e}^{2x}}{1+\mathrm{e}^x}\,\mathrm{d}x$；

5. $\int \dfrac{1}{x^2(1+x^2)}\,\mathrm{d}x$；　　6. $\int \dfrac{\cos^2 x-1}{\sin x}\,\mathrm{d}x$；

7. $\int \tan^2 x\,\mathrm{d}x$；　　8. $\int \dfrac{\cos 2x}{\cos x+\sin x}\,\mathrm{d}x$；

9. $\int \frac{x}{1+x^2}dx$；

10. $\int \frac{x-1}{(1+x)^2}dx$；

11. $\int \frac{\sin(\sqrt{x}+1)}{\sqrt{x}}dx$；

12. $\int \frac{1}{x\sqrt{1-\ln x}}dx$；

13. $\int \frac{\arcsin^2 x}{\sqrt{1-x^2}}dx$；

14. $\int \sin^2 3x dx$；

15. $\int \frac{1}{\sqrt{4-x^2}}dx$；

16. $\int \frac{1}{\sqrt{3-2x-x^2}}dx$；

17. $\int \frac{1}{4-x^2}dx$；

18. $\int \frac{1}{x^2-x-6}dx$；

19. $\int \frac{1}{x^2+4x+3}dx$；

20. $\int \frac{1}{\tan x(1+\sin x)}dx$；

21. $\int \frac{1}{(2+x)\sqrt{1+x}}dx$；

22. $\int \frac{1}{2+\sqrt{x-1}}dx$；

23. $\int \frac{1}{x^2\sqrt{1-x^2}}dx$；

24. $\int \frac{1}{x^2\sqrt{1+x^2}}dx$；

25. $\int \frac{\sqrt{x^2-1}}{x}dx$；

26. $\int \frac{1}{\sqrt{x}+\sqrt[3]{x^2}}dx$；

27. $\int x^2 e^{-x}dx$；

28. $\int \frac{x}{\cos^2 x}dx$；

29. $\int x\sin^2\frac{x}{2}dx$；

30. $\int e^{2x}\cos x dx$；

31. $\int \ln(1+x^2)dx$；

32. $\int \frac{\ln x}{(x-1)^2}dx$；

33. $\int \ln(x+\sqrt{x^2+1})dx$；

34. $\int \cos\sqrt{1-x}dx$；

35. $\int e^{\sqrt{2x-1}}dx$；

36. $\int \frac{x^2\arctan x}{1+x^2}dx$；

37. $\int \frac{\arctan\sqrt{x}}{\sqrt{x}(1+x)}dx$；

38. $\int \frac{(x+1)\arcsin x}{\sqrt{1-x^2}}dx$；

39. $\int \frac{\ln(\arctan x)}{(1+x^2)\arctan x}dx$；

40. $\int \frac{1+\ln x}{(x\ln x)^2}dx$。

四、求下列定积分

1. $\int_0^1 \frac{x^3}{x^2+1}dx$；

2. $\int_1^e \frac{x^2+\ln x}{x}dx$；

3. $\int_0^1 (e^x-1)^4 e^x dx$；

4. $\int_0^1 x\sqrt{1+x^2}dx$；

5. $\int_0^{\pi} x\cos x dx$；

6. $\int_2^4 |x-3|dx$；

7. $\int_0^1 x\sqrt{4+5x}dx$；

8. $\int_0^{e-1} \ln(x+1)dx$。

五、求下列二重积分

1. 计算二重积分 $\iint\limits_{D} e^{x} d\sigma$，其中 D 为由 $x=0$，$y=e^{x}$ 和 $y=2$ 围成的封闭区域。

2. 计算二重积分 $\iint\limits_{D} \frac{x^{2}}{y^{2}} d\sigma$，其中 D 为由 $x=-2$，$y=x$ 和 $xy=1$ 围成的封闭区域。

六、求下列平面图形的面积或旋转体的体积

1. 求由曲线 $y^{2}=x$ 与 $x^{2}+y^{2}=2(x>0)$ 所围成的平面图形的面积。

2. 设由曲线 $y=x^{2}$ 与 $y=ax$ 围成的图形的面积为 $\frac{9}{2}$，求参数 a。

3. 求由曲线 $y=x^{3}$ 与直线 $y=0$，$x=2$ 所围成的图形绕 y 轴旋转一周所得的立体体积。

4. 求圆 $x^{2}+y^{2}=4$ 被 $y^{2}=3x$ 割成的两部分中较小的一块，分别绕 x 轴和 y 轴旋转一周所得的立体体积。

七、用长 10m、质量为 5kg 的铁索从 10m 深的井底吊起质量为 8kg 的物体，在这个过程中至少要做多少功？

八、设一锥形水池，深 15m，口径为 20m，盛满水，将水吸尽，要做多少功？

第 4 章

常微分方程及其应用

【教学目标】

理解常微分方程、常微分方程的阶数、常微分方程的通解和特解、常微分方程的初始条件、线性微分方程解的结构、二阶常系数线性微分方程的特征方程和特征根等相关概念;掌握一阶常微分方程和二阶常系数线性微分方程的解法;了解常微分方程的应用。

函数是研究客观事物规律的一个重要工具,因此寻求客观事物变化过程中的函数关系是十分重要的。然而,在许多实际问题中,有时只能先列出关于所求函数的导数的关系式,然后得到所求的函数关系。本章将从解决这类问题入手,引进微分方程的基本概念,并讨论一阶常微分方程的解法。

4.1 微分方程的概念

1. 微分方程的定义

定义 1 若在一个方程中涉及的函数是未知的,自变量仅有一个,且在方程中含有未知函数的导数(或微分),则称这样的方程为常微分方程,简称微分方程。微分方程中未知函数的导数的最高阶数,称为微分方程的阶。

于是,n 阶常微分方程的一般形式是

$$F(x,y,y',\cdots,y^{(n)})=0。\tag{1}$$

例如,下面的方程都是常微分方程:

$$y'=-\frac{x}{y},\tag{2}$$

$$y'=1+y^2,\tag{3}$$

$$y''+\omega^2 y=0\ (\omega>0\text{ 且是常数})。\tag{4}$$

它们的阶数分别为 1,1,2。

2. 微分方程的解

定义 2 设函数 $y=\varphi(x)$ 在区间 I 上连续，且有直到 n 阶的导数，若把 $y=\varphi(x)$ 及其相应的各阶导数代入方程(1)，得到关于 x 的恒等式，即在 I 上，

$$F(x,\varphi(x),\varphi'(x),\cdots,\varphi^{(n)}(x))\equiv 0,$$

则称 $y=\varphi(x)$ 为方程(1)在区间 I 上的解。若由关系式 $\varphi(x,y)=0$ 所确定的隐函数是方程(1)的解，则称 $\varphi(x,y)=0$ 为方程(1)的隐式解。

例如，从定义 2 可以直接验证：

(1) 函数 $y=\sqrt{1-x^2}$ 和 $y=-\sqrt{1-x^2}$ 都是方程(2)在区间 $(-1,1)$ 上的解，而 $x^2+y^2=1$ 是它的隐式解。

(2) 函数 $y=\tan x$ 是方程(3)在区间 $(-\frac{\pi}{2},\frac{\pi}{2})$ 上的一个解，而 $y=\tan(x-c)$ 是方程(3)在区间 $(c-\frac{\pi}{2},c+\frac{\pi}{2})$ 上的解，其中 c 为任意常数。

(3) 函数 $y=3\cos\omega x$，$y=4\sin\omega x$ 都是方程(4)在区间 $(-\infty,+\infty)$ 上的解，而且对任意常数 c_1 和 c_2，$y=c_1\cos\omega x+c_2\sin\omega x$ 也是方程(4)在区间 $(-\infty,+\infty)$ 上的解。

今后对解与隐式解不加以区别，统称为解。一般情况下也不再指明解的定义区间。

从上面的讨论可知，微分方程的解有的可以包含一个或几个任意常数(与方程的阶数有关)，而有的解不含任意常数。为了加以区别，给出如下定义。

定义 3 方程(1)的含有 n 个独立的任意常数 $c_1,c_2,\cdots,c_n$ 的解 $y=\varphi(x,c_1,c_2,\cdots,c_n)$ 称为它的通解。不含任意常数的解称为它的特解。

这里说 n 个任意常数是独立的，其含义是指它们不能合并而使得任意常数的个数减少。对于两个任意常数的情形，设函数 $\varphi(x)$，$\psi(x)$ 在区间 I 上连续，若在 I 上，$\frac{\varphi(x)}{\psi(x)}\neq$ 常数或 $\frac{\psi(x)}{\varphi(x)}\neq$ 常数，则称函数 $\varphi(x)$，$\psi(x)$ 在 I 上线性无关，这时易知表达式

$$y=c_1\varphi(x)+c_2\psi(x),$$

其中的两个任意常数 c_1,c_2 是独立的。

【例 1】 验证函数 $y=c_1\cos\omega x+c_2\sin\omega x$ 是微分方程 $y''+\omega^2y=0$ ($\omega>0$ 且是常数)的通解，其中 c_1,c_2 为任意常数。

解 $y'=-c_1\omega\sin\omega x+c_2\omega\cos\omega x$，$y''=-c_1\omega^2\cos\omega x-c_2\omega^2\sin\omega x$，

将 y,y'' 的表达式代入微分方程 $y''+\omega^2y=0$ ($\omega>0$ 且是常数)的左边，有

$$\begin{aligned}&y''+\omega^2y\\&=-c_1\omega^2\cos\omega x-c_2\omega^2\sin\omega x+\omega^2(c_1\cos\omega x+c_2\sin\omega x)\\&\equiv 0,\ x\in(-\infty,+\infty),\end{aligned}$$

所以对任意常数 c_1,c_2，$y=c_1\cos\omega x+c_2\sin\omega x$ 都是微分方程 $y''+\omega^2y=0$ ($\omega>0$ 且是常数)的解。又由于 $\frac{\cos\omega x}{\sin\omega x}\neq$ 常数($x\neq k\pi,\ k\in Z$)，即 c_1,c_2 是两个独立的任意常数，因此 $y=c_1\cos\omega x+c_2\sin\omega x$ 是微分方程 $y''+\omega^2y=0$ ($\omega>0$ 且是常数)的通解。

类似地，可验证 $y=A\sin(\omega x+B)$ (A,B 为任意常数)也是微分方程 $y''+\omega^2y=0$ ($\omega>0$ 且是常数)的通解，而 $y=3\cos\omega x$ 和 $y=4\sin\omega x$ 则是微分方程 $y''+\omega^2y=0$ ($\omega>0$ 且是常

数)的两个特解。

3. 微分方程的初始条件及初值问题

定义 4　微分方程中对未知函数的附加条件,若以限定未知函数及其各阶导数在某一个特定点的值的形式表示,则称这种条件为微分方程的定解条件或初始条件。它的一般形式是

$$y(x_0)=y_0,\ y'(x_0)=y_1,\ \cdots,\ y^{(n-1)}(x_0)=y_n。\tag{5}$$

其中 $y_0,y_1,\cdots,y_n$ 是 $n+1$ 个常数。

微分方程初始条件的作用是确定通解中的任意常数,从而求出微分方程的特解。求微分方程满足初始条件的特解的问题,称为初值问题。特解表示了微分方程的通解中一个满足定解通解的特定的解,在几何上表示积分曲线族中一条特定的积分曲线。

例如,$y=3\cos\omega x$ 是初值问题 $\begin{cases}y''+\omega^2y=0,\\y(0)=3,y'(0)=0\end{cases}$ 的解,而 $y=4\sin\omega x$ 是初值问题 $\begin{cases}y''+\omega^2y=0,\\y(0)=3,y'(0)=4\omega\end{cases}$ 的解。它们都是在求得方程的通解以后,再利用初始条件定出通解中的任意常数而得出的。这种做法是具有一般性的。可以证明:对于在一定范围内给出的 $n+1$ 个常数:$y_0,y_1,\cdots,y_n$,利用通解表达式及初始条件(5)便可确定通解中的 n 个任意常数 $c_1,c_2,\cdots,c_n$,从而得到相应的初值问题的解。换句话说,在一定范围内,通解包含了方程的所有解,这也是通解这一名词的一种名副其实的解释。

习题 4.1

1. 指出下列方程中哪些是微分方程,并说明它们的阶数:

(1) $\dfrac{d^2y}{dx^2}-y=2x$;　　(2) $y^2-3y+x=0$;

(3) $x(y')^2+y=1$;　　(4) $(x^2+y^2)dx-xydy=0$。

2. 判断下列方程右边所给函数是否为该方程的解。如果是解,是通解还是特解?

(1) $y''+y=0,y=C_1\sin x+C_2\cos\left(x+\dfrac{\pi}{2}\right)$ (C_1,C_2为任意常数);

(2) $y''=\dfrac{1}{2}\sqrt{1+(y')^2},\ y=e^{\frac{x}{2}}+e^{-\frac{x}{2}}$;

(3) $(x+y)dx=-xdy,y=\dfrac{C-x^2}{2x}$ (C 为任意常数)。

4.2　一阶常微分方程

一阶微分方程中出现未知函数的导数或微分是一阶的,则它的一般形式为

$$F(x,y,y')=0。$$

4.2.1　可分离变量的一阶微分方程的解法

形如 $g(y)dy=f(x)dx$ 的方程,称为变量分离的微分方程;

形如 $M(x)N(y)dy=M_1(x)N_1(y)dx$ 的方程,很容易把它变为变量分离的方程,因此

称为可分离变量的微分方程。

可分离变量的一阶微分方程的解法如下：

对原方程分离变量，成为变量分离的方程。若函数 $f(x)$和 $g(y)$连续，在两边同时求不定积分，即

$$\int g(y)\mathrm{d}y = \int f(x)\mathrm{d}x 。 \tag{1}$$

记 $G(y)$，$F(x)$分别为 $g(y)$，$f(x)$的一个原函数，则由(1)可得

$$G(y)=F(x)+C。 \tag{2}$$

(2) 即为微分方程的通解。利用初始条件确定了通解中的任意常数后，就称为特解。

【例 1】 求微分方程 $\frac{\mathrm{d}y}{\mathrm{d}x}=2xy$ 的通解。

解 分离变量得 $\frac{\mathrm{d}y}{y}=2x\mathrm{d}x$，

两边积分，得 $\int\frac{\mathrm{d}y}{y}=\int 2x\mathrm{d}x$，

即 $\ln|y|=x^2+C_1$ 或 $y=\pm \mathrm{e}^{x^2+c_1}=\pm \mathrm{e}^{c_1}\cdot \mathrm{e}^{x^2}$ 。

因为 C_1 为任意常数，所以 $\pm \mathrm{e}^{c_1}$ 也是任意常数，把它记作 C。代入后得

方程的通解为 $y=C\mathrm{e}^{x^2}$ 。

【例 2】 求微分方程 $y(1+x^2)\mathrm{d}y+x(1+y^2)\mathrm{d}x=0$ 满足条件 $y|_{x=1}=1$ 的特解。

解 分离变量得 $$\frac{y\mathrm{d}y}{1+y^2}=-\frac{x\mathrm{d}x}{1+x^2},$$

两边积分，得 $$\int\frac{y\mathrm{d}y}{1+y^2}=-\int\frac{x\mathrm{d}x}{1+x^2},$$

即 $$\frac{1}{2}\ln(1+y^2)=-\frac{1}{2}\ln(1+x^2)+\frac{1}{2}\ln C。$$

故方程的通解为 $$(1+x^2)(1+y^2)=C。$$

将 $y|_{x=1}=1$ 代入通解表达式，得 $C=4$。

因此所求方程的特解为$(1+x^2)(1+y^2)=4$。

4.2.2 一阶线性微分方程的解法

如果一阶微分方程为

$$y'+P(x)y=Q(x) \tag{3}$$

的形式，即方程关于未知函数及其导数是线性的(关于未知函数及其导数的次数都是一次，且没有 $y\cdot y'$ 这样的混合项)，而 $P(x)$和 $Q(x)$是已知连续函数，则称此方程为一阶线性微分方程。当 $Q(x)\equiv 0$ 时，称方程为关于未知函数 y，y'的一阶齐次线性微分方程。当 $Q(x)\equiv 0$ 时，即变为

$$y'+P(x)y=0。$$

否则，称方程为一阶非齐次线性微分方程。

1. 一阶齐次线性微分方程的解法

先分离变量，得

$$\frac{dy}{y}=-P(x)dx,$$

再两边积分，得

$$\ln y=-\int P(x)dx+C,$$

式中 $\int P(x)dx$ 表示 $P(x)$ 的一个原函数，于是一阶齐次线性微分方程的通解为

$$y=Ce^{-\int P(x)dx}, \tag{4}$$

其中 C 为任意常数。

2. 一阶非齐次线性微分方程的解法

比较一阶非齐次线性微分方程与一阶齐次线性微分方程，差别仅在一阶非齐次线性微分方程的等式右端是一个非零函数。根据函数的求导特点，可设一阶非齐次线性微分方程的解为

$$y=C(x)\cdot e^{-\int P(x)dx}, \tag{5}$$

即把齐次方程通解中的任意常数 C 变为 x 的待定函数 $C(x)$，然后求出 $C(x)$，使之满足非齐次线性方程。

对(5)求导得　$y'=C'(x)\cdot e^{-\int P(x)dx}+C(x)[-P(x)]e^{-\int P(x)dx}$。　(6)

将(5)、(6)式代入原方程(4)，经整理后得

$$C'(x)=Q(x)e^{\int P(x)dx},$$

积分后得

$$C(x)=\int Q(x)e^{\int P(x)dx}dx+C。 \tag{7}$$

将(7)式代入(5)式，即得一阶非齐次线性方程的通解公式：

$$y=e^{-\int P(x)dx}\left[\int Q(x)e^{\int P(x)dx}dx+C\right](C\text{ 为任意常数})。 \tag{8}$$

上述通过把对应的齐次线性方程的通解中的任意常数 C 变为待定函数 $C(x)$，然后求出非齐次线性方程的通解的方法，称为常数变易法。

因此，今后求一阶非齐次线性方程的通解时，可用公式法：

$$y=e^{-\int P(x)dx}\left[\int Q(x)e^{\int P(x)dx}dx+C\right];$$

也可用常数变易法。

【例 3】　求方程 $(1+x^2)y'-2xy=(1+x^2)^2$ 的通解。

解　原方程可化为　$y'-\frac{2x}{1+x^2}y=1+x^2$，

所以原方程是线性非齐次的，

$$P(x)=-\frac{2x}{1+x^2},\ Q(x)=1+x^2。$$

方法一　(常数变易法)：

(1) 原方程对应的齐次方程为：$y'-\frac{2x}{1+x^2}y=0$，

分离变量，得 $\dfrac{dy}{y}=\dfrac{2x}{1+x^2}dx$，

两边积分，得 $\ln y=\ln(1+x^2)+\ln C$，

所以齐次方程的通解为 $y=C(1+x^2)$。

(2) 设 $y=C(x)(1+x^2)$，代入原方程，得

$$C'(x)(1+x^2)+2xC(x)-\frac{2x}{1+x^2}C(x)(1+x^2)=1+x^2,$$

$$C'(x)(1+x^2)=(1+x^2),$$

$$C'(x)=1,$$

$$C(x)=x+C。$$

由此得到原方程的通解为：$y=(x+C)(1+x^2)$。

方法二 （公式法）：

原方程的通解为

$$y=e^{\int\frac{2x}{1+x^2}dx}\left[\int(1+x^2)e^{-\int\frac{2x}{1+x^2}dx}dx+C\right]=e^{\ln(1+x^2)}\left[\int\frac{(1+x^2)}{(1+x^2)}dx+C\right]=(1+x^2)(x+C)。$$

有时方程不是关于未知函数 y,y' 的一阶线性方程，若把 x 看成 y 的未知函数 $x=x(y)$，方程成为关于未知函数 $x(y),x'(y)$ 的一阶线性方程：

$$\frac{dx}{dy}-P_1(y)x=Q_1(y)。$$

这时也可以利用上述方法求解，得到解的形式是 $x=x(y,C)$。对原来的未知函数 y 而言，得到的是由方程 $x=x(y,C)$ 所确定的隐函数。

【例 4】 求微分方程 $(y^2-6x)\dfrac{dy}{dx}+2y=0$ 的满足条件 $y|_{x=1}=1$ 的特解。

解 原方程改写为

$$\frac{dx}{dy}-\frac{3}{y}x=-\frac{y}{2},\ P_1(y)=-\frac{3}{y},\ Q_1(y)=-\frac{y}{2}。$$

通解为

$$x=e^{-\int P_1(y)dy}\left[\int Q_1(y)e^{\int P_1(y)dy}dy+C\right]=e^{\int\frac{3}{y}dy}\left[\int\left(-\frac{y}{2}\right)e^{-\int\frac{3}{y}dy}dy+C\right]$$

$$=e^{3\ln y}\left[\int\left(-\frac{y}{2}\right)e^{-3\ln y}dy+C\right]=y^3\left[\int\left(-\frac{y}{2}\right)y^{-3}dy+C\right]=Cy^3+\frac{1}{2}y^2。$$

将条件 $y|_{x=1}=1$ 代入上式，得 $C=\dfrac{1}{2}$。所以方程的特解为 $x=\dfrac{1}{2}y^2(y+1)$。

习题 4.2

1. 判别下列一阶微分方程中，哪些是属于可分离变量方程及线性方程的类型。

(1) $xdy+y^2\sin xdx=0$；

(2) $\dfrac{dy}{dx}+3y=e^{2x}$；

(3) $dy=\dfrac{dx}{x+y^2}$；

(4) $(x+1)y'-3y=e^x(1+x)^4$；

(5) $x\dfrac{dy}{dx}+y=2\sqrt{xy}$；

(6) $(x^2+1)y'+2xy=\cos x$。

2. 求解下列微分方程

(1) $e^{x+y}\,dy=dx$； (2) $y'=\sqrt{\dfrac{1-y^2}{1-x^2}}$, $y|_{x=0}=1$；

(3) $\dfrac{dy}{dx}+y=e^{-x}$； (4) $y'-2y=e^x$；

(5) $\dfrac{dy}{dx}-\dfrac{2}{x+1}y=(x+1)^{\frac{5}{2}}$； (6) $\dfrac{dy}{dx}=\dfrac{y}{x+y^3}$。

3. 求下列微分方程满足初始条件的特解

(1) $\dfrac{dy}{dx}+3y=8$，$y|_{x=0}=2$； (2) $y'-2y=e^x-x$，$y|_{x=0}=\dfrac{5}{4}$。

4.3 二阶常系数线性微分方程

形如 $y''+py'+qy=f(x)$（p,q 为与 x,y 无关的常数）的微分方程称为二阶常系数线性微分方程。按等号右边自由项 $f(x)\equiv 0$ 成立与否，分别称其为二阶常系数齐次、非齐次线性微分方程。

4.3.1 二阶常系数齐次线性微分方程的解法

定理 1 （齐次线性方程解的线性性质）若 y_1,y_2 是二阶齐次线性微分方程

$$y''+p(x)y'+q(x)y=0$$

的两个解，则对任意实数 a,b，$y=ay_1+by_2$ 也是其解。

证明 $(ay_1+by_2)''+p(x)(ay_1+by_2)'+q(x)(ay_1+by_2)=a[y''_1+p(x)y'_1+q(x)y_1]+b[y''_2+p(x)y'_2+q(x)y_2]=0$。

定理 2 （齐次线性方程的通解结构） 若 y_1,y_2 是二阶齐次线性微分方程

$$y''+p(x)y'+q(x)y=0$$

满足 $\dfrac{y_1}{y_2}\neq$常数的两个解，则其通解为 $y(x)=C_1y_1+C_2y_2$，C_1,C_2 是任意常数。

证明 据定理 1，$y(x)=C_1y_1+C_2y_2$ 是原方程的解；又因为 $\dfrac{y_1}{y_2}\neq$常数，即 y_1,y_2 线性无关，所以 y 中含有两个任意常数，所以 $y(x)=C_1y_1+C_2y_2$ 是原方程的通解。

现在讨论二阶常系数齐次线性微分方程的解法。

二阶常系数齐次线性微分方程的一般形式为

$$y''+py'+qy=0。\tag{1}$$

由定理 2 要求方程(1)的通解，只要找到它的两个线性无关的特解，而函数 $y=e^{rx}$ 的各阶导数与函数本身差别仅是常数因子，据方程常系数的特点，可设想方程(1)以 $y=e^{rx}$ 形式的函数为解。事实上，将 $y=e^{rx}$ 代入(1)，得

$$e^{rx}(r^2+pr+q)=0。$$

这表明，只要 r 是代数方程

$$r^2+pr+q=0\tag{2}$$

的根，那么函数 $y=e^{rx}$ 确实是方程(1)的解。从而称(2)式为方程(1)的特征方程，并称特征

方程的根为特征根。上述讨论表明，只要 r_1 是特征根，$y=e^{r_1x}$ 必定是方程(1)的一个解。方程(2)是一元二次方程，其根有以下三种情况。

(1) 两个相异的实特征根。

设方程(2)有两个相异实根 r_1, r_2，则 $y_1=e^{r_1x}$，$y_2=e^{r_2x}$ 是齐次方程(1)的解，且 y_1, y_2 线性无关，从而方程(1)的通解为

$$y=C_1e^{r_1x}+C_2e^{r_2x}\ (C_1, C_2\text{为任意常数})。$$

(2) 两个共轭复特征根 $r_1=\alpha+\beta i, r_2=\alpha-\beta i$。

$y_1=e^{r_1x}$，$y_2=e^{r_2x}$ 仍然是方程(1)的解。据复数的指数形式(欧拉公式)，得

$y_1=e^{r_1x}=e^{(\alpha+\beta i)x}=e^{\alpha x}(\cos\beta x+i\sin\beta x)$，$y_2=e^{r_2x}=e^{(\alpha-\beta i)x}=e^{\alpha x}(\cos\beta x-i\sin\beta x)$；

由方程的线性性质可知

$$F(x,y_1)=F(x,e^{\alpha x}\cos\beta x+ie^{\alpha x}\sin\beta x)=F(x,e^{\alpha x}\cos\beta x)+iF(x,e^{\alpha x}\sin\beta x)=0,$$

根据复数为零的定义，实部、虚部同时为零，所以

$$F(x,e^{\alpha x}\cos\beta x)=0, F(x,e^{\alpha x}\sin\beta x)=0。\tag{3}$$

由 $F(x,y_2)=0$ 可得到同样的结论。(3)式表明，$y^*=e^{\alpha x}\cos\beta x$，$y^{**}=e^{\alpha x}\sin\beta x$ 是方程(1)的解，且 $\frac{y^*}{y^{**}}=\cot\beta x\neq$ 常数。

因此通解为

$y=C_1e^{\alpha x}\cos\beta x+C_2e^{\alpha x}\sin\beta x$ 或 $y=e^{\alpha x}(C_1\cos\beta x+C_2\sin\beta x)$ (C_1, C_2为任意常数)。

(3) 两个相等的实特征根 $r_1=r_2=-\frac{p}{2}$。

已知 $y_1=e^{r_1x}$ 是方程(1)的一个解。

因为特征方程(2)有重根，所以判别式 $\Delta=p^2-4q=0$。齐次方程(1)可写成

$$y''+py'+qy=y''+py'+\frac{p^2}{4}y=(y'+\frac{p}{2}y)'+\frac{p}{2}(y'+\frac{p}{2}y)=0。\tag{4}$$

$$\text{令}\quad u=y'+\frac{p}{2}y,\tag{5}$$

则(4)成为 u 的一阶齐次线性方程：$u'+\frac{p}{2}u=0$。它的一个解为 $u=e^{-\frac{p}{2}x}=e^{r_1x}$。

代回(5)，得 y 的一阶非齐次线性方程：$y'+\frac{p}{2}y=e^{-\frac{p}{2}x}$。

由公式法求得一个特解($C=0$)：

$$y_2=e^{-\frac{p}{2}x}\cdot\int e^{-\frac{p}{2}x}e^{\frac{p}{2}x}dx=x\,e^{-\frac{p}{2}x}=x\,e^{r_1x}。$$

从上面的求解过程可见，y_2 是方程(1)的解。这样可知方程(1)的通解为

$$y=C_1e^{r_1x}+C_2x\,e^{r_1x}\quad\text{或}\quad y=(C_1+C_2x)\,e^{r_1x}。$$

综上所述，求二阶常系数齐次线性微分方程通解的步骤如下。

第一步　写出微分方程所对应的特征方程 $r^2+pr+q=0$；

第二步　求出特征方程的两个根 r_1, r_2；

第三步　根据特征根的不同情况，按表 4-1 写出方程 $y''+py'+qy=0$ 的通解。

表 4-1

特征根的情况	方程 $y''+py'+qy=0$ 的通解形式
两个不等实根 $r_1\neq r_2$	$y=C_1e^{r_1x}+C_2e^{r_2x}$
两个相等实根 $r_1=r_2$	$y=(C_1+C_2x)e^{r_1x}$
一对共轭复根 $r_{1,2}=\alpha\pm\beta i(\beta>0)$	$y=e^{\alpha x}(C_1\cos\beta x+C_2\sin\beta x)$

【例 1】 求微分方程 $y''-2y'-3y=0$ 的通解。

解 特征方程为 $r^2-2r-3=0$,特征根为 $r_1=-1,r_2=3$。

微分方程的通解为 $y=C_1e^{-x}+C_2e^{3x}$。

【例 2】 求微分方程 $4\frac{d^2s}{dt^2}-4\frac{ds}{dt}+s=0$ 的满足初始条件 $s|_{t=0}=1$, $\frac{ds}{dt}|_{t=0}=2$ 的特解。

解 特征方程为 $4r^2-4r+1=0$,特征根为 $r_1=r_2=\frac{1}{2}$。

微分方程的通解为 $s=(C_1+C_2t)e^{\frac{t}{2}}$。

将上式对 t 求导,得 $\frac{ds}{dt}=\frac{1}{2}(C_1+C_2t)e^{\frac{t}{2}}+C_2e^{\frac{t}{2}}$。

将初始条件分别代入上面两式,得 $C_1=1,C_2=\frac{3}{2}$。

微分方程的特解为 $s=(1+\frac{3}{2}t)e^{\frac{t}{2}}$。

【例 3】 求微分方程 $y''+2y'+3y=0$ 的通解。

解 特征方程为 $r^2+2r+3=0$,特征根为 $r_{1,2}=-1\pm\sqrt{2}i$,

方程的通解为 $y=e^{-x}(C_1\cos\sqrt{2}x+C_2\sin\sqrt{2}x)$。

4.3.2 二阶常系数非齐次线性微分方程的解法

定理 3 (非齐次线性方程的通解结构) 若 $y^*(x)$是非齐次线性方程 $y''+p(x)y'+q(x)y=f(x)$的一个特解,y_1,y_2是其对应的齐次方程 $y''+p(x)y'+q(x)y=0$ 的两个线性无关的解,则非齐次线性方程 $y''+p(x)y'+q(x)y=f(x)$的通解为 $y=Y(x)+y^*(x)=C_1y_1+C_2y_2+y^*(x)$。

由该定理可知:求二阶常系数非齐次线性微分方程通解的步骤如下:

第一步 求出对应的齐次方程的通解 $Y(x)$;

第二步 求出原方程的一个特解 $y^*(x)$;

第三步 写出原方程的通解:$y=Y(x)+y^*(x)$。

由于上面已经学习了齐次方程通解的求法,所以下面重点介绍二阶常系数非齐次线性微分方程的特解的求法——待定系数法,分三种情况。

(1) $f(x)=P_m(x)e^{\alpha x}$的情况 (其中 $P_m(x)$表示 m 次多项式)。

首先假设 $y^*(x)=x^kQ_m(x)e^{\alpha x}$,其中 $Q_m(x)$为 m 次多项式,$Q_m(x)=\sum_{i=0}^{m}b_ix^i$,而 k 的取法如下:

$$k=\begin{cases}0,当\alpha不等于特征根时,\\1,当\alpha等于两个相异特征根之一时,\\2,当\alpha等于重特征根时,\end{cases}$$

即

$$y*(x)=\begin{cases}e^{\alpha x}Q_m(x), & \alpha\neq r_1且\ \alpha\neq r_2,\\xe^{\alpha x}Q_m(x), & \alpha\neq r_1且\ \alpha=r_2,\\x^2e^{\alpha x}Q_m(x), & \alpha=r_1=r_2。\end{cases}$$

然后用待定系数法确定 $Q_m(x)$ 的系数 $b_i(i=0,1,\cdots,m)$，即把 $y^*(x)$ 及其导数代入原方程，然后比较等式两边 x 的同次幂的系数，求得 $Q_m(x)$ 的系数。

【例 4】 求方程 $y''+4y'+4y=f(x)$ 的通解，其中，(1) $f(x)=(x^2+1)e^{-2x}$，(2) $f(x)=xe^x$。

解 特征根为 $r_1=r_2=-2$，对应齐次方程的通解为 $Y(x)=(C_1+C_2x)e^{-2x}$。

(1) 由于 $\alpha=-2$，所以 α 等于重特征根，而 $f(x)$ 为 2 次多项式，

故可设原方程的一个特解为

$$y^*(x)=x^2(Ax^2+Bx+C)e^{-2x},$$

则 $$y^{*\prime}(x)=[-2Ax^4+(4A-2B)x^3+(3B-2C)x^2+2Cx]e^{-2x},$$

$$y^{*\prime\prime}(x)=[4Ax^4+(-16A+4B)x^3+(12A-12B+4C)x^2+(6B-8C)x+2C]e^{-2x},$$

代入方程得

$$(12Ax^2+6Bx+2C)e^{-x}=(x^2+1)e^{-x},$$

比较 x 的同次幂的系数，得 $A=\frac{1}{12}$，$B=0$，$C=\frac{1}{2}$。所以特解为 $y^*(x)=\frac{1}{2}x^2(\frac{1}{6}x^2+1)e^{-2x}$。通解为

$$y(x)=[(C_1+C_2x)+\frac{1}{2}x^2(\frac{1}{6}x^2+1)]e^{-2x}。$$

(2) 由于 $\alpha=1$，所以 α 不等于特征根，而 $f(x)$ 为 1 次多项式，故可设原方程的一个特解为

$$y^*(x)=(Ax+B)e^x,$$

则 $$y^{*\prime}(x)=[Ax+(A+B)]e^x,\ y^{*\prime\prime}(x)=[Ax+(2A+B)]e^x,$$

代入原方程得 $[9Ax+(6A+9B)]e^x=xe^x$，

比较 x 的同次幂的系数，得 $A=\frac{1}{9}$，$B=-\frac{2}{27}$。所以

$$y^*(x)=\frac{1}{9}(x-\frac{2}{3})e^x。$$

通解为 $$y(x)=(C_1+C_2x)e^{-2x}+\frac{1}{9}(x-\frac{2}{3})e^x。$$

说明：$f(x)=P_m(x)$，即 $\alpha=0$。

【例 5】 求微分方程 $y''+y'=2x^2-3$ 的一个特解。

解 特征根为 $r_1=-1$，$r_2=0$。

由于 $\alpha=0$，所以 α 等于两个相异的特征根之一，而 $f(x)$ 为 2 次多项式，故可设原方程的一个特解为

$$y^*(x)=x(Ax^2+Bx+C)=Ax^3+Bx^2+Cx。$$

则 $\qquad y^{*\prime}(x)=3Ax^2+2Bx+C,\qquad y^{*\prime\prime}(x)=6Ax+2B,$

代入方程得 $\qquad 3Ax^2+(6A+2B)x+2B+C=2x^2-3,$

比较系数可知：$\begin{cases}3A=2,\\6A+2B=0,\\2B+C=-3。\end{cases}\Rightarrow\begin{cases}A=\dfrac{2}{3},\\B=-2,\\C=1。\end{cases}$

所以所求的特解为 $\qquad y^*(x)=\dfrac{2}{3}x^3-2x^2+x。$

(2) $f(x)=e^{\alpha x}(a\cos\omega x+b\sin\omega x)$的情况。

首先假设特解 $y^*(x)=x^k e^{\alpha x}(A\cos\beta x+B\sin\beta x)$，其中 A,B 为待定系数，k 的取法如下：

$$k=\begin{cases}0, & 若\ \alpha\pm\omega i\ 不是特征根,\\1, & 若\ \alpha\pm\omega i\ 是特征根。\end{cases}$$

然后用待定系数法确定 A、B，即把 $y^*(x)$及其导数代入原方程，然后比较等式两端 $\cos\beta x$ 和 $\sin\beta x$ 前的系数，得出系数 A,B。

【例 6】 求方程 $y''+4y=f(x)$的通解，其中，(1) $f(x)=2e^{-2x}\sin x$，(2) $f(x)=\cos 2x$。

解 特征根为 $r_{1,2}=\pm 2i$，所以对应齐次方程的通解为 $Y(x)=C_1\cos 2x+C_2\sin 2x$。

(1) 因为 $\alpha\pm i\omega=-2\pm i$ 不是特征根，所以可设原方程的一个特解为

$$y^*(x)=e^{-2x}(A\cos x+B\sin x),$$

则 $\qquad y^{*\prime}(x)=[(B-2A)\cos x-(A+2B)\sin x]e^{-2x},$

$$y^{*\prime\prime}(x)=[(3A-4B)\cos x+(4A+3B)\sin x]e^{-2x}。$$

代入方程，得 $[(7A-4B)\cos x+(4A+7B)\sin x]e^{-2x}=2e^{-2x}\sin x,$

比较 $\sin x,\cos x$ 前的系数，得

$$\begin{cases}7A-4B=0,\\4A+7B=2,\end{cases}$$

解得 $A=\dfrac{8}{65}$，$B=\dfrac{14}{65}$。

所以特解为 $\qquad Y(x)=e^{-2x}\left(\dfrac{8}{65}\cos x+\dfrac{14}{65}\sin x\right),$

通解为 $\qquad y(x)=C_1\cos 2x+C_2\sin 2x+e^{-2x}\left(\dfrac{8}{65}\cos x+\dfrac{14}{65}\sin x\right)。$

(2) 因为 $\alpha\pm i\omega=\pm 2i$ 是特征根，所以可设方程的一个特解为

$$y^*(x)=x(A\cos 2x+B\sin 2x),$$

则 $\qquad y^{*\prime}(x)=(A+2Bx)\cos 2x+(B-2Ax)\sin 2x,$

$$y^{*\prime\prime}(x)=4[(B-Ax)\cos 2x-(A+Bx)\sin 2x],$$

代入方程，得 $4B\cos 2x-4A\sin 2x=\cos 2x,$

比较 $\cos 2x,\sin 2x$ 前的系数，得 $A=0,B=\dfrac{1}{4}$。

所以特解为 $y^*(x)=\dfrac{1}{4}x\sin 2x$，通解为 $y(x)=C_1\cos 2x+C_2\sin 2x+\dfrac{1}{4}x\sin 2x$。

(3) $f(x)$更复杂的情况。

定理 4 若 y_1与 y_2分别是方程 $y''+py'+qy=f_1(x)$与 $y''+py'+qy=f_2(x)$的特解，则 $y=y_1+y_2$是方程 $y''+py'+qy=f_1(x)+f_2(x)$ 的一个特解。

【例 7】 求方程 $y''+4y=e^{2x}+\cos 2x$ 的通解。

解 由定理 4 可知：为了求得原方程的一个特解，可将原方程拆成如下两个方程：

$$y''+4y=e^{2x}, y''+4y=\cos 2x。$$

在例 6 中已经求得 $y''+4y=f(x)$的特征根为 $r_{1,2}=\pm 2i$，对应的齐次方程的通解为 $Y(x)=C_1\cos 2x+C_2\sin 2x$，并在例 6(2)中已经求得 $y''+4y=\cos 2x$ 的一个特解为：$y_2{}^*(x)=\frac{1}{4}x\sin 2x$。

现在只要求出 $y''+4y=e^{2x}$的一个特解即可。由于 $\alpha=2$ 不是特征根，故可设其特解为 $y_1{}^*(x)=Ae^{2x}$，

代入方程后得 $8Ae^{2x}=e^{2x}$，比较系数可知 $A=\frac{1}{8}$，所以 $y_1{}^*(x)=\frac{1}{8}e^{2x}$。

因此 $y^*(x)=y_1{}^*(x)+y_2{}^*(x)=\frac{1}{4}(\frac{1}{2}e^{2x}+x\sin x)$为原方程的一个特解。

所以原方程的通解为：$y(x)=C_1\cos 2x+C_2\sin 2x+\frac{1}{4}(\frac{1}{2}e^{2x}+x\sin 2x)$。

习题 4.3

1. 求下列微分方程的通解：

(1) $y''-3y'-10y=0$； (2) $y''+5y=0$；

(3) $y''+2y'+y=0$。

2. 求微分方程 $y''+2y'+2y=0$ 的满足初始条件 $y'(0)=-2, y(0)=4$ 的特解。

3. 求下列微分方程的通解：

(1) $y''-2y'-3y=3x+1$； (2) $y''+4y=\sin 2x$；

(3) $y''+y'+y=2e^x$； (4) $y''+3y'+2y=3xe^{-x}$。

4. 求下列微分方程的一个特解：

(1) $y''+y=2\cos x$； (2) $y''-y'=xe^{-x}$；

(3) $y''+3y'+2y=3xe^{-x}$。

4.4 常微分方程的应用

微分方程的理论和解法都是应用数学的重要分支，它在工程、经济、物理及科学等众多领域都有非常重要的应用。

利用微分方程解决实际问题，其步骤如下：

(1) 建立数学模型。找到实际问题中关于自变量、未知函数、未知函数的导数的关系，根据关系列出微分方程；

(2) 求解这个微分方程。

本节通过几个常见的微分方程例子，介绍它的应用。

【例 1】 已知曲线经过点$\left(2,\dfrac{4}{3}\right)$,并且曲线上任何一点的切线斜率与该点到原点连线的斜率之和等于切点处的横坐标,求此曲线方程。

解　设曲线上任一点为 $M(x,y)$,那么曲线在点 $M(x,y)$ 处的斜率为 y',点 $M(x,y)$ 与原点 O 的连线的斜率为 $\dfrac{y}{x}$。由题意有

$$y'+\frac{y}{x}=x,$$

由一阶非齐次线性微分方程的通解公式得:

$$\begin{aligned}y&=e^{-\int\frac{1}{x}dx}\left(\int x e^{\int\frac{1}{x}dx}dx+C\right)\\&=\frac{1}{x}\left(\frac{x^3}{3}+C\right)。\end{aligned}$$

又曲线经过点$\left(2,\dfrac{4}{3}\right)$,故有初始条件:$y\big|_{x=2}=\dfrac{4}{3}$,

将初始条件代入通解,得 $C=0$,

故所求曲线方程为:$y=\dfrac{x^2}{3}$。

【例 2】 假设质量为 m 的物体在降落伞张开后降落时所受空气阻力与速度成正比,开始降落时速度为 0,求降落伞的降落速度与时间的函数关系。

解　设降落伞的降落速度为 $v=v(t)$,降落时物体所受重力 mg 与速度 $v(t)$ 方向一致,并受阻力 $f=-kv$ (k 为比例系数且大于 0),负号表示阻力的方向与速度 $v(t)$ 的方向相反,从而降落时物体所受的合力为

$$F=mg-kv。\tag{1}$$

由牛顿第二定律可知:

$$F=ma,\tag{2}$$

而物体降落时的加速度为

$$a=\frac{dv}{dt}\tag{3}$$

将(1)、(3)代入(2)得:

$$mg-kv=m\frac{dv}{dt},$$

整理得:

$$\frac{dv}{dt}+\frac{k}{m}v=g。$$

由一阶非齐次线性微分方程的通解公式得:

$$\begin{aligned}v&=e^{-\int\frac{k}{m}dt}\left(\int g e^{\int\frac{k}{m}dt}dt+C\right)\\&=e^{-\frac{k}{m}t}\left(\frac{mg}{k}e^{\frac{k}{m}t}+C\right)\\&=Ce^{-\frac{k}{m}t}+\frac{mg}{k}。\end{aligned}$$

又降落伞开始降落时速度为 0，故有初始条件：$v|_{t=0}=0$。

将初始条件代入通解，得：$C=-\dfrac{mg}{k}$。

故降落伞的降落速度与时间的函数关系为：

$$v=\frac{mg}{k}(1-e^{-\frac{k}{m}t})。$$

【例 3】 一质点做直线运动，其加速度 $a=-4S+3\sin t$，且当 $t=0$ 时，$S=0, v=0$。求该质点的运动方程。

解 设质点的运动方程为 $S=S(t)$。由导数的物理意义可知：$S''=a$，所以可得：

$$S''=-4S+3\sin t,$$

整理得：

$$S''+4S=3\sin t。$$

不难求得方程 $S''+4S=3\sin t$ 的通解为：

$$S=C_1\cos 2t+C_2\sin 2t+\sin t,$$

$$故\ v=S'=-2C_1\sin 2t+2C_2\cos 2t+\cos t。$$

将初始条件：$t=0$ 时，$S=0, v=0$ 代入上述二式，解得：$C_1=0\quad C_2=-\dfrac{1}{2}$。

所以该质点的运动方程为：

$$S=-\frac{1}{2}\sin 2t+\sin t。$$

习题 4.4

1. 求一曲线的方程，此曲线通过原点，并且它在点 $(x\ ,y)$ 处的切线斜率等于 $2x+y$。

2. 一跳伞队员质量为 m，降落时空气的阻力与伞下降的速度成正比，设跳伞队员离开飞机时的速度为 0，求伞下降的速度关于时间的函数。

本章内容精要

【相关概念】

(1) 常微分方程：若在一个方程中涉及的函数是未知的，自变量仅有一个，且在方程中含有未知函数的导数(或微分)，则称这样的方程为常微分方程。

(2) 常微分方程的阶数：微分方程中未知函数的导数的最高阶数，称为微分方程的阶。

(3) 常微分方程的通解和特解：n 阶常微分方程 $F(x,y,y',\cdots,y^{(n)})=0$ 的含有 n 个独立的任意常数 $c_1,c_2,\cdots,c_n$ 的解 $y=\varphi(x,c_1,c_2,\cdots,c_n)$ 称为它的通解。不含任意常数的解称为它的特解。

(4)常微分方程的初始条件：限定未知函数及其各阶导数在某一个特定点的取值，则称这种条件为微分方程的初始条件。

(5)二阶常系数线性微分方程的特征方程和特征根：二阶常系数齐次线性微分方程 $y''+py'+qy=0$ 所对应的一元二次方程 $r^2+pr+q=0$ 称为其特征方程，一元二次方程 $r^2+pr+q=0$ 的根称为其特征根。

【知识结构】

本章介绍了如下一些类型的常微分方程：

- 常微分方程
  - 一阶常微分方程
    - 可分离变量的微分方程
    - 一阶线性微分方程
      - 一阶齐次线性微分方程
      - 一阶非齐次线性微分方程
  - 二阶常系数线性微分方程
    - 二阶常系数齐次线性微分方程
    - 二阶常系数非齐次线性微分方程

【解题指导】

1. 解微分方程

解微分方程的关键是分清微分方程的类型，然后根据类型选择恰当的求解方法。在判断微分方程的类型时，要先看方程的阶数，再看是否为线性，是否是齐次的，其系数是否为常数等。现归纳如下：

(1) 一阶微分方程的解法。

① 可分离变量的微分方程：$M(x)N(y)\mathrm{d}y=M_1(x)N_1(y)\mathrm{d}x$，其解法是先分离变量，再两边积分。

② 一阶齐次线性微分方程：$y'+P(x)y=0$，利用公式 $y=C\mathrm{e}^{-\int P(x)\mathrm{d}x}$ 进行求解。

③ 一阶非齐次线性微分方程：$y'+P(x)y=Q(x)$，利用公式 $y=\mathrm{e}^{-\int P(x)\mathrm{d}x}\left[\int Q(x)\mathrm{e}^{\int P(x)\mathrm{d}x}\mathrm{d}x+C\right]$ 进行求解。

(2) 二阶常系数线性微分方程的解法。

① 二阶常系数齐次线性微分方程：$y''+py'+qy=0$，先写出特征方程，求出特征根，根据特征根的不同情况，写出方程的通解。

② 二阶常系数非齐次线性微分方程：$y''+p(x)y'+q(x)y=f(x)$，先写出特征方程，求出特征根，根据特征根的不同情况，写出对应的齐次微分方程的通解 $Y(x)$，然后利用待定系数法求出原方程的一个特解 $y^*(x)$，最后写出原方程的解：$y=Y(x)+y^*(x)$。

2. 利用微分方程解决实际问题

利用微分方程解决实际问题，其步骤如下：

(1)建立数学模型。找到实际问题中关于自变量、未知函数、未知函数的导数的关系，根据关系列出微分方程；

(2)求解这个微分方程。

复习题

1. 选择题

(1) 微分方程 $xyy''+x(y')^3-y^4y'=0$ 的阶数是(　　)。

A. 3　　B. 4　　C. 5　　D. 2

(2) 微分方程 $y'+\dfrac{y}{x}=0$ 的满足 $y(2)=1$ 的特解是(　　)。

A. $y=\dfrac{4}{x}$　　B. $y=\ln x$　　C. $y=\mathrm{e}^{x-2}$　　D. $y=\dfrac{2}{x}$

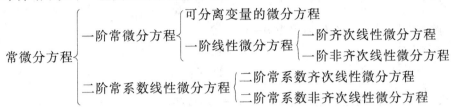

(3) 方程 $xy'+y=0$ 的通解为(　　)。

A. $y=Cx$　　B. $y=x+C$　　C. $y=\frac{C}{x}$　　D. $y=\frac{1}{x}+C$

(4) 微分方程 $y''+y=0$ 的通解为 $y=$(　　)。

A. $C_1e^x+C_2e^x$　　B. $C_1\cos x+C_2\sin x$

C. $C_1e^{-x}+C_1xe^{-x}$　　D. C_1+C_2x

2. 求$\frac{dy}{dx}=2xy$ 的满足初始条件:$x=0,y=1$ 的特解。

3. 求微分方程 $xy'+y=\sin x$ 的满足 $y(\pi)=0$ 的特解。

4. 求微分方程 $y'-e^{2x-y}$的满足初始条件 $y(0)=0$ 的特解。

5. 求微分方程 $y'+\frac{y}{x}\sin2x$ 的通解。

6. 求微分方程 $y'+4=2x+1$ 的通解。

7. 求微分方程 $y'+2y=4x$ 的通解。

第 5 章

线性代数相关

【教学目标】

矩阵是线性代数的主要研究对象。它在线性代数与数学的许多分支中都有重要应用，许多实际问题可以用矩阵表达并用有关理论得到解决。

本章介绍矩阵的概念、矩阵的基本运算、矩阵的秩、可逆矩阵以及矩阵的初等变换等运算，利用矩阵的有关概念与方法讨论线性方程组的解法及有解的条件，最后介绍在学习与科学研究中，矩阵的应用除了数学本身各学科、各分支外，还遍及自然科学、社会科学的其他各个领域。

5.1 矩阵的概念

矩阵是线性代数中最基本的概念之一，也是最基础的代数工具之一。在日常生活中，经常可以看到用来表示特定对象的矩形数表，如商场里的物价表、机场的飞机时刻表、财务报表等等。这样的矩形数表广泛应用于人们的生活之中，并且可以按需要给这样的矩形数表定义一些运算、变换等，进而利用它们解决问题。

【例 1】 北京市某户居民第三季度每个月水(单位：t)、电(单位：kW·h)、天然气(单位：m^3)的使用情况，可以用一个 3 行 3 列的数表表示：

$$\begin{array}{c} \\ 7月 \\ 8月 \\ 9月 \end{array}\begin{array}{c} \begin{array}{ccc} 水 & 电 & 气 \end{array} \\ \begin{bmatrix} 10 & 190 & 15 \\ 10 & 195 & 16 \\ 9 & 165 & 14 \end{bmatrix} \end{array}。$$

【例 2】 某校学生甲、学生乙，第一学期的数学、英语、大学计算机文化基础成绩如表 5-1 所示。

表 5-1

	数学	英语	大学计算机文化基础
学生甲	74	96	91
学生乙	82	89	75

为了简便,可以把它写成 2 行 3 列的矩形数表:

$$\begin{bmatrix} 74 & 96 & 91 \\ 82 & 89 & 75 \end{bmatrix}$$

以上两个数表在数学中都称为矩阵。

定义 1 由 $m\times n$ 个数 a_{ij} $(i=1,2,\cdots,m;j=1,2,\cdots,n)$排成的 m 行 n 列的数表

$$\begin{pmatrix} a_{11} & a_{12} & \cdots & a_{1n} \\ a_{21} & a_{22} & \cdots & a_{2n} \\ \vdots & \vdots & \cdots & \vdots \\ a_{m1} & a_{m2} & \cdots & a_{mn} \end{pmatrix}$$

称为一个 m 行 n 列矩阵,简称 $m\times n$ 矩阵,a_{ij} 表示位于矩阵中第 i 行第 j 列的数,a_{ij} 又称为矩阵的元素。矩阵用大写的英文字母 $\boldsymbol{A}$、$\boldsymbol{B}$ 等表示。以 a_{ij} 为元素的矩阵也可简记为 $\boldsymbol{A}=(a_{ij})_{m\times n}$。特别地,当 $m=n=1$ 时,定义$(a_{11})=a_{11}$。

定义 2 如果两个矩阵的行数与列数分别对应相等,则称这两个矩阵为同型矩阵。

设矩阵 $\boldsymbol{A}=(a_{ij})_{m\times n}$ 与矩阵 $\boldsymbol{B}=(b_{ij})_{m\times n}$ 是两个同型矩阵,如果

$$a_{ij}=b_{ij}\ (i=1,2,\cdots,m,j=1,2,\cdots,n),$$

则称矩阵 $\boldsymbol{A}$ 与矩阵 $\boldsymbol{B}$ 相等,记作 $\boldsymbol{A}=\boldsymbol{B}$。

下面介绍几种常用的特殊矩阵。

(1) 行矩阵和列矩阵。

仅有一行的矩阵称为行矩阵(也称为行向量),如

$$\boldsymbol{A}=(a_{11}\quad a_{12}\quad \cdots\quad a_{1n});$$

仅有一列的矩阵称为列矩阵(也称为列向量),如

$$\boldsymbol{A}=\begin{pmatrix} a_{11} \\ a_{21} \\ \vdots \\ a_{m1} \end{pmatrix}。$$

(2) 零矩阵。

若一个矩阵的所有元素都为零,则称这个矩阵为零矩阵。如一个 $m\times n$ 零矩阵为

$$\begin{pmatrix} 0 & 0 & \cdots & 0 \\ 0 & 0 & \cdots & 0 \\ \vdots & \vdots & \cdots & \vdots \\ 0 & 0 & \cdots & 0 \end{pmatrix}_{m\times n},$$

记为 $\boldsymbol{0}_{m\times n}$。在不会引起混淆的情形下,也记为 $\boldsymbol{0}$。

(3) 方阵。

行数和列数相同的矩阵称为方阵。例如,

$$A=\begin{pmatrix} a_{11} & a_{12} & \cdots & a_{1n} \\ a_{21} & a_{22} & \cdots & a_{2n} \\ \vdots & \vdots & \cdots & \vdots \\ a_{n1} & a_{n2} & \cdots & a_{nn} \end{pmatrix}$$

为 $n\times n$ 方阵，常称为 n 阶方阵或 n 阶矩阵，常记为 $A=(a_{ij})_n$。

(4) 对角矩阵。

主对角线以外的元素全为 0 的方阵称为对角矩阵。如

$$A=\begin{pmatrix} a_{11} & & & \\ & a_{22} & & \\ & & \ddots & \\ & & & a_{nn} \end{pmatrix}$$

为 n 阶对角矩阵，其中未标记出的元素全为 0，即 $a_{ij}=0, i\neq j, i,j=1,2,\cdots,n$，常简记为 $A=\mathrm{diag}(a_{11},a_{22},\cdots,a_{nn})$。

(5) 单位矩阵。

主对角线上的元素全为 1 的对角矩阵称为单位矩阵，简记为 E 或 E_n，如

$$E_n=\begin{pmatrix} 1 & & & \\ & 1 & & \\ & & \ddots & \\ & & & 1 \end{pmatrix}_n$$

表示 n 阶单位矩阵。

(6)三角矩阵。

主对角线上(下)方的元素全为 0 的方阵称为下(上)三角矩阵。如

$$\begin{pmatrix} a_{11} & & & \\ a_{21} & a_{22} & & \\ \vdots & \vdots & \ddots & \\ a_{n1} & a_{n2} & \cdots & a_{nn} \end{pmatrix}$$

为 n 阶下三角矩阵，即 $a_{ij}=0, i<j, i,j=1,2,\cdots,n$。

【例 3】 n 元线性方程组

$$\begin{cases} a_{11}x_1+a_{12}x_2+\cdots+a_{1n}x_n=b_1, \\ a_{21}x_1+a_{22}x_2+\cdots+a_{2n}x_n=b_2, \\ \cdots \\ a_{m1}x_1+a_{m2}x_2+\cdots+a_{mn}x_n=b_m \end{cases}$$ 的系数可以组成一个 m 行 n 列矩阵

$$A=\begin{pmatrix} a_{11} & a_{12} & \cdots & a_{1n} \\ a_{21} & a_{22} & \cdots & a_{2n} \\ \vdots & \vdots & \cdots & \vdots \\ a_{m1} & a_{m2} & \cdots & a_{mn} \end{pmatrix},$$

称 A 为线性方程组的系数矩阵。由线性方程组的系数与常数项可以组成一个 m 行 $n+1$ 列矩阵

$$\bar{A}=\begin{pmatrix} a_{11} & a_{12} & \cdots & a_{1n} & b_1 \\ a_{21} & a_{22} & \cdots & a_{2n} & b_2 \\ \vdots & \vdots & \cdots & \vdots & \vdots \\ a_{m1} & a_{m2} & \cdots & a_{mn} & b_m \end{pmatrix},$$

称 $\bar{A}$ 为线性方程组的增广矩阵。线性方程组的系数矩阵和增广矩阵将用于研究线性方程组的解。因此矩阵不仅广泛地应用于处理各种实际问题，而且成为求解线性方程组的重要工具。

【例 4】 设 $A=\begin{pmatrix} x & x+y & 3 \\ 1 & 0 & 2 \end{pmatrix}$，$B=\begin{pmatrix} -1 & -1 & w \\ 1 & 0 & z \end{pmatrix}$，且 $A=B$，求 x,y,z,w。

解 由矩阵相等的定义知：$A=B$ 当且仅当它们的行数、列数分别相同，并且对应位置的元素相等，所以 $x=-1,x+y=-1,z=2,w=3$，即 $x=-1,y=0,z=2,w=3$。

【例 5】 判断下列每组矩阵是否相等：

(1) 零矩阵 $O_{2\times3}$ 与 $O_{3\times2}$；　(2) 单位矩阵 E_2 与 E_3；

(3) $(1,2,3)$ 与 $\begin{pmatrix} 1 \\ 2 \\ 3 \end{pmatrix}$；　(4) $\begin{pmatrix} 1 & 0 \\ 0 & 0 \end{pmatrix}$ 与 $\begin{pmatrix} 0 & 0 \\ 0 & 1 \end{pmatrix}$；

(5) $\begin{cases} 2x_1+3x_2-x_3=1, \\ x_1-x_2+2x_3=-3, \end{cases}$ 讨论 $\begin{pmatrix} 2x_1+3x_2-x_3 \\ x_1-x_2+2x_3 \end{pmatrix}$ 与 $\begin{pmatrix} 1 \\ -3 \end{pmatrix}$。

解 (1) 零矩阵 $O_{2\times3}$ 与 $O_{3\times2}$ 不是同型矩阵，所以不相等；

(2) 单位矩阵 E_2 与 E_3 不是同型矩阵，所以不相等；

(3) $(1,2,3)$ 与 $\begin{pmatrix} 1 \\ 2 \\ 3 \end{pmatrix}$ 不是同型矩阵，所以不相等；

(4) $\begin{pmatrix} 1 & 0 \\ 0 & 0 \end{pmatrix}$ 与 $\begin{pmatrix} 0 & 0 \\ 0 & 1 \end{pmatrix}$ 是同型矩阵，但对应位置的元素不同，所以不相等；

(5) $\begin{pmatrix} 2x_1+3x_2-x_3 \\ x_1-x_2+2x_3 \end{pmatrix}$ 与 $\begin{pmatrix} 1 \\ -3 \end{pmatrix}$ 是同型矩阵，且对应位置的元素相同，所以相等。

读一读

哥尼斯堡七桥问题：哥尼斯堡城中有 7 座桥把湖中两个小岛与两岸连接（见图 5-1），能否从两个小岛或两岸上某点出发，接连走过这 7 座桥，每座桥走且仅走一次？

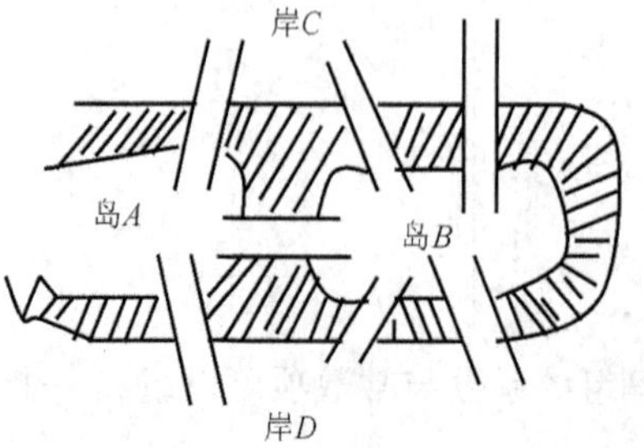

图 5-1

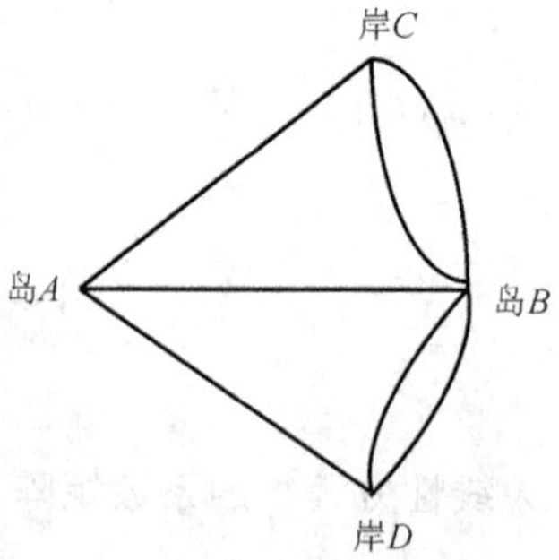

图 5-2

设 A,B 表示小岛,C,D 表示两岸,连接各处的桥数可以用一个矩形阵(见图 5-3)给出(如第二行第三列位置的数字 2 表示从岛 B 到岸 C 的桥有 2 座)。

	A	B	C	D
A	0	1	1	1
B	1	0	2	2
C	1	2	0	0
D	1	2	0	0

图 5-3

无论从 A,B,C,D 四个点中的哪一个出发,要走遍所有桥,除了起点和终点外,经过其余两点时必定从一座桥进去从另一座桥出来,由于要求每座桥走且仅走一次,所以与其连接的桥一定是偶数座。但是可以看到矩阵(见图 5-3)中每行元素和(所有与该行对应的点连接的桥的总数)都是奇数,所以从任何一点出发都不能接连走过这 7 座桥,每座桥走且仅走一次。

用线段表示桥,可以将问题转化为是否可以一笔画出来(见图 5-2)?将问题用矩阵表示出来就一目了然了。尤其是涉及点和连线较多的情况,用矩阵表示更方便。

习题 5.1

1. 判断下列哪组矩阵是同型矩阵,哪组是相等矩阵。为什么?

(1) 零矩阵 $\boldsymbol{O}_{3\times3}$ 与 $\boldsymbol{O}_{2\times2}$;(2) $\begin{pmatrix}1&0\\0&1\end{pmatrix}$ 与 $\boldsymbol{E}_2$;(3) $\begin{pmatrix}1&0&0\\0&1&0\\0&0&0\end{pmatrix}$ 与 $\begin{pmatrix}1&0&0\\0&0&0\\0&0&1\end{pmatrix}$;

(4) 已知 $\begin{cases}x_1+x_2=60,\\x_1-x_2-x_4=10,\\x_4-x_5-x_6=0,\end{cases}$ 讨论 $\begin{pmatrix}x_1+x_2\\x_1-x_2-x_4\\x_4-x_5-x_6\end{pmatrix}$ 与 $\begin{pmatrix}60\\10\\0\end{pmatrix}$。

2. 设 $\begin{pmatrix}2x_1+3x_2\\x_1-x_2\end{pmatrix}=\begin{pmatrix}1\\-2\end{pmatrix}$,求 x_1,x_2。

3. 设 $\begin{pmatrix}x_1+x_2+x_3\\x_2+x_3\\3x_3\end{pmatrix}=\begin{pmatrix}4\\3\\6\end{pmatrix}$,求 x_1,x_2,x_3。

4. 设 $\begin{pmatrix}x+y&-2&1\\1&0&y\end{pmatrix}=\begin{pmatrix}-1&w-1&1\\z&0&2\end{pmatrix}$,求 x,y,z,w。

5.2 矩阵的运算

5.2.1 矩阵的线性运算

【例 1】 某汽车品牌对高、中、低三款车在甲、乙、丙、丁四个消费水平不同的城市的销售情况进行调查,销售情况如表 5-2 所示。

表 5-2　1 月份销售情况(单位:辆)

	甲	乙	丙	丁
高档车	25	10	8	5
中挡车	20	22	16	15
低挡车	6	18	19	20

表 5-3　2 月份销售情况(单位:辆)

	甲	乙	丙	丁
高端车	23	10	10	7
中端车	24	18	16	13
低端车	10	20	21	22

如果 1、2 两个月的销售情况分别用矩阵

$$\boldsymbol{A}=\begin{pmatrix}25 & 10 & 8 & 5\\ 20 & 22 & 16 & 15\\ 6 & 18 & 19 & 20\end{pmatrix} \text{和} \boldsymbol{B}=\begin{pmatrix}23 & 10 & 10 & 7\\ 24 & 18 & 16 & 13\\ 10 & 20 & 21 & 22\end{pmatrix} \text{表示,}$$

则 1、2 两个月总的销售情况可以用矩阵

$$\begin{pmatrix}25+23 & 10+10 & 8+10 & 5+7\\ 20+24 & 22+18 & 16+16 & 15+13\\ 6+10 & 18+20 & 19+21 & 20+22\end{pmatrix}=\begin{pmatrix}48 & 20 & 18 & 12\\ 44 & 40 & 32 & 28\\ 16 & 38 & 40 & 44\end{pmatrix} \text{表示,}$$

这两个月的平均销售情况可以用矩阵 $\begin{pmatrix}\frac{48}{2} & \frac{20}{2} & \frac{18}{2} & \frac{12}{2}\\ \frac{44}{2} & \frac{40}{2} & \frac{32}{2} & \frac{28}{2}\\ \frac{16}{2} & \frac{38}{2} & \frac{40}{2} & \frac{44}{2}\end{pmatrix}$,即 $\begin{pmatrix}24 & 10 & 9 & 6\\ 22 & 20 & 16 & 14\\ 8 & 19 & 20 & 22\end{pmatrix}$ 表示。

1. 矩阵的加法

定义 1　设 $\boldsymbol{A}=(a_{ij})_{m\times n}$, $\boldsymbol{B}=(b_{ij})_{m\times n}$ 是两个同型矩阵,称 $m\times n$ 矩阵 $\boldsymbol{C}=(a_{ij}+b_{ij})_{m\times n}$ 为矩阵 $\boldsymbol{A}$ 与矩阵 $\boldsymbol{B}$ 的和,记为 $\boldsymbol{A}+\boldsymbol{B}$,即

$$\boldsymbol{A}+\boldsymbol{B}=\begin{pmatrix}a_{11} & a_{12} & \cdots & a_{1n}\\ a_{21} & a_{22} & \cdots & a_{2n}\\ \vdots & \vdots & \cdots & \vdots\\ a_{m1} & a_{m2} & \cdots & a_{mn}\end{pmatrix}+\begin{pmatrix}b_{11} & b_{12} & \cdots & b_{1n}\\ b_{21} & b_{22} & \cdots & b_{2n}\\ \vdots & \vdots & \cdots & \vdots\\ b_{m1} & b_{m2} & \cdots & b_{mn}\end{pmatrix}$$

$$=\begin{pmatrix}a_{11}+b_{11} & a_{12}+b_{12} & \cdots & a_{1n}+b_{1n}\\ a_{21}+b_{21} & a_{22}+b_{22} & \cdots & a_{2n}+b_{2n}\\ \vdots & \vdots & \cdots & \vdots\\ a_{m1}+b_{m1} & a_{m2}+b_{m2} & \cdots & a_{mn}+b_{mn}\end{pmatrix}。$$

若引进矩阵

$$\begin{pmatrix} -a_{11} & -a_{12} & \cdots & -a_{1n} \\ -a_{21} & -a_{22} & \cdots & -a_{2n} \\ \vdots & \vdots & \cdots & \vdots \\ -a_{m1} & -a_{m2} & \cdots & -a_{mn} \end{pmatrix},$$

称之为矩阵 $\boldsymbol{A}=(a_{ij})_{m\times n}$ 的负矩阵，记为 $-\boldsymbol{A}$。

矩阵 $\boldsymbol{A}$ 与矩阵 $\boldsymbol{B}$ 的差则定义为

$$\boldsymbol{A}-\boldsymbol{B}=\boldsymbol{A}+(-\boldsymbol{B})。$$

由以上定义，不难验证，矩阵的加法满足下面的运算律。

定理 1　设 $\boldsymbol{A}$、$\boldsymbol{B}$、$\boldsymbol{C}$ 是同型矩阵，则

(1) $\boldsymbol{A}+\boldsymbol{B}=\boldsymbol{B}+\boldsymbol{A}$（加法交换律）；

(2) $(\boldsymbol{A}+\boldsymbol{B})+\boldsymbol{C}=\boldsymbol{A}+(\boldsymbol{B}+\boldsymbol{C})$（加法结合律）；

(3) $\boldsymbol{A}+\boldsymbol{0}=\boldsymbol{0}+\boldsymbol{A}=\boldsymbol{A}$，其中 $\boldsymbol{0}$ 是与 $\boldsymbol{A}$ 同型的零矩阵；

(4) $\boldsymbol{A}+(-\boldsymbol{A})=\boldsymbol{0}$。

【例 2】　设 $\boldsymbol{A}=\begin{pmatrix} 2 & 0 & 1 \\ -3 & 4 & 0 \end{pmatrix}$，$\boldsymbol{B}=\begin{pmatrix} 3 & -2 & 5 \\ 0 & 0 & 1 \end{pmatrix}$，求 $\boldsymbol{A}+\boldsymbol{B}$ 及 $\boldsymbol{A}-\boldsymbol{B}$。

解　$$\boldsymbol{A}+\boldsymbol{B}=\begin{pmatrix} 2 & 0 & 1 \\ -3 & 4 & 0 \end{pmatrix}+\begin{pmatrix} 3 & -2 & 5 \\ 0 & 0 & 1 \end{pmatrix}=\begin{pmatrix} 2+3 & 0+(-2) & 1+5 \\ -3+0 & 4+0 & 0+1 \end{pmatrix}$$

$$=\begin{pmatrix} 5 & -2 & 6 \\ -3 & 4 & 1 \end{pmatrix}。$$

$$\boldsymbol{A}-\boldsymbol{B}=\begin{pmatrix} 2 & 0 & 1 \\ -3 & 4 & 0 \end{pmatrix}-\begin{pmatrix} 3 & -2 & 5 \\ 0 & 0 & 1 \end{pmatrix}=\begin{pmatrix} 2-3 & 0-(-2) & 1-5 \\ -3-0 & 4-0 & 0-1 \end{pmatrix}$$

$$=\begin{pmatrix} -1 & 2 & -4 \\ -3 & 4 & -1 \end{pmatrix}。$$

2. 数与矩阵相乘

定义 2　设 $\boldsymbol{A}=(a_{ij})_{m\times n}$，$k$ 是一个数，则称矩阵

$$(ka_{ij})=\begin{pmatrix} ka_{11} & ka_{12} & \cdots & ka_{1n} \\ ka_{21} & ka_{22} & \cdots & ka_{2n} \\ \vdots & \vdots & \cdots & \vdots \\ ka_{m1} & ka_{m2} & \cdots & ka_{mn} \end{pmatrix}$$

为数 k 与矩阵 $\boldsymbol{A}$ 的数量乘积，简称数乘，记为 $k\boldsymbol{A}=(ka_{ij})_{m\times n}$。

数乘矩阵满足下列运算规律：

定理 2　设 $\boldsymbol{A}$、$\boldsymbol{B}$ 为 $m\times n$ 矩阵，λ、μ 为常数，则

(1) $(\lambda\mu)\boldsymbol{A}=\lambda(\mu\boldsymbol{A})$；

(2) $(\lambda+\mu)\boldsymbol{A}=\lambda\boldsymbol{A}+\mu\boldsymbol{A}$；

(3) $\lambda(\boldsymbol{A}+\boldsymbol{B})=\lambda\boldsymbol{A}+\lambda\boldsymbol{B}$；

(4) $1\boldsymbol{A}=\boldsymbol{A}$。

矩阵相加与数乘合起来，统称为矩阵的线性运算。

【例 3】　设 $\boldsymbol{A}=\begin{pmatrix} 1 & 4 \\ 0 & 3 \\ -2 & 0 \end{pmatrix}$，$\boldsymbol{B}=\begin{pmatrix} -1 & 2 \\ 1 & 0 \\ 3 & -2 \end{pmatrix}$。求矩阵 $\boldsymbol{X}$，使 $3\boldsymbol{A}+2\boldsymbol{X}=\boldsymbol{B}$。

解 在等式 $3\boldsymbol{A}+2\boldsymbol{X}=\boldsymbol{B}$ 两边同时加上 $-3\boldsymbol{A}$，得 $2\boldsymbol{X}=\boldsymbol{B}-3\boldsymbol{A}$，两边同乘 $\frac{1}{2}$，即

$$\boldsymbol{X}=\frac{1}{2}\boldsymbol{B}-\frac{3}{2}\boldsymbol{A}=\begin{pmatrix}-\frac{1}{2} & 1\\ \frac{1}{2} & 0\\ \frac{3}{2} & -1\end{pmatrix}-\begin{pmatrix}\frac{3}{2} & 6\\ 0 & \frac{9}{2}\\ -3 & 0\end{pmatrix}=\begin{pmatrix}-2 & -5\\ \frac{1}{2} & -\frac{9}{2}\\ \frac{9}{2} & -1\end{pmatrix}。$$

在例 1 中，1、2 两个月的这三款车销售情况分别对应矩阵 $\boldsymbol{A}$ 和 $\boldsymbol{B}$，则 1、2 两个月总的销售情况对应的矩阵为 $\boldsymbol{A}+\boldsymbol{B}$，两个月的平均销售情况对应的矩阵为 $\frac{1}{2}(\boldsymbol{A}+\boldsymbol{B})$。

5.2.2 矩阵的乘法

【例 4】 图 5-4 与图 5-5 分别给出了从甲、乙、丙三个城市出发到 D、E 两个城市的航班数和从 D、E 两个城市出发到 F、G 两个城市的航班数。图 5-6 表示从甲、乙、丙出发经 D、E 中转一次到达 F、G 的航班数(假设中转时间都能赶上出发的飞机)。

	D城市	E城市
甲城市	3	1
乙城市	4	2
丙城市	3	2

图 5-4

	F城市	G城市
D城市	2	3
E城市	1	4

图 5-5

	F城市	G城市
甲城市	m_{11}	m_{12}
乙城市	m_{21}	m_{22}
丙城市	m_{31}	m_{32}

图 5-6

下面利用加法原理和乘法原理来计算 $m_{ij}\ (i=1,2;j=1,2)$。

用 m_{11} 表示从 A 城市出发经 D、E 两个城市中转一次到达 F 城市的航班数，

则 $m_{11}=3\times2+1\times1=7$，其中 3×2 表示从 A 出发经 D 中转一次到达 F 的航班数，1×1 表示从 A 出发经 E 中转一次到达 F 的航班数。

同理可计算其他 $m_{ij}\ (i=1,2;j=1,2)$ 如下：

$m_{12}=3\times3+1\times4=13$；$m_{21}=4\times2+2\times1=10$；$m_{22}=4\times3+2\times4=20$；$m_{31}=3\times2+2\times1=8$；$m_{32}=3\times3+2\times4=17$。

下面来分析图 5-6 中元素 $m_{ij}(i=1,2;j=1,2)$ 的构成。

图 5-7 给出了从甲出发经 D、E 中转一次到达 F、G 的航班情况，即 m_{11}，m_{12} 的构成情况。用带(　)的数字表示到达 G 的航班数据。

从甲出发到 F（G）可以分成转机前和转机后两个过程，转机前从甲出发到 D、E 的数据由矩阵 $\boldsymbol{A}$ 的第 1 行给出，转机后从 D、E 再到 F（G）的航班情况由矩阵 $\boldsymbol{B}$ 的第 1 列（第 2 列）给出，$\boldsymbol{C}$ 的第 1 行元素 m_{11}，m_{12} 分别是 $\boldsymbol{A}$ 的第 1 行与 $\boldsymbol{B}$ 的第 1 列和第 2 列对应元素乘积之和。

同理可以分析 $\boldsymbol{C}$ 的第 2 行和第 3 行元素的构成，有

(1) 第 $i(i=1,2,3)$ 行中的元素 m_{i1}，m_{i2} 分别是 $\boldsymbol{A}$ 的第 i 行与 $\boldsymbol{B}$ 的第 1 列和第 2 列对应元素乘积之和。

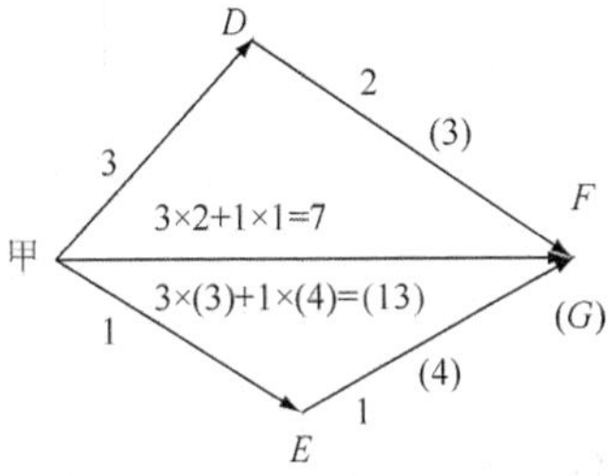

图 5-7

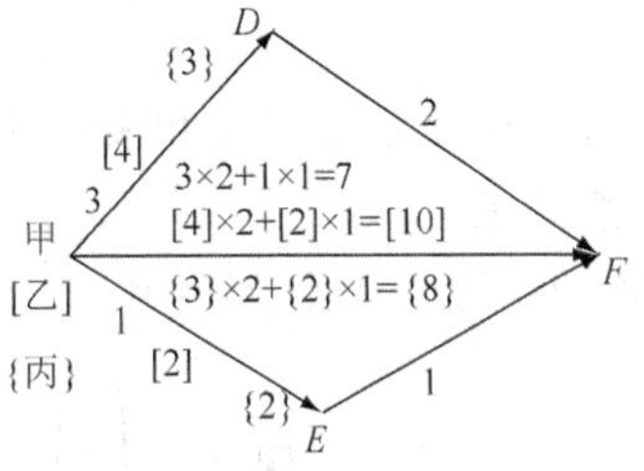

图 5-8

图 5-8 给出了从甲、乙、丙出发经 D、E 中转一次到达 F 的航班情况，即 m_{11}，m_{21}，m_{31} 的构成情况。分别用带[　]和{　}的数字表示从乙、丙两地出发的航班数据。

从出发地到 F 也可以分成转机前和转机后两个过程，转机前从甲、乙、丙出发到 D、E 的过程的数据分别由矩阵 $\boldsymbol{A}$ 的第 1、2、3 行给出，转机后从 D、E 再到 F 的航班情况由矩阵 $\boldsymbol{B}$ 的第 1 列给出，所以 $\boldsymbol{C}$ 的第 1 列元素 m_{11}，m_{21}，m_{31} 分别是 $\boldsymbol{A}$ 的第 1、2、3 行与 $\boldsymbol{B}$ 的第 1 列对应元素乘积之和。

同理可以分析 $\boldsymbol{C}$ 的第 2 列元素的构成，我们

(2) 第 $j(j=1,2)$ 列中的元素 m_{1j}，m_{2j}，m_{3j} 分别是 $\boldsymbol{A}$ 的第 1、2、3 行与 $\boldsymbol{B}$ 的第 j 列对应元素乘积之和。

定义 3　设 $\boldsymbol{A}=(a_{ik})_{m\times n}$，$\boldsymbol{B}=(b_{kj})_{n\times s}$，称 $m\times s$ 矩阵 $\boldsymbol{C}=(c_{ij})_{m\times s}$ 为矩阵 $\boldsymbol{A}$ 与 $\boldsymbol{B}$ 的乘积。其中 $\boldsymbol{C}$ 的 (i,j) 位置的元素为：

$$c_{ij}=a_{i1}b_{1j}+a_{i2}b_{2j}+\cdots+a_{in}b_{nj}\overset{\text{记为}}{=}\sum_{k=1}^{n}a_{ik}b_{kj}\ (i=1,2,\cdots,m;j=1,2,\cdots,s)。$$

将矩阵 $\boldsymbol{A}$ 与矩阵 $\boldsymbol{B}$ 的乘积 $\boldsymbol{C}$ 记为 $\boldsymbol{AB}$，即 $\boldsymbol{C}=\boldsymbol{AB}$。

在例 4 中，分别用矩阵 $\boldsymbol{A}=\begin{pmatrix}3&1\\4&2\\3&2\end{pmatrix}$，$\boldsymbol{B}=\begin{pmatrix}2&3\\1&4\end{pmatrix}$ 表示从甲、乙、丙出发到 D、E 的航班情况和从 D、E 出发到 F、G 的航班情况，从甲、乙、丙出发经 D、E 中转一次到达 F、G 的航班情况用矩阵 $\boldsymbol{C}$ 表示，则 $\boldsymbol{C}=\boldsymbol{AB}=\begin{pmatrix}3&1\\4&2\\3&2\end{pmatrix}\begin{pmatrix}2&3\\1&4\end{pmatrix}=\begin{pmatrix}3\times2+1\times1&3\times3+1\times4\\4\times2+2\times1&4\times3+2\times4\\3\times2+2\times1&3\times3+2\times4\end{pmatrix}=\begin{pmatrix}7&13\\10&20\\8&17\end{pmatrix}$。

从矩阵乘积的定义中可以看出：

(1) 第 1 个矩阵的列数与第 2 个矩阵的行数相等时，两矩阵乘积才有意义；

(2) 两矩阵乘积的行数等于第 1 个矩阵的行数，乘积的列数等于第 2 个矩阵的列数；

(3) $\boldsymbol{AB}$ 的 (i,j) 位置的元素 c_{ij} 等于 $\boldsymbol{A}$ 的第 i 行与 $\boldsymbol{B}$ 的第 j 列的对应位置元素的乘积之和。

这种关系可表示为：

$$\begin{pmatrix} * & * & \cdots & * \\ * & * & \cdots & * \\ \vdots & \vdots & \cdots & \vdots \\ a_{i1} & a_{i2} & \cdots & a_{is} \\ * & * & \cdots & * \end{pmatrix} \begin{pmatrix} * & * & b_{1j} & * \\ * & * & b_{2j} & * \\ \vdots & \vdots & \cdots & \vdots \\ * & * & b_{sn} & * \end{pmatrix} = \begin{pmatrix} & & * & \\ & & & \\ & & \vdots & \\ * & \cdots & c_{ij} & \cdots \\ & & \vdots & \end{pmatrix}$$

像这样可以用元素乘积之和表示的量还有很多。

需要注意的是：

(1)矩阵的乘法不满足交换律。

$$\text{如 } \boldsymbol{A}=\begin{pmatrix} 1 \\ 2 \\ 3 \end{pmatrix}, \qquad \boldsymbol{B}=(3 \quad 2 \quad 1),$$

则

$$\boldsymbol{AB}=\begin{pmatrix} 3 & 2 & 1 \\ 6 & 4 & 2 \\ 9 & 6 & 3 \end{pmatrix}, \qquad \boldsymbol{BA}=(10)=10。$$

很快会发现 $\boldsymbol{AB}$ 与 $\boldsymbol{BA}$ 不是同型矩阵，因而也不可能相等。

(2) 两个非零矩阵的乘积可能是零矩阵。

如

$$\boldsymbol{A}=\begin{pmatrix} 1 & 1 \\ 2 & 2 \end{pmatrix} \neq \boldsymbol{0}, \boldsymbol{B}=\begin{pmatrix} 1 & -1 \\ -1 & 1 \end{pmatrix} \neq \boldsymbol{0}, \text{但 } \boldsymbol{AB}=\begin{pmatrix} 0 & 0 \\ 0 & 0 \end{pmatrix}。$$

(3) 矩阵的乘法不满足消去律，即如果 $\boldsymbol{AB}=\boldsymbol{CB}, \boldsymbol{B}\neq\boldsymbol{0}$，不一定能推出 $\boldsymbol{A}=\boldsymbol{C}$。根据(2)，由 $\boldsymbol{B}\neq\boldsymbol{0}$ 且$(\boldsymbol{A}-\boldsymbol{C})\boldsymbol{B}=\boldsymbol{0}$，不能推出 $\boldsymbol{A}=\boldsymbol{C}$。

(1)～(3)说明，两个矩阵相乘与两数相乘有不同的运算律。矩阵的乘法虽不满足交换律，但满足下列结合律和分配律(假设运算都是可行的)。

定理 3

(1) $(\boldsymbol{AB})\boldsymbol{C}=\boldsymbol{A}(\boldsymbol{BC})$；

(2) $\lambda(\boldsymbol{AB})=(\lambda\boldsymbol{A})\boldsymbol{B}=\boldsymbol{A}(\lambda\boldsymbol{B})$，其中 λ 为数；

(3) $\boldsymbol{A}(\boldsymbol{B}+\boldsymbol{C})=\boldsymbol{AB}+\boldsymbol{AC}$；

$(\boldsymbol{B}+\boldsymbol{C})\boldsymbol{A}=\boldsymbol{BA}+\boldsymbol{CA}$；

(4) $\boldsymbol{E}_m\boldsymbol{A}_{m\times n}=\boldsymbol{A}_{m\times n}$， $\boldsymbol{A}_{m\times n}\boldsymbol{E}_n=\boldsymbol{A}_{m\times n}$

可见单位矩阵 $\boldsymbol{E}$ 在矩阵乘法中的作用类似于数 1。

有了矩阵的乘法，就可以定义矩阵的幂。对于 n 阶方阵 $\boldsymbol{A}$，规定

$$A^k=\overbrace{AA\cdot\cdots\cdot A}^{k}(k\text{ 为正整数})。$$

这就是说，A^k 就是 k 个 A 连乘。显然只有方阵，它的幂才有意义。于是，方阵的乘幂满足：

定理 4　设 A 是 n 阶方阵，k、l 为正整数，则

$$A^kA^l=A^{k+l},(A^k)^l=A^{kl}。$$

又因矩阵乘法一般不满足交换律，所以对于两个 n 阶矩阵 A 与 B，一般 $(AB)^k\neq A^kB^k$ 。

【例 5】　设

$$A=\begin{pmatrix}\lambda & 1 & \\ & \lambda & 1\\ & & \lambda\end{pmatrix},$$

计算 A^2,A^3。

解　$A^2=AA=\begin{pmatrix}\lambda^2 & 2\lambda & 1\\ 0 & \lambda^2 & 2\lambda\\ 0 & 0 & \lambda^2\end{pmatrix},A^3=A^2A=\begin{pmatrix}\lambda^3 & 3\lambda^2 & 3\lambda\\ 0 & \lambda^3 & 3\lambda^2\\ 0 & 0 & \lambda^3\end{pmatrix}$。

5.2.3　矩阵的转置

定义 4 称 $n\times m$ 矩阵

$$\begin{pmatrix}a_{11} & a_{21} & \cdots & a_{m1}\\ a_{12} & a_{22} & \cdots & a_{m2}\\ \vdots & \vdots & \cdots & \vdots\\ a_{1n} & a_{2n} & \cdots & a_{mn}\end{pmatrix}$$

为矩阵 $A=(a_{ij})_{m\times n}$ 的转置矩阵，记作 A^T。例如，

$$A=\begin{pmatrix}0 & -1 & 3\\ 4 & 2 & 1\end{pmatrix},\ B=\begin{pmatrix}1\\ -1\\ 0\\ 2\end{pmatrix}。$$

则 A,B 的转置矩阵分别为

$$A^T=\begin{pmatrix}0 & 4\\ -1 & 2\\ 3 & 1\end{pmatrix},B^T=(1\quad -1\quad 0\quad 2)。$$

求一个矩阵的转置矩阵也可以看作矩阵的一种运算，它有下面的运算规律。

定理 5　设 A、B 是矩阵，且它们的行数与列数使相应的运算有定义，k 为常数，则

(1) $(A^T)^T=A$；

(2) $(A+B)^T=A^T+B^T$；

(3) $(kA)^T=kA^T$；

(4) $(AB)^T=B^TA^T$。

【例 6】　设 $X=(x\quad y\quad z)$，求 XX^T 与 X^TX。

解　$XX^T=(x\quad y\quad z)\begin{pmatrix}x\\ y\\ z\end{pmatrix}=(x^2+y^2+z^2)=x^2+y^2+z^2$，

$$X^TX = \begin{pmatrix} x \\ y \\ z \end{pmatrix}(x \quad y \quad z) = \begin{pmatrix} x^2 & xy & xz \\ yx & y^2 & yz \\ zx & zy & z^2 \end{pmatrix}。$$

【例 7】 设 $A = \begin{pmatrix} 1 & -1 & 2 \\ -1 & 3 & 0 \\ 2 & 0 & -1 \end{pmatrix}$，$X = \begin{pmatrix} x \\ y \\ z \end{pmatrix}$，求 X^TAX。

解 $$X^TAX = (x \quad y \quad z)\begin{pmatrix} 1 & -1 & 2 \\ -1 & 3 & 0 \\ 2 & 0 & -1 \end{pmatrix}\begin{pmatrix} x \\ y \\ z \end{pmatrix} = (x \quad y \quad z)\begin{pmatrix} x-y+2z \\ -x+3y \\ 2x-z \end{pmatrix}$$
$$= x(x-y+2z)+y(-x+3y)+z(2x-z) = x^2+3y^2-z^2-2xy+4xz。$$

设 A 为 n 阶方阵，如果满足 $A^T = A$，即 $a_{ij} = a_{ji}(i,j=1,2,\cdots,n)$，那么 A 称为对称矩阵。对称矩阵的特点是：它的元素以主对角线为对称轴对应相等。

习题 5.2

1. 已知 $A = \begin{pmatrix} 0 & -3 & 2 & 0 \\ 4 & -2 & -1 & 1 \end{pmatrix}$，$B = \begin{pmatrix} 3 & 0 & 1 & 0 \\ -1 & 2 & 1 & 2 \end{pmatrix}$，且 $X+A=2(B-X)$，求 X。

2. 计算

(1) $\alpha = (1,2,1)^T$，求 $\alpha^T\alpha$，$\alpha\alpha^T$，$\alpha\alpha^T\alpha$ 及 $(\alpha\alpha^T)^{101}$；

(2) $(x \quad y \quad 1)\begin{pmatrix} a_{11} & a_{12} & b_1 \\ a_{12} & a_{22} & b_2 \\ b_1 & b_2 & c \end{pmatrix}\begin{pmatrix} x \\ y \\ 1 \end{pmatrix}$；

(3) $A = \begin{pmatrix} \cos\theta & -\sin\theta \\ \sin\theta & \cos\theta \end{pmatrix}$，求 A^2，A^4。

3. $A = \begin{pmatrix} 3 & 1 & 1 \\ 2 & 1 & 2 \\ 1 & 2 & 3 \end{pmatrix}$，$B = \begin{pmatrix} 1 & 1 & -1 \\ 2 & -1 & 0 \\ 1 & 0 & 1 \end{pmatrix}$，求 AB，BA，$(AB)^T$ 及 $AB-BA$。

4. $A = \begin{pmatrix} 1 & & \\ & 2 & \\ & & 3 \end{pmatrix}$，$B = \begin{pmatrix} 2 & 0 & 0 \\ 0 & 1 & 1 \\ 0 & 0 & 1 \end{pmatrix}$，$f(x) = x^2-2x$，求 $f(A)$ 及 $f(B)$。

5.3 方阵的行列式

在初等数学中，用代入消元法或加减消元法求解二元和三元线性方程组，可以看出，线性方程组的解完全由未知量的系数与常数项所确定。为了更清楚地表达线性方程组的解与未知量的系数与常数项的关系，本节先引入二阶和三阶行列式的概念，在二阶和三阶行列式的基础上，给出 n 阶行列式的定义并讨论其性质，讨论方阵的行列式。行列式是一种常用的数学工具，在数学及其他学科中都有着广泛的应用。

5.3.1　行列式的概念

1. 二元线性方程组与二阶行列式

二阶和三阶行列式是从研究二元与三元线性方程组的公式解引出来的，故先讨论解线性方程组的问题。

设含有两个未知量 x_1，x_2 的线性方程组

$$\begin{cases} a_{11}x_1 + a_{12}x_2 = b_1, \\ a_{21}x_1 + a_{22}x_2 = b_2, \end{cases} \tag{1}$$

用消元法求解。

为消去未知数 x_2，以 a_{22} 与 a_{12} 分别乘两方程的两端，然后两个方程相减，得 $(a_{11}a_{22} - a_{12}a_{21})x_1 = b_1a_{22} - a_{12}b_2$。

同样消去 x_1，得

$$(a_{11}a_{22} - a_{12}a_{21})x_2 = b_2a_{11} - a_{21}b_1。$$

当 $a_{11}a_{22} - a_{12}a_{21} \neq 0$ 时，

$$x_1 = \frac{b_1a_{22} - a_{12}b_2}{a_{11}a_{22} - a_{12}a_{21}},\ x_2 = \frac{b_2a_{11} - a_{21}b_1}{a_{11}a_{22} - a_{12}a_{21}}。 \tag{2}$$

引进记号

$$\boldsymbol{D} = \begin{vmatrix} a_{11} & a_{12} \\ a_{21} & a_{22} \end{vmatrix}, \tag{3}$$

叫作二阶行列式。它的值定义为

$$\begin{vmatrix} a_{11} & a_{12} \\ a_{21} & a_{22} \end{vmatrix} = a_{11}a_{22} - a_{12}a_{21}。$$

数 $a_{ij}(i = 1,2;j = 1,2)$ 称为行列式(3)的元素。元素 a_{ij} 的第一个下标 i 称为行标，表明该元素位于第 i 行；第二个下标 j 称为列标，表明该元素位于第 j 列。

二阶行列式的值的计算，可用对角线法则来记忆。把 a_{11} 到 a_{22} 的实联线称为主对角线，a_{12} 到 a_{21} 的虚联线称为副对角线。于是二阶行列式 $\begin{vmatrix} a_{11} & a_{12} \\ a_{21} & a_{22} \end{vmatrix}$ 便是主对角线上的两元素之积减去副对角线上的两元素之积所得的差。

同样有

$$x_1 = \frac{b_1a_{22} - b_2a_{12}}{a_{11}a_{22} - a_{21}a_{12}} = \frac{\begin{vmatrix} b_1 & a_{12} \\ b_2 & a_{22} \end{vmatrix}}{\begin{vmatrix} a_{11} & a_{12} \\ a_{21} & a_{22} \end{vmatrix}} = \frac{D_1}{D},$$

$$x_2 = \frac{a_{11}b_2 - a_{21}b_1}{a_{11}a_{22} - a_{21}a_{12}} = \frac{\begin{vmatrix} a_{11} & b_1 \\ a_{21} & b_2 \end{vmatrix}}{\begin{vmatrix} a_{11} & a_{12} \\ a_{21} & a_{22} \end{vmatrix}} = \frac{D_2}{D}。$$

2. 三阶行列式

定义 1　设由 9 个数排成 3 行 3 列的数表

$$\begin{matrix} a_{11} & a_{12} & a_{13} \\ a_{21} & a_{22} & a_{23} \\ a_{31} & a_{32} & a_{33} \end{matrix} \tag{4}$$

记

$$\begin{vmatrix} a_{11} & a_{12} & a_{13} \\ a_{21} & a_{22} & a_{23} \\ a_{31} & a_{32} & a_{33} \end{vmatrix} = a_{11}a_{22}a_{33} + a_{12}a_{23}a_{31} + a_{13}a_{21}a_{32} - a_{13}a_{22}a_{31} - a_{12}a_{21}a_{33} - a_{11}a_{32}a_{23}, \quad (5)$$

(4)式称为数表(5)所确定的三阶行列式。

上述定义表明三阶行列式含有 6 项，每项均为不同行不同列的三个元素的乘积再乘正负号，其规律遵循如下对角线法则：

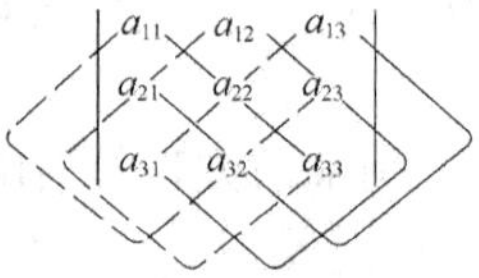

图 6-5

即实线上元素所组成之积在其前加正号，虚线上的则加负号。

【例 1】 计算三阶行列式 $\boldsymbol{D}=\begin{vmatrix} -2 & 2 & 1 \\ 1 & 0 & 5 \\ 3 & 2 & 1 \end{vmatrix}$。

解 按对角线法则，有

$$\boldsymbol{D}=(-2)\times0\times1+2\times5\times3+1\times1\times2-(-2)\times2\times5-2\times1\times1-1\times0\times3=0+30+2+20-2-0=50。$$

【例 2】 求解方程 $\begin{vmatrix} 1-x & -2 & 4 \\ 2 & 3-x & 1 \\ 1 & 1 & 1-x \end{vmatrix}=0$。

解 方程左端的三阶行列式

$$\boldsymbol{D}=(1-x)^2(3-x)-2+8-(1-x)+4(1-x)-4(3-x)=0,$$

即 $$-x^3+5x^2-6x=0,$$

解得 $$x=0 \text{ 或 } x=2 \text{ 或 } x=3。$$

对角线法则只适用于二阶与三阶行列式。为研究四阶及更高阶行列式，下面引入 n 阶行列式的概念。

3. n 阶行列式的定义

(1) 排列及其逆序数。

定义 2 把 n 个不同的元素排成一列，叫作这 n 个元素的全排列(也简称排列)。

例如，312 是 3 个元素的一个排列，652413 是 6 个元素的一个排列。

n 个不同元素的所有排列的种数，通常用 P_n 表示。$P_n=n!$。

对于 n 个不同的元素，先规定各元素之间有一个标准次序(例如 n 个不同的自然数，规定由小到大为标准次序)。

定义 3 在一个排列中，当某两个元素的先后次序与标准次序不同时，它们就称为一个逆序；一个排列中所有逆序的总数称为这个排列的逆序数，用字母 t 表示。

逆序数为奇数的排列叫作奇排列，逆序数为偶数的排列叫作偶排列。

【例 3】 求排列 623541 的逆序数。

解 在排列 623541 中，

6 排在首位，6 的前面比 6 大的数有 0 个，故逆序数为 0；

2 的前面比 2 大的数有一个：6，故逆序数为 1；

3 的前面比 3 大的数有一个：6，故逆序数为 1；

5 的前面比 5 大的数有一个：6，故逆序数为 1；

4 的前面比 4 大的数有两个：6 和 5，故逆序数为 2；

1 的前面比 1 大的数有五个：6、2、3、5、4，故逆序数为 5。

于是这个排列的逆序数为

$$t=1+1+1+2+5=10。$$

(2) n 阶行列式。

为了得出 n 阶行列式的定义，先来研究三阶行列式的结构。三阶行列式定义为

$$\begin{vmatrix} a_{11} & a_{12} & a_{13} \\ a_{21} & a_{22} & a_{23} \\ a_{31} & a_{32} & a_{33} \end{vmatrix} = a_{11}a_{22}a_{33}+a_{12}a_{23}a_{31}+a_{13}a_{21}a_{32} - a_{13}a_{22}a_{31}-a_{12}a_{21}a_{33}-a_{11}a_{23}a_{32}, \tag{6}$$

分析(6)式可以得到如下结论。

① 上述定义表明三阶行列式含有 6 项，每项均为不同行不同列的三个元素的乘积。因此，(6)式右端的任一项除正负号外可以写成

$$a_{1p_1}a_{2p_2}a_{3p_3},$$

显然 $p_1p_2p_3$ 是数 1、2、3 的全排列。

② 各项的正负号由列标的排列的奇偶性决定：列标的排列是偶排列时，该项取正号；列标的排列是奇排列时，该项取负号。

那么，三阶行列式总可以写成

$$\begin{vmatrix} a_{11} & a_{12} & a_{13} \\ a_{21} & a_{22} & a_{23} \\ a_{31} & a_{32} & a_{33} \end{vmatrix} = \sum (-1)^t a_{1p_1}a_{2p_2}a_{3p_3},$$

其中 t 为排列 $p_1p_2p_3$ 的逆序数，Σ 表示对 1、2、3 三个数的所有排列 $p_1p_2p_3$ 取和。

类似地，可定义 n 阶行列式。

定义 4 设有 n^2 个数，排成 n 行 n 列的数表

$$\begin{matrix} a_{11} & a_{12} & \cdots & a_{1n} \\ a_{21} & a_{22} & \cdots & a_{2n} \\ \vdots & \vdots & \cdots & \vdots \\ a_{n1} & a_{n2} & \cdots & a_{nn} \end{matrix}$$

作出表中位于不同行不同列的 n 个数的乘积，并冠以符号 $(-1)^t$，得到形如

$$(-1)^t a_{1p_1}a_{2p_2}\cdot\cdots\cdot a_{np_n} \tag{7}$$

的项，共 $n!$ 项，t 为这个排列 $p_1p_2\cdots p_n$ 的逆序数。所有形如(7)式的 $n!$ 项的和

$$\sum (-1)^t a_{1p_1}a_{2p_2}\cdot\cdots\cdot a_{np_n}$$

称为 n 阶行列式，记作

$$D_n = \begin{vmatrix} a_{11} & a_{12} & \cdots & a_{1n} \\ a_{21} & a_{22} & \cdots & a_{2n} \\ \vdots & \vdots & \cdots & \vdots \\ a_{n1} & a_{n2} & \cdots & a_{nn} \end{vmatrix}$$

简记为 $\det(a_{ij})$，数 a_{ij} 称为行列式 $\det(a_{ij})$ 的元素。

$$D_n = \begin{vmatrix} a_{11} & a_{12} & \cdots & a_{1n} \\ a_{21} & a_{22} & \cdots & a_{2n} \\ \vdots & \vdots & \cdots & \vdots \\ a_{n1} & a_{n2} & \cdots & a_{nn} \end{vmatrix} = \sum (-1)^t a_{1p_1} a_{2p_2} \cdot \cdots \cdot a_{np_n}。$$

当 $n=1$ 时，$|a_{11}| = a_{11}$，不要和绝对值记号相混淆；$n=2$、3 时，就是二阶、三阶行列式。

可以证明对角行列式(对角线上的元素为 a_{ij}，其余元素均为 0)

$$\begin{vmatrix} 0 & 0 & \cdots & a_{1n} \\ 0 & 0 & \cdots & 0 \\ \vdots & \vdots & \cdots & \vdots \\ a_{n1} & 0 & \cdots & 0 \end{vmatrix} = (-1)^{\frac{n(n-1)}{2}} a_{1n} a_{2(n-1)} \cdot \cdots \cdot a_{n1},$$

$$\begin{vmatrix} a_{11} & 0 & \cdots & 0 \\ 0 & a_{22} & \cdots & 0 \\ \vdots & \vdots & \cdots & \vdots \\ 0 & 0 & \cdots & a_{nn} \end{vmatrix} = a_{11} a_{22} \cdot \cdots \cdot a_{nn};$$

上三角行列式

$$\begin{vmatrix} a_{11} & a_{12} & \cdots & a_{1n} \\ 0 & a_{22} & \cdots & a_{2n} \\ \vdots & \vdots & \cdots & \vdots \\ 0 & 0 & \cdots & a_{nn} \end{vmatrix} = a_{11} a_{22} \cdot \cdots \cdot a_{nn},$$

下三角行列式

$$\begin{vmatrix} a_{11} & 0 & \cdots & 0 \\ a_{21} & a_{22} & \cdots & 0 \\ \vdots & \vdots & \cdots & \vdots \\ a_{n1} & a_{n2} & \cdots & a_{nn} \end{vmatrix} = a_{11} a_{22} \cdot \cdots \cdot a_{nn}。$$

5.3.2 行列式的性质

将行列式 D 的行与列互换后得到的行列式，称为 D 的转置行列式，记为 D^T

即如果

$$D = \begin{vmatrix} a_{11} & a_{12} & \cdots & a_{1n} \\ a_{21} & a_{22} & \cdots & a_{2n} \\ \vdots & \vdots & \cdots & \vdots \\ a_{n1} & a_{n2} & \cdots & a_{nn} \end{vmatrix},$$

则

$$D^T = \begin{vmatrix} a_{11} & a_{21} & \cdots & a_{n1} \\ a_{12} & a_{22} & \cdots & a_{n2} \\ \vdots & \vdots & \cdots & \vdots \\ a_{1n} & a_{2n} & \cdots & a_{nn} \end{vmatrix}。$$

性质 1 行列式 D 与它的转置行列式的值相等，即 $D = D^T$。

性质 2　互换行列式的两行(列),行列式变号。

推论　如果行列式中有两行(列)完全相同,则此行列式等于零。

性质 3　如果行列式的某一行(列)中所有的元素都乘同一个数 k,等于用数 k 乘此行列式。

推论　行列式的某一行(列)的所有元素的公因式可以提到行列式符号的外面。

性质 4　行列式中如果有两行(列)元素成比例,则此行列式等于零。

性质 5　若行列式的某一行(列)的元素都是两个数的和,则 $D=D_1+D_2$

例如,
$$\begin{vmatrix} a_{11} & a_{12} & \cdots & a_{1n} \\ \vdots & \vdots & \cdots & \vdots \\ a_{i1}+b_{i1} & a_{i2}+b_{i2} & \cdots & a_{in}+b_{in} \\ \vdots & \vdots & \cdots & \vdots \\ a_{n1} & a_{n2} & \cdots & a_{nn} \end{vmatrix} = \begin{vmatrix} a_{11} & a_{12} & \cdots & a_{1n} \\ \vdots & \vdots & \cdots & \vdots \\ a_{i1} & a_{i2} & \cdots & a_{in} \\ \vdots & \vdots & \cdots & \vdots \\ a_{n1} & a_{n2} & \cdots & a_{nn} \end{vmatrix} + \begin{vmatrix} a_{11} & a_{12} & \cdots & a_{1n} \\ \vdots & \vdots & \cdots & \vdots \\ b_{i1} & b_{i2} & \cdots & b_{in} \\ \vdots & \vdots & \cdots & \vdots \\ a_{n1} & a_{n2} & \cdots & a_{nn} \end{vmatrix}。$$

推论　若行列式的某一行(列)的元素都是 m 个数(m 为大于 2 的整数)的和,则此行列式可以写成 m 个行列式的和。

性质 6　将行列式的某一行(列)的各元素乘同一个数后加到另一行(列)对应的元素上去,行列式不变。

第 j 行(或列)乘 k 后加到第 i 行(或列)上,记作 r_i+kr_j(或 c_i+kc_j),有

$$D=\begin{vmatrix} a_{11} & a_{12} & \cdots & a_{1n} \\ \vdots & \vdots & \cdots & \vdots \\ a_{i1} & a_{i2} & \cdots & a_{in} \\ \vdots & \vdots & \cdots & \vdots \\ a_{j1} & a_{j2} & \cdots & a_{jn} \\ \vdots & \vdots & \cdots & \vdots \\ a_{n1} & a_{n2} & \cdots & a_{nn} \end{vmatrix} \underline{\underline{r_i+kr_j}} \begin{vmatrix} a_{11} & a_{12} & \cdots & a_{1n} \\ \vdots & \vdots & \cdots & \vdots \\ a_{i1}+ka_{j1} & a_{i2}+ka_{j2} & \cdots & a_{in}+ka_{jn} \\ \vdots & \vdots & \cdots & \vdots \\ a_{j1} & a_{j2} & \cdots & a_{jn} \\ \vdots & \vdots & \cdots & \vdots \\ a_{n1} & a_{n2} & \cdots & a_{nn} \end{vmatrix} \quad (i\neq j)。$$

性质 2、3、6 表明了行列式关于行和列的三种运算,即交换两行(列)、某行(列)乘数 k 和某行(列)的 k 倍加到另一行(列)上。特别是利用性质 6,可以把行列式中许多元素化为 0。

5.3.3　行列式按行(列)展开

当行列式阶数较高时,直接根据定义计算即使是四阶行列式的值也是不容易的。因此,引入行列式的按行(列)展开的相关定义。

定义 5　在 n 阶行列式 $\boldsymbol{D}=\begin{vmatrix} a_{11} & a_{12} & \cdots & a_{1n} \\ a_{21} & a_{22} & \cdots & a_{2n} \\ \vdots & \vdots & \cdots & \vdots \\ a_{n1} & a_{n2} & \cdots & a_{nn} \end{vmatrix}$ 中把元素 a_{ij} 所在的第 i 行和第 j 列划去后,留下来的 $n-1$ 阶行列式叫作元素 a_{ij} 的余子式,记作 M_{ij};记

$$\boldsymbol{A}_{ij}=(-1)^{i+j}\boldsymbol{M}_{ij},$$

$\boldsymbol{A}_{ij}$ 叫作元素 a_{ij} 的代数余子式。

例如,四阶行列式

$$D=\begin{vmatrix} a_{11} & a_{12} & a_{13} & a_{14} \\ a_{21} & a_{22} & a_{23} & a_{24} \\ a_{31} & a_{32} & a_{33} & a_{34} \\ a_{41} & a_{42} & a_{43} & a_{44} \end{vmatrix}$$

中元素 a_{23} 的余子式和代数余子式分别为

$$M_{23}=\begin{vmatrix} a_{11} & a_{12} & a_{14} \\ a_{31} & a_{32} & a_{34} \\ a_{41} & a_{42} & a_{44} \end{vmatrix},$$

$$A_{23}=(-1)^{2+3}M_{23}=-M_{23}。$$

对三阶行列式进行运算,得到下列结果:

$$\begin{aligned}\begin{vmatrix} a_{11} & a_{12} & a_{13} \\ a_{21} & a_{22} & a_{23} \\ a_{31} & a_{32} & a_{33} \end{vmatrix} &= a_{11}a_{22}a_{33}+a_{12}a_{23}a_{31}+a_{13}a_{21}a_{32}-a_{13}a_{22}a_{31}-a_{12}a_{21}a_{33}-a_{11}a_{23}a_{32} \\ &= a_{11}(a_{22}a_{33}-a_{32}a_{23})-a_{12}(a_{21}a_{33}-a_{23}a_{31})+a_{13}(a_{21}a_{32}-a_{22}a_{31}) \\ &= a_{11}\begin{vmatrix} a_{22} & a_{23} \\ a_{32} & a_{33} \end{vmatrix}-a_{12}\begin{vmatrix} a_{21} & a_{23} \\ a_{31} & a_{33} \end{vmatrix}+a_{13}\begin{vmatrix} a_{21} & a_{22} \\ a_{31} & a_{32} \end{vmatrix} \\ &= a_{11}A_{11}+a_{12}A_{12}+a_{13}A_{13}。\end{aligned}$$

一般地,当 D 的阶数等于 n 时,D 的展开式也有如上形式。

定理 1 n 阶行列式 D 等于它的任意一行(列)所有元素与它们对应的代数余子式的乘积之和,即

$$\begin{aligned} D &= a_{i1}A_{i1}+a_{i2}A_{i2}+\cdots+a_{in}A_{in} \qquad (i=1,2,\cdots,n) \\ &= a_{1j}A_{1j}+a_{2j}A_{2j}+\cdots+a_{nj}A_{nj} \qquad (j=1,2,\cdots,n)。\end{aligned}$$

定理 1 表明在按行(列)展开来计算行列式的值时,选择含有的零元素最多的一行(列)时最简便。

【例 4】 计算 $D=\begin{vmatrix} 2 & 1 & -2 & 4 \\ 3 & 0 & 1 & 1 \\ 0 & -1 & 2 & 3 \\ 2 & 0 & 5 & 1 \end{vmatrix}$。

解 观察行列式的特征,为展开式子(计算)的方便,显然选第二列展开,

即

$$\begin{aligned} D &= a_{12}A_{12}+a_{22}A_{22}+a_{32}A_{32}+a_{42}A_{42} \\ &= A_{12}-A_{32} \\ &= (-1)^{1+2}\begin{vmatrix} 3 & 1 & 1 \\ 0 & 2 & 3 \\ 2 & 5 & 1 \end{vmatrix}-(-1)^{3+2}\begin{vmatrix} 2 & -2 & 4 \\ 3 & 1 & 1 \\ 2 & 5 & 1 \end{vmatrix} \\ &= 37+46=83。\end{aligned}$$

【例 5】 计算下三角行列式 $\begin{vmatrix} a_{11} & 0 & \cdots & 0 \\ a_{21} & a_{22} & \cdots & 0 \\ \vdots & \vdots & \cdots & \vdots \\ a_{n1} & a_{n2} & \cdots & a_{nn} \end{vmatrix}$。

解

$$D=a_{11}A_{11}=a_{11}\begin{vmatrix} a_{22} & 0 & \cdots & 0 \\ a_{32} & a_{33} & \cdots & 0 \\ \vdots & \vdots & \cdots & \vdots \\ a_{n2} & a_{n3} & \cdots & a_{nn} \end{vmatrix}$$

$$=\cdots=a_{11}a_{22}\cdot\cdots\cdot a_{nn}。$$

例 4、例 5 表明，在计算阶行列式时，为了使计算简便，可选择等于零的元素较多的那一行(或列)展开。但是，并不是每一个行列式都具备在某行(列)含有多个零的特点。在实际计算中，往往要利用行列式的性质，使行列式的某行(列)元素尽可能多地化为零。

因此，由定理 1，即有

推论 一个 n 阶行列式，如果其中第 i 行所有元素除 a_{ij} 外都为零，那么这个行列式等于 a_{ij} 与它的代数余子式的乘积，即

$$\begin{vmatrix} a_{11} & a_{12} & \cdots & \cdots & \cdots & a_{1n} \\ \vdots & \vdots & \vdots & \cdots & \cdots & \vdots \\ 0 & 0 & \cdots & a_{ij} & \cdots & 0 \\ \vdots & \vdots & \cdots & \cdots & \cdots & \vdots \\ a_{n1} & a_{n2} & \cdots & \cdots & \cdots & a_{nn} \end{vmatrix}=a_{ij}A_{ij}。$$

5.3.4 行列式的计算

(1) 定义法。

(2) 化三角形法。

【例 6】 计算 $D=\begin{vmatrix} 0 & -1 & -1 & 2 \\ 1 & -1 & 0 & 2 \\ -1 & 2 & -1 & 0 \\ 2 & 1 & 1 & 0 \end{vmatrix}$。

解 $D=\begin{vmatrix} 0 & -1 & -1 & 2 \\ 1 & -1 & 0 & 2 \\ -1 & 2 & -1 & 0 \\ 2 & 1 & 1 & 0 \end{vmatrix}=-\begin{vmatrix} 1 & -1 & 0 & 2 \\ 0 & -1 & -1 & 2 \\ -1 & 2 & -1 & 0 \\ 2 & 1 & 1 & 0 \end{vmatrix}=-\begin{vmatrix} 1 & -1 & 0 & 2 \\ 0 & -1 & -1 & 2 \\ 0 & 1 & -1 & 2 \\ 0 & 3 & 1 & -4 \end{vmatrix}=$

$-\begin{vmatrix} 1 & -1 & 0 & 2 \\ 0 & -1 & -1 & 2 \\ 0 & 0 & -2 & 4 \\ 0 & 0 & -2 & 2 \end{vmatrix}=-\begin{vmatrix} 1 & -1 & 0 & 2 \\ 0 & -1 & -1 & 2 \\ 0 & 0 & -2 & 4 \\ 0 & 0 & 0 & -2 \end{vmatrix}=-(-1)\times(-2)\times(-2)=4。$

(3) 按行(列)展开(降阶法)。

【例 7】 计算 $D=\begin{vmatrix} 2 & 1 & -2 & 4 \\ 3 & 0 & 1 & 1 \\ 0 & -1 & 2 & 3 \\ 2 & 0 & 5 & 1 \end{vmatrix}$。

解 $D \overset{r_3+r_1}{=} \begin{vmatrix} 2 & 1 & -2 & 4 \\ 3 & 0 & 1 & 1 \\ 2 & 0 & 0 & 7 \\ 2 & 0 & 5 & 1 \end{vmatrix} = (-1)^{1+2}\begin{vmatrix} 3 & 1 & 1 \\ 2 & 0 & 7 \\ 2 & 5 & 1 \end{vmatrix} \overset{r_3-5r_1}{=} -\begin{vmatrix} 3 & 1 & 1 \\ 2 & 0 & 7 \\ -13 & 0 & -4 \end{vmatrix}$

$= \begin{vmatrix} 2 & 7 \\ -13 & -4 \end{vmatrix}$

$= -8+91=83$。

【例 8】 计算

$$D=\begin{vmatrix} 1 & 2 & 3 & 4 \\ 2 & 3 & 4 & 1 \\ 3 & 4 & 1 & 2 \\ 4 & 1 & 2 & 3 \end{vmatrix}。$$

解 这个行列式的特点是各行 4 个数的和都是 6。把第 2、3、4 列同时加到第 1 列，提出公因子 10，然后各列减去第 1 列：

$$D \overset{c_1+c_2+c_3+c_4}{=} \begin{vmatrix} 10 & 2 & 3 & 4 \\ 10 & 3 & 4 & 1 \\ 10 & 4 & 1 & 2 \\ 10 & 1 & 2 & 3 \end{vmatrix} \overset{c_1\div 10}{=} 10\begin{vmatrix} 1 & 2 & 3 & 4 \\ 1 & 3 & 4 & 1 \\ 1 & 4 & 1 & 2 \\ 1 & 1 & 2 & 3 \end{vmatrix} = 10\begin{vmatrix} 1 & 2 & 3 & 4 \\ 0 & 1 & 1 & -3 \\ 0 & 2 & -2 & -2 \\ 0 & -1 & -1 & -1 \end{vmatrix}$$

$$= 10\begin{vmatrix} 1 & 1 & -3 \\ 2 & -2 & -2 \\ -1 & -1 & -1 \end{vmatrix} = 10\begin{vmatrix} 1 & 1 & -3 \\ 2 & -2 & -2 \\ 0 & 0 & -4 \end{vmatrix}$$

$$=-40\begin{vmatrix} 1 & 1 \\ 2 & -2 \end{vmatrix} = 160。$$

【例 9】 计算

$$D=\begin{vmatrix} 1+x & 1 & 1 & 1 \\ 1 & 1-x & 1 & 1 \\ 1 & 1 & 1+y & 1 \\ 1 & 1 & 1 & 1-y \end{vmatrix}。$$

解法一

$$D \overset{\substack{c_1-c_2 \\ c_3-c_4}}{=} \begin{vmatrix} x & 1 & 0 & 1 \\ x & 1-x & 0 & 1 \\ 0 & 1 & y & 1 \\ 0 & 1 & y & 1-y \end{vmatrix} \overset{\substack{r_2-r_1 \\ r_4-r_3}}{=} \begin{vmatrix} x & 1 & 0 & 1 \\ 0 & -x & 0 & 0 \\ 0 & 1 & y & 1 \\ 0 & 0 & 0 & -y \end{vmatrix} = x\begin{vmatrix} -x & 0 & 0 \\ 1 & y & 1 \\ 0 & 0 & -y \end{vmatrix}$$

$$=-x^2\begin{vmatrix} y & 1 \\ 0 & -y \end{vmatrix} = x^2y^2。$$

解法二 利用行列式性质 5，

$$D=\begin{vmatrix}1+x & 1+0 & 1+0 & 1+0\\ 1+0 & 1-x & 1+0 & 1+0\\ 1+0 & 1+0 & 1+y & 1+0\\ 1+0 & 1+0 & 1+0 & 1-y\end{vmatrix}=\begin{vmatrix}1&1&1&1\\1&1&1&1\\1&1&1&1\\1&1&1&1\end{vmatrix}+\begin{vmatrix}x&0&0&0\\0&-x&0&0\\0&0&y&0\\0&0&0&-y\end{vmatrix}$$

$=0+x^2y^2=x^2y^2$。

5.3.5　n 阶行列式的应用——克莱姆法则

二元线性方程组 $\begin{cases}a_{11}x_1+a_{12}x_2=b_1,\\ a_{21}x_1+a_{22}x_2=b_2\end{cases}$ 的系数行列式不等于零，即 $D=\begin{vmatrix}a_{11}&a_{12}\\a_{21}&a_{22}\end{vmatrix}\neq 0$，则方程组有唯一解，且其解为

$$x_1=\frac{b_1a_{22}-b_2a_{12}}{a_{11}a_{22}-a_{21}a_{12}}=\frac{\begin{vmatrix}b_1&a_{12}\\b_2&a_{22}\end{vmatrix}}{\begin{vmatrix}a_{11}&a_{12}\\a_{21}&a_{22}\end{vmatrix}}=\frac{D_1}{D},$$

$$x_2=\frac{a_{11}b_2-a_{21}b_1}{a_{11}a_{22}-a_{21}a_{12}}=\frac{\begin{vmatrix}a_{11}&b_1\\a_{21}&b_2\end{vmatrix}}{\begin{vmatrix}a_{11}&a_{12}\\a_{21}&a_{22}\end{vmatrix}}=\frac{D_2}{D}。$$

n 元线性方程组的解也可用 n 阶行列式来表示。

定理 2　(克莱姆法则)如果 n 元线性方程组

$$\begin{cases}a_{11}x_1+a_{12}x_2+\cdots+a_{1n}x_n=b_1,\\ a_{21}x_1+a_{22}x_2+\cdots+a_{2n}x_n=b_2,\\ \cdots\\ a_{n1}x_1+a_{n2}x_2+\cdots+a_{nn}x_n=b_n\end{cases}\tag{8}$$

的系数行列式不等于零，即

$$D=\begin{vmatrix}a_{11}&a_{12}&\cdots&a_{1n}\\a_{21}&a_{22}&\cdots&a_{2n}\\\vdots&\vdots&\cdots&\vdots\\a_{n1}&a_{n2}&\cdots&a_{nn}\end{vmatrix}\neq 0,$$

则方程组(8)有唯一解，且其解为

$$x_1=\frac{D_1}{D},x_2=\frac{D_2}{D},\cdots,x_n=\frac{D_n}{D},\tag{9}$$

这里 $D_j=\begin{vmatrix}a_{11}&\cdots&a_{1,j-1}&b_1&a_{1,j+1}&\cdots&a_{1n}\\a_{21}&\cdots&a_{2,j-1}&b_2&a_{2,j+1}&\cdots&a_{2n}\\\vdots&\cdots&\vdots&\vdots&\vdots&\cdots&\vdots\\a_{n1}&\cdots&a_{n,j-1}&b_n&a_{n,j+1}&\cdots&a_{nn}\end{vmatrix}$，$j=1,2,\cdots,n$。

【例 10】　利用行列式求解线性方程组

$$\begin{cases}x_1+2x_2+2x_3=7,\\ x_1+x_2+x_3=4,\\ x_2+3x_3=7。\end{cases}$$

解 $D=\begin{vmatrix}1&2&2\\1&1&1\\0&1&3\end{vmatrix}=\begin{vmatrix}0&1&1\\1&1&1\\0&1&3\end{vmatrix}=-\begin{vmatrix}1&1\\1&3\end{vmatrix}=-2$，

$$D_1=\begin{vmatrix}7&2&2\\4&1&1\\7&1&3\end{vmatrix}=-2,\quad D_2=\begin{vmatrix}1&7&2\\1&4&1\\0&7&3\end{vmatrix}=-2,\quad D_3=\begin{vmatrix}1&2&7\\1&1&4\\0&1&7\end{vmatrix}=-4。$$

于是得

$$x_1=1,x_2=1,x_3=2。$$

【例 11】 利用行列式求解线性方程组

$$\begin{cases}x_1+x_2+x_3+x_4=5,\\x_1+2x_2-x_3+4x_4=-2,\\2x_1-3x_2-x_3-5x_4=-2,\\3x_1+x_2+2x_3+11x_4=0。\end{cases}$$

解

$$D=\begin{vmatrix}1&1&1&1\\1&2&-1&4\\2&-3&-1&-5\\3&1&2&11\end{vmatrix}=\begin{vmatrix}1&0&0&0\\1&1&-2&3\\2&-5&-3&-7\\3&-2&-1&8\end{vmatrix}=\begin{vmatrix}1&-2&3\\-5&-3&-7\\-2&-1&8\end{vmatrix}$$

$$=\begin{vmatrix}1&-2&3\\0&-13&8\\0&-5&14\end{vmatrix}=\begin{vmatrix}-13&8\\-5&14\end{vmatrix}=-142,$$

$$D_1=\begin{vmatrix}5&1&1&1\\-2&2&-1&4\\-2&-3&-1&-5\\0&1&2&11\end{vmatrix}=-142,$$

$$D_2=\begin{vmatrix}1&5&1&1\\1&-2&-1&4\\2&-2&-1&-5\\3&0&2&11\end{vmatrix}=-284,$$

$$D_3=\begin{vmatrix}1&1&5&1\\1&2&-2&4\\2&-3&-2&-5\\3&1&0&11\end{vmatrix}=-426,$$

$$D_4=\begin{vmatrix}1&1&1&5\\1&2&-1&-2\\2&-3&-1&-2\\3&1&2&0\end{vmatrix}=142。$$

于是得

$$x_1=1,x_2=2,x_3=3,x_4=-1。$$

5.3.6 方阵的行列式

定义 6　由 n 阶方阵 $\boldsymbol{A}$ 的元素所构成的行列式(各元素的位置不变),称为方阵 $\boldsymbol{A}$ 的行列式,记作 $|\boldsymbol{A}|$ 或 $\det\boldsymbol{A}$。

注意:矩阵与行列式是两个完全不同的概念,n 阶行列式是由 n^2 个数按一定规则运算所得的数,而 n 阶方阵是由 n^2 个数排列成的数表。作为矩阵,它的行数与列数可以不相等;作为行列式,它的行数与列数必须相等。

由 $\boldsymbol{A}$ 确定 $|\boldsymbol{A}|$ 的这个运算满足下列运算规律:

定理 3　设 $\boldsymbol{A},\boldsymbol{B}$ 为 n 阶方阵,λ 为数,则

(1) $|\boldsymbol{A}^T|=|\boldsymbol{A}|$;

(2) $|\lambda\boldsymbol{A}|=\lambda^n|\boldsymbol{A}|$;

(3) $|\boldsymbol{AB}|=|\boldsymbol{A}||\boldsymbol{B}|$。

这些结论在此不做证明,留给读者自行证明。

习题 5.3

1. 求下列各排列的逆序数,并确定排列的奇偶性:

(1) 1726354;　　(2) 985467321;　　(3) $13\cdots(2n-1)$。

2. 求行列式 $\begin{vmatrix} -3 & 0 & 6 \\ 5 & 4 & 3 \\ 2 & -1 & 1 \end{vmatrix}$ 中 -1 的余子式及代数余子式。

3. 设 4 阶行列式 D 中第三列元素依次为 $-1,2,1,0$,它们的余子式分别是 $0,3,2,3$,求 D。如果该行列式中第二列的元素依次是 $2,1,x,0$,求 x。

4. 设 $\begin{vmatrix} x & y & z \\ 0 & 2 & 3 \\ 1 & 1 & 1 \end{vmatrix}=1$,求 $\begin{vmatrix} \frac{x}{3}-1 & \frac{y-9}{3} & \frac{z-12}{3} \\ 0 & 2 & 3 \\ 1 & 1 & 1 \end{vmatrix}$。

5. 计算下列行列式

(1) $\begin{vmatrix} -3 & 2 & 1 \\ 203 & 298 & 399 \\ \frac{1}{3} & \frac{1}{2} & \frac{2}{3} \end{vmatrix}$;(2) $\begin{vmatrix} -1 & 2 & 0 & 6 \\ -3 & 7 & -1 & 4 \\ -1 & -5 & 0 & 15 \\ 1 & -1 & 0 & 6 \end{vmatrix}$;(3) $\begin{vmatrix} 2 & 1 & 4 & 1 \\ 3 & -1 & 2 & 1 \\ 1 & 0 & 3 & 2 \\ 5 & 0 & 6 & 2 \end{vmatrix}$;

(4) $\begin{vmatrix} x & x+y & y \\ x+y & y & x \\ y & x & x+y \end{vmatrix}$;(5) $\begin{vmatrix} x^2+1 & xy & xz \\ xy & y^2+1 & yz \\ xz & yz & z^2+1 \end{vmatrix}$。

6. 利用行列式求解线性方程组 $\begin{cases} x_1+x_2+2x_3=3, \\ 2x_1+x_2+x_3=4, \\ x_2+2x_3=0。 \end{cases}$

5.4 矩阵的初等变换与矩阵的秩

5.4.1 矩阵的初等变换

矩阵的初等变换是矩阵的一种十分重要的运算，它在解线性方程组、求逆矩阵及矩阵理论的探讨中都起到重要的作用。

定义 1 对矩阵的行(列)施行下列三种变换之一，称为对矩阵施行了一次初等行(列)变换：

(1) 交换矩阵的两行(列) $r_i \leftrightarrow r_j (c_i \leftrightarrow c_j)$；

(2) 矩阵某一行(列)的元素都乘同一个不等于零的数 $r_i \times k (c_i \times k)$；

(3) 将矩阵某一行(列)的元素同乘一个数并加至另一行(列)的对应元素上去 $r_i + kr_j (c_i + kc_j)$。

矩阵的初等行变换与列变换，统称为初等变换。

定义 2 满足下面两个条件的矩阵称为行阶梯形矩阵，常简称为阶梯形矩阵。

(1) 非零行(元素不全为零的行)的行号小于零行(元素全为零的行)的行号；

(2) 设矩阵有 r 个非零行，第 i 个非零行的第一个非零元素所在的列号为 $t_i, i = 1,2,\cdots,r$，则 $t_1 < t_2 < \cdots < t_r$。

例如

$$\begin{pmatrix} 0 & 3 & 0 & 1 & 2 \\ 0 & 0 & 2 & 5 & 6 \\ 0 & 0 & 0 & -4 & 0 \\ 0 & 0 & 0 & 0 & 0 \end{pmatrix}, \begin{pmatrix} 2 & 3 & 1 & 10 & 0 & 9 \\ 0 & -5 & 0 & 6 & 7 & 1 \\ 0 & 0 & 0 & 2 & 3 & 3 \\ 0 & 0 & 0 & 0 & 0 & 0 \end{pmatrix}$$

都是阶梯形矩阵。

每一个矩阵都可以经过单纯的初等行变换化为行阶梯形矩阵。

【例 1】 设矩阵

$$\boldsymbol{A} = \begin{pmatrix} 1 & 1 & 1 & 1 & 1 & 1 \\ 3 & 2 & 1 & 1 & -3 & 0 \\ 0 & 1 & 2 & 2 & 6 & 3 \\ 5 & 4 & 3 & 3 & -1 & 2 \end{pmatrix},$$

用初等行变换化矩阵 $\boldsymbol{A}$ 为行阶梯形矩阵。

解
$$\boldsymbol{A} = \begin{pmatrix} 1 & 1 & 1 & 1 & 1 & 1 \\ 3 & 2 & 1 & 1 & -3 & 0 \\ 0 & 1 & 2 & 2 & 6 & 3 \\ 5 & 4 & 3 & 3 & -1 & 2 \end{pmatrix} \xrightarrow[r_4 - 5r_1]{r_2 - 3r_1} \begin{pmatrix} 1 & 1 & 1 & 1 & 1 & 1 \\ 0 & -1 & -2 & -2 & -6 & -3 \\ 0 & 1 & 2 & 2 & 6 & 3 \\ 0 & -1 & -2 & -2 & -6 & -3 \end{pmatrix}$$

$$\xrightarrow[r_4 - r_2]{r_3 + r_2} \begin{pmatrix} 1 & 1 & 1 & 1 & 1 & 1 \\ 0 & -1 & -2 & -2 & -6 & -3 \\ 0 & 0 & 0 & 0 & 0 & 0 \\ 0 & 0 & 0 & 0 & 0 & 0 \end{pmatrix} \text{(行阶梯形矩阵)。}$$

化矩阵为行阶梯形矩阵的一般步骤：

先将第一列的形式化好，即将矩阵化为

$$\boldsymbol{A}=\begin{pmatrix} a_{11} & a_{12} & \cdots & a_{1n} \\ a_{21} & a_{22} & \cdots & a_{2n} \\ \vdots & \vdots & \cdots & \vdots \\ a_{m1} & a_{m2} & \cdots & a_{mn} \end{pmatrix} \to \begin{pmatrix} a_{11} & a_{12} & \cdots & a_{1n} \\ 0 & a_{22}{}^{(1)} & \cdots & a_{2n}{}^{(1)} \\ \vdots & \vdots & \cdots & \vdots \\ 0 & a_{m2}{}^{(1)} & \cdots & a_{mn}{}^{(1)} \end{pmatrix}=\boldsymbol{B}\text{ 的形式；}$$

如果 $a_{22}{}^{(1)},\cdots,a_{m2}{}^{(1)}$ 不全为零，再化第二列(如果 $a_{22}{}^{(1)},\cdots,a_{m2}{}^{(1)}$ 全为零的话，就化 $\boldsymbol{B}$ 的第三列中的 $a_{23}{}^{(1)},\cdots,a_{m3}{}^{(1)}$)，即将矩阵化为

$$\boldsymbol{B}=\begin{pmatrix} a_{11} & a_{12} & \cdots & a_{1n} \\ 0 & a_{22}{}^{(1)} & \cdots & a_{2n}{}^{(1)} \\ \vdots & \vdots & \cdots & \vdots \\ 0 & a_{m2}{}^{(1)} & \cdots & a_{mn}{}^{(1)} \end{pmatrix} \to \begin{pmatrix} a_{11} & a_{12} & a_{13} & \cdots & a_{1n} \\ 0 & a_{22}{}^{(1)} & a_{23}{}^{(1)} & \cdots & a_{2n}{}^{(1)} \\ 0 & 0 & a_{33}{}^{(2)} & \cdots & a_{3n}{}^{(2)} \\ \vdots & \vdots & \vdots & \cdots & \vdots \\ 0 & 0 & a_{m3}{}^{(2)} & \cdots & a_{mn}{}^{(2)} \end{pmatrix}=\boldsymbol{C}\text{ 的形式；}$$

然后再化第三列，等等。也就是先"挖"好第一个台阶，再"挖"第二个，第三个，…，继续下去即可得 $\boldsymbol{A}$ 的行阶梯形矩阵。

定义 3　一个行阶梯形矩阵若满足

(1) 每个非零行的第一个非零元素为 1，

(2) 每个非零行的第一个非零元素所在列的其余元素全为零，

则称它为行最简阶梯形矩阵，简称为行最简形矩阵。

【例 2】　将例 1 的矩阵化为行最简形。

解　$\boldsymbol{A}\to\begin{pmatrix} 1 & 1 & 1 & 1 & 1 & 1 \\ 0 & -1 & -2 & -2 & -6 & -3 \\ 0 & 0 & 0 & 0 & 0 & 0 \\ 0 & 0 & 0 & 0 & 0 & 0 \end{pmatrix}\xrightarrow{r_2\times(-1)}\begin{pmatrix} 1 & 1 & 1 & 1 & 1 & 1 \\ 0 & 1 & 2 & 2 & 6 & 3 \\ 0 & 0 & 0 & 0 & 0 & 0 \\ 0 & 0 & 0 & 0 & 0 & 0 \end{pmatrix}\xrightarrow{r_1-r_2}$

$\begin{pmatrix} 1 & 0 & -1 & -1 & -5 & -2 \\ 0 & 1 & 2 & 2 & 6 & 3 \\ 0 & 0 & 0 & 0 & 0 & 0 \\ 0 & 0 & 0 & 0 & 0 & 0 \end{pmatrix}$(行最简形矩阵)。

注：(1)对矩阵 $\boldsymbol{A}$ 进行初等行变换，得到新矩阵，原矩阵与新矩阵之间只能划箭头，不能划等号；行变换的情况写在箭头的上面，列变换的情况写在箭头的下面。

(2)利用初等行变换，把一个矩阵化为行阶梯形矩阵和行最简形矩阵，是一种很重要的运算。任何矩阵经单纯的初等行变换必能化为行阶梯形矩阵与行最简形矩阵。一个矩阵的行阶梯形矩阵与行最简形矩阵不是唯一的。

5.4.2　矩阵的秩

对一个矩阵做初等行变换可以得到多种阶梯形矩阵。但是，可以发现这些阶梯形矩阵有一个不变量，这个不变量就是矩阵的秩。

定义 4　利用初等行变换把矩阵 $\boldsymbol{A}$ 化为阶梯形矩阵，阶梯形矩阵中的非零行的行数为 r，称 r 为矩阵 $\boldsymbol{A}$ 的秩. 记作 $r(\boldsymbol{A})=r$。

【例 3】 求矩阵 $\boldsymbol{A}$ 的秩，其中

$$\boldsymbol{A}=\begin{pmatrix}1&-1&2&1&0\\2&-2&4&-2&0\\3&0&6&-1&1\\2&1&4&2&1\end{pmatrix}。$$

解 用初等行变换将 $\boldsymbol{A}$ 化为阶梯形矩阵：

$$\boldsymbol{A}=\begin{pmatrix}1&-1&2&1&0\\2&-2&4&-2&0\\3&0&6&-1&1\\2&1&4&2&1\end{pmatrix}\xrightarrow{r_2-2r_1,r_3-3r_1,r_4-2r_1}\begin{pmatrix}1&-1&2&1&0\\0&0&0&-4&0\\0&3&0&-4&1\\0&3&0&0&1\end{pmatrix}$$

$$\xrightarrow{r_4\leftrightarrow r_2,r_3\leftrightarrow r_4,r_4-r_2-r_3}\begin{pmatrix}1&-1&2&1&0\\0&3&0&0&1\\0&0&0&-4&0\\0&0&0&0&0\end{pmatrix}=\boldsymbol{B}_1。$$

因 $\boldsymbol{B}_1$ 中非零行的行数是 3，所以 $r(\boldsymbol{A})=r(\boldsymbol{B}_1)=3$。

任何矩阵经初等变换后，其秩不变，因此一个矩阵的秩是唯一的。若 $\boldsymbol{A}=(a_{ij})_{m\times n}$，则 $0\leqslant r(\boldsymbol{A})\leqslant\min\{m,n\}$。

【例 4】 求矩阵 $\boldsymbol{A}$ 的秩，将矩阵 $\boldsymbol{A}$ 化为行最简形矩形，
其中

$$(1)\ \boldsymbol{A}=\begin{pmatrix}1&2&2&1\\2&1&-2&-2\\2&1&-2&-2\end{pmatrix},\ (2)\ \boldsymbol{A}=\begin{pmatrix}2&-1&3&1\\4&-2&5&4\\2&-1&4&-1\end{pmatrix}。$$

解 (1) $$\boldsymbol{A}=\begin{pmatrix}1&2&2&1\\2&1&-2&-2\\2&1&-2&-2\end{pmatrix}\xrightarrow[r_3-2r_1]{r_2-2r_1}\begin{pmatrix}1&2&2&1\\0&-3&-6&-4\\0&-3&-6&-4\end{pmatrix}\xrightarrow[r_2\div(-3)]{r_3-r_2}$$

$$\begin{pmatrix}1&2&2&1\\0&1&2&\frac{4}{3}\\0&0&0&0\end{pmatrix}\xrightarrow{r_1-2r_2}\begin{pmatrix}1&0&-2&-\frac{5}{3}\\0&1&2&\frac{4}{3}\\0&0&0&0\end{pmatrix},\ r(\boldsymbol{A})=2。$$

(2) $$\boldsymbol{A}=\begin{pmatrix}2&-1&3&1\\4&-2&5&4\\2&-1&4&-1\end{pmatrix}\xrightarrow[r_3-r_1]{r_2-2r_1}\begin{pmatrix}2&-1&3&1\\0&0&-1&2\\0&0&1&-2\end{pmatrix}\xrightarrow[r_1+3r_2]{r_3+r_2}\begin{pmatrix}2&-1&0&7\\0&0&-1&2\\0&0&0&0\end{pmatrix}$$

$$\xrightarrow[r_2\times(-1)]{r_1\times\frac{1}{2}}\begin{pmatrix}1&-\frac{1}{2}&0&\frac{7}{2}\\0&0&1&-2\\0&0&0&0\end{pmatrix},\ r(\boldsymbol{A})=2。$$

习题 5.4

1. 把下列矩阵化为行最简形矩阵：

(1) $\begin{pmatrix} 0 & 2 & -3 & 1 \\ 0 & 3 & -4 & 3 \\ 0 & 4 & -7 & -1 \end{pmatrix}$；　　(2) $\begin{bmatrix} 2 & 3 & 1 & -3 & 7 \\ 1 & 2 & 0 & -2 & -4 \\ 3 & -2 & 8 & 3 & 0 \\ 2 & -3 & 7 & 4 & 3 \end{bmatrix}$。

2. 求下列矩阵的秩：

(1) $\begin{pmatrix} 1 & 2 & -3 & 2 \\ 3 & 2 & 1 & 1 \\ 4 & 4 & -2 & 3 \end{pmatrix}$；　　(2) $\begin{pmatrix} 1 & 2 & -1 & 2 & 1 \\ 2 & 4 & 1 & -2 & 3 \\ 3 & 6 & 2 & -6 & 5 \end{pmatrix}$；

(3) $\begin{bmatrix} 1 & 2 & -1 & 0 & 3 \\ 2 & -1 & 0 & 1 & -1 \\ 3 & 1 & -1 & 1 & 2 \\ 0 & -5 & 2 & 1 & -7 \end{bmatrix}$；　　(4) $\begin{bmatrix} 1 & -1 & -3 & 1 & 1 \\ 1 & -1 & 2 & -1 & 3 \\ 4 & 4 & 3 & -2 & 6 \\ 2 & -2 & 11 & 4 & 0 \end{bmatrix}$。

3. 已知矩阵 $\boldsymbol{A}=\begin{pmatrix} 1 & 3 & 2 & k \\ -1 & 1 & k & 1 \\ 1 & 7 & 5 & 3 \end{pmatrix}$，若 $r(\boldsymbol{A})=2$，求 k 的值。

5.5 逆矩阵

5.5.1 逆矩阵的概念

设有线性变换 $$\begin{cases} y_1 = a_{11}x_1 + a_{12}x_2 + \cdots + a_{1n}x_n, \\ y_2 = a_{21}x_1 + a_{22}x_2 + \cdots + a_{2n}x_n, \\ \cdots \\ y_n = a_{n1}x_1 + a_{n2}x_2 + \cdots + a_{nn}x_n, \end{cases} \tag{1}$$

如果存在线性变换

$$\begin{cases} x_1 = c_{11}y_1 + c_{12}y_2 + \cdots + c_{1n}y_n, \\ x_2 = c_{21}y_1 + c_{22}y_2 + \cdots + c_{2n}y_n, \\ \cdots \\ x_n = c_{n1}y_1 + c_{n2}y_2 + \cdots + c_{nn}y_n, \end{cases} \tag{2}$$

使线性变换(1)与线性变换(2)的乘积成为恒等变换

$$\begin{cases} y_1 = y_1, \\ y_2 = y_2, \\ \cdots \\ y_n = y_n, \end{cases} \tag{3}$$

则称线性变换(2)为线性变换(1)的逆变换。将线性变换(1)、(2)、(3)写成矩阵形式：$\boldsymbol{Y}=\boldsymbol{AX}, \boldsymbol{X}=\boldsymbol{CY}, \boldsymbol{Y}=\boldsymbol{EY}$。

其中 $\boldsymbol{A}$、$\boldsymbol{C}$、$\boldsymbol{E}$ 分别为线性变换(1)、(2)、(3)的矩阵，

$$A=\begin{pmatrix} a_{11} & a_{12} & \cdots & a_{1n} \\ a_{21} & a_{22} & \cdots & a_{2n} \\ \vdots & \vdots & \cdots & \vdots \\ a_{n1} & a_{n2} & \cdots & a_{nn} \end{pmatrix}, C=\begin{pmatrix} c_{11} & c_{12} & \cdots & c_{1n} \\ c_{21} & c_{22} & \cdots & c_{2n} \\ \vdots & \vdots & \cdots & \vdots \\ c_{n1} & c_{n2} & \cdots & c_{nn} \end{pmatrix}, Y=\begin{pmatrix} y_1 \\ y_2 \\ \vdots \\ y_n \end{pmatrix}, X=\begin{pmatrix} x_1 \\ x_2 \\ \vdots \\ x_n \end{pmatrix}。$$

由矩阵的乘法 $\boldsymbol{Y}=\boldsymbol{AX},\boldsymbol{X}=\boldsymbol{CY}$，即 $\boldsymbol{Y}=\boldsymbol{A}(\boldsymbol{CY})=(\boldsymbol{AC})\boldsymbol{Y}$，可得 $\boldsymbol{AC}=\boldsymbol{E}=\boldsymbol{CA}$。

由此引入可逆矩阵的概念。

定义 1 设 $\boldsymbol{A}$ 是 n 阶矩阵，若存在 n 阶矩阵 $\boldsymbol{B}$，使得

$$\boldsymbol{AB}=\boldsymbol{BA}=\boldsymbol{E} \tag{4}$$

则称矩阵 $\boldsymbol{A}$ 可逆，$\boldsymbol{B}$ 是 $\boldsymbol{A}$ 的逆矩阵，记作 $\boldsymbol{B}=\boldsymbol{A}^{-1}$。如果不存在满足(4)的矩阵 $\boldsymbol{B}$，则称矩阵 $\boldsymbol{A}$ 是不可逆的。

矩阵 $\boldsymbol{A}$ 满足什么条件时可逆？如果 $\boldsymbol{A}$ 可逆，逆矩阵是否唯一，如何求出 $\boldsymbol{A}$ 的逆矩阵？可逆的矩阵有什么性质？这是本节要讨论的问题。

5.5.2 矩阵可逆的充分必要条件

定理 1 如果 n 阶矩阵 $\boldsymbol{A}$ 可逆，则它的逆矩阵是唯一的。

设矩阵 $\boldsymbol{B}$ 与 $\boldsymbol{C}$ 都是 $\boldsymbol{A}$ 的逆矩阵，即 $\boldsymbol{AB}=\boldsymbol{BA}=\boldsymbol{E},\boldsymbol{AC}=\boldsymbol{CA}=\boldsymbol{E}$，则有 $\boldsymbol{B}=\boldsymbol{C}$。

为了讨论矩阵可逆的充要条件，先引入伴随矩阵的概念。

定义 2 设 $\boldsymbol{A}=(a_{ij})_{n\times n}$ 为 n 阶方阵，A_{ij} 为 $|\boldsymbol{A}|$ 中元素 a_{ij} 的代数余子式，$i,j=1,\cdots,n$，则称矩阵

$$\begin{pmatrix} \boldsymbol{A}_{11} & \boldsymbol{A}_{21} & \cdots & \boldsymbol{A}_{n1} \\ \boldsymbol{A}_{12} & \boldsymbol{A}_{22} & \cdots & \boldsymbol{A}_{n2} \\ \vdots & \vdots & \cdots & \vdots \\ \boldsymbol{A}_{1n} & \boldsymbol{A}_{2n} & \cdots & \boldsymbol{A}_{nn} \end{pmatrix}$$

为 $\boldsymbol{A}$ 的伴随矩阵，记为 $\boldsymbol{A}^*$。

下面给出关于逆矩阵存在的条件及求逆矩阵的定理。

定理 2 n 阶矩阵 $\boldsymbol{A}$ 可逆的充分必要条件为 $|\boldsymbol{A}|\neq 0$。如果 $\boldsymbol{A}$ 可逆，则

$$\boldsymbol{A}^{-1}=\frac{1}{|\boldsymbol{A}|}\boldsymbol{A}^*=\frac{1}{|\boldsymbol{A}|}\begin{pmatrix} \boldsymbol{A}_{11} & \boldsymbol{A}_{21} & \cdots & \boldsymbol{A}_{n1} \\ \boldsymbol{A}_{12} & \boldsymbol{A}_{22} & \cdots & \boldsymbol{A}_{n2} \\ \vdots & \vdots & \cdots & \vdots \\ \boldsymbol{A}_{1n} & \boldsymbol{A}_{2n} & \cdots & \boldsymbol{A}_{nn} \end{pmatrix}。$$

定理 2 不仅给出了方阵 $\boldsymbol{A}$ 可逆的条件，还给出了求逆矩阵的方法。称这种方法为伴随矩阵法。

若 n 阶矩阵 $\boldsymbol{A}$ 的行列式不为零，即 $|\boldsymbol{A}|\neq 0$，则称 $\boldsymbol{A}$ 为非奇异矩阵，否则称 $\boldsymbol{A}$ 为奇异矩阵。定理 2 说明，矩阵 $\boldsymbol{A}$ 可逆与矩阵非奇异是等价的概念。

【例 1】 设 $\boldsymbol{A}=\begin{pmatrix} a & c \\ b & d \end{pmatrix}$，求 $\boldsymbol{A}$ 可逆的条件，并在 $\boldsymbol{A}$ 可逆的情况下，求 $\boldsymbol{A}^{-1}$。

解 由定理 2 知，$\boldsymbol{A}$ 可逆 $\Leftrightarrow |\boldsymbol{A}|=ad-bc\neq 0$。

再由定理 2 知

$$A^{-1}=\frac{1}{|A|}A*=\frac{1}{ad-bc}\begin{pmatrix}d & -c\\ -b & a\end{pmatrix}。$$

【例 2】 矩阵 $A=\begin{pmatrix}2 & 1 & 1\\ 3 & 1 & 2\\ 1 & -1 & 0\end{pmatrix}$ 是否可逆？若可逆，求 A^{-1}。

解　因为 $|A|=\begin{vmatrix}2 & 1 & 1\\ 3 & 1 & 2\\ 1 & -1 & 0\end{vmatrix}=2\neq 0$,

所以矩阵 A 可逆。又因

$$A_{11}=\begin{vmatrix}1 & 2\\ -1 & 0\end{vmatrix}=2,\quad A_{21}=-\begin{vmatrix}1 & 1\\ -1 & 0\end{vmatrix}=-1,\quad A_{31}=\begin{vmatrix}1 & 1\\ 1 & 2\end{vmatrix}=1$$

$$A_{12}=-\begin{vmatrix}3 & 2\\ 1 & 0\end{vmatrix}=2,\quad A_{22}=\begin{vmatrix}2 & 1\\ 1 & 0\end{vmatrix}=-1,\quad A_{32}=-\begin{vmatrix}2 & 1\\ 3 & 2\end{vmatrix}=-1,$$

$$A_{13}=\begin{vmatrix}3 & 1\\ 1 & -1\end{vmatrix}=-4,\quad A_{23}=-\begin{vmatrix}2 & 1\\ 1 & -1\end{vmatrix}=3,\quad A_{33}=\begin{vmatrix}2 & 1\\ 3 & 1\end{vmatrix}=-1,$$

所以

$$A^{-1}=\frac{A^*}{|A|}=\frac{1}{|A|}\begin{pmatrix}A_{11} & A_{21} & A_{31}\\ A_{12} & A_{22} & A_{32}\\ A_{13} & A_{23} & A_{33}\end{pmatrix}=\frac{1}{2}\begin{pmatrix}2 & -1 & 1\\ 2 & -1 & -1\\ -4 & 3 & -1\end{pmatrix}。$$

在求逆矩阵时应注意：首先必须判定 A 是否可逆；其次应注意 A^* 中元素 A_{ij} 的位置排列，排在第一行的是 $|A|$ 中第一列的元素 a_{ij} 的代数余子式 A_{ij}，其余类推。

利用逆矩阵的概念，可以用矩阵来讨论线性方程组的解，并将之推广至一般的矩阵方程。

$$\begin{cases}a_{11}x_1+a_{12}x_2+\cdots+a_{1n}x_n=b_1,\\ a_{21}x_1+a_{22}x_2+\cdots+a_{2n}x_n=b_2,\\ \cdots\\ a_{n1}x_1+a_{n2}x_2+\cdots+a_{nn}x_n=b_n,\end{cases}$$

设 $A=\begin{pmatrix}a_{11} & a_{12} & \cdots & a_{1n}\\ a_{21} & a_{22} & \cdots & a_{2n}\\ \vdots & \vdots & \cdots & \vdots\\ a_{n1} & a_{n2} & \cdots & a_{nn}\end{pmatrix}$, $B=\begin{pmatrix}b_1\\ b_2\\ \vdots\\ b_n\end{pmatrix}$, $X=\begin{pmatrix}x_1\\ x_2\\ \vdots\\ x_n\end{pmatrix}$,

如果矩阵 A 可逆，则线性方程组 $AX=B$ 存在唯一的解 $X=A^{-1}B$。

【例 3】 用求逆矩阵的方法解线性方程组 $\begin{cases}2x_1+x_2+x_3=2,\\ 3x_1+x_2+2x_3=0,\\ x_1-x_2=-1,\end{cases}$

解　将方程组写成矩阵形式：$AX=B$,

其中，$A=\begin{pmatrix}2 & 1 & 1\\ 3 & 1 & 2\\ 1 & -1 & 0\end{pmatrix}$, $X=\begin{pmatrix}x_1\\ x_2\\ x_3\end{pmatrix}$, $B=\begin{pmatrix}2\\ 0\\ -1\end{pmatrix}$。

由例 2 知，系数矩阵 $\boldsymbol{A}$ 可逆，且 $\boldsymbol{A}^{-1}=\frac{1}{2}\begin{pmatrix}2 & -1 & 1\\ 2 & -1 & -1\\ -4 & 3 & -1\end{pmatrix}$，

所以 $\boldsymbol{X}=\boldsymbol{A}^{-1}\boldsymbol{B}=\frac{1}{2}\begin{pmatrix}2 & -1 & 1\\ 2 & -1 & -1\\ -4 & 3 & -1\end{pmatrix}\begin{pmatrix}2\\ 0\\ -1\end{pmatrix}=\frac{1}{2}\begin{pmatrix}3\\ 5\\ -7\end{pmatrix}=\begin{pmatrix}\frac{3}{2}\\ \frac{5}{2}\\ -\frac{7}{2}\end{pmatrix}$。

从而求得解 $x_1=\frac{3}{2}, x_2=\frac{5}{2}, x_3=-\frac{7}{2}$。

【例 4】 设

$$\boldsymbol{A}=\begin{pmatrix}1 & 1 & -1\\ 0 & 2 & 2\\ 1 & -1 & 0\end{pmatrix}, \boldsymbol{B}=\begin{pmatrix}1 & -1\\ 1 & 1\\ 2 & 1\end{pmatrix}，求矩阵 \boldsymbol{X}，使 \boldsymbol{AX}=\boldsymbol{B}。$$

解 因为 $|\boldsymbol{A}|=\begin{vmatrix}1 & 1 & -1\\ 0 & 2 & 2\\ 1 & -1 & 0\end{vmatrix}=6\neq 0$，所以 $\boldsymbol{A}$ 可逆。

$$\boldsymbol{A}^{*}=\begin{pmatrix}2 & 1 & 4\\ 2 & 1 & -2\\ -2 & 2 & 2\end{pmatrix}, \boldsymbol{A}^{-1}=\frac{1}{6}\begin{pmatrix}2 & 1 & 4\\ 2 & 1 & -2\\ -2 & 2 & 2\end{pmatrix}。$$

在 $\boldsymbol{AX}=\boldsymbol{B}$ 的两边左乘 $\boldsymbol{A}^{-1}$，得 $\boldsymbol{A}^{-1}\boldsymbol{AX}=\boldsymbol{A}^{-1}\boldsymbol{B}$，即得

$$\boldsymbol{X}=\boldsymbol{A}^{-1}\boldsymbol{B}=\frac{1}{6}\begin{pmatrix}2 & 1 & 4\\ 2 & 1 & -2\\ -2 & 2 & 2\end{pmatrix}\begin{pmatrix}1 & -1\\ 1 & 1\\ 2 & 1\end{pmatrix}=\frac{1}{6}\begin{pmatrix}11 & 3\\ -1 & -3\\ 4 & 6\end{pmatrix}。$$

【例 5】 设 $\boldsymbol{A}=\begin{pmatrix}1 & 2 & 3\\ 2 & 2 & 1\\ 3 & 4 & 3\end{pmatrix}, \boldsymbol{B}=\begin{pmatrix}2 & 1\\ 5 & 3\end{pmatrix}, \boldsymbol{C}=\begin{pmatrix}1 & 3\\ 2 & 0\\ 3 & 1\end{pmatrix}$，

求矩阵 $\boldsymbol{X}$，使

$$\boldsymbol{AXB}=\boldsymbol{C}。$$

解 若 $\boldsymbol{A}^{-1}$，$\boldsymbol{B}^{-1}$ 存在，则用 $\boldsymbol{A}^{-1}$ 左乘上式，$\boldsymbol{B}^{-1}$ 右乘上式，有
$\boldsymbol{A}^{-1}\boldsymbol{AXBB}^{-1}=\boldsymbol{A}^{-1}\boldsymbol{CB}^{-1}$，$\boldsymbol{X}=\boldsymbol{A}^{-1}\boldsymbol{CB}^{-1}$。
而 $|\boldsymbol{A}|\neq 0$，$|\boldsymbol{B}|=1$，故 $\boldsymbol{A}$，$\boldsymbol{B}$ 都可逆，且

$$\boldsymbol{A}^{-1}=\begin{pmatrix}1 & 3 & -2\\ -\frac{3}{2} & -3 & \frac{5}{2}\\ 1 & 1 & -1\end{pmatrix}, \boldsymbol{B}^{-1}=\begin{pmatrix}3 & -1\\ -5 & 2\end{pmatrix},$$

于是 $\boldsymbol{X}=\boldsymbol{A}^{-1}\boldsymbol{CB}^{-1}=\begin{pmatrix}1 & 3 & -2\\ -\frac{3}{2} & -3 & \frac{5}{2}\\ 1 & 1 & -1\end{pmatrix}\begin{pmatrix}1 & 3\\ 2 & 0\\ 3 & 1\end{pmatrix}\begin{pmatrix}3 & -1\\ -5 & 2\end{pmatrix}=\begin{pmatrix}1 & 1\\ 0 & -2\\ 0 & 2\end{pmatrix}\begin{pmatrix}3 & -1\\ -5 & 2\end{pmatrix}$

$$=\begin{pmatrix} -2 & 1 \\ 10 & -4 \\ -10 & 4 \end{pmatrix}。$$

5.5.3　可逆矩阵的性质

定理 3　设 $\boldsymbol{A},\boldsymbol{B},\boldsymbol{A}_i(i=1,2,\cdots,m)$ 为 n 阶可逆矩阵，k 为非零常数，则 $\boldsymbol{A}^{-1},k\boldsymbol{A},\boldsymbol{AB},\boldsymbol{A}_1\boldsymbol{A}_2\cdot\cdots\cdot\boldsymbol{A}_m,\boldsymbol{A}^T$ 也都是可逆矩阵，且

(1) $(\boldsymbol{A}^{-1})^{-1}=\boldsymbol{A}$；

(2) $(k\boldsymbol{A})^{-1}=\dfrac{1}{k}\boldsymbol{A}^{-1}$；

(3) $(\boldsymbol{AB})^{-1}=\boldsymbol{B}^{-1}\boldsymbol{A}^{-1},(\boldsymbol{A}_1\boldsymbol{A}_2\cdot\cdots\cdot\boldsymbol{A}_m)^{-1}=\boldsymbol{A}_m^{-1}\cdot\cdots\cdot\boldsymbol{A}_2^{-1}\boldsymbol{A}_1^{-1}$；

(4) $(\boldsymbol{A}^T)^{-1}=(\boldsymbol{A}^{-1})^T$；

(5) $|\boldsymbol{A}^{-1}|=\dfrac{1}{|\boldsymbol{A}|}=|\boldsymbol{A}|^{-1}$。

5.5.4　求逆矩阵的初等变换法

下面介绍用初等行变换求逆矩阵的方法。在给定的 n 阶矩阵 $\boldsymbol{A}$ 的右边放一个 n 阶单位矩阵 $\boldsymbol{E}$，形成一个 $n\times 2n$ 矩阵 $(\boldsymbol{AE})$，然后对矩阵 $(\boldsymbol{AE})$ 施行初等行变换，直到将原矩阵 $\boldsymbol{A}$ 所在部分化成 n 阶单位矩阵 $\boldsymbol{E}$，原单位矩阵部分经过同样的初等行变换后，所得到的矩阵就是 $\boldsymbol{A}$ 的逆矩阵 $\boldsymbol{A}^{-1}$，即

$$(\boldsymbol{AE})\xrightarrow{\text{初等行变换}}(\boldsymbol{EA}^{-1})。$$

在用初等行变换求矩阵的逆矩阵时，若矩阵 $\boldsymbol{A}$ 经过一系列初等行变换后不能得到单位矩阵，则可以判定矩阵 $\boldsymbol{A}$ 不可逆。显然，矩阵 $\boldsymbol{A}$ 经过初等行变换不能得到单位矩阵，所以矩阵 $\boldsymbol{A}$ 不可逆，即 $\boldsymbol{A}$ 的逆矩阵 $\boldsymbol{A}^{-1}$ 不存在。

由此可知，用矩阵的初等行变换不仅可以求出矩阵 $\boldsymbol{A}$ 的逆矩阵 $\boldsymbol{A}^{-1}$，而且可以判定矩阵 $\boldsymbol{A}$ 是否可逆。

【例 6】　设矩阵

$$\boldsymbol{A}=\begin{pmatrix} 2 & 1 & 1 \\ 3 & 1 & 2 \\ 1 & -1 & 0 \end{pmatrix},$$

求 $\boldsymbol{A}^{-1}$。

解　构造矩阵

$$(\boldsymbol{A}\quad\boldsymbol{E})=\begin{pmatrix} 2 & 1 & 1 & 1 & 0 & 0 \\ 3 & 1 & 2 & 0 & 1 & 0 \\ 1 & -1 & 0 & 0 & 0 & 1 \end{pmatrix}\xrightarrow{r_1\leftrightarrow r_3}\begin{pmatrix} 1 & -1 & 0 & 0 & 0 & 1 \\ 3 & 1 & 2 & 0 & 1 & 0 \\ 2 & 1 & 1 & 1 & 0 & 0 \end{pmatrix}$$

$$\xrightarrow[r_1\leftrightarrow 2r_1]{r_1\leftrightarrow 3r_1}\begin{pmatrix} 1 & -1 & 0 & 0 & 0 & 1 \\ 0 & 4 & 2 & 0 & 1 & -3 \\ 0 & 3 & 1 & 1 & 0 & -2 \end{pmatrix}\xrightarrow{r_2-r_3}\begin{pmatrix} 1 & -1 & 0 & 0 & 0 & 1 \\ 0 & 1 & 1 & -1 & 1 & -1 \\ 0 & 3 & 1 & 1 & 0 & -2 \end{pmatrix}$$

$$\xrightarrow{r_3-3r_2}\begin{pmatrix}1&-1&0&0&0&1\\0&1&1&-1&1&-1\\0&0&-2&4&-3&1\end{pmatrix}\xrightarrow{r_3\times\left(-\frac{1}{2}\right)}\begin{pmatrix}1&-1&0&0&0&1\\0&1&1&-1&1&-1\\0&0&1&-2&\frac{3}{2}&-\frac{1}{2}\end{pmatrix}$$

$$\xrightarrow{r_2-r_3}\begin{pmatrix}1&-1&0&0&0&1\\0&1&0&1&-\frac{1}{2}&-\frac{1}{2}\\0&0&1&-2&\frac{3}{2}&\frac{1}{2}\end{pmatrix}\xrightarrow{r_1+r_2}\begin{pmatrix}1&0&0&1&-\frac{1}{2}&\frac{1}{2}\\0&1&0&1&-\frac{1}{2}&-\frac{1}{2}\\0&0&1&-2&\frac{3}{2}&-\frac{1}{2}\end{pmatrix},$$

所以 $\boldsymbol{A}$ 可逆，且

$$\boldsymbol{A}^{-1}=\begin{pmatrix}1&-\frac{1}{2}&\frac{1}{2}\\1&-\frac{1}{2}&-\frac{1}{2}\\-2&\frac{3}{2}&-\frac{1}{2}\end{pmatrix}。$$

类似地，可以用初等变换的方法求解矩阵方程。例如，设

$$\boldsymbol{AX}=\boldsymbol{B},$$

如果矩阵 $\boldsymbol{A}$ 可逆，构造 $n\times 2n$ 的矩阵 $(\boldsymbol{A}\quad\boldsymbol{B})$，对这个矩阵施行初等行变换，使 $\boldsymbol{A}$ 变为单位矩阵，则 $\boldsymbol{B}$ 变为 $\boldsymbol{A}^{-1}\boldsymbol{B}$，即

$$(\boldsymbol{A}\ \vdots\ \boldsymbol{B})\xrightarrow{\text{初等行变换}}(\boldsymbol{E}\ \vdots\ \boldsymbol{A}^{-1}\boldsymbol{B})。$$

【例 7】 用初等变换法解矩阵方程 $\boldsymbol{AX}=\boldsymbol{B}$，其中

$$\boldsymbol{A}=\begin{pmatrix}1&1&-1\\0&2&2\\1&-1&0\end{pmatrix},\boldsymbol{B}=\begin{pmatrix}1&-1\\1&1\\2&1\end{pmatrix}。$$

解 $(\boldsymbol{A}\quad\boldsymbol{B})=\begin{pmatrix}1&1&-1&1&-1\\0&2&2&1&1\\1&-1&0&2&1\end{pmatrix}\xrightarrow{r_3-r_1}\begin{pmatrix}1&1&-1&1&-1\\0&2&2&1&1\\0&-2&1&1&2\end{pmatrix}$

$$\xrightarrow{r_3+r_2}\begin{pmatrix}1&1&-1&1&-1\\0&2&2&1&1\\0&0&3&2&3\end{pmatrix}\xrightarrow{r_3\div 3}\begin{pmatrix}1&1&-1&1&-1\\0&2&2&1&1\\0&0&1&\frac{2}{3}&1\end{pmatrix}$$

$$\xrightarrow[r_1+r_3]{r_2-2r_3}\begin{pmatrix}1&1&0&\frac{5}{3}&0\\0&2&0&-\frac{1}{3}&-1\\0&0&1&\frac{2}{3}&1\end{pmatrix}\xrightarrow{r_2\div 2}\begin{pmatrix}1&1&0&\frac{5}{3}&0\\0&1&0&-\frac{1}{6}&-\frac{1}{2}\\0&0&1&\frac{2}{3}&1\end{pmatrix}$$

$$\xrightarrow{r_1-r_2}\begin{bmatrix}1 & 0 & 0 & \frac{11}{6} & \frac{1}{2}\\ 0 & 1 & 0 & -\frac{1}{6} & -\frac{1}{2}\\ 0 & 0 & 1 & \frac{2}{3} & 1\end{bmatrix},$$

即

$$\boldsymbol{X}=\begin{pmatrix}\frac{11}{6} & \frac{1}{2}\\ -\frac{1}{6} & -\frac{1}{2}\\ \frac{2}{3} & 1\end{pmatrix}。$$

习题 5.5

1. 设 $\boldsymbol{A},\boldsymbol{B}$ 均为 n 阶矩阵，下列命题是否成立？

(1) 若 $\boldsymbol{A},\boldsymbol{B}$ 都可逆，则 $\boldsymbol{A}+\boldsymbol{B}$ 也可逆；

(2) 若 $\boldsymbol{AB}$ 可逆，则 $\boldsymbol{A},\boldsymbol{B}$ 也可逆；

(3) 若 $\boldsymbol{A},\boldsymbol{B}$ 可逆，则 $\boldsymbol{AB}$ 也可逆。

2. 求下列矩阵的逆矩阵：

(1) $\begin{pmatrix}1 & 4\\ 3 & -2\end{pmatrix}$；　(2) $\begin{pmatrix}\cos\theta & -\sin\theta\\ \sin\theta & \cos\theta\end{pmatrix}$；　(3) $\begin{pmatrix}1 & & \\ & 2 & \\ & & 3\end{pmatrix}$

(4) $\begin{pmatrix}2 & 1 & 3\\ 0 & 1 & 2\\ 1 & 0 & 3\end{pmatrix}$；　(5) $\begin{pmatrix}1 & 0 & 0 & 0\\ 2 & 1 & 0 & 0\\ 0 & 0 & 2 & 3\\ 0 & 0 & 1 & 2\end{pmatrix}$。

3. 解下列线性方程组：

(1) $\boldsymbol{X}\begin{pmatrix}5 & 0 & 0\\ 0 & 3 & 4\\ 0 & 2 & 3\end{pmatrix}=\begin{pmatrix}10 & 1 & -2\\ -5 & -3 & 7\end{pmatrix}$；

(2) $\begin{pmatrix}2 & 3\\ 3 & 4\end{pmatrix}\boldsymbol{X}=\begin{pmatrix}10 & 1 & -2\\ -5 & -3 & 7\end{pmatrix}$。

4. 利用逆矩阵解下列线性方程组：

(1) $\begin{cases}x_1-2x_2=-1,\\ 4x_1-2x_2-x_3=2,\\ -3x_1+x_2+2x_3=1。\end{cases}$

(2) $\begin{cases}x_1+2x_2+3x_3=1,\\ 2x_1+2x_2+5x_3=2,\\ 3x_1+5x_2+x_3=3。\end{cases}$

5. 试用矩阵的初等变换,求解下列各题:

(1) $\boldsymbol{A}=\begin{pmatrix}3&2&1\\3&1&5\\3&2&3\end{pmatrix}$,求 $\boldsymbol{A}^{-1}$。

(2)设 $\boldsymbol{A}=\begin{pmatrix}4&2&-2\\2&2&1\\3&1&-1\end{pmatrix}$,$\boldsymbol{B}=\begin{pmatrix}1&-3\\2&2\\3&-1\end{pmatrix}$,求 $\boldsymbol{X}$,使 $\boldsymbol{AX}=\boldsymbol{B}$。

5.6 线性方程组的解

5.6.1 线性方程组解的讨论

许多科学技术领域中的实际问题往往涉及求解未知数达成百上千个的方程组。因而,对于一般的线性方程组的研究,在理论和实际上都具有十分重要的意义,其本身也是线性代数的主要内容之一。本节主要以矩阵为工具,讨论线性方程组解的判定及求解方法。

【例 1】 某物流公司有三辆汽车同时运送一批货物,一天共运 8 200 吨。如果第一辆汽车运 2 天,第二辆汽车运 3 天,共运货物 12 200 吨;如果第一辆汽车运 1 天,第二辆汽车运 2 天,第三辆汽车运 3 天,共运货物 17 600 吨。问:每辆汽车每天可运货物多少吨?

解 设第 i 辆汽车每天可运货物 x_i 吨($i=1,2,3$)。根据题意,可建立如下方程组:

$$\begin{cases}x_1+x_2+x_3=8\ 200,\\2x_1+3x_2=12\ 200,\\x_1+2x_2+3x_3=17\ 600。\end{cases}$$

由消元法可以求得三辆汽车每天分别可运货物 2 200 吨、2 600 吨、3 400 吨。

下面用矩阵方法求解:

该方程组的增广矩阵为

$$\bar{\boldsymbol{A}}=\begin{pmatrix}1&1&1&8\ 200\\2&3&0&12\ 200\\1&2&3&17\ 600\end{pmatrix}$$

将该方程组的求解转化为对增广矩阵化简:

$$\bar{\boldsymbol{A}}=\begin{pmatrix}1&1&1&8\ 200\\2&3&0&12\ 200\\1&2&3&17\ 600\end{pmatrix}\xrightarrow[-(1)+(3)]{-2(1)+(2)}\begin{pmatrix}1&1&1&8\ 200\\0&1&-2&-4\ 200\\0&1&2&9\ 400\end{pmatrix}$$

$$\xrightarrow{-(2)+(3)}\begin{pmatrix}1&1&1&8\ 200\\0&1&-2&-4\ 200\\0&0&4&13\ 600\end{pmatrix}\xrightarrow{\frac{1}{4}(3)}\begin{pmatrix}1&1&1&8\ 200\\0&1&-2&-4\ 200\\0&0&1&3\ 400\end{pmatrix}$$

$$\xrightarrow[2(3)+(2)]{-(3)+(1)}\begin{pmatrix}1&1&0&5\ 800\\0&1&0&2\ 600\\0&0&1&3\ 400\end{pmatrix}\xrightarrow{-(2)+(1)}\begin{pmatrix}1&0&0&2\ 200\\0&1&0&2\ 600\\0&0&1&3\ 400\end{pmatrix}。$$

因此,三辆汽车每天分别可运货物 2 200 吨、2 600 吨、3 400 吨。

前面讨论了方程的个数与未知量的个数相等的线性方程组。而实际问题中归结出的线性方程组，方程的个数与未知量的个数不一定相等。含有 n 个未知数、m 个方程的线性方程组为

$$\begin{cases} a_{11}x_1 + a_{12}x_2 + \cdots + a_{1n}x_n = b_1, \\ a_{21}x_1 + a_{22}x_2 + \cdots + a_{2n}x_n = b_2, \\ \qquad\vdots \\ x_{m1}x_1 + a_{m2}x_2 + \cdots + a_{mn}x_n = b_m, \end{cases} \tag{1}$$

在(1)式中，当常数项 $b_i = 0(i=1,2,\cdots,m)$ 时，叫作齐次方程组；当 b_i 不全为 0 时，叫作非齐次方程组。现在，可以用已学过的矩阵的知识来讨论解方程组的问题。

$$设\ \boldsymbol{A} = (a_{ij})_{m\times n} = \begin{pmatrix} a_{11} & a_{12} & \cdots & a_{1n} \\ a_{21} & a_{22} & \cdots & a_{2n} \\ \vdots & \vdots & \cdots & \vdots \\ a_{m1} & a_{m2} & \cdots & a_{mn} \end{pmatrix}, \boldsymbol{X} = \begin{pmatrix} x_1 \\ x_2 \\ \vdots \\ x_n \end{pmatrix}, \boldsymbol{B} = \begin{pmatrix} b_1 \\ b_2 \\ \vdots \\ b_m \end{pmatrix},$$

这里 $\boldsymbol{A}$ 称为方程组(1)的系数矩阵，$\boldsymbol{B}$ 称为方程组(1)的常数项矩阵，那么方程组(1)可以写成矩阵方程 $\boldsymbol{AX}=\boldsymbol{B}$ 的形式。称矩阵

$$\overline{\boldsymbol{A}} = \begin{pmatrix} a_{11} & a_{12} & \cdots & a_{1n} & b_1 \\ a_{21} & a_{22} & \cdots & a_{2n} & b_2 \\ \vdots & \vdots & \cdots & \vdots & \vdots \\ a_{m1} & a_{m2} & \cdots & a_{mn} & b_m \end{pmatrix} \quad 为线性方程组(1)的增广矩阵。$$

对于任意一个线性方程组，需要解决以下问题：

(1) 方程组是否有解？

(2) 方程组如果有解，它有多少个解？如何求出它的所有的解？

【例 2】 解线性方程组

$$\begin{cases} 2x_1 - x_2 + 3x_3 = 1, \\ 4x_1 - 2x_2 + 5x_3 = 4, \\ 2x_1 - x_2 + 4x_3 = 0。 \end{cases}$$

解　对该方程组的增广矩阵 $\overline{\boldsymbol{A}}$ 进行初等行变换，即

$$\overline{\boldsymbol{A}} = \begin{pmatrix} 2 & -1 & 3 & 1 \\ 4 & -2 & 5 & 4 \\ 2 & -1 & 4 & 0 \end{pmatrix} \xrightarrow[-(1)+(3)]{-2(1)+(2)} \begin{pmatrix} 2 & -1 & 3 & 1 \\ 0 & 0 & -1 & 2 \\ 0 & 0 & 1 & -1 \end{pmatrix} \xrightarrow{(2)+(3)} \begin{pmatrix} 2 & -1 & 3 & 1 \\ 0 & 0 & -1 & 2 \\ 0 & 0 & 0 & 1 \end{pmatrix}。$$

上述最后阶梯形矩阵对应的线性方程组是

$$\begin{cases} 2x_1 - x_2 + 3x_3 = 1, \\ \qquad -x_3 = 2, \\ \qquad 0 = 1, \end{cases}$$

显然，无论 x_1, x_2, x_3 取什么值，都不能使方程组中的第三个方程成立，即第三个方程无解，因而这个方程组也无解。

下面讨论线性方程组解的情况。

定理 1　(齐次线性方程组解的判定定理)齐次线性方程组 $\boldsymbol{AX}=\boldsymbol{O}$ 一定有解，$r(\boldsymbol{A})$

$=r(\overline{\boldsymbol{A}})$，且

(1) 当 $r(\boldsymbol{A})=n$ 时，方程组只有零解；

(2) 当 $r(\boldsymbol{A})<n$ 时，方程组有无穷多个非零解。

定理 2 （非齐次线性方程组解的判定定理）非齐次线性方程组 $\boldsymbol{AX}=\boldsymbol{B}$ 一定有 $r(\boldsymbol{A})\leqslant r(\overline{\boldsymbol{A}})$，且

(1) 当 $r(\boldsymbol{A})=r(\overline{\boldsymbol{A}})=n$ 时，方程组有唯一解；

(2) 当 $r(\boldsymbol{A})=r(\overline{\boldsymbol{A}})<n$ 时，方程组有无穷多个解；

(3) 当 $r(\boldsymbol{A})<r(\overline{\boldsymbol{A}})$ 时，方程组无解。

【例 3】 判别下列齐次线性方程组是否有非零解：

$$\begin{cases} x_1+x_2-x_3=0, \\ 2x_1+4x_2-x_3=0, \\ 3x_1+2x_2+2x_3=0. \end{cases}$$

解 用初等行变换将系数矩阵化成阶梯形矩阵，即

$$\boldsymbol{A}=\begin{pmatrix} 1 & 1 & -1 \\ 2 & 4 & -1 \\ 3 & 2 & 2 \end{pmatrix} \xrightarrow[-3(1)+(3)]{-2(1)+(2)} \begin{pmatrix} 1 & 1 & -1 \\ 0 & 2 & 1 \\ 0 & -1 & 5 \end{pmatrix} \xrightarrow{\frac{1}{2}(2)+(3)} \begin{pmatrix} 1 & 1 & -1 \\ 0 & 2 & 1 \\ 0 & 0 & \frac{11}{2} \end{pmatrix}。$$

因为 $r(\boldsymbol{A})=3$，

所以齐次线性方程组只有零解。

【例 4】 λ 取何值时，非齐次方程组

$$\begin{cases} \lambda x_1+x_2+x_3=1, \\ x_1+\lambda x_2+x_3=\lambda, \\ x_1+x_2+\lambda x_3=\lambda^2, \end{cases}$$

(1)有唯一解；(2)无解；(3)有无穷多个解？

解 对增广矩阵施行初等行变换：

$$\overline{\boldsymbol{A}}=\begin{pmatrix} \lambda & 1 & 1 & 1 \\ 1 & \lambda & 1 & \lambda \\ 1 & 1 & \lambda & \lambda^2 \end{pmatrix} \xrightarrow{r_1\leftrightarrow r_2} \begin{pmatrix} 1 & \lambda & 1 & \lambda \\ \lambda & 1 & 1 & 1 \\ 1 & 1 & \lambda & \lambda^2 \end{pmatrix}$$

$$\xrightarrow[r_3-r_1]{r_2-\lambda r_1} \begin{pmatrix} 1 & \lambda & 1 & \lambda \\ 0 & 1-\lambda^2 & 1-\lambda & 1-\lambda^2 \\ 0 & 1-\lambda & \lambda-1 & \lambda(\lambda-1) \end{pmatrix} \xrightarrow{r_2\leftrightarrow r_3} \begin{pmatrix} 1 & \lambda & 1 & \lambda \\ 0 & 1-\lambda & \lambda-1 & \lambda(1-\lambda) \\ 0 & 1-\lambda^2 & 1-\lambda & 1-\lambda^2 \end{pmatrix}$$

$$\xrightarrow{r_3-(1-\lambda)r_2} \begin{pmatrix} 1 & \lambda & 1 & \lambda \\ 0 & 1-\lambda & \lambda-1 & \lambda(1-\lambda) \\ 0 & 0 & (1-\lambda)(2+\lambda) & (1-\lambda)(1-\lambda^2) \end{pmatrix}。$$

(1) 当 $\lambda\neq1$ 且 $\lambda\neq-2$ 时，$r(\boldsymbol{A})=r(\overline{\boldsymbol{A}})=3$，方程组有唯一解；

(2) 当 $\lambda=-2$ 时，$r(\boldsymbol{A})=2$，$r(\overline{\boldsymbol{A}})=3$，方程组无解；

(3) 当 $\lambda=1$ 时，$r(\boldsymbol{A})=r(\overline{\boldsymbol{A}})=1$，方程组有无穷多个解。

当 $\lambda=1$ 时，

$$\overline{\boldsymbol{A}} \to \begin{pmatrix} 1 & 1 & 1 & 1 \\ 0 & 0 & 0 & 0 \\ 0 & 0 & 0 & 0 \end{pmatrix},$$

由此可得与原方程组同解的方程(组)

$$x_1 + x_2 + x_3 = 1,$$

即有

$$\begin{cases} x_1 = -c_1 - c_2 + 1, \\ x_2 = c_1, \\ x_3 = c_2, \end{cases}$$

c_1, c_2 是任意常数。

5.6.2　用逆矩阵法解线性方程组

利用逆矩阵法解线性方程组的步骤如下：

(1) 写出线性方程组对应的系数矩阵 $\boldsymbol{A}$、常数矩阵 $\boldsymbol{B}$。

(2) ① 若 $\boldsymbol{B}=\boldsymbol{0}$，求矩阵 $\boldsymbol{A}$ 的行列式的值 $|\boldsymbol{A}|$。若 $|\boldsymbol{A}|=0$，则齐次线性方程组有无穷多个非零解；若 $|\boldsymbol{A}|\neq 0$，则齐次线性方程组只有零解。

② 若 $\boldsymbol{B}\neq\boldsymbol{0}$，求矩阵 $\boldsymbol{A}$ 的行列式的值 $|\boldsymbol{A}|$。若 $|\boldsymbol{A}|=0$，则非齐次线性方程组无解或有无穷多个解；若 $|\boldsymbol{A}|\neq 0$，则方程组有唯一解，将方程组写成矩阵形式：$\boldsymbol{AX}=\boldsymbol{B}$。

(3) 求 $\boldsymbol{A}^{-1}$。

(4) 求出 $\boldsymbol{X}=\boldsymbol{A}^{-1}\boldsymbol{B}$。

【例 5】 用求逆矩阵的方法解线性方程组 $\begin{cases} 2x_1 + x_2 + x_3 = 2, \\ 3x_1 + x_2 + 2x_3 = 0, \\ x_1 - x_2 = -1。 \end{cases}$

解 $\boldsymbol{A}=\begin{pmatrix} 2 & 1 & 1 \\ 3 & 1 & 2 \\ 1 & -1 & 0 \end{pmatrix}$，$\boldsymbol{X}=\begin{pmatrix} x_1 \\ x_2 \\ x_3 \end{pmatrix}$，$\boldsymbol{B}=\begin{pmatrix} 2 \\ 0 \\ -1 \end{pmatrix}$，

$$|\boldsymbol{A}| = \begin{vmatrix} 2 & 1 & 1 \\ 3 & 1 & 2 \\ 1 & -1 & 0 \end{vmatrix} = \frac{1}{2}，系数矩阵 \boldsymbol{A} 可逆。$$

将方程组写成矩阵形式：$\boldsymbol{AX}=\boldsymbol{B}$。

求得
$$\boldsymbol{A}^{-1} = \frac{1}{2}\begin{pmatrix} 2 & -1 & 1 \\ 2 & -1 & -1 \\ -4 & 3 & -1 \end{pmatrix},$$

所以
$$\boldsymbol{X} = \boldsymbol{A}^{-1}\boldsymbol{B} = \frac{1}{2}\begin{pmatrix} 2 & -1 & 1 \\ 2 & -1 & -1 \\ -4 & 3 & -1 \end{pmatrix}\begin{pmatrix} 2 \\ 0 \\ -1 \end{pmatrix} = \frac{1}{2}\begin{pmatrix} 3 \\ 5 \\ -7 \end{pmatrix} = \begin{pmatrix} \frac{3}{2} \\ \frac{5}{2} \\ -\frac{7}{2} \end{pmatrix},$$

从而求得解 $$x_1=\frac{3}{2},x_2=\frac{5}{2},x_3=-\frac{7}{2}。$$

5.6.3 利用矩阵的初等变换法解线性方程组

利用矩阵的初等变换法解线性方程组的步骤如下：

(1) 写出线性方程组对应的增广矩阵；

(2) 用初等行变换化增广矩阵为行阶梯形矩阵或行最简形矩阵(最好化为行最简形矩阵)；

(3) 如果化简后的增广矩阵对应的方程组中出现方程 $0=d$，而 $d\neq 0$（如例 2)，则方程组无解，否则，化简后的增广矩阵对应的方程组的解，就是原方程组的解。

注意：适当利用换行，将“简单”的行(化简其他行时计算比较简单的行)换到前面，利用该行化简其他行，会使计算简单。

【例 6】 解下列齐次线性方程组。

(1) $\begin{cases}x_1-2x_2+x_3=0,\\2x_1+x_2-3x_3=0,\\-x_1+x_2-x_3=0;\end{cases}$ (2) $\begin{cases}x_1-x_2+5x_3-x_4=0,\\x_1+x_2-2x_3+3x_4=0,\\3x_1-x_2+8x_3+x_4=0,\\x_1+3x_2-9x_3+7x_4=0。\end{cases}$

解 由于常数项都为零，在对增广矩阵进行初等行变换时常数项始终是零，所以为书写简捷，只对系数矩阵进行初等行变换，最后写出解时注意常数项为零就可以了。

$$(1)\ \boldsymbol{A}=\begin{pmatrix}1&-2&1\\2&1&-3\\-1&1&-1\end{pmatrix}\xrightarrow[r_3+r_1]{r_2-2r_1}\begin{pmatrix}1&-2&1\\0&5&-5\\0&-1&0\end{pmatrix}\xrightarrow[r_2\times\frac{1}{5}]{r_3\times(-1)}\begin{pmatrix}1&-2&1\\0&1&-1\\0&1&0\end{pmatrix}\xrightarrow{r_3\leftrightarrow r_2}$$

$$\begin{pmatrix}1&-2&1\\0&1&0\\0&1&-1\end{pmatrix}\xrightarrow[r_3-r_2]{r_1+2r_2}\begin{pmatrix}1&0&1\\0&1&0\\0&0&-1\end{pmatrix}\xrightarrow[r_3\times(-1)]{r_1+r_3}\begin{pmatrix}1&0&0\\0&1&0\\0&0&1\end{pmatrix},$$ 方程组只有零解：$x_1=x_2=x_3=0$。

$$(2)\ \boldsymbol{A}=\begin{pmatrix}1&-1&5&-1\\1&1&-2&3\\3&-1&8&1\\1&3&-9&7\end{pmatrix}\xrightarrow[\substack{r_3-3r_1\\r_4-r_1}]{r_2-r_1}\begin{pmatrix}1&-1&5&-1\\0&2&-7&4\\0&2&-7&4\\0&4&-14&8\end{pmatrix}\xrightarrow[r_4-2r_2]{r_3-r_2}$$

$$\begin{pmatrix}1&-1&5&-1\\0&2&-7&4\\0&0&0&0\\0&0&0&0\end{pmatrix}\xrightarrow{r_2\times\frac{1}{2}}\begin{pmatrix}1&-1&5&-1\\0&1&-\frac{7}{2}&2\\0&0&0&0\\0&0&0&0\end{pmatrix}\xrightarrow{r_1+r_2}\begin{pmatrix}1&0&\frac{3}{2}&1\\0&1&-\frac{7}{2}&2\\0&0&0&0\\0&0&0&0\end{pmatrix},$$

所以 $\begin{cases}x_1+\frac{3}{2}x_3+x_4=0,\\x_2-\frac{7}{2}x_3+2x_4=0,\end{cases}$ 即 $\begin{cases}x_1=-\frac{3}{2}x_3-x_4,\\x_2=\frac{7}{2}x_3-2x_4,\end{cases}$ x_3,x_4 为自由未知量。

令 $x_3=k_1, x_4=k_2$，则方程组的通解为 $\begin{cases} x_1=-\dfrac{3}{2}k_1-k_2, \\ x_2=\dfrac{7}{2}k_1-2k_2, \\ x_3=k_1, \\ x_4=k_2 \end{cases}$（$k_1, k_2$ 为任意常数）。

【例 7】 讨论 λ 取何值时线性方程组 $\begin{cases} (\lambda-1)x_1+x_2+x_3=0, \\ x_1+(\lambda-1)x_2+x_3=0, \\ x_1+x_2+(\lambda-1)x_3=0 \end{cases}$ 有非零解，并在有非零解时，求通解。

解 $$\boldsymbol{A}=\begin{pmatrix} \lambda-1 & 1 & 1 \\ 1 & \lambda-1 & 1 \\ 1 & 1 & \lambda-1 \end{pmatrix} \xrightarrow{r_1 \leftrightarrow r_3} \begin{pmatrix} 1 & 1 & \lambda-1 \\ 1 & \lambda-1 & 1 \\ \lambda-1 & 1 & 1 \end{pmatrix}$$

$$\xrightarrow[r_3-r_1 \times (\lambda-1)]{r_2-r_1} \begin{pmatrix} 1 & 1 & \lambda-1 \\ 0 & \lambda-2 & 2-\lambda \\ 0 & 2-\lambda & \lambda(2-\lambda) \end{pmatrix} \xrightarrow{r_3+r_2} \begin{pmatrix} 1 & 1 & \lambda-1 \\ 0 & \lambda-2 & 2-\lambda \\ 0 & 0 & (\lambda+1)(2-\lambda) \end{pmatrix}=\boldsymbol{B}。$$

$\lambda=-1$ 时，$$\boldsymbol{A} \rightarrow \boldsymbol{B}=\begin{pmatrix} 1 & 1 & -2 \\ 0 & -3 & 3 \\ 0 & 0 & 0 \end{pmatrix} \xrightarrow{r_2 \times \left(-\frac{1}{3}\right)} \begin{pmatrix} 1 & 1 & -2 \\ 0 & 1 & -1 \\ 0 & 0 & 0 \end{pmatrix} \xrightarrow{r_1-r_2} \begin{pmatrix} 1 & 0 & -1 \\ 0 & 1 & -1 \\ 0 & 0 & 0 \end{pmatrix},$$

所以 $\begin{cases} x_1=x_3, \\ x_2=x_3 \end{cases}$（$x_3$ 为自由未知量），此时，$r(\mathbf{A})=2<3$，方程组有无穷多个解。

令 $x_3=k$，则方程组的通解为 $\begin{cases} x_1=k, \\ x_2=k, \\ x_3=k \end{cases}$（$k$ 为任意常数）。

$\lambda=2$ 时，$$\boldsymbol{A} \rightarrow \boldsymbol{B}=\begin{pmatrix} 1 & 1 & 1 \\ 0 & 0 & 0 \\ 0 & 0 & 0 \end{pmatrix},$$

所以 $x_1=-x_2-x_3$（x_2, x_3 为自由未知量），此时，$r(\mathbf{A})=1<3$，方程组有无穷多个解。

令 $x_2=k_1, x_3=k_2$，则方程组的通解为 $\begin{cases} x_1=-k_1-k_2, \\ x_2=k_1, \\ x_3=k_2 \end{cases}$（$k_1, k_2$ 为任意常数）。

【例 8】 解下列线性方程组：

(1) $\begin{cases} x_1+x_3=1, \\ x_2+x_3=0, \\ x_1+x_2-x_3=0; \end{cases}$　(2) $\begin{cases} y_1+y_3=0, \\ y_2+y_3=1, \\ y_1+y_2-y_3=0; \end{cases}$　(3) $\begin{cases} z_1+z_3=0, \\ z_2+z_3=0, \\ z_1+z_2-z_3=1。 \end{cases}$

解 通过观察，可以看出这 3 个线性方程组的系数矩阵相同，只是增广矩阵对应的常数不同，因此可以把这 3 个方程组放在一起解。

$$\bar{\boldsymbol{A}}=\begin{pmatrix} 1 & 0 & 1 & 1 & 0 & 0 \\ 0 & 1 & 1 & 0 & 1 & 0 \\ 1 & 1 & -1 & 0 & 0 & 1 \end{pmatrix} \xrightarrow{r_3-r_1} \begin{pmatrix} 1 & 0 & 1 & 1 & 0 & 0 \\ 0 & 1 & 1 & 0 & 1 & 0 \\ 0 & 1 & -2 & -1 & 0 & 1 \end{pmatrix} \xrightarrow{r_3-r_2}$$

$$\begin{pmatrix}1&0&1&1&0&0\\0&1&1&0&1&0\\0&0&-3&-1&-1&1\end{pmatrix}\xrightarrow{r_3\times\left(-\frac{1}{3}\right)}\begin{pmatrix}1&0&1&1&0&0\\0&1&1&0&1&0\\0&0&1&\frac{1}{3}&\frac{1}{3}&-\frac{1}{3}\end{pmatrix}\xrightarrow[r_2-r_3]{r_1-r_3}$$

$$\begin{pmatrix}1&0&0&\frac{2}{3}&-\frac{1}{3}&\frac{1}{3}\\0&1&0&-\frac{1}{3}&\frac{2}{3}&\frac{1}{3}\\0&0&1&\frac{1}{3}&\frac{1}{3}&-\frac{1}{3}\end{pmatrix}。$$

所以 $\begin{cases}x_1=\frac{2}{3},\\x_2=-\frac{1}{3},\\x_3=\frac{1}{3};\end{cases}\begin{cases}y_1=-\frac{1}{3},\\y_2=\frac{2}{3},\\y_3=\frac{1}{3};\end{cases}\begin{cases}z_1=\frac{1}{3},\\z_2=\frac{1}{3},\\z_3=-\frac{1}{3}。\end{cases}$

【例 9】 讨论 λ 取何值时线性方程组 $\begin{cases}(\lambda-1)x_1+x_2+x_3=\lambda-4,\\x_1+(\lambda-1)x_2+x_3=-2,\\x_1+x_2+(\lambda-1)x_3=-2\end{cases}$ 有解、无解，并在有解时求解。

分析：增广矩阵的(1,1)位置的元素为 $\lambda-1$，如果用 $\lambda-1$ 将第 1 列中的另外两个 1 化为 0，就要使用 $r_2-r_1\times\frac{1}{\lambda-1}$ 和 $r_3-r_1\times\frac{1}{\lambda-1}$，这样就出现了分式，计算量大，而且还要考虑 $\lambda-1$ 是否为 0；而第 3 行前两个元素都是 1，所以将第 3 行换到第 1 行后再化简会比较简单。

解 $\bar{\boldsymbol{A}}=\begin{pmatrix}\lambda-1&1&1&\lambda-4\\1&\lambda-1&1&-2\\1&1&\lambda-1&-2\end{pmatrix}\xrightarrow{r_1\leftrightarrow r_3}\begin{pmatrix}1&1&\lambda-1&-2\\1&\lambda-1&1&-2\\\lambda-1&1&1&\lambda-4\end{pmatrix}$

$$\xrightarrow[r_2-r_1\times(\lambda-1)]{r_2-r_1}\begin{pmatrix}1&1&\lambda-1&-2\\0&\lambda-2&2-\lambda&0\\0&2-\lambda&-\lambda^2+2\lambda&3\lambda-6\end{pmatrix}\xrightarrow{r_3+r_2}$$

$$\begin{pmatrix}1&1&\lambda-1&-2\\0&\lambda-2&2-\lambda&0\\0&0&-(\lambda-2)(\lambda+1)&3(\lambda-2)\end{pmatrix}=\bar{\boldsymbol{B}}。$$

当 $\lambda=2$ 时，$\bar{\boldsymbol{A}}\rightarrow\bar{\boldsymbol{B}}=\begin{pmatrix}1&1&1&-2\\0&0&0&0\\0&0&0&0\end{pmatrix}$，原方程组有无穷多个解；

方程组化简为 $x_1=-2-x_2-x_3$（x_2,x_3 均为自由未知量），令 $x_2=k_1,x_3=k_2$，

则方程组的通解为 $\begin{cases}x_1=-2-k_1-k_2,\\x_2=k_1,\\x_3=k_2\end{cases}$ （k_1,k_2 为任意常数）。

当 $\lambda=-1$ 时，$\bar{A}\to\bar{B}=\begin{pmatrix}1&1&-2&-2\\0&-3&3&0\\0&0&0&-9\end{pmatrix}$，第三个方程为 $0=-9$，原方程组无解。

当 $\lambda\neq-1$ 且 $\lambda\neq2$ 时，

$$\bar{A}\to\bar{B}=\begin{pmatrix}1&1&\lambda-1&-2\\0&\lambda-2&2-\lambda&0\\0&0&-(\lambda-2)(\lambda+1)&3(\lambda-2)\end{pmatrix}\xrightarrow[r_3\times\frac{-1}{(\lambda-2)(\lambda+1)}]{r_2\times\frac{1}{\lambda-2}}\begin{pmatrix}1&1&\lambda-1&-2\\0&1&-1&0\\0&0&1&-\frac{3}{\lambda+1}\end{pmatrix}$$

$$\xrightarrow[r_2+r_3]{r_1-r_3\times(\lambda-1)}\begin{pmatrix}1&1&0&\frac{\lambda-5}{\lambda+1}\\0&1&0&-\frac{3}{\lambda+1}\\0&0&1&-\frac{3}{\lambda+1}\end{pmatrix}\xrightarrow{r_1-r_2}\begin{pmatrix}1&0&0&\frac{\lambda-2}{\lambda+1}\\0&1&0&-\frac{3}{\lambda+1}\\0&0&1&-\frac{3}{\lambda+1}\end{pmatrix}。$$

所以方程组有唯一解 $\begin{cases}x_1=\dfrac{\lambda-2}{\lambda+1},\\x_2=-\dfrac{3}{\lambda+1},\\x_3=-\dfrac{3}{\lambda+1}。\end{cases}$

习题 5.6

1. 用逆矩阵法解下列线性方程组：

(1) $\begin{cases}x_1+2x_2+2x_3=7,\\x_1+x_2+x_3=4,\\x_2+3x_3=7;\end{cases}$　　(2) $\begin{cases}x_1+x_2+2x_3=3,\\2x_1+x_2+x_3=4,\\x_2+2x_3=0。\end{cases}$

2. 利用矩阵的初等变换法解下列线性方程组：

(1) $\begin{cases}x_1+x_2+x_3=1,\\x_1+2x_2+3x_3=-1,\\3x_1+x_2+2x_3=5;\end{cases}$　　(2) $\begin{cases}2x_1+x_2=3,\\x_1+x_2+x_3=1,\\4x_1+3x_2+2x_3=5。\end{cases}$

3. 利用矩阵的初等变换法解下列齐次线性方程组：

(1) $\begin{cases}x_1+2x_2+x_3=0,\\3x_1+6x_2-x_3=0,\\5x_1+x_2+x_3=0;\end{cases}$　　(2) $\begin{cases}2x_1+4x_2-6x_3=0,\\x_2-2x_3=0,\\-x_1-2x_2+3x_3=0。\end{cases}$

4. 讨论 t 取何值时，齐次线性方程组 $\begin{cases}x_1+x_2+x_3=0,\\x_1+2x_2+3x_3=0,\\x_1+3x_2+tx_3=0\end{cases}$ (1)只有零解；(2)有非零解；(3)在有非零解时求其全部解。

5. 讨论 a 取何值时，线性方程组 $\begin{cases} x_1+x_2-x_3=1, \\ 2x_1+3x_2+ax_3=3, \\ x_1+ax_2+3x_3=2 \end{cases}$ (1)有唯一解，(2)没有解，(3)有无穷多个解，并在有解时求解。

本章内容精要

本章主要内容有行列式、矩阵、矩阵的运算、逆矩阵、初等变换、线性方程组的解等知识。

一、行列式

1. n 阶行列式的定义

$$n\text{ 阶行列式}\begin{vmatrix} a_{11} & a_{12} & \cdots & a_{1n} \\ a_{21} & a_{22} & \cdots & a_{2n} \\ \vdots & \vdots & \cdots & \vdots \\ a_{n1} & a_{n2} & \cdots & a_{nn} \end{vmatrix} = \sum (-1)^t a_{1p_1} a_{2p_2} \cdot \cdots \cdot a_{np_n},$$

其中 t 为这个排列 $p_1p_2\cdots p_n$ 的逆序数。

2. 行列式的性质

(1) 行列式 D 与它的转置行列式相等，即 $D=D^T$。

(2) 互换行列式的两行(列)，行列式变号。由此即得若行列式有两行(列)完全相同，则此行列式等于零。

(3) 如果行列式的某一行(列)中所有的元素都乘同一个数 k，等于用数 k 乘此行列式。

(4) 行列式中如果有两行(列)元素成比例，则此行列式等于零。

(5) 若行列式的某一行(列)的元素都是两个数的和，则 $D=D_1+D_2$，即

$$\begin{vmatrix} a_{11} & a_{12} & \cdots & a_{1n} \\ \vdots & \vdots & \cdots & \vdots \\ a_{i1}+b_{i1} & a_{i2}+b_{i2} & \cdots & a_{in}+b_{in} \\ \vdots & \vdots & \cdots & \vdots \\ a_{n1} & a_{n2} & \cdots & a_{nn} \end{vmatrix} = \begin{vmatrix} a_{11} & a_{12} & \cdots & a_{1n} \\ \vdots & \vdots & \cdots & \vdots \\ a_{i1} & a_{i2} & \cdots & a_{in} \\ \vdots & \vdots & \cdots & \vdots \\ a_{n1} & a_{n2} & \cdots & a_{nn} \end{vmatrix} + \begin{vmatrix} a_{11} & a_{12} & \cdots & a_{1n} \\ \vdots & \vdots & \cdots & \vdots \\ b_{i1} & b_{i2} & \cdots & b_{in} \\ \vdots & \vdots & \cdots & \vdots \\ a_{n1} & a_{n2} & \cdots & a_{nn} \end{vmatrix}。$$

(6) 把行列式的某一行(列)的各元素乘同一个数后加到另一行(列)对应的元素上去，行列式不变。

3. 行列式的计算

(1) 定义法。

(2) 化三角形法

(3) 按行(列)展开法。

定理 n 阶行列式 D 等于它的任意一行(列)所有元素与它们对应的代数余子式的乘积之和，即

$$\begin{aligned} D &= a_{i1}A_{i1}+a_{i2}A_{i2}+\cdots+a_{in}A_{in} \qquad (i=1,2,\cdots,n) \\ &= a_{1j}A_{1j}+a_{2j}A_{2j}+\cdots+a_{nj}A_{nj} \qquad (j=1,2,\cdots,n)。\end{aligned}$$

该定理表明在按行(列)展开来计算行列式的值时，选择含有的零元素最多的一行(列)时最简便。

4. 行列式的应用

如果 n 元线性方程组

$$\begin{cases} a_{11}x_1 + a_{12}x_2 + \cdots + a_{1n}x_n = b_1, \\ a_{21}x_1 + a_{22}x_2 + \cdots + a_{2n}x_n = b_2, \\ \cdots \\ a_{n1}x_1 + a_{n2}x_2 + \cdots + a_{nn}x_n = b_n \end{cases}$$

的系数行列式不等于零，即 $D \neq 0$，则上述线性方程组有唯一解，且其解为

$$x_1 = \frac{D_1}{D}, x_2 = \frac{D_2}{D}, \cdots, x_n = \frac{D_n}{D}。$$

二、矩阵的基本概念及运算

1. 矩阵的概念

$$\boldsymbol{A} = (a_{ij})_{m\times n} = \begin{pmatrix} a_{11} & a_{12} & \cdots & a_{1n} \\ a_{21} & a_{22} & \cdots & a_{2n} \\ \vdots & \vdots & \cdots & \vdots \\ a_{m1} & a_{m2} & \cdots & a_{mn} \end{pmatrix}$$

称为一个 m 行 n 列矩阵。当 $m=n$ 时称为 n 阶方阵。

2. 数乘运算

设 k 是一个数，则称矩阵

$$k\boldsymbol{A} = (ka_{ij}) = \begin{pmatrix} ka_{11} & ka_{12} & \cdots & ka_{1n} \\ ka_{21} & ka_{22} & \cdots & ka_{2n} \\ \vdots & \vdots & \cdots & \vdots \\ ka_{m1} & ka_{m2} & \cdots & ka_{mn} \end{pmatrix}$$

为数 k 与矩阵 $\boldsymbol{A}$ 的数量乘积，简称数乘，记为 $k\boldsymbol{A} = (ka_{ij})_{m\times n}$。

3. 加法运算

当 $\boldsymbol{A}, \boldsymbol{B}$ 为同型矩阵时，

$$\boldsymbol{A}+\boldsymbol{B} = (a_{ij} + b_{ij})_{m\times n} = \begin{pmatrix} a_{11}+b_{11} & a_{12}+b_{12} & \cdots & a_{1n}+b_{1n} \\ a_{21}+b_{21} & a_{22}+b_{22} & \cdots & a_{2n}+b_{2n} \\ \vdots & \vdots & \cdots & \vdots \\ a_{m1}+b_{m1} & a_{m2}+b_{m2} & \cdots & a_{mn}+b_{mn} \end{pmatrix}。$$

定义 $\boldsymbol{B}$ 的负矩阵为 $\begin{pmatrix} -b_{11} & -b_{12} & \cdots & -b_{1n} \\ -b_{21} & -b_{22} & \cdots & -b_{2n} \\ \vdots & \vdots & \cdots & \vdots \\ -b_{m1} & -b_{m2} & \cdots & -b_{mn} \end{pmatrix}$，

记为 $-\boldsymbol{B}$。于是有矩阵 $\boldsymbol{A}$ 与矩阵 $\boldsymbol{B}$ 的差 $\boldsymbol{A}+(-\boldsymbol{B})$，记作 $\boldsymbol{A}-\boldsymbol{B}$。

4. 乘法运算

设 $\boldsymbol{A} = (a_{ij})_{m\times s}$ 是一个 m 行 s 列矩阵，$\boldsymbol{B} = (b_{ij})_{s\times n}$ 是一个 s 行 n 列矩阵，那么矩阵 $\boldsymbol{A}$ 与矩阵 $\boldsymbol{B}$ 的乘积是一个 m 行 n 列矩阵 $\boldsymbol{AB} = \boldsymbol{C} = (c_{ij})_{m\times n}$，其中

$$c_{ij} = a_{i1}b_{1j} + a_{i2}b_{2j} + \cdots + a_{is}b_{sj} = \sum_{k=1}^{n} a_{ik}b_{kj} \quad (i = 1,2,\cdots,m; j = 1,2,\cdots,n)。$$

注意：(1)两个矩阵 $\boldsymbol{A}$ 和 $\boldsymbol{B}$，当 $\boldsymbol{A}$ 的列数与 $\boldsymbol{B}$ 的行数相同时才能做乘法，且所得的矩阵的行数等于 $\boldsymbol{A}$ 的行数，而列数等于 $\boldsymbol{B}$ 的列数，并且 $\boldsymbol{AB}$ 中位于 i 行 j 列的元素等于 $\boldsymbol{A}$ 的第 i 行与 $\boldsymbol{B}$ 的第 j 列各元素对应乘积的代数和。

(2)矩阵的乘法不满足交换律和消去律。

5. 矩阵的转置

设 $\boldsymbol{A}=\begin{pmatrix} a_{11} & a_{12} & \cdots & a_{1n} \\ a_{21} & a_{22} & \cdots & a_{2n} \\ \vdots & \vdots & \cdots & \vdots \\ a_{m1} & a_{m2} & \cdots & a_{mn} \end{pmatrix}$，则 $\boldsymbol{A}^{\mathrm{T}}=\begin{pmatrix} a_{11} & a_{21} & \cdots & a_{m1} \\ a_{12} & a_{22} & \cdots & a_{m2} \\ \vdots & \vdots & \cdots & \vdots \\ a_{1n} & a_{2n} & \cdots & a_{mn} \end{pmatrix}$

称为 $\boldsymbol{A}$ 的转置矩阵，且满足如下运算规律：

(1)$(\boldsymbol{A}^T)^T=\boldsymbol{A}$；

(2)$(\boldsymbol{A}+\boldsymbol{B})^T=\boldsymbol{A}^T+\boldsymbol{B}^T$；

(3)$(k\boldsymbol{A})^T=k\boldsymbol{A}^T$；(4)$(\boldsymbol{AB})^T=\boldsymbol{B}^T\boldsymbol{A}^T$。

6. 方阵的行列式

对 n 阶方阵 $\boldsymbol{A}$，称 $|\boldsymbol{A}|$ 为由 $\boldsymbol{A}$ 所得的 n 阶行列式

即
$$|\boldsymbol{A}|=\begin{vmatrix} a_{11} & a_{12} & \cdots & a_{1n} \\ a_{21} & a_{22} & \cdots & a_{2n} \\ \vdots & \vdots & \cdots & \vdots \\ a_{n1} & a_{n2} & \cdots & a_{nn} \end{vmatrix}。$$

三、逆矩阵和矩阵的初等变换

1. 逆矩阵

设 n 阶方阵 $\boldsymbol{A}$，若存在一个 n 阶方阵 $\boldsymbol{B}$，使得 $\boldsymbol{AB}=\boldsymbol{BA}=\boldsymbol{E}$，则称 $\boldsymbol{A}$ 为一个可逆矩阵，$\boldsymbol{B}$ 称为 $\boldsymbol{A}$ 的逆矩阵，记作 $\boldsymbol{B}=\boldsymbol{A}^{-1}$。$\boldsymbol{A}$ 可逆的充分必要条件为 $|\boldsymbol{A}|\neq0$。

逆矩阵满足以下性质：

设 $\boldsymbol{A},\boldsymbol{B},\boldsymbol{A}_i\ (i=1,2,\cdots,m)$ 为 n 阶可逆矩阵，k 为非零常数，则 $\boldsymbol{A}^{-1},k\boldsymbol{A},\boldsymbol{AB},\boldsymbol{A}_1\boldsymbol{A}_2\cdot\cdots\cdot\boldsymbol{A}_m,\boldsymbol{A}^T$ 也都是可逆矩阵，且

(1) $(\boldsymbol{A}^{-1})^{-1}=\boldsymbol{A}$；

(2) $(k\boldsymbol{A})^{-1}=\dfrac{1}{k}\boldsymbol{A}^{-1}$；

(3) $(\boldsymbol{AB})^{-1}=\boldsymbol{B}^{-1}\boldsymbol{A}^{-1}$，$(\boldsymbol{A}_1\boldsymbol{A}_2\cdot\cdots\cdot\boldsymbol{A}_m)^{-1}=\boldsymbol{A}_m^{-1}\cdot\cdots\cdot\boldsymbol{A}_2^{-1}\boldsymbol{A}_1^{-1}$；

(4) $(\boldsymbol{A}^T)^{-1}=(\boldsymbol{A}^{-1})^T$；

(5) $|\boldsymbol{A}^{-1}|=\dfrac{1}{|\boldsymbol{A}|}=|\boldsymbol{A}|^{-1}$。

2. 矩阵的初等变换

对矩阵的行(列)施行下列三种变换之一，称为对矩阵施行了一次初等行(列)变换：

(1) 交换矩阵的两行(列) $r_i\leftrightarrow r_j(c_i\leftrightarrow c_j)$；

(2) 矩阵某一行(列)的元素都乘同一个不等于零的数 $r_i\times k(c_i\times k)$；

(3) 将矩阵某一行(列)的元素同乘一个数并加至另一行(列)的对应元素上去 $r_i+kr_j(c_i+kc_j)$。

矩阵的初等行变换与列变换，统称为初等变换。每一个矩阵都可以经过单纯的初等行变换化为行阶梯形矩阵及行最简阶梯形矩阵。

3. 阶梯形矩阵

行阶梯形矩阵常简称为阶梯形矩阵，是指满足下面两个条件的矩阵：

(1) 非零行(元素不全为零的行)的行号小于零行(元素全为零的行)的行号；

(2) 设矩阵有 r 个非零行，第 i 个非零行的第一个非零元素所在的列号为 t_i，$i=1,2,\cdots,r$，则 $t_1<t_2<\cdots<t_r$。

显然，每一个矩阵都可以经过单纯的初等行变换化为行阶梯形矩阵。

4. 行最简形矩阵

行最简阶梯形矩阵也称为行最简形矩阵，是指满足下列条件的行阶梯形矩阵：

(1)每个非零行的第一个非零元素为 1；

(2)每个非零行的第一个非零元素所在列的其余元素全为零。

5. 矩阵的秩

阶梯形矩阵中的非零行的行数为 r，称 r 为矩阵 $\boldsymbol{A}$ 的秩，记作 $r(\boldsymbol{A})=r$。

四、求逆矩阵

求逆阵的主要方法：

(1) 行列式法：$\boldsymbol{A}$ 可逆，则：$\boldsymbol{A}^{-1}=\frac{1}{|\boldsymbol{A}|}\boldsymbol{A}^*=\frac{1}{|\boldsymbol{A}|}\begin{pmatrix}\boldsymbol{A}_{11}&\boldsymbol{A}_{21}&\cdots&\boldsymbol{A}_{n1}\\\boldsymbol{A}_{12}&\boldsymbol{A}_{22}&\cdots&\boldsymbol{A}_{n2}\\\vdots&\vdots&\cdots&\vdots\\\boldsymbol{A}_{1n}&\boldsymbol{A}_{2n}&\cdots&\boldsymbol{A}_{nn}\end{pmatrix}$，

$\boldsymbol{A}_{ij}$ 为 $|\boldsymbol{A}|$ 中元素 a_{ij} 的代数余子式，$i,j=1,\cdots,n$。

(2) 初等变换法： $(\boldsymbol{AE})\xrightarrow{\text{初等行变换}}(\boldsymbol{EA}^{-1})$。

五、线性方程组的解

1. 齐次线性方程组的解

齐次线性方程组

$$\begin{cases}a_{11}x_1+a_{12}x_2+\cdots+a_{1n}x_n=0,\\a_{21}x_1+a_{22}x_2+\cdots+a_{2n}x_n=0,\\\qquad\cdots\\x_{m1}x_1+a_{m2}x_2+\cdots+a_{mn}x_n=0\end{cases}$$

总有一个零解。它还有非零解的充分必要条件是 $r(A)<n$。

2. 非齐次线性方程组的解

$$\text{非齐次线性方程组}\begin{cases}a_{11}x_1+a_{12}x_2+\cdots+a_{1n}x_n=b_1,\\a_{21}x_1+a_{22}x_2+\cdots+a_{2n}x_n=b_2,\\\qquad\cdots\\x_{m1}x_1+a_{m2}x_2+\cdots+a_{mn}x_n=b_m\end{cases}$$

一定有 $r(\boldsymbol{A})\leqslant r(\overline{\boldsymbol{A}})$，且

(1) 当 $r(\boldsymbol{A})=r(\overline{\boldsymbol{A}}=n$ 时，方程组有唯一解；

(2) 当 $r(\boldsymbol{A})=r(\overline{\boldsymbol{A}}<n$ 时，方程组有无穷多个解；

(3) 当 $r(\boldsymbol{A}) < r(\overline{\boldsymbol{A}}$ 时，方程组无解。

3. 解线性方程组

(1) 逆矩阵法。

(a) 写出线性方程组对应的系数矩阵 $\boldsymbol{A}$、常数矩阵 $\boldsymbol{B}$。

(b)① 若 $\boldsymbol{B}=\boldsymbol{0}$，求矩阵 $\boldsymbol{A}$ 的行列式的值 $|\boldsymbol{A}|$。若 $|\boldsymbol{A}|=0$，则齐次线性方程组有无穷多个非零解；若 $|\boldsymbol{A}|\neq 0$，则齐次线性方程组只有零解。

② 若 $\boldsymbol{B}\neq 0$，求矩阵 $\boldsymbol{A}$ 的行列式的值 $|\boldsymbol{A}|$。若 $|\boldsymbol{A}|=0$，则非齐次线性方程组无解或有无穷多个解；若 $|\boldsymbol{A}|\neq 0$，则方程组有唯一解，将方程组写成矩阵形式：$\boldsymbol{AX}=\boldsymbol{B}$。

(c) 求 $\boldsymbol{A}^{-1}$。

(d) 求出 $\boldsymbol{X}=\boldsymbol{A}^{-1}\boldsymbol{B}$。

(2) 初等变换法。

(a) 写出线性方程组对应的增广矩阵；

(b) 用初等行变换化增广矩阵为行阶梯形矩阵或行最简形矩阵(最好化为行最简形矩阵)；

(c) 如果化简后的增广矩阵对应的方程组中出现方程 $0=d$，而 $d\neq 0$，则方程组无解，否则，化简后的增广矩阵对应的方程组的解，就是原方程组的解。

复习题

1. 判断题

(1) 零矩阵都是相等矩阵；

(2) 单位矩阵都是相等矩阵；

(3) $\boldsymbol{A}$ 是 $m\times n$ 矩阵，则 $r(\boldsymbol{A})\leqslant m$；

(4) 齐次线性方程组永远有解；

(5) 方程个数小于未知量个数的齐次线性方程组必有非零解；

(6) $\boldsymbol{A}$ 是 n 阶方阵，如果 $\boldsymbol{A}^2=\boldsymbol{A}$，且 $\boldsymbol{A}\neq\boldsymbol{E}$，则 $\boldsymbol{A}=\boldsymbol{0}$；

(7) $\boldsymbol{A},\boldsymbol{B}$ 是 n 阶方阵，则 $(\boldsymbol{A}+\boldsymbol{B})(\boldsymbol{A}-\boldsymbol{B})=\boldsymbol{A}^2-\boldsymbol{B}^2$；

(8) $\boldsymbol{A}$ 是 n 阶方阵，则 $(\boldsymbol{A}+\boldsymbol{E})(\boldsymbol{A}-\boldsymbol{E})=\boldsymbol{A}^2-\boldsymbol{E}$；

(9) $\boldsymbol{A},\boldsymbol{B},\boldsymbol{C}$ 都是 n 阶方阵，则 $\boldsymbol{A}(\boldsymbol{B}-\boldsymbol{C})=\boldsymbol{AB}-\boldsymbol{CA}$；

(10) $\boldsymbol{A},\boldsymbol{B},\boldsymbol{C}$ 都是 n 阶方阵，满足 $\boldsymbol{AB}=\boldsymbol{AC}$，且 $\boldsymbol{A}$ 可逆，则 $\boldsymbol{B}=\boldsymbol{C}$。

2. 填空题

(1) $\boldsymbol{\alpha}=(1,1,2)$，$\boldsymbol{\beta}=\begin{pmatrix}-1\\2\\-1\end{pmatrix}$，则 $\boldsymbol{\alpha\beta}=$________，$\boldsymbol{\beta\alpha}=$________，$(\boldsymbol{\beta\alpha})^{2\,009}=$________。

(2) 已知 $\boldsymbol{A}=\begin{pmatrix}2&3&6\\-1&3&5\end{pmatrix}$，$\boldsymbol{B}=\begin{pmatrix}3&2&4\\1&-3&5\end{pmatrix}$，且 $3(\boldsymbol{X}-\boldsymbol{A})=-2(\boldsymbol{B}+\boldsymbol{X})$，则 $\boldsymbol{X}=$__________。

(3) 线性方程组 $\begin{cases}2x_1-x_2+3x_3=1,\\ x_1+2x_2-x_3=2\end{cases}$ 的矩阵乘积表示为__________。

(4) 设 $\boldsymbol{A}$ 为 3 阶矩阵，且 $|\boldsymbol{A}|=-1$，则 $|-2\boldsymbol{A}^T|=$_________。

(5) 设 $\boldsymbol{A}$、$\boldsymbol{B}$、$\boldsymbol{C}$ 均为 n 阶可逆矩阵，则 $(\boldsymbol{ACB}^T)^{-1}=$_________。

(6) n 阶方阵 $\boldsymbol{A}$，若 $|\boldsymbol{A}|=5$，则 $|5\boldsymbol{A}|=$_________，$\boldsymbol{AA}^*=$_________，$|\boldsymbol{A}^*|=$_________。

(7) 齐次线性方程组 $\begin{cases} ax_1+x_2=0, \\ 2x_1+ax_2+2x_3=0, \\ x_2+ax_3=0 \end{cases}$ 有非零解，则 $a=$_________。

(8) 设 $\boldsymbol{A}=\begin{pmatrix} 1 & -1 & 0 & 0 & 0 \\ 0 & 1 & -1 & 0 & 0 \\ 0 & 0 & 1 & -1 & 0 \\ 0 & 0 & 0 & 1 & -1 \end{pmatrix}$，则 $r(\boldsymbol{A})=$_________。

(9) 设 $D=\begin{vmatrix} 1 & 0 & 3 \\ -1 & 2 & 1 \\ 2 & 3 & 1 \end{vmatrix}$，则 $D=$_________，$A_{12}+A_{22}+A_{32}=$_________。

(10) 设 $\begin{vmatrix} a_{11} & a_{12} & a_{13} \\ a_{21} & a_{22} & a_{23} \\ a_{31} & a_{32} & a_{33} \end{vmatrix}=3$，则 $\begin{vmatrix} a_{31} & a_{11} & a_{21} \\ a_{32} & a_{12} & a_{22} \\ a_{33} & a_{13} & a_{23} \end{vmatrix}=$_________________，$\begin{vmatrix} a_{11}+ka_{12} & a_{12} & a_{13} \\ a_{21}+ka_{32} & a_{22} & a_{23} \\ a_{31}+ka_{32} & a_{32} & a_{33} \end{vmatrix}=$_________，$a_{12}A_{13}+a_{22}A_{23}+a_{32}A_{33}=$_________，$a_{21}A_{11}+a_{22}A_{12}+a_{23}A_{13}=$_________。

3. 计算矩阵：

(1) 设 $\boldsymbol{A}=\begin{pmatrix} 1 & 0 & 1 \\ 0 & 1 & 1 \\ 1 & 1 & -1 \end{pmatrix}$，$\boldsymbol{B}=\begin{pmatrix} 1 & -1 & 0 \\ 0 & 1 & 2 \\ 0 & 2 & 3 \end{pmatrix}$，求(1) $\boldsymbol{AB}$，(2) $\boldsymbol{BA}$，(3) $\boldsymbol{A}^T\boldsymbol{B}^T$。

(2) 设 $\boldsymbol{A}=\begin{pmatrix} 1 & 1 & 1 \\ 1 & 1 & -1 \\ 1 & -1 & 1 \end{pmatrix}$，$\boldsymbol{B}=\begin{pmatrix} 1 & 2 & 3 \\ -1 & -2 & 4 \\ 0 & 5 & 1 \end{pmatrix}$，求 $3\boldsymbol{AB}-2\boldsymbol{A}$ 及 $\boldsymbol{A}^T\boldsymbol{B}$。

4. 用行列式法求矩阵 $\boldsymbol{A}$ 的逆矩阵：

(1) $\boldsymbol{A}=\begin{pmatrix} 0 & 1 & 1 \\ 1 & 0 & 1 \\ 1 & 1 & 0 \end{pmatrix}$；

(2) $\boldsymbol{A}=\begin{pmatrix} 1 & 0 & 1 \\ 0 & 1 & 1 \\ 1 & 1 & -1 \end{pmatrix}$。

5. 求下列矩阵的秩：

(1) $\boldsymbol{A}=\begin{pmatrix} 1 & 0 & 1 & 4 \\ 3 & -1 & -3 & 0 \\ 1 & 2 & 1 & -2 \end{pmatrix}$；

(2) $\boldsymbol{A}=\begin{pmatrix}2 & -1 & -1 & 1 & 2\\1 & 1 & -2 & 1 & 4\\4 & -6 & 2 & -2 & 4\\3 & 6 & -9 & 7 & 9\end{pmatrix}$；

(3) $\boldsymbol{A}=\begin{pmatrix}1 & 3 & 1\\3 & 0 & -2\\-2 & 3 & 3\end{pmatrix}$。

6. 把下列矩阵化为行最简形矩阵：

(1) $\begin{pmatrix}0 & 2 & -3 & 1\\0 & 3 & -4 & 3\\0 & 4 & -7 & -1\end{pmatrix}$；　(2) $\begin{pmatrix}2 & 3 & 1 & -3 & 7\\1 & 2 & 0 & -2 & -4\\3 & -2 & 8 & 3 & 0\\2 & -3 & 7 & 4 & 3\end{pmatrix}$。

7. $\boldsymbol{A}=\begin{pmatrix}1 & -2 & 1 & a\\-2 & 1 & 1 & -2\\1 & 1 & -2 & a^2\end{pmatrix}$，讨论 a 取何值时，可使(1) $r(\boldsymbol{A})=2$，(2) $r(\boldsymbol{A})=3$。

8. 设 $\boldsymbol{A}=\begin{pmatrix}1 & -2 & 3k\\-1 & 2k & -3\\k & -2 & 3\end{pmatrix}$，讨论 k 取何值时，可使(1) $r(\boldsymbol{A})=1$，(2) $r(\boldsymbol{A})=2$，(3) $r(\boldsymbol{A})=3$。

9. 用矩阵的初等行变换求下列矩阵的逆矩阵：

$\boldsymbol{A}=\begin{pmatrix}1 & 1 & 1\\1 & 1 & -1\\1 & -1 & 1\end{pmatrix}$，$\boldsymbol{B}=\begin{pmatrix}1 & 2 & 3\\-1 & -2 & 4\\0 & 5 & 1\end{pmatrix}$，$\boldsymbol{C}=\begin{pmatrix}1 & 1 & 1 & 1\\1 & 2 & 1 & 1\\2 & 3 & 3 & 2\\4 & 6 & 5 & 5\end{pmatrix}$。

10. 用初等行变换求解下列齐次线性方程组：

(1) $\begin{cases}3x_1+4x_2-7x_3=0,\\x_2-x_3=0,\\-x_1-2x_2+3x_3=0;\end{cases}$　(2) $\begin{cases}x_1+2x_2+x_3=0,\\3x_1+6x_2-x_3=0,\\5x_1+10x_2+x_3=0;\end{cases}$

(3) $\begin{cases}x_1+x_2+2x_3+3x_4=0,\\2x_1+2x_2+7x_3+11x_4=0,\\3x_1+3x_2+6x_3+10x_4=0。\end{cases}$

11. 求解下列非齐次线性方程组：

(1) $\begin{cases}x_1+x_2+x_3=1,\\2x_1-x_2+x_3=4,\\2x_1+x_2-x_3=0;\end{cases}$(2) $\begin{cases}2x_1+x_2=3,\\x_1+x_2+x_3=1,\\4x_1+3x_2+2x_3=5;\end{cases}$　(3) $\begin{cases}2x+y-z+w=1,\\3x-2y+z-3w=4,\\x+4y-3z+5w=-2;\end{cases}$

(4) $\begin{cases}x_1+x_2-3x_3-x_4=1,\\3x_1-x_2-3x_3+4x_4=4,\\x_1+5x_2-9x_3-8x_4=0;\end{cases}$(5) $\begin{cases}x_1-2x_2+3x_3-x_4=1,\\3x_1-x_2+5x_3-3x_4=2,\\2x_1+x_2+2x_3-x_4=3。\end{cases}$

12. 讨论 t 取何值时，齐次线性方程组 $\begin{cases} x_1 + x_2 + x_3 = 0, \\ x_1 + 2x_2 + 3x_3 = 0, \\ x_1 + 3x_2 + tx_3 = 0 \end{cases}$ (1)只有零解，(2)有非零解，(3)在有非零解时求通解。

13. 讨论 λ 取何值时线性方程组 $\begin{cases} x_1 + \lambda x_3 = 0, \\ 2x_1 - x_4 = 0, \\ \lambda x_1 + x_2 = 0, \\ x_3 + 2x_4 = 0. \end{cases}$ (1)只有零解，(2)有非零解，(3)在有非零解时求通解。

14. 设线性方程组

$$\begin{cases} (\lambda + 1)x_1 + x_2 + x_3 = 0, \\ x_1 + (1 + \lambda)x_2 + x_3 = 3, \\ x_1 + x_2 + (1 + \lambda)x_3 = \lambda, \end{cases}$$

讨论 λ 取何值时，此方程组(1)有唯一解，(2)无解，(3)有无穷多个解，并在有无穷多个解时求其解。

15. 设线性方程组

$$\begin{cases} (2 - \lambda)x_1 + 2x_2 - 2x_3 = 1, \\ 2x_1 + (5 - \lambda)x_2 - 4x_3 = 2, \\ -2x_1 - 4x_2 + (5 - \lambda)x_3 = -\lambda - 1, \end{cases}$$

讨论 λ 取何值时，此方程组(1)有唯一解，(2)无解，(3)有无穷多个解，并在有无穷多个解时求其解。

第 6 章

离散数学

【教学目标】

理解集合的概念、运算和包含排斥原理;理解笛卡尔积、二元关系等概念和实际问题中的事物原型,掌握关系的表示方法、关系类型的判定,理解和掌握等价关系、偏序关系的相关知识及应用;理解图的相关概念和一些特殊类型的图,掌握欧拉图的概念、判定及其应用,理解无向树的概念,掌握最小生成树的算法;掌握命题及命题公式的概念,理解和掌握真值表这一基本工具和等值演算方法,会进行命题公式等价、蕴含的判定,会利用等价式、蕴含式进行推理和证明,同时掌握命题逻辑方法在逻辑判断和电路改进等方面的应用。

离散数学是研究离散量的结构及其相互关系的数学学科,是现代数学的重要组成部分。它在各学科领域,特别在计算机科学与技术领域有着广泛的应用,同时,离散数学也是计算机专业的许多专业课程,如程序设计语言、数据结构、操作系统、编译技术、人工智能、数据库、算法设计与分析、理论计算机科学基础等必不可少的先行课程。通过离散数学的学习,不但可以掌握处理离散结构的描述工具和方法,为后续课程的学习创造条件,而且可以提高抽象思维和严格的逻辑推理能力,为将来参与创新性的研究和开发工作打下坚实的基础。

6.1 集合

集合是数学中最基本的概念之一,是现代数学的重要基础,并且已渗透到各种科学与技术领域中。对计算机工作者来说,集合论是不可缺少的数学工具,例如在编译原理、开关理论、数据库原理、有限状态机和形式语言等领域中,都已得到广泛的应用。

集合论的创始人是康托(G. Cantor,1845—1918)。他所做的工作一般称为朴素集合论。由于朴素集合论在定义集合的方法上缺乏限制,从而出现了被称为悖论的某些矛盾。为了消除这些悖论,很多数学家,如 Hilbert、Fraenkel 和 Zermelo 等都认真研究了产生悖论的原因,并在致力于问题解决的过程中,获得了种种出色的发现,由此导致了公理化的集合论系统的建立，使集合理论日臻完善。

本节介绍的集合论十分类似于朴素集合论。它具有数学分支的基本特征，像平面几何中的点、线、面一样，采纳不加定义的原始概念，提出符合客观实际的公设，确立推理关系的定理。在规定的范围内，既不会导致悖论，也不会影响结论的正确性。

问题的提出：某班有学生 60 人，其中有 38 人学习 PASCAL 语言，有 16 人学习 C 语言，有 21 人学习 COBOL 语言；有 3 人这三种语言都学习，有 2 人这三种语言都不学习。问：仅学习两门语言的学生数是多少？

下面将通过集合知识来试图解答这个问题。

6.1.1 集合的基本概念

1. 集合与元素

集合(set)(或称为集)是数学中的一个最基本的概念。所谓集合，就是指具有共同性质的或适合一定条件的事物的全体。组成集合的这些“事物”称为集合的元素。例如，班里的全体同学、全国的高等学校、自然数的全体、直线上的所有点等，均分别构成一个集合；而同学、高等学校、每个自然数、直线上的点等分别是所对应集合的元素。

集合常用大写字母表示，集合的元素常用小写字母表示。若 A 是集合，a 是 A 的元素，则称 a 属于 A，记作 $a \in A$；若 a 不是 A 的元素，则称 a 不属于 A，记作 $a \notin A$。若组成集合的元素个数是有限的，则称该集合为有限集(finite set)，否则称为无限集(infinite set)。

表示集合的方法通常有列举法和描述法。如果集合的所有元素都能列举出来，则可把它们写在大括号里表示该集合，此为列举法。例如，

$A=\{a,b,c,d\}$，

$B=\{$课桌，灯泡，自然数，老虎$\}$，

$C=\{1,2,3,4\}$，

$D=\{a,a^2,a^3,\cdots\}$。

应该注意，a 与 $\{a\}$ 是不同的。a 表示一个元素；而 $\{a\}$ 表示仅含有一个元素 a 的集合，称为单元素集。

如果可利用一项规则，以便决定某一事物是否属于该集合，此为描述法。例如，

$S_1=\{x \mid x$ 是正奇数$\}$，

$S_2=\{x \mid x$ 是中国的省$\}$，

$S_3=\{x \mid x^2-1=0\}$，

$S_4=\{y \mid y=a$ 或 $y=b\}$。

常见集合专用字符的约定：

N—自然数集合(非负整数集)；　**I**(或 **Z**)—整数集合($\mathbf{I}_+$，$\mathbf{I}_-$)；

Q—有理数集合($\mathbf{Q}_+$，$\mathbf{Q}_-$)；　**R**—实数集合($\mathbf{R}_+$，$\mathbf{R}_-$)；

F—分数集合($\mathbf{F}_+$，$\mathbf{F}_-$)；　(脚标+和－是对正、负的区分)；

C—复数集合；　**P**—素数集合；

O—奇数集合；　**E**—偶数集合。

2. 集合间的关系

外延性原理(axiom of extensionality)：如果 A、B 是集合，则当且仅当 A 的每个元素都

是 B 的元素而且 B 的每个元素都是 A 的元素时，称这两个集合相等。

两个集合相等，记作 $A=B$；两个集合不相等，则记作 $A \neq B$。

集合的元素还可以允许是一个集合。例如，

$S=\{a,\{1,2\},p,\{q\}\}$，

必须指出：$q \in \{q\}$ 但 $q \notin S$；同理，$1 \in \{1,2\}$，但 $1 \notin S$。

在讨论的集合中，元素具有无序性且同一元素的重复没有意义。例如，

$\{2,3,4\}=\{2,2,3,4,4\}$，

$\{2,3,4\}=\{3,4,2\}$，

但 $\{\{2,3\},4\} \neq \{3,4,2\}$。

定义 1 设 A、B 是任意两个集合，假如 A 的每一个元素是 B 的元素，则称 A 是 B 的子集(subset)，或 A 包含(inclusion)在 B 内，或 B 包含 A，记作 $A \subseteq B$，或 $B \supseteq A$。

例如，$A=\{1,2,3\}$，$B=\{1,2\}$，$C=\{1,3\}$，$D=\{3\}$，则 $B \subseteq A$，$C \subseteq A$，$D \subseteq C$，$D \subseteq A$。

定理 1 集合 A 和集合 B 相等的充分必要条件是这两个集合互为子集。

这一结论在证明两个集合相等时，往往是一种有效而简洁的方法。

定义 2 若集合 A 的每一个元素都属于 B，但集合 B 中至少有一个元素不属于 A，则称 A 是 B 的真子集(proper subset)，记作 $A \subset B$，读作 A 真包含于 B。

例如，整数集是有理数集的真子集。

定义 3 不包含任何元素的集合是空集(empty set)，记作 $\emptyset$。

例如，$\{x \mid x^2=-1, x \in \mathbf{R}\}$ 是一个空集。

注意：$\emptyset \neq \{\emptyset\}$，但 $\emptyset \in \{\emptyset\}$。

定理 2 对于任意一个集合 A，$\emptyset \subseteq A$。

对于每个非空集合 A，至少有两个不同的子集：A 和 $\emptyset$，即 $A \subseteq A$ 和 $\emptyset \subseteq A$，称 A 和 $\emptyset$ 是 A 的平凡子集。

一般来说，A 的每个元素都能确定 A 的一个子集，即若 $a \in A$，则 $\{a\} \subseteq A$。

定义 4 在一定范围内，如果所有集合均为某一集合的子集，则称该集合为全集(universal set)，通常记作 U 或 E。

全集的概念和研究对象所处的范围密切相关，不同的情况就有不同的全集，如在初等数论中，全体整数组成了全集。在考虑某大学的部分学生组成的集合(如系、班级等)时，该大学的全体学生组成了全集。

3. 幂集

定义 5 对于每一个集合 A，由 A 的所有子集组成的集合，称为集合 A 的幂集(power set)，记为 $P(A)$ 或 2^A，即 $P(A)=\{B \mid B \subseteq A\}$。

例如，$A=\{a,b,c\}$，$P(A)=\{\emptyset,\{a\},\{b\},\{c\},\{a,b\},\{b,c\},\{a,c\},\{a,b,c\}\}$。

定理 3 如果有限集 A 有 n 个元素，则其幂集 $P(A)$ 有 2^n 个元素。

证明 A 的所有由 k 个元素组成的子集数为从 n 个元素中取 k 个的组合数：

$$\mathrm{C}_n^k=\frac{n(n-1)(n-2)\cdot\cdots\cdot(n-k+1)}{k!}。$$

另外，因 $\emptyset \subseteq A$，故 $P(A)$ 的元素个数 N 可表示为

$$N = 1 + C_n^1 + C_n^2 + \cdots + C_n^k + \cdots + C_n^n = \sum_{k=0}^{n} C_n^k 。$$

又因　　$(x+y)^n = \sum_{k=0}^{n} C_n^k x^k y^{n-k}$，

令　　$x = y = 1$，

得　　$2^n = \sum_{k=0}^{n} C_n^k$。

故 $P(A)$ 的元素个数是 2^n。

人们常常给有限集 A 的子集编码，用以表示 A 的幂集的各个元素。具体方法是：

设 $A = \{a_1, a_2, \cdots, a_n\}$，则 A 的子集 B 按照含 a_i 记 1 、不含 a_i 记 $0(i = 1,2,\cdots,n)$ 的规定依次写成一个 n 位二进制数，便得子集 B 的编码。

例如，若 $B = \{a_1, a_n\}$，则 B 的编码是 100…01，当然还可将它化成十进制数。如果 $n = 4$，那么这个十进制数为 9，此时特别记 $B = \{a_1, a_4\}$ 为 B_9。

习题 6.1.1

1. 用列举法表示下列集合：

(1) 小于 20 的素数集合；

(2) $\{x \mid x$ 是正整数$, x^2 < 50\}$；

(3) $\{x \mid x^2 - 5x + 6 = 0\}$。

2. 用特征法表示下列集合：

(1) $\{1,3,5,7,\cdots,99\}$；

(2) $\{5,10,15,\cdots,100\}$；

(3) $\{1,4,9,16,25\}$。

3. 设 A,B,C 是集合，确定下列命题是否正确，并说明理由：

(1) 如果 $A \in B$ 及 $B \subseteq C$，则 $A \subseteq C$；

(2) 如果 $A \in B$ 及 $B \subseteq C$，则 $A \in C$；

(3) 如果 $A \subseteq B$ 及 $B \in C$，则 $A \in C$；

(4) 如果 $A \subseteq B$ 及 $B \in C$，则 $A \subseteq C$。

4. 确定下列命题是否正确：

(1) $\varnothing \subseteq \varnothing$；

(2) $\varnothing \in \varnothing$；

(3) $\varnothing \subseteq \{\varnothing\}$；

(4) $\varnothing \in \{\varnothing\}$。

5. 设 A,B,C 是集合，

(1) 如果 $A \notin B$ 且 $B \notin C$，是否一定有 $A \notin C$？

(2) 如果 $A \in B$ 且 $B \notin C$，是否一定有 $A \notin C$？

(3) 如果 $A \subset B$ 且 $B \notin C$，是否一定有 $A \notin C$？

6. 求下列集合的幂集：

(1) $\{a,b,c,d\}$；

(2) $\{a,b,\{a,b\}\}$；

(3) $\{\varnothing,a,\{a\}\}$。

6.1.2 集合的运算

1. 集合的交与并

定义 1 设 A、B 是两个集合，由既属于 A 又属于 B 的元素构成的集合，称为 A 与 B 的交集(intersection of set)，记为 $A \cap B$，即

$$A \cap B = \{x \mid x \in A \text{ 且 } x \in B\}。$$

若以矩形表示全集 E，矩形内的圆表示任意集合，则交集的定义可如图 6-1 所示，并称这样表示的图为文氏图(Venn 图)。

例如，(1) 设 $A = \{1,2,c,d\}$，$B = \{1,b,5,d\}$，则 $A \cap B = \{1,d\}$；

(2) 设 A 是所有矩形的集合，B 是平面上所有菱形的集合，则 $A \cap B$ 是所有正方形的集合；

(3) 设 A 是所有被 k 除尽的整数的集合，B 是所有被 l 除尽的整数的集合，则 $A \cap B$ 是被 k 与 l 的最小公倍数除尽的整数的集合。

集合的交运算具有以下性质：

(1) $A \cap A = A$；

(2) $A \cap \varnothing = \varnothing$；

(3) $A \cap E = A$；

(4) $A \cap B = B \cap A$；

(5) $(A \cap B) \cap C = A \cap (B \cap C)$。

此外，从交集的定义还可以得到 $A \cap B \subseteq A$，$A \cap B \subseteq B$。

若集合 A、B 没有共同的元素，则 $A \cap B = \varnothing$，此时亦称 A 与 B 不相交。

n 个集合 $A_1, A_2, \cdots, A_n$ 的交集可记为

$$P = A_1 \cap A_2 \cap \cdots \cap A_n = \bigcap_{i=1}^{n} A_i。$$

例如，$A_1 = \{1,2,8\}$，$A_2 = \{2,8\}$，$A_3 = \{4,8\}$，则 $\bigcap_{i=1}^{3} A_i = \{8\}$。

定义 2 设 A、B 是两个集合，由所有属于 A 或者属于 B 的元素构成的集合，称为 A 与 B 的并集(union of set)，记为 $A \cup B$，即

$$A \cup B = \{x \mid x \in A \text{ 或 } x \in B\}。$$

并集的定义如图 6-2 所示。

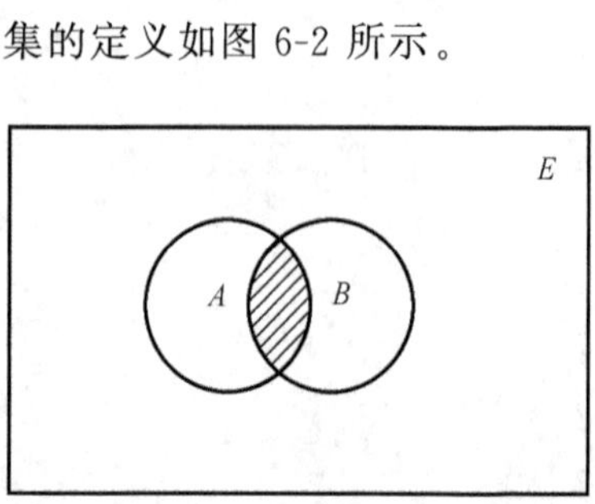

图 6-1

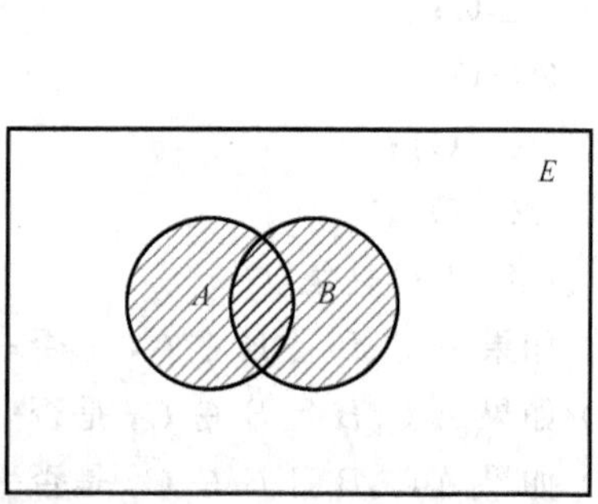

图 6-2

例如，若 $A = \{1,2,c,d\}$，$B = \{1,b,5,d\}$，则 $A \cup B = \{1,2,5,b,c,d\}$。

集合并的运算具有以下性质：

(1) $A \cup A = A$；

(2) $A \cup E = E$；

(3) $A \cup \varnothing = A$；

(4) $A \cup B = B \cup A$；

(5) $(A \cup B) \cup C = A \cup (B \cup C)$。

此外，从并集的定义还可以得到 $A \subseteq A \cup B$，$B \subseteq A \cup B$。

n 个集合 $A_1, A_2, \cdots, A_n$ 的并集可记为

$$W = A_1 \cup A_2 \cup \cdots \cup A_n = \bigcup_{i=1}^{n} A_i 。$$

例如，设 $A_1 = \{1,2,8\}$，$A_2 = \{2,8\}$，$A_3 = \{4,8\}$，则 $\bigcup_{i=1}^{3} A_i = \{1,2,4,8\}$。

定理 1　设 A、B、C 为三个集合，则下列分配律成立。

(1) $A \cap (B \cup C) = (A \cap B) \cup (A \cap C)$；

(2) $A \cup (B \cap C) = (A \cup B) \cap (A \cup C)$。

证明　(1)设 $S = A \cap (B \cup C)$，$T = (A \cap B) \cup (A \cap C)$。若 $x \in S$，则 $x \in A$ 且 $x \in B \cup C$，即 $x \in A$ 且 $x \in B$ 或 $x \in A$ 且 $x \in C$，则 $x \in A \cap B$ 或 $x \in A \cap C$，即 $x \in T$，所以 $S \subseteq T$。

反之，若 $x \in T$，则 $x \in A \cap B$ 或 $x \in A \cap C$，即 $x \in A$ 且 $x \in B$ 或 $x \in A$ 且 $x \in C$，即 $x \in A$ 且 $x \in B \cup C$，于是 $x \in S$，所以 $T \subseteq S$。

因此，$T = S$。

(2)同理可证。

定理 2　设 A、B 为任意两个集合，则下列关系式成立。

(1) $A \cup (A \cap B) = A$；

(2) $A \cap (A \cup B) = A$。

证明　(1) $A \cup (A \cap B) = (A \cap E) \cup (A \cap B)$

$$= A \cap (E \cup B) = A \cap E = A。$$

(2) $A \cap (A \cup B) = (A \cup A) \cap (A \cup B)$

$$= A \cup (A \cap B) = A。$$

这就是著名的吸收律，它在集合的运算中有较大的用途。

2. 集合的差与补

定义 3　设 A、B 为两个集合，由属于集合 A 而不属于集合 B 的所有元素组成的集合，称为 A 与 B 的差集(difference set)，记作 $A-B$，即

$$A - B = \{x \mid x \in A \text{ 且 } x \notin B\}。$$

例如，若 $A = \{1,2,c,d\}$，$B = \{1,b,3,d\}$，则 $A - B = \{2,c\}$，而 $B - A = \{b,3\}$。

再如，若 A 是素数集合，B 是奇数集合，则 $A - B = \{2\}$。

$A - B$ 的定义如图 6-3 所示。

定义 4　设 A 是一个集合，全集 E 与 A 的差集称为 A 的补集，记为 $\bar{A}$，即

$$\bar{A} = E - A = \{x \mid x \in E \text{ 且 } x \notin A\}。$$

$\overline{A}$ 的定义如图 6-4 所示。

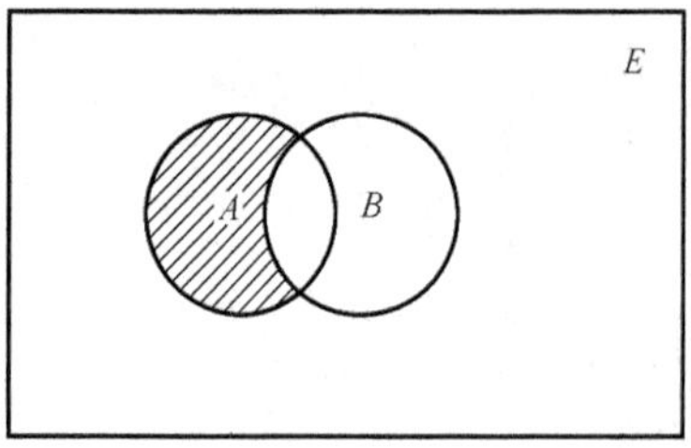

图 6-3

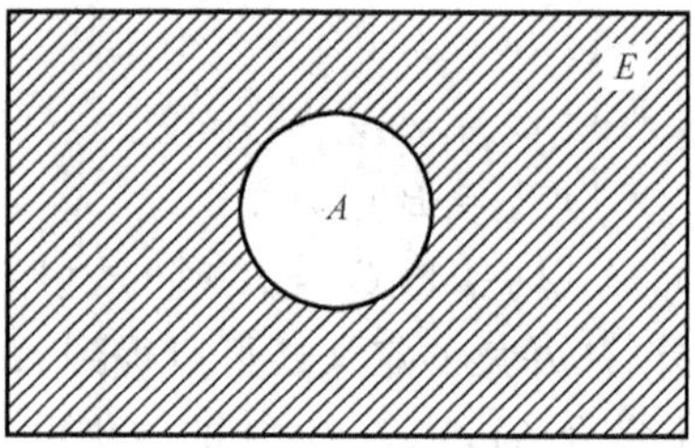

图 6-4

由补集的定义可知：

(1) $\overline{\overline{A}} = A$；

(2) $\overline{E} = \varnothing$；

(3) $\overline{\varnothing} = E$；

(4) $A \cup \overline{A} = E$；

(5) $A \cap \overline{A} = \varnothing$。

定理 3 设 A、B 为两个集合，则下列关系式成立。

(1) $\overline{A \cup B} = \overline{A} \cap \overline{B}$；

(2) $\overline{A \cap B} = \overline{A} \cup \overline{B}$。

证明过程略，读者可以用文氏图验证之。定理 3 又称为摩根(de Morgen)公式，它在集合运算中有较大的用途。

3. 集合的对称差

定义 5 设 A、B 是两个集合，要么属于 A，要么属于 B，但不能同时属于 A 和 B 的所有元素组成的集合，称为 A 和 B 的对称差集(symmetric difference set)，记为 $A \oplus B$，即

$$A \oplus B = (A - B) \cup (B - A)。$$

例如，若 $A = \{1,2,c,d\}$，$B = \{1,b,3,d\}$，则 $A \oplus B = \{2,c,b,3\}$。

对称差集的定义如图 6-5 所示。

由对称差集的定义容易推得如下性质：

(1) $A \oplus B = B \oplus A$；

(2) $A \oplus \varnothing = A$；

(3) $A \oplus A = \varnothing$；

(4) $A \oplus B = (A \cap \overline{B}) \cup (\overline{A} \cap B)$；

(5) $(A \oplus B) \oplus C = A \oplus (B \oplus C)$。

对称差运算的结合性亦可用图 6-6 说明。

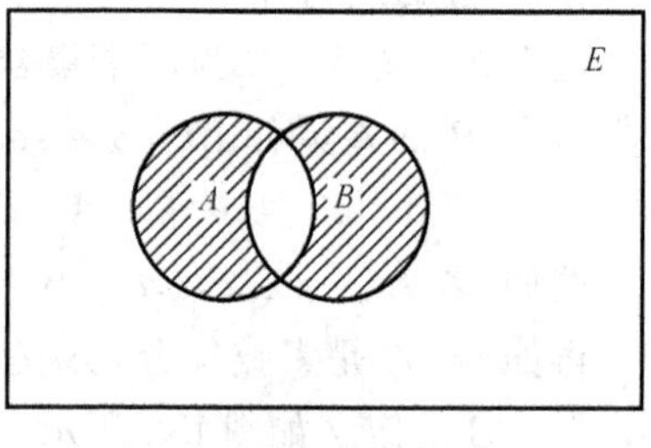

图 6-5

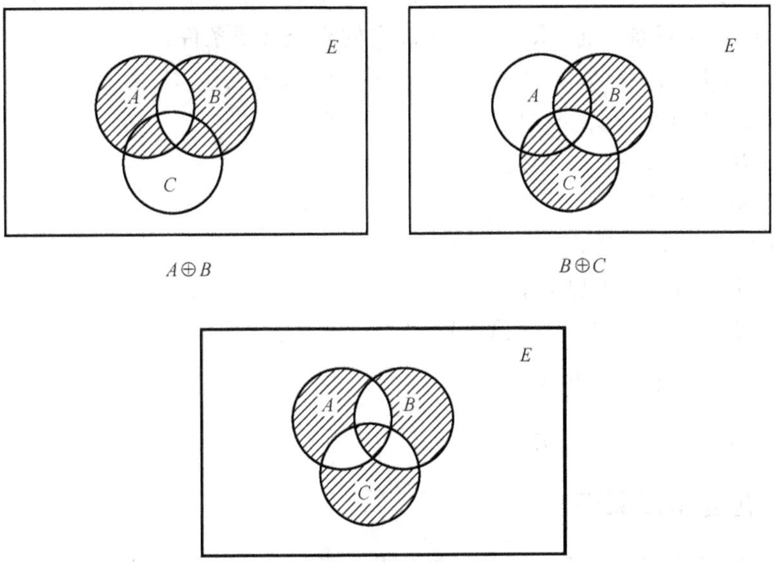

$(A \oplus B) \oplus C = A \oplus (B \oplus C)$

图 6-6　对称差运算的结合性

从文氏图(见图 6-7)亦可以看出以下关系式成立。

$$A \cup B = (A \cap \bar{B}) \cup (B \cap \bar{A}) \cup (A \cap B)$$
$$= (A \oplus B) \cup (A \cap B)。$$

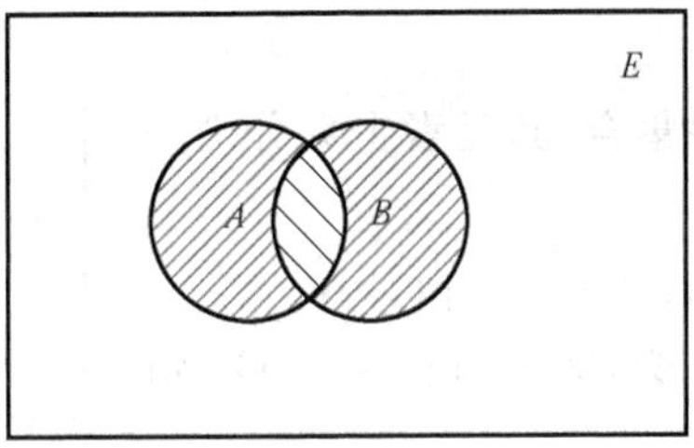

图 6-7　$A \cup B$

习题 6.1.2

1. 已知集合 A、B、C 是自然数集合 $\mathbf{N}$ 的子集，$A = \{1,3,5,7\}$，$B = \{i \mid i^2 < 50\}$，$C = \{i \mid i$ 能整除 $30\}$。求下列集合：

(1) $A \cup B$；(2) $A \cup (B \cap C)$；(3) $B - (A \cap C)$；(4) $(A \cup B) - (B \cap C)$；(5) $\bar{A} \cap B$。

2. 给定正整数集合 $\mathbf{I}_+$ 的子集：$A = \{x \mid x < 12\}$，$B = \{x \mid x \leqslant 8\}$，$C = \{x \mid x = 2k, k \in \mathbf{I}_+\}$，$D = \{x \mid x = 3k, k \in \mathbf{I}_+\}$。试用 A、B、C、D 表达下列集合：

(1) $\{2,4,6,8\}$；(2) $\{1,3,5,7\}$；(3) $\{3,6,9\}$；(4) $\{10\}$；(5) $\{x \mid x$ 是大于 12 的奇数$\}$。

3. 设 A、B、C 是任意集合，将 $A \cup B \cup C$ 表示为不相交的集合的并。

4. 设 $A \neq \emptyset$，如果 $A \cup B = A \cup C$ 且 $A \cap B = A \cap C$，证明 $B = C$。

5. 设 A、B、C 是任意集合，求下列各式成立的充分必要条件：

(1) $(A-B) \cup (A-C) = A$；

(2) $(A-B) \cup (A-C) = \emptyset$；

(3) $(A-B) \cap (A-C) = \emptyset$。

6. 证明下列各等式：

(1) $A \cap (B-A) = \emptyset$；

(2) $A \cup (B-A) = A \cup B$；

(3) $A-(B \cup C) = (A-B) \cap (A-C)$；

(4) $A \cup (\bar{A} \cap B) = A \cup B$；

(5) $A \cap (\bar{A} \cup B) = A \cap B$。

6.1.3 包含排斥原理

集合的运算，可用于有限个元素的计数问题。记 $|A|$ 为 A 所含元素的个数，设 A_1，A_2 是有限集合，根据集合运算的定义，有以下关系式成立。

(1) $|A_1 \cup A_2| \leqslant |A_1| + |A_2|$；

(2) $|A_1 \cap A_2| \leqslant \min(|A_1|, |A_2|)$；

(3) $|A_1 - A_2| \geqslant |A_1| - |A_2|$；

(4) $|A_1 \oplus A_2| = |A_1| + |A_2| - 2|A_1 \cap A_2|$。

这些公式可由文氏图(见图 6-8)直接得到说明。

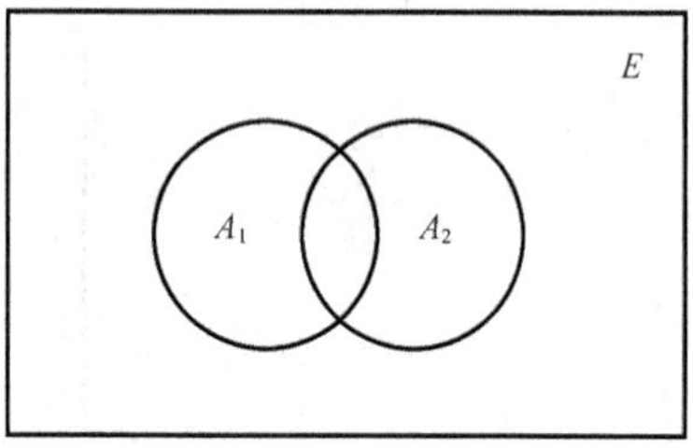

图 6-8

求几个有限集合的并集的元素个数是一个实用且有趣的问题。

定理 1 设 A_1，A_2 为有限集合，其元素个数分别为 $|A_1|$，$|A_2|$，则

$$|A_1 \cup A_2| = |A_1| + |A_2| - |A_1 \cap A_2|。$$

证明 (1)若 A_1，A_2 不相交，即 $A_1 \cap A_2 = \emptyset$，则

$$|A_1 \cup A_2| = |A_1| + |A_2|,$$

而 $|A_1 \cap A_2| = 0$，公式显然成立。

(2)若 $A_1 \cap A_2 \neq \emptyset$，则

$$|A_1| = |A_1 \cap \overline{A_2}| + |A_1 \cap A_2|,$$

$$|A_2| = |\overline{A_1} \cap A_2| + |A_1 \cap A_2|,$$

所以 $|A_1| + |A_2| = |A_1 \cap \overline{A_2}| + 2|A_1 \cap A_2| + |\overline{A_1} \cap A_2|$。

而 $|A_1 \cap \overline{A_2}| + |A_1 \cap A_2| + |\overline{A_1} \cap A_2| = |A_1 \cup A_2|$，

所以 $|A_1 \cup A_2| = |A_1| + |A_2| - |A_1 \cap A_2|$。

这个定理常称作包含排斥原理(including-excluding principle)或容斥原理(cross classification)。

【例 1】 一个班级有 50 名学生，有 16 人第一次考试优秀，有 11 人第二次考试优秀，其中 6 人两次考试均优秀。问：两次考试均未达优秀的学生有几名？

解　设第一次考试优秀者的集合为 A，第二次考试优秀者的集合为 B。

根据题意有：$|A|=16$，$|B|=11$，$|A\cap B|=6$。又因为 $|A\cup B|+|\bar{A}\cap\bar{B}|=50$，所以

$$|\bar{A}\cap\bar{B}|=50-|A\cup B|=50-(|A|+|B|-|A\cap B|)=50-(16+11-6)=29,$$

所以两次考试均未达优秀的学生有 29 名。

注意：对于任意三个集合 A_1，A_2 和 A_3，可以推广定理 1 的结果为 $|A_1\cup A_2\cup A_3|=|A_1|+|A_2|+|A_3|-|A_1\cap A_2|-|A_1\cap A_3|-|A_2\cap A_3|+|A_1\cap A_2\cap A_3|$。这个公式可以通过图 6-9 予以验证。

【例 2】　设 A、B、C 是 3 家计算机公司，它们的固定客户分别有 12、16 和 20 家。已知 A 与 B、B 与 C、C 与 A 的公共固定客户分别为 6、8 和 7 家，A、B、C 3 家的公共固定客户有 5 家，求 A、B、C 3 家计算机公司拥有的固定客户总数。

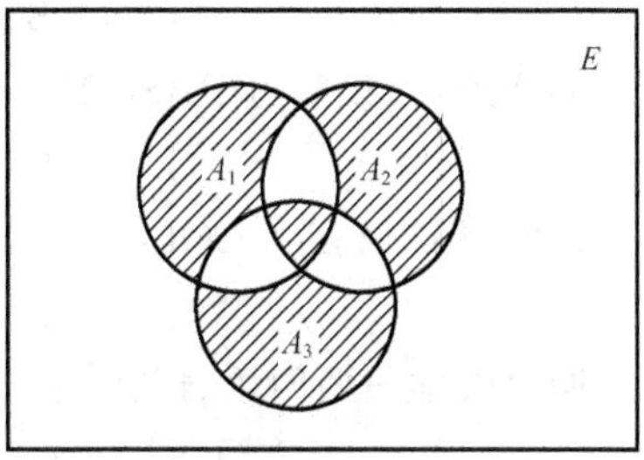

图 6-9

解　以 A、B、C 分别记作 3 家计算机公司的客户集合，则有 $|A|=12$，$|B|=16$，$|C|=20$，$|A\cap B|=6$，$|B\cap C|=8$，$|C\cap A|=7$ 和 $|A\cap B\cap C|=5$。

由包含排斥原理得：

$$\begin{aligned}|A\cup B\cup C|&=|A|+|B|+|C|-|A\cap B|-|A\cap C|-|B\cap C|+|A\cap B\cap C|\\&=48-21+5=32。\end{aligned}$$

【例 3】　对 100 名大学生进行调查的结果是：34 人爱好音乐，24 人爱好美术，48 人爱好舞蹈；13 人既爱好音乐又爱好美术，14 人既爱好音乐又爱好舞蹈，15 人既爱好美术又爱好舞蹈；有 25 人这三种爱好都没有。问：这三种爱好都有的大学生人数是多少？

解　设 A 是爱好音乐的大学生的集合，B 是爱好美术的大学生的集合，C 是爱好舞蹈的大学生的集合。

由题意可知：

$|A|=34$，$|B|=24$，$|C|=48$，

$|A\cap B|=13$，$|A\cap C|=14$，$|B\cap C|=15$，

$100-|A\cup B\cup C|=25$。

由包含排斥原理可知：

$|A\cup B\cup C|=|A|+|B|+|C|-|A\cap B|-|A\cap C|-|B\cap C|+|A\cap B\cap C|$，

即　　$75=34+24+48-14-13-15+|A\cap B\cap C|$，

所以　　$|A\cap B\cap C|=11$，

即这三种爱好都有的大学生人数是 11。

【例 4】　某班有学生 60 人，其中有 38 人学习 PASCAL 语言，有 16 人学习 C 语言，有 21 人学习 COBOL 语言；有 3 人这三种语言都学习，有 2 人这三种语言都不学习。问：仅学习两门语言的学生数是多少？

解　设 A 为学习 PASCAL 语言的学生的集合，B 为学习 C 语言的学生的集合，C 为学

习 COBOL 语言的学生的集合。

由题意可知：

$$|A|=38,\quad |B|=16,\quad |C|=21,$$
$$|A\cap B\cap C|=3,\quad 60-|A\cup B\cup C|=2。$$

因为 $|A\cup B\cup C|=|A|+|B|+|C|-|A\cap B|-|A\cap C|-|B\cap C|+|A\cap B\cap C|$，

故 $|A\cap B|+|A\cap C|+|B\cap C|=20$。

请注意，仅学两门语言的人数不是 20，因为 $A\cap B\supset A\cap B\cap C$，所以仅学习 PASCAL 语言和 C 语言的学生数应是

$$|A\cap B|-|A\cap B\cap C|=|A\cap B|-3;$$

同样理由，仅学习 PASCAL 语言和 COBOL 语言的学生数是

$$|A\cap C|-|A\cap B\cap C|=|A\cap C|-3;$$

仅学习 C 语言和 COBOL 语言的学生数是

$$|B\cap C|-|A\cap B\cap C|=|B\cap C|-3。$$

所以仅学习两门语言的学生数应是

$$|A\cap B|+|A\cap C|+|B\cap C|-3|A\cap B\cap C|=11。$$

【例 5】 在某工厂装配 30 辆汽车，可供选择的设备是收音机、空气调节器和对讲机。已知其中 15 辆汽车有收音机，8 辆汽车有空气调节器，6 辆汽车有对讲机，而其中 3 辆汽车这三样设备都有。请问：至少有多少辆汽车没有提供任何设备？

解 设 A_1、A_2 和 A_3 分别表示配有收音机、空气调节器和对讲机的汽车集合。

因此，
$$|A_1|=15,|A_2|=8,|A_3|=6,$$
并且
$$|A_1\cap A_2\cap A_3|=3。$$
故
$$\begin{aligned}|A_1\cup A_2\cup A_3|&=15+8+6-|A_1\cap A_2|-|A_1\cap A_3|-|A_2\cap A_3|+3\\&=32-|A_1\cap A_2|-|A_1\cap A_3|-|A_2\cap A_3|。\end{aligned}$$

因为
$$|A_1\cap A_2|\geqslant|A_1\cap A_2\cap A_3|,$$
$$|A_1\cap A_3|\geqslant|A_1\cap A_2\cap A_3|,$$
$$|A_2\cap A_3|\geqslant|A_1\cap A_2\cap A_3|,$$

所以 $|A_1\cup A_2\cup A_3|\leqslant 32-3-3-3=23$，即至多有 23 辆汽车有一个或几个供选择的设备，因此至少有 7 辆汽车不提供任何可选择的设备。

对于包含排斥原理，可以用归纳法推广到 n 个集合的情况。

定理 2 设 $A_1,A_2,\cdots,A_n$ 为有限集合，其元素个数分别为 $|A_1|,|A_2|,\cdots,|A_n|$，则

$$\begin{aligned}|A_1\cup A_2\cup\cdots\cup A_n|=&\sum_{i=1}^{n}|A_i|-\sum_{1\leqslant i<j\leqslant n}|A_i\cap A_j|+\sum_{1\leqslant i<j<k\leqslant n}|A_i\cap A_j\cap A_k|\\&+\cdots+(-1)^{n-1}|A_1\cap A_2\cap\cdots\cap A_n|。\end{aligned}$$

【例 6】 求 1 到 200 之间能被 2,3,5 和 7 中任何一个整除的整数个数。

解 设 A_1 表示 1 到 200 间能被 2 整除的整数集合，A_2 表示 1 到 200 间能被 3 整除的整数集合，A_3 表示 1 到 200 间能被 5 整除的整数集合，A_4 表示 1 到 200 间能被 7 整除的整数集合。

$[x]$ 表示小于或等于 x 的最大整数。

$|A_1| = \left[\frac{200}{2}\right] = 100$；　　$|A_2| = \left[\frac{200}{3}\right] = 66$；

$|A_3| = \left[\frac{200}{5}\right] = 40$；　　$|A_4| = \left[\frac{200}{7}\right] = 28$；

$|A_1 \cap A_2| = \left[\frac{200}{2 \times 3}\right] = 33$；　　$|A_1 \cap A_3| = \left[\frac{200}{2 \times 5}\right] = 20$；

$|A_1 \cap A_4| = \left[\frac{200}{2 \times 7}\right] = 14$；　　$|A_2 \cap A_3| = \left[\frac{200}{3 \times 5}\right] = 13$；

$|A_2 \cap A_4| = \left[\frac{200}{3 \times 7}\right] = 9$；　　$|A_3 \cap A_4| = \left[\frac{200}{5 \times 7}\right] = 5$；

$|A_1 \cap A_2 \cap A_3| = \left[\frac{200}{2 \times 3 \times 5}\right] = 6$；　　$|A_1 \cap A_2 \cap A_4| = \left[\frac{200}{2 \times 3 \times 7}\right] = 4$；

$|A_1 \cap A_3 \cap A_4| = \left[\frac{200}{2 \times 5 \times 7}\right] = 2$；　　$|A_2 \cap A_3 \cap A_4| = \left[\frac{200}{3 \times 5 \times 7}\right] = 1$；

$|A_1 \cap A_2 \cap A_3 \cap A_4| = \left[\frac{200}{2 \times 3 \times 5 \times 7}\right] = 0$。

于是得到

$$|A_1 \cup A_2 \cup A_3 \cup A_4|$$
$$= 100 + 66 + 40 + 28 - 33 - 20 - 14 - 13 - 9 - 5 + 6 + 4 + 2 + 1 - 0 = 153$$。

习题 6.1.3

1. 在 1～200 的正整数中，

(1) 能被 2 或 3 整除的数有多少个？

(2) 能被 2 和 3 同时整除的数有多少个？

2. 某班有学生 30 人，选学英、日、俄三种外语。学英语者 18 人，学日语者 15 人，学俄语者 11 人，兼学英、日语者 9 人，兼学英、俄语者 8 人，兼学日、俄语者 6 人，三种外语都学者 4 人。问：三种外语都不学的有多少人？

3. 70 名学生参加体育比赛，短跑得奖者 31 人，投掷得奖者 36 人，弹跳得奖者 29 人，三项都得奖者为 5 人，仅得两项奖的有 24 人。问：一项奖都没有得的有多少人？

4. 在 1～2 000 的正整数中，

(1) 至少能被 2、3、5 之一整除的数有多少个？

(2) 至少能被 2、3、5 中两个数同时整除的数有多少个？

(3) 能且只能被 2、3、5 中的一个数整除的数有多少个？

6.2　二元关系

在日常生活和实际工作中，人们已经熟悉“关系”这个词了，如父子关系、夫妻关系、兄弟关系、同学关系等。为了用数学的方法来研究这类关系，将用集合论的观点来描述这类关系。首先将研究的对象置于一个集合中，如集合 $A=\{a,b,c,d,e\}$，其中 a,b,c,d,e 是 5 个人，是要考察的对象，其中 a 是 b 的父亲，c 是 d 的父亲，c 又是 e 的父亲。现在将 5 个人中所有符合父子关系的两个人，用有序对 (a,b)，(c,d)，(c,e) 来表示。如果以这些有序对作为元

素构成集合 R,即 $R=\{(a,b),(c,d),(c,e)\}$,那么集合 R 就完整地描述了 a,b,c,d,e 的父子关系。称 R 为集合 A 上的一个关系(父子关系)。当然,集合 A 上还存在着其他类型的关系。由于有序对仅由 A 上两个元素组成,所以这种关系称为二元关系。用同样的方法还可以定义 n 元关系,本书主要讨论二元关系。

关系可以被认为是列出了一些元素与其他元素关系的表(见表 6-1)。表 6-1 说明了哪些学生选了哪些课程。例如,Bill 选了计算机科学课和艺术课,Mary 选了数学课。用关系的术语说,Bill 与计算机科学课和艺术课相关,Mary 与数学课相关。

表 6-1

学生	课程
Bill	计算机科学
Mary	数学
Bill	艺术
Beth	历史
Beth	计算机科学
Dave	数学

当然,表 6-1 实际上只是一些有序对的集合。抽象地,把关系定义为有序对的集合。在这种说法下,可认为有序对的第一个元素与第二个元素相关。

由以上叙述,可以看出:第一,从数学的角度来看,关系是一个集合,它的元素是有序对;第二,在书写有序对时,有序对的两个元素的顺序是重要的,如上面提到的关系 R 是描述父子关系的,因为 a 是 b 的父亲,所以 $(a,b)\in R$,而有序对 (b,a) 就不属于 R,它是子父关系。所以除去特殊情况外,有序对 (a,b) 和 (b,a) 的含义是不同的。

案例的提出:设关系 R 是定义在 8 位串构成的集合上,如果串 s_1 和串 s_2 的前 4 位相同,则 s_1Rs_2。对于 R 回答下列问题:

(a) 证明 R 是一个等价关系。

(b) 列出每个等价类的一个成员。

(c) 共有多少个等价类?

下面将在关系这部分知识的学习过程中寻找这一问题的答案。

6.2.1 有序对和集合的笛卡尔(Descartes)乘积

1. 有序对

在日常生活中,有许多事物是成对出现的,而且这种成对出现的事物具有一定的顺序。例如,上,下;$1<2$;男生有 9 名,而女生有 6 名;中国地处亚洲;平面上点的坐标等。一般来说,两个具有固定次序的客体组成一个有序对(ordered pair),记作 (x,y)。上述各例可分别表示为(上,下);(1,2);(9,6);(中国,亚洲);(a,b)等。

有序对可以看作具有两个元素的集合,但它与一般集合不同的是,有序对具有确定的次序。在集合中,$\{a,b\}=\{b,a\}$;但对于有序对,当 $a\neq b$ 时,$(a,b)\neq(b,a)$。

定义 1 两个有序对相等:$(x,y)=(u,v)$,当且仅当 $x=u$,$y=v$。

这里指出：有序对(a,b)中两个元素不一定来自同一个集合，它们可以代表不同类型的事物。例如，a代表操作码，b代表地址码，则有序对(a,b)就代表一条单地址指令；当然，亦可用a代表地址码，b代表操作码，(a,b)仍代表一条单地址指令。但上述这种约定，一经确定，有序对的次序就不能再予以变化了。在有序对(a,b)中，a称为第一元素，b称为第二元素。

有序对的概念可以推广到有序三元组的情况。

有序三元组是一个有序对，其第一元素本身也是一个有序对，可形式化表示为$((x,y),z)$。由有序对相等的定义，可以知道$((x,y),z)=((u,v),w)$当且仅当$(x,y)=(u,v)$，$z=w$，即$x=u, y=v, z=w$。约定有序三元组可记作(x,y,z)。

注意：$((x,y),z)\neq(x,(y,z))$，因为$(x,(y,z))$不是有序三元组。

同理，有序四元组被定义为一个有序对，其第一元素为有序三元组，故有序四元组的形式为$((x,y,z),w)$，可记作(x,y,z,w)，且

$$(x,y,z,w)=(p,q,r,s)\Leftrightarrow x=p,y=q,z=r,w=s。$$

这样，有序 n 元组(Orderedn-tuple)定义为$((x_1,x_2,\cdots,x_{n-1}),x_n)$，记作$(x_1,x_2,\cdots,x_{n-1},x_n)$，且

$$(x_1,x_2,\cdots,x_n)=(y_1,y_2,\cdots,y_n)\Leftrightarrow x_1=y_1,x_2=y_2,\cdots,x_n=y_n。$$

一般地，有序 n 元组$(x_1,x_2,\cdots,x_{n-1},x_n)$中的 x_i 称作有序 n 元组的第 i 个坐标。

2. 集合的笛卡尔乘积

定义 2 设 A 和 B 是任意两个集合，若有序对的第一个成员是 A 的元素，第二个成员是 B 的元素，则所有这样的有序对集合，称为集合 A 和 B 的笛卡尔乘积或直积(cartesian product)，记作 $A\times B$，即

$$A\times B=\{(x,y)\mid x\in A,y\in B\}。$$

【例 1】 若 $A=\{1,2\}$，$B=\{a,b,c\}$，求 $A\times B$，$B\times B$，$B\times A$ 以及 $(A\times B)\cap(B\times A)$。

解 $A\times B=\{(1,a),(1,b),(1,c),(2,a),(2,b),(2,c)\}$，

$B\times B=\{(a,a),(a,b),(a,c),(b,a),(b,b),(b,c),(c,a),(c,b),(c,c)\}$，

$B\times A=\{(a,1),(a,2),(b,1),(b,2),(c,1),(c,2)\}$，

$(A\times B)\cap(B\times A)=\varnothing$。

显然，有：

(1) $A\times B\neq B\times A$；

(2) 如果 $|A|=m$，$|B|=n$，则 $|A\times B|=|B\times A|=|A||B|=mn$。

约定：若 $A=\varnothing$ 或 $B=\varnothing$，则 $A\times B=\varnothing$。

由笛卡尔乘积的定义可知：

$$\begin{aligned}(A\times B)\times C&=\{((x,y),z)\mid(x,y)\in A\times B,z\in C\}\\&=\{(x,y,z)\mid x\in A,y\in B,z\in C\},\end{aligned}$$

$$A\times(B\times C)=\{(x,(y,z))\mid x\in A,(y,z)\in B\times C\}。$$

由于$(x,(y,z))$不是三元组，所以

$$(A\times B)\times C\neq A\times(B\times C)。$$

习题 6.2.1

1. 设 $A=\{4,1\}$，$B=\{1,2\}$，$C=\{1\}$，试写出：

(1) $B\times C$；　　(2) A^2；　　(3) $B\times A$。

2. 下列等式是否成立？

(1) $A\times B=B\times A$；

(2) $(B\cup C)\times A=(B\times A)\cup(C\times A)$；

(3) $(B\cap C)\times A=(B\times A)\cap(C\times A)$。

3. 设 $A=\{a,b\}$，$B=\{x,y\}$，求 $A\times B$，$B\times A$，$A\times A$，$B\times B$。

4. 设 $A=\{1,2\}$，求 $A\times P(A)$。

6.2.2 关系及其表示

1. 关系的定义

在日常生活中，人们都熟悉“关系”这个词的含义，例如，父子关系、上下级关系、朋友关系等。有序对可以表达两个客体、三个客体或 n 个客体之间的联系，因此可以用有序对表达关系这个概念。

例如，机票与舱位之间有对号关系。设 X 表示机票的集合，Y 表示舱位的集合，则对于任意的 $x\in X$ 和 $y\in Y$，必有 x 与 y 有对号关系和 x 与 y 没有对号关系两种情况中的一种。令 R 表示“对号”关系，则上述问题可以表达为 xRy 或 $x\bar{R}y$，亦可记为 $(x,y)\in R$ 或 $(x,y)\notin R$。因此，对号关系 R 是有序对的集合。

定义 1 设 X、Y 是任意两个集合，则称直积 $X\times Y$ 的任一子集为从 X 到 Y 的一个二元关系（binary relation）。二元关系亦简称关系，记为 R，$R\subseteq X\times Y$。

X 到 Y 的二元关系 R 如图 6-10 所示。

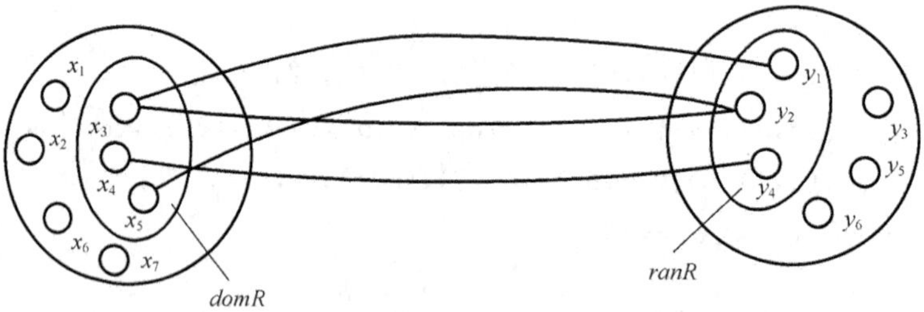

图 6-10

集合 X 到 Y 的二元关系是第一坐标取自 X、第二坐标取自 Y 的有序对集合。如果有序对 $(x,y)\in R$，也说 x 与 y 有关系 R，记为 xRy；如果有序对 $(x,y)\notin R$，则说 x 与 y 没有关系 R，记为 xRy。

当 $X=Y$ 时，关系 R 是 $X\times X$ 的子集，这时称 R 为集合 X 上的二元关系。

【例 1】 (1) 设 $A=\{a,b\}$，$B=\{2,5,8\}$，则

$A\times B=\{(a,2),(a,5),(a,8),(b,2),(b,5),(b,8)\}$。

令 $R_1=\{(a,2),(a,8),(b,2)\}$，

$R_2 = \{(a,5),(b,2),(b,5)\}$，

$R_3 = \{(a,2)\}$。

因为 $R_1 \subseteq A \times B, R_2 \subseteq A \times B, R_3 \subseteq A \times B$，

所以 R_1, R_2, R_3 均是由 A 到 B 的关系。

(2) $>=\{(x,y) \mid x,y$ 是实数且 $x > y\}$ 是实数集上的大于关系。

定义 2　设 R 为 X 到 Y 的二元关系，由 $(x,y) \in R$ 的所有 x 组成的集合称为 R 的定义域或前域(domain)，记作 $domR$ 或 $D(R)$，

即 $domR = \{x \mid (\exists y)((x,y) \in R)\}$；

使 $(x,y) \in R$ 的所有 y 组成的集合称为 R 的值域(range)，记作 $ranR$，即

$ranR = \{y \mid (\exists x)((x,y) \in R)\}$。

R 的定义域和值域一起称作 R 的域(field)，记作 $FLDR$，即 $FLDR = domR \cup ranR$。

显然，$domR \subseteq X, ranR \subseteq Y, FLDR = domR \cup ranR \subset X \cup Y$。

【例 2】　设

$A = \{1,3,7\}$，$B = \{1,2,6\}$，$H = \{(1,2),(1,6),(7,2)\}$，

求 $domH$，$ranH$ 和 $FLDH$。

解　$domH = \{1,7\}$，$ranH = \{2,6\}$，$FLDH = \{1,2,6,7\}$。

【例 3】　设 $X = \{2,3,4,5\}$，求集合 X 上的关系 $<$、$dom <$ 和 $ran <$。

解　$<=\{(2,3),(2,4),(2,5),(3,4),(3,5),(4,5)\}$，

$dom <= \{2,3,4\}$，

$ran <= \{3,4,5\}$。

2. 几种特殊的关系

(1) 空关系。

对任意集合 X,Y，$\emptyset \subseteq X \times Y$，$\emptyset \subseteq X \times X$，所以 $\emptyset$ 是由 X 到 Y 的关系，也是 X 上的关系，称为空关系(empty relation)。

(2)全域关系。

因为 $X \times Y \subseteq X \times Y, X \times X \subseteq X \times Y, X \times X \subseteq X \times X$，所以 $X \times Y$ 是一个由 X 到 Y 的关系，称为由 X 到 Y 的全域关系(universal relation)。$X \times X$ 是 X 上的一个关系，称为 X 上的全域关系，通常记作 E_X，即

$$E_X = \{(x,y) \mid x,y \in X\}。$$

【例 4】　若 $H = \{f,m,s,d\}$ 表示家庭中父、母、子、女四个人的集合，确定 H 上的全域关系和空关系，另外再确定 H 上的一个关系，并指出该关系的前域和值域。

解　设 H 上同一家庭的成员的关系为 H_1，

$H_1 = \{(f,f),(f,m),(f,s),(f,d),(m,f),(m,m),(m,s),(m,d),$
$(s,f),(s,m),(s,s),(s,d),(d,f),(d,m),(d,s),(d,d)\}$。

设 H 上的互不相识的关系为 H_2，$H_2 = \emptyset$，则 H_1 为全域关系，H_2 为空关系。

设 H 上的长幼关系为 H_3，

$H_3 = \{(f,s),(f,d),(m,s),(m,d)\}$，

$domH_3 = \{f,m\}$，

$ranH_3 = \{s,d\}$。

(3)恒等关系

定义 3 设 I_X 是 X 上的二元关系且满足 $I_X=\{(x,x)\mid x\in X\}$，则称 I_X 是 X 上的恒等关系(identical relation)。

例如，$A=\{1,2,3\}$，则 $I_A=\{(1,1),(2,2),(3,3)\}$。

因为关系是有序对的集合，因此，可以进行集合的所有运算。

定理 1 若 Q 和 S 是从集合 X 到集合 Y 的两个关系，则 Q、S 的并、交、补、差仍是 X 到 Y 的关系。

证明 因为 $Q\subseteq X\times Y, S\subseteq X\times Y$，

故 $Q\cup S\subseteq X\times Y, Q\cap S\subseteq X\times Y$，

$\overline{S}=(X\times Y-S)\subseteq X\times Y$，

$Q-S=(Q\cap\overline{S})\subseteq X\times Y$。

【例 5】 若 $A=\{1,2,3,4\}$，$R_1=\{(x,y)\mid(x-y)/2\in A,x,y\in A\}$，$R_2=\{(x,y)\mid(x-y)/3\in A,x,y\in A\}$，求 $R_1\cap R_2$，$R_1\cup R_2$，R_1-R_2 和 $\overline{R_1}$。

解

$R_1=\{(3,1),(4,2)\}$，$R_2=\{(4,1)\}$，

$R_1\cap R_2=\varnothing$，

$R_1\cup R_2=\{(3,1),(4,2),(4,1)\}$，

$R_1-R_2=R_1$，

$\overline{R_1}=E_A-R_1$

$=\{(1,1),(1,2),(1,3),(1,4),(2,1),(2,2),(2,3),(2,4),(3,2),(3,3),(3,4),(4,1),(4,3),(4,4)\}$。

习题 6.2.2

1. 设 $A=\{a,b\}$，$B=\{x,y\}$，列出所有从 A 到 B 的二元关系。
2. 在一个有 n 个元素的集合上，可以有多少种不同的二元关系？
3. 对于下列各种情况，用列举法求出 X 到 Y 的关系 S，$domS$，$ranS$，画出 S 的关系图，写出 S 的关系矩阵。

(1) $X=\{0,1,2\}$，$Y=\{0,2,4\}$，$S=\{(x,y)\mid x,y\in X\cap Y\}$；

(2) $X=\{1,2,3,4\}$，$Y=\{1,2,3\}$，$S=\{(x,y)\mid x=y^2\}$。

4. 设 $P=\{(1,2),(2,4),(3,3)\}$，$Q=\{(1,3),(2,4),(4,2)\}$，求出 $domQ$，$domP$，$ranQ$，$ranP$。
5. 设集合 X 的基数为 n，X 上的不同关系共有多少种？

6.2.3 关系的表示

1. 表格表示法

设集合 $A=\{a_1,a_2,\cdots,a_n\}$，$B=\{b_1,b_2,\cdots,b_m\}$，易知 $A\times B$ 中元素的个数为 $|A\times B|=n\times m$。先画出 n 行 m 列的表格，将 A 中的元素 $a_1,a_2,\cdots,a_n$ 顺次标注在竖列的左方，将 B 中的元素 $b_1,b_2,\cdots,b_m$ 顺次标注在横行的上方。第 i 行第 j 列的方格表示有序对

(a_i, b_j)，显然 $n\times m$ 个方格恰好表示了 $A\times B$ 中 $n\times m$ 个有序对。由于 A 到 B 的二元关系 R 是 $A\times B$ 的子集，所以当 a_i 和 b_j 以 R 相关时，在表格的相应方格上填“√”，这就是关系的表格表示。

如

$A=\{a_1, a_2, a_3, a_4\}$，

$R=\{(a_1,a_1),(a_1,a_2),(a_2,a_3),(a_4,a_1),(a_4,a_4)\}$，

则 R 的表格表示如表 6-2 所示。

表 6-2

	a_1	a_2	a_3	a_4
a_1	√	√		
a_2			√	
a_3				
a_4	√			√

2. 矩阵表示法

设给定两个有限集合 $X=\{x_1, x_2, \cdots, x_m\}$，$Y=\{y_1, y_2, \cdots, y_n\}$，则对应于从 X 到 Y 的二元关系 R 有一个关系矩阵 $\boldsymbol{M_R}=[\mathrm{r}_{ij}]_{m\times n}$，其中

$$r_{ij}=\begin{cases}1,(x_i, y_j)\in R, \\ 0,(x_i, y_j)\notin R\end{cases}\quad (i=1,2,\cdots,m;j=1,2,\cdots,n)。$$

如果 R 是有限集合 X 上的二元关系或 X 到 Y 含有相同数量的有限个元素，则 $\boldsymbol{M_R}$ 是方阵。

【例 1】 若 $A=\{a_1, a_2, a_3, a_4, a_5\}$，$B=\{b_1, b_2, b_3\}$，

$R=\{(a_1,b_1),(a_1,b_3),(a_2,b_2),(a_2,b_3),(a_3,b_1),(a_4,b_2),(a_5,b_2)\}$，

写出关系矩阵 $\boldsymbol{M_R}$。

解

$$\boldsymbol{M_R}=\begin{bmatrix}1&0&1\\0&1&1\\1&0&0\\0&1&0\\0&1&0\end{bmatrix}_{5\times 3}。$$

【例 2】 设 $X=\{1,2,3,4\}$，写出集合 X 上的大于关系 $>$ 的关系矩阵。

解　$>=\{(2,1),(3,1),(3,2),(4,1),(4,2),(4,3)\}$，

$$\boldsymbol{M_>}=\begin{bmatrix}0&0&0&0\\1&0&0&0\\1&1&0&0\\1&1&1&0\end{bmatrix}。$$

3. 关系图表示法

有限集合的二元关系也可用图形来表示。设集合 $X=\{x_1, x_2, \cdots, x_m\}$ 到 $Y=\{y_1, y_2, \cdots, y_n\}$ 上的一个二元关系为 R，首先在平面上作出 m 个结点，分别记作 $x_1, x_2, \cdots, x_m$，另外

作 n 个结点，分别记作 $y_1,y_2,\cdots,y_n$。如果 x_iRy_j，则从结点 x_i 至结点 y_j 作一有向弧，其箭头指向 y_j；如果 x_iRy_j，则 x_i,y_j 之间没有线段连接。用这种方法连接起来的图称为 R 的关系图。

【例 3】 画出例 1 的关系图。

解 关系图如图 6-11 所示：

【例 4】 $A=\{1,2,3,4\}$，$R=\{(1,1),(1,2),(2,3),(2,4),(4,2)\}$，画出 R 的关系图。

解 因为 R 是 A 上的关系，故只需画出 A 中的每个元素即可。如果 a_iRa_j，就画一条由 a_i 到 a_j 的有向弧。若 $a_i=a_j$，则画出的是一条自回路。本题的关系图如图 6-12 所示。

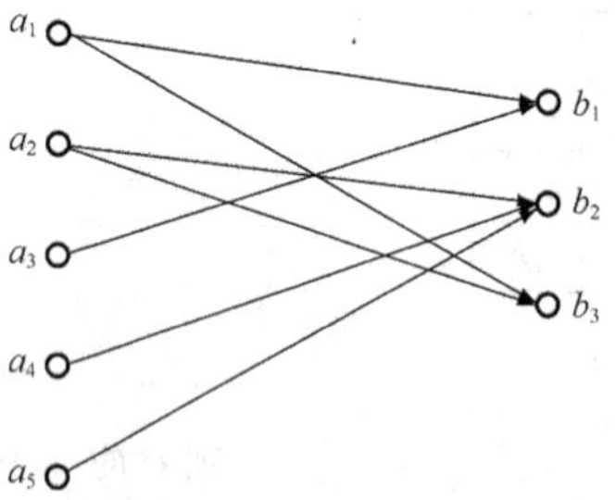

图 6-11

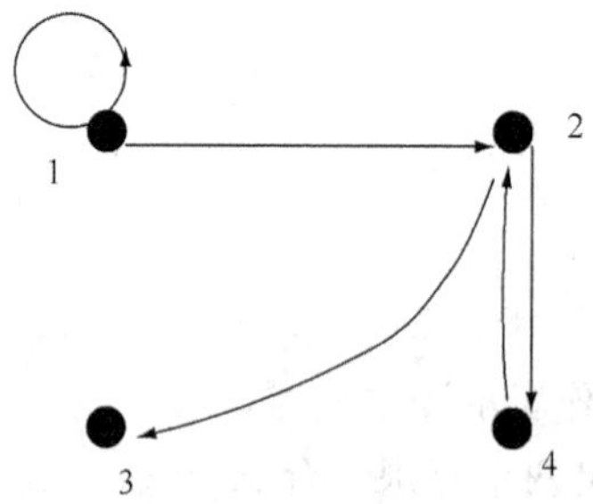

图 6-12

关系图主要表达结点与结点之间的连接关系，故关系图与结点位置和线段的长短无关。

从 X 到 Y 的关系 R 是 $X\times Y$ 的子集，即 $R\subseteq X\times Y$，而 $X\times Y\subseteq(X\cup Y)\times(X\cup Y)$，所以，$R\subseteq(X\cup Y)\times(X\cup Y)$。令 $Z=X\cup Y$，则 $R\subseteq Z\times Z$。因此，今后通常限于讨论同一集合上的关系。

习题 6.2.3

1. 设 $A=\{1,2,3,4,5\}$，R 是 A 上的二元关系，当 $x,y\in A$ 且 x 是素数时，$(x,y)\in R$，求 R。

2. 设 $A=\{1,2,3,4,5,6,7,8,9\}$，R 是 A 上的模 4 同余关系，求关系 R。

3. 设 $A=\{1,2,3,4,6,8\}$，R 是 A 上的整除关系，S 是 A 上的小于等于关系，求 $R\cup S$ 和 $R\cap S$。

4. 设集合 $A=\{a,b,c,d\}$，$B=\{1,2,3\}$，R 是 A 到 B 的二元关系，$R=\{(a,1),(a,2),(b,2),(c,3),(d,1),(d,3)\}$，写出 R 的表格表示、关系矩阵并画出关系图。

5. 设集合 $A=\{a,b,c,d,e\}$，R 是 A 上的二元关系，$R=\{(a,a),(b,b),(c,c),(d,d),(e,e),(a,b),(b,a),(c,d),(c,e),(d,e),(d,c),(e,c)\}$，写出 R 的表格表示、关系矩阵并画出关系图。

6. 设集合 $A=\{-3,-2,-1,0,1,2,3\}$，对于 A 中元素 a、b，当 $a\cdot b>0$ 时，$(a,b)\in R$，写出 R 的表格表示。

6.2.4 关系的基本类型

本小节将介绍具有某种性质的重要的二元关系。

1. 自反的二元关系

定义 1　R 是 A 上的二元关系，如果对于 A 中的每一个元素 a，都有 $(a,a)\in R$，则称 R 为自反的(reflexive)。

例如，$A=\{a,b,c\}$，$R=\{(a,a),(b,b),(c,c)\}$，则 R 是自反的。

又如，$A=\{1,2,3\}$，R 是 A 上的整除关系。显然，R 是自反的，因为 $(1,1)$，$(2,2)$，$(3,3)$ 都属于 R。

请注意，在关系的自反性定义中，要求对于 A 中的每一个元素 a 都有 $(a,a)\in R$。所以当 $A=\{a,b,c\}$，而 $R=\{(a,a),(b,b)\}$ 时，R 并不是自反的，因为 $(c,c)\notin R$。又如 $A=\{1,2,3\}$，R 是 A 上的二元关系，当 $a,b\in A$，且 a 和 b 都是素数时，$(a,b)\in R$，可见 $R=\{(2,2),(3,3),(2,3),(3,2)\}$，$R$ 也不是自反关系，因为 $(1,1)\notin R$。

【例 1】　设 $A=\{1,2,3\}$，R_1、R_2、R_3 是 A 上的关系，其中，

$R_1=\{(1,1),(2,2)\}$，$R_2=\{(1,1),(2,2),(3,3),(1,2)\}$，$R_3=\{(1,3)\}$，

R_1、R_3 不是自反的，R_2 是自反的。

注意：自反关系的关系矩阵、关系图有以下特征：

(1) R 是自反的当且仅当 $c_{ii}=1, i=1,2,\cdots,n$　(主对角线元素全是 1)。

(2) R 是自反的当且仅当关系图的每个顶点都有环。

2. 反自反的二元关系

定义 2　R 是 A 上的二元关系，如果对于 A 中的每一个元素 a，都有 $(a,a)\notin R$，则称 R 是反自反的(antireflexive)。

例如，$A=\{a,b,c\}$，$R=\{(a,b),(b,c),(b,a)\}$，则 R 是反自反的。

又如，$A=\{1,2,3\}$，R 是 A 上的小于关系，即当 $a<b$ 时，$(a,a)\in R$。显然，R 是反自反的。

还需注意，非自反的二元关系不一定是反自反的二元关系，因为存在着这样的二元关系，它既不是自反的又不是反自反的。如 $A=\{a,b,c\}$，$R=\{(a,a),(a,b)\}$，那么 R 不是自反的(因为 (b,b)，(c,c) 都不属于 R)，R 也不是反自反的(因为 $(a,a)\in R$)。

【例 2】　设 $A=\{1,2,3\}$，R_1、R_2 和 R_3 是 A 上的关系，其中

$R_1=\{(1,1),(2,2)\}$，$R_2=\{(1,1),(2,2),(3,3),(1,2)\}$，$R_3=\{(1,3)\}$，

说明 R_1、R_2 和 R_3 是否为 A 上的自反关系和反自反关系。

解　R_2 是自反的，R_3 是反自反的，R_1 既不是自反的也不是反自反的。

注意：反自反关系的关系矩阵、关系图有以下特征：

(1) R 是反自反的当且仅当 $c_{ii}=0, i=1,2,\cdots,n$　(主对角线元素全是 0)。

(2) R 是反自反的当且仅当关系图的每个顶点都没有环。

3. 对称的二元关系

定义 3　R 是 A 上的二元关系，如果 $(a,b)\in R$，就一定有 $(b,a)\in R$，则称 R 为对称的(symmetric)。

例如，$A=\{a,b,c,d\}$，$R=\{(a,a),(a,b),(b,a),(b,d),(d,b)\}$，这里 R 是对称的。

又如，$A=\{1,2,3,4,5\}$，对于 A 中元素 a 和 b，如果 a,b 被 3 除后余数相同，则 $(a,b)\in R$，易见 R 是对称的。

4. 反对称的二元关系

定义 4 R 是 A 上的二元关系，每当有 $(a,b)\in R$ 又有 $(b,a)\in R$ 时，必有 $a=b$，则称 R 是反对称的(antisymmetric)。

注意：为了便于理解，反对称的定义也可改写为：R 是 A 上的二元关系，当 $a\neq b$ 时，如果 $(a,b)\in R$，必有 $(b,a)\notin R$，则称 R 为反对称的二元关系。

例如，$A=\{1,2,3\}$，R 是 A 上的小于关系，即 $a<b$，$(a,b)\in R$。显然，$R=\{(1,2),(1,3),(2,3)\}$，所以 R 是反对称的。

【例 3】 设 $A=\{1,2,3\}$，R_1、R_2、R_3、R_4 都是 A 上的关系，

其中，$R_1=\{(1,1),(2,2)\}$，$R_2=\{(1,1),(1,2),(2,1)\}$，

$R_3=\{(1,2),(1,3)\}$，$R_4=\{(1,2),(2,1),(1,3)\}$。

R_1 既是对称的也是反对称的，

R_2 是对称的但不是反对称的，

R_3 是反对称的但不是对称的，

R_4 既不是对称的也不是反对称的。

仍请注意，"对称的"和"反对称的"这两个概念并非相互对立、相互排斥的。存在着既不是对称的又不是反对称的二元关系，也存在着既是对称的又是反对称的二元关系。

例如，$A=\{a,b,c,d\}$，$R=\{(a,b),(b,a),(c,d)\}$，这里，R 既不是对称的，也不是反对称的。又因为有 $(a,b)\in R$ 和 $(b,a)\in R$，所以 R 不是反对称的。

又如，$A=\{a,b,c\}$，$R=\{(a,a)\}$，显然，R 是对称的，又是反对称的。

注意：对称的、反对称的关系的关系矩阵、关系图有以下特征：

(1) R 是对称的当且仅当只要 $c_{ij}=1$ 就有 $c_{ij}=1$ （关系矩阵是对称矩阵）；R 是反对称的当且仅当若 $c_{ij}=1(i\neq j)$ 则 $c_{ij}=0$（当 $i\neq j$ 时 $c_{ij}=0$ 或 $c_{ji}=0$）。

(2) R 是对称的当且仅当关系图的不同顶点之间的每一条边都存在一条方向相反的边；R 是反对称的当且仅当关系图的不同顶点之间不存在两条方向相反的边。

【例 4】 设 $A=\{1,2,3\}$，则集合 A 上的关系

$R_1=\{(1,1),(2,2),(2,1),(3,3)\}$ 是自反而不是反自反的关系；

$R_2=\{(1,2),(1,3),(2,1),(2,3)\}$ 是反自反而不是自反的关系；

$R_3=\{(1,1),(1,3),(2,1),(2,3)\}$ 既不是自反也不是反自反的关系；

$R_4=\{(1,1),(1,3),(3,1),(2,3),(3,2)\}$ 是对称的而不是反对称的关系；

$R_5=\{(1,1),(1,3),(2,1),(2,3)\}$ 是反对称的而不是对称的关系；

$R_6=\{(1,1),(2,2),(3,3)\}$ 是既对称也反对称的关系；

$R_7=\{(1,2),(2,3),(3,2)\}$ 是既不对称也不反对称的关系；

$R_8=\{(1,1),(1,2),(2,1),(2,2)\}$，$R_9=\{(1,2),(3,2)\}$ 是可传递的关系；

$R_{10}=\{(1,2),(2,3),(1,3),(2,1)\}$ 是不可传递的关系，因为 $(1,2)\in R_{10}$，$(2,1)\in R_{10}$，但 $(1,1)\notin R_{10}$。

由例 4 可以看出前面已陈述的事实：

(1) 对任意一个关系 R，若 R 自反，则它一定不反自反；若 R 反自反，则它也一定不自反。但 R 不自反，它未必反自反；若 R 不反自反，也未必自反。

(2) 存在着既对称也反对称的关系。

图 6-13 表明了自反与反自反、对称与反对称之间的关系。

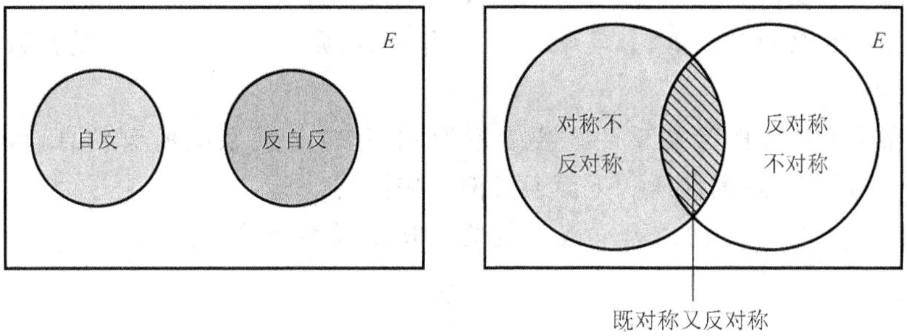

图 6-13

5. 传递的二元关系

定义5 R是A上的二元关系，每当有$(a,b)\in R$和$(b,c)\in R$时，必有$(a,c)\in R$，则称R为传递的(transitive)。

例如，整除关系是可传递的，因为每当$(a,b)\in R$，$(b,c)\in R$时，即a能整除b，b能整除c时，显然a能整除c，所以必有$(a,c)\in R$。

又如，$A=\{a,b,c,d,e\}$，其中a、b、c、d、e分别表示5个人，且a、b、c同住一个房间，d和e同住另一个房间。如果同住一个房间的人认为是相关的，显然这种同房间关系是传递的。

注意：传递的关系的关系矩阵、关系图有以下特征：

(1) 若关系R是可传递的，当且仅当其关系矩阵满足：对$\forall i,j,k,i\neq j,j\neq k$，若$r_{ij}=1$且$r_{jk}=1$，则$r_{ik}=1$。

(2) 其关系图满足：对$\forall i,j,k,i\neq j,j\neq k$，若有弧由$a_i$指向$a_j$，且又有弧由$a_j$指向$a_k$，则必有一条弧由$a_i$指向$a_k$。

【例5】 (1) 集合之间的$\subseteq$关系是自反的、反对称的和可传递的。因为：

① 对于任意集合A，均有$A\subseteq A$成立，所以$\subseteq$是自反的；

② 对于任意集合A,B，若$A\subseteq B$且$B\subseteq A$，则$A=B$，所以$\subseteq$是反对称的；

③ 对于任意集合A,B,C，若$A\subseteq B$且$B\subseteq C$，则$A\subseteq C$，所以$\subseteq$是可传递的。

(2) 平面上三角形集合中的相似关系是自反的、对称的和可传递的。因为：任意一个三角形都与自身相似；若三角形A相似于三角形B，则三角形B必相似于三角形A；若三角形A相似于三角形B，且三角形B相似于三角形C，则三角形A必相似于三角形C。

(3) 实数集上的“$>$”关系是反自反的、反对称的和可传递的。

(4) 实数集上的“$\leqslant$”关系是自反的、反对称的和可传递的。

(5) 实数集上的“$=$”关系是自反的、对称的、反对称的和可传递的。

(6) 人群中的父子关系是反自反的和反对称的。

(7) 正整数集上的整除关系是自反的、反对称的和可传递的。

(8) 空关系是反自反的、对称的、反对称的和可传递的。

(9) 任意非空集合上的全域关系是自反的、对称的和可传递的。

【例6】 设整数集$\mathbf{Z}$上的二元关系R定义如下：

$$R=\{(x,y)\mid x,y\in\mathbf{Z},(x-y)/2\text{ 是整数}\}。$$

验证R在$\mathbf{Z}$上是自反的和对称的。

证明 $\forall x \in \mathbf{Z}, (x-x)/2=0$，即 $(x,x)\in R$，故 R 是自反的。

又设 $\forall x,y\in\mathbf{Z}$，如果 xRy，即 $(x-y)/2$ 是整数，则 $(y-x)/2$ 也必是整数，即 yRx，因此 R 是对称的。

关系图和关系矩阵作为关系的重要表示形式，包含了关系的所有信息，可以根据关系图、关系矩阵来判别关系的性质。下面通过例子来说明。

【例 7】 集合 $A=\{1,2,3,4\}$，A 上的关系 R 的关系矩阵为：

$$\boldsymbol{M}_{\mathrm{R}}=\begin{bmatrix}1&0&1&0\\0&1&0&0\\1&0&1&1\\0&0&1&1\end{bmatrix},$$

R 的关系图如图 6-14 所示。讨论 R 的性质。

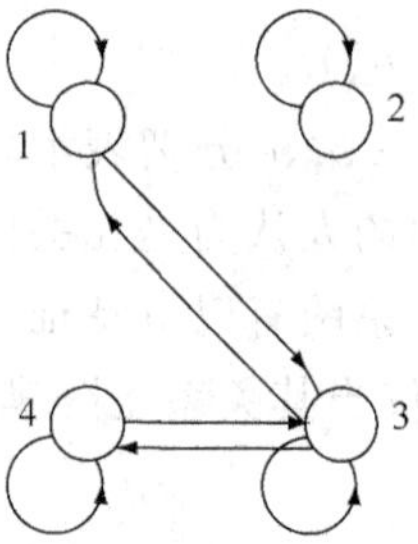

图 6-14

解 从 R 的关系矩阵和关系图容易看出，R 是自反的、对称的。

【例 8】 图 6-15 是由关系图所表示的 $A=\{a,b,c\}$ 上的 5 个二元关系。

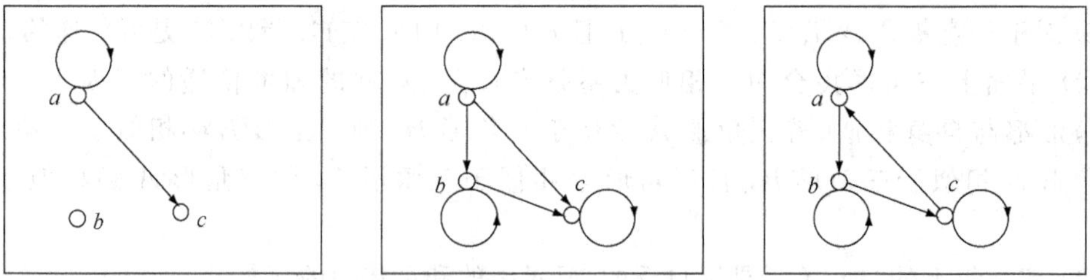

(a) (b) (c)

图 6-15

请判断它们的性质。

解 (1) 是反对称的、传递的但不是对称的关系，而且是既不自反也不反自反的关系；

(2) 是自反的、传递的、反对称的关系，但不是对称也不是反自反的关系；

(3) 是自反的、反对称的但不是传递的、不是对称的也不是反自反的关系。

6. 传递性的判定方法

设集合 $A=\{a_1,a_2,\cdots,a_n\}$，R 是 A 上的二元关系，其关系矩阵为

$$A_R = \begin{bmatrix} a_{11} & a_{12} & \cdots & a_{1n} \\ a_{21} & a_{22} & \cdots & a_{2n} \\ \vdots & \vdots & \cdots & \vdots \\ a_{n1} & a_{n2} & \cdots & a_{nn} \end{bmatrix}。$$

设 $\boldsymbol{A}_R$ 中第 i 行第 j 列元素 $a_{ij}=1$，现考察 $\boldsymbol{A}_R$ 中第 j 行所有元素 $a_{j1},a_{j2},\cdots,a_{jn}$。如果其中有 $a_{jk}=1$，这说明关系 R 中存在着 $(a_i,a_j)\in R$ 和 $(a_j,a_k)\in R$，所以如果 $(a_i,a_k)\notin R$，即 $a_{ik}=0$，立即表明 R 不是传递的关系。如果 $a_{ik}=1$，则应继续考察第 j 行中其他非零元素，以同样方法分析之。所以当 $a_{ij}=1$ 时，就应将第 i 行元素与第 j 行对应元素逐个比较：

$a_{i1},a_{i2},\cdots,a_{in}$，

$a_{j1},a_{j2},\cdots,a_{jn}$。

如果第 j 行存在着某个元素为 1，而第 i 行的对应元素为 0，则 R 不是传递的关系。否则应继续考察 $\boldsymbol{A}_R$ 中其他非零元素，以同样方法加以分析，直到考察完 $\boldsymbol{A}_R$ 中所有非零元素。

由于关系矩阵中的元素取值仅为 1 或 0，所以在讨论过程中使用布尔运算很方便。现在介绍布尔加运算，其运算规则为

$$0+0=0,$$
$$0+1=1+0=1,$$
$$1+1=1。$$

易知，当关系矩阵中的元素 $a_{ij}=1$ 时，应将关系矩阵中的第 i 行和第 j 行做比较，这种比较过程也可以转化为：先把这两行的同列元素做布尔加：

$$a_{i1}+a_{j1},a_{i2}+a_{j2},\cdots,a_{in}+a_{jn},$$

再与第 i 行同列元素做比较：如果它们中有不相同的，例如有 a_{ik} 和 $a_{ik}+a_{jk}$ 不同，这只有一种可能，即 $a_{ik}=0$，$a_{ik}+a_{jk}=1$，这也表明了有 $a_{ik}=0$ 和 $a_{jk}=1$，所以 R 不是传递的关系；如果它们中全是相同的，即对于任意的 $k(k=1,2,\cdots,n)$，$a_{ik}=a_{ik}+a_{jk}$，这表明如果 $a_{jk}=1$ 时，必有 $a_{ik}=1$。于是可继续检查关系矩阵中其他取值为 1 的元素。

例如，对于 $a_{ij}=1$，如果有

第 i 行元素：	0	1	1	0	1	1
第 j 行元素：	0	0	1	0	0	1
布尔加后得：	0	1	1	0	1	1

易见，第 i 行和第 j 行元素布尔加后与第 i 行元素相同，所以可继续检查关系矩阵中其他取值为 1 的元素。

实际上，对于 $a_{ij}=1$，“把第 i 行和第 j 行元素布尔加后，再与第 i 行元素做比较，考察它们是否相同”的过程可简单地“合并”为：“把第 j 行元素加（布尔加）到第 i 行上去，再考察第 i 行元素是否有变化”的过程。

综合上述分析，可得到一种关系的可传递性的判定方法。

设 R 是 A 上的二元关系，R 的关系矩阵 $\boldsymbol{A}_R=[a_{ij}]$。对于关系矩阵 $\boldsymbol{A}_R$ 中的每一个取值为 1 的元素 $a_{ij}=1$，做如下操作：把 $\boldsymbol{A}_R$ 中第 j 行元素加（布尔加）到第 i 行上去，如果操作后，矩阵有变化，立即能判定 R 不是传递的关系。对每一个 $a_{ij}=1$，经操作后，矩阵都没有变化，则 R 是传递的关系。

【例 9】 $A=\{a_1,a_2,a_3,a_4,a_5\}$，$R=\{(a_1,a_2),(a_1,a_3),(a_2,a_2),(a_3,a_3),(a_4,a_1),(a_4,$

a_2),(a_4,a_3),(a_5,a_1),(a_5,a_2),(a_5,a_3),(a_5,a_4),(a_5,a_5)},试判断 R 是否是传递的关系。

解 先写出 R 的关系矩阵:

$$\boldsymbol{A}_R=\begin{bmatrix}0&1&1&0&0\\0&1&0&0&0\\0&0&1&0&0\\1&1&1&0&0\\1&1&1&1&1\end{bmatrix}。$$

考察 $\boldsymbol{A}_R$ 中的非零元素:

对于 $a_{12}=1$,将第 2 行元素加(布尔加,以后不再说明)到第 1 行上去,显然,操作后的矩阵与 $\boldsymbol{A}_R$ 相同;

对于 $a_{13}=1$,将第 3 行元素加到第 1 行上去,操作后的矩阵与 $\boldsymbol{A}_R$ 相同;

对于 $a_{22}=1$,将第 2 行元素加到第 2 行上去,操作后的矩阵与 $\boldsymbol{A}_R$ 相同;

对于 $a_{33}=1$,$a_{41}=1$,$a_{42}=1$,$a_{43}=1$,$a_{51}=1$,$a_{52}=1$,$a_{53}=1$,$a_{54}=1$,$a_{55}=1$,类似可以验证,经相应的操作后的矩阵与 $\boldsymbol{A}_R$ 相同。所以 R 是 A 上的传递关系。

【例 10】 $A=\{a_1,a_2,a_3,a_4\}$,$R=\{(a_1,a_2),(a_1,a_3),(a_2,a_3),(a_3,a_1),(a_3,a_4),(a_4,a_2),(a_4,a_3)\}$,判断 R 是否是传递的关系。

解 先写出 R 的关系矩阵:

$$\boldsymbol{A}_R=\begin{bmatrix}0&1&1&0\\0&0&1&0\\1&0&0&1\\0&1&1&0\end{bmatrix}。$$

考察 $\boldsymbol{A}_R$ 中非零元素:

对于 $a_{12}=1$,将第 2 行元素加到第 1 行上去,操作后的矩阵与 $\boldsymbol{A}_R$ 相同;

对于 $a_{13}=1$,将第 3 行元素加到第 1 行上去,操作后的矩阵为

$$\begin{bmatrix}1&1&1&1\\0&0&1&0\\1&0&0&1\\0&1&1&0\end{bmatrix},$$

显然它与 $\boldsymbol{A}_R$ 不相同,所以 R 不是传递的关系。

习题 6.2.4

1. $A=\{a,b,c\}$,$R=\{(a,a),(b,b),(a,b),(a,c),(c,a)\}$,$R$ 是否自反的、反自反的、对称的、反对称的、传递的关系?说明理由。

2. 设集合 $A=\{1,2,3\}$,问:

(1) 在 A 上有多少种不同的自反关系?

(2) 在 A 上有多少种不同的对称关系?

(3) 在 A 上有多少种不同的既是自反又是对称的关系?

3. 如果 R 是 A 上的反自反关系且又是传递关系,证明 R 是 A 上的反对称关系。

4. 设 R_1 和 R_2 都是 A 上的传递关系,$R_1\cap R_2$ 和 $R_1\cup R_2$ 是 A 上的传递关系吗?说明

理由。

5. 设 $A=\{a_1,a_2,a_3,a_4,a_5\}$，$R$ 是 A 上的二元关系，其关系矩阵为：

$$\boldsymbol{A}_R=\begin{bmatrix}1&1&1&0&0\\1&0&1&1&1\\0&0&0&0&1\\1&1&0&0&0\\1&0&1&0&1\end{bmatrix},$$

试说明关系 R 不是传递关系。

6. 设 $A=\{a_1,a_2,a_3,a_4,a_5\}$，$R$ 是 A 上的二元关系，其关系矩阵为：

$$\boldsymbol{A}_R=\begin{bmatrix}0&1&0&0&1\\0&1&0&0&1\\1&1&1&0&1\\1&1&1&1&1\\0&1&0&0&1\end{bmatrix},$$

试判断 R 是否是传递关系。

6.2.5 等价关系

1. 等价关系

等价关系是一种常见的、重要的二元关系。

定义 1 R 是 A 上的二元关系，如果 R 是自反的、对称的、可传递的，则称 R 为 A 上的等价关系(equivalence relation)。设 R 是一个等价关系，若 $(a,b)\in R$，则称 a 等价于 b，记作 $a\sim b$。

例如，设 $A=\{a,b,c,d,e,f,g\}$，其中 a,b,c,d,e,f,g 分别表示 7 位大学生，并且 a,b,c 都姓张，d 和 e 都姓李，f 和 g 都姓王。如果同姓的大学生认为是相关的，那么这种同姓关系 R 是等价关系。因为每一个大学生都是和自己同姓的，所以 R 是自反的二元关系；另外，当 $(a,b)\in R$ 时，即 a 和 b 同姓时，显然有 b 和 a 也是同姓的，即 $(b,a)\in R$，所以 R 是对称的二元关系；最后，当 $(a,b)\in R$ 并且 $(b,c)\in R$ 时，即 a 和 b 同姓并且 b 和 c 同姓，显然 a 和 c 同姓，即 $(a,c)\in R$，所以 R 是传递的二元关系。由此可得，同姓关系 R 是 A 上的等价关系。

又如，设集合 A 的情况同上所述，其中大学生 a 和 c 同住一个房间，大学生 b、d、e 同住另一个房间。如果同住一个房间的大学生认为是相关的，容易看出，这种同房间关系是满足自反的、对称的、传递的二元关系，所以是等价关系。

又如，设集合 A 的情况同上所述，其中大学生 a 和 e 都是 20 岁，大学生 b、c、d 都是 22 岁。如果年龄相同的大学生认为是相关的，同样容易判定这种同年龄关系是满足自反的、对称的和传递的关系，所以也是等价关系。

由上述三个例子可以看出，那种同姓氏、同房间、同年龄等关系都是等价关系。由此可以领悟到等价关系所具有的重要特征。如果抽象地讨论，对集合 A 中的元素按照某种特性分成几个组，每个元素只属于一个组(如按年龄分组，即同龄人在同一组内)，并且定义在同一组内的元素是相关的，而不在同一组内的元素是不相关的，那么由此产生的二元关系必然是等价关系。由此可见，等价关系实质上是一种“同组”关系。

还可以利用表格和关系矩阵来进一步了解等价关系的特征。

为了叙述方便，将上述三个例子的内容综合如下：

设 $A=\{a,b,c,d,e\}$，其中 a、b、c、d、e 分别表示 5 位大学生，并且

① a、b、c 都姓张，d 和 e 都姓李；

② a、c 同住一个房间，b、d、e 同住另一个房间；

③ a、e 都是 20 岁，b、c、d 都是 22 岁。

先画出①的等价关系的关系矩阵和表格表示(见表 6-3)如下。

表 6-3

$$\begin{array}{c} \\ a \\ b \\ c \\ d \\ e \end{array}\begin{array}{c} \begin{array}{ccccc} a & b & c & d & e \end{array} \\ \begin{bmatrix} 1 & 1 & 1 & 0 & 0 \\ 1 & 1 & 1 & 0 & 0 \\ 1 & 1 & 1 & 0 & 0 \\ 0 & 0 & 0 & 1 & 1 \\ 0 & 0 & 0 & 1 & 1 \end{bmatrix} \end{array}$$

	a	b	c	d	e
a	√	√	√		
b	√	√	√		
c	√	√	√		
d				√	√
e				√	√

显然，在描述等价关系的表格中，带有"√"的格子将形成若干个正方形；而在关系矩阵中，则有一些小方阵，其元素都是 1，其他元素都是 0。

对于②的等价关系，如果将集合 A 中元素的排列改写成 $A=\{a,c,b,d,e\}$，也就是将相关的元素顺次排在一起，所画的表格和关系矩阵也能显示上述特点。下面是②的等价关系的关系矩阵和表格表示(见表 6-4)如下。

表 6-4

$$\begin{array}{c} \\ a \\ c \\ b \\ d \\ e \end{array}\begin{array}{c} \begin{array}{ccccc} a & c & b & d & e \end{array} \\ \begin{bmatrix} 1 & 1 & 0 & 0 & 0 \\ 1 & 1 & 0 & 0 & 0 \\ 0 & 0 & 1 & 1 & 1 \\ 0 & 0 & 1 & 1 & 1 \\ 0 & 0 & 1 & 1 & 1 \end{bmatrix} \end{array}$$

	a	c	b	d	e
a	√	√			
c	√	√			
b			√	√	√
d			√	√	√
e			√	√	√

对③的等价关系，如果将集合 A 中的元素改写成 $A=\{a,e,b,c,d\}$，那么其表格表示(见表 6-5)和关系矩阵如下。

表 6-5

$$\begin{array}{c} \\ a \\ e \\ b \\ c \\ d \end{array}\begin{array}{c} \begin{array}{ccccc} a & e & b & c & d \end{array} \\ \begin{bmatrix} 1 & 1 & 0 & 0 & 0 \\ 1 & 1 & 0 & 0 & 0 \\ 0 & 0 & 1 & 1 & 1 \\ 0 & 0 & 1 & 1 & 1 \\ 0 & 0 & 1 & 1 & 1 \end{bmatrix} \end{array}$$

	a	e	b	c	d
a	√	√			
e	√	√			
b			√	√	√
c			√	√	√
d			√	√	√

【例 1】 设 $A=\{1,2,3,4,5,6,7,8\}$，如果 A 中的元素 a、b 被 3 除后余数相同，则认为 a、b 是相关的(模 3 同余关系)。试说明此关系是等价关系，并用表格、关系矩阵、关系图来描

述这个等价关系。

解　设 A 上的模 3 同余关系为 R。由于相同数被 3 除后，余数自然是相等的，所以 R 是自反的。R 的对称性是显然的。对于 $(a,b)\in R$，也可表示为 $a-b=3k$（k 是整数），所以当 $(a,b)\in R$ 和 $(b,c)\in R$ 时，即 $a-b=3k$，$b-c=3k'$ 时，$a-c=(a-b)+(b-c)=3k+3k'=3(k+k')$，可见 $(a,c)\in R$，R 满足传递性。综上所述，R 是等价关系。

将集合 A 中的元素写成 $A=\{1,5,2,6,3,4\}$，等价关系 R 的关系矩阵和表格表示（见表 6-6）如下，关系图如图 6-16 所示。

表 6-6

$$
\begin{array}{c} \\ 1\\5\\2\\6\\3\\4 \end{array}
\begin{array}{c} \begin{array}{cccccc} 1&5&2&6&3&4 \end{array} \\
\begin{bmatrix} 1&1&0&0&0&0\\ 1&1&0&0&0&0\\ 0&0&1&1&0&0\\ 0&0&1&1&0&0\\ 0&0&0&0&1&0\\ 0&0&0&0&0&1 \end{bmatrix} \end{array}
$$

	1	5	2	6	3	4
1	√	√				
5	√	√				
2			√	√		
6			√	√		
3					√	
4						√

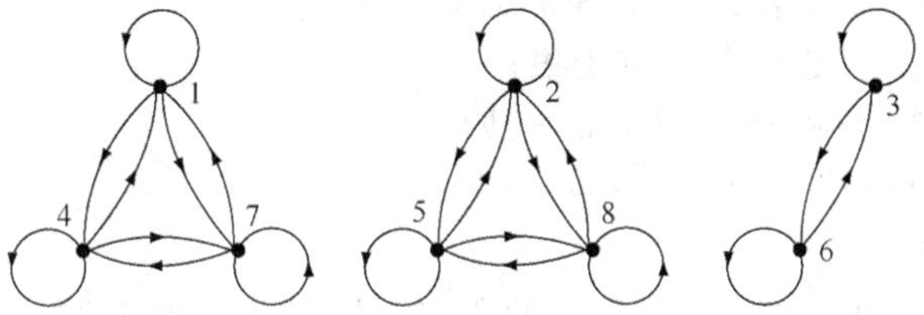

图 6-16

【例 2】　$A=\{a,b,c,d,e,f,g\}$，将 A 中元素分成 3 组：a、b、c 为一组，d、e 为一组，f、g 为一组。在 A 上定义二元关系，当 A 中元素在同一组内时，认为是相关的。试说明 R 是等价关系，并画出它的表格表示和关系矩阵。

解　由于每一个元素必然与其自身同在一个组内，所以二元关系 R 是自反的；

当 $(x,y)\in R$ 时，表明元素 x、y 在同一组内，显然有 $(y,x)\in R$，所以关系 R 是对称的；

当 $(x,y)\in R$ 并且 $(y,z)\in R$ 时，表示 x 和 y 在同一组内，y 和 z 在同一组内，显然有 x 和 z 在同一组内，即 $(x,z)\in R$，所以 R 是可传递的。

综上所述，二元关系 R 是等价关系，其关系矩阵和表格表示（见表 6-7）如下。

表 6-7

$$
\begin{array}{c} \\ a\\b\\c\\d\\e\\f\\g \end{array}
\begin{array}{c} \begin{array}{ccccccc} a&b&c&d&e&f&g \end{array} \\
\begin{bmatrix} 1&1&1&0&0&0&0\\ 1&1&1&0&0&0&0\\ 1&1&1&0&0&0&0\\ 0&0&0&1&1&0&0\\ 0&0&0&1&1&0&0\\ 0&0&0&0&0&1&1\\ 0&0&0&0&0&1&1 \end{bmatrix} \end{array}
$$

	a	b	c	d	e	f	g
a	√	√	√				
b	√	√	√				
c	√	√	√				
d				√	√	√	
e				√	√	√	
f						√	√
g						√	√

前面的例题不仅使我们进一步了解了集合 A 上的等价关系实质上是一种“同组”关系，

而且也引发我们做进一步的思考，即当集合 A 确定一种"分组"形式后，也就确定了一种 A 上的等价关系(只要将同一组内的元素认作是相关的)；反之，当确定了一个 A 上的等价关系后，也能确定 A 上的一种"分组"形式(只要将相关元素合成一组)。为了详细地讨论这个问题，下面介绍等价类、商集与划分的概念。

2. 等价类、商集、划分

定义 2 R 是 A 上的等价关系，$a \in A$，由 A 中所有与 a 相关的元素组成的集合称为 a 关于 R 的等价类(equivalence class)，记作$[a]_R$。

例如，$A=\{1,2,3,4,5,6,7\}$，R 是 A 上的模 3 同余关系。显然 R 是 A 上的等价关系，A 中各元素关于 R 的等价类分别是：

$$[1]_R=\{1,4,7\}, \quad [2]_R=\{2,5\},$$
$$[3]_R=\{3,6\}, \quad [4]_R=\{1,4,7\},$$
$$[5]_R=\{2,5\}, \quad [6]_R=\{3,6\},$$
$$[7]_R=\{1,4,7\}。$$

容易看出，相关的元素其等价类是相同的：

$[1]_R=[4]_R=[7]_R=\{1,4,7\}$，$[2]_R=[5]_R=\{2,5\}$，$[3]_R=[6]_R=\{3,6\}$。

所以不同的等价类仅有 3 个，它们是：$[1]_R$、$[2]_R$、$[3]_R$。

定理 1 设 R 为非空集合 A 上的等价关系，则

① 任意 $a \in A$，$[a]_R$是 A 的非空子集；

② 任意 a、$b \in A$，如果 aRb，则$[a]_R=[b]_R$；

③ 任意 a、$b \in A$，如果 $a\not R b$，则$[a]_R \cap [b]_R=\varnothing$；

④ $\bigcup\limits_{a\in A}[a]_R = A$。

定义 3 R 是 A 上的等价关系，由 R 的所有不同的等价类作为元素构成的集合称为 A 关于 R 的商集(quotient set)，记作 A/R。

例如，集合 A 和关系 R 的情况如上所述，则商集 $A/R=\{\{1,4,7\},\{2,5\},\{3,6\}\}$。

又如，$A=\{a,b,c,d,e,f,g\}$，A 上的等价关系 R 的表格表示如表 6-8 所示。

表 6-8

	a	b	c	d	e	f	g
a	√	√					
b	√	√					
c				√	√	√	
d				√	√	√	
e				√	√	√	
f						√	√
g						√	√

由 R 的表格表示可知，关于 R 的不同的等价类为$[a]_R=\{a,b\}$，$[c]_R=\{c,d,e\}$，$[f]_R=\{f\}$，$[g]_R=\{g\}$，所以 A 关于 R 的商集为

$$A/R=\{\{a,b\},\{c,d,e\},\{f\},\{g\}\}。$$

商集在抽象代数的研究中起着重要作用，但这里主要讨论商集和集合划分的关系。

定义 4 设 A 是集合，$A_1,A_2,\cdots,A_n$是 A 的非空子集，

如果 $A_1 \cup A_2 \cup \cdots \cup A_n=A$，且 $A_i \cap A_j=\varnothing(i \neq j,i=1,2,\cdots,n,j=1,2,\cdots,n)$，以 $A_1,A_2,\cdots,A_n$作为元素构成的集合 $S=\{A_1,A_2,\cdots,A_n\}$称为 A 的一个划分(partition)，每一

个子集 A_i 称为块。

例如，$A=\{a,b,c,d,e,f,g\}$，

而 $S_1=\{\{a,b\},\{c,d\},\{e,f\}\}$，$S_2=\{\{a,d,e\},\{b,c,f\}\}$，$S_3=\{\{a,f\},\{b,d,e\},\{c\}\}$。

则 S_1、S_2、S_3 都是 A 的划分；在 S_1 中，集合 $\{a,b\}$，$\{c,d\}$，$\{e,f\}$ 都是块。

又如，$A=\{a,b,c,d\}$，

$S_1=\{\{a,b,c\},\{d\}\}$，$S_2=\{\{a,b\},\{c\},\{d\}\}$，

$S_3=\{\{a\},\{a,b,c,d\}\}$，$S_4=\{\{a,b\},\{c\}\}$，

$S_5=\{\emptyset,\{a,b\},\{c,d\}\}$，$S_6=\{\{a,\{a\}\},\{b,c,d\}\}$，

则 S_1、S_2 是 A 的划分，S_3、S_4、S_5、S_6 不是 A 的划分。

容易看出，如果 R 是 A 上的等价关系，则商集 A/R 就是 A 上的一个划分，等价类就是块。

通过上述讨论，很显然有以下定理。

定理 2　集合 A 的一个划分能唯一确定一个 A 上的等价关系；反之，确定了 A 上的一个等价关系，也唯一地确定了 A 上的一个划分，即 A 上的等价关系与划分是一一对应的。

例如，$A=\{a,b,c,d,e\}$，A 的划分 $S=\{\{a\},\{b,c,d,e\}\}$，那么它所确定的等价关系的表格表示如表 6-9 所示。

又如，$A=\{a,b,c,d,e\}$，R 为 A 上的等价关系，其表格表示如表 6-10 所示。

表 6-9

	a	b	c	d	e
a	√				
b		√	√	√	√
c		√	√	√	√
d		√	√	√	√
e		√	√	√	√

表 6-10

	a	b	c	d	e
a	√	√			
b	√	√			
c			√		
d				√	√
e				√	√

则由 R 确定的划分为

$S=\{\{a,b\},\{c\},\{d,e\}\}$。

【例 3】　设 A 是具有 5 个元素的集合，问：满足下列条件的 A 上的等价关系各有多少种？(1)等价类中至少含有 2 个元素。(2)至少有一个等价类含有 2 个元素。

解　(1)由于集合 A 上的等价关系与集合 A 上的划分一一对应，所以等价类至少有 2 个元素的等价关系与块中至少有 2 个元素的划分的个数相等。而块中至少含有 2 个元素的划分共有两类：一类是划分中仅有 1 块(块中含有 5 个元素)，这样的划分仅有 1 种。另一类是划分中有 2 块，其中 1 块含有 2 个元素，另 1 块含有 3 个元素，这样的划分有 $C_5^2=10$ 种。

(2)同理，至少有 1 个等价类含有 2 个元素的等价关系个数与至少有 1 个块含有 2 个元素的划分个数相等。而至少有 1 个块含有 2 个元素的划分可分为 3 类：

第一类：划分中含有 2 块，各块中的元素数分别为：2，3。这样的划分共有 $C_5^2=10$ 种。

第二类：划分中含有 4 块，各块中的元素数分别为：2，1，1，1。这样的划分共有 $C_5^2=10$ 种。

第三类：划分中含有 3 块，各块中的元素数分别为：2，2，1。这样的划分共有 $C_5^1\times\frac{C_4^2}{2}=15$ 种。

所以当 $|A|=5$ 时，至少有一个等价类含有 2 个元素的等价关系共有 $10+10+15=$

35 种。

【例 4】 给出 $A=\{1,2,3\}$ 上所有的等价关系。

解 如图 6-17 所示，先作出 A 的所有划分。

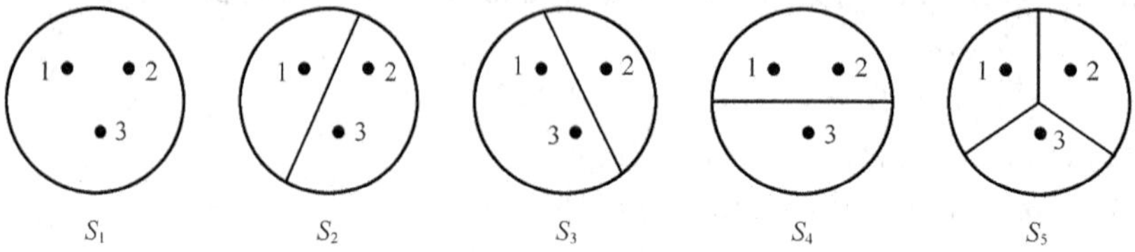

图 6-17

这些划分与 A 上的等价关系之间的一一对应是：S_1 对应于全域关系 E_A，S_5 对应于恒等关系 I_A，S_2、S_3 和 S_4 分别对应于等价关系 R_2、R_3 和 R_4，其中，

$$R_2=\{(2,3),(3,2)\}\cup I_A,$$
$$R_3=\{(1,3),(3,1)\}\cup I_A,$$
$$R_4=\{(1,2),(2,1)\}\cup I_A。$$

3. 案例的解决

(1) 问题的回顾：

设关系 R 是定义在 8 位串构成的集合上，如果串 s_1 和串 s_2 的前 4 位相同，则 s_1Rs_2。对于 R，解决下列问题：

(a) 证明 R 是一个等价关系。

(b) 列出每个等价类的一个成员。

(c) 共有多少个等价类？

(2) 问题分析：

从考察一些特定的、与关系 R 相关的 8 位串开始。任取一个串 01111010 来求与之相关的串。如果一个串 s 的前 4 位与 01111010 的前 4 位相关。这意味着 s 一定以 0111 开头，而后面的 4 位可以是任意的。例如可取 $s=01111000$。

列出所有与 01111010 相关的串。此时，要仔细地用每种可能的 4 位串接在 0111 的后面：

01110000，01110001，01110010，01110011，
01110100，01110101，01110110，01110111，
01111000，01111001，01111010，01111011，
01111100，01111101，01111110，01111111。

先假定 R 是一个等价关系，包含 01111010 的等价类，记作[01111010]，由所有与 01111010 相关的串组成。所以，刚才计算的恰好是[01111010]的成员。

注意：如果从[01111010]中取出任何一个串，例如 01111100，并计算它的等价类[01111100]，会得到相同的串集——以 0111 开头的所有 8 位串的集合。

为了得到另一个等价类，必须从一个前 4 位不是 0111，比如说是 1011 的串开始。例如，与串 10110100 相关的串是

10110000，10110001，10110010，10110011，
10110100，10110101，10110110，10110111，
10111000，10111001，10111010，10111011，
10111100，10111101，10111110，10111111。

刚才计算的是[10110100]的成员。可见[01111010]和[10110100]没有公共的成员。两个等价类或者是相同的，或者不含公共的成员，这一点总是成立的。

请试着计算某个其他的等价类的成员。

(3) 求解：

为了证明 R 是一个等价关系，必须证明 R 是自反的、对称的和传递的。对每个性质，将直接验证定义中规定的条件成立。

为了证明 R 是自反的，必须证明对每个 8 位串 s，有 sRs。而为了使 sRs 成立，s 和 s 的前 4 位必须相同。这当然成立。

为了证明 R 是对称的，必须证明对所有 8 位串 s_1 和 s_2，如果 s_1Rs_2，则 s_2Rs_1。根据 R 的定义，可以将此条件说明为：如果 s_1 的前 4 位与 s_2 的前 4 位相同，则 s_2 的前 4 位与 s_1 的前 4 位相同。这当然也成立！

为了证明 R 是传递的，必须证明对所有 8 位串 s_1、s_2 和 s_3，如果 s_1Rs_2 且 s_2Rs_3，则 s_1Rs_3。再次使用 R 的定义，可以将此条件说明为：如果 s_1 的前 4 位与 s_2 的前 4 位相同，且 s_2 的前 4 位与 s_3 的前 4 位相同，则 s_1 的前 4 位与 s_3 的前 4 位相同。这当然也成立。从而证明了 R 是一个等价关系。

在前面的讨论中，发现每个不同的 4 位串确定了一个等价类。例如，串 0111 确定了由所有以 0111 开头的 8 位串组成的等价类。因此，等价类的个数等于 4 位串的个数。很容易就可以将它们全部列举出来：

0000,0001,0010,0011,
0100,0101,0110,0111,
1000,1001,1010,1011,
1100,1101,1110,1111,

并数出它们的数量。共有 16 个等价类。

考虑列出每个等价类的一个成员的问题。前面列出的 16 个 4 位串确定了 16 个等价类。第一个串 0000 确定了由所有以 0000 开头的 8 位串组成的等价类；第二个串 0001 确定了由所有以 0001 开头的 8 位串组成的等价类；依次类推。这样，要列举每个等价类的一个成员，只需简单地在前面的列表中每个串的后面接上某个 4 位的串：

00000000,00010000,00100000,00110000,
01000000,01010000,01100000,01110000,
10000000,10010000,10100000,10110000,
11000000,11010000,11100000,11110000。

(4) 形式解：

① 已经给出了 R 是等价关系的形式化证明。

② 00000000,00010000,00100000,00110000,
01000000,01010000,01100000,01110000,
10000000,10010000,10100000,10110000,
11000000,11010000,11100000,11110000。

③ 共有 16 个等价类。

习题 6.2.5

1. 设 $A=\{1,2,3,4,5,6,7,8,9,10\}$，$R$ 是 A 上的模 4 同余关系，证明 R 是等价关系，写出 R 的表格表示、关系矩阵，画出关系图，写出所有不同的等价类。

2. 设 **I** 是整数集合，当 $a \cdot b \geqslant 0$ 时，$(a,b) \in R$，说明 R 不是等价关系。

3. R 是 A 上的自反关系，且当 $(a,b) \in R$ 和 $(a,c) \in R$ 时，必有 $(b,c) \in R$，证明 R 是等价关系。

4. R 是 A 上的自反关系，且当 $(a,b) \in R$ 和 $(b,c) \in R$ 时，必有 $(c,a) \in R$，证明 R 是等价关系。

5. A 是具有 4 个元素的集合，问：在 A 上可以有多少种不同的等价关系？说明理由。

6. 集合 $A = \{1,2,3,4,5\}$，求下列等价关系所对应的划分。

(1) R 是 A 上的全域关系（$R = A \times A$）；

(2) R 是 A 上的相等关系（$R = \{(1,1),(2,2),(3,3),(4,4),(5,5)\}$）；

(3) R 是 A 上的模 2 同余关系。

6.2.6 偏序关系

序关系的研究是现代数学的重要内容。本节主要介绍偏序关系和全序关系。

1. 偏序关系与哈斯图

定义 1 设 R 是 A 上的二元关系，如果 R 是自反的、反对称的、可传递的，则称 R 为 A 上的偏序关系(partial ordering relation)，记作 $\leqslant$。设 $\leqslant$ 为偏序关系，如果$(a,b) \in \leqslant$，则记作 $a \leqslant b$，读作 a“小于或等于”b。$(A, \leqslant)$叫作偏序集。

例如，$\mathbf{I}_+$ 是正整数全体组成的集合，R 是 $\mathbf{I}_+$ 上的小于等于关系，即当 $a \leqslant b$ 时，$(a,b) \in R$。容易验证 R 是自反的、反对称的、可传递的二元关系，所以 R 是 $\mathbf{I}_+$ 上的偏序关系。

同样，R 是正整数集 $\mathbf{I}_+$ 上的整除关系，即当 a、$b \in \mathbf{I}_+$，a 能整除 b 时，$(a,b) \in R$。容易验证，R 是 $\mathbf{I}_+$ 上的偏序关系。

注意：这里的“小于或等于”不是指大小，而是指在偏序关系中的顺序性。a“小于或等于”b 的含义是：按照这个序，a 排在 b 的前边或 a 就是 b。

定义 2 设 R 是非空集合 A 上的偏序关系，a、$b \in A$，用 $a < b$ 表示 $a \leqslant b$ 且 $a \neq b$。如果 $a < b$，就读作“a 小于 b”或“b 大于 a”。这里所说的“小于”是指在偏序中 a 排在 b 的前边。

为了方便地讨论偏序关系，对偏序关系的图形表示做适当简化。

例如，$A=\{1,2,3,4,6,12\}$，R 是 A 上的整除关系。易知，$R=\{(1,1),(2,2),(3,3),(4,4),(6,6),(12,12),(1,2),(1,3),(1,4),(1,6),(1,12),(2,4),(2,6),(2,12),(3,6),(3,12),(4,12),(6,12)\}$。$R$ 的图形表示如图 6-18 所示。

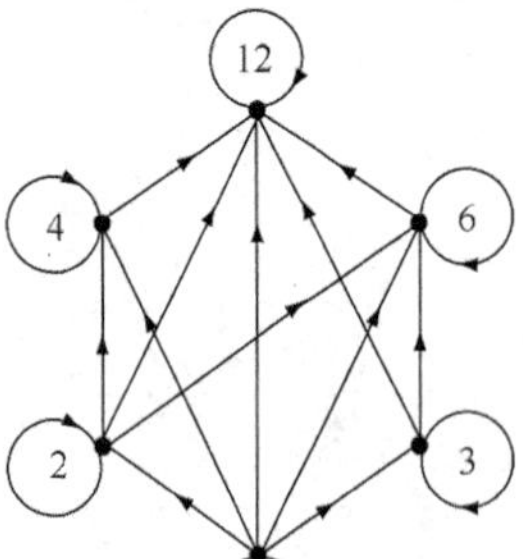

图 6-18

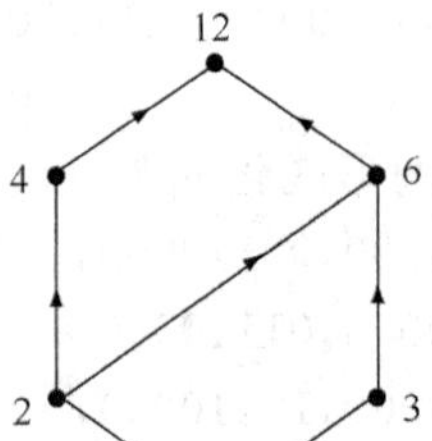

图 6-19

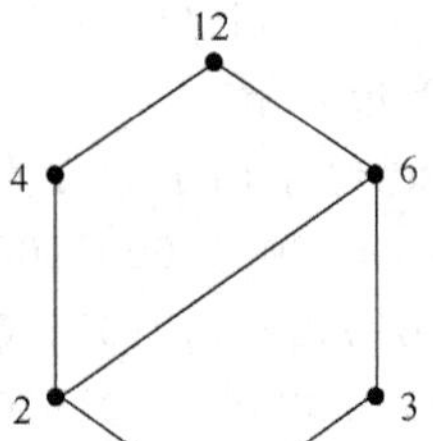

图 6-20

由于偏序关系是自反的，关系图中的每个顶点都有自回路，为了简化图形，以后在偏序关系的图形表示中不再画出各顶点的自回路；又由于偏序关系是传递关系，当$(a,b) \in R$，

$(b,c) \in R$ 时，必有 $(a,c) \in R$，所以在偏序关系的图形表示中仅画出 a 到 b 的有向边、b 到 c 的有向边，而把 a 到 c 的有向边省略。经这样约定后，图 6-18 可简化为图 6-19。

如果把图 6-19 中各点放在适当位置，使图中各有向边的箭头都是朝上的，那么可以把图中各边的箭头也省略。图 6-20 就是简化后的最后图形。偏序关系的这种图形表示称为偏序关系的哈斯图表示。

【例 1】 $A=\{2,3,4,6,8,12,24\}$，R 是 A 上的整除关系，试画出 R 的哈斯图。

解　R 的哈斯图如图 6-21 所示。

为了能更快、更有效地画出偏序关系的哈斯图，下面介绍"盖住"的概念。

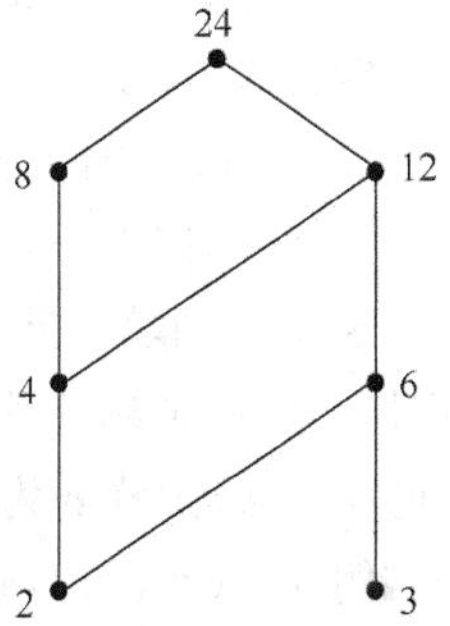

图 6-21

定义 3　设 R 是 A 上的偏序关系，$a \neq b$，$(a,b) \in R$，且在 A 中没有其他元素 c，使得 $(a,c) \in R$，$(c,b) \in R$，则称元素 b 盖住元素 a。

例如，集合 $\{1,2,4,6\}$ 上的整除关系，有 2 盖住 1，4、6 都盖住 2，但 4 不盖住 1，因为 $1|2$，$2|4$，即 $(1,2) \in R$，$(2,4) \in R$；6 也不盖住 4，因为 2×6，即 $(2,6) \notin R$。

又如，在例 1 中，元素 6 盖住 2，但元素 8 并不盖住 2，虽然有 $(2,8) \in R$，但存在元素 4，使得 $(2,4) \in R$，$(4,8) \in R$。这里将例 1 中所有"盖住"的情况罗列如下：4 盖住 2，6 盖住 2，6 盖住 3，8 盖住 4，12 盖住 4，12 盖住 6，24 盖住 8，24 盖住 12。

利用元素间的盖住关系，能较方便地画出偏序关系的哈斯图。作图原则是：当 $(a,b) \in R$ 时，代表 b 的结点应画在代表 a 的结点之上；当 b 盖住 a 时，a 点与 b 点之间用直线连接。

【例 2】 $A=\{1,2,3,4,5,6,8,10,12,16,24\}$，$R$ 是 A 上的整除关系，试画出 R 的哈斯图。

解　利用哈斯图的作图原则，应将元素 1 画在最低层；把盖住 1 的元素 2、3、5 画在第 2 层，并把它们与元素 1 用直线段连接；把盖住 2 的元素 4、6 和 10，盖住 3 的元素 6 和盖住 5 的元素 10 分别画在第 3 层，并把有盖住关系的元素用直线段连接；把盖住 4 的元素 8 和 12、盖住 6 的元素 12（A 中没有能盖住 10 的元素）分别画在第 4 层，并把有盖住关系的元素用直线段连接；把盖住 8 的元素 16 和 24、盖住 12 的元素 24 画在第 5 层，并把有盖住关系的元素用直线段连接。由此可得偏序关系 R 的哈斯图表示，如图 6-22 所示。

2. 全序关系

一个集合以及在 A 上的一个偏序关系 R 一起称为偏序集，并用 (A,R) 表示，也可用 $(A,\leqslant)$ 表示。当 $(a,b) \in R$ 时，也可写成 $a \leqslant b$。

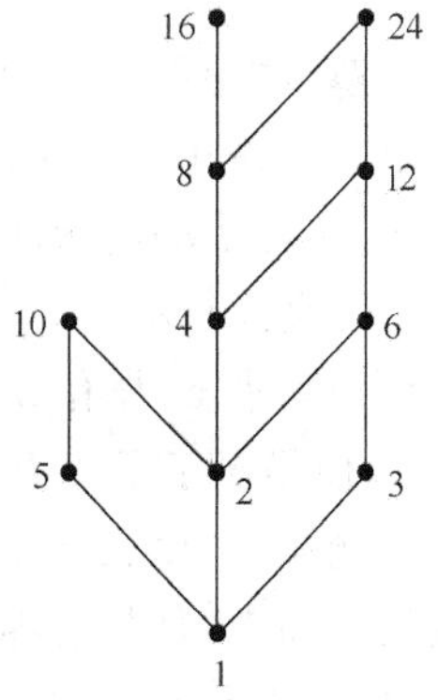

图 6-22

定义 4　设 $(A,\leqslant)$ 是偏序集，B 是 A 的子集，如果 B 中任意两个元素都是有关系的，则称子集 B 为链（chain）。

例如，$A=\{1,2,3,4,5,6,7,8,9,10\}$，$R$ 是 A 上的整除关系，易见，子集 $\{1,2,4,8\}$，$\{1,3,6\}$，$\{1,3,9\}$，$\{1,5,10\}$ 等都是链。

定义 5　设 $(A,\leqslant)$ 是偏序集，B 是 A 的子集，如果 B 中任意两个元素都是无关的，则称子集 B 为反链（inverse chain）。

例如，在整数集合中，小于等于关系是全序关系，子集 $\{2,3,5,$

7}, {3,4,7,10}, {3,5,7,8}都是反链。

定义 6 在偏序集$(A, \leqslant)$中，如果A是链，则称$(A, \leqslant)$是全序集，二元关系$\leqslant$称为全序关系(linear ordering relation)。

易知，在全序集中，任意两个元素总是有关系的。

例如，$A=\{1,2,4,8,16\}$，$\leqslant$是整除关系，易知$(A, \leqslant)$是全序集，并且对于A中元素，有$1 \leqslant 2 \leqslant 4 \leqslant 8 \leqslant 16$。

下面将讨论偏序集中的一些特殊元素。

3. 一些特殊元素

定义 7 $(A, \leqslant)$是偏序集，a是A中的一个元素，如果A中没有其他元素x，使得$a \leqslant x$，则称a为A中的极大元(maximal member)。同理，b是A中的一个元素，如果A中没有其他元素x，使得$x \leqslant b$，则称b为A中的极小元(minimal member)。

定义 7 的等价定义 $(A, \leqslant)$是偏序集，a是A中的一个元素，如果A中不存在元素x，使得$a < x$，则称a为A中的极大元。同理，b是A中的一个元素，如果A中不存在元素x，使得$x < b$，则称b为A中的极小元。

例如，$A=\{2,3,4,6,8\}$，$\leqslant$是A上的整除关系。那么元素2和3是A中的极小元；元素6和8是A中的极大元。

定义 8 $(A, \leqslant)$是偏序集，如果A中存在元素a，使得对A中任意元素x，都有$x \leqslant a$，则称a是A中的最大元(greatest element)。同理，如果A中存在元素b，使得对A中任意元素x，都有$b \leqslant x$，则称b是A中的最小元(least element)。

例如，$A=\{1,2,3,6,12\}$，$\leqslant$是A上的整除关系，则元素1是A的最小元，元素12是A的最大元。

请注意：在偏序集$(A, \leqslant)$中，不一定存在最大元或最小元。

例如，$A=\{2,3,4,6,12\}$，$\leqslant$是A上的整除关系，那么在A中仅有最大元12，没有最小元。

又如，$A=\{2,3,4,6,8\}$，$\leqslant$是A上的整除关系，那么在A中既没有最小元，也没有最大元。

请思考一下：如何利用偏序关系的哈斯图表示来找出极小元、极大元、最小元、最大元？

【例 3】 请在图 6-23 中，分别找出它们的极小元、极大元、最小元、最大元(如果存在的话)。

解 在图 6-23(a)中，有极小元i和j，极大元a；有最大元a，但没有最小元。在图 6-23(b)中，有极小元g、h、i，极大元是a和b；但没有最大元和最小元。在图 6-23(c)中，有极小元h，极大元a；有最小元h，最大元a。

定义 9 设$(A, \leqslant)$为偏序集，B为A的子集，如果在A中存在元素a，使得对于子集B中任何元素x，都有$x \leqslant a$，则称a为子集B的上界(upper bound)；同样，如果在A中存在元素a，使得对于子集B中任何元素x，都有$a \leqslant x$，则称a为子集B的下界(lower bound)。

例如， 设$A=\{1,2,3,4,5,6,8,10,12,15\}$，$\leqslant$是$A$上的整除关系。对于元素2和3，元素6和12都是上界，元素1是下界；对于元素3和6，元素6和12是上界，元素1和3是下界；对于元素6和8，元素1和2是下界，但它们没有上界。

定义 10 设$(A, \leqslant)$为偏序集，B为A的子集，a是子集B的上界，如果对于B的任何

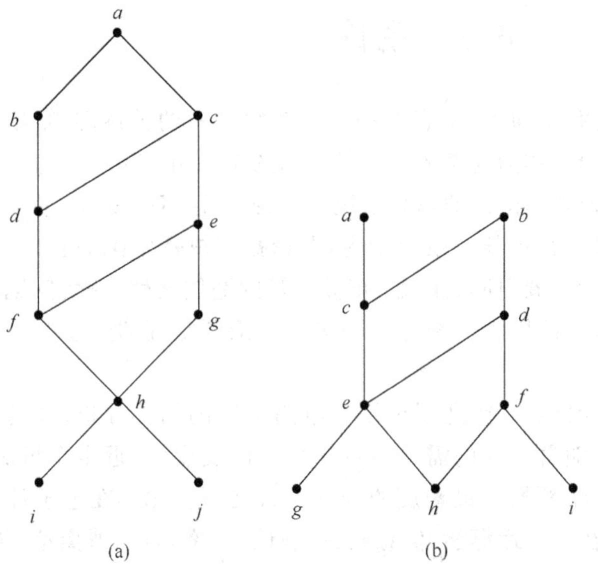

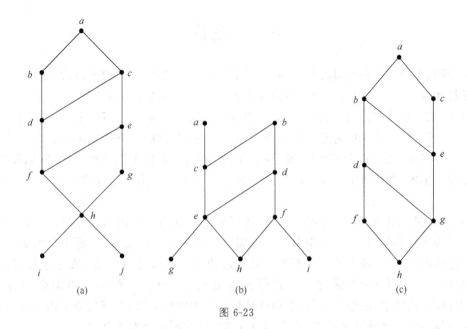

图 6-23

上界 x，都有 $a \leqslant x$，则称 a 为子集 B 的最小上界(supremum)；同样，b 是子集 B 的下界，如果对于 B 的任何下界 y，都有 $y \leqslant b$，则称 b 为子集 B 的最大下界(infimum)。

例如，$A=\{1,2,3,4,6,8,12\}$，$\leqslant$ 为整除关系。对于元素 2 和 3，其最小上界是 6，最大下界是 1；对于元素 4 和 8，其最小上界是 8，最大下界是 4；对于元素 6 和 8，其最大下界是 2，但没有最小上界。

容易看出，R 是正整数集合 $\mathbf{I}_+$ 上的整除关系，a、$b \in \mathbf{I}_+$，a 和 b 的最小上界就是 a 和 b 的最小公倍数，a 和 b 的最大下界就是 a 和 b 的最大公约数。

习题 6.2.6

1. (A,R)是偏序集，$A=\{1,2,3,4,5,6,7,8,9,15,18,24\}$，$R$ 是 A 上的整除关系，试画出 R 的哈斯图。

2. (A,R)是偏序集，$A=\{a,b,c,d,e\}$，图 6-24 是 R 的关系图，试将关系图改画成哈斯图。

3. (A,R)是偏序集，图 6-25 是 R 的哈斯图表示，试写出 R 的关系矩阵。

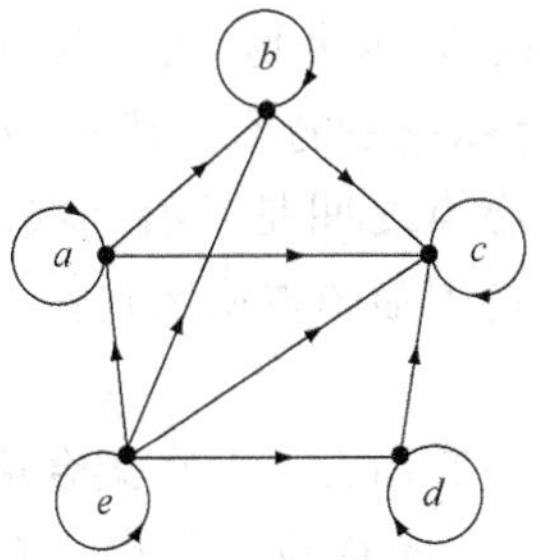

图 6-24

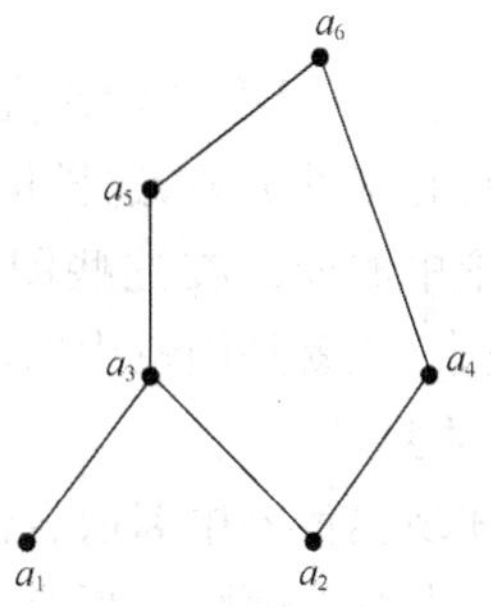

图 6-25

6.3 图论

对于图,大家并不陌生,地图、交通图、示意图……离散数学中的关系图、哈斯图。但在这些学科或领域中,图是作为工具、作为配角的;在图论中,图是主角。

自从1736年欧拉(L. Euler)利用图论的思想解决了哥尼斯堡(Konigsberg)七桥问题以来,图论经历了漫长的发展道路。在很长一段时期内,图论被当成数学家的智力游戏,用以解决一些著名的难题,如迷宫问题、匿门博奕问题、棋盘上马的路线问题、四色问题和哈密顿环球旅行问题等,曾经吸引了众多的学者。图论中许多的概论和定理的建立都与解决这些问题有关。

1847年,克希霍夫(Kirchhoff)第一次把图论用于电路网络的拓扑分析,开创了图论面向实际应用的成功先例。此后,随着实际的需要和科学技术的发展,在近半个世纪内,图论得到了迅猛的发展,已经成了数学领域中最繁茂的分支学科之一。尤其在电子计算机问世后,图论的应用范围更加广泛,在解决运筹学、信息论、控制论、网络理论、博奕论、化学、社会科学、经济学、建筑学、心理学、语言学和计算机科学中的问题时,扮演着越来越重要的角色,受到工程界和数学界的特别重视,成为解决许多实际问题的基本工具之一。

图论研究的课题和包含的内容十分广泛,专门的著作很多,很难在一本教科书中概括它的全貌。作为离散数学的一个重要内容,本书主要围绕与计算机科学有关的图论知识介绍一些基本的图论概论、定理和研究内容,同时也介绍一些与实际应用有关的基本图类和算法,为应用、研究和进一步学习提供基础。

案例的提出:计算机鼓轮设计——布鲁英(De Bruijn)序列,旋转鼓轮的表面分成8个扇面,如图6-26所示。

图6-26中阴影部分表示用导体材料制成,空白区用绝缘材料制成。触点a、b和c与扇面接触时接触导体输出1,接触绝缘体输出0。鼓轮按逆时针旋转,触点每转一个扇区就输出一个二进制信号。问:鼓轮上的8个扇区应如何安排导体或绝缘体,使鼓轮旋转一周,触点输出一组不同的二进制信号?

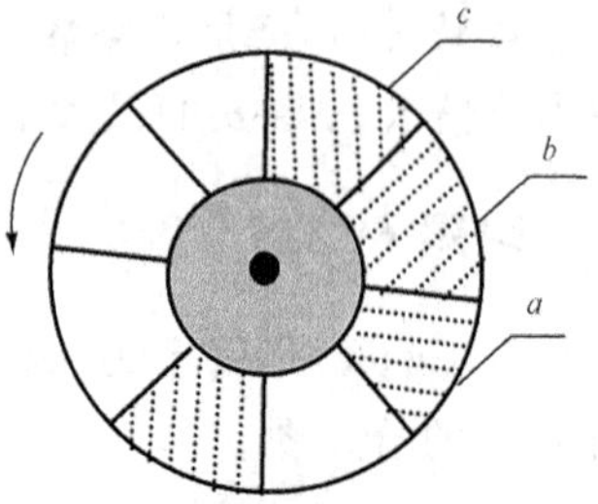

图6-26

本节将解决这个问题。

6.3.1 图的基本概念

在日常生活、生产活动及科学研究中,人们常用点表示事物,用点与点之间是否有连线表示事物之间是否有某种关系,这样构成的图形就是图论中的图。其实,集合论中二元关系的关系图都是图论中的图。在这些图中,人们只关心点之间是否有连线,而不关心点的位置,以及连线的曲直,这就是图论中的图与几何学中的图形的本质区别。

1. 图的基本类型

图是用于描述现实世界中离散客体之间的关系的有用工具。在集合论中采用了以图形来表示二元关系的办法,在那里,用点来代表客体,用一条由点a指向点b的有向线段来代表客体a和b之间的二元关系aRb,这样,集合上的二元关系就可以用点的集合V和有向线

的集合 E 构成的二元组 (V,E) 来描述。同样的方法也可以用来描述其他的问题。当考察全球航运时，可以用点来代表城市，用线来表示两城市间有航线通达；当研究计算机网络时，可以用点来表示计算机及终端，用线表示它们之间的信息传输通道；当研究物质的化学结构时，可以用点来表示其中的化学元素，而用线来表示元素之间的化学键。在这种表示法中，点的位置及线的长短和形状都是无关紧要的，重要的是两点之间是否有线相连。从图形的这种表示方式中可以抽象出图的数学概念。

首先，引入无序积和多重集合的概念。

定义 1　设 A、B 为任意的两个集合，称 $\{\{a,b\} \mid a \in A, b \in B\}$ 为 A 与 B 的无序积，记作 $A\&B$。

为了方便起见，将无序积中的无序对 $\{a,b\}$ 记为 $<a,b>$，并且允许 $a=b$。需要指出的是，无论 a,b 是否相等，均有 $<a,b>=<b,a>$，因而 $A\&B=B\&A$。

定义 2　元素可以重复出现的集合称为多重集合。其元素重复出现的次数称为该元素的重复度。

例如，在多重集合 $\{a,a,b,b,b,c,d\}$ 中，a,b,c,d 的重复度分别为 2，3，1，1。

定义 3（无向图的定义）　一个无向图是一个有序的二元组 (V,E)，记作 G，其中

(1) $V \neq \varnothing$，称为顶点集，其元素称为顶点或结点；

(2) E 称为边集，它是无序积 $V\&V$ 的多重子集，其元素称为无向边（undirected edge），简称为边。

定义 4（有向图的定义）　一个有向图是一个有序的二元组 (V,E)，记作 G，其中

(1) V 同无向图；

(2) E 为边集，它是笛卡尔积 $V \times V$ 的多重子集，其元素称为有向边（directed edge），简称边。

注：上面给出了无向图（undirected graph）和有向图（digraph）的集合定义，但人们总是用图形来表示它们，即用实心点表示顶点，用顶点之间的连线表示无向边，用有方向的连线表示有向边。

【例 1】　(1) 给定无向图 $G=(V,E)$，其中，$V=\{v_1,v_2,v_3,v_4,v_5\}$，

$E=\{<v_1,v_1>,<v_1,v_2>,<v_2,v_3>,<v_2,v_3>,<v_2,v_5>,<v_1,v_5>,<v_4,v_5>\}$。

(2) 给定有向图 $D=(V,E)$，其中，$V=\{a,b,c,d\}$，

$E=\{(a,a),(a,b),(a,b),(a,d),(d,c),(c,d),(c,b)\}$。

画出 G 与 D 的图形。

解　如图 6-27 所示。

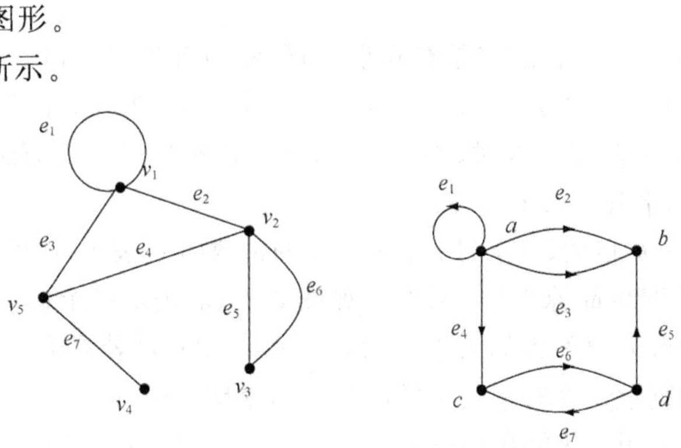

(1)　　(2)

图 6-27

以后为了行文的方便，在不引起歧义的情况下，如果边的顶点是 u、v，不论是有向边还是无向边，都记作边 uv。

一个图是由一些顶点以及连接顶点的边构成的。边又分为两种：有向边和无向边。在有向边的两个端点中，一个是始点，另一个是终点，有向边的箭头方向自始点指向终点。在无向边中，每个端点都可作为始点或终点。

易知，有向图中各边都是有向边；无向图中各边都是无向边。把既有有向边又有无向边的图称为混合图(mixed graph)。

注：通常用两个箭头方向相反且端点相同的有向边来替代一条无向边，所以混合图可以转化为有向图，本章不再对混合图做单独的讨论。

例如，在图 6-28 中，(a)所示的是无向图，(b)所示的为有向图，(c)所示的为混合图，(d)所示的是混合图(c)转化而成的有向图。

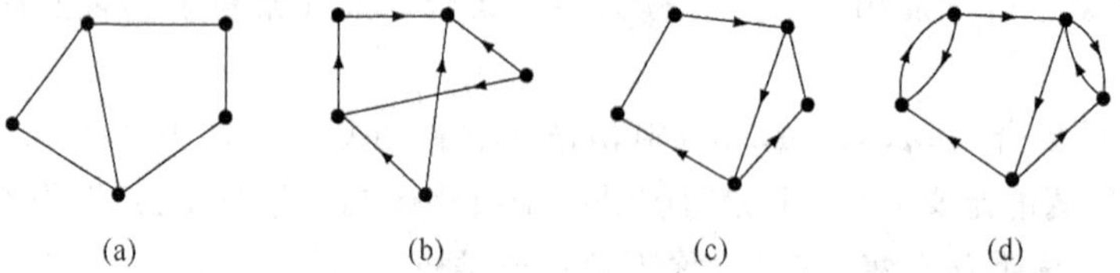

图 6-28

给图的结点标以名称，如图 6-27 中的 v_1, v_2, v_3, v_4, v_5，这样的图称为标定图(labled graph)。同时也可对边进行标定，图 6-27 中，$e_1 = (v_1, v_2)$，$e_2 = (v_2, v_2)$，$e_3 = (v_2, v_3)$，$e_4 = (v_1, v_3)$，$e_5 = (v_1, v_3)$，　$e_6 = (v_3, v_4)$。

当 $e = (u, v)$ 时，称 u 和 v 是 e 的端点(或顶点)(end point)，并称 e 与 u 和 v 是关联的(incidence)，而称结点 u 与 v 是邻接的(adjacent)。若两条边关联于同一个结点，则称两边是邻接的。无边关联的结点称为孤立点(isolated point)；若一条边关联的两个结点重合，则称此边为环(ring)或自回路(self circuit)。若 $u \neq v$，则称 e 与 u (或 v)关联的次数是 1；若 $u = v$，称 e 与 u 关联的次数为 2；若 u 不是 e 的端点，则称 e 与 u 的关联次数为 0(或称 e 与 u 不关联)。在图 6-27 中，$e_1 = (v_1, v_2)$，v_1，v_2 是 e_1 的端点，e_1 与 v_1 、v_2 的关联次数均为 1，v_5 是孤立点，e_2 是环，e_2 与 v_2 关联的次数为 2。

当 $e = (u, v)$ 是有向边时，又称 u 是 e 的始点(initial point)，v 是 e 的终点(terminal point)。

如果图的结点集 V 和边集 E 都是有限集，则称图为有限图(finite graph)。本书讨论的图都是有限图。若图 $G = (V, E)$ 中，$|V| = n$，$|E| = m$，为了方便起见，这样的图也称为 (n, m) 图，有时也简称 n 阶图。这时，$(n, 0)$ 图，即只含有顶点而没有边的图称为零图(null graph)，$(1, 0)$ 图称为平凡图(trivial graph)。

图 G 的顶点数称为 G 的阶，用字母 n 表示。G 的边数用 m 表示，也可以表示成 $E(G) = m$。一个边数为 m 的 n 阶图可简称为 (n, m) 图。如图 6-28(a)表示一个(5,6)图。

关联于同一对顶点的两条边称为平行边(parallel edge)(若是有向边，方向应相同)，平行边的条数称为边的重数。含有平行边的图称为多重图(multiple graph)。

不含平行边和环的图称为简单图(simple graph)。本章主要讨论简单图。

例如，在图 6-29 中，(a)为无向多重图，(b)是有向多重图，(c)是无向简单图，(d)是有向简单图。

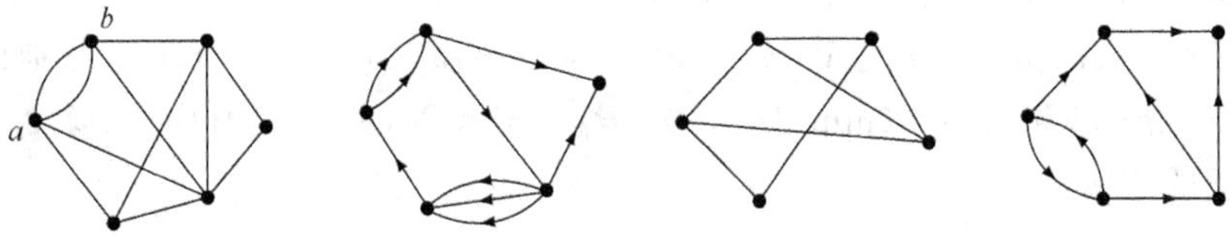

(a) (b) (c) (d)

图 6-29

如果把有向图中每条有向边的箭头去掉，使之成为无向图，由此而得到的无向图称为有向图的底图。在图 6-30 中，(b)是(a)的底图。

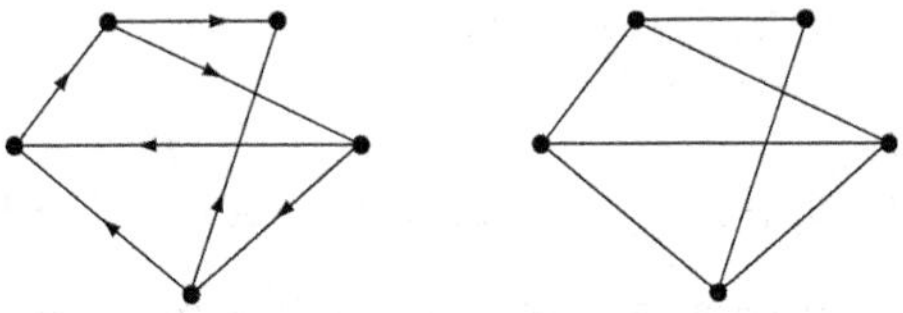

(a) (b)

图 6-30

在由实际问题抽象出来的图中，顶点和边往往带有信息，常称这种信息为权，含有信息的图称为赋权图。例如，图 6-31 中，每个顶点表示一个城市，各顶点处的数字表示该城市的人口数，边上的数字表示两城市间的公路长度，该图即为一个赋权图，上面的权都有实际意义。

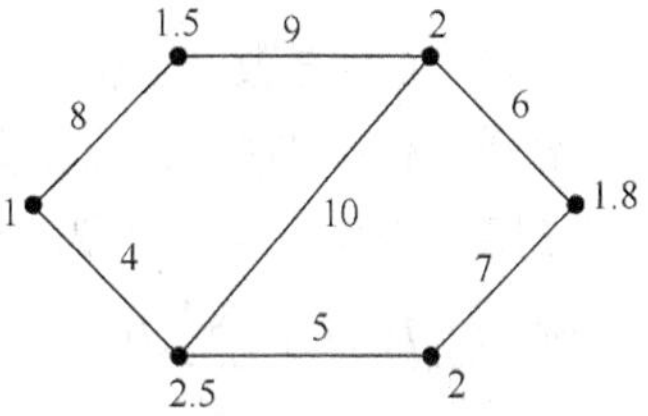

图 6-31

2. 图论基本定理

定义 5 设 $G=(V,E)$ 为一无向图，$v \in V$，v 关联边的次数称为顶点 v 的度数，简称度(degree)，记作 $d(v)$。

定义 6 设 $G=(V,E)$ 为一有向图，$v \in V$，v 作为边的始点的次数，称为 v 的出度(out degree)，记作 $d^+(v)$；v 作为边的终点的次数称为 v 的入度(indegree)，记作 $d^-(v)$；v 作为边的端点的次数称为 v 的度数，简称度(degree)，记作 $d(v)$。显然，$d(v)=d^+(v)+d^-(v)$。

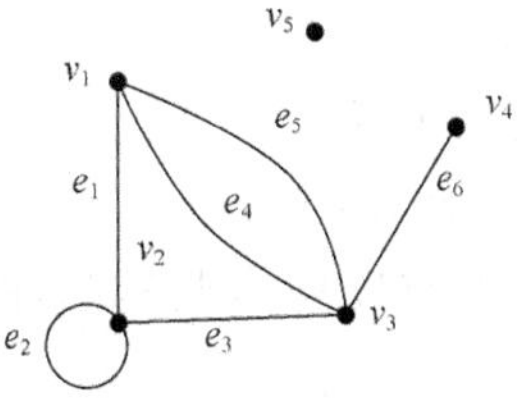

图 6-32

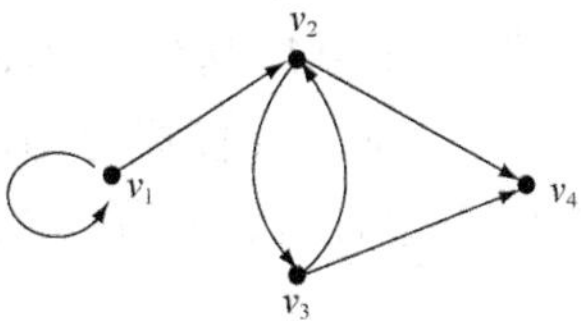

图 6-33

在图 6-32 中，$d(v_1)=3$，$d(v_2)=4$，$d(v_4)=1$，$d(v_5)=0$；

在图 6-33 中，$d^+(v_1)=2$，$d^-(v_1)=1$，$d^+(v_4)=0$，$d^-(v_4)=2$，$d^+(v_2)=d^-(v_2)=2$。

称度为 1 的结点为悬挂点(hanging point),与悬挂点关联的边称为悬挂边(hanging edge)。如图 6-32 中,v_4 是悬挂点,e_6 是悬挂边。

记 $\Delta(G)=\max\{d(v)\mid v\in V(G)\}$,$\delta(G)=\min\{d(v)\mid v\in V(G)\}$,分别称为图 G 的最大度(max degree)和最小度(min degree)。若 $G=<V,E>$ 是有向图,除 $\Delta(G)$,$\delta(G)$ 外,还有如下的定义:

最大出度 $\Delta^{+}(G)=\max\{d^{+}(v)\mid v\in V\}$,

最大入度 $\Delta^{-}(G)=\max\{d^{-}(v)\mid v\in V\}$,

最小出度 $\delta^{+}(G)=\min\{d^{+}(v)\mid v\in V\}$,

最小入度 $\delta^{-}(G)=\min\{d^{-}(v)\mid v\in V\}$。

图 6-33 中,$\Delta(G)=4$,$\delta(G)=2$,

$\Delta^{+}(G)=2$,$\delta^{+}(G)=0$,$\Delta^{-}(G)=2$,$\delta^{-}(G)=1$。

【例 2】 在图 6-32 中,

$\sum\limits_{v\in V}d(v)=d(v_1)+d(v_2)+d(v_3)+d(v_4)+d(v_5)=3+4+4+1+0=12$,而该图有 6 条边,即顶点度数和是边数的 2 倍。事实上,这是图的一般性质。

定理 1(图论基本定理——握手定理) 设图 G 为具有结点集 $\{v_1,v_2,\cdots,v_n\}$ 的 (n,m) 图,则 $\sum\limits_{i=1}^{n}d(v_i)=2m$,即各顶点的度数之和等于边数的两倍。

若 $d(v)$ 为奇数,则称 v 为奇点;若 $d(v)$ 为偶数,则称 v 为偶点。

推论 任一图中,奇点个数为偶数。

证明 设 $V_1=\{v\mid v\text{为奇点}\}$,$V_2=\{v\mid v\text{为偶点}\}$,

则 $\sum\limits_{v\in V_1}d(v)+\sum\limits_{v\in V_2}d(v)=\sum\limits_{v\in V}d(v)=2m$。因为 $\sum\limits_{v\in V_2}d(v)$ 是偶数,所以 $\sum\limits_{v\in V_1}d(v)$ 也是偶数,而 V_1 中每个点 v 的度 $d(v)$ 均为奇数,因此 $|V_1|$ 为偶数。

对有向图,还有下面的定理。

定理 2 设有向图 $G=<V,E>$,$v=\{v_1,v_2,\cdots,v_n\}$,$|E|=m$,

则 $\sum\limits_{i=1}^{n}d^{+}(v_i)=\sum\limits_{i=1}^{n}d^{-}(v_i)=m$。

以上两个定理及推论都很重要,要牢记并灵活运用。

设 $v=\{v_1,v_2,\cdots,v_n\}$ 是图 G 的结点集,称 $d(v_1),d(v_2),\cdots,d(v_n)$ 为 G 的度序列。如图 6-32 的度序列为 3,4,4,1,0,图 6-33 的度序列是 3,4,3,2。

【例 3】 (1) 图 G 的度序列为 2,2,3,3,4,则边数 m 是多少?

(2) 3,3,2,3;5,2,3,1,4 能成为图的度序列吗?为什么?

(3) 图 G 有 12 条边,度数为 3 的结点有 6 个,其余结点度均小于 3,问:图 G 中至少有几个结点?

解 (1) 由握手定理得 $2m=\sum\limits_{v\in V}d(v)=2+2+3+3+4=14$,所以 $m=7$。

(2) 由于这两个序列中有奇数个是奇数,由握手定理的推论知,它们都不能成为图的度序列。

(3) 由握手定理得 $\sum d(v)=2m=24$,度数为 3 的结点有 6 个,占去 18 度,还有 6 度由其余结点占有，其余结点的度数可为 0，1，2，当均为 2 时，所用结点数最少，所以应由 3 个结点占有这 6 度，即图 G 中至少有 9 个结点。

【例 4】 证明在 $n(n\geqslant 2)$ 个人的集体中，总有两个人在此团体中恰有相同个数的朋友。

解 以结点代表人，二人如果是朋友，则在代表他们的结点间连上一条边，这样可得无向简单图 G，每个人的朋友数即是图中代表他的结点的度数，于是问题转化为：n 阶无向简单图 G 必有两个结点的度数相同。

用反证法，设 G 中每个结点的度数均不相同，则度序列为 $0,1,2,\cdots,n-1$，说明图中有孤立点，而图 G 是简单图，这与图中有 $n-1$ 度结点相矛盾。所以必有两个结点的度数相同。

3. 基本图例

定义 7 设图 G 是无向简单图，如果图中每个顶点的度数都为 k，则称图 G 为 k 度正则图(k－regular graph)，也可记为 k－正则图。

例如，图 6-34 中，(a)是 3－正则图，(b)是 4－正则图。

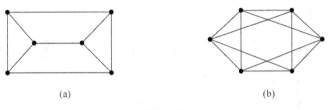

(a)　　(b)

图 6-34

定义 8 在 n 阶无向简单图中，如果任意两个不同的顶点之间都有一条边关联，则称此无向图为 n 阶无向完全图(undirected complete graph)，记作 K_n。

例如，图 6-35 是常用的几个完全图。显然，K_n 是$(n-1)$度正则图。

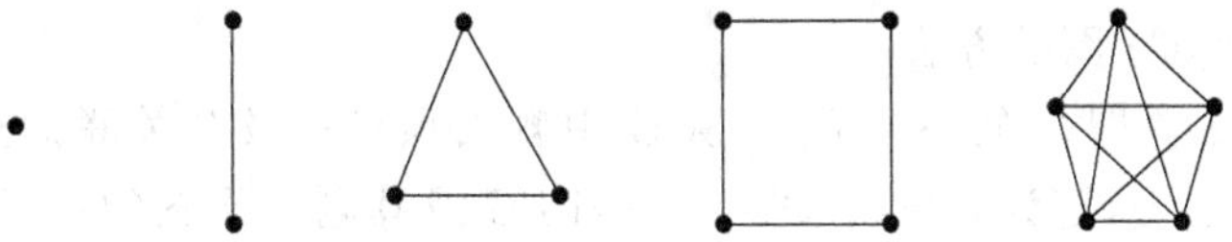

K_1　K_2　K_3　K_4　K_5

图 6-35

定义 9 在 n 阶有向图中，如果任意两点都有两条方向相反的有向边关联，则称此有向图为 n 阶有向完全图(directed complete graph)。

例如，图 6-36 是常用的几个有向完全图。

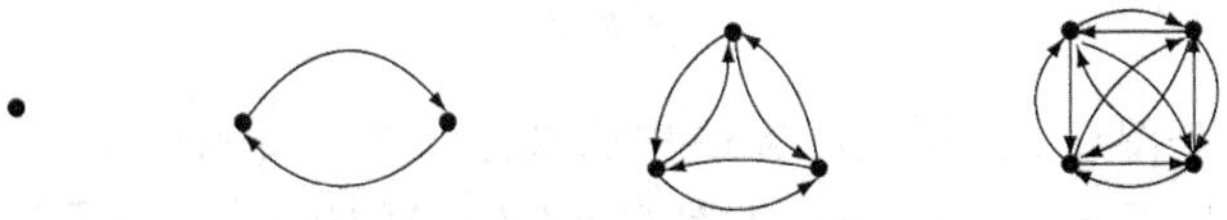

D_1　D_2　D_3　D_4

图 6-36

定义 10 在 n 阶有向图中，如果其底图是无向完全图，则称此有向图为竞赛图(tournament)。

例如,在图 6-37 中,(a)是 4 阶的竞赛图,(b)是 5 阶的竞赛图。

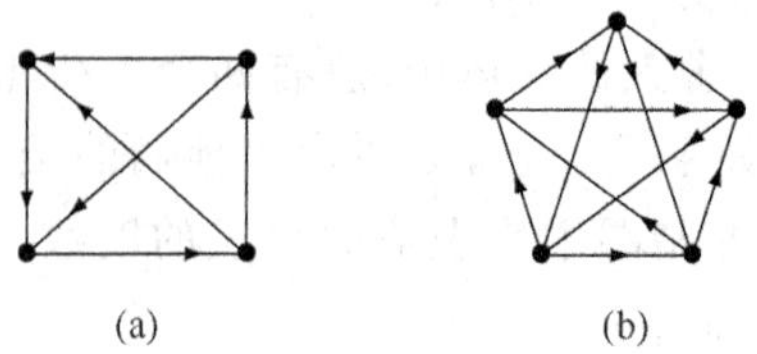

图 6-37

4. 子图

首先介绍图的两种操作。

删边:删去图中某一条边,但仍保留这条边的两个端点。

删点:删去图中某一点以及与这个点关联的所有边。

例如,图 6-38(a)删去边 ab 后所得的图如图 6-38 (b)所示;图 6-38(a)删去点 d 后所得的图如图 6-38(c)所示。

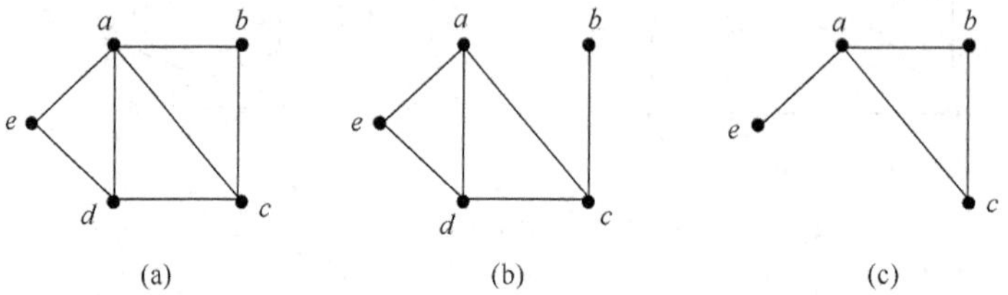

图 6-38

定义 11 设 $G=(V_1,E_1)$ 和 $H=(V_2,E_2)$ 是两个图,若满足 $V_2\subseteq V_1$ 且 $E_2\subseteq E_1$,则称 H 是 G 的子图(sub-graph)。

由一个图产生其子图的方法。

删点子图:设 v 是图 G 的一个顶点,从 G 中删去顶点 v 及其关联的全部边以后得到的图,称为 G 的删点子图,记为 $G-v$。图 6-39 是图 G 及其删点子图的例子。一般地,设 $S=\{v_1,v_2,\cdots,v_k\}$ 是 $G=(V,E)$ 的顶点集 V 的子集,则 $G-\{v_1,v_2,\cdots,v_k\}$ 就是从 G 中删去顶点 $v_1,v_2,\cdots,v_k$ 以及它们关联的全部边后得到的 G 的删点子图,也可以简记为 $G-S$。

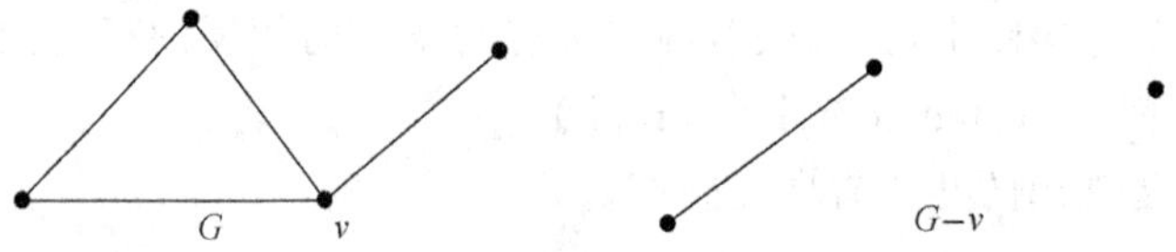

图 6-39

删边子图:设 e 是图 G 的一条边,从 G 中删去边 e 之后得到的图称为 G 的删边子图,记为 $G-e$。一般地,设 $T=\{e_1,e_2,\cdots,e_t\}$ 是 $G=(V,E)$ 的边集 E 的子集,则 $G-T$ 就是从 G 中删去 T 中的全部边以后得到的图。图 6-40 是删边子图的例子。

由以上例子可知,图 G 的子图就是在图 G 中删去一些边或顶点后所得的图。

下面介绍常用的一些子图。

定义 12 在图 G 中删去一些边后所得的子图称为图 G 的生成子图(spanning sub-

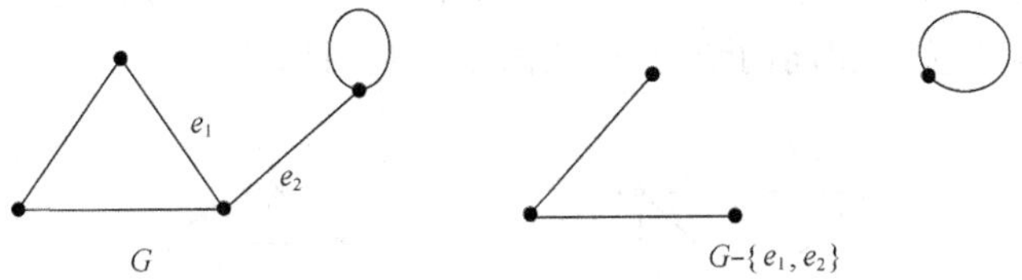

图 6-40

graph)。

由于在图中删去一条边后，仍保留边的两个端点，所以图 G 的生成子图必然含有图 G 的所有顶点，因此生成子图也可以这样定义：保留图 G 的所有顶点的子图称为图 G 的生成子图。

例如，在图 6-41 中，图(b)是图(a)的一个生成子图。

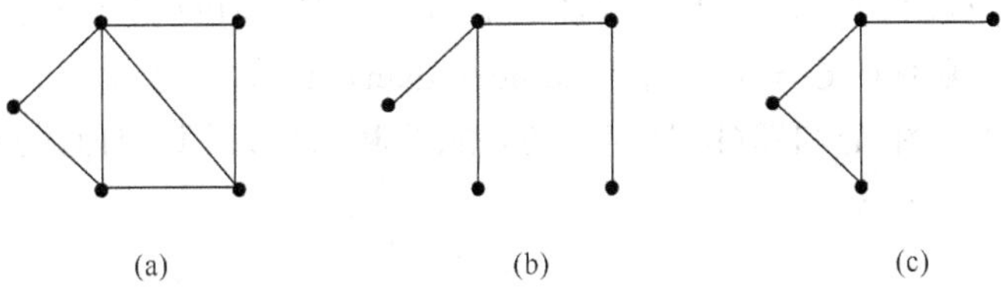

图 6-41

定义 13　在图 G 中，仅删去图中一个顶点后所得的子图称为图 G 的主子图。

例如，图 6-41 中，图(c)是图(a)的一个主子图。

定义 14(点诱导子图)　设 $G=(V,E)$是一个图，$S\subseteq V$，则 $G(S)=(S,E')$ 是一个以 S 为结点集，以 $E'=\{uv \mid u,v\in S,uv\in E\}$ 为边集的图，称为 G 的点诱导子图(inducedsub-graph)。例如，图 6-42 是点诱导子图的一个例子。

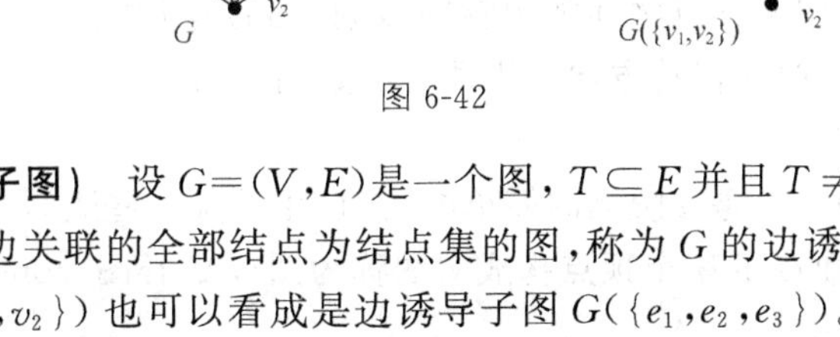

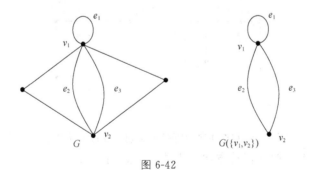

图 6-42

定义 15(边诱导子图)　设 $G=(V,E)$是一个图，$T\subseteq E$ 并且 $T\neq\emptyset$，则 $G(T)$是一个以 T 为边集，以 T 中各边关联的全部结点为结点集的图，称为 G 的边诱导子图。例如，图 6-42 中点诱导子图 $G(\{v_1,v_2\})$ 也可以看成是边诱导子图 $G(\{e_1,e_2,e_3\})$。

5. 图的同构

由于在画图时，结点的位置和边的几何形状是无关紧要的，因此表面上完全不同的图形可能表示的是同一个图。为了判断不同图形是否表示同一个图形，在此给出图的同构的概念。

例如，在图 6-43 中，若将图(a)中的顶点 e 置于上方，如图(b)所示。易见，这两个图虽有不同的“外貌”，但却有完全相同的结构，称这两个图是同构的。

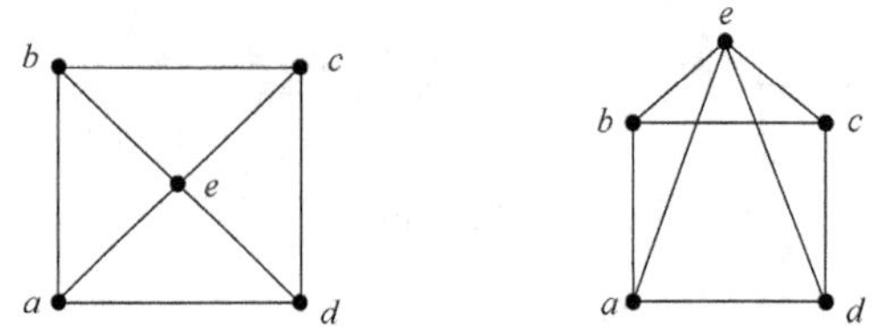

(a) (b)

图 6-43

下面给出图同构的定义。

定义 16 设有两个图 $G=(V,E)$，$G_1=(V_1,E_1)$，如果存在双射 $h:V\rightarrow V_1$，使得 $(u,v)\in E$ 当且仅当 $(f(u),f(v))\in E_1$（或者 $<u,v>\in E$ 当且仅当 $<f(u),f(v)>\in E_1$），且它们的重数相同，则称图 G 与 G_1 同构(isomorphism)，记作 $G\cong G_1$。

例如，图 6-44 中，图(a)和图(b)是同构的，图(c)和图(d)说明如何因点的不同位置而形成不同的外貌。

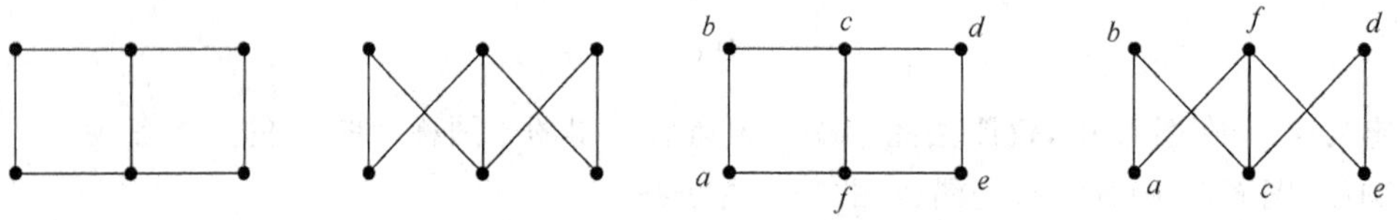

(a) (b) (c) (d)

图 6-44

例如，图 6-45 中，两个图不同构。

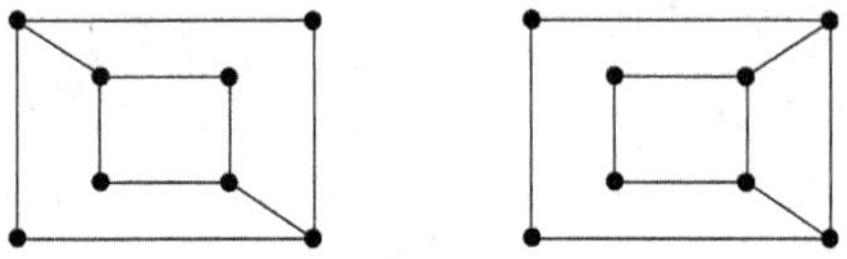
H_1 H_2

图 6-45

定义 16 说明，两个图的顶点之间如果存在双射，而且这种映射保持了结点间的邻接关系和边的重数(在有向图时还保持方向)，则两个图是同构的。

6. 补图

定义 17 设 $G=(V,E)$ 是 n 阶无向简单图，在 G 中添加一些边后，可使 G 成为 n 阶无向完全图，由这些添加边和 G 的 n 个顶点构成的图称为图 G 的补图(complement graph)，记作 $\overline{G}$。显然，$\overline{G}$ 可以看成是某完全图 K_n 的删边子图 K_n-E。

例如，图 6-46 中，图(a)是一个无向简单图，在此图中添加一些边(用虚线画出)，可使其成为 5 阶无向完全图，如图(b)所示。由此可知，图(c)是图(a)的补图。

由补图的定义可知，$\overline{G}$ 的补图是 G，所以有 $\overline{\overline{G}}=G$。

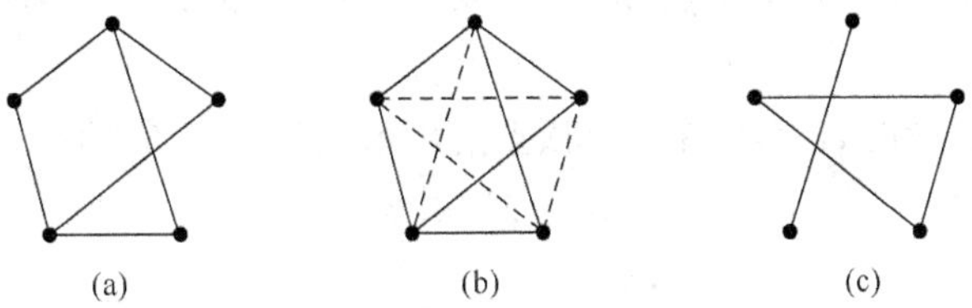

图 6-46

定义 18 当 n 阶无向简单图 G 和它的补图 $\bar{G}$ 同构时，称 G 为自补图(self complementary graph)。

例如，图 6-47 中，图(a)是一个 4 阶无向简单图，其补图如图(b)所示，易见图(a)和图(b)是同构的，所以(a)是自补图。

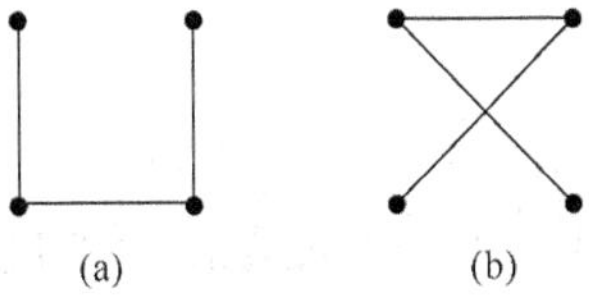

图 6-47

【例 5】 设图 G 是 4 度正则图，若图中有 n 个顶点，m 条边，证明 $m=2n$。

证明 由于图 G 是 4 度正则图，所以图中各顶点的度数之和为 $4n$。又由于图中各顶点的度数之和为边数的两倍，所以有 $4n=2m$，从而证得 $m=2n$。

【例 6】 设图 G 是 4 度正则图，图中顶点数 n 和边数 m 满足 $n=m-6$。求 n 和 m，并画出一种符合题设条件的图形。

解 由上例可知，$m=2n$，代入 $n=m-6$ 后，即得 $n=6$ 和 $m=12$。

图 6-48 所示的图即为所求的一种图形。

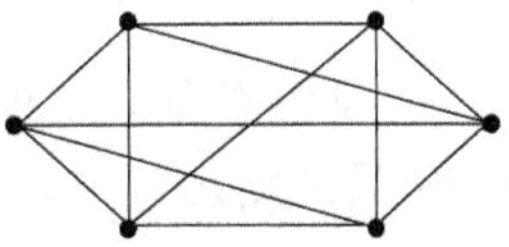

图 6-48

【例 7】 画出 4 阶无向完全图 K_4 的所有不含孤立点的生成子图。

解 一个图的生成子图就是含有图中所有顶点的子图。K_4 的所有不含孤立点的生成子图如图 6-49(a)～(g)所示。

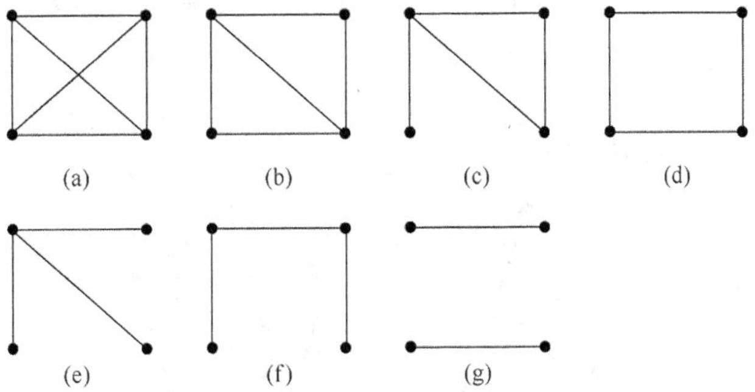

图 6-49

【例 8】 设无向图 G 有 n 个顶点，$n+1$ 条边。证明在图 G 中至少有一个顶点，其度数大于等于 3。

证明 用反证法。设图 G 中没有一个顶点的度数大于等于 3，即有

$$\deg(v_i) \leqslant 2,$$

$$\sum_{i=1}^{n} \deg(v_i) \leqslant 2n,$$

其中 $v_1, v_2, \cdots, v_n$ 是图 G 的 n 个顶点。

由题设条件可知

$$\sum_{i=1}^{n} \deg(v_i) = 2(n+1) = 2n+2,$$

于是有 $2n+2 \leqslant 2n$，这是不可能的，由此证得图 G 中至少有一个度数大于等于 3 的顶点。

习题 6.3.1

1. 设无向图 G 有 8 条边，图中有 3 个 3 度点，2 个 2 度点，其他都是 1 度点。问：图 G 中有几个 1 度点？

2. 证明 3－正则图必有偶数个顶点。

3. 设无向图 G 有 14 条边，有 2 个 4 度点，4 个 3 度点，其余顶点的度数均小于 3。问：图 G 中至少有几个顶点？

4. 证明在 n 阶完全图 K_n 中有 $\frac{n(n-1)}{2}$ 条边。

5. 设图 G 是 3 度正则图，其顶点数 n 和边数 m 满足 $3m=4n+4$，求 n 和 m，并画出一个符合题设的图。

6. 画出图 6-50 的所有主子图。

7. 画出图 6-51 的所有生成子图。

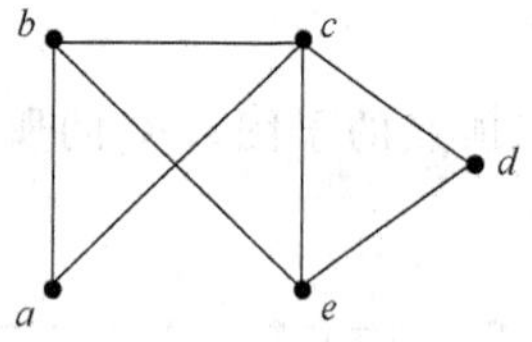

图 6-50

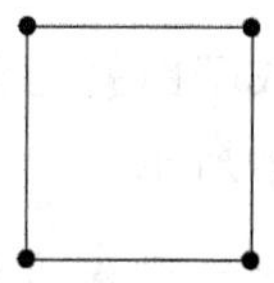

图 6-51

8. 画出图 6-52 所示的两个图的补图。

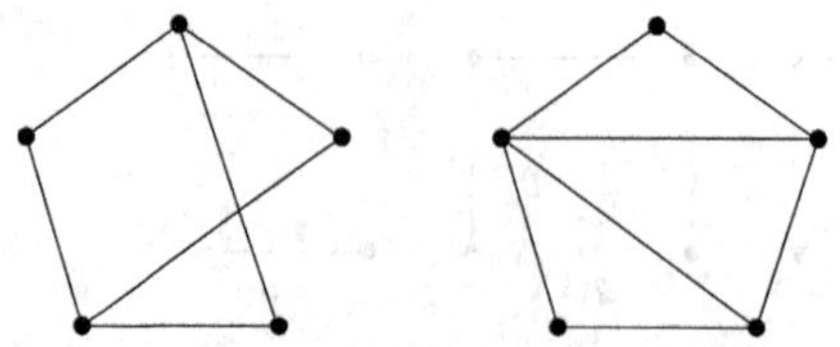

(a) (b)

图 6-52

9. 画出两个不同的 5 阶自补图。

10. 证明图 6-53 中的两个图是同构的。

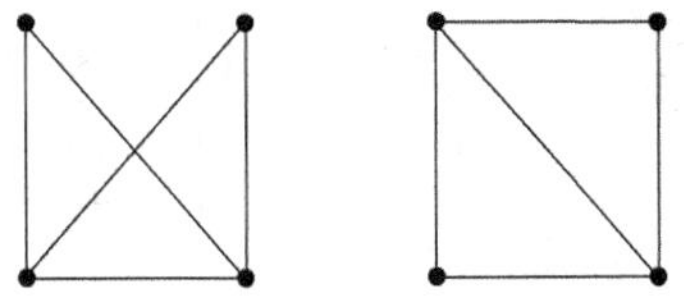

(a) (b)

图 6-53

11. 设图 G 是 n 阶无向简单图，其中 n 是偶数，若图 G 中有 k 个奇数度点，问：在其补图 $\bar{G}$ 中有多少个奇数度点？

6.3.2 图的连通性

1. 通路与回路

在图或有向图中，常常要考虑从确定的顶点出发，沿顶点和边连续地移动而到达另一个确定的顶点的问题。从这种由顶点和边（或有向边）的序列的构成方式中可以抽象出图的道路概念。

定义 1 图（无向图或有向图）$G(V,E)$ 中的非空序列 $p = v_0e_1v_1e_2\cdots e_kv_k$，称为 G 的一条由顶点 v_0 到 v_k 的通路(path)，其中 $v_0, v_1, \cdots, v_k$ 是 G 的顶点，$e_1, \cdots, e_k$ 是 G 的边（或有向边），并且对所有的 $1 \leqslant i \leqslant k$，边 e_i 与顶点 v_{i-1} 和 v_i 都关联（或 e_i 是由 v_{i-1} 指向 v_i 的有向边）。v_0 称为通路 p 的起点，v_k 称为 p 的终点，其余顶点称为 p 的内部顶点。p 中边的数目 k 称为该通路的长度。如果通路中的始点与终点重合，则称为回路(circuit)。

对于由单个顶点构成的序列 $p = v_0$，看成是道路的特殊情形，称为零道路，其长度为 0。

定义 2 如果通（回）路中的各边都不相同，则称此通（回）路为简单通（回）路。

定义 3 如果通（回）路中的各个顶点都不相同，则称此通（回）路为基本通（回）路。

例如，图 6-54 中，

通路：$v_1e_1v_1e_3v_4e_3v_1e_2v_2e_5v_4$，

简单通路：$v_1e_1v_1e_3v_4e_4v_2e_5v_4$，

回路：$v_1e_1v_1e_3v_4e_4v_2e_2v_1$，

基本通路：$v_1e_3v_4e_4v_2e_6v_3$，

基本回路：$v_1e_3v_4e_7v_3e_6v_2e_2v_1$；

有向图 6-55 中，

通路：$v_1e_5v_3e_6v_4e_7v_1e_5v_3$，

简单通路：$v_1e_5v_3e_3v_2e_2v_2$，

回路：$v_3e_3v_2e_2v_2e_1v_1e_5v_3$，

基本通路：$v_3e_3v_2e_1v_1$，

基本回路：$v_3e_6v_4e_7v_1e_5v_3$。

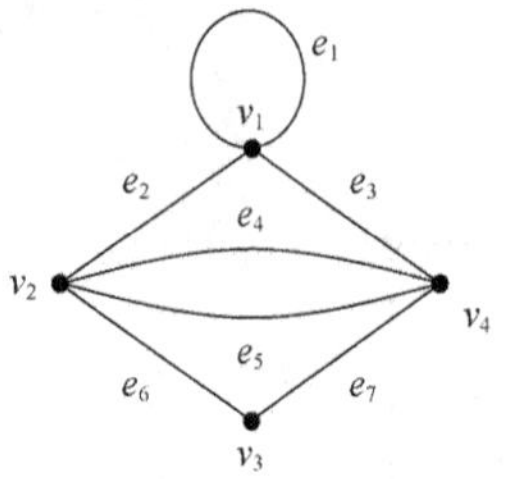

图 6-54

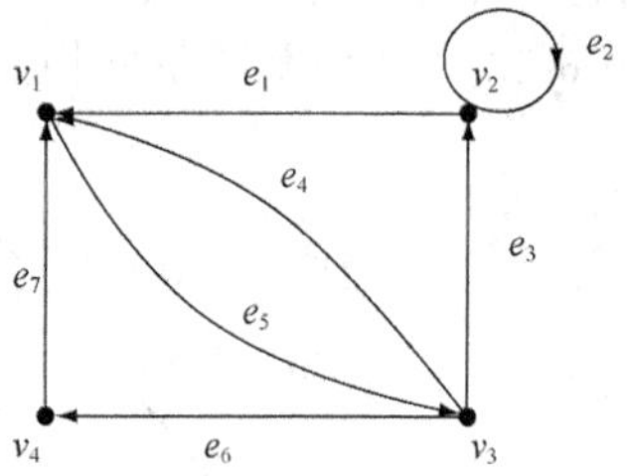

图 6-55

说明：对于简单图或简单有向图，由于每条边用顶点对就能唯一表示，因此一条道路 $p = v_0e_1v_1e_2\cdots e_kv_k$ 仅用顶点列 $p = v_0v_1v_2\cdots v_k$ 表示就行了。

通路问题是图论中的重要内容，常常要涉及具体有某种特征的通路存在性问题。

定理 1 如果在 n 阶图中，存在从顶点 u 到 v 的道路，则必存在从 u 到 v 的长度不超过 $n-1$ 的道路。

证明 设 $p_0 = v_0v_1\cdots v_k$ 是一条从 u 到 v 的道路，其中 $v_0 = u, v_k = v$。若 $k > n-1$，则必有顶点 v_i 在 p_0 中至少出现两次，即 p_0 中存在子序列 $v_iv_{i+1}\cdots v_{i+j}(=v_i)$。从 p_0 中去掉子序列 $v_{i+1}v_{i+2}\cdots v_{i+j}$，得到一个新的序列 $p_1 = v_0v_1\cdots v_iv_{i+j+1}\cdots v_k$，则 p_1 的长度 $k_1 < k$。

若 $k_1 \leqslant n-1$，p_1 便是所求道路；若 $k_1 > n-1$，对 p_1 重复上述讨论，可构造出道路序列 $p_0, p_1, \cdots$，每个 p_i 的长度均小于 p_{i-1} 的长度 $(i \geqslant 1)$。由 p_0 的长度的有限性知道，必有 p_i，其长度小于 n。

定理 2 在 n 阶简单图中，如果存在一条通过顶点 v 的回路，则必有一条长度不大于 n 的通过顶点 v 的基本回路。

2. 无向图的连通性

定义 4 在图中，如果顶点 u 到 v 存在一条通路，则称 u 到 v 是可达的。

易见，在无向图中，如果 u 到 v 是可达的，则必有 v 到 u 也是可达的。

定义 5 在无向图中，如果任意两点都是可达的，则称此无向图为连通图(connected graph)；否则称为非连通图。

定义 6 如果无向图是非连通图，则图能分解为 k 个不相交的连通子图，称连通子图为此非连通图的连通分支(connected componet)。图 G 的连通分支数记为 $\omega(G)$。

例如，图 6-56 中(a)为连通图；(b)不是连通图，它由两个连通分支构成。

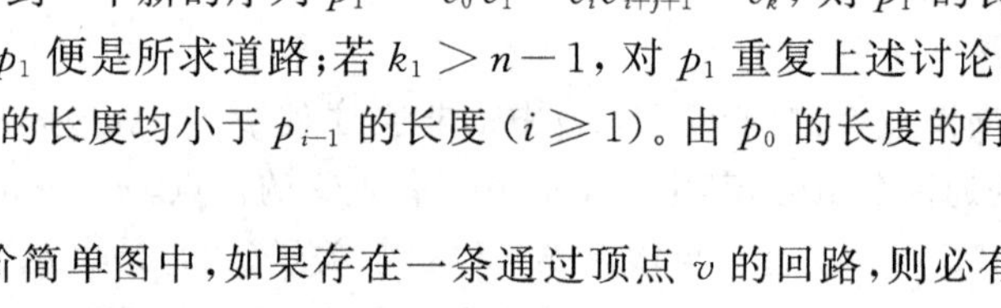

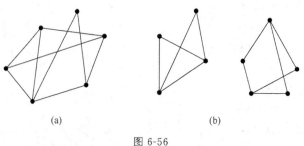

(a) (b)

图 6-56

容易看出，连通是无向图的顶点集上的一个等价关系。但是可达性却不是有向图的顶点集上的等价关系，因为它一般不满足对称性。有向图的连通性问题要复杂一些。

易见，只有一个连通分支的图称为连通图，连通分支数大于 1 的图称为非连通图。

3. 有向图的连通性

定义 7　设 $G=(V,E)$ 是一个简单有向图，如果对 G 中任何一对顶点 u 和 v，有 u 到 v 是可达的，或者 v 到 u 是可达的，则称 G 是单向连通图(unilaterally connected graph)；如果任何两个顶点 u 和 v 之间都是相互可达的，则称 G 是强连通图(strongly connected graph)；如果 G 的底图是无向连通图，则称 G 是弱连通图(weak connected graph)。

图 6-57 中(a)、(b)和(c)分别是强连通图、单向连通图和弱连通图的例子。

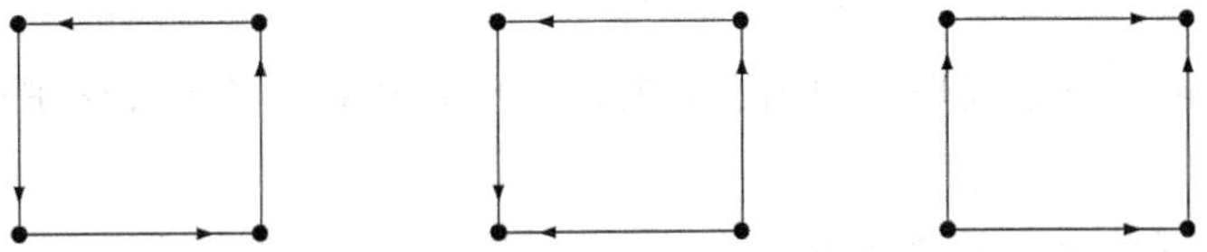

图 6-57

由定义可知，强连通图必是单向连通图，单向连通图必是弱连通图。但是这两个命题反过来并不成立。

定义 8　设 $G=(V,E)$ 是一个简单有向图，称 G 的极大强连通子图为 G 的强分图(strongly partite graph)；称 G 的极大单向连通子图为 G 的单向分图(unilaterally partite graph)；称 G 的极大弱连通子图为 G 的弱分图(weak partite graph)。

图 6-58 中的简单有向图是一个弱分图，其点诱导子图 $G(\{v_1,v_2,v_3\})$、$G(\{v_4\})$、$G(\{v_5\})$ 和 $G(\{v_6\})$ 都是强分图，$G(\{v_4,v_5,v_6\})$ 和 $G(\{v_1,v_2,v_3,v_4,v_5\})$ 都是单向分图。

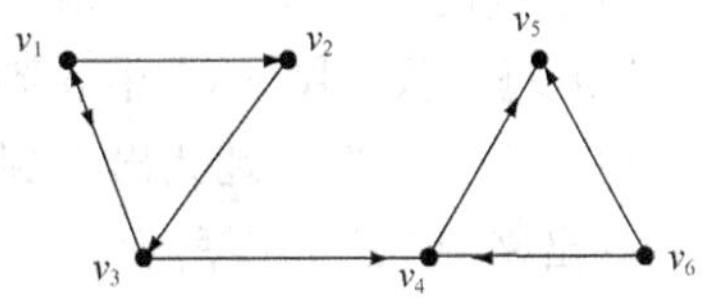

图 6-58

强分图在计算机科学中有特殊的应用。例如在操作系统中，同时有多道程序 $p_1,\cdots,p_m$ 在运行，设在某一时刻这些程序拥有的资源(如 CPU、主存储器、输入输出设备、数据集、数据库、编译程序等)的集合为 $\{r_1,r_2,\cdots,r_n\}$。一个程序在占有某项资源时可能对另一项资源提出要求，这样就存在着一个资源的动态分配问题。这个问题可以用一个有向图 $G^{(t)}=(V^{(t)},E^{(t)})$ 来表示。$V^{(t)}$ 是 t 时刻各项资源的集合 $\{r_1,r_2,\cdots,r_n\}$，$E^{(t)}$ 的每条有向边 (r_i,r_j)，加有标记 p_k 表示运行程序 p_k 在占有资源 r_i 的情况下又要求资源 r_j。图 6-59 是这样一个例子，其中程序 P_1 占有 r_2 时又要求 r_1，P_2 占有 r_3 时又要求 r_2，等等，资源分配就会出现冲突，只要各自都不释放已占有的资源，上述要求就无法满足，即出现所谓的“死锁”现象。“死锁”现象对应 $G^{(t)}$ 中存在非平凡的强分图。

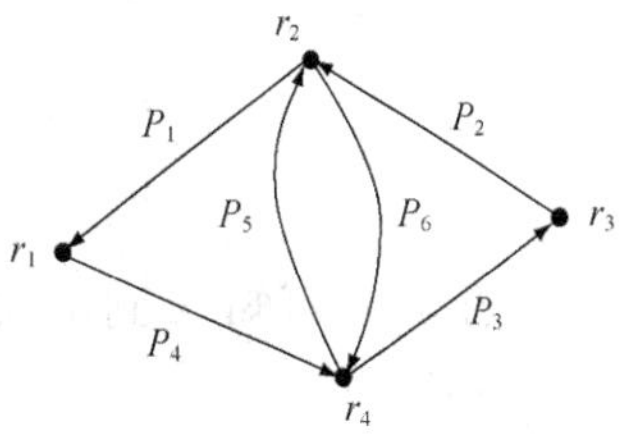

图 6-59

定理 3　一个简单有向图是强连通的当且仅当 G 中有一条包含每个顶点的有向闭道路。

定理 4　有向图是单向连通图的充分必要条件是：存在一条通过图中所有顶点的通路。

注：上述两定理是判别有向图是否是强连通图或单向连通图的重要工具。

【例 1】 指出在图 6-60 所示的 3 个有向图中，哪个是强连通图，哪个是单向连通图，哪个是弱连通图。

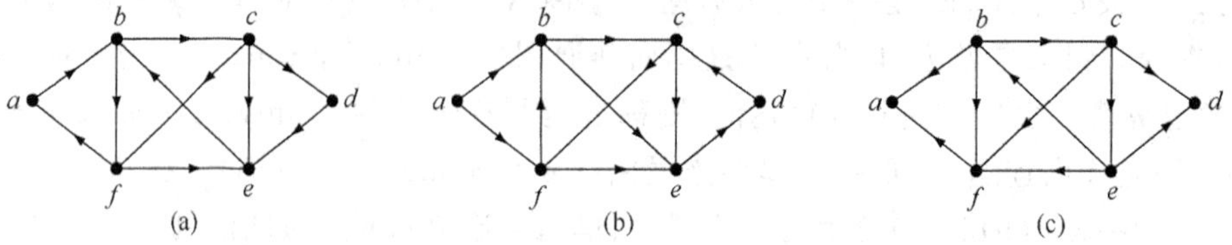

图 6-60

解 图 6-60(a)是强连通图。因为在此有向图中存在着一条通过图中所有顶点的回路，如有

$a \to b \to c \to d \to e \to b \to f \to a$,

所以图 6-60(a)是强连通图。

图 6-60(b)不是强连通图，因为顶点 a 的入度为 0，所以不可能存在一条通过图中所有点的回路，由此可知图 6-60 (b)不是强连通图。但图 6-60(b)是单向连通图，因为在图 6-60(b)中存在一条通过图中所有顶点的通路，如有

$a \to b \to e \to d \to c \to f$,

所以图 6-60(b)是单向连通图。

在图 6-60(c)中，由于顶点 a 的出度为 0，顶点 d 的出度也为 0，因此不可能存在通过图中所有顶点的回路和通路。由此可知，图 6-60(c)是弱连通图。

【例 2】 找出图 6-61 中 a 到 d 的所有基本通路。

解 为了不遗漏地找出 a 到 d 的所有基本通路，可构造一个图，把 a 到 d 的基本通路一一列举出来，如图 6-62 所示。

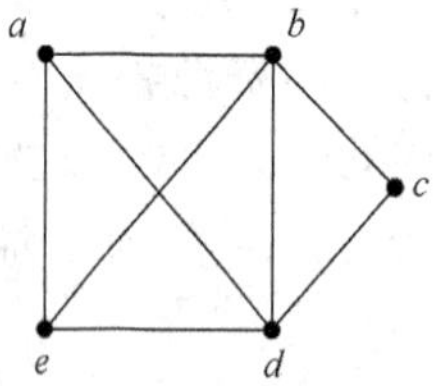

图 6-61

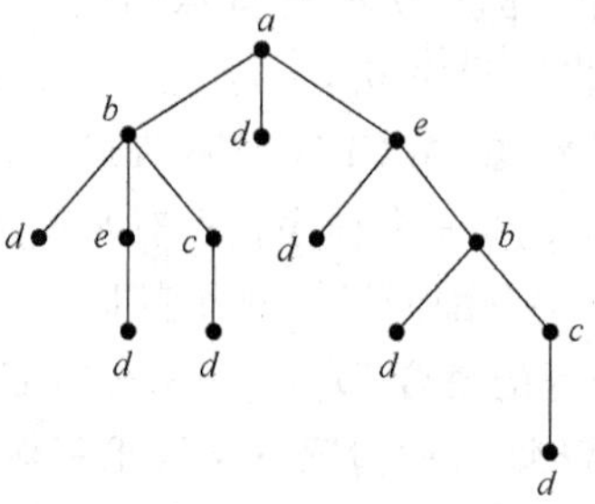

图 6-62

由图 6-62 可知，a 到 d 共有 7 条基本通路，它们分别是

$a \to d$,

$a \to b \to d$,

$a \to b \to e \to d$,

$a \to b \to c \to d$,

$a \to e \to d$,

$a \to e \to b \to d$,

$a \to e \to b \to c \to d$。

【例 3】 设图 G 是具有 n 个顶点的无向简单图。如果图 G 中任意不同的两个顶点的度数之和大于等于 $n-1$,证明图 G 是连通图。

证明　用反证法。

设图 G 不是连通图,不妨设 G 由两个连通分支 G_1 和 G_2 组成(G 由更多的连通分支组成时,证法相同)。其中 G_1 含有 k 个顶点($1 \leqslant k \leqslant n-1$),$G_2$ 含有 $n-k$ 个顶点。由于 G_1 和 G_2 都是无向简单图,所以在 G_1 中任取一点 v_1,则有 $\deg(v_1) \leqslant k-1$;

在 G_2 中任取一点 v_2,则有 $\deg(v_2) \leqslant n-k-1$。

于是有 $\deg(v_1)+\deg(v_2) \leqslant k-1+n-k-1=n-2$。

这和图 G 中任意两个不同的顶点的度数之和大于等于 $n-1$ 的假设矛盾。由此证得图 G 是连通图。

【例 4】 设无向简单图 G 有 n 个顶点,m 条边,如果 $m > \dfrac{(n-1)(n-2)}{2}$,证明图 G 是连通图。

证明　可以证明满足题设条件的简单图 G 中,任意不同的两个顶点的度数之和大于等于 $n-1$,然后利用例 3 的结论,即可证得此图是连通图。

现证图 G 中任意不同的两个顶点的度数之和大于等于 $n-1$。用反证法证明如下:

设图 G 中存在着两个顶点 v_1 和 v_2,其度数之和小于 $n-1$,即

$$\deg(v_1)+\deg(v_2) < n-1,$$

或者有

$$\deg(v_1)+\deg(v_2) \leqslant n-2。$$

显然,在图 G 中删去顶点 v_1 和 v_2 后,所得的图是具有 $n-2$ 个顶点的简单图,且其边数 m' 满足

$$m' > \frac{(n-1)(n-2)}{2}-(n-2),$$

或者有

$$m' > \frac{(n-2)(n-3)}{2}。$$

然而具有 $n-2$ 个顶点的无向简单图最多有 $\dfrac{(n-2)(n-3)}{2}$ 条边,所以其边数不可能大于 $\dfrac{(n-2)(n-3)}{2}$,由此引出矛盾。

这就证得图 G 中任意不同的两点的度数之和大于等于 $n-1$,由例 3 可知,图 G 是连通图。

【例 5】 设无向简单连通图 G 有 16 条边,有 3 个 4 度顶点,4 个 3 度顶点,其余顶点的度数都小于 3,问:G 中至少有几个结点,最多有几个结点?

解　本题求解的关键是利用“图中各点度数之和等于图的边数的两倍”这一结论。

由题设可知,图 G 中有 16 条边,所以图 G 中各点的度数之和为 32。

又由题设可知,图 G 中有 3 个 4 度点和 4 个 3 度点,这 7 个点已“占用了”24 度,而图 G 中其他点的度数小于 3,所以,图 G 中其他点的度数只可能是 2 或 1(由于图 G 是连通图,所以没有零度点)。由此可知,图 G 中至少有 11 个顶点:4 个 3 度点,3 个 4 度点和 4 个 2 度

点;图 G 中最多有 15 个顶点:4 个 3 度点,3 个 4 度点和 8 个 1 度点。

图 6-63 中图(a)是一种具有 11 个顶点的满足题设条件的图;图(b)是一种具有 15 个顶点的满足题设条件的图。

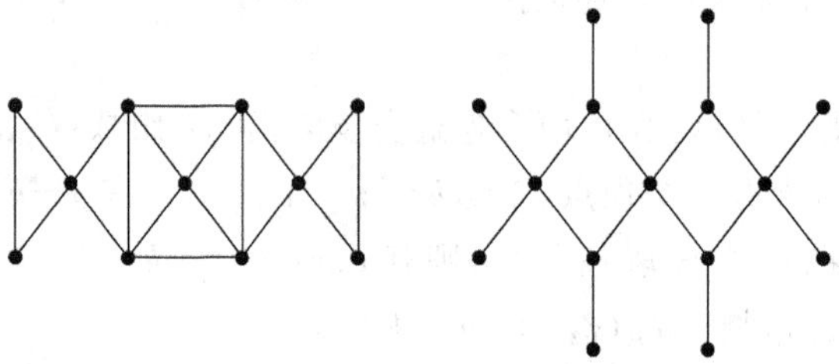

(a) (b)

图 6-63

4. 割边与割点

在实际问题中,除了考察一个图是否连通外,往往还要研究一个图连通的程度,作为某些系统的可靠性的一种度量。

定义 9 在无向连通图中,若存在边 e,使得删掉边 e 后所得的图是不连通的,则称边 e 为割边(cut edge)或桥。

【例 6】 指出在图 6-64 所示的 3 个图中,哪个图含有割边。

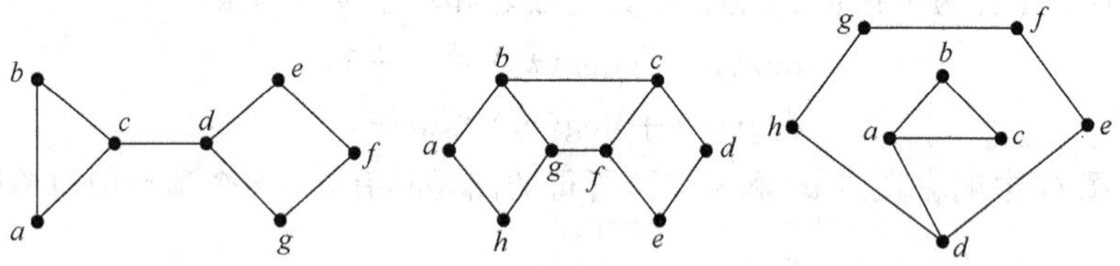

(a) (b) (c)

图 6-64

解 图 6-64(a)中有割边,割边为 cd。

图 6-64(c)中有割边,割边为 ad。

图 6-64(b)中没有割边。

定义 10 在无向连通图中,若存在顶点 v,使得删去点 v 后所得的图是不连通的,则称顶点 v 为割点(cut vertex)。

【例 7】 指出在图 6-65 所示的两个图中,哪个图中含有割点。

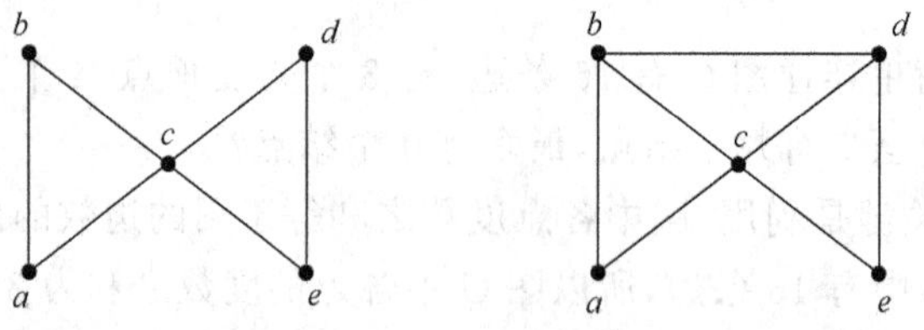

(a) (b)

图 6-65

解　图 6-65(a)中有割点，割点为 c。

图 6-65(b)中没有割点。

习题 6.3.2

1. 设图 G 如图 6-66 所示，求图 G 中 a 到 f 的所有基本通路。

2. 设图 G 如图 6-67 所示，求图 G 中的所有基本回路。

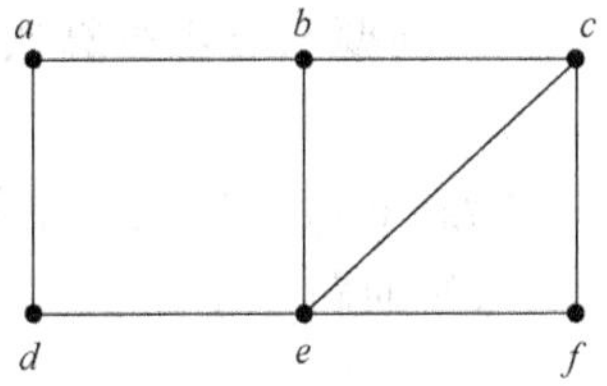

图 6-66

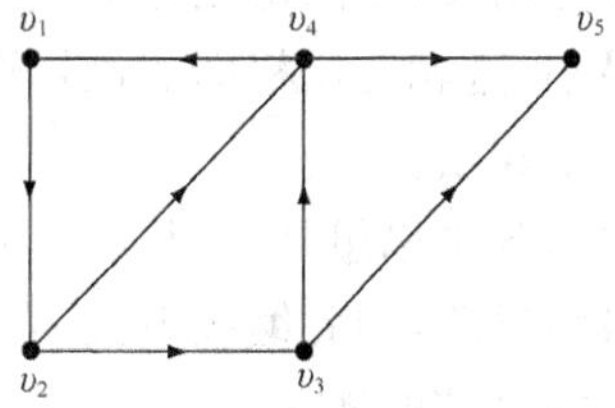

图 6-67

3. 在图 6-68 所示的 4 个有向图中，哪个是强连通图，哪个是单向连通图，哪个是弱连通图。

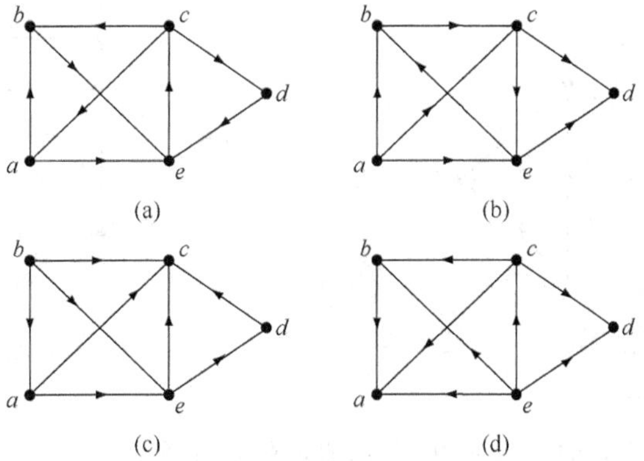

图 6-68

4. 若简单图 G 有 $2n$ 个顶点，每个顶点的度数至少为 n，证明此图是连通图。

5. 在图 6-69 中，找出主子图，使它不是连通图。

6. 画出 4 阶无向完全图 K_n 的所有不连通的生成子图。

7. 一个 n 阶无向简单图，如果它不是连通图且仅含有两个连通分支，那么这样的图最少有多少条边？最多有多少条边？

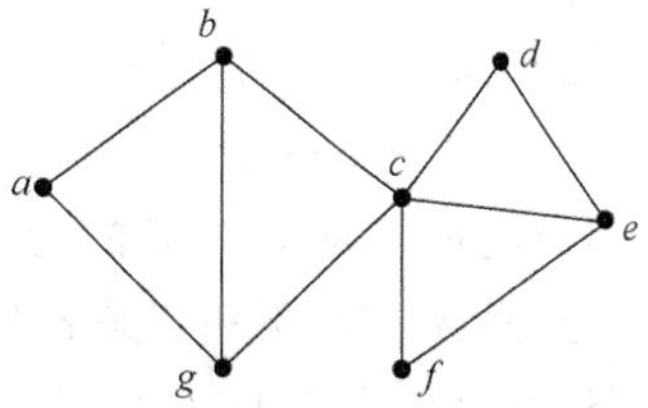

图 6-69

8. 设无向简单图有 15 条边，图中有 3 个 4 度点，4 个 3 度点，如果此图是连通图，且没有大于 4 度的顶点。问：此图最少有几个顶点？最多有几个顶点？并画出最少顶点图和最多顶点图各一个。

9. 证明具有 9 个顶点的 4－正则图一定是连通图。

6.3.3 赋权图的最短通路

我们已经知道，在图的点或边上表明某种信息的数，称为权，含有权的图称为赋权图(weighted graph)。

图 6-70 是一个在边上含权的赋权图。如果图中各点表示各个城市，边表示城市间的公路，边上的权表示公路的长度，这就是一个公路交通网络图。

如果自 a 点出发，目的地是点 z，那么如何寻找一条自点 a 到点 z 的通路，使得通路上各边的权之和最小，这就是赋权图的最短通路问题。关于这个问题已有不少算法，这里介绍著名的狄克斯特洛算法。

这个算法的基本思想是：先找出 a 到某一点的最短通路，然后利用这个结果再去确定 a 到另一点的最短通路，如此继续下去，直到找到 a 到 z 的最短通路为止。

首先介绍“指标”的概念。

设 V 是图的点集，T 是 V 的子集，且 T 含有 z 但不含有 a，称 T 为目标集。在目标集 T 中任取一个点 t，由 a 到 t 但不通过目标集 T 中其他点的所有通路中，各边权之和(以后简称为通路权和)的最小者称为点 t 关于 T 的指标，记作 $D_T(t)$。

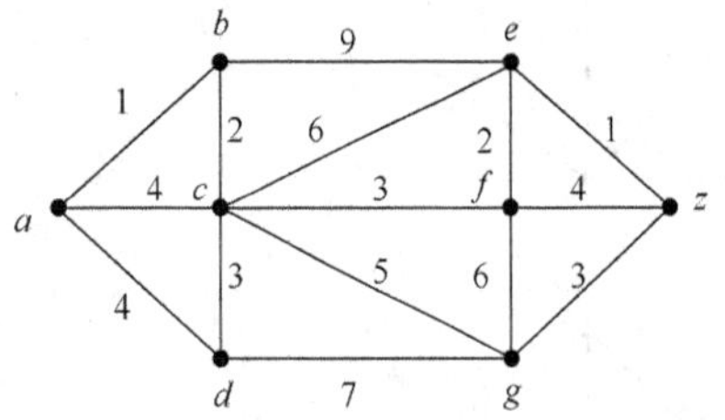

图 6-70

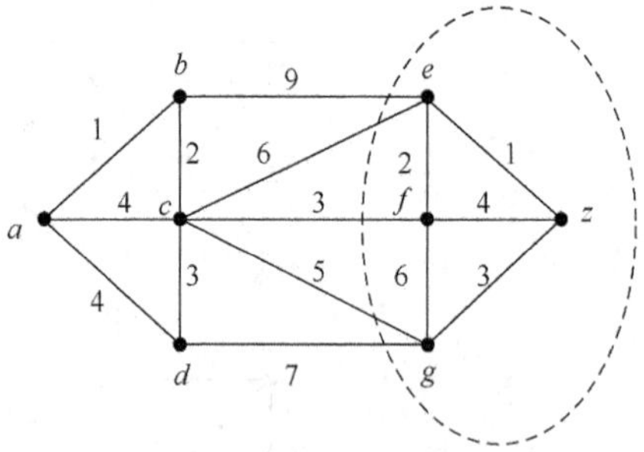

图 6-71

由图 6-71 可知，a 到 e 但不通过 T 中其他点的通路有

$a \to c \to e$	权和为 10
$a \to b \to e$	权和为 10
$a \to b \to c \to e$	权和为 9
$a \to c \to b \to e$	权和为 15
$a \to d \to c \to b \to e$	权和为 18
$a \to d \to c \to e$	权和为 13

由此可见，e 关于 T 的指标 $D_T(e)=9$。

显然，$D_T(e)$不一定是 a 到 e 的最短通路的权和，因为可能存在 a 到 e 且通过 T 中点的通路，其权和小于 $D_T(e)$。如通路 $a \to b \to c \to f \to e$，其权和为 8。

虽然如此，但当目标集 T 中所有点的指标都确定时，可以证明 T 中指标最小的点，其指标就是 a 到这个点的最短通路的权和。如对于目标集 $T=\{e,f,g,z\}$，已用穷举法得到 e 的指标 $D_T(e)=9$，同样，用穷举法可得到 f 的指标 $D_T(f)=6$，g 的指标 $D_T(g)=8$。对于点 z，由于不存在 a 到 z 但不通过 T 中其他点的通路，于是约定 z 关于 T 的指标 $D_T(z)=\infty$。比

较 T 中 4 个点的指标可知，点 f 的指标最小。于是断言，a 到 f 的最短通路权和为 $D_T(f)=6$，也就是说，a 到 f 的最短通路已确定。下面就来证明这个断言。

设 $T=\{t_1,t_2,\cdots,t_n\}$，其中 t_1 为 T 中指标最小的点，即

$$D_T(t_1)=\min(D_T(t_1),D_T(t_2),\cdots,D_T(t_n)),$$

那么，a 到 t_1 的最短通路的权和就是 $D_T(t_1)$。

当得到目标集 T 的最小指标点 t_1 后，如果 t_1 是目的地 z，那么问题得解；如果 t_1 不是目的地 z，则把 t_1 从 T 中“挖去”，得到新的目标集 T'，即 $T'=T-\{t_1\}$。

对于 T'，求出其各点的指标，并确定最小指标点。如果这个最小指标点就是目的地 z，则问题得解；如果这个最小指标点不是目的地 z，则在 T' 中“挖去”这个最小指标点，得到新的目标集 T''，不断地重复上述过程，直到目的地 z 为某个目标集的最小指标点为止（这是一定能实现的，因为目标集中点的个数将越来越少，即使是“最坏”的情况，当目标集中只剩下一个点 z 时，z 就一定是最小指标点）。

由此可见，求最短通路问题的关键是：如何求目标集中各点的指标。

我们曾用穷举法来求目标集中各点的指标，显然，这不是可取的方法，特别是当图中点数较多的时候。下面将介绍用“递推”的方法来求目标集中各点的指标。

如果已经求得目标集 $T=\{t_1,t_2,\cdots,t_n\}$ 中各点的指标，设 t_1 是最小指标点，那么由此能推导出 $T'=T-\{t_1\}$ 中各点的指标。

只要注意到，t_1 已不属于目标集 T'，对于 T' 中与 t_1 邻接的点 t（与 t_1 有一条边相连的点），当寻求这种点 t 的指标时，由 a 到 t_1 的最短通路再添边 $t_1\,t$ 所组成的通路，也是一条由 a 到 t 但不通过 T' 中其他点的通路。所以 t 关于 T' 的指标

$$D_{T'}(t)=\min\{D_T(t),D_T(t_1)+W(t_1,t)\},$$

其中 $W(t_1,t)$ 是边 $t_1\,t$ 上的权。

对于 T' 中与 t_1 不邻接的点 t'，它的指标没有变化，即

$$D_{T'}(t')=D_T(t')。$$

如果当 t_1 和 t' 不邻接时，令 $W(t_1,t')=\infty$，则 t' 关于 T' 的指标也写作

$$D_{T'}(t')=\min\{D_T(t'),D_T(t_1)+W(t_1,t')\}。$$

下面通过实例来说明用狄克斯特洛算法求最短通路的全过程。

【例 1】 求图 6-72 中 a 到 z 的最短通路。

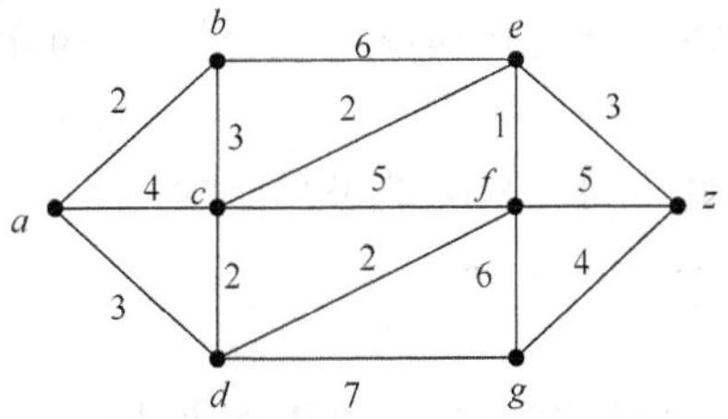

图 6-72

解　令 $T_1=\{b,c,d,e,f,g,z\}$，各点指标为 $D_{T_1}(b)=2(a\to b)$，$D_{T_1}(c)=4(a\to c)$，$D_{T_1}(d)=3(a\to d)$，$D_{T_1}(e)=D_{T_1}(f)=D_{T_1}(g)=D_{T_1}(z)=\infty$，其中 b 是最小指标点。

令 $T_2=\{c,d,e,f,g,z\}$，

$D_{T_2}(c)=\min(D_{T_1}(c),D_{T_1}(b)+W(b,c))=\min(4,2+3)=4(a\to c)$，

$D_{T_2}(d)=\min(D_{T_1}(d),D_{T_1}(b)+W(b,d))=\min(3,\infty)=3(a\to d)$，

$D_{T_2}(e)=\min(D_{T_1}(e),D_{T_1}(b)+W(b,e))=\min(\infty,2+6)=8(a\to b\to e)$，

$D_{T_2}(f)=\min(D_{T_1}(f),D_{T_1}(b)+W(b,f))=\min(\infty,\infty)=\infty$，

$D_{T_2}(g)=\min(D_{T_1}(g),D_{T_1}(b)+W(b,g))=\min(\infty,\infty)=\infty$，

$D_{T_2}(z)=\min(D_{T_1}(z),D_{T_1}(b)+W(b,z))=\min(\infty,\infty)=\infty$，

其中 d 是最小指标点。

令 $T_3=\{c,e,f,g,z\}$，

$D_{T_3}(c)=\min(D_{T_2}(c),D_{T_2}(d)+W(d,c))=\min(4,3+2)=4(a\to c)$，

$D_{T_3}(e)=\min(D_{T_2}(e),D_{T_2}(d)+W(e,d))=\min(8,\infty)=8(a\to b\to e)$，

$D_{T_3}(f)=\min(D_{T_2}(f),D_{T_2}(d)+W(f,d))=\min(\infty,3+2)=5(a\to d\to f)$，

$D_{T_3}(g)=\min(D_{T_2}(g),D_{T_2}(d)+W(d,g))=\min(\infty,3+7)=10(a\to d\to g)$，

$D_{T_3}(z)=\min(D_{T_2}(z),D_{T_2}(d)+W(d,z))=\min(\infty,\infty)=\infty$，

其中 c 是最小指标点。

令 $T_4=\{e,f,g,z\}$，

$D_{T_4}(e)=\min(D_{T_3}(e),D_{T_3}(c)+W(e,c))=\min(8,4+2)=6(a\to c\to e)$，

$D_{T_4}(f)=\min(D_{T_3}(f),D_{T_3}(c)+W(f,c))=\min(5,4+5)=5(a\to d\to f)$，

$D_{T_4}(g)=\min(D_{T_3}(g),D_{T_3}(c)+W(g,c))=\min(10,\infty)=10(a\to d\to g)$，

$D_{T_4}(z)=\infty$，

其中 f 是最小指标点。

令 $T_5=\{e,g,z\}$，

$D_{T_5}(e)=\min(D_{T_4}(e),D_{T_4}(f)+W(e,f))=\min(6,5+1)=6$ $(a\to c\to e$ 或 $a\to d\to f\to e)$，

$D_{T_5}(g)=\min(D_{T_4}(g),D_{T_4}(f)+W(g,f))=\min(10,5+6)=10(a\to d\to g)$，

$D_{T_5}(z)=\min(D_{T_4}(z),D_{T_4}(f)+W(f,z))=\min(\infty,5+5)=10$ $(a\to d\to f\to z)$，

其中 e 为最小指标点。

令 $T_6=\{g,z\}$，

$D_{T_6}(g)=\min(D_{T_5}(g),D_{T_5}(e)+W(e,g))=\min(10,\infty)=10(a\to d\to g)$，

$D_{T_6}(z)=\min(D_{T_5}(z),D_{T_5}(e)+W(e,z))=\min(10,6+3)=9$ $(a\to c\to e\to z$ 或 $a\to d\to f\to e\to z)$，

由于 z 是最小指标点，由此可得 a 到 z 的最短路为

$a\to c\to e\to z$ 或 $a\to d\to f\to e\to z$，

最短通路的权和为 9。

当比较熟练地掌握了狄克斯特洛算法后，可用列表法来求最短通路，它使求解过程显得十分简洁。

【例 2】 求图 6-73 中 a 到 z 的最短通路及其长度。

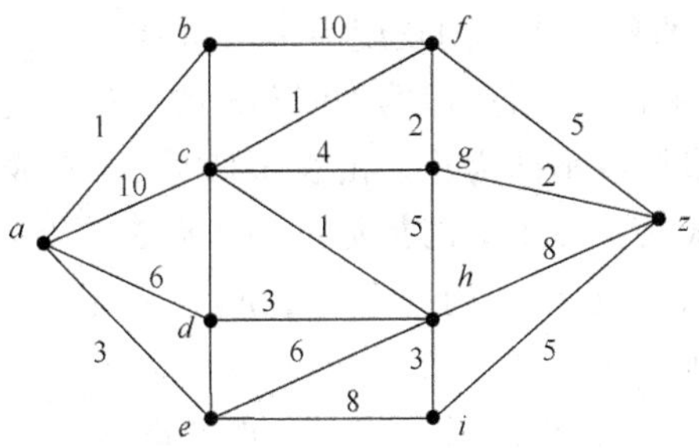

图 6-73

解　先把 $T_1 = V - \{a\} = \{b, c, d, f, g, h, i, z\}$ 中的点写在第 1 行上，把这些点关于 T_1 的指标相应写在第 2 行上，并圈出其中的最小指标点，如表 6-11 所示。

表 6-11

b	c	d	e	f	g	h	i	z
①	10	6	3	∞	∞	∞	∞	∞

在第 3 行上，相应地写上 $T_2 = T_1 - \{b\} = \{c, d, e, f, g, h, i, z\}$ 中各点的指标。

实际上，当求 T_2 中各点的指标数时，可以先把 T_1 中与 b 点不邻接的点 d, e, g, h, i, z 照抄第 2 行的指标数。对于 T_1 中与 b 邻接的点 c 和 f，则用 $D_{T_1}(b) + W(b, c)$，即 $1 + W(b, c)$，和 $D_{T_1}(b) + W(b, f)$，即 $1 + W(b, f)$，与第 2 行中 c 和 f 的指标数 10 和 ∞ 比较，然后取其较小者写在第 3 行的相应位置，并圈出最小指标点，如表 6-12 所示。

表 6-12

b	c	d	e	f	g	h	i	z
①	10	6	3	∞	∞	∞	∞	∞
	10	6	③	11	∞	∞	∞	∞

同样，把 $T_3 = T_2 - \{e\} = \{c, d, f, g, h, i, z\}$ 中的各点指标写在第 4 行上，并圈出最小指标点。如此继续下去，直到 z 成为某个指标集的最小指标数为止。

表 6-13 就是列表求 a 到 z 的最短通路的过程。

表 6-13

b	c	d	e	f	g	h	i	z
①	10	6	3	∞	∞	∞	∞	∞
	10	6	③	11	∞	∞	∞	∞
	10	⑤		11	∞	9	11	∞
	9			11	∞	⑧	11	∞
	⑨			11	13		11	16
				⑩	13		11	16
					12		11	15
					12			15
								14

由表 6-13 可知，a 到 z 的最短通路的长度为 14。要得到最短通路，可以用逆向检查法。

逆向检查法：先检查表中最后一行，即第 10 行，z 的指标数是 14；然后往上检查，直到 z 的指标数与最后一行 z 的指标数不同为止。由表 6-13 可知，在表中的倒数第 2 行，即第 9 行中，z 的指标数为 15，它与最后一行中 z 的指标不同。而在第 9 行中，指标数带圈的点是 g，这表明在 a 到 z 的最短通路中，点 z 的前一个点是 g，记下 $g \to z$。

现在检查点 g 所在的列。

同样自下而上地检查，直到检查到指标数与 g 所在的最后一行的指标数(为 12)不同为止。g 在第 8 行中的指标数为 12，第 7 行中的指标数为 13。而在表中第 7 行指标数带圈的点是 f，所以在 a 到 z 的最短通路中，点 g 的前一点是 f，记下 $f \to g \to z$。

检查 f 所在的列。同样自下而上检查。点 f 在第 7 行中的指标数为 10，第 6 行中的指标数为 11。在表的第 6 行中，指标数带圈的点是 c，所以在 a 到 z 的最短通路中，点 f 的前一个点是 c，记下 $c \to f \to g \to z$。

检查点 c 所在的列。自下而上检查可知，c 在第 5 行的指标数为 9，第 4 行的指标数为 10。而表中第 4 行中，指标数带圈的点是 d，所以在 a 到 z 的最短通路中，点 c 的前一个点是 d，记下 $d \to c \to f \to g \to z$。

检查点 d 所在的列。自下而上检查可知，d 在第 4 行的指标数为 5，第 3 行的指标数为 6。表中第 3 行指标数带圈的点是 e，所以在 a 到 z 的最短通路中，点 d 的前一个点是 e，记下 $e \to d \to c \to f \to g \to z$。

检查点 e 所在的列。由于这一列中 e 的指标数没有变化，因此得到 a 到 z 的最短通路为 $a \to e \to d \to c \to f \to g \to z$。

习题 6.3.3

1. 求图 6-74 中 a 到 z 的最短通路长度和最短通路。

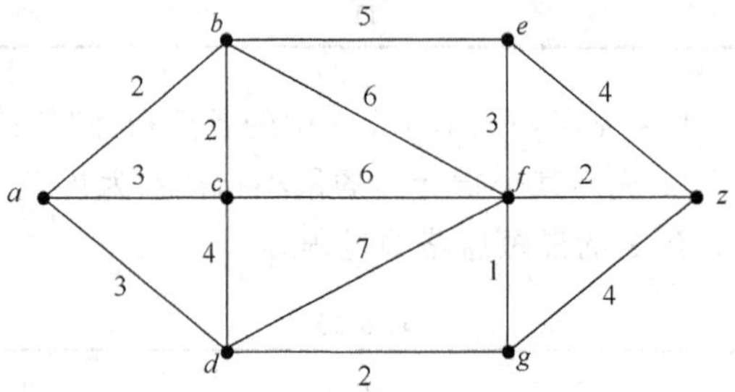

图 6-74

2. 求图 6-75 中 a 到 z 的最短通路长度和最短通路。

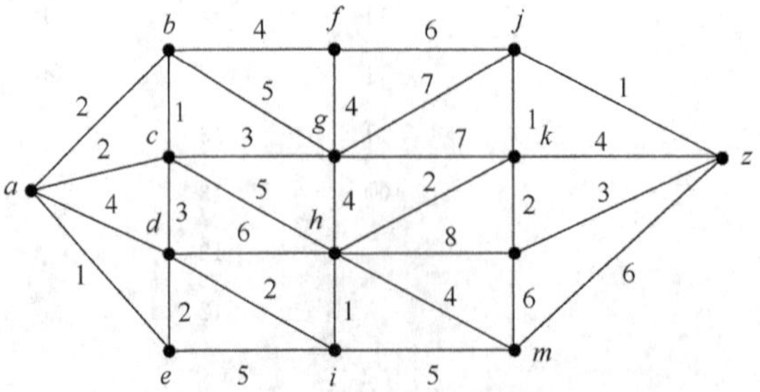

图 6-75

6.3.4 欧拉图

18 世纪，普鲁士的哥尼斯堡(Königsberg)城中有一条普雷格尔(Pregel)河，河上架设的 7 座桥连接着两岸及河中的两个小岛(见图 6-76(a))。

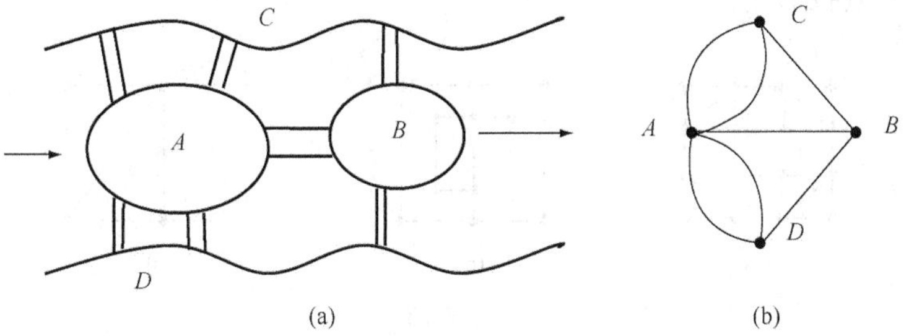

图 6-76

城里的人们喜欢散步，更期望能通过每座桥一次且仅一次再回到出发地，但谁都没能成功。于是哥尼斯堡的人们将这个问题写信告诉了瑞士著名的数学家欧拉(L. Euler)。欧拉在 1736 年证明了这样的散步是不可能的。他用点代表岛和两岸的陆地，用线表示桥，得到该问题的数学模型(见图 6-76(b))，使"七桥问题"转化为图论问题。因此，后来的图论工作者将上述"七桥问题"作为图论的起点，并将欧拉作为图论的创始人。

定义 1　如果图中存在一条通过图中各边一次且仅一次的回路，则称此回路为欧拉回路(Euler circuit)，具有欧拉回路的图称为欧拉图(Euler graph)。

定义 2　如果图中存在一条通过图中各边一次且仅一次的通路，则称此通路为欧拉通路(Euler path)，具有欧拉通路的图称为半欧拉图。

显然，欧拉图除孤立点外是连通的。这里不妨设欧拉图是连通图。

【例 1】　图 6-77 中各图哪些是欧拉图，哪些是半欧拉图？

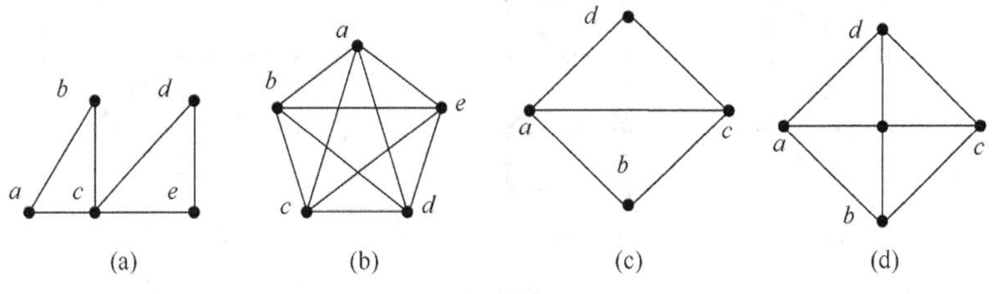

图 6-77

此例中，图(a)、(b)是欧拉图，(c)是半欧拉图，(d)中不存在欧拉链，更不存在欧拉链。这是因为，图(a)中有欧拉回路 (*abcdeca*)；对于图(b)、(c)，读者可做类似的研究。

从上面的例子可以发现，凡是结点的度均是偶数的图，都是欧拉图。这是否是一般规律呢？回答是肯定的。

定理 1　无向连通图 $G=(V,E)$ 是欧拉图，当且仅当图 G 中各点的度数都是偶数。

定理 2　一个无向连通图 G 是欧拉图当且仅当图中至多有两个奇数度顶点。

定理 3　一个连通的有向图 G 是欧拉图(具有欧拉回路)，当且仅当 G 的所有顶点的入度等于出度。

定理 4 设图 G 是有向连通图，图 G 是半欧拉图的充分必要条件是至多有两个顶点，其中一个顶点的入度比它的出度大 1，另一个顶点的入度比它的出度小 1；而其他顶点的入度和出度相等。

【例 2】 在图 6-78 所示的 3 个无向图中，哪些是欧拉图，哪些是半欧拉图？如果是，请画出欧拉回路或欧拉通路。

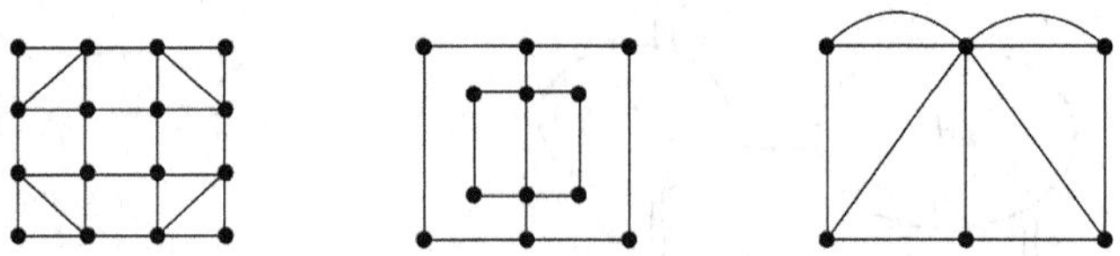

(a) (b) (c)

图 6-78

解 图 6-78(a)是欧拉图，其欧拉回路如图 6-79(a)所示；图 6-78(b)是半欧拉图，其欧拉通路如图 6-79(b)所示。

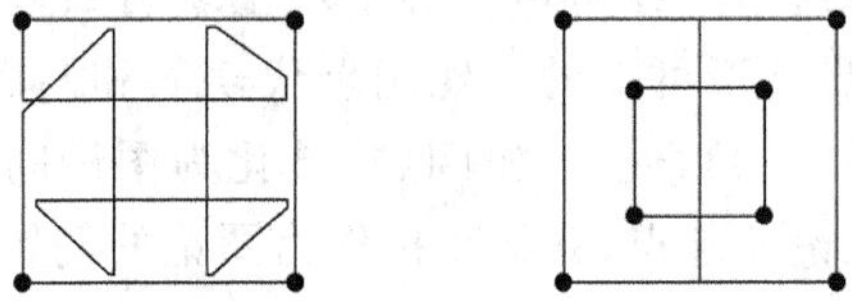

(a) (b)

图 6-79

【例 3】 在图 6-80 所示的 3 个有向图中，哪些是欧拉图，哪些是半欧拉图？如果是，请画出欧拉回路或欧拉通路。

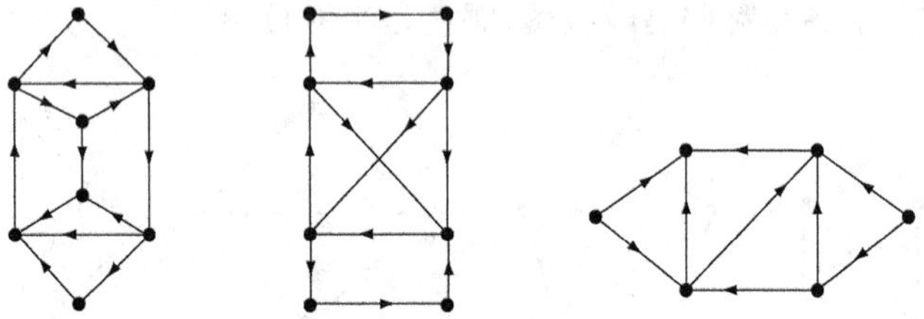

(a) (b) (c)

图 6-80

解 图 6-80(a)是半欧拉图，其欧拉通路如图 6-81(a)所示；图 6-80(b)是欧拉图，其欧拉回路如图 6-81(b)所示。

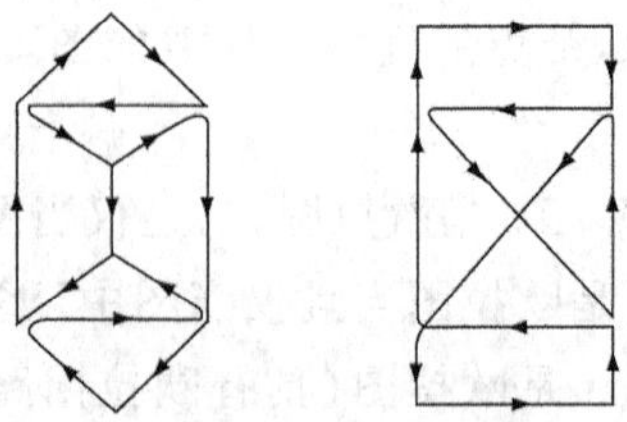

(a) (b)

图 6-81

【例 4】 画出满足下列条件的无向简单欧拉图各一个：

(1) 具有 6 个顶点，6 条边；

(2) 具有 6 个顶点，7 条边；

(3) 具有 6 个顶点，8 条边；

(4) 具有 6 个顶点，9 条边；

(5) 具有 6 个顶点，10 条边；

(6) 具有 6 个顶点，11 条边；

(7) 具有 6 个顶点，12 条边。

解 本例主要利用“图中各顶点的度数之和等于图的边数的两倍”这一结论，对图中各顶点所含度数进行讨论，从而求得解。(本例(1)～(7)对应的无向简单欧拉图分别见图 6-82 中(a)～(g))

(1) 由于图中有 6 个顶点和 6 条边，所以这 6 个顶点的度数之和为 12；又由题设要求可知，画出的图是欧拉图，所以各顶点的度数必须是正偶数。由此可知，这 6 个顶点的度数都是 2。

(2) 由于图中有 6 个顶点和 7 条边，所以这 6 个顶点的度数之和为 14。要使画出的图是欧拉图，这 6 个顶点的度数应分别为 2,2,2,2,2,4。

(3) 同样的理由，图中 6 个顶点的度数应分别为 2,2,2,2,4,4。

(4) 图中 6 个顶点的度数应分别为 2,2,2,4,4,4。

(5) 图中 6 个顶点的度数应分别为 2,2,4,4,4,4。

(6) 图中 6 个顶点的度数应分别为 2,4,4,4,4,4。

(7) 图中 6 个顶点的度数应分别为 4,4,4,4,4,4。

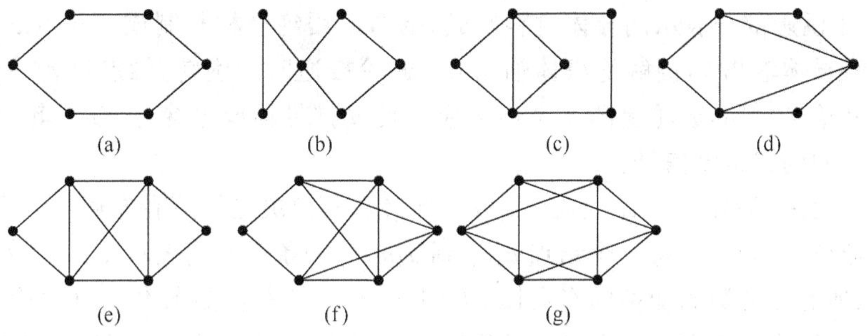

图 6-82

【例 5】 设无向简单图 G 是 k－正则图且是欧拉图，其顶点数 n 和边数 m 满足条件 $m=n+8$，求 m 和 n。

解 由于图 G 是 k－正则图，所以 $2m=kn$；又由于图 G 是欧拉图，所以 k 应是正偶数。再由题设条件可知 $m=n+8$，即 $2m=2n+16$，

也即
$$kn=2n+16,$$
$$n=\frac{16}{k-2}。$$

显然，偶数 $k=2$ 时，上述方程无解；偶数 $k=4$ 时，可得 $n=8,m=16$；而当偶数 $k=6$ 时，可得 $n=4,m=12$，这样的无向简单图不存在；当偶数 $k=8,10,\cdots$时，也有上述结论。所以本

例的唯一解是：$n=8$，$m=16$。

图 6-83 所示的图是满足题设条件的一种图形。

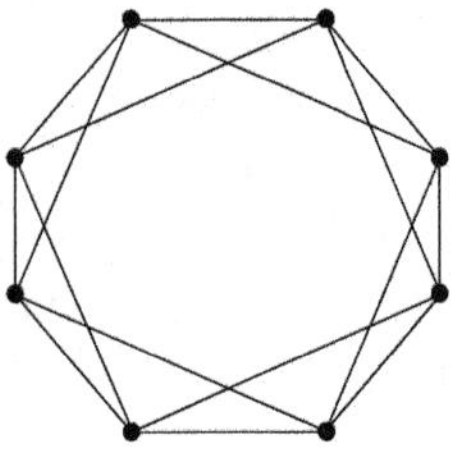

图 6-83

【例 6】 计算机鼓轮设计——布鲁英(De Bruijn)序列，旋转鼓轮的表面分成 8 个扇面，如图 6-84 所示。

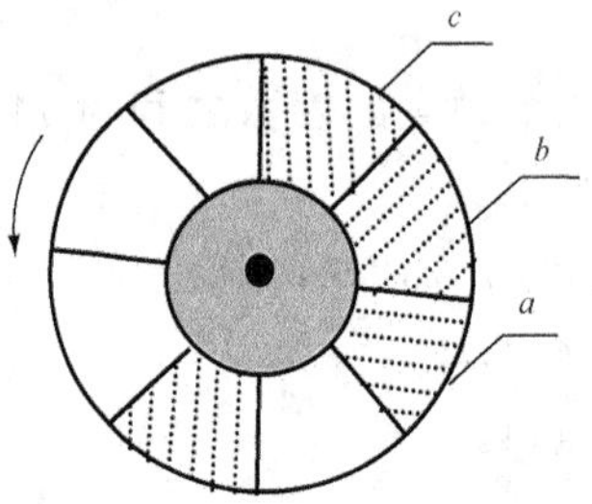

图 6-84

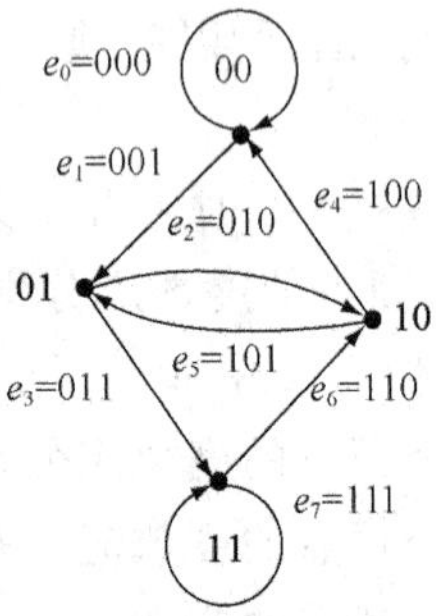

图 6-85

图 6-84 中阴影部分表示用导体材料制成，空白区用绝缘材料制成。触点 a、b 和 c 与扇面接触时接触导体输出 1，接触绝缘体输出 0。鼓轮按逆时针旋转，触点每转一个扇区就输出一个二进制信号。问：鼓轮上的 8 个扇区应如何安排导体或绝缘体，使鼓轮旋转一周，触点输出一组不同的二进制信号？

每转一个扇区，信号 $a_1a_2a_3$ 变成 $a_2a_3a_4$，前者右两位决定了后者左两位。因此，把所有两位二进制数作为结点，从每一个结点 a_1a_2 到 a_2a_3 引一条有向边表示 $a_1a_2a_3$ 这三位二进制数，作出表示所有可能数码变换的有向图(见图 6-85)。于是问题转化为在这个有向图上求一条欧拉回路，这个有向图的 4 个结点的度数都是出度、入度各为 2。根据定理 3，图 6-85 中有欧拉回路存在，例如 ($e_0e_1e_2e_5e_3e_7e_6e_4$) 是一个欧拉回路，对应于这一回路的布鲁英序列是 00010111，因此材料应按此序列分布。

用类似的论证可以证明，存在一个 2^n 个二进制数的循环序列，其中 2^n 个由 n 位二进制数组成的子序列都互不相同。例如，16 个二进制数的布鲁英序列是 0000101001101111。

习题 6.3.4

1. 图 6-86 所示的无向图中，哪些是欧拉图，哪些是半欧拉图？如果是欧拉图，请画出其欧拉回路；如果是半欧拉图，请画出其欧拉通路。

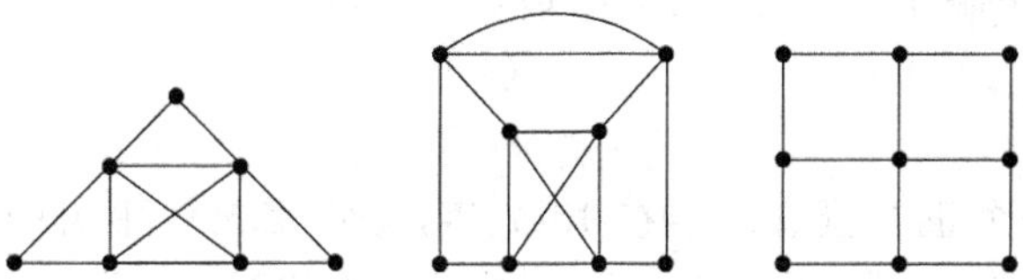

(a)　　(b)　　(c)

图 6-86

2. 图 6-87 所示的有向图中，哪些是欧拉图，哪些是半欧拉图？如果是欧拉图，请画出其欧拉回路；如果是半欧拉图，请画出其欧拉通路。

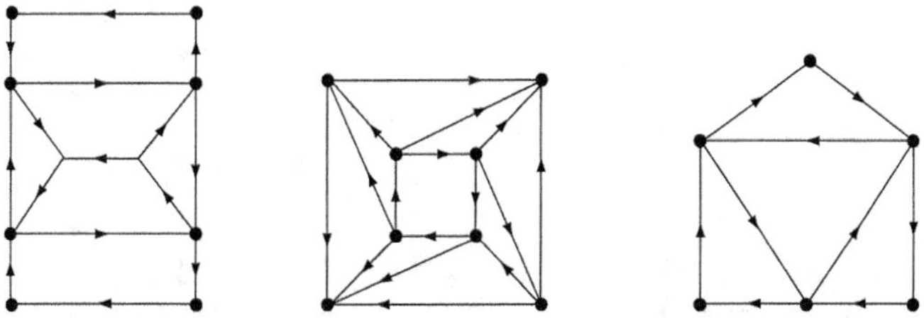

(a)　　(b)　　(c)

图 6-87

3. 当 n 取什么值时，无向完全图 K_n 是欧拉图？

4. 画一个无向简单图，使它是欧拉图，并且有

(1) 奇数个顶点，奇数条边；

(2) 偶数个顶点，偶数条边；

(3) 奇数个顶点，偶数条边；

(4) 偶数个顶点，奇数条边。

5. 画出一个具有 7 个顶点、9 条边的欧拉图(要求画出的图是无向简单图)。

6. 设图 G 是具有 8 个顶点的无向简单图，如果图 G 是欧拉图，问：在图 G 中最多可有几条边？

7. 图 6-88 是一幢房子的平面图形，共有 5 间房间。如果由前面进去，能否通过所有的门走遍所有的房间，然后从后门走出，且要求每一扇门只能进出一次？

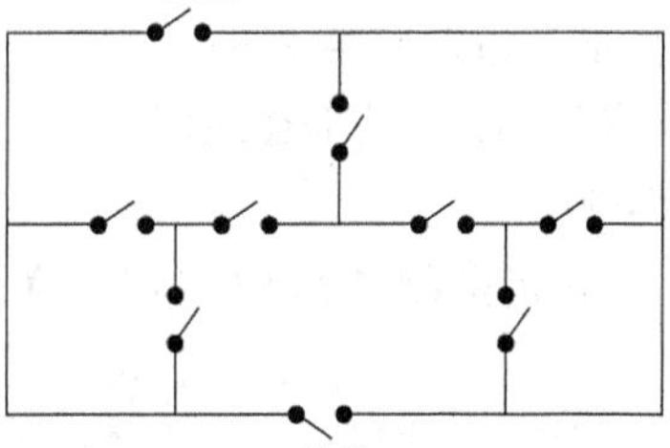

图 6-88

8. 设图 G 是 n 阶无向简单图，且是欧拉图，图中各顶点的度数最多为 4 度，顶点数 n 和边数 m 满足条件 $2n=m+3$。请画出符合题设条件的 6 阶图、7 阶图和 8 阶图各一个。

9. 请在图 6-89 中添加一些平行边，使其成为欧拉图。

6.3.5 无向树

树是图论中的一个重要概念。早在 1847 年，克希霍夫就用树的理论来研究电网络。1857 年，凯莱在计算有机化学中 C_2H_{2n+2} 的同分异构物的数目时也用到了树的理论。而树在计算机科学中的应用更为广泛。本节介绍树的基本知识，其中谈到的图都假定是简单图。

定义 1 没有回路的无向连通图称为无向树，简称树(tree)，树中度数为 1 的顶点称为树叶(leaf)，度数大于 1 的顶点称为内点或分枝点。

图 6-90 所示的图就是树，其中有 6 片树叶、2 个分枝点。

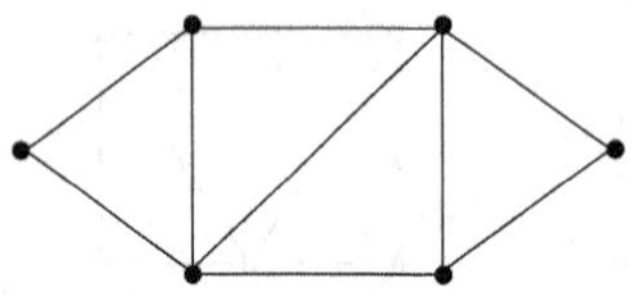

图 6-89

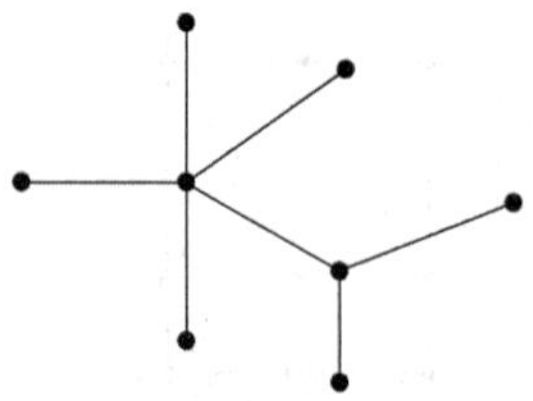

图 6-90

定义 2 没有回路的无向图称为森林(forest)。

显然，森林中每一个连通分支都是树，而树可以看作连通的森林。

例如，图 6-91(a)和(b)所示的图是树，(c)所示的图是森林。

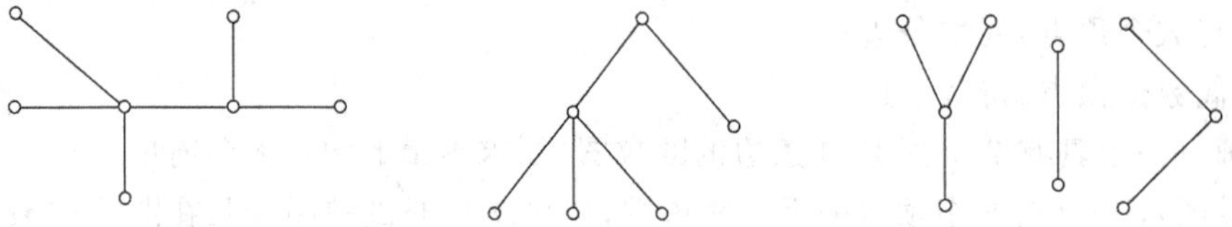

(a) (b) (c)

图 6-91 树和森林示意图

由树的定义可得到树的一些基本性质。

性质 1 树中任意两点有且仅有一条通路相连。

性质 2 若树有 n 个顶点和 m 条边，则 $n=m+1$。

性质 3 在树中任意删去一条边，则变成不连通图。

这说明树是"连通程度"最小的图。

性质 4 在树 T 中任意两个不邻接的顶点中添加一条新边，则构成的图包含唯一的回路。

定理 1 任意一棵树 T 中，至少有两片树叶(节点数 $n \geqslant 2$ 时)。

【例 1】 设 T 是一棵树，它有两个 2 度节点，一个 3 度节点，三个 4 度节点，求 T 的树叶数。

解 设树 T 有 x 片树叶，则 T 的节点数为

$$n = 2+1+3+x,$$

T 的边数为　　　　　　$m=n-1=5+x$。

又由　　　　　　$2m=\sum_{i=1}^{n}\deg(v_i)$，

得　　　　　　$2(5+x)=2\times2+3\times1+4\times3+x$。

所以 $x=9$，即树 T 有 9 片树叶。

定义 3　设 G 是无向图，若 G 的一个生成子图(含有图 G 的所有顶点的子图)T 是一棵树，则称 T 为 G 的生成树(spanning tree)。

图 6-92(b)和图 6-92(c)是图 6-92(a)的生成树。

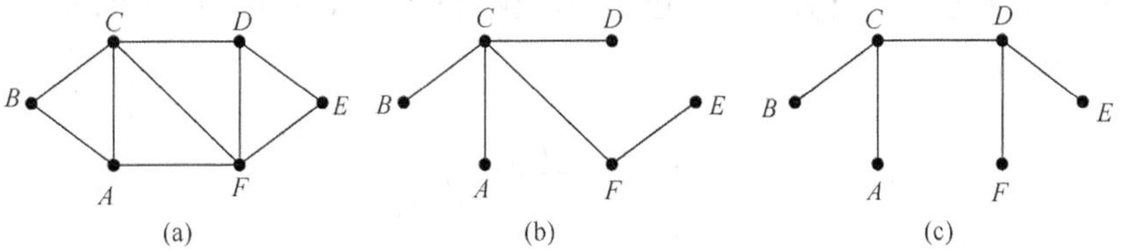

图 6-92

定理 2　无向图 G 具有生成树，当且仅当 G 是连通图。

推论　设 G 为 n 阶 m 条边的无向连通图，则 $m\geqslant n-1$。

证明　由定理 2 可知，G 有生成树。设 T 为 G 的一棵生成树，则

$$m=|E(G)|\geqslant|E(T)|=n-1。$$

现在讨论一个很有实际意义的问题：赋权图的最小生成树(minimal spanning tree)问题。先来看一个实际问题。

在一个新建的城市中，煤气厂必须给各个住宅区供应煤气，需要铺设煤气管道。例如，图 6-93 中的 A 表示煤气厂，B、C、D、E、F、G 表示各住宅区，煤气管必须沿着图中所示的路线铺设，每条路线上的数字表示铺设煤气管的费用。问：应怎样铺设煤气管道，使煤气能供应给各个住宅区，且其费用最小？

图 6-93 实质上是个赋权连通图，这个图的生成树是连通所有顶点的最小连通子图，所以这个问题可以归结为在图 6-93 中找一棵生成树 T，使 T 中各边的权之和最小，称这样的生成树 T 为最小生成树。

求最小生成树已经有许多种算法，这里介绍求最小生成树的简单算法。这是克鲁斯卡尔(Kruskal)于 1956 年首先提出的，称为克鲁斯卡尔算法(或避圈法)。

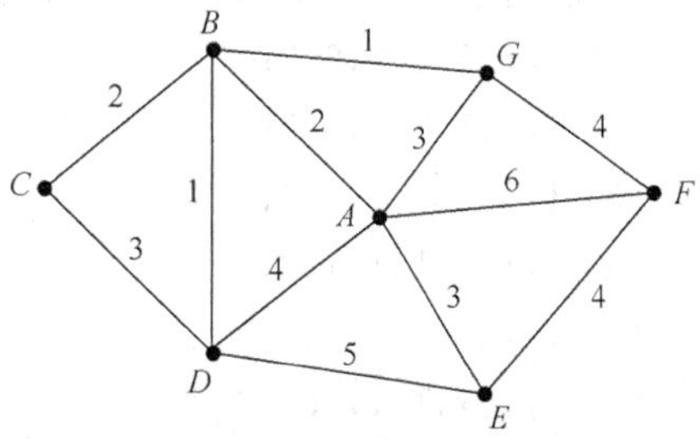

图 6-93

先把该算法的基本思想叙述如下：设 G 是具有 n 个顶点、m 条边的无向连通图。首先将 G 中 m 条边按权由小到大的顺序排列，不妨设顺序为 $e_1,e_2,\cdots,e_m$。然后将 G 中权最小的边 e_1 作为所求最小生成树的一条边；再取 G 中余下边中权最小的边 e_2 作为所求最小生成树的一边；然后取 G 中余下边中权最小的边 e_3，这时需检查一下，$e_1e_2e_3$ 是否构成回路，如果不构成回路，则将边 e_3 作为所求最小生成树的一边，否则将 e_3 删去；继续取 G

中余下边中权最小的边 e_4，检查一下 e_4 与前面作为所求最小生成树的边是否构成回路，如果不构成回路，则将边 e_4 作为所求最小生成树的一边，否则将 e_4 删去……如此不断地取 G 中余下边中权最小的边，不断地检查它们是否构成回路以决定取舍，直到取到 $m+1$ 条边为止。

例如，对于图 6-93，可先取边 BD 作为最小生成树的一边；再取 BG 作为最小生成树的一边；然后取 BC 作为最小生成树的一边；接着取 BA 作为最小生成树的一边；余下边中权最小的边为 CD、AG、AE，由于 CD 和 BD、BC 构成回路，AG 和 AB、BG 构成回路，所以这两条边舍去，而 AE 与已作为最小生成树的边不构成回路，所以 AE 可作为最小生成树的一边；再取边 AD，它与 AB、BD 构成回路，舍去；再取边 GF，它与已作为最小生成树的边不构成回路，所以 GF 可作为最小生成树的一条边。现已找到 6 条边，所以图 6-93 的最小生成树已找到，如图 6-94 所示。

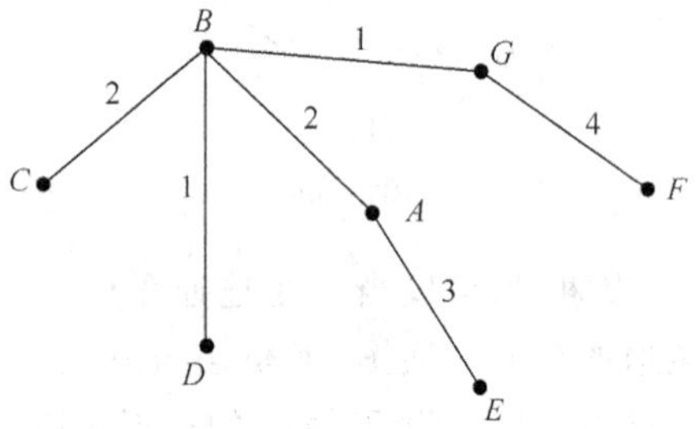

图 6-94

现将克鲁斯卡尔算法叙述如下：

(1) 把 G 中各边按权由小到大排列，设为 $e_1, e_2, \cdots, e_m$。置 $S=\varnothing$，$i=0, j=1$。

(2) 若 $|S|=i=m+1$，则计算结束。这时 S 的导出子图为 T，即为所求最小生成树，否则转至步骤(3)。

(3) 若 $<S\cup\{e_j\}>$ 不构成回路，则置 $S=S\cup\{e_j\}$，$i=i+1, j=j+1$，转向步骤(1)；否则置 $j=j+1$，转向步骤(2)。

习题 6.3.5

1. 证明有 n 个顶点的无向树中，各个顶点的度数之和为 $2n-2$。

2. 说明下列序列中，哪些可构成无向树顶点的度序列。

(1) 1,1,2,2,2,2,2；

(2) 1,1,1,2,3,4,5；

(3) 1,1,1,1,2,2,4；

(4) 1,1,1,1,1,1,2；

(5) 1,1,2,2,3,3,3；

(6) 1,1,1,1,1,16。

3. 画出所有具有 5 个顶点的无向树。

4. 说明仅有两片树叶的无向树的特征。

5. 设 T 是无向树，T 中有 10 个 2 度点，5 个 3 度点，2 个 4 度点，且 T 中没有大于 4 度的顶点。问：T 中有几片树叶？

6. 下列标定图(见图 6-95)中，有多少种不同的生成树？

7. 求图 6-96 的最小生成树。

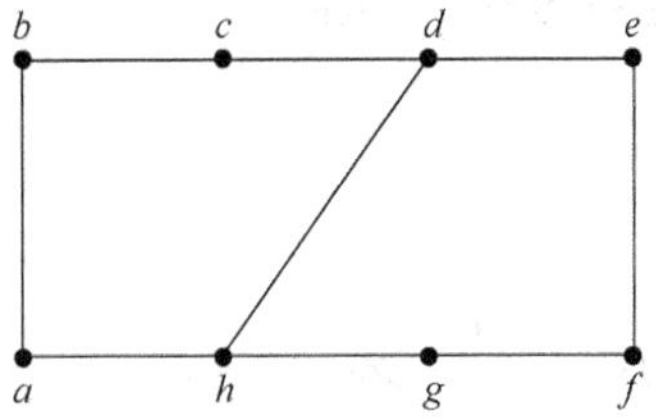

图 6-95

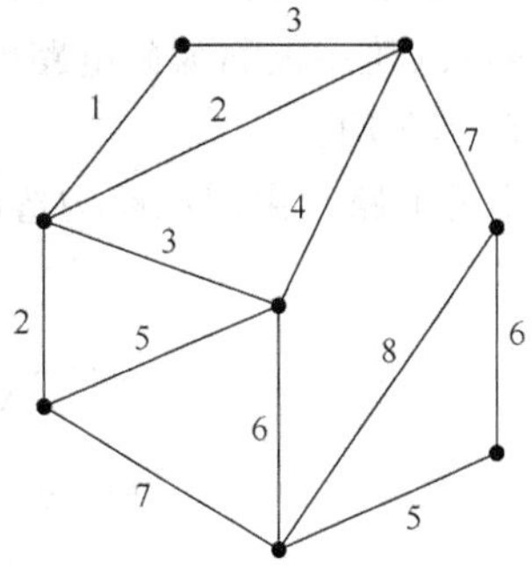

图 6-96

8. 设无向树 T 中有 t 片树叶，证明 T 中任意一个顶点的度数小于等于 t。

6.4　命题逻辑

逻辑(logic)一词源于希腊文 logoc，有“思维”和“表达思考的言辞”之意。数理逻辑是用数学的方法来研究推理规律的科学，它采用符号的方法来描述和处理思维形式、思维过程和思维规律。进一步说，数理逻辑就是研究推理中前提和结论之间的形式关系，这种形式关系是由作为前提和结论的命题的逻辑形式决定的，因此，数理逻辑又称为形式逻辑或符号逻辑。

最早提出用数学方法来描述和处理逻辑问题的是德国数学家莱布尼兹(G. W. Leibnitz)，但直到 1847 年英国数学家乔治・布尔(George Boole)发表《逻辑的数学分析》后才有所发展。1879 年，德国数学家弗雷格(G. Frege)在《表意符号》一书中创建了第一个比较严格的逻辑演算习题。英国数学家怀特海(A. N. Witehead)和罗素(B. Russell)合著的《数学原理》一书，对当时数理逻辑的成果进行了总结，使得数理逻辑形成了专门的学科。

1938 年，克劳德・艾尔伍德・香农(Claude Elwood Shannon)发表了著名的论文《继电器和开关电路的符号分析》，首次用布尔代数对开关电路进行了相关的分析，并证明了可以通过继电器电路来实现布尔代数的逻辑运算，同时明确地给出了实现加、减、乘、除等运算的电子电路的设计方法。这篇论文成为了开关电路的开端。其后，数理逻辑开始应用于所有开关线路的理论中，并在计算机科学等方面获得应用，成为计算机科学的基础理论之一。它在程序设计、数字电路设计、计算机原理、人工智能等计算机课程中得到了广泛应用。

命题逻辑是数理逻辑的基础部分，但究竟什么是命题，如何表示命题，如何构造出复杂的命题？本节中将讨论这些问题。

案例的提出：

案例 1：在数字计算机中，只有两种可能，表示为 0 和 1，视作最小的不可再分的事物。所有的程序和数据最终简化为二进制位的组合。近年来，数字计算机使用各种设备存储位，电子电路使这些存储设备可以互相通信。Bit 以电压的形式从电路的一部分传送到另一部分，这样就需要两种电压水平，例如，高电压可以表示为 1，低电压表示为 0。

组合电路的输出由组合电路的每个输入的组合唯一确定。组合电路没有记忆能力，系统以前的输入和状态不会影响组合电路的输出，电路输出是一个函数。

组合电路可以使用被称为门电路的固态元件构造，这些门可以改变开关电压的高低，分别是与门、或门和非门。

图 6-97 中的电路是由门电路构造出来的组合电路的例子，试问：x_1、x_2、x_3 取何值时，y 的值为 1？

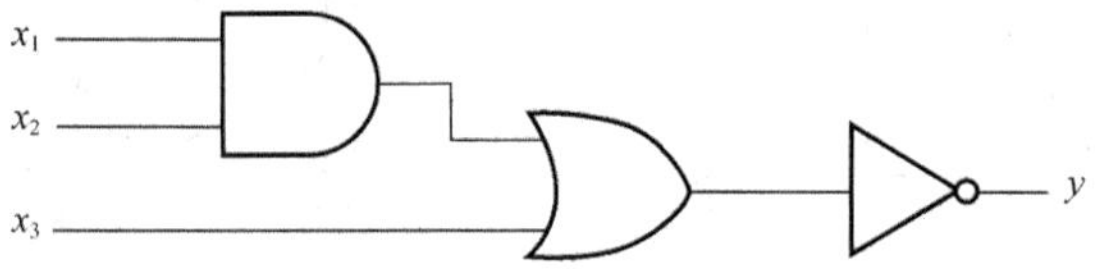

图 6-97

案例 2：试用较少的开关设计一个与图 6-98 有相同功能的电路。

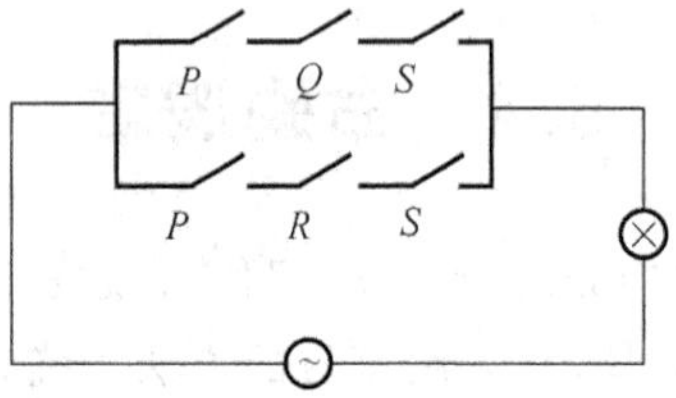

图 6-98

6.4.1 命题与联结词

1. 命题

数理逻辑研究的中心问题是推理(inference)；而推理就必然包含前提和结论，前提和结论都是表达判断的陈述句，因而表达判断的陈述句就成为推理的基本要素。大家都知道，语言是交流思想的工具，日常使用的语言称为自然语言，它是极其丰富多彩的，然而也具有模棱两可、含糊多义的特点。因此，对于严格的推理，使用自然语言是极不方便的，需要引入一种形式化的语言，它具有单一、明确的含义。这种形式化的语言在数理逻辑中称为目标语言(或对象语言)；由目标语言和一些规定的公式与符号构成了数理逻辑的形式符号体系。

在数理逻辑中，将能够判断真假的陈述句称为命题。因此命题就成为推理的基本单位。在命题逻辑中，对命题的组成部分不再进一步细分，因而命题就成了命题逻辑中最基本也是最小的研究单位。

定义 1 能够判断真假而不是可真可假的陈述句称为命题(proposition)。命题的判断结果称为命题的真值(truth of proposition)，常用 T(True)(或 1)表示真，F(False)(或 0)表示假。真值为真的命题称为真命题，真值为假的命题称为假命题。

从上述定义可知，判定一个句子是否为命题要分为两步：一是判定是否为陈述句，二是能否判定真假，二者缺一不可。

【例 1】 判断下列句子是否为命题。

(1)北京是中国的首都。 (2)请勿吸烟！ (3)雪是黑的。

(4)明天开会吗？ (5)$x+y=5$。 (6)$x>y$。

(7)我正在说谎。　　(8)$9+5\leqslant 12$。　　(9)$1+101=110$。

(10)今天天气多好啊！　　(11)别的星球上有生物。　　(12)2015 年的元旦是晴天。

解　在上述句子中，(2)为祈使句，(4)为疑问句，(5)、(6)、(7)虽然是陈述句，但(5)、(6)没有确定的真值，其真假随 x、y 取值的不同而改变，(7)是悖论(由真能推出假，由假也能推出真)，(10)为感叹句，因而(2)、(4)、(5)、(7)、(10)均不是命题。(1)、(3)、(8)、(9)、(11)、(12)都是命题，其中(11)、(12)虽然现在无法判断真假，但随着科技的进步或时间的推移是可以判定真假的。

需要进一步指出的是，命题的真假只要求它有就可以，而不要求立即给出。如例 1 的(9)$1+101=110$，它的真假意义通常和上下文有关，当作为二进制的加法时，它是真命题，否则为假命题。还有的命题的真假不能马上给出，如例 1 的(11)，但它确实有真假意义。

2. 命题标识符

定义 2　表示命题的符号称为命题标识符(identifier)。

通常用大写字母 $P,Q,R,\cdots$，P_i，Q_i，R_i 等表示命题。如 P：今天下雨；Q：$\sqrt{5}$ 是无理数。

命题标识符依据表示命题的情况，分为命题常元和命题变元。一个表示确定命题的标识符称为命题常元(或命题常项)(propositional constant)；没有指定具体内容的命题标识符称为命题变元(或命题变项)(propositional variable)。命题变元的真值情况不确定，因而命题变元不是命题。只有给命题变元 P 一个具体的命题取代时，P 有了确定的真值，P 才成为命题。

3. 命题分类

根据命题的结构形式，命题分为原子命题和复合命题。

定义 3　不能被分解为更简单的陈述语句的命题称为原子命题或简单命题(simple proposition)。由两个或两个以上原子命题组合而成的命题称为复合命题(compound proposition)。

例如，例 1 中的命题全部为原子命题；而命题"小王和小李都去公园"是复合命题，是由"小王去公园"与"小李去公园"两个原子命题组成的。

下面来看一个例子。

【例 2】　将下面这段陈述中所出现的原子命题符号化，并指出它们的真值，然后写出这段陈述。

$\sqrt{2}$ 是有理数是不对的；2 是偶素数；2 或 4 是素数；如果 2 是素数，那么 3 也是素数；2 是素数当且仅当 3 也是素数。

解　这段陈述中出现了 5 个原子命题，将它们分别符号化：

P：$\sqrt{2}$ 是有理数。Q：2 是素数。R：2 是偶数。S：3 是素数。U：4 是素数。

P、U 的真值为 0，其余的真值为 1。

将原子命题的符号代入这段陈述：

"非 P"；"Q 并且(与)R"；"Q 或 U"；"如果 Q，那么 S"；"Q 当且仅当 S"。

例 2 中最后给出的这段陈述的形式，不妨称它为半形式化形式。这种形式不会令人满意，所以要将联结词也符号化。例 2 中出现的联结词有 5 个："非"、"并且"、"或"、"如果……那么……"、"当且仅当"，这些联结词是自然语言中常用的，但自然语言中出现的联结词有的具有二义性，因而在数理逻辑中必须给出联结词的严格定义，并且将它们符号化。

4. 逻辑联结词

本节主要介绍 5 种常用的逻辑联结词(logical connectives),分别是“非”(否定联结词)、“与”(合取联结词)、“或”(析取联结词)、“若……则……”(条件联结词)、“…当且仅当…”(双条件联结词)。通过这些联结词可以把多个原子命题复合成一个复合命题。

下面分别给出各自的符号形式及真值情况。

(1) 否定联结词(negative connectives)

定义 4 设 P 为一命题,P 的否定(negation)是一个新的命题,记为 $\neg P$(读作非 P)。规定:若 P 为 T,则 $\neg P$ 为 F;若 P 为 F,则 $\neg P$ 为 T。

$\neg P$ 的取值情况依赖于 P 的取值情况,真值情况如表 6-14 所示。

表 6-14

P	$\neg P$
1	0
0	1

否定可以用电路实现,如图 6-99 所示。

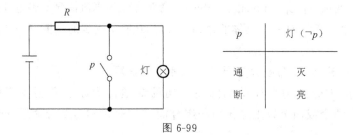

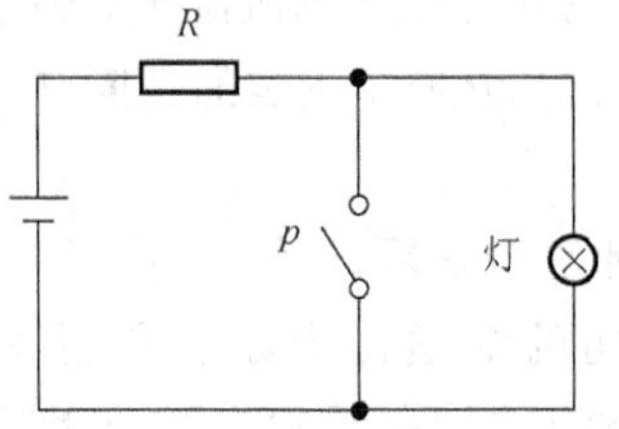

p	灯 ($\neg p$)
通	灭
断	亮

图 6-99

在自然语言中,常用“非”、“不”、“没有”、“无”、“并非”等来表示否定。

【例 3】 P:上海是中国的城市。$\neg P$:上海不是中国的城市。

P 是真命题,$\neg P$ 是假命题。

Q:所有的海洋动物都是哺乳动物。$\neg Q$:不是所有的海洋动物都是哺乳动物。

Q 为假命题,$\neg Q$ 为真命题。

(2)合取联结词(conjunctive connectives)

定义 5 设 P、Q 为两个命题,P 和 Q 的合取(conjunction)是一个复合命题,记为 $P \wedge Q$(读作 P 与 Q),称为 P 与 Q 的合取式。规定:P 与 Q 同时为 T 时,$P \wedge Q$ 为 T;其余情况下,$P \wedge Q$ 均为 F。

联结词“ $\wedge$ ”的定义如表 6-15 所示。

表 6-15 联结词“ $\wedge$ ”的定义

P	Q	$P \wedge Q$
0	0	0
0	1	0
1	0	0
1	1	1

合取可以用电路实现，如图 6-100 所示。

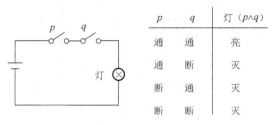

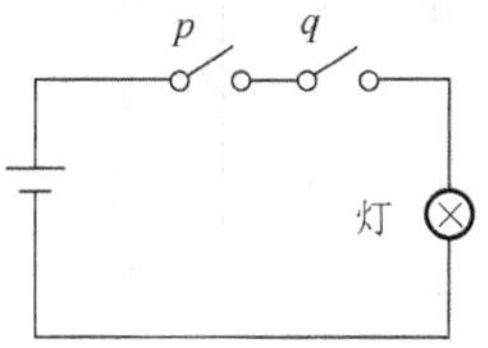

p	q	灯 $(p \wedge q)$
通	通	亮
通	断	灭
断	通	灭
断	断	灭

图 6-100

显然，$P \wedge \neg P$ 的真值永远是假，称为矛盾式。

在自然语言中，常用"既……又……"、"不仅……而且……"、"虽然……但是……"、"一边……一边……"等表示合取。

例如，P：小李爱打乒乓球；Q：小李是个学生。

上述命题的合取为 $P \wedge Q$：小李是个爱打乒乓球的学生。显然，只有当"小李爱打乒乓球"与"小李是个学生"都是真时，"小李是个爱打乒乓球的学生"才是真的。

【例 4】 (1)今天下雨又刮风。

设 P：今天下雨；Q：今天刮风。则(1)可表示为 $P \wedge Q$。

(2)猫吃鱼且太阳从西方升起。

设 P：猫吃鱼；Q：太阳从西方升起。则(2)可表示为 $P \wedge Q$。

(3)张三虽然聪明但不用功。

P：张三聪明；Q：张三用功。则(3)可表示为 $P \wedge \neg Q$。

需要注意的是，在自然语言中，命题(2)是没有实际意义的，因为 P 与 Q 两个命题是互不相关的，但在数理逻辑中是允许的，数理逻辑中只关注复合命题的真值情况，并不关心原子命题之间是否存在着内在联系。

(3)析取联结词(disjunctive connectives)

定义 6　设 P、Q 为两个命题，P 和 Q 的析取(disjunction)是一个复合命题，记为 $P \vee Q$(读作 P 或 Q)，称为 P 与 Q 的析取式。规定：当且仅当 P 与 Q 同时为 F 时，$P \vee Q$ 为 F；否则，$P \vee Q$ 均为 T。

析取联结词"$\vee$"的定义如表 6-16 所示。

表 6-16　联结词"$\vee$"的定义

P	Q	$P \vee Q$
0	0	0
0	1	1
1	0	1
1	1	1

析取可以用电路实现，如图 6-101 所示。

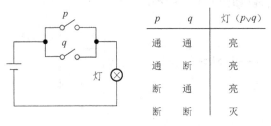

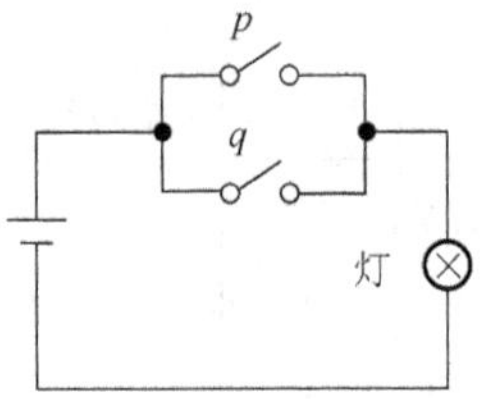

p	q	灯（$p\vee q$）
通	通	亮
通	断	亮
断	通	亮
断	断	灭

图 6-101

显然 $P\vee\neg P$ 的真值永远为真，称为永真式。

析取联结词“$\vee$”与汉语中的“或”二者表达的意义不完全相同。汉语中的“或”可表达“排斥或”，也可以表达“可兼或”；而从析取联结词的定义可看出，“$\vee$”允许 P、Q 同时为真，因而析取联结词“$\vee$”是可兼或。

【例 5】 (1) 小王爱打球或跑步。

(2) 他身高 1.8 米或 1.85 米。

(1) 为可兼或，(2) 为排斥或。

设 P:小王爱打球;Q:小王爱跑步。则(1)可表示为 $P\vee Q$。

设 P:他身高 1.8 米;Q:他身高 1.85 米。则(2)可表示为$(P\wedge\neg Q)\vee(\neg P\wedge Q)$。

(4) 排斥析取联结词(exclusive connectives)

定义 7 设 P、Q 为两个命题公式，P 和 Q 的排斥析取是个复合命题，记作 $P\bar{\vee}Q$（读作 P 异或 Q）。规定：$P\bar{\vee}Q$ 的真值为 T，当且仅当 P 与 Q 的真值不相同；否则，$P\bar{\vee}Q$ 的真值为 F。

联结词“$\bar{\vee}$”的定义如表 6-17 所示。

表 6-17 联结词“$\bar{\vee}$”的定义

P	Q	$P\bar{\vee}Q$
0	0	0
0	1	1
1	0	1
1	1	0

【例 6】 请指出下列命题中的“或”是析取还是排斥析取。

(1) 今晚我去剧场看演出或在家里看电视现场转播。

(2) 我吃面包或蛋糕。

(3) 他是一百米冠军或跳远冠军。

(4) 今晚九时，中央电视台一台播放电视剧或足球比赛。

(5) 派小王或小赵出差去上海。

(6) 派小王或小赵中的一人出差去上海。

解 (2)、(3)、(5)中的“或”为析取，(1)、(4)、(6)中的“或”为排斥析取。

【例 7】 小王住 301 房间或者 302 房间。

解 令 t:小王住 301 房间,u:小王住 302 房间。

则 命题符号化为 $(t \wedge \neg u) \vee (\neg t \wedge u)$。

(5) 条件联结词(conditional connectives)

定义 8 设 P、Q 为两个命题,P 和 Q 的条件(conditional)命题是一个复合命题,记为 $P \rightarrow Q$(读作若 P 则 Q),其中 P 称为条件的前件,Q 称为条件的后件。规定:当且仅当前件 P 为 T,后件 Q 为 F 时,$P \rightarrow Q$ 为 F;否则,$P \rightarrow Q$ 均为 T。

条件联结词"$\rightarrow$"的定义如表 6-18 所示。

表 6-18 联结词"$\rightarrow$"的定义

P	Q	$P \rightarrow Q$
0	0	1
0	1	1
1	0	0
1	1	1

在自然语言中,常会出现的语句如"只要 P 就 Q"、"因为 P 所以 Q"、"P 仅当 Q"、"只有 Q 才 P"、"除非 Q 才 P"等都可以表示为"$P \rightarrow Q$"的形式。

【例 8】 (1) 如果雪是黑色的,则太阳从西方升起。

(2) 只有天气好时,我才去公园。

解 (1) 设 P:雪是黑色的;Q:太阳从西方升起。则(1)可表示为 $P \rightarrow Q$。

(2) 设 R:天气好;S:我去公园。则(2)可表示为 $R \rightarrow S$。

(6) 双条件联结词(bi-conditional connectives)

定义 9 设 P、Q 为两个命题,其复合命题 $P \leftrightarrow Q$ 称为双条件(biconditional)命题,$P \leftrightarrow Q$ 读作 P 当且仅当 Q。规定:当且仅当 P 与 Q 真值相同时,$P \leftrightarrow Q$ 为 T;否则,$P \leftrightarrow Q$ 均为 F。

双条件联结词"$\leftrightarrow$"的定义如表 6-19 所示。

表 6-19 联结词"$\leftrightarrow$"的定义

P	Q	$P \leftrightarrow Q$
0	0	1
0	1	0
1	0	0
1	1	1

【例 9】 (1) 雪是黑色的当且仅当 $2+2>4$。

(2)燕子北回,春天来了。

解 (1)设 P:雪是黑色的;Q:$2+2>4$。则(1)可表示为 $P \leftrightarrow Q$,其真值为 T。

(2) 设 R:燕子北回;S:春天来了。则(2)可表示为 $R \leftrightarrow S$,其真值为 T。

【例 10】 求下列复合命题的真值。

(1) $2+2=4$ 当且仅当 $3+3=6$。

(2) $2+2=4$ 当且仅当 3 是偶数。

(3) 2 + 2=4 当且仅当太阳从东方升起。

(4) 2 + 2=4 当且仅当美国位于非洲。

(5) 2 + 2≠4 当且仅当 3 不是奇数。

(6) 两圆面积相等当且仅当它们的半径相等。

解 它们的真值分别为 1,0,1,0,1, 1。

与前面的联结词一样,条件联结词和双条件联结词连接的两个命题之间可以没有任何的因果联系,只要能确定复合命题的真值即可。

以上定义了五种最基本、最常用也是最重要的联结词:$\neg$、$\wedge$、$\vee$、$\rightarrow$、$\leftrightarrow$。将它们组成一个集合:{$\neg$, $\wedge$, $\vee$, $\rightarrow$, $\leftrightarrow$},称为一个联结词集,其中$\neg$为一元联结词,其余都是二元联结词。

注:上面的 6 个联结词里,$\neg$、$\wedge$、$\vee$、$\rightarrow$、$\leftrightarrow$ 是最基本的,$\bar{\vee}$ 可以用这 5 个联结词表示。

对于这个联结词集,需要做以下几点说明:

(1) 由联结词集{$\neg$、$\wedge$、$\vee$、$\rightarrow$、$\leftrightarrow$}中的一个联结词连接一个或两个原子命题所组成的复合命题是最简单的复合命题,可以称它们为基本的复合命题。为帮助记忆,将基本复合命题的取值情况列于表 6-20 中。

表 6-20

P	Q	$\neg P$	$P \wedge Q$	$P \vee Q$	$P \rightarrow Q$	$P \leftrightarrow Q$	$P \bar{\vee} Q$
0	1	1	0	0	1	1	0
0	1	1	0	1	1	0	1
1	0	0	0	1	0	0	1
1	1	0	1	1	1	1	0

(2) 多次使用联结词集中的联结词,可以组成更为复杂的复合命题。求复杂复合命题的真值时,除依据表 6-20 外,还要规定联结词的优先顺序。将括号也算在内,规定联结词的优先顺序为:(　　), $\neg$, $\wedge$, $\vee$, $\rightarrow$, $\leftrightarrow$。

对于同一优先级的联结词,先出现者先运算。

【例 11】 令 P:北京比天津人口多;

Q:2+2=4;

R:乌鸦是白色的。

求下列复合命题的真值:

(1) $((\neg P \wedge Q) \vee (P \wedge \neg Q)) \rightarrow R$;

(2) $(Q \vee R) \rightarrow (Q \rightarrow \neg R)$;

(3) $(\neg P \vee R) \leftrightarrow (P \wedge \neg R)$。

解 P、Q、R 的真值分别为 1、1、0。

(1) 真值为 1;(2)真值为 1;(3)真值为 0。

注:从例 11 可以看出,今后我们关心的是复合命题中命题之间的真值关系,而不关心命题的具体内容。

【例 12】 设 P:天下雪;Q:我去看电影;R:我有时间。

试以符号形式表示下列命题:

(1) 天不下雪。

(2) 如果天不下雪,那么我去看电影。

(3) 我去看电影,仅当我有时间。

(4) 如果天不下雪且我有时间,那么我去看电影。

解 (1) $\neg P$; (2) $\neg P \rightarrow Q$;

(3) $Q \rightarrow R$; (4) $(\neg R \wedge R) \rightarrow Q$。

【例 13】 请将下列命题符号化。

(1) 如果天不下雪,那么我去看电影;否则我不去看电影。

(2) 如果天不下雪,那么我去看电影;否则我在家复习功课。

解 令 P:天下雪;Q:我去看电影;R:我在家复习功课。

命题(1)符号化为:$\neg P \leftrightarrow Q$;

命题(2)符号化为:$(\neg P \leftrightarrow Q) \wedge (P \leftrightarrow R)$。

5. 命题公式及赋值

(1) 命题公式(propositional formula)。

前面介绍了 5 种常用的逻辑联结词,利用这些逻辑联结词可将具体的命题表示成符号化的形式。对于较为复杂的命题,需要由这 5 种逻辑联结词经过各种相互组合以得到其符号化的形式。那么怎样的组合形式才是正确的、符合逻辑的表示形式呢?

定义 10 (1) 单个的命题变元是命题公式。

(2) 如果 A 是命题公式,那么 $\neg A$ 也是命题公式。

(3) 如果 A、B 是命题公式,那么$(A \wedge B)$,$(A \vee B)$,$(A \rightarrow B)$和$(A \leftrightarrow B)$也是命题公式。

(4) 当且仅当能够有限次地应用(1)、(2)、(3)所得到的包含命题变元、联结词和括号的符号串是命题公式(又称为合式公式,或简称为公式)。

上述定义是以递归的形式给出的,其中(1)称为基础,(2)、(3)称为归纳,(4)称为界限。

由定义 10 知,命题公式是没有真假的,仅当一个命题公式中的命题变元被赋以确定的命题时,才得到一个命题。例如,在公式 $P \rightarrow Q$ 中,把命题“雪是白色的”赋给 P,把命题“$2+2>4$”赋给 Q,则公式 $P \rightarrow Q$ 被解释为假命题;但若 P 的赋值不变,而把命题“$2+2=4$”赋给 Q,则公式 $P \rightarrow Q$ 被解释为真命题。

定义 10 中的符号 A,B 不同于具体公式里的 P、Q、R 等符号,它可以用来表示任意的命题公式。

【例 14】 $\neg(P \wedge Q)$,$(P \rightarrow (Q \wedge R))$,$((P \rightarrow Q) \wedge (Q \rightarrow R))$ 等都是命题公式,而 $P \rightarrow (\wedge Q)$,$(P \rightarrow Q$,$(P \rightarrow Q) \rightarrow R)$ 等都不是命题公式。

为了减少命题公式中使用括号的数量,规定:

(1) 逻辑联结词的优先级别由高到低依次为 $\neg$、$\wedge$、$\vee$、$\rightarrow$、$\leftrightarrow$。

(2) 具有相同级别的联结词,按出现的先后次序进行计算,括号可以省略。

(3) 命题公式的最外层括号可以省去。

【例 15】 $(P \wedge Q) \rightarrow R$ 也可以写成 $P \wedge Q \rightarrow R$,$(P \vee Q) \vee R$ 也可写成 $P \vee Q \vee R$,

$((P\leftrightarrow Q)\rightarrow R)$ 也可写成 $(P\leftrightarrow Q)\rightarrow R$，而 $P\rightarrow(Q\rightarrow R)$ 中的括号不能省去。

定义 11 设 P 是命题公式 Q 的一部分，且 P 也是命题公式，则称 P 为 Q 的子公式。

例如，$P\wedge Q$ 及 R 都是公式 $P\wedge Q\rightarrow R$ 的子公式；$\neg P$、$\neg P\vee Q$ 及 $P\rightarrow R$ 都是公式 $(\neg P\vee Q)\wedge(P\rightarrow R)$ 的子公式。

习题 6.4.1

1. 指出下列语句中哪些是命题。

(1) 我是歌唱家。

(2) 计算机有空吗?

(3) 正整数只有有限个。

(4) 太美妙了!

(5) 老虎是动物。

2. 写出下列命题的否定。

(1) 今天是星期五。

(2) 素数都是偶数。

(3) 我是个青年并且是作家。

(4) 我吃面包或蛋糕。

3. 设 P 表示命题“我学习努力”；

Q 表示命题“我考试得满分”；

R 表示命题“我很快乐”。

试用符号表示下列命题：

(1) 我考试没得满分，但我很快乐。

(2) 如果我学习努力，那么我考试得满分。

(3) 如果我学习努力并且考试得满分，那么我很快乐。

4. 试将下列命题符号化：

(1) 我美丽而又快乐。

(2) 如果我快乐，那么天就下雨。

(3) 电灯不亮，当且仅当灯泡或开关发生故障。

(4) 仅当你去，我才留下。

(5) 如果老张和老李都不去，他就去。

6.4.2 真值表与逻辑等价

1. 赋值

定义 1 设 $P_1, P_2, \cdots, P_n$ 是出现在命题公式 A 中的全部命题变元，给 $P_1, P_2, \cdots, P_n$ 各指定一个真值，称为对公式 A 的一个赋值(或解释，或真值指派)(assignment)。

若指定的一组值使公式 A 的真值为 1，则这组值称为公式 A 的成真赋值。

若指定的一组值使公式 A 的真值为 0，则这组值称为公式 A 的成假赋值。

例如，对公式 $(P\rightarrow Q)\wedge R$，赋值 011(令 $P=0, Q=1, R=1$)，则可得到公式的真值为 1；若赋值 000，则公式真值为 0。因此，011 为公式的一个成真赋值；000 为公式的一个成假赋值。除了上述两种赋值外，公式的赋值还有 000，001 等。一般的结论是：在含有 n 个命题变元的命题公式中，共有 2^n 种赋值。

2. 真值表

定义 2　将命题公式 A 在所有赋值下的取值情况列成表，称为公式 A 的真值表(truth table)。

构造真值表的基本步骤如下：

(1) 找出公式中所有的命题变元 $P_1, P_2, \cdots, P_n$，按二进制从小到大的顺序列出 2^n 种赋值。

(2) 当公式较为复杂时，按照运算的顺序列出各个子公式的真值。

(3) 计算整个命题公式的真值。

【例 1】　构造 $\neg P \vee Q$ 的真值表。

解　如表 6-21 所示。

表 6-21

P	Q	$\neg P$	$\neg P \vee Q$
0	0	1	1
0	1	1	1
1	0	0	0
1	1	0	1

【例 2】　构造 $(P \wedge Q) \rightarrow P$ 的真值表。

解　如表 6-22 所示。

表 6-22

P	Q	$P \wedge Q$	$(P \wedge Q) \rightarrow P$
0	0	0	1
0	1	0	1
1	0	0	1
1	1	1	1

【例 3】　构造 $(P \wedge Q) \rightarrow R$ 的真值表。

解　如表 6-23 所示。

表 6-23

P	Q	R	$P \wedge Q$	$(P \wedge Q) \rightarrow R$
0	0	0	0	1
0	0	1	0	1
0	1	0	0	1
0	1	1	0	1

续表

P	Q	R	$P \wedge Q$	$(P \wedge Q) \to R$
1	0	0	0	1
1	0	1	0	1
1	1	0	1	0
1	1	1	1	1

【例 4】 写出下列公式的真值表，并求其成真赋值和成假赋值。

(1) $\neg(P \to Q) \wedge Q$；

(2) $\neg(P \wedge Q) \leftrightarrow (\neg P \vee \neg Q)$。

解 (1) 真值表如表 6-24 所示。

表 6-24　$\neg(P \to Q) \wedge Q$ 的真值表

P	Q	$P \to Q$	$\neg(P \to Q)$	$\neg(P \to Q) \wedge Q$
0	0	1	0	0
0	1	1	0	0
1	0	0	1	0
1	1	1	0	0

无成真赋值；成假赋值为 00，01，10，11。

(2) 真值表如表 6-25 所示。

表 6-25　$\neg(P \wedge Q) \leftrightarrow (\neg P \vee \neg Q)$ 的真值表

P	Q	$P \wedge Q$	$\neg(P \wedge Q)$	$\neg P \vee \neg Q$	$\neg(P \wedge Q) \leftrightarrow (\neg P \vee \neg Q)$
0	0	0	1	1	1
0	1	0	1	1	1
1	0	0	1	1	1
1	1	1	0	0	1

成真赋值为 00，01，10，11；无成假赋值。

3. 逻辑等价

定义 3 给定两个命题公式 A，B，设 $P_1, P_2, \cdots, P_n$ 是出现在命题公式 A，B 中的全部命题变元，若给 $P_1, P_2, \cdots, P_n$ 任意一组赋值，公式 A 和 B 的真值都对应相同，则称公式 A 与 B 等价或逻辑相等(equivalent)，记作 $A \Leftrightarrow B$。

需要注意的是，“$\Leftrightarrow$”不是逻辑联结词，因而“$A \Leftrightarrow B$”不是命题公式，只是表示两个命题公式之间的一种等价关系，即若 $A \Leftrightarrow B$，A 和 B 没有本质上的区别，最多只是 A 和 B 具有不同的形式而已。

“$\Leftrightarrow$”具有如下性质：

(1) 自反性：$A \Leftrightarrow A$。

(2) 对称性：若 $A \Leftrightarrow B$，则 $B \Leftrightarrow A$。

(3) 传递性：若 $A \Leftrightarrow B$，$B \Leftrightarrow C$，则 $A \Leftrightarrow C$。

给定 n 个命题变元，根据公式的形成规则，可以形成许多个形式各异的公式，但是有很多形式不同的公式具有相同的真值表。因此引入公式等价的概念，其目的就是将复杂的公式简化。

下面介绍两种证明公式等价的方法。

(1) 真值表法。

由公式等价的定义可知，利用真值表可以判断任何两个公式是否等价。

【例 5】 证明 $P \leftrightarrow Q \Leftrightarrow (P \rightarrow Q) \wedge (Q \rightarrow P)$。证明　命题公式 $P \leftrightarrow Q$ 与 $(P \rightarrow Q) \wedge (Q \rightarrow P)$ 的真值表如表 6-26 所示。

由表 6－26 可知，在任意赋值下，$P \leftrightarrow Q$ 与 $(P \rightarrow Q) \wedge (Q \rightarrow P)$ 两者的真值均对应相同。因此 $P \leftrightarrow Q \Leftrightarrow (P \rightarrow Q) \wedge (Q \rightarrow P)$。

表 6-26　$P \leftrightarrow Q$ 与 $(P \rightarrow Q) \wedge (Q \rightarrow P)$ 的真值表

P	Q	$P \rightarrow Q$	$Q \rightarrow P$	$(P \rightarrow Q) \wedge (Q \rightarrow P)$	$P \leftrightarrow Q$
0	0	1	1	1	1
0	1	1	0	0	0
1	0	0	1	0	0
1	1	1	1	1	1

【例 6】 判断公式 $P \rightarrow Q$ 与 $\neg P \rightarrow \neg Q$ 二者是否等价。

解　公式 $P \rightarrow Q$ 与 $\neg P \rightarrow \neg Q$ 的真值表如表 6-27 所示。

表 6-27　$P \rightarrow Q$ 与 $\neg P \rightarrow \neg Q$ 的真值表

P	Q	$P \rightarrow Q$	$\neg P \rightarrow \neg Q$
0	0	1	1
0	1	1	0
1	0	0	1
1	1	1	1

可见真值表中的最后两列值不完全相同，因此公式 $P \rightarrow Q$ 与 $\neg P \rightarrow \neg Q$ 不等价。

从理论上来讲，利用真值表法可以判断任何两个命题公式是否等价。但是真值表法并不是一个非常好的方法，因为当公式中命题变元较多时，其计算量较大，例如当公式中有 4 个变元时，需要列出 $2^4 = 16$ 种赋值情况，计算较为繁杂。因此，通常采用其他的证明方法。这种证明方法是先用真值表法验证出一些等价公式，再用这些等价公式来推导出新的等价公式，以此作为判断两个公式是否等价的基础。下面给出 12 组常用的等价公式，它们是进一步推理的基础。牢记并熟练运用这些公式是学好数理逻辑的关键之一。

① 双重否定律：$\neg(\neg A) \Leftrightarrow A$；

② 结合律：$(A \vee B) \vee C \Leftrightarrow A \vee (B \vee C)$，$(A \wedge B) \wedge C \Leftrightarrow A \wedge (B \wedge C)$，$(A \leftrightarrow B) \leftrightarrow C \Leftrightarrow A \leftrightarrow (B \leftrightarrow C)$；

③ 交换律：$A \wedge B \Leftrightarrow B \wedge A$，$A \vee B \Leftrightarrow B \vee A$，$A \leftrightarrow B \Leftrightarrow B \leftrightarrow A$；

④ 分配律：$A \vee (B \wedge C) \Leftrightarrow (A \vee B) \wedge (A \vee C)$，$A \wedge (B \vee C) \Leftrightarrow (A \wedge B) \vee (A \wedge C)$；

⑤ 幂等律：$A \vee A \Leftrightarrow A$，$A \wedge A \Leftrightarrow A$；

⑥ 吸收律：$A \vee (A \wedge B) \Leftrightarrow A$，$A \wedge (A \vee B) \Leftrightarrow A$；

⑦ 德·摩根律：$\neg(A \vee B) \Leftrightarrow \neg A \wedge \neg B$，$\neg(A \wedge B) \Leftrightarrow \neg A \vee \neg B$；

⑧ 同一律：$A \vee \mathrm{F} \Leftrightarrow A$，$A \wedge \mathrm{T} \Leftrightarrow A$；

⑨ 零律：$A \vee \mathrm{T} \Leftrightarrow \mathrm{T}$，$A \wedge \mathrm{F} \Leftrightarrow \mathrm{F}$；

⑩ 否定律：$A \vee \neg A \Leftrightarrow \mathrm{T}$，$A \wedge \neg A \Leftrightarrow \mathrm{F}$；

⑪ 条件等价式：$A \rightarrow B \Leftrightarrow \neg A \vee B \Leftrightarrow \neg B \rightarrow \neg A$；

⑫ 双条件等价式：$A \leftrightarrow B \Leftrightarrow (A \rightarrow B) \wedge (B \rightarrow A) \Leftrightarrow \neg A \leftrightarrow \neg B$。

上述 12 组公式均可以通过构造真值表法来证明。

(2) 等值演算法。

定理 1(代入规则) 在一个永真式 A 中，任何一个原子命题变元 R 出现的每一处用另一个公式代入，所得的公式 B 仍为永真式。

证明 因为永真式对于任何指派，其真值都是 1，与每个命题变元指派的真假无关，所以，用一个命题公式代入原子命题变元 R 出现的每一处，所得到的命题公式的真值仍为 1。

例如，$R \vee \neg R$ 是永真式，将原子命题变元 R 用 $P \rightarrow Q$ 代入后得到的式子 $(P \rightarrow Q) \vee \neg (P \rightarrow Q)$ 仍为永真式。

定理 2(置换规则) 设 X 是命题公式 A 的一个子公式，若 $X \Leftrightarrow Y$，将公式 A 中的 X 用 Y 来置换，则所得到的公式 B 与公式 A 等价，即 $A \Leftrightarrow B$。

证明 因为 $X \Leftrightarrow Y$，所以在相应变元的任意一种指派情况下，X 与 Y 的真值相同，故以 Y 取代 X 后，公式 B 与公式 A 在相应的指派情况下真值也必相同，因此 $A \Leftrightarrow B$。

例如 $P \rightarrow Q \Leftrightarrow \neg P \vee Q$，利用 $R \wedge S$ 置换 P，则 $(R \wedge S) \rightarrow Q \Leftrightarrow \neg(R \wedge S) \vee Q$。

从以上定理可以看出，代入规则是对原子命题变元而言，而置换规则可对命题公式进行；代入必须处处代入，替换可以部分或全部替换；代入规则可以用来增加永真式的个数，替换规则可以增加等价式的个数。

有了上述 12 组等价公式及代入规则和置换规则后，就可以推演出更多的等价式。由已知等价式推出另外一些等价式的过程，称为等值演算(equivalent calculation)。

【例 7】 证明 $P \wedge (P \rightarrow Q) \Leftrightarrow P \wedge Q$。

证明 因为 $P \rightarrow Q \Leftrightarrow \neg P \vee Q$，利用置换规则可得

$$\begin{aligned} P \wedge (P \rightarrow Q) &\Leftrightarrow P \wedge (\neg P \vee Q) \\ &\Leftrightarrow (P \wedge \neg P) \vee (P \wedge Q) \\ &\Leftrightarrow \mathrm{F} \vee (P \wedge Q) \\ &\Leftrightarrow P \wedge Q。\end{aligned}$$

【例 8】 证明 $\neg(P \leftrightarrow Q) \Leftrightarrow P \bar{\vee} Q$。

证明 由前面的证明结果可知 $P \leftrightarrow Q \Leftrightarrow (P \rightarrow Q) \wedge (Q \rightarrow P)$，所以

$$\begin{aligned} \neg(P \leftrightarrow Q) &\Leftrightarrow \neg((P \rightarrow Q) \wedge (Q \rightarrow P)) \\ &\Leftrightarrow \neg(P \rightarrow Q) \vee \neg(Q \rightarrow P) \end{aligned}$$

$$\Leftrightarrow \neg(\neg P \vee Q) \vee \neg(\neg Q \vee P)$$
$$\Leftrightarrow (\neg(\neg P) \wedge \neg Q) \vee (\neg(\neg Q) \wedge \neg P)$$
$$\Leftrightarrow (P \wedge \neg Q) \vee (Q \wedge \neg P)$$
$$\Leftrightarrow P \bar{\vee} Q。$$

【例 9】 证明下列等价式。

(1) $(P \wedge Q) \rightarrow R \Leftrightarrow P \rightarrow (Q \rightarrow R)$。

(2) $(P \wedge \neg Q) \vee (\neg P \wedge Q) \Leftrightarrow (P \vee Q) \wedge \neg(P \wedge Q)$。

证明　(1) $(P \wedge Q) \rightarrow R \Leftrightarrow \neg(P \wedge Q) \vee R$

$$\Leftrightarrow \neg P \vee \neg Q \vee R$$
$$\Leftrightarrow \neg P \vee (\neg Q \vee R)$$
$$\Leftrightarrow \neg P \vee (Q \rightarrow R)$$
$$\Leftrightarrow P \rightarrow (Q \rightarrow R)。$$

(2) $(P \wedge \neg Q) \vee (\neg P \wedge Q) \Leftrightarrow ((P \wedge \neg Q) \vee \neg P) \wedge ((P \wedge \neg Q) \vee Q)$

$$\Leftrightarrow (P \vee \neg P) \wedge (\neg Q \vee \neg P) \wedge (P \vee Q) \wedge (\neg Q \vee Q)$$
$$\Leftrightarrow \mathrm{T} \wedge (\neg Q \vee \neg P) \wedge (P \vee Q) \wedge \mathrm{T}$$
$$\Leftrightarrow (P \vee Q) \wedge (\neg P \vee \neg Q)$$
$$\Leftrightarrow (P \vee Q) \wedge \neg(P \wedge Q)。$$

(3) 应用。

【例 10】 某件事情是甲、乙、丙、丁 4 人中某一个人干的。询问 4 人后回答如下：(1)甲说是丙干的；(2)乙说我没干；(3)丙说甲讲的不符合事实；(4)丁说是甲干的。若其中 3 人说的是真话，一人说假话，问：是谁干的？

解　设 A：这件事是甲干的；B：这件事是乙干的；C：这件事是丙干的；D：这件事是丁干的。

4 个人所说的命题分别用 P、Q、R、S 表示，则(1)、(2)、(3)、(4)分别符号化为：

$P \Leftrightarrow \neg A \wedge \neg B \wedge C \wedge \neg D$，$Q \Leftrightarrow \neg B$，$R \Leftrightarrow \neg C$，$S \Leftrightarrow A \wedge \neg B \wedge \neg C \wedge \neg D$。

则 3 人说真话，一人说假话的命题 K 符号化为：

$K \Leftrightarrow (\neg P \wedge Q \wedge R \wedge S) \vee (P \wedge \neg Q \wedge R \wedge S) \vee (P \wedge Q \wedge \neg R \wedge S) \vee (P \wedge Q \wedge R \wedge \neg S)$，

其中，$\neg P \wedge Q \wedge R \wedge S \Leftrightarrow (A \vee B \vee \neg C \vee D) \wedge \neg B \wedge \neg C \wedge A \wedge \neg D$

$$\Leftrightarrow (A \wedge \neg B \wedge \neg C \wedge \neg D) \vee (B \wedge \neg B \wedge \neg C \wedge A \wedge \neg D)$$
$$\vee (\neg C \wedge \neg B \wedge \neg C \wedge A \wedge \neg D) \vee (D \wedge \neg B \wedge \neg C \wedge A \wedge \neg D)$$
$$\Leftrightarrow A \wedge \neg B \wedge \neg C \wedge \neg D,$$

同理，$P \wedge \neg Q \wedge R \wedge S \Leftrightarrow P \wedge Q \wedge \neg R \wedge S \Leftrightarrow P \wedge Q \wedge R \wedge \neg S \Leftrightarrow 0$。

所以，当 K 为真时，$A \wedge \neg B \wedge \neg C \wedge \neg D$ 为真，即这件事是甲干的。

本题也可以从题干直接找出相互矛盾的两个命题作为解题的突破口。甲、丙两人所说的话是相互矛盾的，必有一人说真话，一人说假话，而 4 个人中只有一人说假话，因此乙、丁两人必说真话，由此可断定这件事是甲干的。

【例 11】 在某次研讨会的中间休息时间，3 名与会者根据王教授的口音对他是哪个省市的人进行了判断：

甲说王教授不是苏州人，是上海人。

乙说王教授不是上海人，是苏州人。

丙说王教授既不是上海人，也不是杭州人。

听完以上 3 人的判断后，王教授笑着说，他们 3 人中有一人说得全对，有一人说对了一半，另一人说得全不对。试用逻辑演算法分析王教授到底是哪里的人。

解 设命题

P：王教授是苏州人；Q：王教授是上海人；R：王教授是杭州人。P、Q、R 中必有一个真命题、两个假命题，要通过逻辑演算将真命题找出来。设

甲的判断为 $A_1=\neg P\wedge Q$，乙的判断为 $A_2=P\wedge\neg Q$，丙的判断为 $A_3=\neg Q\wedge\neg R$，则

甲的判断全对　$B_1=A_1=\neg P\wedge Q$，

甲的判断对一半　$B_2=((\neg P\wedge\neg Q)\vee(P\wedge Q))$，

甲的判断全错　$B_3=P\wedge\neg Q$，

乙的判断全对　$C_1=A_2=P\wedge\neg Q$，

乙的判断对一半　$C_2=((P\wedge Q)\vee(\neg P\wedge\neg Q))$，

乙的判断全错　$C_3=\neg P\wedge Q$，

丙的判断全对　$D_1=A_3=\neg Q\wedge\neg R$，

丙的判断对一半　$D_2=((Q\wedge\neg R)\vee(\neg Q\wedge R))$，

丙的判断全错　$D_3=Q\wedge R$。

王教授所说

$$E=(B_1\wedge C_2\wedge D_3)\vee(B_1\wedge C_3\wedge D_2)\vee(B_2\wedge C_1\wedge D_3)\vee(B_2\wedge C_3\wedge D_1)\vee(B_3\wedge C_1\wedge D_2)\vee(B_3\wedge C_2\wedge D_1)$$

为真命题。

而 $B_1\wedge C_2\wedge D_3=(\neg P\wedge Q)\wedge((\neg P\wedge\neg Q)\vee(P\wedge Q))\wedge(Q\wedge R)$

$$\Leftrightarrow(\neg P\wedge Q\wedge\neg Q\wedge R)\vee(\neg P\wedge Q\wedge P\wedge R)\Leftrightarrow 0,$$

$B_1\wedge C_3\wedge D_2=(\neg P\wedge Q)\wedge(\neg P\wedge Q)\wedge((Q\wedge\neg R)\vee(\neg Q\wedge R))$

$$\Leftrightarrow(\neg P\wedge Q\wedge\neg R)\vee(\neg P\wedge Q\wedge\neg Q\wedge R)\Leftrightarrow\neg P\wedge Q\wedge\neg R,$$

$B_2\wedge C_1\wedge D_3=((\neg P\wedge\neg Q)\vee(P\wedge Q))\wedge(P\wedge\neg Q)\wedge(Q\wedge R)$

$$\Leftrightarrow(\neg P\wedge\neg Q\wedge P\wedge\neg Q\wedge Q\wedge R)\vee(P\wedge Q\wedge\neg Q\wedge R)\Leftrightarrow 0,$$

类似可得

$B_2\wedge C_3\wedge D_1\Leftrightarrow 0$，$B_3\wedge C_1\wedge D_2\Leftrightarrow P\wedge\neg Q\wedge R$，$B_3\wedge C_2\wedge D_1\Leftrightarrow 0$。

于是，由同一律可知，$E\Leftrightarrow(\neg P\wedge Q\wedge\neg R)\vee(P\wedge\neg Q\wedge R)$。

但因为王教授不能既是苏州人又是杭州人，因而 P、R 中必有一个假命题，即 $P\wedge\neg Q\wedge R\Leftrightarrow 0$。于是，$E\Leftrightarrow\neg P\wedge Q\wedge\neg R$ 为真命题，因而必有 P、R 为假命题，Q 为真命题，即王教授为上海人。甲说得全对，丙说对了一半，而乙全说错了。

【例 12】 案例 1 的解决：

图 6-102 中的电路是组合电路的例子，试问：x_1、x_2、x_3 取何值时，y 的值为 1？

为了解决这个问题，先了解一下布尔代数和组合电路方面的基本知识。

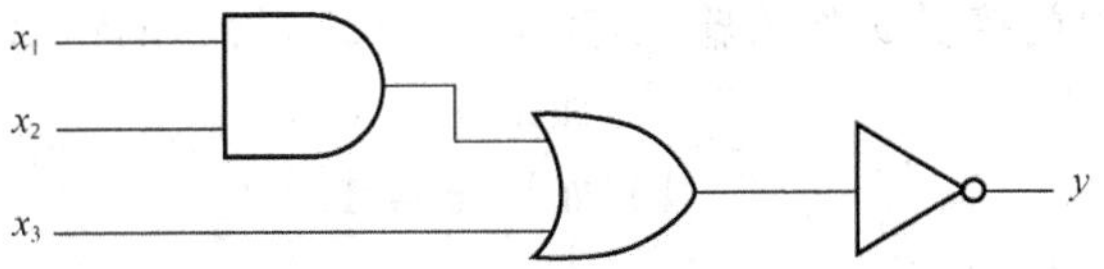

图 6-102

定义 4　与(AND)门接受 x_1 和 x_2 作为输入，其中 x_1 和 x_2 是 bits，得到的输出表示成 $x_1 \wedge x_2$。

$$x_1 \wedge x_2 = \begin{cases} 1, \text{如果 } x_1 = 1 \text{ 并且 } x_2 = 1, \\ 0, \text{其他情况。} \end{cases}$$

与门可画成图(见图 6-103)。

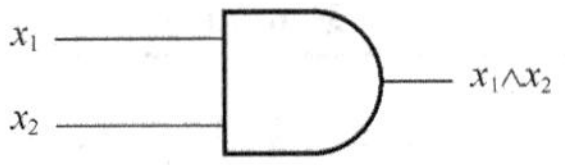

图 6-103

与门的逻辑真值表如表 6-28 所示。

表 6-28

x_1	x_2	$x_1 \wedge x_2$
1	1	1
1	0	0
0	1	0
0	0	0

定义 5　或(OR)门接受 x_1 和 x_2 作为输入，其中 x_1 和 x_2 是 bits，得到的输出表示成 $x_1 \vee x_2$。

$$x_1 \vee x_2 = \begin{cases} 1, \text{如果 } x_1 = 1 \text{ 或者 } x_2 = 1, \\ 0, \text{其他情况。} \end{cases}$$

或门可画成图(见图 6-104)。

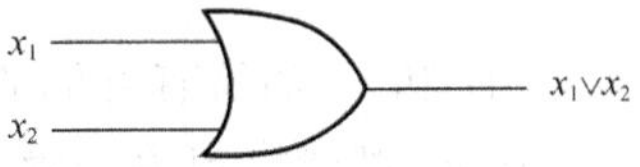

图 6-104

或门的逻辑真值表如表 6-29 所示。

表 6-29

x_1	x_2	$x_1 \vee x_2$
1	1	1
1	0	1
0	1	1
0	0	0

定义 6 非(NOT)门接受 x 作为输入，其中 x 是 bit，得到的输出表示成 $\overline{x}$。

$$\overline{x}=\begin{cases}1, 如果\ x=0,\\0, 如果\ x=1。\end{cases}$$

非门可画成图(见图 6-105)。

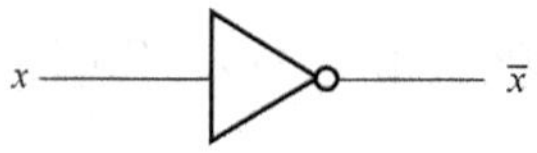

图 6-105

组合电路的逻辑真值表列出了所有可能输入的输出结果。

非门的逻辑真值表如表 6-30 所示。

表 6-30

x	$\overline{x}$
1	0
0	1

案例中的组合电路的真值表如表 6-31 所示。

表 6-31

x_1	x_2	x_3	y
1	1	1	0
1	1	0	0
1	0	1	0
1	0	0	1
0	1	1	0
0	1	0	1
0	0	1	0
0	0	0	1

注意：表 6-31 中列出了输入 x_1 、x_2 和 x_3 的所有可能的组合值。对于给定的一组输入，可以通过跟踪电路流来计算输出 y。例如，逻辑真值表的第 4 行给出了在输入值为 $x_1=1$，$x_2=0$，$x_3=0$ 时输出 y 的值。如果 $x_1=1$ 并且 $x_2=0$，则与门的输出为 0(见图 6-106)。由于 $x_3=0$，则或门的两个输入都为 0。因此，或门的输出也为 0。因为非门的输入为 0，所以输出 $y=1$。

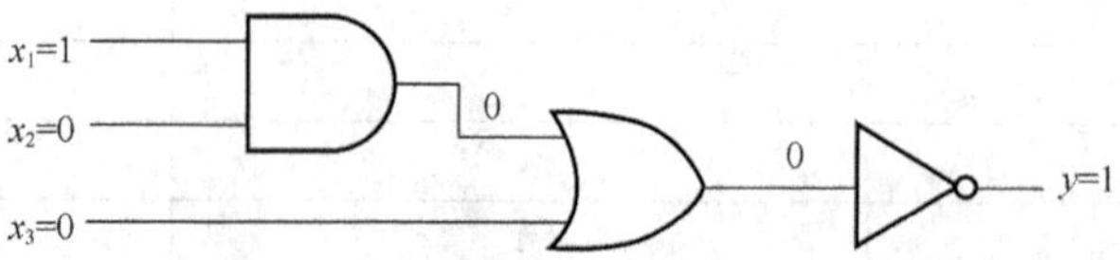

图 6-106

从表 6-31 中可以看出，当输入 x_1、x_2 和 x_3 分别为 100、010、000 时，输出 y 的值为 1。

【例 13】 案例 2(试用较少的开关设计一个与图 6-107 有相同功能的电路)的解决：

解 可将图 6-107 所示的开关电路用下述命题公式表示：

$$(P \wedge Q \wedge S) \vee (P \wedge R \wedge S)。$$

利用基本等价公式，将上述公式转化为：

$$(P \wedge Q \wedge S) \vee (P \wedge R \wedge S) \Leftrightarrow ((P \wedge S) \wedge Q) \vee ((P \wedge S) \wedge R)$$
$$\Leftrightarrow (P \wedge S) \wedge (Q \vee R)。$$

所以其开关设计图可简化为图 6-108。

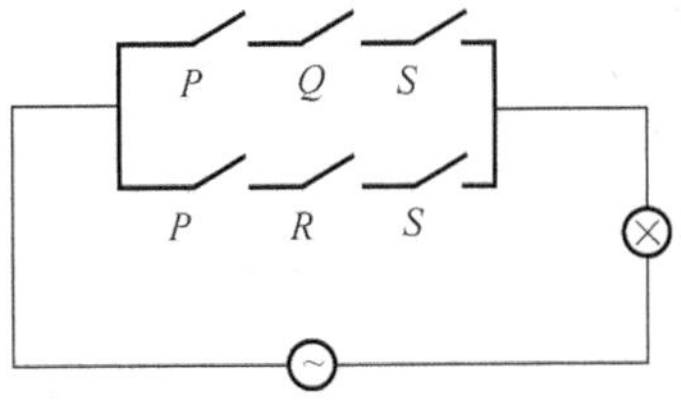

图 6-107

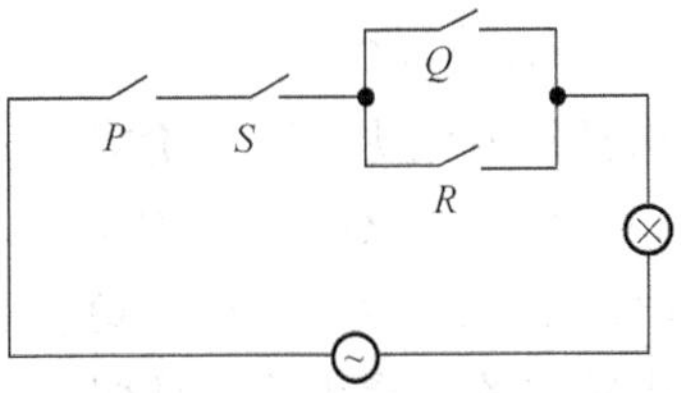

图 6-108

4. 对偶原理

定义 7 在只含有逻辑联结词 $\neg$，$\wedge$，$\vee$ 的命题公式 A 中，若把 $\wedge$ 与 $\vee$ 互换，T 与 F 互换得到一个新的命题公式 A^*，则称 A^* 是 A 的对偶式(dualistic formula)，或称 A^* 与 A 互为对偶式。显然，$(A^*)^* = A$。

例如，命题公式 $\neg P \wedge (Q \vee R)$ 的对偶式为 $\neg P \vee (Q \wedge R)$；命题公式 $(\neg P \wedge \mathrm{F}) \vee Q$ 的对偶式为 $(\neg \mathrm{P} \vee \mathrm{T}) \wedge Q$。

【例 14】 写出下列公式的对偶式。

(1) $(P \vee Q) \wedge R$；(2) $(P \wedge Q) \vee \mathrm{T}$；(3) $\neg(P \vee Q) \wedge (P \vee \neg(Q \wedge \neg S))$。

解

(1) $(P \wedge Q) \vee R$；(2) $(P \vee Q) \wedge \mathrm{F}$；(3) $\neg(P \wedge Q) \vee (P \wedge \neg(Q \vee \neg S))$。

对偶原理：设 A、B 为仅由命题变元和联结词 $\neg$、$\wedge$、$\vee$ 构成的命题公式，A^* 为 A 的对偶式，B^* 为 B 的对偶式，如果 $A \Leftrightarrow B$，则 $A^* \Leftrightarrow B^*$。

例如，易证 $P \vee (\neg P \wedge Q) \Leftrightarrow P \vee Q$，由对偶原理可得 $P \wedge (\neg P \vee Q) \Leftrightarrow P \wedge Q$。

5. 命题公式的分类

从前述真值表中可以看出，有的命题公式无论对命题变元做何种赋值，其对应的真值恒为 T 或恒为 F，如例 4；而有的公式对应的真值则是有 T 有 F，如例 3。

根据命题公式在不同赋值下的真值情况，可以对命题公式进行分类。

定义 8 设 A 为一命题公式，对公式 A 所有可能的赋值：

(1) 若 A 的真值永为 T，则称公式 A 为重言式(tautology)或永真式。

(2) 若 A 的真值永为 F，则称公式 A 为矛盾式(contradictory)或永假式。

(3) 若至少存在一种赋值使得 A 的真值为 T，则称公式 A 为可满足式(satisfiable)。

由定义 8 可知，根据命题公式的真值情况，公式可分为两大类，即矛盾式和可满足式。重言式一定是可满足式，但反之不成立。

用真值表法可以判定公式的类型：若真值表的最后一列全为 1，则公式为重言式；若最后一列全为 0，则公式为矛盾式；若最后一列至少有一个 1，则公式为可满足式。本小节中的例 3 为可满足式，例 4(1)为矛盾式，例 4(2)为重言式。

习题 6.4.2

1. 写出下列命题公式的真值表：

(1) $(P \vee Q) \to P$；

(2) $(P \vee Q) \leftrightarrow (P \wedge Q)$；

(3) $(P \vee Q) \to \neg R$；

(4) $(P \to Q) \wedge (Q \to R)$。

2. 利用真值表证明下列等价式：

(1) $P \leftrightarrow Q \Leftrightarrow (P \wedge Q) \vee (\neg P \wedge \neg Q)$；

(2) $\neg(\neg P \vee \neg Q) \vee \neg(\neg P \vee Q) \Leftrightarrow P$。

3. 利用常用的逻辑等价式证明：

(1) $(P \wedge Q) \vee (P \wedge \neg Q) \Leftrightarrow P$；

(2) $Q \to (P \vee (P \wedge Q)) \Leftrightarrow Q \to P$；

(3) $P \to (P \to Q) \Leftrightarrow \neg Q \to \neg P$；

(4) $A \leftrightarrow B \Leftrightarrow (A \wedge B) \vee (\neg A \wedge \neg B)$；

(5) $A \to (B \vee C) \Leftrightarrow (A \wedge \neg B) \to C$；

(6) $(A \to C) \wedge (B \to C) \Leftrightarrow (A \vee B) \to C$；

(7) $((A \wedge B) \to C) \wedge (B \to (D \vee C)) \Leftrightarrow (B \wedge (D \to A)) \to C$。

6.4.3 永真蕴含式

定义 1 设 A、B 是命题公式，如果 $A \to B$ 是永真式，则称 A 永真蕴含(tautological imply)B，记作 $A \Rightarrow B$。

【例 1】 证明 $P \wedge Q \Rightarrow P$。

证明 即要证 $P \wedge Q \to P$ 是永真式。因为

$$
\begin{aligned}
P \wedge Q \to P &\Leftrightarrow \neg(P \wedge Q) \vee P \\
&\Leftrightarrow \neg P \vee \neg Q \vee P \\
&\Leftrightarrow 1\text{，证毕。}
\end{aligned}
$$

【例 2】 证明 $P \wedge (P \to Q) \Rightarrow P$。

证明

$$
\begin{aligned}
&P \wedge (P \to Q) \to P \\
&\Leftrightarrow (P \wedge (\neg P \vee Q)) \to P \\
&\Leftrightarrow (\mathrm{F} \vee (P \wedge Q)) \to P \\
&\Leftrightarrow \neg(P \wedge Q) \vee P \\
&\Leftrightarrow \neg P \vee \neg Q \vee P \\
&\Leftrightarrow 1\text{，证毕。}
\end{aligned}
$$

【例 3】 证明 $(P \to Q) \wedge (Q \to R) \Rightarrow P \to R$。

证明 $(P \to Q) \wedge (Q \to R) \to (P \to R)$

$\Leftrightarrow\neg((P \to Q) \land (Q \to R)) \lor (\neg P \lor R)$

$\Leftrightarrow\neg(\neg P \lor Q) \land \neg(\neg Q \lor R)) \lor (\neg P \lor R)$

$\Leftrightarrow(P \land \neg Q) \lor (Q \land \neg R) \lor (\neg P \lor R)$

$\Leftrightarrow\neg Q \lor Q \lor \neg P \lor R$

$\Leftrightarrow 1$，

所以 $(P \to Q) \land (Q \to R) \Rightarrow P \to R$，证毕。

永真蕴含式(tautological implication)有以下重要性质。

定理　设 P、Q、R 是命题公式，如果 $P\Rightarrow Q$，$Q\Rightarrow R$，则 $P\Rightarrow R$，即永真蕴含是可传递的。

证明　由于 $P\Rightarrow Q$，$Q\Rightarrow R$，所以 $P \to Q$，$Q \to R$ 都是永真式，即

$$P \to Q\Leftrightarrow 1, Q \to R\Leftrightarrow 1。$$

由此可得

$$(P \to Q) \land (Q \to R)\Leftrightarrow 1,$$

即　$(P \to Q) \land (Q \to R)$ 是永真式。证毕。

永真蕴含式与推理理论有密切的关系，下面给出一些常用的永真蕴含式。

(1) $P \land Q\Rightarrow P$，

　$P \land Q\Rightarrow Q$；

(2) $P\Rightarrow P \lor Q$，

　$Q\Rightarrow P \lor Q$；

(3) $\neg P\Rightarrow P \to Q$；

(4) $Q\Rightarrow P \to Q$；

(5) $\neg(P \to Q)\Rightarrow P$；

(6) $\neg(P \to Q)\Rightarrow\neg Q$；

(7) $P \land (P \to Q)\Rightarrow Q$；

(8) $\neg Q \land (P \to Q)\Rightarrow\neg P$；

(9) $\neg P \land (P \lor Q)\Rightarrow Q$；

(10) $(P \to Q) \land (Q \to R)\Rightarrow(P \to R)$；

(11) $(P \lor Q) \land (P \to R) \land (Q \to R)\Rightarrow R$；

(12) $(P \to Q) \land (R \to S)\Rightarrow(P \land R) \to (Q \land S)$。

习题 6.4.3

1. 证明下列各命题公式为永真式。

(1) $P \to (P \lor Q)$；

(2) $\neg P \to (P \to Q)$；

(3) $(P \land (P \to Q)) \to Q$；

(4) $((P \to Q) \land (Q \to R)) \to (P \to R)$。

2. 利用真值表证明下列永真蕴含式。

(1) $\neg P\Rightarrow P \to Q$；

(2) $\neg Q \land (P \to Q)\Rightarrow\neg P$；

(3) $(P \lor Q) \land (P \to R) \land (Q \to R)\Rightarrow R$。

3. 设 A、B、C 是命题公式，如果 $B\Rightarrow C$，证明 $A \land B\Rightarrow A \land C$。

4. 利用常用永真蕴含式证明：

(1) $P \wedge (P \to Q) \wedge (Q \to R) \Rightarrow R$；

(2) $\neg D \wedge (\neg C \vee D) \wedge ((A \wedge B) \to C) \Rightarrow \neg A \vee \neg B$；

(3) $(A \to (\neg B \vee C)) \wedge (D \vee E) \wedge ((D \vee E) \to A) \Rightarrow B \to C$。

6.4.4 推理理论

推理是由一个或几个命题推出另一个命题的思维形式。从结构上说，推理由前提、结论和规则 3 部分组成。前提与结论有蕴含关系的推理，或者结论是从前提中必然推出的推理，称为必然性推理，如演绎推理；前提和结论没有蕴含关系的推理，或者前提与结论之间并没有必然联系而仅仅是一种或然性联系的推理，称为或然性推理，如简单枚举归纳推理。推理："金能导电，银能导电，铜能导电。金、银、铜都是金属。所以金属都能导电"这种从偶然现象概括出一般规律的推理就是一种简单枚举归纳推理。命题逻辑中的推理是演绎推理。

在实际应用的推理中，常常把本门学科的一些定律、定理和条件，作为假设前提。尽管这些前提在命题逻辑中并非永真，但在推理过程中，却总是假设这些命题为真，并使用一些公认的规则，得到另外的命题，形成结论。这种注重规则的推理方法称为有效推理。

永真蕴含式与推理理论有着密切的联系。

由蕴含的定义可知，当 $P \to Q$ 时，当且仅当 P 的真值为 T 和 Q 的真值为 F 时，$P \to Q$ 的真值才为 F；其他情况下，$P \to Q$ 的真值都为 T。因此，如果 $P \Rightarrow Q$，即 $P \to Q$ 是永真式，显然，当 P 的真值为 T 时，必有 Q 的真值也为 T。常将 P 称为前提，Q 称为有效结论。更一般的情况有以下定义。

定义 1 设 $P_1, P_2, \cdots, P_n$ 和 Q 是命题公式，且

$$P_1 \wedge P_2 \wedge \cdots \wedge P_n \Rightarrow Q$$

(由永真蕴含的定义可知，当 $P_1 \wedge P_2 \wedge \cdots \wedge P_n$ 的真值为 T 时，必然有 Q 的真值为 T)，则称 $P_1, P_2, \cdots, P_n$ 为前提(premise)，Q 为由这些前提推出的有效结论(valid conclusion)。

【例 1】 分析下列事实："如果我的论文通过答辩，那么我能获得博士学位；如果我获得博士学位，那么我很高兴；但我不高兴，所以我的论文没有通过答辩。"试指出前提和有效结论并证明之。

解 令

P：我的论文通过答辩；

Q：我获得博士学位；

R：我很高兴。

由题意可知，前提为 $\neg R \wedge (P \to Q) \wedge (Q \to R)$，有效结论：$\neg P$。即要证明：

$$\neg R \wedge (P \to Q) \wedge (Q \to R) \Rightarrow \neg P\ 。$$

由曾列出的永真蕴含式(10)可知

$$(P \to Q) \wedge (Q \to R) \Rightarrow P \to R,$$

所以有

$$\neg R \wedge (P \to Q) \wedge (Q \to R) \Rightarrow \neg R \wedge (P \to R)。$$

又由常用的永真蕴含式(8)可知

$$\neg R \wedge (P \to R) \Rightarrow \neg P,$$

所以得到

$$\neg R \wedge (P \rightarrow Q) \wedge (Q \rightarrow R) \Rightarrow \neg P，证毕。$$

【例 2】 分析下列事实："如果小琨来了，那么我们就能下围棋；如果小静来了，那么我们也能下围棋。总之，不论小琨还是小静来了，我们都能下围棋。"试指出前提和有效结论。

解　令

P：小琨来了；

Q：小静来了；

R：我们能下围棋。

由题意可知，前提为 $(P \rightarrow R) \wedge (Q \rightarrow R) \wedge (P \vee Q)$，有效结论为 R。即要证明

$$(P \rightarrow R) \wedge (Q \rightarrow R) \wedge (P \vee Q) \Rightarrow R。$$

由常用永真蕴含式(11)即得证。

【例 3】 证明 $A \wedge (A \rightarrow B) \wedge (A \rightarrow C) \wedge (B \rightarrow (D \rightarrow \neg C)) \Rightarrow \neg D$。

证明　因为 $A \wedge A \Leftrightarrow A$，所以

$A \wedge (A \rightarrow B) \wedge (A \rightarrow C) \wedge (B \rightarrow (D \rightarrow \neg C))$

$\Leftrightarrow A \wedge A \wedge (A \rightarrow B) \wedge (A \rightarrow C) \wedge (B \rightarrow (D \rightarrow \neg C))$。

又因为 $B \rightarrow (D \rightarrow \neg C) \Leftrightarrow B \rightarrow (C \rightarrow \neg D)$，所以上式逻辑等价于：

$A \wedge A \wedge (A \rightarrow B) \wedge (A \rightarrow C) \wedge (B \rightarrow (C \rightarrow \neg D))$

$\Rightarrow B \wedge C \wedge (B \rightarrow (C \rightarrow \neg D))$

$\Rightarrow C \wedge (C \rightarrow \neg D) \Rightarrow \neg D$，证毕。

由例 2 的证明可见，证明是逐步进行的，每一步往往只对前提中的某一部分进行处理，而其他部分只是重复地抄一遍。为了使证明过程简单明了，下面介绍几种证明方法。

1. 直接证明法

直接证明法遵循以下两条规则。

P 规则：前提在推导过程中的任何时候都可以引入使用。

T 规则：在推导中，如果有一个或多个公式永真蕴含着公式 S，则 S 可引入推导中。

【例 4】 证明 $(P \vee Q) \wedge (P \rightarrow R) \wedge (Q \rightarrow S) \Rightarrow R \vee S$。

证明

(1) $P \vee Q$	利用 P 规则，引入前提。
(2) $\neg P \rightarrow Q$	由(1)，利用 T 规则。
(3) $Q \rightarrow S$	利用 P 规则，引入前提。
(4) $\neg P \rightarrow S$	由(2)、(3)，利用 T 规则。
(5) $P \rightarrow R$	利用 P 规则，引入前提。
(6) $\neg R \rightarrow \neg P$	由(5)，利用 T 规则。
(7) $\neg R \rightarrow S$	由(4)、(6)，利用 T 规则。
(8) $R \vee S$	由(7)，利用 T 规则。

注意：为了简化书写，以后将"利用 P 规则，引入前提"简写为"P"，将"利用 T 规则"，简写为"T"。

【例 5】 证明 $P \rightarrow Q, \neg Q \vee R, \neg R, \neg(\neg P \wedge S) \Rightarrow \neg S$（逗号"，"和"$\wedge$"的含义相同）。

证明

(1) $P \rightarrow Q$	P
(2) $\neg Q \vee R$	P

(3) $Q \to R$　　T(2)

(4) $P \to R$　　T(1)、(3)

(5) $\neg R$　　P

(6) $\neg P$　　T(4)、(5)

(7) $\neg(\neg P \wedge S)$　　P

(8) $P \vee \neg S$　　T(7)

(9) $\neg P \to \neg S$　　T(8)

(10) $\neg S$　　T(6)、(9)

【例 6】 证明 $(A \vee B) \to (C \wedge D), (D \vee F) \to E \Rightarrow A \to E$。

证明 (1) $(A \vee B) \to (C \wedge D)$　　P

(2) $\neg(A \vee B) \vee (C \wedge D)$　　T(1)

(3) $(\neg(A \vee B) \vee C) \wedge (() \vee D)$　　T(2)

(4) $\neg(A \vee B) \vee D$　　T(3)

(5) $(\neg A \wedge \neg B) \vee D$　　T(4)

(6) $(\neg A \vee D) \wedge (\neg B \vee D)$　　T(5)

(7) $\neg A \vee D$　　T(6)

(8) $A \to D$　　T(7)

(9) $(D \vee F) \to E$　　P

(10) $\neg(D \vee F) \vee E$　　T(9)

(11) $(\neg D \wedge \neg F) \vee E$　　T(10)

(12) $(\neg D \vee E) \wedge (\neg F \vee E)$　　T(11)

(13) $\neg D \vee E$　　T(12)

(14) $D \to E$　　T(13)

(15) $A \to E$　　T(8)、(14)

【例 7】 证明 $(P \vee Q) \wedge (Q \to R) \wedge (P \to S) \wedge \neg S \Rightarrow R$。

证明 (1) $P \to S$　　P

(2) $\neg P \vee S$　　T(1)E

(3) $\neg S$　　P

(4) $\neg P$　　T(2)、(3)I

(5) $P \vee Q$　　P

(6) Q　　T(4)、(5)I

(7) $Q \to R$　　P

(8) R　　T(6)、(7)I

【例 8】 证明 $(W \vee R) \to V, V \to C \vee S, S \to U, \neg C \wedge \neg U \Rightarrow \neg W$。

证明 (1) $\neg C \wedge \neg U$　　P

(2) $\neg U$　　T(1)

(3) $S \to U$　　P

(4) $\neg S$　　T(2)、(3)

(5) $\neg C$　　T(1)

(6) $\neg C \wedge \neg S$　　T(4)、(5)

(7) $\neg(C \vee S)$　　T(6)E

(8) $(W \vee R) \to V$　　P

(9) $V \to C \vee S$　　P

(10) $(W \vee R) \to (C \vee S)$　　T(8)、(9)

(11) $\neg(W \vee R)$　　T(7)、(10)

(12) $\neg W \wedge \neg R$　　T(11)E

(13) $\neg W$　　T(12)

【例 9】 符号化下述命题并证明结论的有效性。

前提:若 a 是实数,则它不是有理数就是无理数。若 a 不能表示成分数,则它不是有理数。a 是实数且不能表示成分数。

结论:a 是无理数。

证明　设 P : a 是实数; Q : a 是有理数; R : a 是无理数; S : a 能表示成分数。则本题即证:$P \to (Q \vee R), \neg S \to \neg Q, P \wedge \neg S \Rightarrow R$。

(1) $P \wedge \neg S$　　P

(2) P　　T(1)

(3) $P \to (Q \vee R)$　　P

(4) $Q \vee R$　　T(2)、(3)

(5) $\neg S$　　P

(6) $\neg S \to \neg Q$　　P

(7) $\neg Q$　　T(5)、(6)

(8) R　　T(4)、(7)

2. 间接证明法

(1) 反证法。

设有一组前提 $P_1, P_2, \cdots, P_n$,要推出结论 Q,即证明

$$P_1 \wedge P_2 \wedge \cdots \wedge P_n \Rightarrow Q,$$

即证明

$$(P_1 \wedge P_2 \wedge \cdots \wedge P_n) \to Q \Leftrightarrow 1,$$

即证明

$$\neg(P_1 \wedge P_2 \wedge \cdots \wedge P_n) \vee Q \Leftrightarrow 1,$$

即证明

$$\neg(\neg(P_1 \wedge P_2 \wedge \cdots \wedge P_n) \vee Q) \Leftrightarrow 0。$$

利用摩根定律,即证明

$$(P_1 \wedge P_2 \wedge \cdots \wedge P_n) \wedge \neg Q \Leftrightarrow 0。$$

由此可见,要证明 $P_1 \wedge P_2 \wedge \cdots \wedge P_n \Rightarrow Q$,可将结论 Q 的否定 $\neg Q$ 加入前提中去,然后证明 $P_1 \wedge P_2 \wedge \cdots \wedge P_n \wedge \neg Q$ 是永假式即可。

【例 10】 利用间接证明法,证明 $P \to Q, \neg Q \vee R, \neg R, \neg(\neg P \wedge S) \Rightarrow \neg S$。

证明　(1) S　　P(附加前提)

(2) $\neg(\neg P \wedge S)$　　P

(3) $P \vee \neg S$	T(2)
(4) $S \to P$	T(3)
(5) P	T(1)、(4)
(6) $P \to Q$	P
(7) Q	T(5)、(6)
(8) $\neg Q \vee R$	P
(9) $Q \to R$	T(8)
(10) R	T(7)、(9)
(11) $\neg R$	P
(12) $R \wedge \neg R$（永假）	T(10)、(11)

【例 11】 证明 $(A \vee B) \to C, C \to D \vee E, E \to F, \neg D \wedge \neg F \Rightarrow \neg A$。

证明　用间接证明法证明：

(1) A	P(附加前提)
(2) $A \vee B$	T(1)
(3) $(A \vee B) \to C$	P
(4) C	T(2)、(3)
(5) $C \to D \vee E$	P
(6) $D \vee E$	T(4)、(5)
(7) $\neg D \to E$	T(6)
(8) $E \to F$	P
(9) $\neg D \to F$	T(7)、(8)
(10) $D \vee F$	T(9)
(11) $\neg D \wedge \neg F$	P
(12) $\neg(D \vee F)$	T(11)
(13) $(D \vee F) \wedge \neg(D \vee F)$（永假）	T(10)、(12)

【例 12】 证明 $R \to \neg Q, R \vee S, S \to \neg Q, P \to Q \Rightarrow \neg P$。

证明

(1) P	P(附加前提)
(2) $P \to Q$	P
(3) Q	T(1)、(2)
(4) $S \to \neg Q$	P
(5) $\neg S$	T(3)、(4)
(6) $R \vee S$	P
(7) R	T(5)、(6)
(8) $R \to \neg Q$	P
(9) $\neg Q$	T(7)、(8)
(10) $Q \wedge \neg Q$（矛盾式）	T(3)、(9)

由(10)得出了矛盾，根据归谬法说明原推理正确。

【例 13】 证明 $P \vee Q, P \to R, Q \to S \Rightarrow R \vee S$。

证明

(1) $\neg(R \vee S)$	P(附加前提)

(2) $\neg R \wedge \neg S$	T(1)
(3) $\neg R$	T(2)
(4) $P \to R$	P
(5) $\neg P$	T(3)、(4)
(6) $P \vee Q$	P
(7) Q	T(5)、(6)
(8) $Q \to S$	P
(9) S	T(7)、(8)
(10) $\neg S$	T(2)
(11) $S \wedge \neg S$ (矛盾式)	T(9)、(10)

由(11)得出了矛盾,根据归谬法说明原推理正确。

(2) CP 规则。

间接证明法的另一种情况是利用 CP 规则。如果要证

$$P_1 \wedge P_2 \wedge \cdots \wedge P_n \Rightarrow (A \to B),$$

即证

$$(P_1 \wedge P_2 \wedge \cdots \wedge P_n) \to (A \to B) \Leftrightarrow 1,$$

即证

$$\neg(P_1 \wedge P_2 \wedge \cdots \wedge P_n) \vee (\neg A \vee B) \Leftrightarrow 1,$$

即证

$$\neg(P_1 \wedge P_2 \wedge \cdots \wedge P_n \wedge A) \vee B \Leftrightarrow 1,$$

即证

$$(P_1 \wedge P_2 \wedge \cdots \wedge P_n \wedge A) \to B \Leftrightarrow 1,$$

即证

$$P_1 \wedge P_2 \wedge \cdots \wedge P_n \wedge A \Rightarrow B。$$

所以,当需要推出的结论是 $A \to B$ 的形式时,可先将 A 作为附加前提,如果 $P_1 \wedge P_2 \wedge \cdots \wedge P_n \wedge A \Rightarrow B$,就能证得 $P_1 \wedge P_2 \wedge \cdots \wedge P_n \Rightarrow (A \to B)$,这就是 CP 规则。

【例 14】 用间接证明法(CP 规则)证明

$$(A \vee B) \to (C \wedge D), (D \vee F) \to E \Rightarrow A \to E。$$

证明

(1) A	P(附加前提)
(2) $A \vee B$	T(1)
(3) $(A \vee B) \to (C \wedge D)$	P
(4) $C \wedge D$	T(2)、(3)
(5) D	T(4)
(6) $D \vee F$	T(5)
(7) $(D \vee F) \to E$	P
(8) E	T(6)、(7)
(9) $A \to E$	CP 规则

【例 15】 证明

$$A \to (B \to C), (C \wedge D) \to E, \neg F \to (D \wedge \neg E) \Rightarrow A \to (B \to F)。$$

证明　利用 CP 规则，即证

$$A\to(B\to C),(C\wedge D)\to E,\neg F\to(D\wedge\neg E),A\Rightarrow(B\to F);$$

再一次利用 CP 规则，即证

$$A\to(B\to C),(C\wedge D)\to E,\neg F\to(D\wedge\neg E),A,B\Rightarrow F。$$

(1) A	P(附加前提)
(2) $A\to(B\to C)$	P
(3) $B\to C$	T(1)、(2)
(4) B	P(附加前提)
(5) C	T(3)、(4)
(6) $(C\wedge D)\to E$	P
(7) $\neg C\vee\neg D\vee E$	T(6)
(8) $C\to(\neg D\vee E)$	T(7)
(9) $\neg D\vee E$	T(5)、(8)
(10) $\neg F\to(D\wedge\neg E)$	P
(11) $F\vee(D\wedge\neg E)$	T(10)
(12) $(\neg D\vee E)\to F$	T(11)
(13) F	T(9)、(12)
(14) $B\to F$	CP 规则
(15) $A\to(B\to F)$	CP 规则

【例 16】 证明 $M\leftrightarrow Q,\neg M\to S,S\to\neg R\Rightarrow R\to Q$。

证明　用 CP 规则证明：

(1) R	P(附加前提)
(2) $\neg M\to S$	P
(3) $S\to\neg R$	P
(4) $\neg M\to\neg R$	T(2)、(3)
(5) $R\to M$	T(4)
(6) M	T(1)、(5)
(7) $M\leftrightarrow Q$	P
(8) $(M\to Q)\wedge(Q\to M)$	T(7)
(9) $M\to Q$	T(8)
(10) Q	T(6)、(9)
(11) $R\to Q$	CP 规则

【例 17】 证明由 $P\to(Q\to S)$，$\neg R\vee P$，Q 能有效推出 $R\to S$。

证明

(1) R	P(附加前提)
(2) $\neg R\vee P$	P
(3) P	T(1)、(2)
(4) $P\to(Q\to S)$	P
(5) $Q\to S$	T(3)、(4)
(6) Q	P

(7) S　　T(5)、(6)

(8) $R \rightarrow S$　　CP 规则

【例 18】 “如果春暖花开，燕子就会飞回北方；如果燕子飞回北方，则冰雪融化。所以，如果冰雪没有融化，则没有春暖花开。”证明这些语句构成一个正确的推理。

解　设 P：春暖花开；Q：燕子飞回北方；R：冰雪融化。

则上述论断转化成要证明 $P \rightarrow Q, Q \rightarrow R \Rightarrow \neg R \rightarrow \neg P$。

(1) $\neg R$　　P(附加前提)

(2) $Q \rightarrow R$　　P

(3) $\neg Q$　　T(1)、(2)

(4) $P \rightarrow Q$　　P

(5) $\neg P$　　T(3)、(4)

(6) $\neg R \rightarrow \neg P$　　CP 规则

【例 19】 “如果 A 努力工作，B 或 C 将生活愉快；如果 B 生活愉快，那么 A 将不努力工作；如果 D 愉快，C 将不愉快。所以，如果 A 努力工作，D 将不愉快。”这些语句是否构成一个正确的推理？

解　设 P：A 努力工作；Q：B 将生活愉快；R：C 将生活愉快；S：D 将愉快。

前提：$P \rightarrow (Q \vee R)$，$Q \rightarrow \neg P$，$S \rightarrow \neg R$；

结论：$P \rightarrow \neg S$。

(1) P　　P(附加前提)

(2) $Q \rightarrow \neg P$　　P

(3) $\neg Q$　　T(1)、(2)

(4) $P \rightarrow (Q \vee R)$　　P

(5) $Q \vee R$　　T(1)、(4)

(6) R　　T(3)、(5)

(7) $S \rightarrow \neg R$　　P

(8) $\neg S$　　T(6)、(7)

(9) $P \rightarrow \neg S$　　CP 规则

因此，上述推理是正确的。

习题 6.4.4

1. 用直接证明法证明：

(1) $\neg(P \wedge \neg Q) \wedge (\neg Q \vee R) \wedge \neg R \Rightarrow \neg P$；

(2) $(P \rightarrow Q) \wedge (\neg Q \vee R) \wedge \neg R \wedge \neg(\neg P \wedge S) \Rightarrow \neg S$；

(3) $(A \rightarrow (B \rightarrow C)) \wedge ((C \wedge D) \rightarrow E) \wedge (\neg F \rightarrow (D \wedge \neg E)) \Rightarrow A \rightarrow (B \rightarrow F)$。

2. 证明下列各式：

(1) $A \rightarrow (B \rightarrow C), \neg D \vee A, B \Rightarrow D \rightarrow C$；

(2) $M \bar{\vee} Q, M \rightarrow S, S \rightarrow \neg R \Rightarrow R \rightarrow Q$；

(3) $\neg(P \rightarrow Q) \rightarrow \neg(R \vee S), ((Q \rightarrow P) \vee \neg R), R \Rightarrow P \leftrightarrow Q$；

(4) $S \rightarrow \neg Q, S \vee R, \neg R, P \leftrightarrow Q \Rightarrow \neg P$；

(5) $(A \vee B) \rightarrow D, \neg(D \wedge E), C \rightarrow E \Rightarrow B \rightarrow \neg C$。

3. 对于下列一组前提，请给出它们的有效证明。

(1) 如果我努力学习，那么我能通过考试，我没有通过考试。

(2) 分析结果有错误，其原因仅有两个，一个原因是数据有错误；另一个原因是计算有错误；现在查出分析结果有错误，但计算没有错误。

本章内容精要

一、主要知识点

1. 集合部分

(1) 集合和元素的概念，元素与集合之间的关系（属于和不属于），集合及元素的表示。

(2) 子集的概念，集合间相等、包含、真包含，集合的幂集的概念。

(3) 集合的基本运算，如并、交、补（绝对补）、差（相对补）、对称差的概念及性质。

(4) 有限集与无限集的概念，可数集与不可数集的概念、性质及判定方法。

(5) 包含排斥原理及其应用，能求解有穷集合计数的实际问题。

2. 关系部分

(1) 有序对、n 元有序组、笛卡尔积的概念及性质。

(2) 二元关系的概念、表示方法（集合表达式、表格表示、关系矩阵和关系图）及求解，关系的定义域和值域的概念。关系的矩阵表示为关系的计算机处理带来了许多方便，也是许多算法的基础。

(3) 二元关系的性质：自反性、反自反性、对称性、反对称性和传递性。其中，反对称性和传递性的定义较为抽象，应在理解的基础上掌握。掌握利用关系的不同表示获得关系所具有的性质的方法。

(4) 特殊的二元关系：空关系、恒等关系、全域关系、等价关系（等价类、商集）、序关系（偏序关系、全序关系）。

(5) 等价关系是非常重要的二元关系，等价关系是满足自反性、对称性和传递性的二元关系。所有与给定元素 x 有关系的元素放在一起就构成了一个集合，即等价类。等价类有一些重要的性质；所有的等价类构成的集合是商集。而商集是原集合的一种划分，给定集合 X 的一种划分，可以确定 X 上的唯一一个等价关系。

(6) 偏序关系$\leqslant$是一种具备自反性、反对称性和传递性的二元关系，而$(A, \leqslant)$称为偏序集。偏序关系的关系图用哈斯图来表示，哈斯图中一定没有三角形那样的子图；一般地，哈斯图没有水平方向的边。重点掌握利用哈斯图判断成员关系的方法，如最小元、最大元、极小元、极大元、上界、下界、最小上界、最大下界的概念及判定。

3. 图论部分

(1) 无向图、有向图的定义，图的基本术语，如零图、平凡图、关联顶点、邻接边、自环、多重边、完全图、正则图等概念。

(2) 子图、生成子图和导出子图的概念。

(3) 补图的概念，图的同构、无向连通图及有向连通图的有关概念。

(4) 通路、回路、简单通（回）路、基本通（回）路的概念。

(5) 赋权图的最短路计算。

(6) 欧拉图的概念，欧拉通(回)路存在性的判定。

(7) 无向树的概念，最小生成树的构造方法。

4. 命题逻辑

(1) 命题的概念、表示、分类，联结词的定义。

(2) 命题变元、命题公式的概念及公式的正确翻译。

(3) 等价式及蕴含式的概念，常用的等价式及蕴含式、等价式和蕴含式之间的关系。重点在于等价式、蕴含式的证明方法的理解与总结，掌握证明等价式和蕴含式的不同方法(如等价推导法、真值表法、直接证明法、间接证明法等)，掌握具体方法及使用场合。难点在于真正理解基本等价式和基本蕴含式，这是推理的基础。

(4) 不同真值表的公式的个数、极小联结词集合的概念，对偶的概念，对偶原理。

(5) 命题演算的推理方法——真值表法、直接证明法(P 规则、T 规则)、间接证明方法(反证法、CP 规则)。

二、解题技巧

1. 集合部分

(1) 基本概念题：根据集合、元素、集合间关系的概念及性质，集合运算的定义，确定元素与集合间的关系、集合与集合间的关系、集合的幂集等。

在古典集合论中，元素和集合的关系只有属于和不属于两种。而集合间的关系可以是相等、不相等、包含、真包含、不包含等。可以用数理逻辑的形式化方法定义集合和集合间的关系，集合的基本运算等。一个集合的幂集是由该集合的所有子集构成的集合。

(2) 构造题：如构造若干个集合，使它们满足一定的元素和集合、集合和集合间的关系；构造两个集合间的一一对应等。

对于构造若干集合，使它们满足一定的关系这样的问题，一般要明确其间的所属关系或集合间的包含关系，然后根据相应的概念，使其满足所需的条件，然后在图中相应区域填入相应的集合及其元素。

(3) 计算题：求给定集合的幂集，求给定集合的某些子集，求集合的基本运算，用包含排斥原理求解集合计数问题等。

求给定集合的幂集时，只需求出给定集合的所有可能的子集(包括空集)，所有这些子集构成的集合，即是所求的幂集。若要求幂集中满足某些条件的子集，根据子集与二进制序列的对应关系，将所有属于该集合的元素罗列出来，即是所求的子集。

若已知某些集合，求其间的运算，可根据交、并、补、差、对称差的定义逐一进行。而包含排斥原理是解决集合计数问题的有力工具。一般地，为了准确求解相应的问题，可先画出其相应的文氏图，明确所要求解的问题是什么，应该如何利用包含排斥原理，然后具体处理。

(4) 证明题：集合恒等式的证明、集合关系式的证明等。

关于集合恒等式 $A=B$ 的证明，常用的有两种方法：其一是利用集合相等的定义，即 $A\subseteq B$ 且 $B\subseteq A$ 成立；其二是利用已知的集合恒等式，即等价取代的方法，对 A 利用有关的集合恒等式，得到结论 B，或从 B 向 A 证明，或证明 $A=C$ 且 $B=C$，从而 $A=B$。

若要证明 $A\subseteq B$，可采用推理叙述法：假设 A 中任意的一个 x，利用已知条件证明这样的 x 必定也是属于集合 B 的，从而 $A\subseteq B$ 成立。也可采用文氏图的方法，考虑所有可能结构的文氏图，若每种文氏图均能说明 $A \subseteq B$，则结论成立；否则，给出不成立的反例。

2. 关系部分

(1) 基本概念题：利用有关定义和定理确定给定集合的笛卡尔积，确定二元关系、二元关系的定义域和值域，确定二元关系的关系矩阵、关系图等。

根据笛卡尔积 $A \times B$ 的定义，所有第一个元素属于集合 A、第二个元素属于集合 B 的有序对构成的集合就是 A 和 B 的笛卡尔积。二元关系是笛卡尔积的任意一个子集；而给出一个二元关系的描述或定义，可以用集合表达式、表格表示、关系矩阵或关系图来表示该二元关系。二元关系的定义域就是有序对中的所有第一个元素放在一起构成的集合；而二元关系的值域就是有序对中的所有第二个元素放在一起构成的集合。二元关系的矩阵是这样定义的：

$$a_{ij} = \begin{cases} 1, (a_i, b_j) \in R, \\ 0, (a_i, b_j) \notin R。 \end{cases}$$

R 的关系图是二元关系的一种直观表示。分别用顶点表示集合 A 和 B 中的元素，若 $a_i R b_j$，则从顶点 a_i 到顶点 b_j 有一条从 a_i 指向 b_j 的有向弧，否则就没有一条从 a_i 指向 b_j 的有向弧。

(2) 判断题：判断笛卡尔积与集合并、交、差等运算构成的关系式是否成立，(针对关系不同的表示)判断给定的关系是否满足一定的性质。

关于二元关系性质的判断，可以利用不同的方法进行，主要取决于关系的表示。若用描述法列出了关系的元素，则要逐一验证其有序对是否满足自反性、反自反性、对称性、反对称性和传递性。利用关系矩阵和关系图判断关系的性质，可参阅教材中的相关内容。

(3) 构造题：构造给定集合 X 上的二元关系 R，使其满足一定的性质；构造非空偏序集，使其满足一定的性质或对应的偏序集存在某种成员等。

给定非空偏序集 P，构造其对应的哈斯图时，一定要注意利用“元素 y 盖住元素 x”的概念，将 y 画在 x 的上方，并在 x 和 y 之间连一条边。在哈斯图中，偏序关系的自反性是隐含的，即每个元素自己到自己是无边的；同时，偏序关系的传递性也隐藏在哈斯图中，从而哈斯图中不存在形如三角形的部分，这是要特别注意的。

(4) 计算题：给定相关集合，求其相应的笛卡尔积；求二元关系 R、R 的定义域、R 的值域；求给定二元关系的表格表示、关系矩阵、关系图；求某等价关系 R 决定的等价类及对集合 X 的商集；给定集合 X 的划分，求由此确定的相应的等价关系；在偏序集中，求某子集的最小元、最大元、极小元、极大元、上界、下界、最小上界、最大下界等。

(5) 证明题：证明关系恒等式，证明关系所具有的性质，证明给定的二元关系是否是等价关系、偏序关系等。

3. 图论部分

(1) 判断题：主要包括给定的两个图是否同构，给定的无向图是否是连通的，有向图是否是强连通的、单向连通的、弱连通的，割点、割边的判断等。

图同构的判断，对于无向图，主要是考察所建立的顶点间的映射关系是否保持了所有顶点的邻接性(对于有向图，还要考察是否同时保证了所有边的方向性)。若两个图的顶点数不一致，或边数不一致，或两个图对应的所有顶点的度不一样等，均可说明两个图是不同构的，只需找出一个反例即可。

无向图连通性的判断是比较容易的，只要无向图中任意两个顶点相互可达，就是无向连通图，此时图的连通分支数只有一个。对于有向图的连通性的判断比较复杂，要特别注意掌握有向连通图的分类及它们之间的关系。若是强连通图，则需要图中任意两个顶点相互可达，即为强连通；当不是强连通图时，若至少从一个顶点到另一个顶点是可达的，则此图是单向连通图；若将有向图看成无向图时是连通的，则该图是弱连通的。

关于图中割点和割边的判断，只要掌握将某点（边）去掉后，若原图的连通分支数增加，就是割点（边）。

(2) 计算题：图论部分有许多的计算题，如求某图从顶点 u 到顶点 v 的通路、基本通路、简单通路。此外，还有最短路径的狄克斯特洛算法、最小生成树的算法等。

求解这些计算题的关键是基本概念、基本定理和基本算法的运用。

(3) 构造题：这里的构造题是指根据图的基本概念构造符合题目要求的无向图或有向图。这类问题的核心是图论中基本概念和基本定理的掌握和熟练运用。

(4) 证明题：这里的证明题大多要使用握手定理或推论，以及图中顶点和边之间的关系，即简单图的有关性质来做。至于图同构等的证明，主要根据有关定义进行。

4. 命题逻辑

(1) 基本概念题：命题的符号化及符号化命题的自然语言翻译、命题公式的概念及判定等。

命题符号化一般的处理过程是先分析自然语言描述的语义，然后用正确的语法加以表示。这里，应特别注意用于表示“合取”含义的一些联结词，如“不但……而且……”、“既……又……”；用于表示条件联结词的“若……则……”、“ $P \to Q$ ”（ Q 是 P 的必要条件）。在自然语言表达中，要根据前提和结论的语义来判断条件语句的前件和后件，否则会将必要条件当成充分条件，以至于真命题变成假命题，或假命题变成真命题。

(2) 判断题：包括给定的自然语言描述中，判断哪些是命题，哪些不是命题；判断给定的公式是否是永真式；或已知一些等价式，判断是否另外一些等价式也是成立的。

关于是否是命题的判定主要根据命题的概念：能唯一判断其真假的陈述句。命题有简单（原子）命题和复合命题之分。简单命题是不能再进一步分解的命题，不含联结词；而复合命题是可以进一步分解的命题，其中至少包含一个联结词。

判断一个给定的公式是否是永真式，原则上依据永真式的定义。但可综合所学知识在多种方法中选择其一。当然，一种直观而有效的方法是构造所给公式的真值表。因为在命题逻辑中，真值表是一种非常有用的工具。

若已知一些等价式，需要判断另外一些相关的式子是否也是等价的，也有多种方法。但是基本遵循这样的原则：若能断定所给式子也是等价的，则一定要选择一种方法进行证明；否则，仅需举一反例说明即可。

(3) 计算题：包括求某公式的对偶公式、化简命题公式等。

给定某公式 P，求该公式的对偶公式的方法是：先将 P 化为只含 $\wedge$、$\vee$、$\neg$ 的式子（将 $\to$ 和 $\leftrightarrow$ 去掉）；否定号提到每个变元的前面；将现在的公式中的 $\wedge$ 换成 $\vee$、$\vee$ 换成 $\wedge$、T 换成 F、F 换成 T 所得到的公式 P^*，称为原公式 P 的对偶公式。

命题公式的化简，可利用基本等价式进行推导。

(4) 证明题：这里的证明题较多，由于需要证明的对象不同，有不同的证明方法可供选择。

下面总结一下有关的证明方法：

① 永真(假)式的证明方法：

◆ 真值表的方法:列出相应公式的真值表不失为一种直观有效的方法,适合于变元个数不太多的情况。

◆ 等价取代的方法:利用已知的一些等价公式,将原公式化简为一个永真(假)式的形式。

② 等价式的证明方法：

◆ 列出所给公式的真值表:由等价式的定义知,若两个公式无论其中的变元的真值如何指派,公式的真值始终相同,则所给的两个公式是等价的。适合于两个公式中出现的变元个数不太多的情况。

◆ 利用已知的一些等价式,从所给的两个公式中的一个向另一个的表示形式进行推导;或从两个公式同时进行推导而得到一个相同的公式表示形式,从而证明两个给定公式是彼此等价的。可用于变元个数较多的情况。

◆ 利用对偶原理的方法:若已知一个等价式,要证明另一个等价式,而需证明的等价式与原等价式有某种形式上的关系(互为对偶的关系),则可利用对偶原理来证明。

◆ 将要证明的等价式表示为公式"$P\leftrightarrow Q$"的形式,将证明等价式的问题转化为证明该公式为永真式,从而可利用永真式的不同证明方法,选择其中一个进行证明即可。

◆ 利用将原待证的等价式转换为证明两个蕴含式同时成立的方法。

③ 证明蕴含式的方法：

◆ 利用蕴含式的定义:要注意证明过程的严密性和推理的逻辑性,基本思想为:证明公式"$P\leftrightarrow Q$"为永真式。

◆ 真值表的方法。

◆ 直接证明方法。

◆ 间接证明方法。

复习题

一、填空题

1. 设 $A=\{2,a,\{3\},4\}$，$B=\{\varnothing,4,\{a\},3\}$，则 $A\oplus B=$__________。

2. 设 $A=\{\{\{1,2\}\},\{1\}\}$，则 $P(A)=$__________。

3. 设 $[a,b]$,(c,d) 代表实数区间,那么 $([0,4]\cap[2,6])-(1,3)=$__________。

4. $A=\{1,2,3\}$,$B=\{4,5,6,8\}$,R 与 S 是从 A 到 B 的关系,且 xRy 当且仅当 $\gcd(x,y)=1$,即 x 与 y 的最大公约数等于 1,xSy 当且仅当 $x+y<8$,则 $R\cap S=$__________。

5. 下列各关系中具有自反性和对称性的关系是__________。

R_1 是自然数集合 $\mathbf{N}$ 上的关系,且 xR_1y 当且仅当 $x+y$ 是偶数。

R_2 是自然数集合 $\mathbf{N}$ 上的关系,且 xR_2y 当且仅当 $x>y$ 或 $y>x$。

R_3 是自然数集合 $\mathbf{N}$ 上的关系,且 xR_3y 当且仅当 $|x|+|y|\neq 3$。

R_4 是有理数集合 $\mathbf{Q}$ 上的关系,且 xR_4y 当且仅当 $y=x+2$。

R_5 是自然数集合 $\mathbf{N}$ 上的关系，且 xR_5y 当且仅当 $x \cdot y = 4$。

6. 设集合 Z={1,2,3}，下列关系中________不是等价的。

$A=\{(1,1),(2,2),(3,3)\}$；

$B=\{(1,1),(2,2),(3,3),(3,2),(2,3)\}$；

$C=\{(1,1),(2,2),(3,3),(1,3)\}$；

$D=\{(1,1),(2,2),(1,2),(2,1),(1,3),(3,1),(3,3),(2,3),(3,2)\}$。

7. n 阶 k－正则图 G 的边数 $m=$________。

8. n 阶竞赛图的基图为________。

9. 3 阶 3 条边的所有非同构的有向图共有________个。

10. 在完全图 $K_{2k}(k \geqslant 2)$ 上至少加________条边，才能使所得图为欧拉图。

11. 6 阶无向连通图至多有________棵生成树。

12. 公式 $(P \wedge \neg Q) \vee (\neg P \wedge Q)$ 的成真赋值为________。

13. 设 P、R 为真命题，Q、S 为假命题，则复合题 $(P \rightarrow Q) \leftrightarrow (\neg R \rightarrow S)$ 的真值为________。

二、解答题

1. 设 $A=\{1,3,5,7,9,11\}$，$B=\{2,3,5,7,11\}$，$C=\{2,3,6,12\}$，$D=\{2,4,8\}$，计算：$A \cup B$，$A \cap C$，$C-(A \cup B)$，$A-B$，$C-D$，$B \oplus D$。

2. 求下列集合的幂集：

(1) $\{a,b,c\}$；(2) $\{1,\{2,3\}\}$；(3) $\{\varnothing\}$；(4) $\{\varnothing,\{\varnothing\}\}$。

3. 设 $X=\{1,2,3\}$，$Y=\{2,3,4,5\}$，$W=\{2,3\}$，求 $(X \cup Y) \oplus W$。

4. 设 $A=\{\{a,\{a\}\},a\}$，$B=\{a,\{a\}\}$，求 $A \oplus B$。

5. 在 1～300 的整数中(1 和 300 包括在内)分别求满足以下条件的整数个数：

(1) 同时能被 3、5 和 7 整除；

(2) 不能被 3 和 5 整除，也不能被 7 整除；

(3) 可以被 3 整除，但不能被 5 和 7 整除；

(4) 可以被 3 或 5 整除，但不能被 7 整除；

(5) 只能被 3、5 和 7 中的一个数整除。

6. 一个学校有 507、292、312 和 344 个学生分别选了微积分、离散数学、数据结构和程序设计语言课，且有 14 人选了微积分和数据结构课，213 人选了微积分和程序设计语言课，211 人选了离散数学和数据结构课，43 人选了离散数学和程序设计语言课，没有学生同时选微积分和离散数学课，也没有学生同时选数据结构和程序设计语言课。问：有多少学生在微积分、离散数学、数据结构或程序设计语言中选了课？

7. 给出集合 $A=\{a,b,c\}$ 上的一个关系 R，使得 R 不具有以下五种性质中的任何一种：自反性、反自反性、对称性、反对称性、传递性。解释为什么所给的关系没有这些性质，并画出 R 的关系图。

8. 设 $A=\{1,2,4,6\}$，列出下列关系 R：

(1) $R=\{(x,y) \mid x,y \in A, x+y \neq 2\}$；

(2) $R=\{(x,y) \mid x,y \in A, |x-y|=1\}$；

(3) $R=\{(x,y) \mid x,y \in A, \frac{x}{y} \in A\}$；

(4) $R=\{(x,y)\mid x,y\in A, y\text{是素数}\}$。

9. 设 $A=\{0,1,2,3\}$，R 是 A 上的关系，且 $R=\{(0,0),(0,3),(2,0),(2,1),(2,3),(3,2)\}$，给出 R 的关系矩阵和关系图。

10. 给定 $A=\{1,2,3,4\}$，A 上的关系 $R=\{(1,3),(1,4),(2,3),(2,4),(3,4)\}$。

(1)画出 R 的关系图；

(2)说明 R 的性质。

11. 设 $A=\{a,b,c,d\}$，A 上的等价关系 $R=\{(a,b),(b,a),(c,d),(d,c)\}\cup I_A$，画出 R 的关系图，并求出 A 中各元素的等价类。

12. 设 R 是 A 上的自反和传递关系，定义 A 上的关系 T，使得对 $\forall x,y\in A$，

$$(x,y)\in T\Leftrightarrow(x,y)\in R,(y,x)\in R。$$

证明 T 是 A 上的等价关系。

13. 对于下列集合与整除关系画出哈斯图：

(1) $\{1,2,3,4,6,8,12,24\}$；

(2) $\{1,2,3,4,5,6,7,8,9,10,11,12\}$。

14. $A=\{1,2,3,4,5,6,7,8,9,10,11,12\}$，$\leqslant$ 为整除关系，

$$B=\{x\mid x\in A,2\leqslant x\leqslant 4\},$$

在偏序集 $(A,\leqslant)$ 中求 B 的上界、下界、最小上界和最大下界。

15. 针对图 6-109 中的每个哈斯图，写出集合 A 和偏序关系的集合表达式。

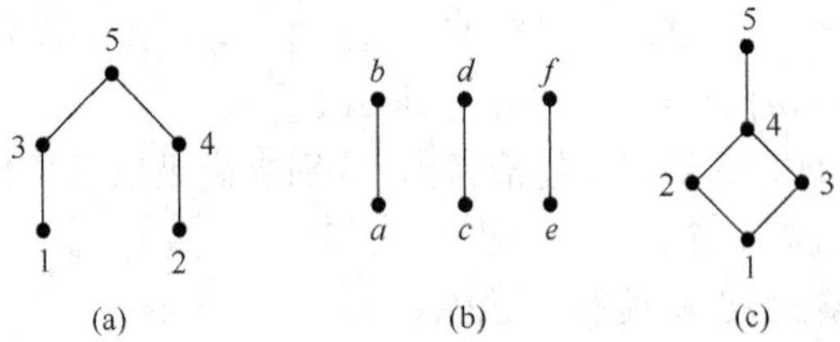

图 6-109

16. 无向图 G 有 8 条边，1 个 1 度顶点，2 个 2 度顶点，1 个 5 度顶点，其余顶点的度数均为 3，求 G 中 3 度顶点的个数。

17. 在图 6-110 所示的 3 个图中，找出欧拉图和半欧拉图。

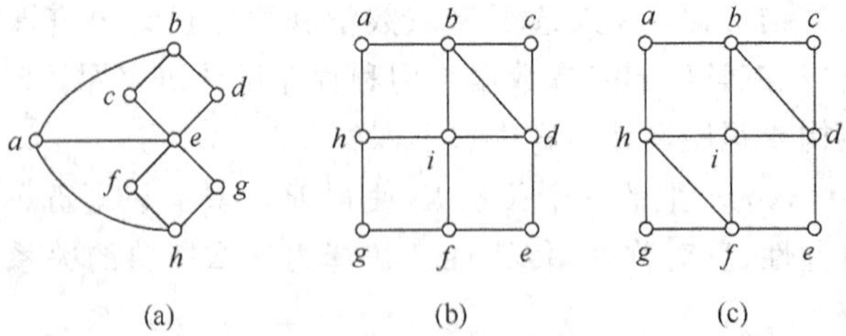

图 6-110

18. 找出图 6-111 所示两个带权图中的最小生成树。

19. 已知无向树 T 中，有 3 个 3 度顶点，2 个 4 度顶点，其余的顶点均为树叶，求 T 的树叶数。

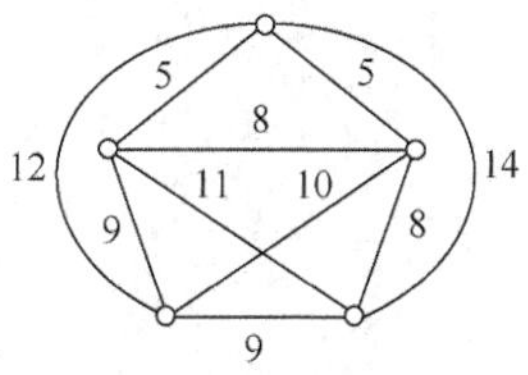

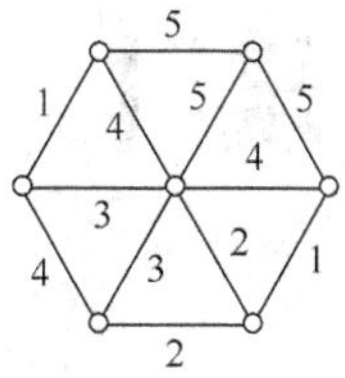

图 6-111

20. 将下列命题符号化：

(1) 说 $\sqrt{7}$ 不是无理数是不对的。

(2) 小刘既不怕吃苦，又很钻研。

(3) 只有不怕困难，才能战胜困难。

(4) 只要别人有困难，老王就帮助别人，除非困难解决了。

(5) 整数 n 是偶数当且仅当 n 能被 2 整除。

21. 判断下列公式的类型：

(1) $(\neg(P \leftrightarrow Q) \rightarrow ((P \wedge \neg Q) \vee (\neg P \wedge Q))) \vee R$；

(2) $(P \wedge \neg(Q \rightarrow P)) \wedge (R \wedge Q)$；

(3) $(P \leftrightarrow \neg R) \rightarrow (Q \leftrightarrow R)$。

三、证明题

1. 证明 $A \subseteq B \Rightarrow C - B \subseteq C - A$。

2. 设 A, B, C 是任意集合，证明：

(1) $(A - B) - C = A - (B \cup C)$；

(2) $(A - B) - C = (A - C) - (B - C)$；

(3) $(A - B) - C = (A - C) - B$；

(4) $A \cap (B \cup \overline{A}) = B \cap A$。

3. 设 A、B 为集合，证明：如果 $(A - B) \cup (B - A) = A \cup B$，则 $A \cap B = \varnothing$。

4. 证明 $P(A) \subseteq P(B) \Rightarrow A \subseteq B$。

5. 判断下列推理是否正确，并证明之：

(1) 如果王红学过英语和法语，则她也学过日语。可她没有学过日语，但学过法语，所以，她也没学过英语。

(2) 若小李是文科学生，则他爱看电影。小李不是文科学生，所以他不爱看电影。

附录 I

MATLAB 实例简明教程

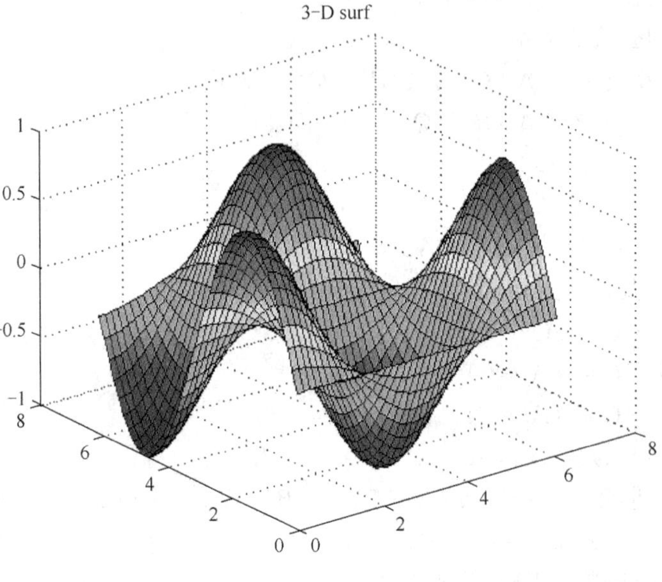

MATLAB 译于矩阵实验室(MATrix LABoratory),是用来提供通往 LINPACK 和 EISPACK 矩阵软件包接口的。后来,它渐渐发展成了通用科技计算、图视交互系统和程序语言。

MATLAB 的基本数据单位是矩阵。它的指令表达与数学、工程中常用的习惯形式十分相似。比如,矩阵方程 $Ax=b$,在 MATLAB 中被写成 $A*x=b$。而若要通过 A,b 求 x,那么只要写 $x=A\backslash b$ 即可,完全不需要对矩阵的乘法和求逆进行编程。因此,用 MATLAB 解决问题要比用 C、FORTRAN 等语言简捷得多。

MATLAB 发展到现在,已经成为一个系列产品:MATLAB“主包”和各种可选的 toolbox“工具包”。主包中有数百个核心内部函数。迄今所有的三十几个工具包又可分为两类:功能性工具包和学科性工具包。功能性工具包主要用来扩充 MATLAB 的符号计算功能、图视建模仿真功能、文字处理功能以及硬件实时交互功能。这种功能性工具包用于多种学科。而学科性工具包是专业性比较强的，如控制工具包(Control Toolbox)、信号处理工具包(Signal Processing Toolbox)、通信工具包(Communication Toolbox)等都属于此类。开放性也许是 MATLAB 最重要、最受人欢迎的特点。除内部函数外，所有 MATLAB 主包文件和各工具包文件都是可读可写的源文件，用户可通过对源文件的修改或加入自己编写文件去构成新的专用工具包。

MATLAB 已经接受了用户的多年考验。在欧美发达国家，MATLAB 已经成为应用线性代数、自动控制理论、数理统计、数字信号处理、时间序列分析、动态系统仿真等高级课程的基本教学工具，成为攻读学位的大学生、硕士生、博士生必须掌握的基本技能。在设计研究单位和工业部门，MATLAB 被广泛地用于研究和解决各种具体工程问题。

1 MATLAB 的基本知识

1.1 基本运算与函数

1.1.1 数量的基本运算及函数

在 MATLAB 下进行基本数学运算，只需将运算式直接打入提示号(>>)之后，并按入 **Enter** 键即可。例如，

```
>> (5 * 2+1.3-0.8) * 10/25
ans =4.2000
```

MATLAB 会将运算结果直接存入变量"ans"，代表 MATLAB 运算后的答案(Answer)并显示其数值于屏幕上。

小提示：">>"是 MATLAB 的提示符号(Prompt)。在 PC 中文视窗系统下，由于编码方式不同，此提示符号常会消失不见，但这并不会影响到 MATLAB 的运算结果。

也可将上述运算式的结果设定给另一个变量 x。

```
x = (5*2+1.3-0.8)*10^2/25
x = 42
```

此时 MATLAB 会直接显示 x 的值。由上例可知，MATLAB 认识所有一般常用的加(+)、减(-)、乘(*)、除(/)等数学运算符号，以及幂次运算符号(^)。

小提示：MATLAB 将所有变量均存成 double 的形式，所以不需经过变量宣告(variable declaration)。MATLAB 同时也会自动进行记忆体的使用和回收，而不必像 C 语言，必须由使用者一一指定。这些功能使得 MATLAB 易学易用，使用者可专心致力于撰写程序，而不必被软体枝节问题所干扰。

若不想让 MATLAB 每次都显示运算结果，只需在运算式最后加上分号(;)即可，如下例。

```
y = sin(10) * exp(-0.3 * 4^2);
```

若要显示变量 y 的值，直接键入 y 即可。

```
>>y
y =-0.0045
```

在上例中，"sin"是正弦函数，"exp"是指数函数，这些都是 MATLAB 常用到的数学

函数。

小整理:MATLAB 常用的基本数学函数有:

abs(x):纯量的绝对值或向量的长度;

angle(z):复数 z 的相角(phase angle);

sqrt(x):开平方;

real(z):复数 z 的实部;

imag(z):复数 z 的虚部;

conj(z):复数 z 的共轭复数;

round(x):四舍五入至最近整数;

fix(x):无论正负,舍去小数至最近整数;

floor(x):舍去正小数至最近整数;

ceil(x):加入正小数至最近整数;

rat(x):将实数 x 化为分数表示;

rats(x):将实数 x 化为多项分数展开;

sign(x):符号函数 (signum function)。

小整理:MATLAB 常用的三角函数有:

sin(x):正弦函数;

cos(x):余弦函数;

tan(x):正切函数;

asin(x):反正弦函数;

acos(x):反余弦函数;

atan(x):反正切函数;

atan2(x,y):四象限的反正切函数;

sinh(x):超越正弦函数;

cosh(x):超越余弦函数;

tanh(x):超越正切函数;

asinh(x):反超越正弦函数;

acosh(x):反超越余弦函数;

atanh(x):反超越正切函数。

1.1.2　向量的运算及函数

(1)向量的基本运算。

变量也可用来存放向量或矩阵,并进行各种运算,如下例。

```
x = [1 3 5 2];
y = 2 * x+1
y = 3 7 11 5
```

小提示:变量命名的规则:

第一个字母必须是英文字母;

字母间不可留空格;

最多只能有 19 个字母,MATLAB 会忽略多余的字母。

(2)更改、增加或删除向量的元素。

```
y(3) = 2 %更改第三个元素
y =3 7 2 5
y(6) = 10 %加入第六个元素
y = 3 7 2 5 0 10
y(4) = [] %删除第四个元素
y = 3 7 2 0 10
```

在上例中,MATLAB 会忽略所有在百分比符号(%)之后的文字,因此百分比符号之后的文字均可视为程序的注解(comments)。MATLAB 亦可取出向量的一个元素或一部分来做运算。

```
>>x(2) * 3+y(4) % 取出 x 的第二个元素和 y 的第四个元素来做运算。
ans = 9
```

```
>>y(2:4)-1 % 取出 y 的第二至四个元素来做运算。
ans = 6 1 -1
```

在上例中,"2:4"代表一个由 2、3、4 组成的向量。

若对 MATLAB 函数用法有疑问,可随时使用 help 来寻求线上支持(on-line help)。

小整理:MATLAB 的查询命令有:

help:用来查询已知命令的用法。

例如,已知 inv 是用来计算反矩阵,键入 help inv 即可得知有关 inv 命令的用法。(键入 help help 则显示 help 的用法,请试试看!)

lookfor:用来寻找未知的命令。

例如,要寻找计算反矩阵的命令,可键入 lookfor inverse,MATLAB 即会列出所有和关键字 inverse 相关的指令。找到所需的命令后,即可用 help 进一步找出其用法。

(3) 向量的高级操作。

将行向量(row vector)转置(transpose)后,即可得到列向量(column vector),如下例。

```
>>x = [4 5.2 6.4 7.6 8.8 10];
>>z = x'
z = 4.0000
    5.2000
    6.4000
    7.6000
    8.8000
    10.0000
```

不论是行向量还是列向量,均可用相同的函数找出其元素个数、最大值、最小值等,如下例。

```
>>length(z) % z 的元素个数
ans = 6
>>max(z) % z 的最大值
ans = 10
>>min(z) % z 的最小值
ans =  4
```

小整理: **适用于向量的常用函数**

min(x)	向量 x 的元素的最小值	norm(x)	向量 x 的欧氏长度
max(x)	向量 x 的元素的最大值	sum(x)	向量 x 的元素总和
mean(x)	向量 x 的元素的平均值	prod(x)	向量 x 的元素总乘积
median(x)	向量 x 的元素的中位数	cumsum(x)	向量 x 的累计元素总和
std(x)	向量 x 的元素的标准差	cumprod(x)	向量 x 的累计元素总乘积
diff(x)	向量 x 的相邻元素的差	dot(x,y)	向量的数量积(点乘)
sort(x)	对向量 x 的元素进行排序	cross(x,y)	向量的向量积(叉乘)
length(x)	向量 x 的元素个数		

若要输入矩阵,则必须在每一列结尾加上分号(;),如下例。

```
>>A = [1 2 3 4;5 6 7 8;9 10 11 12];
A =
1  2  3  4
5  6  7  8
9  10 11  12
```

同样地,可以对矩阵进行各种处理,如下例。

```
>>A(2,3) = 5 % 改变位于第二行第三列的元素值
A=
1  2  3  4
5  6  5  8
9  10 11  12
>>B = A(2,1:3)   % 取出矩阵 B,第二行第一列第 3 个元素
B = 5 6 5
>>A = [A B']       % 将 B 转置后以行向量并入 A
A =
1  2  3   4  5
5  6  5   8  6
9  10 11  12  5
>>A(:,2) = []      % 删除第二列(:代表所有行)
A =
1  3  4  5
5  5  8  6
9  11 12  5
>>A = [A;4 3 2 1]   % 加入第四行
A =
1  3   4   5
5  5   8   6
9  11  12  5
4  3   2   1
>>A([1 4],:) = []   % 删除第一行和第四行(:代表所有列)
A =
5  5   8   6
9  11  12  5
```

这几种矩阵处理的方式可以相互叠代运用,产生各种意想不到的效果,就看用户的巧思和创意。

小提示:在 MATLAB 的内部资料结构中,每一个矩阵都是一个以列为主(column-oriented)的阵列(array),因此对于矩阵元素的存取,可用一维或二维的索引(index)来寻址。举例来说,在上述矩阵 A 中,位于第二列第三行的元素可写为 A(2,3) (二维索引)或 A(6)

(一维索引,即将所有直行进行堆叠后的第六个元素)。

此外,若要重新安排矩阵的形状,可用 reshape 命令,如下例。

```
>>B = reshape(A,4,2)% 4 是新矩阵的列数,2 是新矩阵的行数
B =
5   8
9   12
5   6
11  5
```

小提示:A(:)就是将矩阵 A 的每一行堆叠起来,成为一个列向量,而这也是 MATLAB 变量的内部储存方式。对前例而言,reshape(A,8,1)和 A(:)同样都会产生一个 8×1 的矩阵。

MATLAB 可同时执行数个命令,只要以逗号或分号将命令隔开即可,如下例。

```
>>x = sin(pi/3);y = x^2;z = y * 10,
z =
7.5000
```

若一个数学运算式是太长,可用三个句点将其延伸到下一行,如下例。

```
z = 10 * sin(pi/3) * …
sin(pi/3);
```

若要检视现存于工作空间(workspace)的变量,可键入 who,如下例。

```
>>who
Your variables are:
testfile x
```

这些是由使用者定义的变量。若要知道这些变量的详细资料,可键入:

```
>>whos
Name Size Bytes Class
A 2x4 64 double array
B 4x2 64 double array
ans 1x1 8 double array
x 1x1 8 double array
y 1x1 8 double array
z 1x1 8 double array
Grand total is 20 elements using 160 bytes
```

使用 clear 可以删除工作空间的变量,如下例。

```
>>clear A
A
??? Undefined function or variable 'A'.
```

另外,MATLAB 有些永久常数(permanent constants),虽然在工作空间中看不到,但使用者可直接取用,例如,

```
>>pi
```

ans = 3.1416

小整理： **MATLAB 的永久常数**

永久常数	含义
i 或 j	基本虚数单位
eps	系统的浮点(floating－point)精确度
inf	无限大，例如 1/0
nan 或 NaN	非数值(not a number)，例如 0/0
pi	圆周率 π(= 3.141 592 6…)
realmax	系统所能表示的最大数值
realmin	系统所能表示的最小数值
nargin	函数的输入引数个数
nargin	函数的输出引数个数

1.2 重复命令

1.2.1 for 循环(for-loop)

其基本形式为：

for 变量 = 矩阵；

运算式；

end

其中变量的值会被依次设定为矩阵的每一行，来执行介于 for 和 end 之间的运算式。因此，若无意外情况，运算式执行的次数会等于矩阵的行数。

举例来说，下列命令会产生一个长度为 6 的调和数列(harmonic sequence)。

```
>>x = zeros(1,6);% x 是一个 1 行 6 列的零矩阵
for i = 1:6,
x(i) = 1/i;
end
```

在上例中，矩阵 x 最初是一个 1×6 的零矩阵，在 for 循环中，变量 i 的值依次从 1 到 6，因此矩阵 x 的第 i 个元素的值依次被设为 1/i。可用分数来显示此数列：

```
format rat %使用分数来表示数值
disp(x)
1 1/2 1/3 1/4 1/5 1/6
```

for 循环可以是多层的。下例产生一个 6×6 的 Hilbert 矩阵 h，其中 h(i,j)为位于第 i 列、第 j 行的元素。

```
h = zeros(6);
for i = 1:6,
for j = 1:6,
h(i,j) = 1/(i+j-1);
```

```
end
end
disp(h)
1 1/2 1/3 1/4 1/5 1/6
1/2 1/3 1/4 1/5 1/6 1/7
1/3 1/4 1/5 1/6 1/7 1/8
1/4 1/5 1/6 1/7 1/8 1/9
1/5 1/6 1/7 1/8 1/9 1/10
1/6 1/7 1/8 1/9 1/10 1/11
```

小提示:在上面的例子,使用 zeros 预先配置了一个适当大小的矩阵。若不预先配置矩阵,程序仍可执行,但此时 MATLAB 需要动态地增大(或减小)矩阵的大小,因而降低程序的执行效率。所以在使用一个矩阵时,若能在事前知道其大小,则最好先使用 zeros 或 ones 等命令来预先配置所需的记忆体(矩阵)大小。

在下例中,for 循环列出先前产生的 Hilbert 矩阵的每一行的平方和。

命令:

```
for i = h,
disp(norm(i)^2);% 显示出每一行的平方和
end
```

结果:

```
1299/871
282/551
650/2343
524/2933
559/4431
831/8801
```

在上例中,每一次 i 的值就是矩阵 h 的一行,所以写出来的命令特别简洁。

1.2.2 while 循环

其基本形式为:

```
while 条件式;
运算式;
end
```

也就是说,只要条件式成立,运算式就会一再被执行。例如先前产生调和数列的例子,可用 while 循环改写如下:

```
x = zeros(1,6);% x 是一个 1×6 的零矩阵
i = 1;
while i <= 6;
x(i) = 1/i;
i = i+1;
end
```

1.3 逻辑命令

if,…,end

其基本形式为:

```
if 条件式;
运算式;
end
```

例如,

```
if rand(1,1) > 0.5,
disp('Given random number is greater than 0.5.')
else
disp('Given random number isnot greater than 0.5.')
end
```

1.4 M 文件

若要一次执行大量的 MATLAB 命令,可将这些命令存放于一个副档名为 m 的档案,并在 MATLAB 提示号下键入此档案的主档名。此种包含 MATLAB 命令的档案都以 m 为副档名,因此通称 M 档案(M－files)。例如一个名为 test.m 的 M 档案,包含一连串的 MATLAB 命令,那么只要直接键入 test,即可执行其所包含的命令:

```
>>pwd                          % 显示现在的目录
ans =
D:\MATLAB5\bin
>>cd c:\data\mlbook            % 进入 test.m 所在的目录
>>type test.m                  % 显示 test.m 的内容
% This is my first test M－file.
%HJ,March 3,2013
fprintf('Start of test.m! \n');
for i = 1:3,
fprintf('i = %d ---> i^3 = %d\n',i,i^3);
end
fprintf('End of test.m! \n');

>>test % 执行 test.m
Start of test.m!
i = 1 ---> i^3 = 1
i = 2 ---> i^3 = 8
i = 3 ---> i^3 = 27
End of test.m!
```

小提示:第一注解行 test.m 的前两行是注解,可以使程序易于了解与管理。特别要说明的是，第一注解行通常用来简短说明此 M 档案的功能，以便 lookfor 能以关键字比对的方式来找出此 M 档案。举例来说，test.m 的第一注解行包含 test 这个字，因此如果键入 lookfor test，MATLAB 即可列出所有在第一注解行包含 test 的 M 档案，因而 test.m 也会被列名在内。

严格来说，M 档案可再细分为命令集(scripts)及函数(functions)。前述的 test.m 即为命令集，其效用和将命令逐一输入完全一样，因此在命令集可以直接使用工作空间的变量，而且在命令集中设定的变量也都在工作空间中看得到。函数则需要用到输入引数(input arguments)和输出引数(output arguments)来传递资讯，这就像是 C 语言的函数，或是 FORTRAN 语言的副程序(subroutines)。举例来说，若要计算一个正整数的阶乘(factorial)，可以写一个如下的 MATLAB 函数并将之存档于 fact.m：

```
function output = fact(n)
% FACT Calculate factorial of a given positive integer.
output = 1;
for i = 1:n,
output = output * i;
end
```

其中，fact 是函数名，n 是输入引数，output 是输出引数，而 i 则是此函数用到的暂时变量。要使用此函数，直接键入函数名及适当输入引数值即可：

```
y = fact(5)
y = 120
```

(当然，在执行 fact 之前，必须先进入 fact.m 所在的目录。)在执行 fact(5)时，MATLAB 会跳入一个下层的暂时工作空间(temperary workspace)，将变量 n 的值设定为 5，然后进行各项函数的内部运算，所有内部运算所产生的变量(包含输入引数 n、暂时变量 i，以及输出引数 output)都存在此暂时工作空间中。运算完毕后，MATLAB 会将最后输出引数 output 的值设定给上层的变量 y，并将清除此暂时工作空间及其所含的所有变量。换句话说，在呼叫函数时，用户只能经由输入引数来控制函数的输入，经由输出引数来得到函数的输出，但所有的暂时变量都会随着函数的结束而消失，用户无法得到它们的值。

小提示：前面(及后面)用到的阶乘函数只是纯粹用来说明 MATLAB 的函数观念。若实际要计算一个正整数 n 的阶乘(n!)，可直接写成 prod(1:n)，或是直接呼叫 gamma 函数：gamma(n—1)。

MATLAB 的函数也可以是递式的(recursive)，也就是说，一个函数可以呼叫它本身。

举例来说，n! = n*(n—1)!，因此前面的阶乘函数可以改成递式的写法：

```
function output = fact(n)
% FACT Calculate factorial of a given positive integer recursively.
if n == 1,% Terminating condition
output = 1;
return;
end
output = n * fact(n-1);
```

在写一个递式的函数时，一定要包含结束条件(terminating condition)，否则此函数将会一再呼叫自己，永远不会停止，直到电脑的记忆体被耗尽为止。对上例而言，n==1 即满足结束条件，此时直接将 output 设为 1，而不再呼叫此函数本身。

1.5 搜寻路径

在前一小节中，test.m 所在的目录是 d:\mlbook。如果不先进入这个目录，MATLAB 就找不到用户要执行的 M 档案。如果希望 MATLAB 不论在何处都能执行 test.m，就必须将 d:\mlbook 加入 MATLAB 的搜寻路径(search path)。要检视 MATLAB 的搜寻路径，键入 path 即可：

```
path
MATLABPATH
d:\matlab5\toolbox\matlab\general
d:\matlab5\toolbox\matlab\ops
d:\matlab5\toolbox\matlab\lang
d:\matlab5\toolbox\matlab\elmat
d:\matlab5\toolbox\matlab\elfun
d:\matlab5\toolbox\matlab\specfun
d:\matlab5\toolbox\matlab\matfun
……
```

此搜寻路径会依已安装的工具箱(toolboxes)不同而有所不同。要查询某一命令在搜寻路径的何处，可用 which 命令：

```
which expo
d:\matlab5\toolbox\matlab\demos\expo.m
```

很显然，c:\data\mlbook 并不在 MATLAB 的搜寻路径中，因此 MATLAB 找不到 test.m 这个 M 档案：

```
which test
c:\data\mlbook\test.m
```

要将 c:\data\mlbook 加入 MATLAB 的搜寻路径，还要使用 path 命令：

```
path(path,'c:\data\mlbook');
```

此时，c:\data\mlbook 已加入 MATLAB 的搜寻路径(键入 path 试试看)，因此 MATLAB 已经“看”得到

test.m：

```
which test
c:\data\mlbook\test.m
```

现在就可以直接键入 test，而不必先进入 test.m 所在的目录。

小提示：如何在启动 MATLAB 时，自动设定所需的搜寻路径？如果在每一次启动 MATLAB 后都要设定所需的搜寻路径，将是一件很麻烦的事。有两种方法，可以使 MATLAB 启动后，即可载入使用者定义的搜寻路径：

(1) MATLAB 的预设搜寻路径定义在 matlabrc.m(在 c:\matlab 之下，或是其他安装

MATLAB的主目录下)，MATLAB每次启动后，即自动执行此档案。因此用户可以直接修改 matlabrc.m，以加入新的目录于搜寻路径之中。

(2) MATLAB在执行 matlabrc.m 时，也会在预设搜寻路径中寻找 startup.m，若此档案存在，则执行其所含的命令。因此用户可将所有在MATLAB启动时必须执行的命令(包含更改搜寻路径的命令)放在此档案中。

每次MATLAB遇到一个命令(例如test)时，其处置程序为：

(1) 将test视为使用者定义的变量。

(2) 若test不是使用者定义的变量，将其视为永久常数。

(3) 若test不是永久常数，检查其是否为目前工作目录下的M档案。

(4) 若不是，则由搜寻路径寻找是否有 test.m 的档案。

(5) 若在搜寻路径中找不到，则MATLAB会发出哔哔声并印出错误讯息。

1.6 资料的储存与载入

有些计算旷日废时，用户通常希望能将计算结果储存在档案中，以便将来可进行其他处理。MATLAB储存变量的基本命令是save。在不加任何选项(options)时，save会将变量以二进制(binary)的方式储存至副档名为mat的档案，如下述。

save:将工作空间的所有变量储存到名为 matlab.mat 的二进制档案。

save filename:将工作空间的所有变量储存到名为 filename.mat 的二进制档案。

save filename x y z :将变量x、y、z储存到名为 filename.mat 的二进制档案。

以下为使用save命令的一个简例。

```
who                  % 列出工作空间的变量
Your variables are:
B h j y
ans i x z
save test B y        % 将变量B与y储存至test.mat
dir                  % 列出目录中的档案
. 2plotxy.doc fact.m simulink.doc test.m ~$1basic.doc
.. 3plotxyz.doc first.doc temp.doc test.mat
1basic.doc book.dot go.m template.doc testfile.dat
delete test.mat % 删除test.mat
```

以二进制的方式储存变量，通常档案会比较小，而且在载入时速度较快，但是无法用普通的文书软体(例如pe2或记事本)看到档案内容。若想看到档案内容，则必须加上－ascii选项，详见下述。

save filename x －ascii:将变量x以八位数存到名为filename的ASCII档案。

Save filename x －ascii －double:将变量x以十六位数存到名为filename的ASCII档案。

另一个选项是－tab，可将同一列相邻的数目以定位键(Tab)隔开。

小提示:二进制和ASCII档案的比较:在save命令使用－ascii选项后，会有下列现象:save命令就不会在档案名称后加上mat的副档名。

因此以副档名 mat 结尾的档案通常是 MATLAB 的二进位资料档。

若非有特殊需要,应该尽量以二进制方式储存资料。

load 命令可将档案载入以取得储存的变量,如下述。

load filename:load 会寻找名称为 filename. mat 的档案,并以二进制格式载入。若找不到 filename. mat,则寻找名称为 filename 的档案,并以 ASCII 格式载入。

load filename -ascii:load 会寻找名称为 filename 的档案,并以 ASCII 格式载入。

若以 ASCII 格式载入,则变量名称即为档案名称(但不包含副档名)。若以二进制载入,则可保留原有的变量名称,如下例。

```
clear all;%清除工作空间中的变量
x = 1:10;
save testfile.dat x -ascii %将 x 以 ASCII 格式存至名为 testfile.dat 的档案
load testfile.dat %载入 testfile.dat
who %列出工作空间中的变量
Your variables are:
testfile x
```

注意:在上述过程中,由于是以 ASCII 格式储存与载入的,所以产生了一个与档案名称相同的变量 testfile,此变量的值和原变量 x 完全相同。

1.7 结束 MATLAB

有三种方法可以结束 MATLAB:

(1) 键入 exit;

(2) 键入 quit;

(3) 直接关闭 MATLAB 的命令视窗(command window)。

2 数值分析

2.1 极限

limit 函数用以计算一个函数的极限,相关的语法如下。

limit(f,x,a):返回函数 f 在 x→a 时的极限。

limit(f,a):返回函数 f 在系统自动识别的变量趋于 a 时的极限。

limit(f) :返回函数 f 在自变量趋于 0 时的极限。

limit(f,x,a,'right'):返回函数 f 在 x→a 时的右极限。

limit(f,x,a,'left'):返回函数 f 在 x→a 时的左极限。

例如,

```
>>syms x a;
>> limit(x/sin(x))
ans =
1
```

```
>> limit(1/x,inf)
ans =
0
>> v = [(1 + a/x)^x,exp(-x)];
>> limit(v,x,inf,'left')
ans =
[ exp(a),0]
```

2.2　微分

diff 函数用以演算一个函数的微分项，相关的函数语法有下列 4 个。

diff(f)：返回 f 对预设独立变量的一次微分值。

diff(f,'t')：返回 f 对独立变量 t 的一次微分值。

diff(f,n)：返回 f 对预设独立变量的 n 次微分值。

diff(f,'t',n)：返回 f 对独立变量 t 的 n 次微分值。

数值微分函数也是用 diff，因此这个函数是靠输入的引数决定是以数值或是符号微分的，如果引数为向量则执行数值微分，如果引数为符号表示式则执行符号微分。

先定义下列三个方程式，再演算其微分项。

```
>>S1 = '6 * x^3-4 * x^2+b * x-5';
>>S2 = 'sin(a)';
>>S3 = '(1 - t^3)/(1 + t^4)';
>>diff(S1)
ans=18 * x^2-8 * x+b
>>diff(S1,2)
ans= 36 * x-8
>>diff(S1,'b')
ans= x
>>diff(S2)
ans=
cos(a)
>>diff(S3)
ans=-3 * t^2/(1+t^4)-4 * (1-t^3)/(1+t^4)^2 * t^3
>>simplify(diff(S3))
ans= t^2 * (-3+t^4-4 * t)/(1+t^4)^2
```

2.3　积分

int 函数用以演算一个函数的积分项，这个函数要找出一个符号式 F，使得 diff(F)=f。如果积分式的解析式(analytical form，closed form)不存在或是 MATLAB 无法找到的话，则 int 传回原输入的符号式。相关的函数语法有下列 5 个。

int(f)：返回 f 对预设独立变量的积分值。

int(f,'t')：返回 f 对独立变量 t 的积分值。

int(f,a,b)：返回 f 对预设独立变量的积分值，积分区间为[a,b]，a 和 b 为数值式。

int(f,'t',a,b)：返回 f 对独立变量 t 的积分值，积分区间为[a,b]，a 和 b 为数值式。

int(f,'m','n')：返回 f 对预设变量的积分值，积分区间为[m,n]，m 和 n 为符号式。

下面示范几个例子。

```
>>S1 = '6 * x^3-4 * x^2+b * x-5';
>>S2 = 'sin(a)';
>>S3 = 'sqrt(x)';
>>int(S1)
ans= 3/2 * x^4-4/3 * x^3+1/2 * b * x^2-5 * x
>>int(S2)
ans= -cos(a)
>>int(S3)
ans= 2/3 * x^(3/2)
>>int(S3,'a','b')
ans= 2/3 * b^(3/2)- 2/3 * a^(3/2)
>>int(S3,0.5,0.6)
ans= 2/25 * 15^(1/2)-1/6 * 2^(1/2)
>>numeric(int(S3,0.5,0.6)) %使用 numeric 函数可以计算积分的数值
ans= 0.0741
```

2.4 求解常微分方程式

MATLAB 解常微分方程式的语法是 dsolve('equation','condition')，其中 equation 代表常微分方程式，即 y'=g(x,y)，且须以 Dy 代表一阶微分项 y'，D2y 代表二阶微分项 y''，condition 则为初始条件。

假设有以下 3 个一阶常微分方程式和其初始条件。

y'=3x2，y(2)=0.5

y'=2.x.cos(y)2，y(0)=0.25

y'=3y+exp(2x)，y(0)=3

对应上述常微分方程式的符号运算式为：

```
>>soln_1 = dsolve('Dy = 3 * x^2','y(2)=0.5')
ans= x^3-7.500000000000000
>>ezplot(soln_1,[2,4]) %看看这个函数的长相
>>soln_2 = dsolve('Dy = 2 * x * cos(y)^2','y(0) = pi/4')
ans= atan(x^2+1)
>>soln_3 = dsolve('Dy = 3 * y + exp(2 * x)',' y(0) = 3')
ans= -exp(2 * x)+4 * exp(3 * x)
```

2.5 非线性方程式的实根

要求任一方程式的根有三步：

(1) 定义方程式。要注意必须将方程式安排成 f(x)=0 的形态，例如一个方程式为 sin(x)=3，则该方程式应表示为 f(x)=sin(x)−3。可以 m−file 定义方程式。

(2) 代入适当范围的 x，y(x) 值，将该函数的分布图画出，借以了解该方程式的“长相”。

(3) 由图中决定 y(x)在何处附近(x0)与 x 轴相交，以 fzero 语法 fzero('function'，x0) 即可求出在 x0 附近的根，其中 function 是先前已定义的函数名称。如果从函数分布图看出根不止一个，则须再代入另一个在根附近的 x0，求出下一个根。

【例 1】 方程式为 sin(x)=0。

我们知道上式的根有无数个，求根方式如下：

>> r=fzero('sin',3) %因为 sin(x)是内建函数，其名称为 sin，因此无须定义它，选择 x=3 附近求根

```
r=3.1416
>> r=fzero('sin',6) %选择 x=6 附近求根
r = 6.2832
```

【例 2】 方程式为 MATLAB 内建函数 humps，不需要知道这个方程式的形态为何，不过可以将它画出来，再找出根的位置。求根方式如下：

```
>> x=linspace(-2,3);
>> y=humps(x);
>> plot(x,y),grid % 由图中可看出在 0 和 1 附近有两个根
>> r=fzero('humps',1.2)
r = 1.2995
```

【例 3】 方程式为 y=x.^3−2 * x−5。

这个方程式其实是个多项式。除了用 roots 函数找出它的根外，也可以用本小节介绍的方法求根，注意二者的解法及结果有所不同。求根方式如下：

方法一：分部完成图像查根和 fzero 求根的过程。

(1) 建立 M 文件，定义 f_1.m 函数。

```
% m-function,f_1.m
function y=f_1(x) %定义 f_1.m 函数
y=x.^3-2 * x-5;
```

(2) 输入 x 的范围，得到相应的函数 f_1。

```
>> x=linspace(-2,3);
>> y=f_1(x);
```

(3) 画出函数图像，观察根的大致位置。

```
>> plot(x,y),grid %由图中可看出在 2 和-1 附近有两个根。
```

(4) 利用 fzero 找出 2 附边的根。

```
>> r=fzero('f_1',2); %决定在 2 附近的根
r = 2.0946
```

方法二：直接利用 roots 找出多项式方程的所有根。

```
>> p=[1 0 -2 -5]
>> r=roots(p) %以求解多项式根的方式验证
```

```
r =
2.0946
-1.0473 + 1.1359i
-1.0473 - 1.1359i
```

2.6 求解线性代数方程(组)

我们习惯将方程式以矩阵方式表示：AX=B，其中 A 为等式左边各方程式的系数项，X 为欲求解的未知项，B 代表等式右边的已知项。

要解上述联立方程式，可以利用矩阵左除做运算，即 X=A\B。

如果将原方程式改写成 XA=B，其中 A 为等式左边各方程式的系数项，X 为欲求解的未知项，B 代表等式右边的已知项。

注意：上式的 X，B 已改写成列向量，A 其实是前一个方程式中 A 的转置矩阵。上式的 X 可以利用矩阵右除求解，即 X=B/A。

以逆矩阵运算求解 AX=B，$X=A^{-1}B$，即 X=inv(A) * B；或是改写成 XA=B，$X=BA^{-1}$，即 X=B * inv(A)。

直接以下面的例子来说明这三个运算的用法。

```
>> A=[3 2 -1;-1 3 2;1 -1 -1];%将等式的左边系数键入
>> B=[10 5 -1]';%将等式右边的已知项键入，B 要做转置
>> X=A\B                       % 先以左除运算求解
X =
-2
5
6
>> C=A*X                       % 验算解是否正确
C =                            % C=B
10
5
-1
>> A=A';                       % 将 A 先做转置
>> B=[10 5 -1];
>> X=B/A                       % 以右除运算求解的结果亦同
X =
10  5  -1
>> X=B*inv(A);                 % 也可以逆矩阵运算求解
```

3 基本 xy 平面绘图命令

MATLAB 不但适用于矩阵相关的数值运算，也适合用在各种科学目视表示(scientific visualization)。

下面将介绍 MATLAB 基本 xy 平面及 xyz 空间的各项绘图命令，包含一维曲线及二维曲面的绘制、打印及存档。

plot 是绘制一维曲线的基本函数，但在使用此函数之前，需先定义曲线上每一点的 x 及 y 坐标。

下例可画出一条正弦曲线。

```
close all;
x=linspace(0,2 * pi,100);% 100 个点的 x 坐标
y=sin(x);%对应的 y 坐标
plot(x,y);
```

显示效果如图 1 所示。

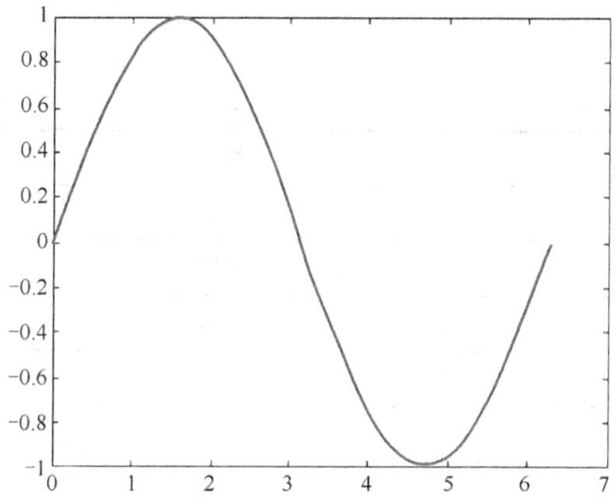

图 1

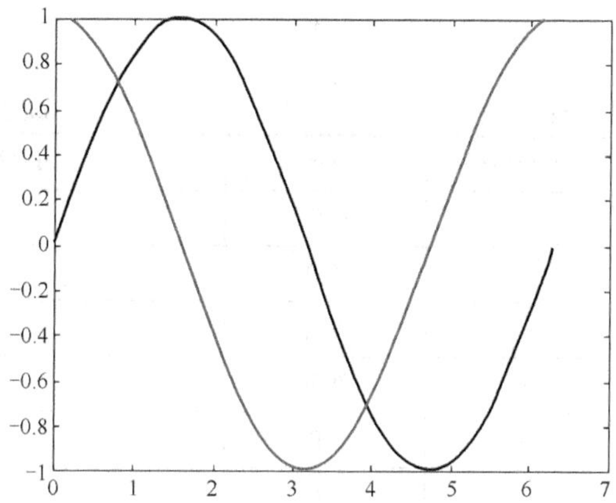

图 2

小整理：

MATLAB 基本绘图函数

plot	x 轴和 y 轴均为线性刻度(linear scale)
loglog	x 轴和 y 轴均为对数刻度(logarithmic scale)
semilogx	x 轴为对数刻度，y 轴为线性刻度
semilogy	x 轴为线性刻度，y 轴为对数刻度

画出多条曲线，只需将坐标对依次放入 plot 函数：

```
plot(x,sin(x),x,cos(x));
```

显示效果如图 2 所示。

改变颜色，在坐标对后面加上相关字符串：

```
plot(x,sin(x),'c',x,cos(x),'g');
```

显示效果如图 3 所示。

若要同时改变颜色及线型(line style)，也是在坐标对后面加上相关字符串：

```
plot(x,sin(x),'co',x,cos(x),'g * ');
```

显示效果如图 4 所示。

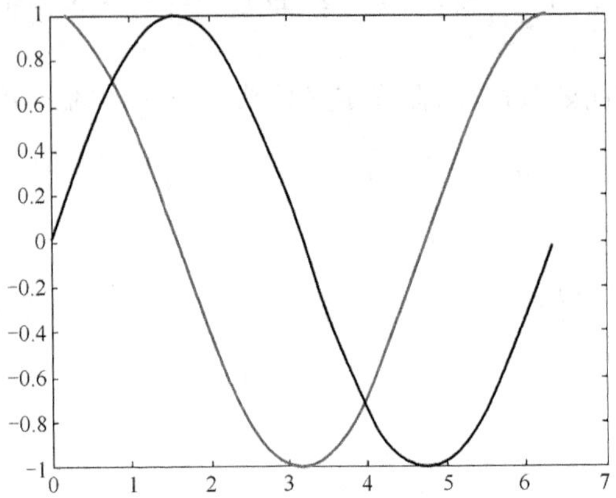

图 3

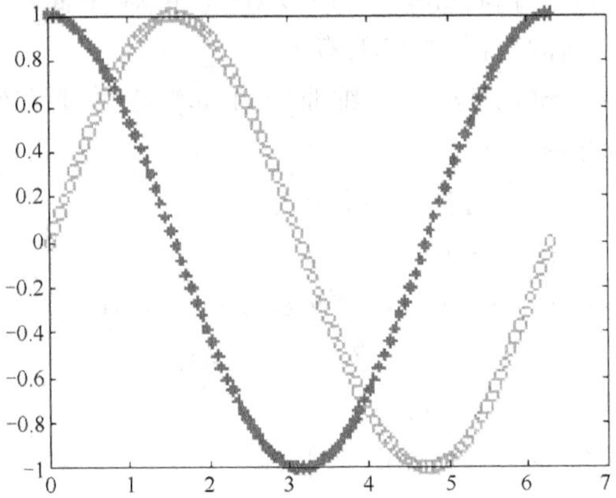

图 4

小整理：

颜色与线型

颜色符号	颜色	线型符号 s	线型
y	黄色	.	点
m	紫色	。	圆圈
c	青色	x	叉号
r	红色	+	加号
g	绿色	*	星号
b	蓝色	—	实线
w	白色	:	点线
k	黑色	—.	点划线
		—	虚线

图形完成后，可用 axis([xmin,xmax,ymin,ymax])函数来调整图轴的范围：

axis([0,6,-1.2,1.2]);

显示效果如图 5 所示。

MATLAB 也可对图形加上各种注解与处理：

xlabel('Input Value');% x 轴注解

ylabel('Function Value');% y 轴注解

title('Two Trigonometric Functions');%图形标题

legend('y = sin(x)','y = cos(x)');%图形注解

grid on;%显示格线

显示效果如图 6 所示。

可用 subplot 同时在同一个视窗之中画出数个小图形：

subplot(2,2,1);plot(x,sin(x));   subplot(2,2,2);plot(x,cos(x));

subplot(2,2,3);plot(x,sinh(x));   subplot(2,2,4);plot(x,cosh(x));

显示效果如图 7 所示。

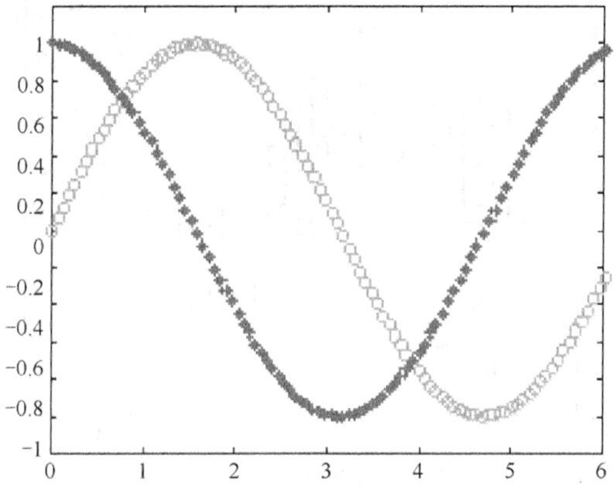

图 5

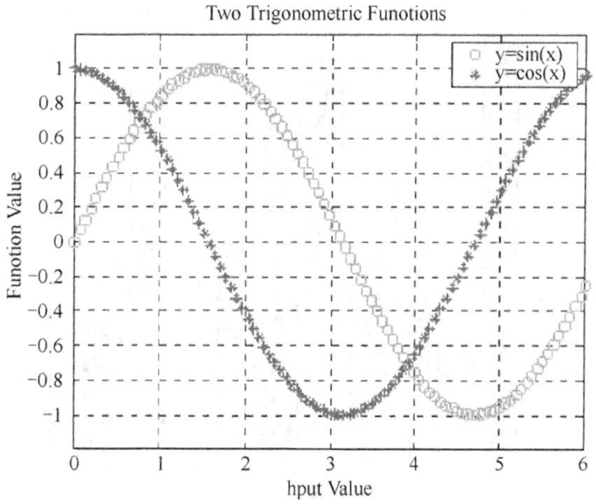

图 6

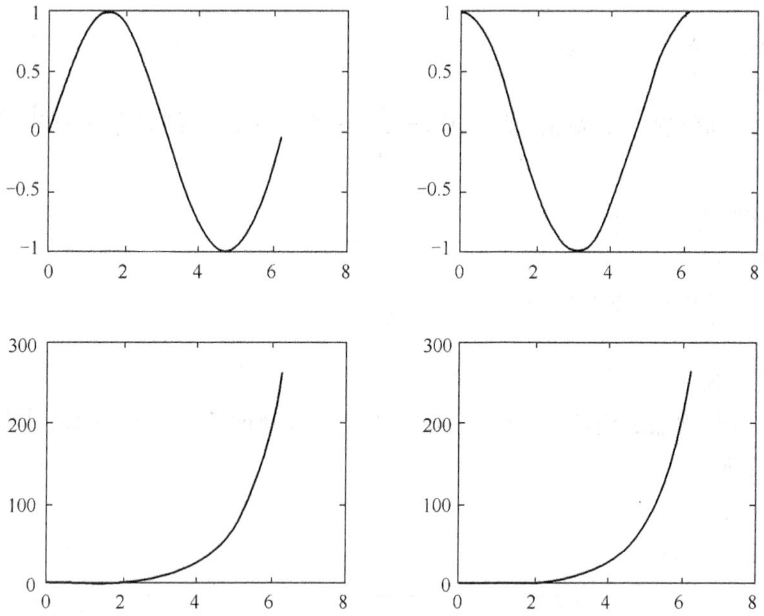

图 7

MATLAB 还有其他各种二维绘图函数，以适合不同的应用。

小整理： **其他各种二维绘图函数**

bar	长条图	hist	累计图	fill	实心图
errorbar	图形加上误差范围	rose	极坐标累计图	feather	羽毛图
fplot	较精确的函数图形	stairs	阶梯图	compass	罗盘图
polar	极坐标图	stem	针状图	quiver	向量场图

以下针对这些函数举例。

(1) 当资料点数量不多时，长条图(见图 8)是很适合的表示方式。

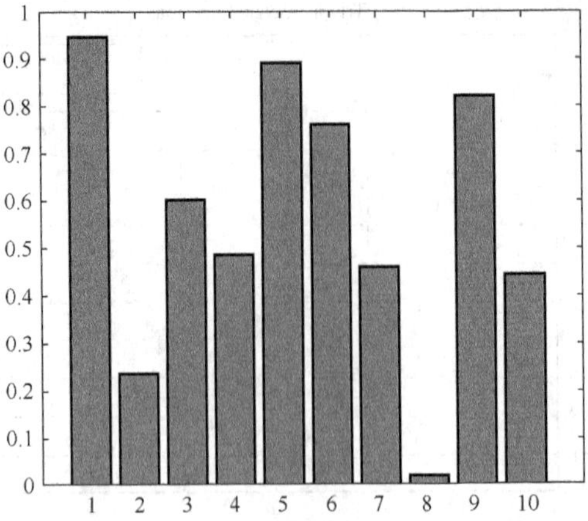

图 8

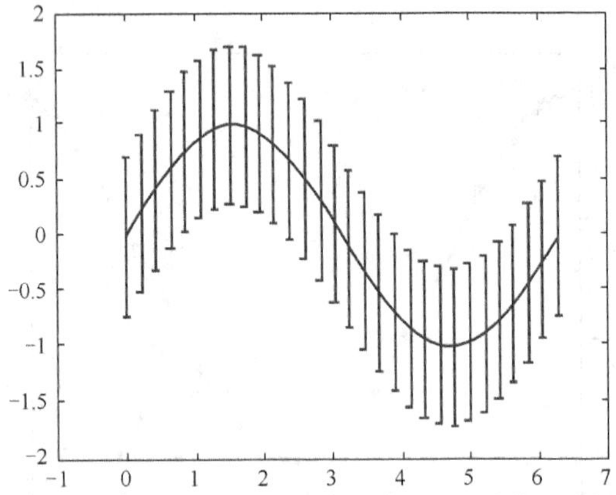

图 9

close all;%关闭所有的图形视窗

x=1:10;

y=rand(size(x));

bar(x,y);

(2) 如果已知资料的误差量,就可用 errorbar 来表示。下例以单位标准差来做资料的误差量。

x = linspace(0,2 * pi,30);

y = sin(x);

e = std(y) * ones(size(x));

errorbar(x,y,e)

效果如图 9 所示。

(3) 对于变化剧烈的函数,可用 fplot 来进行较精确的绘图,会对剧烈变化处进行较密集的取样,如下例。

fplot('sin(1/x)',[0.02 0.2]);

效果如图 10 所示。

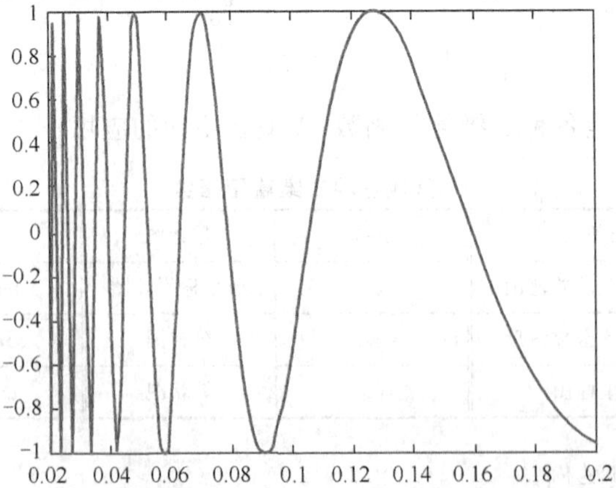

图 10

(4) 若要产生极坐标图形，可用 polar。

```
theta=linspace(0,2 * pi);
r=cos(4 * theta);
polar(theta,r);
```

效果如图 11 所示。

(5) 对于大量的资料，可用 hist 来显示资料的分析情况和统计特性。下面几个命令可用来验证 randn 产生的高斯乱数：

```
x=randn(5000,1);%产生 5000 个 m=0,s=1 的高斯乱数
hist(x,20);% 20 代表长条的个数
```

效果如图 12 所示。

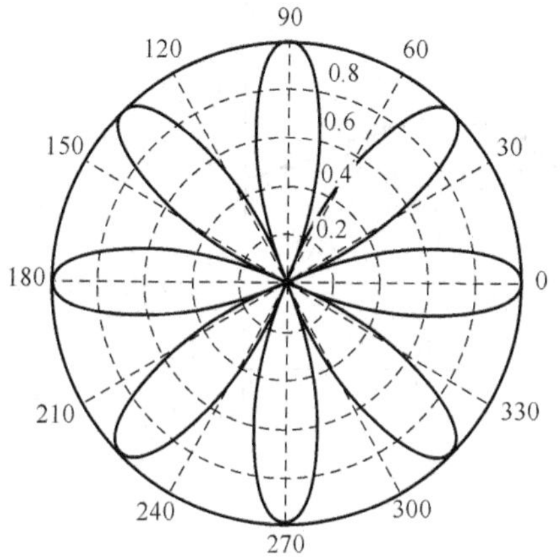

图 11

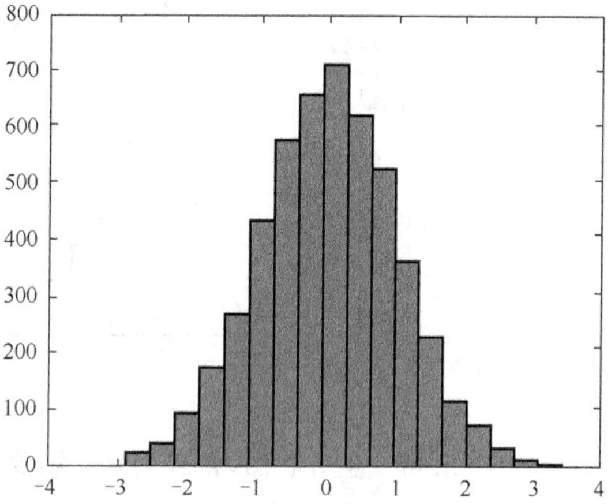

图 12

(6) rose 和 hist 很接近，只不过是将资料大小视为角度，资料个数视为距离，并用极坐标绘制表示：

```
x=randn(1000,1);    rose(x);
```

效果如图 13 所示。

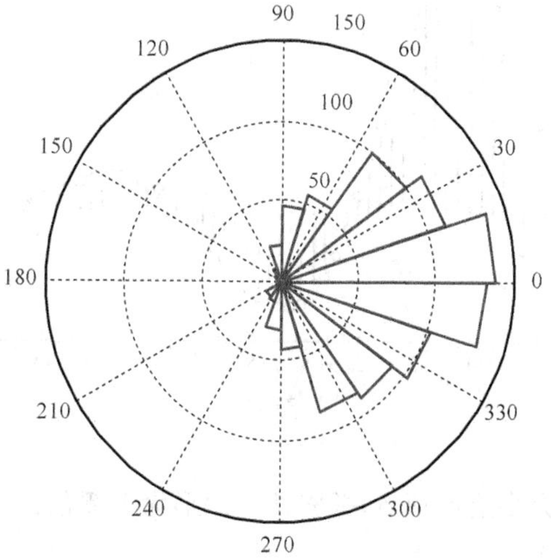

图 13

(7) stairs 可画出阶梯图：

```
x=linspace(0,10,50);    y=sin(x). * exp(-x/3);
stairs(x,y);
```

效果如图 14 所示。

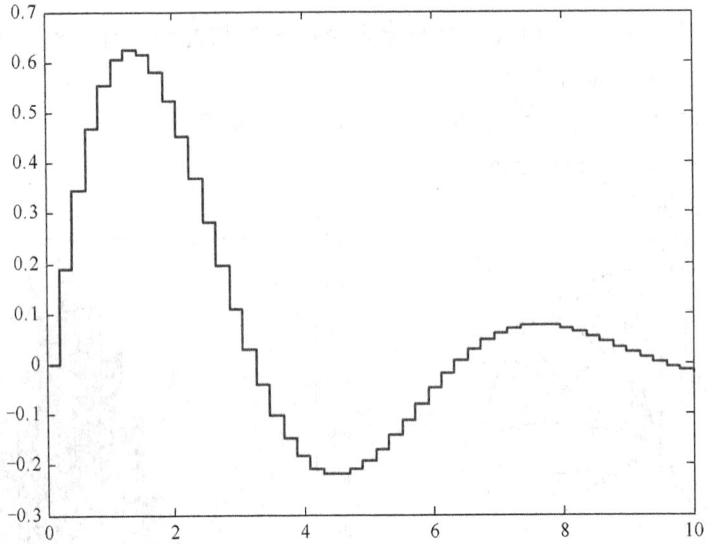

图 14

(8) stem 可产生针状图，常被用来绘制数位讯号：

```
x=linspace(0,10,50);    y=sin(x). * exp(-x/3);
stem(x,y);
```

效果如图 15 所示。

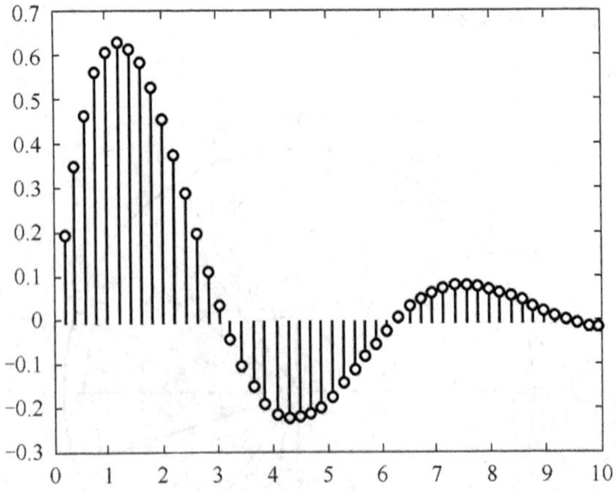

图 15

(9) fill 将资料点视为多边形顶点，并将此多边形涂上颜色：

```
x=linspace(0,10,50);
y=sin(x). * exp(-x/3);
```

```
fill(x,y,'b');
% 'b'为蓝色
```

效果如图 16 所示。

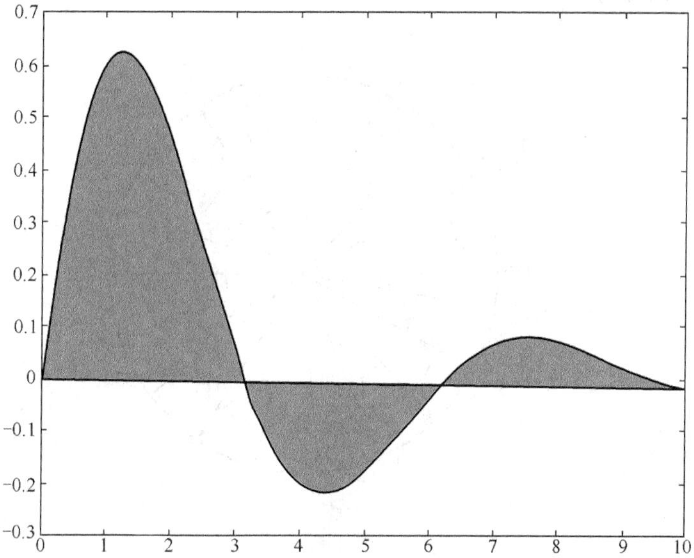

图 16

(10) feather 将每一个资料点视为复数，并以箭号画出：

```
theta=linspace(0,2*pi,20);
z = cos(theta)+i*sin(theta);
feather(z);
```

效果如图 17 所示。

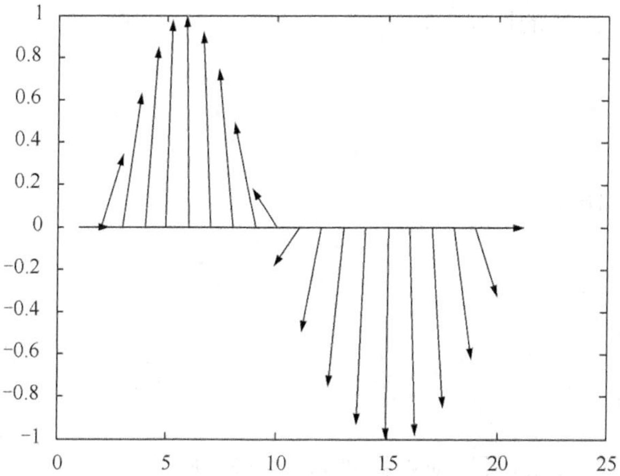

图 17

(11) compass 和 feather 很接近，只是每个箭号的起点都在圆点：

```
theta=linspace(0,2*pi,20);
z = cos(theta)+i*sin(theta);
compass(z);
```

效果如图 18 所示。

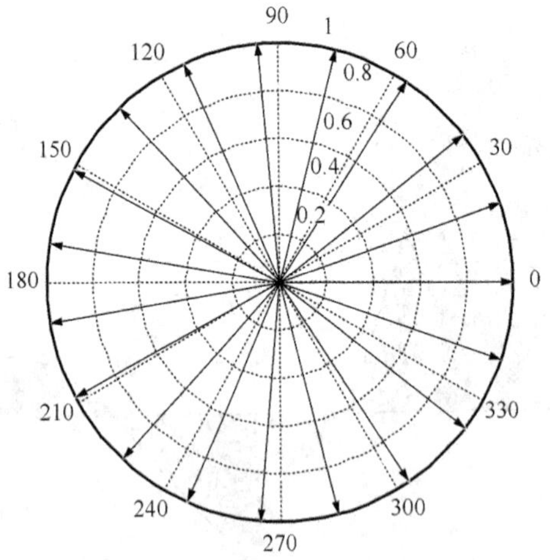

图 18

4 三维网图的高级处理

4.1 消隐处理

比较网图消隐前后的图形：

```
z=peaks(50);subplot(2,1,1);
mesh(z);title('消隐前的网图');
hidden off
subplot(2,1,2)
mesh(z);
title('消隐后的网图');
hidden on
colormap([0 0 1]);
```

效果如图 19 所示。

4.2 裁剪处理

利用不定数 **NaN** 的特点，可以对网图进行裁剪处理：

```
P=peaks(30);
subplot(2,1,1);
mesh(P);
```

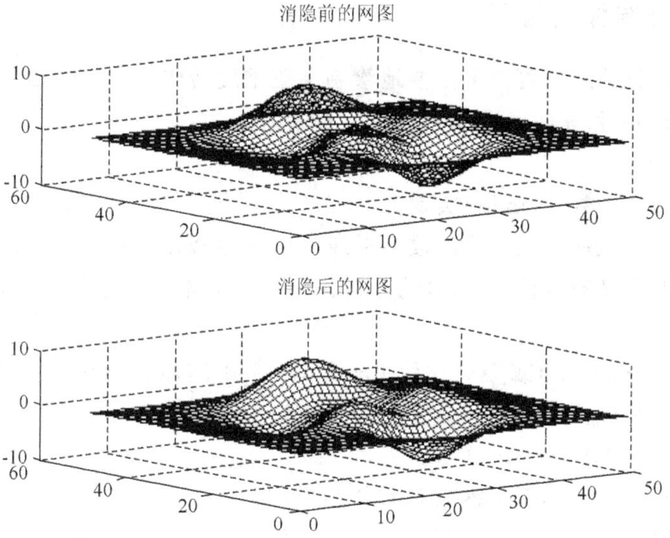

图 19

```
title('裁剪前的网图')
subplot(2,1,2);
P(20:23,9:15)=NaN * ones(4,7);            %剪孔
meshz(P)                                   %垂帘网线图
title('裁剪后的网图')
colormap([0 0 1])                          %蓝色网线
```

效果如图 20 所示。

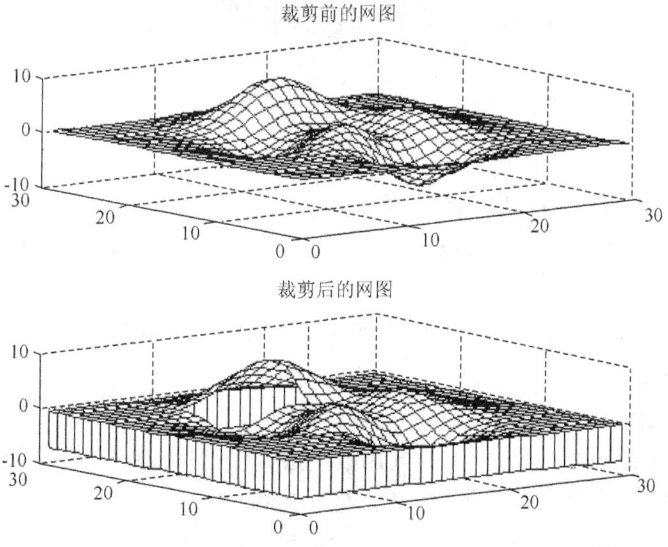

图 20

注意裁剪时矩阵的对应关系,即大小一定要相同。

4.3 三维旋转体的绘制

为了使一些专业的用户可以更方便地绘制出三维旋转体，MATLAB 专门提供了 2 个函数：柱面函数 cylinder 和球面函数 sphere。

4.3.1 柱面图

柱面图的绘制由函数 cylinder 实现。

[X,Y,Z]=cylinder(R,N)：此函数以母线向量 R 生成单位柱面。母线向量 R 是在单位高度里等分刻度上定义的半径向量，N 为旋转圆周上的分格线的条数。可以用 surf(X,Y,Z) 来表示此柱面。

[X,Y,Z]=cylinder(R)或[X,Y,Z]=cylinder：此形式默认 N=20 且 R=[1 1]。

柱面函数演示举例：

```
x=0:pi/20:pi*3;r=5+cos(x);
[a,b,c]=cylinder(r,30);mesh(a,b,c)
```

效果如图 21 所示。

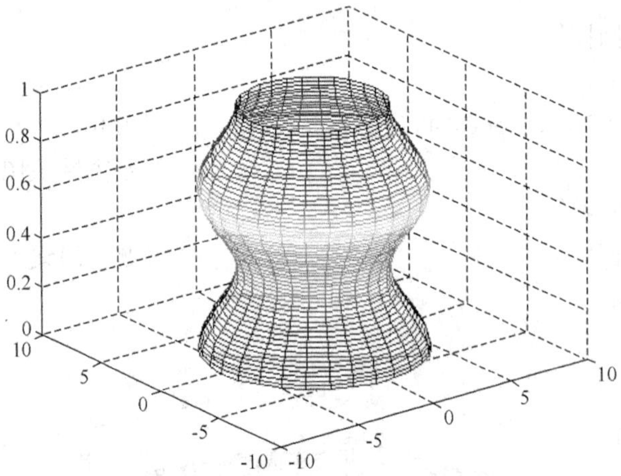

图 21

下例产生旋转柱面图，效果如图 22 所示。

```
r=abs(exp(-0.25*t).*sin(t));   t=0:   pi/12:3*pi;   r=abs(exp(-0.25*t).*sin(t));
[X,Y,Z]=cylinder(r,30); mesh(X,Y,Z)colormap([1 0 0])
```

4.3.2 球面图

球面图的绘制由函数 sphere 来实现。

[X,Y,Z]=sphere(N)	此函数生成 3 个(N+1)×(N+1)的矩阵，利用函数
surf(X,Y,Z)	可产生单位球面。
[X,Y,Z]=sphere	此形式使用了默认值 N=20。
Sphere(N)	只是绘制了球面图而不返回任何值。

下例绘制地球表面的气温分布示意图(见图 23)。

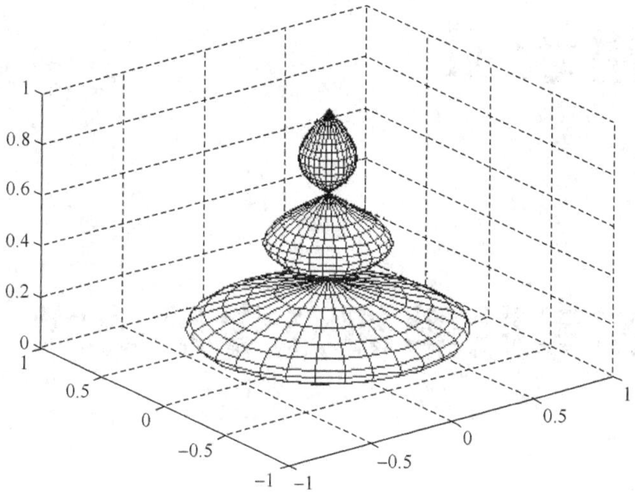

图 22

```
[a,b,c]=sphere(40);
t=abs(c);
surf(a,b,c,t);
axis('equal')           %此两句控制坐标轴的大小相同
axis('square')
colormap('hot')
```

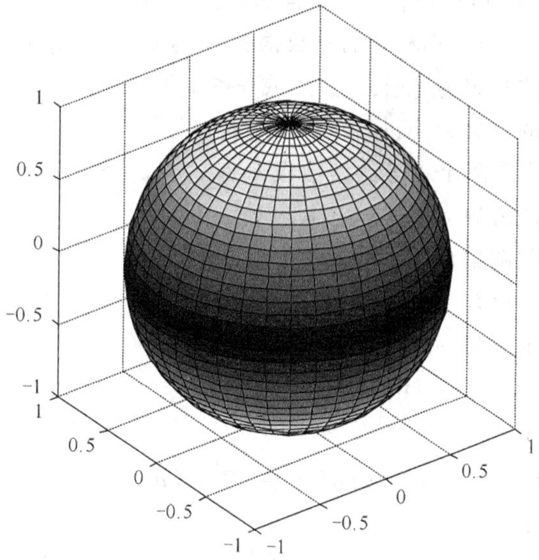

图 23

附录 II

初等数学部分常用公式

1. 代数

(1) $\sqrt{x^2} = |x| = \begin{cases} x, x \geqslant 0, \\ -x, x < 0。\end{cases}$

(2) 绝对值不等式的解：

若 $|x| \leqslant a$，则可以得到 $\{x | -a \leqslant x \leqslant a\}$；若 $|x| \geqslant b$，则可以得到 $\{x | x \geqslant b$ 或 $x \leqslant -b\}$。

(3) 一元二次不等式的解：

设 $ax^2 + bx + c = 0$ 的判别式为 Δ(只考虑 $a > 0$ 的情况)。

①当 $\Delta > 0$ 时，方程有两个不相等的实数根 x_1，x_2（$x_1 < x_2$），

$ax^2 + bx + c > 0$ 的解集为 $\{x | x > x_2$ 或 $x < x_1\}$，

$ax^2 + bx + c < 0$ 的解集为 $\{x | x_1 < x < x_2\}$。

②当 $\Delta = 0$ 时，方程有两个相等的实数根 x_1，x_2（$x_1 = x_2$），

$ax^2 + bx + c > 0$ 的解集为 $\{x | x \in \mathbf{R}, x \neq x_1\}$，

$ax^2 + bx + c < 0$ 的解集为 $\varnothing$。

③当 $\Delta < 0$ 时，方程没有实数根，

$ax^2 + bx + c > 0$ 的解集为 $\mathbf{R}$，

$ax^2 + bx + c < 0$ 的解集为 $\varnothing$。

(4) 指数运算公式：

$a^x \cdot a^y = a^{x+y}$；$a^x \div a^y = a^{x-y}$；$(a^x)^y = a^{xy}$；$\sqrt[y]{a^x} = a^{\frac{x}{y}}$。

(5) 对数运算公式：

$\log_a(M \cdot N) = \log_a M + \log_a N$；$\log_a(\frac{M}{N}) = \log_a M - \log_a N$；

$\log_a(M^k) = k \cdot \log_a M$；$a^{\log_a x} = x$；$\log_a a = 1$；$\log_a 1 = 0$。

(6) $a^2 - b^2 = (a-b)(a+b)$；$a^3 \pm b^3 = (a \pm b)(a^2 \mp ab + b^2)$；

$(a \pm b)^2 = a^2 \pm 2ab + b^2$；$(a \pm b)^3 = a^3 \pm 3a^2 b + 3ab^2 \pm b^3$。

2. 三角公式

$\sin(\alpha \pm \beta) = \sin\alpha\cos\beta \pm \cos\alpha\sin\beta$；

$\cos(\alpha \pm \beta) = \cos\alpha\cos\beta \mp \sin\alpha\sin\beta$；

$\tan(\alpha \pm \beta) = \dfrac{\tan\alpha \pm \tan\beta}{1 \mp \tan\alpha\tan\beta}$；

$\sin 2x = 2\sin x\cos x$；

$\cos 2x = \cos^2 x - \sin^2 x = 2\cos^2 x - 1 = 1 - 2\sin^2 x$。

3. 几何公式

(1)三角形的面积 $S = \frac{1}{2}ah$，其中，a 为底边边长，h 为该底边上的高。

(2)弧长 $l = r\theta$，其中，r 为半径，θ 为该弧的圆心角，单位为弧度。

(3)扇形面积 $S = \frac{1}{2}r^2\theta = \frac{1}{2}rl$，其中，$r$ 为半径，θ 为该扇形的圆心角，单位为弧度。

(4)圆的面积 $S = \pi r^2$。

(5)球体的体积 $V = \frac{4}{3}\pi r^3$。

(6)球体的表面积 $S = 4\pi r^2$。

(7)圆柱的体积 $V = \pi r^2 h$。

(8)圆柱的表面积 $S = 2\pi rh$。

(9)圆锥的体积 $V = \frac{1}{3}\pi r^2 h$。

(10)圆锥的表面积 $S = \pi rl$，其中，r 为底面半径，l 为该圆锥的母线长度。

附录 III

基本初等函数的性态及图像

附表 III　基本初等函数的性态及图像

类别	函数	定义域与值域	图像	特性
幂函数 $y=x^a$	$y=x^a$ $a>1$ a 为偶数 如 $y=x^2$	$x\in\mathbf{R}$ $y\geqslant 0$	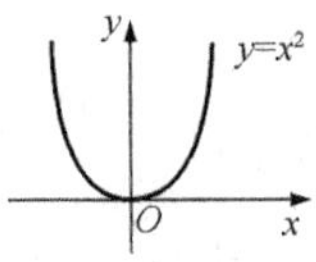	偶函数 在 $x<0$ 时单调减少 在 $x>0$ 时单调增加
	$y=x^a$ $a>1$ a 为奇数 如 $y=x^3$	$x\in\mathbf{R}$ $y\in\mathbf{R}$	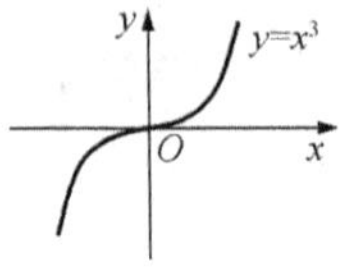	奇函数 单调增加
	$y=x^a$ $0<a<1$ $\frac{1}{a}$ 为偶数 如 $y=\sqrt{x}$	$x\geqslant 0$ $y\geqslant 0$	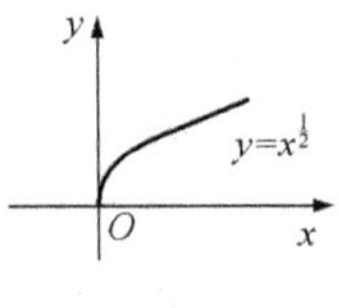	单调增加
	$y=x^a$ $a<0$ a 为奇数 如 $y=\frac{1}{x}$	$x\neq 0$ $y\neq 0$	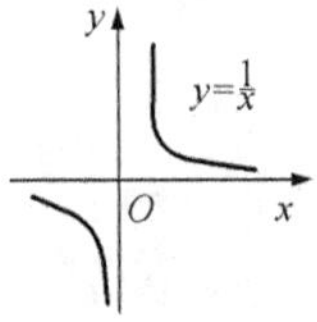	奇函数 在 $x<0$ 时单调减少 在 $x>0$ 时单调减少

续表

类别	函数	定义域与值域	图像	特性
指数函数 $y=a^x$	$y=a^x$ $a>1$ 如 $y=2^x$	$x\in\mathbf{R}$ $y>0$	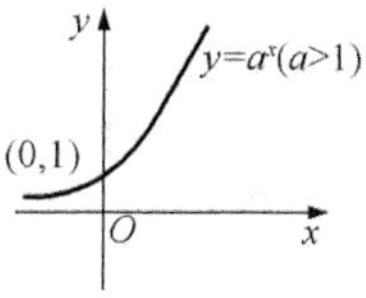	单调增加
	$y=a^x$ $0<a<1$ 如 $y=\left(\frac{1}{2}\right)^x$	$x\in\mathbf{R}$ $y>0$	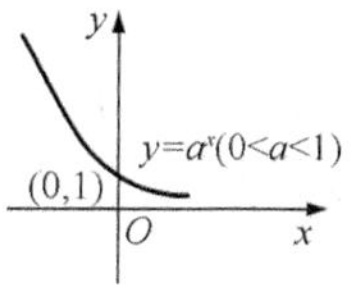	单调减少
对数函数 $y=\log_a x$	$y=\log_a x$ $a>1$ 如 $y=\log_2 x$	$x>0$ $y\in\mathbf{R}$	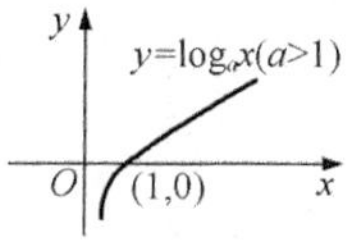	单调增加
	$y=\log_a x$ $0<a<1$ 如 $y=\log_{\frac{1}{2}} x$	$x>0$ $y\in\mathbf{R}$	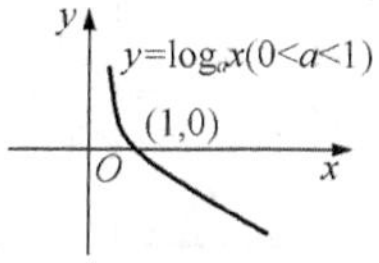	单调减少
三角函数	$y=\sin x$	$x\in\mathbf{R}$ $-1\leqslant y\leqslant 1$	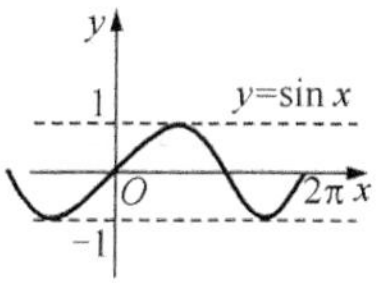	奇函数、周期函数 最小正周期为 2π 在 $\left[-\frac{\pi}{2},\frac{\pi}{2}\right]$ 上单调增加 在 $\left[\frac{\pi}{2},\frac{3\pi}{2}\right]$ 上单调减少 有界函数
	$y=\cos x$	$x\in\mathbf{R}$ $-1\leqslant y\leqslant 1$	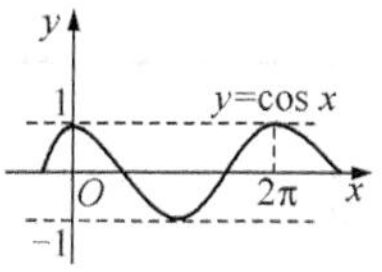	偶函数、周期函数 最小正周期为 2π 在 $[\pi,2\pi]$ 上单调增加 在 $[0,\pi]$ 上单调减少 有界函数

续表

类别	函数	定义域与值域	图像	特性
三角函数	$y=\tan x$	$x\neq k\pi+\frac{\pi}{2}$ $y\in\mathbf{R}$	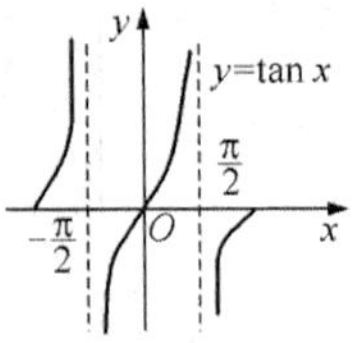	奇函数、周期函数 最小正周期为 π 在单个周期内单调增加
	$y=\cot x$	$x\neq k\pi$ $y\in\mathbf{R}$	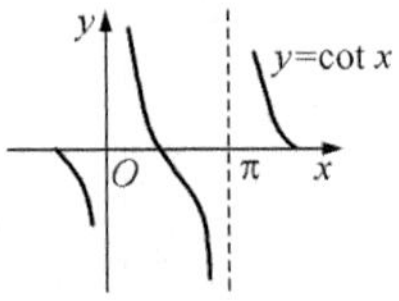	周期函数 最小正周期为 π 在单个周期内单调减少
反三角函数	$y=\arcsin x$	$-1\leqslant x\leqslant 1$ $-\frac{\pi}{2}\leqslant y\leqslant\frac{\pi}{2}$	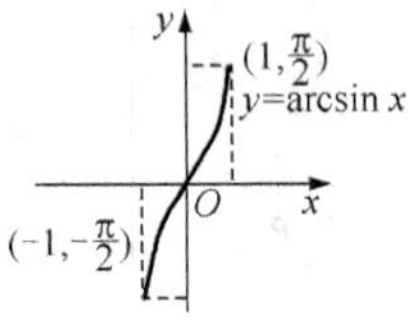	单调增函数 奇函数 有界函数
	$y=\arccos x$	$-1\leqslant x\leqslant 1$ $0\leqslant y\leqslant\pi$	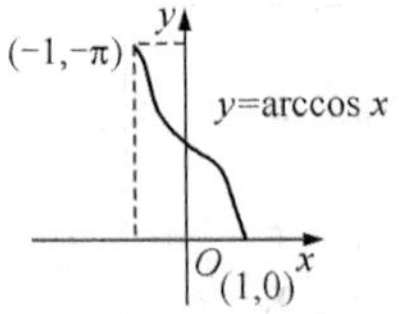	单调减函数 有界函数
	$y=\arctan x$	$x\in\mathbf{R}$ $-\frac{\pi}{2}<y<\frac{\pi}{2}$	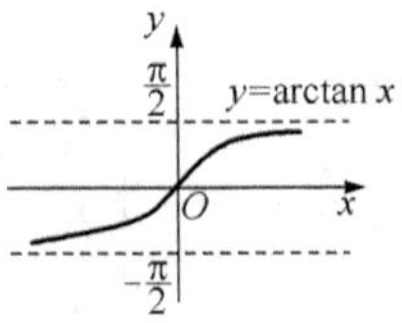	单调增函数 奇函数 有界函数
	$y=\operatorname{arccot} x$	$x\in\mathbf{R}$ $0<y<\pi$	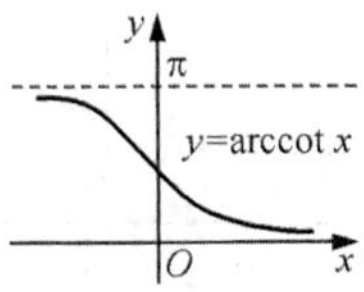	单调减函数 有界函数

部分习题参考答案

第1章

习题1.1

1. (1)复合而成：$y = \sin^2 x$ 。　　(2)复合而成：$y = \sin 2x$ 。

(3)复合而成：$y = e^{\sin(x^2+1)}$ 。　　(4)复合而成：$y = \lg(3\sin x)$ 。

2. (1)复合函数的复合过程：$y = u^{50}$ ，$u = 3 - x$ 。

(2)复合函数的复合过程：$y = \sqrt[3]{u}$ ，$u = 5x - 1$ 。

(3)复合函数的复合过程：$y = u^2$ ，$u = \sin v$ ，$v = 5x$ 。

(4)复合函数的复合过程：$y = \arccos u$ ，$u = \ln v$ ，$v = x^2 - 1$ 。

习题1.2

4. $(1,-2,-2),(-2,4,4),3$ 。

5. $(\frac{6}{11},\frac{7}{11},-\frac{6}{11})$ 或 $(-\frac{6}{11},-\frac{7}{11},\frac{6}{11})$ 。

6. 2。

7. (1) $3,5\vec{i}+\vec{j}+7\vec{k}$；(2) $-18,10\vec{i}+2\vec{j}+14\vec{k}$；(3) $\frac{3}{2\sqrt{21}}$ 。

8. $\frac{1}{2}\sqrt{19}$ 。

9. $x - 2y + 3z - 8 = 0$ 。

10. $14x + 9y - z - 15 = 0$ 。

11. $\frac{\pi}{3}$ 。12. $(1,2,2)$ 。

13. 球心为 $M_0(1,-2,0)$ ，半径为 $\sqrt{5}$ 的球面。

14. $y^2 + z^2 = 5x$ 。

习题1.3

1. (1)0；(2)0；(3)4；(4)0；(5)1；(6)0；(7)不存在；(8)b,1,1。

4. (1)无穷小;(2)无穷大;(3)无穷大($-\infty$);(4)既不是无穷小,也不是无穷大。

5. (1)同阶无穷小;(2)高阶无穷小;(3)等价无穷小。

6. (1) -1;(2) $\frac{2}{3}$;(3) $\frac{2}{3}$;(4) 0;(5) $+\infty$;(6) -1;(7)1;(8) $\frac{1}{2}$;

(9) $\left(\frac{3}{2}\right)^{200}$;(10) 0;(11) $\frac{4}{3}$;(12) e^{-6};(13) x;(14)1;(15) $\frac{1}{2}$;(16) e^{-1}。

7. 提示:由极限乘法运则及分母的极限为0,可得分子的极限为0,且分子、分母同时有因式 $x-1$,$a=-3$,$b=2$.

8. $c=\ln 2$。

习题 1.4

1. (1)一,跳跃;(2)二,无穷;(3)-1;(4)2;(5) $\mathbf{R}$, $\{x \mid x \neq 0\}$;(6) $(1,2) \cup (2,+\infty)$;(7)无,0。

2. (1)C;(2)A;(3)B。

3. $a=1$,$b=1$。

4. (1)$x=\pm 1$ 是第二类间断点中的无穷间断点;(2)$x=0$ 是第二类间断点中的无穷间断点;(3)$x=1$ 为第一类间断点中的可去间断点;(4)$x=-1$ 为第二类间断点中的无穷间断点,$x=1$ 为第一类间断点中的跳跃间断点。

习题 1.5

1. $L=-0.2x^2+(4-t)x-1$。

2. $R=\begin{cases}250x, 0<x\leqslant 600,\\ 230x+12\,000, 600<x\leqslant 800,\\ 196\,000, x>800。\end{cases}$

第 2 章

习题 2.1

1. (1)充分非必要,必要非充分;(2)$\left(\frac{1}{2},\frac{1}{4}\right)$;(3) $f'(0)$;(4) $-2f'(x_0)$。

2. (1)错;(2)错;(3)错。

3. (1) $3t_0^2+3t_0\Delta t+(\Delta t)^2$;(2) $3t_0^2$。

4. (1)1;(2) $-\frac{1}{4}$;(3) $\frac{1}{4}$。

5. 切线方程:$x-3y+2=0$,法线方程:$3x+y-4=0$。

6. $(2,8)$,$(-2,-8)$;$\left(\frac{1}{6},\frac{1}{216}\right)$,$\left(-\frac{1}{6},-\frac{1}{216}\right)$。

7. 连续且可导。

8. 连续且可导。

习题 2.2

1. (1) $6x-1$;(2) $\frac{1}{\sqrt{x}}+\frac{1}{x^2}$;(3) $-\frac{5x^3+1}{2x\sqrt{x}}$;(4) $-\frac{1}{2\sqrt{x}}\left(1+\frac{1}{x}\right)$;(5) $\frac{1}{\sqrt{2x}}(3x+1)$;

(6) $3x^2+12x+11$；(7) $\ln x+1$；(8) $-\dfrac{2}{(x-1)^2}$；(9)$x\cos x$；(10) $\dfrac{1-\cos x-x\sin x}{(1-\cos x)^2}$。

2. (1)$(1+x^2)(1+4x+5x^2)$；(2) $(3x+5)^2(5x+4)^4(120x+161)$；

(3) $\dfrac{x}{\sqrt{x^2-a^2}}$；(4) $\dfrac{1}{\sqrt{(1-x^2)^3}}$；(5) $\dfrac{2x}{x^2-a^2}$；(6)$n\cos nx$；

(7) $nx^{n-1}\cos x^n$；(8) $-\dfrac{3}{2}\cos^2\dfrac{x}{2}\sin\dfrac{x}{2}$；(9) $\dfrac{1}{\sqrt{x^2-a^2}}$；(10) $\dfrac{1}{\sqrt{4-x^2}}$；

(11) $\dfrac{2}{2x-1}$；(12) $2x\sin 2(x^2+1)$；(13) $\dfrac{4x\ln(1+x^2)}{1+x^2}$；(14) $(2x-x^2)e^{-x}$。

3. (1) $\dfrac{y-2x}{2y-x}$；(2) $\dfrac{ay}{y-ax}$；(3) $\dfrac{y}{y-1}$；(4) $\dfrac{e^y}{1-xe^y}$；

(5) $-\dfrac{\sin(x+y)}{1+\sin(x+y)}$；(6) $\dfrac{e^x-y}{x-e^y}$；(7) $\dfrac{\sin(x-y)+y\cos x}{\sin(x-y)-\sin x}$；

(8) $\dfrac{2x+y}{x-2y}$。

4. (1) $y'=(\sin x)^{\cos x}[\cos x\cot x-\sin x\ln(\sin x)]$；

(2) $y'=(x-1)^{\frac{2}{3}}\sqrt{\dfrac{x-2}{x-3}}\left(\dfrac{2}{3x-3}+\dfrac{1}{2x-4}-\dfrac{1}{2x-6}\right)$；

(3) $y'=\left(\dfrac{x}{1+x}\right)^x\left(\ln\dfrac{x}{1+x}+\dfrac{1}{1+x}\right)$；(4) $y'=x^{\sin x}\left(\cos x\ln x+\dfrac{\sin x}{x}\right)$。

5. (1) $y''=\dfrac{2x-10}{(x+1)^4}$；(2) $y''=-2e^x\sin x$；(3) $y''=90x^8+40x^3$；(4) $y''=2\cos x-x\sin x$。

习题 2.3

1. (1) $\Delta f(1)=0, df(1)=-1, |\Delta f(1)-df(1)|=1$；

(2) $\Delta f(1)=-0.09, df(1)=-0.1, |\Delta f(1)-df(1)|=0.01$；

(3) $\Delta f(1)=-0.0099, df(1)=-0.01, |\Delta f(1)-df(1)|=0.0001$。

2. (1)$2x$；(2)$\ln(1+x)$；(3) $\dfrac{1}{x}$；(4) $\sqrt{x}$；(5) $-\dfrac{1}{2}e^{-2x}$；(6)$2\sin x$；(7)$\dfrac{1}{2}$。

3. (1) $6x\mathrm{d}x$；(2) $\dfrac{-x}{\sqrt{1-x^2}}\mathrm{d}x$；(3) $\dfrac{2}{x}\mathrm{d}x$；(4) $\dfrac{1+x^2}{(1-x^2)^2}\mathrm{d}x$；

(5) $-e^{-x}(\cos x+\sin x)\mathrm{d}x$；(6) $\dfrac{1}{2\sqrt{x-x^2}}\mathrm{d}x$；(7) $-\dfrac{3x^2}{2(1-x^3)}\mathrm{d}x$；

(8) $2(e^{2x}-e^{-2x})\mathrm{d}x$；(9) $-\dfrac{a^2}{x^2}\mathrm{d}x$；(10) $\dfrac{e^x}{2-y}\mathrm{d}x$。

4. (1)0.99；(2)1.05。

5. 30.301 m^3，30 m^3。

6. 2.01π cm^2，2π cm^2。

习题 2.4

1. (1)对；(2)对。

2. (1)9.5 元；(2)22 元。

3. (1)$5+\dfrac{x}{5}$，$200+\dfrac{x}{10}$，$195-\dfrac{x}{10}$；(2)192.5(元)。

4. $-p\ln 4$。

5. (1)$MQ|_{p=4}=-8$;(2) $\frac{EQ}{EP}|_{p=4}\approx 0.54$;(3)增加 0.46%;(4)减少 0.85%;(5)$p=5$。

习题 2.5

1. (1) $\cos a$;(2)2;(3) $\frac{2}{5}$;(4)0;(5)1;(6) $\frac{1}{2}$ 。

2. (1)0;(2) $+\infty$;(3)1;(4) $+\infty$ 。

3. (1)1;(2)e;(3)0;(4)$-\frac{1}{2}$。

习题 2.6

1. (1)错;(2)错;(3)错。

2. (1)单调增区间为 $(-\infty,\frac{3}{4})$,单调减区间为 $(\frac{3}{4},+\infty)$,极大值为 $\frac{27}{256}$;(2)单调减区间为 $(-1,0)$,单调增区间为 $(0,+\infty)$,极小值为 0;(3)单调减区间为 $(0,\frac{1}{2})$,单调增区间为 $(\frac{1}{2},+\infty)$,极小值为 $\frac{1}{2}+\ln 2$;(4)单调增区间为 $(-\infty,0)$、$(0,3)$,单调减区间为 $(3,+\infty)$,极小值为 $27e^{-\frac{1}{3}}$;(5)单调增区间为 $(-\infty,-2)$、$(0,+\infty)$,单调减区间为 $(-2,-1)$、$(-1,0)$,极大值为 -4 ,极小值为 0;(6)单调减区间为 $(-\infty,0)$、$(1,2)$,单调增区间为 $(0,1)$、$(2,+\infty)$,极大值为 1,极小值为 0。

3. (1)最大值为 $y=\frac{3}{4}$,最小值为 $y=0$;(2)最大值为 $y=2\pi+1$,最小值为 $y=1$;

(3)最大值为 $y=\ln 5$,最小值为 $y=0$;(4)最大值为 $y=2$,最小值为 $y=-10$。

4. (1)池底半径 $r=\sqrt[3]{\frac{150}{\pi}}$,高 $h=\sqrt[3]{\frac{1\,200}{\pi}}$;(2)圆周长为$\frac{24\pi}{4+\pi}$;

(3)边长应为 $\frac{10-2\sqrt{7}}{3}$ cm ;(4) $AD=15$ km ; (5)①10/3,5,50/3,0,②不可取,$q=3$(提示:令 $L=3$)。

习题 2.7

1. (1)错;(2)错。

2. (1)凹区间为 $(\frac{5}{3},+\infty)$,凸区间为 $(-\infty,\frac{5}{3})$,拐点为 $(\frac{5}{3},-\frac{250}{27})$;

(2)凹区间为 $(-1,1)$,凸区间为 $(-\infty,-1)$, $(1,+\infty)$,拐点为 $(-1,\ln 2)$,$(1,\ln 2)$;

(3)凹区间为 $(-\infty,0)$,$(1,+\infty)$,凸区间为 $(0,1)$,拐点为 $(0,0)$,$(1,-1)$;

(4)凹区间为 $(2,+\infty)$,凸区间为 $(-\infty,2)$,拐点为 $(2,0)$ 。

3. $a=-\frac{3}{2}$,$b=\frac{9}{2}$ 。

习题 2.8

1. (1) $\frac{\partial z}{\partial x}=3x^2y-y^3$,$\frac{\partial z}{\partial y}=x^3-3y^2x$;(2) $\frac{\partial z}{\partial x}=\sin(x-y)+(x+y)\cos(x-y)$,

$\frac{\partial z}{\partial y}=\sin(x-y)-(x+y)\cos(x-y)$；(3) $\frac{\partial z}{\partial x}=yx^{y-1}$，$\frac{\partial z}{\partial y}=x^y\ln x$；

(4) $\frac{\partial z}{\partial x}=y^2\sec^2(xy^2)$，$\frac{\partial z}{\partial y}=2xy\sec^2(xy^2)$；(5) $\frac{\partial z}{\partial x}=\frac{x}{x^2+y^2}$，$\frac{\partial z}{\partial y}=\frac{y}{x^2+y^2}$；

(6) $\frac{\partial z}{\partial x}=y\cos xy-y\sin 2xy$，$\frac{\partial z}{\partial y}=x\cos xy-x\sin 2xy$。

2. (1)8，−4；(2)1，−1。

3. (1) $\frac{\partial^2 z}{\partial x^2}=4$，$\frac{\partial^2 z}{\partial x\partial y}=\frac{\partial^2 z}{\partial y\partial x}=0$，$\frac{\partial^2 z}{\partial y^2}=18y$；(2) $\frac{\partial^2 z}{\partial x^2}=2$，$\frac{\partial^2 z}{\partial x\partial y}=\frac{\partial^2 z}{\partial y\partial x}=\frac{1}{y}$，$\frac{\partial^2 z}{\partial y^2}$

$=-\frac{x}{y^2}$；

(3) $\frac{\partial^2 z}{\partial x^2}=\frac{-2xy}{(x^2+y^2)^2}$，$\frac{\partial^2 z}{\partial x\partial y}=\frac{\partial^2 z}{\partial y\partial x}=\frac{x^2-y^2}{(x^2+y^2)^2}$，$\frac{\partial^2 z}{\partial y^2}=\frac{2xy}{(x^2+y^2)^2}$；

(4) $\frac{\partial^2 z}{\partial x^2}=\frac{-2x^2-2xy+y^2}{(x^2+xy+y^2)^2}$，$\frac{\partial^2 z}{\partial x\partial y}=\frac{\partial^2 z}{\partial y\partial x}=\frac{-(x^2+4xy+y^2)}{(x^2+xy+y^2)^2}$，$\frac{\partial^2 z}{\partial y^2}=\frac{x^2-2xy-2y^2}{(x^2+xy+y^2)^2}$。

4. (1) $\frac{\partial z}{\partial x}=\frac{2+2xy}{1+(2x-y^2+x^2y)^2}$，$\frac{\partial z}{\partial y}=\frac{x^2-2y}{1+(2x-y^2+x^2y)^2}$；

(2) $\frac{\partial z}{\partial x}=-\frac{2y^2}{x^3}\ln(x^2+y^2)+\frac{2y^2}{x(x^2+y^2)}$，$\frac{\partial z}{\partial y}=\frac{2y}{x^2}\ln(x^2+y^2)+\frac{2y^3}{x^2(x^2+y^2)}$；

(3) $\frac{\partial z}{\partial x}=(x^4+y^4)^{xy}\left[\frac{4x^4y}{x^4+y^4}+y\ln(x^4+y^4)\right]$，

$\frac{\partial z}{\partial y}=(x^4+y^4)^{xy}\left[\frac{4xy^4}{x^4+y^4}+x\ln(x^4+y^4)\right]$。

第3章

习题 3.1

1. (1)对；(2)错；(3)对；(4)错。

2. (1) $\frac{1}{2}\sin 2x+c$；(2) $\frac{1}{\sin x}dx$；(3) $\sqrt{a^2+x^2}+c$；(4) $e^x(\sin x+\cos x)$。

习题 3.2

1. (1)5；(2) $\frac{1}{2}$；(3) $2x$；(4) $\frac{1}{2a}$；(5)2；(6) $\frac{1}{3}$；(7)1；(8) $\frac{1}{2}$；

(9)−1；(10)−1；(11) $\frac{1}{1+x^2}$；(12) $\arcsin x$。

4. (1) $\ln|x|+\frac{3^x}{\ln 3}+\tan x-e^x+c$；(2) $3x-2\ln|x|-\frac{1}{x}-\frac{x^{-2}}{2}+c$；

(3) $\frac{4}{7}x^{\frac{7}{4}}+4x^{-\frac{1}{4}}+c$；(4) $\tan x-\sec x+c$；(5) $\frac{(2e)^x}{1+\ln 2}+c$；(6) $x-e^x+c$；

(7) $x^3+\arctan x+c$；(8) $x-\arctan x+c$；(9) $\ln|x|+2\arctan x+c$；

(10) $-\cot x-\tan x+c$；(11) $\frac{1}{2}\tan x+c$；(12) $2x-5\frac{\left(\frac{2}{3}\right)^x}{\ln\frac{2}{3}}+c$。

5. (1) $\frac{1}{8}(3-2x)^{-4}+c$；(2) $\frac{1}{2}\ln|1+2x|+c$；(3) $-\sqrt{1-2x}+c$；

(4) $-\frac{1}{2}\cos 2x+c$；(5) $2\arctan\sqrt{x}+c$；(6) $\frac{2}{3}(2+e^{x})^{\frac{3}{2}}+c$；

(7) $2\sqrt{\sin x}+c$；(8) $-3\cot\frac{x}{3}+c$；(9) $\frac{1}{2}\ln(x^2+4)+c$；

(10) $\frac{1}{4}\ln\left|\frac{x-2}{x+2}\right|+c$；(11) $\frac{1}{2}\arctan\frac{x}{2}+c$；(12) $\arctan(x+1)+c$；

(13) $\frac{1}{3}\arcsin\frac{3x}{5}+c$；(14) $\arcsin e^{x}+c$；(15) $\arctan e^{x}+c$；

(16) $\ln|1+\ln|x||+c$；(17) $\frac{\ln^3 x}{3}+c$；(18) $\arctan(\ln x)+c$；

(19) $\frac{1}{2}(x-\frac{1}{4}\sin 4x)+c$；(20) $-\frac{1}{2}(\cos 2x-\frac{1}{3}\cos^3 2x)+c$。

6. (1) $\ln\left|\frac{\sqrt{x+1}-1}{\sqrt{x+1}+1}\right|+c$；(2) $6\ln\left|\frac{\sqrt[6]{x}}{\sqrt[6]{x}+1}\right|+c$；

(3) $3[\frac{1}{2}(x+1)^{\frac{2}{3}}-(x+1)^{\frac{1}{3}}+\ln|\sqrt[3+1]{x+1}|]+c$；

(4) $2[\sqrt{1+e^{x}}+\frac{1}{2}\ln\left|\frac{\sqrt{1+e^{x}}-1}{\sqrt{1+e^{x}}+1}\right|]+c$；(5) $\ln|x+\sqrt{1+x^2}|+c$；

(6) $\sqrt{x^2-9}-\arccos\frac{3}{x}+c$；(7) $\frac{9}{2}(\arcsin\frac{x}{3}-\frac{x\sqrt{x^2-9}}{9})+c$；

(8) $\arctan\sqrt{x^2-1}+c$。

7. (1) $-xe^{-x}-e^{-x}+c$；(2) $xe^{x}+c$；(3) $x\sin x+\cos x+c$；(4) $\frac{1}{3}x^3\ln x-\frac{1}{9}x^3+c$；

(5) $x\arccos x-\sqrt{1-x^2}+c$；(6) $x\ln(1+x^2)-2(x-\arctan x)+c$；

(7) $\frac{1}{2}x^2\arctan x-\frac{1}{2}x+\frac{1}{2}\arctan x+c$；(8) $\frac{1}{5}e^{2x}(\sin x+2\cos x)+c$；

(9) $-\frac{1}{5}e^{-x}(\sin 2x+2\cos 2x)+c$；(10) $-(\sqrt{1-x}\sin\sqrt{1-x}+\cos\sqrt{1-x})+c$

。

习题 3.3

1. (1) $\int_1^3(x^2+1)dx$；(2) $\int_1^2(3+gt)dt$；

2. (1) $\int_{-2}^{2}\sqrt{4-x^2}dx$；(2) $\int_{-\pi}^{\pi}\sin x dx$。

习题 3.4

(1) $\frac{271}{6}$；(2) $2\sqrt{2}-2$；(3) 2；(4) $\frac{\pi}{12}$；(5) $\frac{\pi}{4}$；(6) $\frac{1}{2}\ln\frac{3}{2}$；(7) $2-2\ln\frac{3}{2}$；

(8) $\pi-2$；(9) $\frac{e^{\frac{\pi}{2}}+1}{2}$；(10) $\frac{\pi}{12}+\frac{\sqrt{3}}{2}-1$。

习题 3.5

1. (1)$e+e^{-1}-2$;(2)1;(3)$\frac{3}{2}-\ln 2$;(4)1;(5)18;(6)$\frac{9}{8}\pi^2+1$。

2. (1)$\frac{512}{15}\pi$;(2)$\frac{15}{2}\pi$;(3)$\frac{32}{5}\pi,8\pi$;(4)$\frac{3}{10}\pi,\frac{3}{10}\pi$。

3. (1)错;(2)对。

4. 0.22 J。

5. 7 697 J。

6. 2.1×10^5 N。

7. $4\sqrt{6}g$ N。

习题 3.6

3. (1) $\frac{20}{3}$;(2) $\frac{1}{20}$;(3) $\frac{13}{6}$;(4) -2 ; 4. $\frac{9}{2}$ 。

第 4 章

习题 4.1

1. (1)是,二阶;(2)不是;(3)是,一阶;(4)是,一阶。
2. (1)是,不是通解,也不是特解;(2)是特解;(3)是通解。

习题 4.2

1. (1)可分离变量;(2)一阶线性;(3)一阶线性;(4)一阶线性;(5)一阶线性。

2. (1) $y=\ln(-e^{-x}+C)$;(2) $y=\sin(\arcsin x+\frac{\pi}{2})$;(3) $y=e^{-x}(x+C)$;

   (4) $y=Ce^{2x}-e^{x}$;(5) $y=(x+1)[\frac{2}{3}(x+1)^{\frac{3}{2}}+C]$; (6) $x=y(\frac{y^2}{2}+C)$ 。

3. (1) $y=\frac{2}{3}(4-e^{-3x})$;(2) $y=2e^{2x}-e^{x}+\frac{1}{2}x+\frac{1}{4}$ 。

习题 4.3

1. (1) $y=C_1e^{-2x}+C_2e^{5x}$;(2) $y=C_1\cos\sqrt{5}x+C_2\sin\sqrt{5}x$;(3) $y=C_1e^{x}+C_2xe^{x}$ 。

2. $y=e^{-x}(4\cos x+2\sin x)$ 。

3. (1) $y=C_1e^{-x}+C_2e^{3x}-x+\frac{1}{3}$;(2) $y=C_1\cos 2x+C_2\sin 2x-\frac{1}{4}x\cos 2x$;

   (3) $y=e^{-\frac{1}{2}x}(C_1\cos\frac{\sqrt{3}}{2}x+C_2\sin\frac{\sqrt{3}}{2}x)+\frac{2}{3}e^{x}$;(4) $y=C_1e^{-x}+C_2e^{-2x}+(\frac{3}{2}x^2-3x)e^{-x}$ 。

4. (1) $y^*=x\sin x$;(2) $y^*=(\frac{1}{2}x+\frac{3}{4})e^{-x}$;(3) $y^*=(\frac{3}{2}x^2-3x)e^{-x}$ 。

习题 4.4

1. $y=2(e^{x}-x-1)$ 。

2. $v=\frac{mg}{k}(1-e^{-\frac{k}{m}t})$ 。

第 5 章

习题 5.1

2. $x_1=-1,\ x_2=1$。

3. $x_1=1,\ x_2=1,\ x_3=2$。

4. $x=-3, y=2, z=1, w=-1$ 。

习题 5.2

1. $\boldsymbol{X}=\begin{pmatrix}2&1&0&0\\2&2&2&2\end{pmatrix}$。

2. (1) $\boldsymbol{\alpha}^T\boldsymbol{\alpha}=6,\boldsymbol{\alpha}\boldsymbol{\alpha}^T=\begin{pmatrix}1&2&1\\2&4&2\\1&2&1\end{pmatrix},\boldsymbol{\alpha}\boldsymbol{\alpha}^T\boldsymbol{\alpha}=(6\quad 12\quad 6)^T,(\boldsymbol{\alpha}\boldsymbol{\alpha}^T)^{101}=6^{100}\begin{pmatrix}1&2&1\\2&4&2\\1&2&1\end{pmatrix}$;

(2) $a_{11}x^2+2a_{12}xy+2b_1x+a_{22}y^2+2b_2y+c$;

(3) $\boldsymbol{A}^2=\begin{pmatrix}\cos 2\theta&-\sin 2\theta\\\sin 2\theta&\cos 2\theta\end{pmatrix},\boldsymbol{A}^4=\begin{pmatrix}\cos 4\theta&-\sin 4\theta\\\sin 4\theta&\cos 4\theta\end{pmatrix}$。

3. $\boldsymbol{AB}=\begin{pmatrix}6&2&-2\\6&1&0\\8&-1&2\end{pmatrix};\boldsymbol{BA}=\begin{pmatrix}4&0&0\\4&1&0\\4&3&4\end{pmatrix};(\boldsymbol{AB})^T=\begin{pmatrix}6&6&8\\2&1&-1\\-2&0&2\end{pmatrix}$;

$\boldsymbol{AB}-\boldsymbol{BA}=\begin{pmatrix}2&2&-2\\2&0&0\\4&-4&-2\end{pmatrix}$。

4. $f(\boldsymbol{A})=\begin{pmatrix}-1&0&0\\0&0&0\\0&0&3\end{pmatrix};f(\boldsymbol{B})=\begin{pmatrix}0&0&0\\0&-1&0\\0&0&-1\end{pmatrix}$。

习题 5.3

1. (1)9,奇排列;(2)31,奇排列;(3)0, 偶排列。

2. $\begin{vmatrix}-3&6\\5&3\end{vmatrix},-\begin{vmatrix}-3&6\\5&3\end{vmatrix}$。

3. $4,\dfrac{3}{2}$ 。

4. $\dfrac{1}{3}$ 。

5. (1)0 ;(2)-9;(3)0;(4)$-2(x+y)(x^2-xy+y^2)$ 。

6. $x_1=3,x_2=-4,x_3=2$ 。

习题 5.4

1. (1) $\begin{pmatrix}0&1&0&5\\0&0&-1&-3\\0&0&0&0\end{pmatrix}$;(2) $\begin{pmatrix}1&0&2&0&0\\0&1&-1&0&0\\0&0&0&1&0\\0&0&0&0&1\end{pmatrix}$。

2. (1)2;(2)3;(3)2;(4)4。

3. $k=1$。

习题 5.5

2. (1)$\begin{pmatrix}\frac{1}{7} & \frac{2}{7}\\ \frac{3}{14} & -\frac{1}{14}\end{pmatrix}$;(2)$\begin{pmatrix}\cos\theta & \sin\theta\\ -\sin\theta & \cos\theta\end{pmatrix}$;(3)$\begin{pmatrix}1 & & \\ & \frac{1}{2} & \\ & & \frac{1}{3}\end{pmatrix}$;

(4)$\begin{pmatrix}\frac{3}{5} & -\frac{3}{5} & -\frac{1}{5}\\ \frac{2}{5} & \frac{3}{5} & -\frac{4}{5}\\ -\frac{1}{5} & \frac{1}{5} & \frac{2}{5}\end{pmatrix}$;(5)$\begin{pmatrix}1 & 0 & 0 & 0\\ 2 & 1 & 0 & 0\\ 0 & 0 & 2 & -3\\ 0 & 0 & -1 & 2\end{pmatrix}$。

3. (1)$\boldsymbol{X}=\begin{pmatrix}2 & 7 & -10\\ -1 & -23 & -33\end{pmatrix}$;(2)$\boldsymbol{X}=\begin{pmatrix}-55 & -13 & 29\\ 40 & 9 & -20\end{pmatrix}$。

4. (1)$x_1=\frac{13}{7}$,$x_2=\frac{10}{7}$,$x_3=\frac{18}{7}$;(2)$x_1=1$,$x_2=0$,$x_3=0$。

5. (1)$\boldsymbol{A}^{-1}=\begin{pmatrix}-\frac{3}{2} & \frac{2}{3} & \frac{7}{6}\\ 3 & -1 & -2\\ -\frac{1}{2} & 0 & \frac{1}{2}\end{pmatrix}$;(2)$\boldsymbol{X}=\begin{pmatrix}\frac{5}{2} & \frac{1}{2}\\ -\frac{10}{3} & -\frac{2}{3}\\ \frac{7}{6} & \frac{11}{6}\end{pmatrix}$。

习题 5.6

1. (1)$x_1=1$,$x_2=1$,$x_3=2$;(2)$x_1=3$,$x_2=-4$,$x_3=2$。

2. (1)$x_1=\frac{7}{3}$,$x_2=-\frac{2}{3}$,$x_3=-\frac{2}{3}$;(2)$x_1=2+k$,$x_2=-1-2k$,$x_3=k$(k为任意常数)。

3. (1)$x_1=0$,$x_2=0$,$x_3=0$;(2)$x_1=-k$,$x_2=2k$,$x_3=k$(k为任意常数)。

4. (1)$t\neq5$;(2)$t=5$;(3)$x_1=k$,$x_2=-2k$,$x_3=k$(k为任意常数)。

5. (1)$a\neq-3$且$a\neq2$时有唯一解:$x_1=1,x_2=\frac{1}{a+3},x_3=\frac{1}{a+3}$;(2)$a=3$时没有解;(3)$a=2$时有无穷多个解:$x_1=5k$,$x_2=-4k+1$,$x_3=k$($k$为任意常数)。

第 6 章

习题 6.1.1

1. (1)$\{2,3,5,7,11,13,17,19\}$;(2)$\{1,2,3,4,5,6,7\}$;(3)$\{2,3\}$。

2. (1)$\{x \mid x$是正奇数$,x\leqslant99\}$;(2)$\{x \mid x=5k,k$是正整数$,k\leqslant20\}$;
   (3)$\{x \mid x=k^2,k$是正整数$,k\leqslant5\}$。

3. (1)不正确;(2)正确;(3)不正确;(4)不正确。

4. (1)正确;(2)不正确;(3)正确;(4)正确。

5. (1)不一定;(2)不一定;(3)不一定。

6. (1)幂集为$\{\varnothing, \{a\},\{b\},\{c\},\{d\},\{a,b\},\{a,c\},\{a,d\},\{b,c\},\{b,d\},\{c,d\},\{b,c,d\},\{a,c,d\},\{a,b,d\},\{a,b,c\},\{a,b,c,d\}\}$;

(2)幂集为$\{\varnothing, \{a\},\{b\},\{\{a,b\}\},\{a,b\},\{a,\{a,b\}\},\{b,\{a,b\}\},\{a,b,\{a,b\}\}\}$;

(3)幂集为$\{\varnothing,\{\varnothing\},\{a\},\{\{a\}\},\{\varnothing,a\},\{\varnothing,\{a\}\},\{a,\{a\}\},\{\varnothing,a,\{a\}\}\}$。

习题 6.1.2

1. (1)$\{0,1,2,3,4,5,6,7\}$;(2)$\{1,2,3,5,6,7\}$;(3)$\{0,2,4,6,7\}$;
(4)$\{0,4,7\}$;(5)$\{0,2,4,6\}$。

2. (1) $B\cap C$;(2) $B-C$;(3) $A\cap D$;(4) $(A\cap C)-B$;(5) $C-A$。

3. $A\cup B\cup C=A\cup(B-A)\cup(C-A-B)$。

5. (1) $A\cap B\cap C=\varnothing$;(2) $B\cap C\supseteq A$;(3) $B\cup C\subseteq A$。

习题 6.1.3

1. (1)133;(2)33。

2. 5 人。

3. 8 人。

4. (1)1466 个;(2)534 个;(3)932 个。

习题 6.2.1

1. (1) $B\times C=\{(1,1),(2,1)\}$;
(2) $A^2=\{(4,4),(4,1),(1,1),(1,4)\}$;
(3) $B\times A=\{(1,4),(1,1),(2,4),(2,1)\}$。

2.(1)否,(2)是,(3)是。

3. $A\times B=\{(a,x),(a,y),(b,x),(b,y)\}$,$B\times A=\{(x,a),(y,a),(x,b),(y,b)\}$,
$A\times A=\{(a,a),(a,b),(b,a),(b,b)\}$,$B\times B=\{(x,x),(x,y),(y,x),(y,y)\}$。

4. $A\times P(A)=\{(1,\varnothing),(1,\{1\}),(1,\{2\}),(1,\{1,2\}),(2,\varnothing),(2,\{1\}),(2,\{2\}),(2,\{1,2\})\}$。

习题 6.2.2

1. $\varnothing$,$\{(a,x)\},\{(a,y)\},\{(b,x)\},\{(b,y)\},\{(a,x),(b,x)\},\{(a,y),(b,y)\},\{(a,x),(b,y)\},\{(a,y),(b,x)\},\{(a,x),(a,y)\},\{(b,x),(b,y)\},\{(a,x),(a,y),(b,x)\},\{(a,x),(a,y),(b,y)\},\{(b,x),(b,y),(a,x)\},\{(b,x),(b,y),(a,y)\},\{(a,x),(a,y),(b,x),(b,y)\}$。

2. 2^{n^2}。

3. (1) $S=\{(0,0),(0,2),(2,0),(2,2)\}$,$domS=\{0,2\}$,$ranS=\{0,2\}$;关系图略;关系矩阵略。

(2) $S=\{(1,1),(4,2)\}$,$domS=\{1,4\}$,$ranS=\{1,2\}$;关系图略;关系矩阵略。

4. $domQ=\{1,2,4\}$,$domP=\{1,2,3\}$,$ranQ=\{2,3,4\}$,$ranP=\{2,3,4\}$。

5. n^2。

习题 6.2.3

1. $R=\{(2,1),(2,2),(2,3),(2,4),(2,5),(3,1),(3,2),(3,3),(3,4),(3,5),(5,1),$

(5,2),(5,3),(5,4),(5,5)}。

2. $R=\{(1,1),(2,2),(3,3),(4,4),(5,5),(6,6),(7,7),(8,8),(9,9),(1,5),(5,1),(1,9),(9,1),(5,9),(9,5),(2,6),(6,2),(3,7),(7,3),(4,8),(8,4)\}$。

3. $R\cup S=\{(1,1),(2,2),(3,3),(4,4),(6,6),(8,8),(1,2),(1,3),(1,4),(1,6),(1,8),(2,3),(2,4),(2,6),(2,8),(3,4),(3,6),(3,8),(4,6),(4,8),(6,8)\}$,

$R\cap S=\{(1,1),(2,2),(3,3),(4,4),(6,6),(8,8),(1,2),(1,3),(1,4),(1,6),(1,8),(2,4),(2,6),(2,8),(3,6),(4,8)\}$。

习题 6.2.4

1. 不是自反的、反自反的、对称的、反对称的、传递的关系。

2. (1)64;(2)64;(3)8。

4. $R_1\cap R_2$ 是,$R_1\cup R_2$ 不是,理由略。

习题 6.2.5

1. 等价类为{1,5,9},{2,6,10},{3,7},{4,8}。

5. 15 种。

6. (1) $\pi=\{\{1,2,3,4,5\}\}$;(2) $\pi=\{\{1\},\{2\},\{3\},\{4\},\{5\}\}$;

(3) $\pi=\{\{1,3,5\},\{2,4\}\}$。

习题 6.2.6

1.

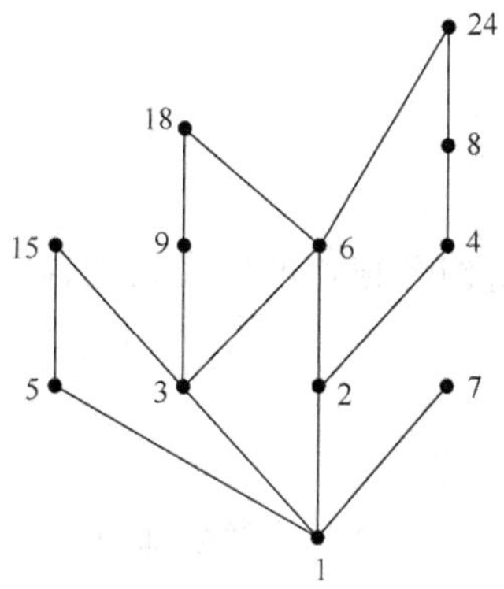

2.

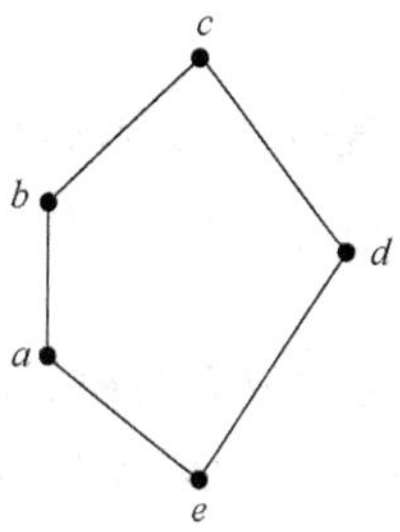

3. $$\boldsymbol{A}_R=\begin{bmatrix}1&0&1&0&1&1\\0&1&1&1&1&1\\0&0&1&0&1&1\\0&0&0&1&0&1\\0&0&0&0&1&1\\0&0&0&0&0&1\end{bmatrix}。$$

习题 6.3.1

1. 3。

3. 10。

5. $n=8,m=12$。

11. $n-k$。

习题 6.3.2

1. a 到 f 共有 7 条基本通路：

$a\to b\to c\to e\to f$，$a\to b\to c\to f$，$a\to b\to e\to f$，

$a\to b\to e\to c\to f$，$a\to d\to e\to f$，$a\to d\to e\to c\to f$，

$a\to d\to e\to b\to c\to f$。

2. 基本回路有两条：$v_1\to v_2\to v_3\to v_4\to v_1$；$v_1\to v_2\to v_4\to v_1$。

3. (a)是强连通图；(b)是单向连通图；(c)是弱连通图；(d)是单向连通图。

5. 删去顶点 c。

7. 此图最多有 $\dfrac{(n-1)(n-2)}{2}$ 条边，最少有 $n-2$ 条边。

8. 最少 10 个顶点：3 个 4 度点，4 个 3 度点和 3 个 2 度点。

最多 13 个顶点：3 个 4 度点，4 个 3 度点和 6 个 1 度点。

习题 6.3.3

1. 最短通路长度为 8，最短通路为 $a\to d\to g\to f\to z$。

2. 最短通路长度为 10，最短通路为 $a\to e\to d\to i\to h\to k\to j\to z$。

习题 6.3.4

1. (a)是半欧拉图，(b)是欧拉图。

2. (a)是半欧拉图，(c)是欧拉图。

3. n 为奇数且 $n\geqslant 3$。

6. 24。

7. 不能。

8. 6 阶图各顶点度数：2，2，2，4，4，4；7 阶图各顶点度数：2，2，2，4，4，4，4；8 阶图各顶点度数：2，2，2，4，4，4，4，4。

习题 6.3.5

2. (1)、(3)、(6)可构成无向树的顶点度序列。

4. 当无向树中仅有 2 片树叶时，其余 $n-2$ 个顶点的度数都为 2。

5. 11 片树叶。

6. 24 种。

习题 6.4.1

1. (1)、(3)、(5)是命题，(2)、(4)不是命题。

2. (1)其否定为：今天不是星期五。

(2)其否定为：素数不都是偶数。

(3)其否定为：我不是青年作家。

(4)其否定为：我不吃面包或蛋糕。

3. (1) $\neg Q\wedge R$；(2) $P\to Q$；(3) $(P\wedge Q)\to R$。

4. (1) $P\wedge Q$；(2) $P\to Q$；(3) $\neg P\leftrightarrow(Q\vee R)$；(4) $Q\to P$；(5) $(\neg P\wedge\neg Q)\to R$